低质林结构与功能调控
优化技术模式

董希斌　李　勇　张　泱　著
　　　　张会儒　宋启亮

科学出版社

北京

内 容 简 介

本书系统介绍了低质林的概念、成因及低质林评判标准与分类，低质林改造原则、方法及效益；对大小兴安岭林区针阔混交低质林、阔叶混交低质林、蒙古栎低质林、白桦低质林进行了不同带宽、不同面积林窗和不同强度择伐的诱导改造，分析了低质林改造对生物多样性、水源涵养、土壤理化性质、土壤呼吸、林地植被等方面的影响；提出了大小兴安岭低质林林分评定及类型划分、低质林生态功能评价与恢复、低质林诱导改造复壮与立体化经营等一系列技术；筛选出 4 种适用于大小兴安岭不同类型低质林结构与功能调控优化的可持续经营模式。

图书在版编目(CIP)数据

低质林结构与功能调控优化技术模式/董希斌等著. —北京：科学出版社，2014.

ISBN 978-7-03-042876-9

Ⅰ.①低…　Ⅱ.①董…　Ⅲ.①林分组成－研究　Ⅳ.①S718.45

中国版本图书馆 CIP 数据核字（2014）第 308465 号

责任编辑：任锋娟　朱大益 / 责任校对：马英菊
责任印制：吕春珉 / 封面设计：艺和天下

科 学 出 版 社 出版
北京东黄城根北街 16 号
邮政编码：100717
http://www.sciencep.com

北京京华虎彩印刷有限公司印刷
科学出版社发行　　各地新华书店经销

*

2014 年 12 月第 一 版　　开本：B5（720×1000）
2014 年 12 月第一次印刷　　印张：25 1/4
字数：509 000

定价：106.00 元
（如有印装质量问题，我社负责调换）

销售部电话 010-62134988　编辑部电话 010-62135741

前　　言

　　大小兴安岭经过多年的高强度开发和森林自然灾害，原始森林日渐减少，形成了大量的低质林，其林木产量低、质量下降，森林的整体生态功能急剧退化；森林结构失衡，生物多样性减少，土壤侵蚀加剧，水土流失严重，旱涝、火灾、病虫害等自然灾害频繁发生，林地生产能力明显降低等，直接威胁着国土生态安全以及森林的可持续发展。为了满足森林可持续经营、森林生态安全的需要，以恢复近自然林为目标，变低效为高效，改劣质为优质，提高森林资源的质量，提高森林资源经营管理水平，急需进行低质林结构和功能的优化。因此，在国家林业公益性行业科研专项"大小兴安岭低质林结构与功能优化技术研究"、国家"十二五"科技支撑子项目"大兴安岭低质林低效林的多功能经营技术"和黑龙江省攻关"低质林结构与功能优化调控技术研究与示范"三个课题的资助下，笔者撰写了《低质林结构与功能调控优化技术模式》一书。

　　本书系统介绍了大小兴安岭低质林的产生过程。在分析低质林主要特征和形成原因的基础上，对针阔混交低质林、阔叶混交低质林、蒙古栎低质林、白桦低质林进行了不同带宽、不同面积林窗和不同强度择伐的诱导改造，在改造林地上进行了人工更新、天然更新和人工促进天然更新等不同形式的调控；开展了低质林林分树种结构、水平结构、垂直结构、生物多样性、林冠降水截留量、枯枝落叶层量及枯落物持水性能、土壤理化性质、土壤呼吸等一系列研究；解决了低质林林分评定及类型划分、低质林生态功能评价与恢复、低质林诱导改造复壮立体化经营配套等一系列关键技术问题；构建了不同林分低质林结构与功能优化调控的可持续经营模式，为低质林改造及检查验收提供了理论依据和技术支撑。

　　本书具体的撰写分工如下：第 1 篇由李勇（大兴安岭地区营林局）撰写；第 2 篇由董希斌（东北林业大学）、宋启亮（东北林业大学）撰写；第 3 篇由董希斌（东北林业大学）、张泱（黑龙江省铁力林业局）、张会儒（中国林业科学研究院资源信息研究所）撰写。董希斌统纂全书并定稿。

　　本书在撰写的过程中，参考了很多文献资料，得到了刘继明、秦世立、杨学春、姜帆、郭辉、吕海龙、纪浩、李芝茹、李超、高明、曾翔亮、崔莉、毛波、李祥等人及课题组全体成员的大力支持，在此一并表示衷心的感谢。

　　由于时间有限，书中不足之处在所难免，敬请广大读者批评指正。

董希斌

2014 年 8 月

目　　录

第 1 篇　低质林概述

第2篇　大兴安岭低质林结构与功能调控优化技术模式

第3篇 小兴安岭低质林结构与功能调控优化技术模式

第 **1** 篇

低质林概述

1 低质林简介

1.1 低质林的概念

  自从 20 世纪 80 年代长江中上游防护林工程建设实践中提出了低效林的概念后，低质林在林业生产实践和科学研究中出现了许多等效概念：低产林、低产用材林、小老（头）树（林）、低价值林、低价林、三低林、低质低产林、低产低效林、低产落后林、低劣残次林等。低质林概念的混乱，严重影响了人们的森林经营活动，也在很大程度上严重影响着该领域的生产实践、科学研究和交流等各个方面工作的顺利进行，特别是在我国林业建设由造林绿化向低质林改造与重建的转变过程中，规范和统一低质林的概念，具有十分重要的现实意义[1]。

  人们在不同的研究中赋予低质林不同的等效概念，廖金荣认为低产落后林是指生长差、质量低劣，不符合经营目的，达不到生长指标的林分[2]；綦山丁认为低效林是在保持水土和涵养水源方面较差，而在生长量方面比同类立地条件下相同林分平均生长量低的林分的总称[3]；张健等在长江中上游防护林研究中认为"低效林是由于受到了强烈的非自然因素的干扰破坏，林分系统功能呈逆向发展趋势，系统内各组成成分质量低劣，整个林分系统几乎丧失自调机能，最终表现为保水保土能力极差，防护效益处于极端低劣水平状态的林分"；孙源和与徐建春认为低产林是经营粗放，单位面积年均产出的直接效益和间接效益低于一定标准的林分[4]；马阿滨等认为凡是林分生产力、经济效益较相似立地条件、相同树种的林分低者统称为低产林[5]；郭小平等在对黄土高原低效刺槐林的研究中认为，"低效林是同类立地条件下相同林分平均水平下林分的生物产量、生态效益和经济效益较低的林分的总称"；李铁民从恢复生态学的角度，将低质低效林定义为：进展演替的初期或逆行演替的结果，森林合理的结构尚未形成或遭到破坏，林木个体质量低劣，自然生态效益及社会经济效益低下的林分[6]；杜晓军等则从森林经营目标的角度出发，把那些由于种种原因引起的没有达到主要经营目标的林分统称为低价林[7]。

  虽然低质林的等效概念如此之多，但从各概念的内涵分析来看，低质林的等效概念都可以统一到低质林的概念上来，而且对低质林的等效概念进行统一，有利于学术交流和生产实践。2007 年 10 月 1 日国家林业局公布实施的《中华人民共和国林业行业标准·低效林改造技术规程》（LY/T 1690—2007）中，将低质林定义为：受人为因素的直接作用或诱导自然因素的影响，林分结构和稳定性失调，林木生长发育衰竭，系统功能退化或丧失，导致森林生态功能、林产品产量或生物量显著低于同类立地条件下相同林分平均水平的林分总称。至此，低质林的概念有了统一的标准[8]。

1.2 低质林的成因

低质林形成的原因是多方面的、复杂的，不同的区域、不同的树种或不同的林分类型，其形成原因也各不相同，但总结归纳起来主要分为两种：自然因素和人为因素[9,10]。

1.2.1 自然因素

气候巨变、自然灾害以及土壤退化等自然因素对森林的影响程度是巨大的。

（1）自然灾害。全球气候变暖，使得原已适宜了一定气候条件的树种，也面临着重新适应气候变暖带来的挑战。温度等气候条件发生剧变和异常会严重伤害植物，比如低温危害中的寒害和冻害，而水分和风对森林的健康也有不同程度的影响。在乌江流域，灾害性气候的影响，如雨淋、冰挂、雪压、冰雹等造成的断梢、雪折、倒伏、弯曲，严重影响了林分的产量和质量，形成低产低质林分。1987年的"五·六"森林火灾，直接烧毁大量大兴安岭林区的天然林木资源，使火烧迹地的生态环境发生本质的改变，原有的优势树种丧失，而一些先锋树种快速地生长，从而形成大面积灌丛地和疏林等低质林。因此，一些研究者认为气候变迁或灾害性天气是低质林形成的重要自然因素。

（2）森林病虫害。由于人工林树种组成单一，林分结构简单，生物多样性差，因此抵御病虫害的能力也较差，一旦发生病虫害将是大面积的毁灭性灾害，从而使结构和功能失去完整性，森林生态功能和经济生产能力大大下降，形成低质林。如20世纪90年代初安徽省大面积营造松类针叶纯林，目前皖东境内国有林场、部队等所属的松林以及民营松林总面积已达1025万 hm²，但由于松材线虫病无法彻底根除，马尾松毛虫病害发生频繁，国外松松梢螟和衰退病时有发生，使大面积针叶纯林逐渐显现出低产低质的特征[11]。Jesse 等把森林病虫害作为评价环境变化的一个重要因子，因为森林不像农田或者其他"人工"的生态系统那样容易操控管理，森林病虫害的突发性及潜在的危险性足以改变森林生态系统的机制，从而改变环境。2002 年春季发生的大兴安岭加格达奇林区的天幕毛虫灾害，对森林养分循环、土壤碳固定及生物多样性等都有严重的负面影响，进而加剧低质林的形成。

土壤的干旱与养分不足是低质林形成的主要原因。因为土壤能够提供各种植物生长的养分、水分与适宜的物理条件，并能够决定自然植被的分布与演替，同时土壤的各种限制因素也对生物具有不良的影响。我国处于干旱和半干旱地区的年降雨量一般都在 350~450mm，由于降雨量小，林木蒸腾后的土壤表面水分不能及时补充，土壤表面板结，土壤越来越紧实，土壤的保水保肥能力变差，林木的生存条件恶劣，从而导致林分生长衰退。如山西省河曲县 10 年生刺槐林，由于其地处干旱半干旱边缘地区，土层从表层到底层基本处于凋萎湿度，因此 10 月底测量其 0~5cm 土层水分含量仅为 2.6%~4%，郭小平等的研究认为土壤干化是刺槐林衰退的最直接原因。土壤中的养分几乎是陆地上一切生物的能量来源，养分不足首先给植物带来营养上的缺失，从而导致植物的生长衰退或者死亡[12]。土壤养分中缺 N 少 P 必将抑制林木生长，林木根系的发育受限导致其对土壤深层的水分与养分利用不足都是 NP 比例失调的作用，从而形成低质林[13]。研究表明，土壤矿物质颗粒含量、速效 P、速效 K 等含量偏低和中粗砂比重较大，是木麻黄类低质林形成的重要原因[14]。

（3）林龄过熟，更新能力丧失。林分进入成熟期后，林木逐渐衰退枯亡，而自身已不具备自我更新的能力，导致林分低产低效。如兴隆山青杆林是甘肃中部黄土干旱石质山地的垂直地带性植被和顶级群落，对当地环境保护和水源涵养起着巨大作用，但林龄已近熟或已成熟，部分地方甚至已进入过熟阶段，病腐、断头、多叉等林木占 50%左右，形成了大面积低质林[8,9]。

1.2.2 人为因素

由于低质林分布范围广，其形成原因的区域差异也很大，因此人为因素又可以具体分为以下几种。

（1）人为活动的干扰破坏。运用违背森林自然生长规律的经营方式，大量采用皆伐等掠夺式的经营方式，是造成大小兴安岭以及我国其他区域林分低产低效、结构不合理、稳定性差、功能不完善的主要原因。在人口密度较高的次生林区，由于乱砍滥伐、过度整枝与樵采等人为原因，造成林相破碎，林分结构不稳定，自然繁衍的优良种质资源枯竭，水土流失严重，林地质量下降，从而形成低质林。新中国成立前，由于多年战争，对森林资源已产生了较大的破坏；新中国成立后，由于国民经济的发展，以及人口膨胀带来的巨大压力，为了满足对大面积农耕地的需求，从小规模的毁林开垦到大面积的农业垦殖，使林地面积和森林蓄积日趋缩减；新中国成立之初，为了恢复经济，大片的森林成了最直接的原材料，大量树木遭到砍伐，森林大面积锐减，生态环境严重破坏。由于人们对森林资源的多次过度采伐利用，伐优留劣，形成了上层林木稀疏、下层幼树更新不能及时恢复的局面，从而形成了群落结构单一、生长量低的低质林。

大兴安岭开发建设几十年来，林业资源状况已经发生巨大变化：一是大兴安岭地区活立木总蓄积量下降，已由采伐初期的 $7.3×10^8m^3$ 减少至目前的 $5.3×10^8m^3$，锐减了 27.4%；成过熟林蓄积量由 $4.7×10^8m^3$ 减少至目前的 $1.4×10^8m^3$，锐减了 70.2%。同时，针叶树种的蓄积量由开发初期的 $5.8×10^8m^3$

减少至目前的 $3.8×10^8 m^3$, 锐减了 34.5%; 有林地平均每公顷的林木蓄积量由 $108 m^3$ 减少到目前的 $78 m^3$, 锐减了 27.8%, 优势树种落叶松 (*Larix gmelinii*) 与白桦 (*Betula platyphylln suk*) 蓄积量比值由 7∶1 变为 3∶1。二是有林地面积减少, 开发初期的南部林缘已经北退 140 km, 有林地面积减少 3.3 个百分点, 年均减少 4000 hm^2, 整个立地条件较好的南部形成大面积的疏林和低质林。

（2）经营管理不当。技术薄弱、种苗质量差和缺乏科学而有效的经营管理手段是形成低质林的重要原因。随着社会的进步与发展, 人们认识到毁林的严重后果, 针对森林资源缺乏的被动局面, 我国相继启动了"三北"防护林、长江中上游、沿海、平原绿化、太行山、防沙治沙、黄河中游、珠江流域、淮河太湖流域、辽河流域等十大林业生态工程, 到现在营造了大量的人工林, 这对加快我国林业发展起到了非常重要的作用。但是各地在抓植树造林特别是近些年的"灭荒"工作时, 主要追求的是发展速度, 而缺乏科学而有效的管理, 致使造林的措施粗放, 导致新植幼林生长衰退, 林下植被覆盖度低, 形成大面积的经营型低质林。如在辽西地区, 造林遇到春旱的时候, 苗木大量死亡, 有的存活率不足 50%, 第 2 年又没有及时补植, 形成大面积的疏林地, 进而形成低质林。另外, 营造大面积单一树种的纯林, 极易遭受各种自然灾害和生物危害, 也容易形成低质林。

（3）违背适地适树原则。由于对造林地自然属性评价不当, 造成树种配置、种苗质量和营造技术等方面技术措施的失误, 导致林木不能适应当地的气候、土壤和有害生物等, 会造成林分生长不良甚至死亡, 因而导致低质林的形成。如赤桉是金沙江干热河谷造林的主要树种之一, 但干热河谷山高坡陡, 雨季集中, 水土流失严重, 土壤十分贫瘠, 一些造林地虽然土壤较深厚, 造林初期也进行了管理, 幼树尚能正常生长, 但随着树木生长对土壤养分需求的增加, 有高达 40%的在荒山营造的赤桉林分生长不良, 成为低质林, 难以发挥效益。

（4）造林密度过大。林分密度决定着林分的生产力, 但同时也决定着林分对水分的消耗, 造林的密度过大, 单株营养供应和生长的空间不能满足林木的正常生长需求, 也容易形成低质林。山西省吉县的研究表明, 密度对刺槐胸径生长的影响极显著, 而对树高生长的影响较小。在一定范围内胸径生长随密度增大而减小, 随密度减小而增大, 这说明林分密度过大也会形成低质林。如位于四川盆地的阆中市自 1989 年启动长江防护林建设工程以来, 营造了大面积的柏木林, 但由于造林密度过大等原因, 森林生态系统脆弱, 生态功能低下, 如林分密度在 2000 株/hm^2 以上的中幼龄林分中, 低质林就有 4109 万 hm^2, 占整个中幼龄林分面积的 80%。

综合来看, 我国森林退化成低质林的主要是人为过度干扰造成的, 从东北森林的退化就可以看出森林退化为低质林的过程和特征。东北东部山区顶极群落为阔叶红松林, 这一地带性植被是第三纪冰川后经历漫长的地质时期演替形成的, 然而, 在短短 100a 的时间, 由于清末大规模的毁林, 日本、俄国大量地消耗木材,国内战争的破坏，再加上毁林开荒等不合理的经营，使得大部分原始林已不复存在，退化成为现在的低质林。阻止森林的快速消失，科学合理地利用森林，创造森林与人类和谐的生态环境是一项对人类生存有意义的长期工作[11,15,26]。

1.3　低质林对林业可持续发展的影响

大兴安岭林区是我国重点林业生产基地，林区总经营面积 835 万 hm²，大兴安岭开发建设几十年来，加之 1987 年的"五·六"森林火灾，形成了大面积的低质林。大小兴安岭低质林的存在，如不进行人为干预，恢复原生植被群落需要上百年甚至更长的时间，严重制约和影响了林业的可持续发展[16]，其主要表现在以下几个方面。

（1）降低了防护林的整体质量和功能。由于低质林的广泛存在，对各级统计区域（单元）的森林质量、功能及其评价都有较大的负面影响。长江上游地区郁闭度≤0.4 的林地，其比重占到区域林分、疏林面积总和的 40.2%。这些林分中，大多数为生产力水平极低或生态功能较差的低质林。南方许多商品材林区，过去培育的杉木林因树种选择、种源及经营措施等原因，形成低质林，年蓄积生长量不足 2m³/hm²，而近几年来对此类林分改造，其年蓄积生长量可达到 40 m³/hm² 以上，相同或同一立地条件，森林效益相差数十倍。因此，低质林的存在和发展，严重降低了森林的整体质量和功能[17]。

（2）制约了林业生态经济的持续发展。有"林"无"质"不仅反映的是林分的状况，而且也反映出了林地的不断退化和生产潜力的逐渐衰竭，森林正常的生产能力、再生能力、环境与生物多样性功能均受到严重影响。如此下去，森林资源不能进行可持续经营，林业自身的健康发展也将受到严重影响，造成大量的资源浪费和资源质量的降低，并对林业的体系建设造成障碍。长江中上游地区因长期人为干扰而形成的大面积低质林，"三北"和沿海防护林因树种单一导致病虫灾害而造成大面积的杨树林、黑松林、马尾松林成为低质林，这将在较长的时期内，影响到这些区域的林业建设，制约林业生态和经济的持续发展[17]。

（3）影响环境持续发展并阻碍行业和区域的经济与社会的健康发展。因人为而诱导自然因素而形成的大量低质林，犹如人类社会繁衍过程中因致残育残而出现大量不健康的人群，必然导致社会整体在发展过程中负重滞履。许多低质林分的形成是由于人为经营管理不当或林地资源经营方向确定不当所造成的，浪费了投资，占有了林地资源，在少则十余年多则数十年的时期内，不仅不能正常发挥森林的多种功能与作用，而且还要耗费管理和改造的投入。如果达到一定的比重，将影响到区域的环境持续发展，制约行业的经济建设和区域社会的健康发展[17]。

1.4　低质林的评判标准

1.4.1　建立评判标准的意义

低质林就其形成和发展的过程而言，应该是属于次生林中的一个特殊类型，它具有次生林所具有的一切特点。但是它遭到破坏的时间较长，破坏程度严重，重新恢复的难度大。但不容忽视的是，它也是可靠的后备森林资源基地，只要保护措施得力，使森林得到休养生息，它就会向着优质天然林的方向发展。与荒山造林相比，如果处理得好能成林早，见效快。改善现有低质林结构、提高低质林的生态效益，首先要解决哪些林分是质量低劣、效益低下的这个关键问题，进而针对各种低质林分类型制定相应的经营保护措施，避免出现"不该改造的乱改造，应该改造的没改造"的现象。因此，选择科学的低质林评判标准，是合理改造低质林提高现有森林资源质量的前提。

低质林是大小兴安岭天然林保护工程的核心内容，在天然林保护工程的实施过程中，对现有天然林资源质量的衡量，对天然林保护工程的质量评价，都需要一个科学的质量评价体系。低质林评判标准是衡量天然林保护工程质量的重要技术指标之一，是天然林保护工程质量管理体系的重要组成部分[18]。

1.4.2　建立评判标准的原则

（1）以演替规律为基础。演替规律是天然次生林发生和发展的最基本规律。制定低质林评判标准必须了解现实林分所处的演替阶段及其演替方向，才能全面正确地评价林分的质量和效益。

（2）以形成原因为线索。制定低质林评判标准应紧密结合对形成低质林原因的研究，掌握了形成低质林的原因，就为制定评判标准提供了重要的线索。

（3）多种效益结合。森林本身是一个具有多种效益的综合体，衡量低质林的效益，除了生态效益这个主要的效益外，还应该兼顾其他多种效益，如经济效益等。

（4）质量和效益相统一。质量是效益的前提，效益是质量的体现，如优质和高效不可分割一样，低质和低效也是一个统一体的两个不同侧面，既不会有质量低劣而效益高的林分，也不会有质量优良而效益却低下的林分。

（5）立足于林分的稳定性与长期性。林分的稳定性与长期性说到底也是个重要的质量指标，只有建立在稳定性和长期性基础上的质量和效益才是可靠的。

（6）实用性原则。确定的标准不仅要符合科学性，同时还要具有可操作性，符合林业生产实际[6]。

1.4.3 建立评判标准

李铁民从林分郁闭度或密度、灌木林功能与结构、林分结构和林木个体生长状况四个方面对低质林建立评判标准[6]；周立江认为对低质林的评判主要依据于林分的质量、效益及所处林地的立地条件，应以森林功能的正常水平和对应的立地生产力为标准[16]。不同的学者根据自己的生产实践和科研经验对低质林建立评判标准，利用这些标准对某个区域的低质林进行评判也许是合适的，但对其他区域或其他类型的低质林，就不一定可行了。评判标准的混乱，不但不能对低质林进行评判，反而会越评越乱，给人们对低质林的划分和管理造成了很大困难，直到2007年10月1日，国家林业局公布实施《低效林改造技术规程》，这才对低质林的评判有了一个统一的标准。

（1）通用标准。凡符合下列条件之一者，可判定为低质林：①林相残败，功能低下，并导致森林生态系统退化的林分；②林分优良种质资源枯竭，具有自然繁育能力的优良林木个体数量<30株/hm^{2}的林分；③林分生长量或生物量较同类立地条件平均水平低30%以上的林分；④林分郁闭度<0.3的中龄以上的林分；⑤遭受严重病虫、干旱、洪涝及风、雪、火等自然灾害，受害死亡木（含濒死木）比重占单位面积株数20%以上的林分（林带）；⑥经过2次以上樵采、萌芽能力衰退的薪炭林；⑦因过度砍伐、竹鞭腐烂死亡、老竹鞭苑充塞林地等原因，导致发笋率或新竹成竹率低的竹林；⑧因未适地适树或种源不适而造成的低质林分。

（2）生态标准。以生态防护功能为主要经营目的的森林，符合下列条件之一的可判定为低质林：①植被覆盖度<40%的中龄林以上的林分（降水量低于400mm的区域，植被覆盖度<30%的中龄林）；②林地土壤侵蚀模数大于或等于中度（≥2500t/km^2·a）的林分；③营建于农田、牧场、海岸、沙区的防护林带，连续缺带20m以上或现有密度小于合理经营密度20%以上，以及生长、结构不良，防护功能差的林带；④受中度风蚀，沙质裸露，林相残败的防风固沙林；⑤组成单一、结构不良、林相残败、防护功能低下、无培育前途的林分；⑥林分衰败，生态防护功能显著下降的成、过熟林。

（3）经济标准。以林产品为主要经营目的，符合下列条件之一的可判定为低质林：①树高、蓄积生长量较同类立地条件林分的平均水平低30%以上；②林分中目的树种组成比重占40%以下；③商品材预期出材率低于50%；④生产非木质林产品，连续3年产品产量较同类立地条件林分的平均水平低30%以上；⑤生产非木质林产品，林木或品种退化，已不适应市场需求。

上述衡量低质林各类指标的参照标准是相同立地条件和经营水平的林分的平均值[20]。

1.5　低质林的分类

针对不同的区域尺度和不同的林分，对低质林的分类也相应地采用不同的定义与分类指标，如根据功能、区域、树种组成、立地因素、起源和生长等的差异进行类别划分。曾思齐等通过对立地条件的土壤、土层厚度、坡向和坡位等因子进行逐步回归，分析了影响云杉林、马尾松林和栎林生长的主要因素，从而把这3类林分的低质林划分为极低质低质林、生长潜力型低质林、低质型低质林和综合型低质林[21]；李丽莉等从经营改造方面考虑把低质林分为4种类型：人工抚育型、全面改造型、封山育林型和林参间作性[22]；罗晓华等依据植被总覆盖度、林分立地因子等把三江流域的低质林分划分为3个林型组，6个林型亚组，12个林型和24个改造型。此外，有的研究者针对特定的区域，也采用树种组成特征对其低质林进行分类，或采用起源或更新方式结合树种组成、林分生长状况进行低质林的类型划分[23]。分类方法如此之多，本书只挑选出其中具有代表性的方法供各位读者了解。

1.5.1　按低质林起源分类

（1）低质次生林，又称为原生型低质林，指原始林或天然次生林因长期遭受人为破坏而形成的低质林，具体又可分为以下3类：

残次林。受干扰破坏，林相残败，结构失调，郁闭度及植被覆盖度低，林地土壤侵蚀较严重，经济价值及生态功能低下的林分。

劣质林。受不合理的利用，优良种质资源枯竭，保留下的种群遗传品质低劣，自然发育退化，失去经营培育价值的林分。

低质灌木林。受干扰破坏，生态功能低下，失去经营培育价值的灌木林。

（2）低质人工林，又称为经营型低质林，指用人工造林及人工更新等方法营造的森林，因造林或经营技术措施不当而导致的低质林，具体又可分为以下5类：

低质纯林。生态效益或生物量（林产品产量）显著低于同类立地条件经营水平的单一树种的纯林。

树种（种源）不适林。因树种或种源选择不当，未能做到适地适树，林木生长极差，功能与效益低，且无培育前途的林分。

病虫危害林。受有害生物严重危害且难以恢复正常生长的林分（林带）。

经营不当林。因经营措施不当、管理不善等原因，导致林木生长不良，林分（带）功能与效益显著低下的林分。

衰退过熟林。进入衰老期，丧失自然更新能力，整体衰败的林分（林带）[20]。

1.5.2　按低质林功能分类

（1）经济效益型低质林。经济效益型低质林是指在一定的社会经济条件下，森林在维持自身特征的过程中,产生的物质或发挥的功能不能满足人类社会对森林经济效益需求的林分。人类社会对经济效益型低质林的主导需求表现为森林经济效益。此类低效林的经济效益远远小于林地的潜在经济效益,即森林经济效益远远小于具有相同自然环境和立地条件的现有林分产生的最大经济效益,且能通过人类活动,使森林经济效益得到较大提升。在林种划分上,包括经济林、薪炭林及用材林;在森林效益表现上,指森林生态效益、森林社会效益较大,但森林经济效益较小的林分。

(2)生态效益型低质林。生态效益型低质林是指在一定的社会经济条件下,森林在维持自身特征的过程中,产生的物质或发挥的功能不能满足人类社会对森林生态效益需求的林分。人类社会对生态效益型低效林的主导需求表现为森林生态效益。此类低效林的生态效益远远小于林地的潜在生态效益,即森林生态效益远远小于具有相同自然环境和立地条件的现有林分产生的最大生态效益,且能通过人类活动,使森林生态效益得到较大提升。在林种划分上,包括防护林和环境保护林、自然保护区等特种用途林;在森林效益表现上,指森林经济效益、森林社会效益较大,但森林生态效益较小的林分。

(3)社会效益型低质林。社会效益型低质林是指在一定的社会经济条件下,森林在维持自身特征的过程中,产生的物质或发挥的功能不能满足人类社会对森林社会效益需求的林分。人类社会对社会效益型低效林的主导需求表现为森林社会效益。此类低效林的社会效益远远小于林地的潜在社会效益,即森林社会效益远远小于具有相同自然环境和立地条件的现有林分产生的最大社会效益,且能通过人类活动,使森林社会效益得到较大提升。在林种划分上,包括名胜古迹、革命纪念地的林木等特种用途林;在森林效益表现上,指森林经济效益、森林生态效益较大,但森林社会效益较小的林分。

(4)复合效益型低质林。复合效益型低质林是指在一定的社会经济条件下,森林在维持自身特征的过程中,产生的物质或发挥的功能不能满足人类社会对森林经济效益、生态效益和社会效益两种或两种以上效益需求的林分。人类社会对复合效益型低质林的主导需求表现为森林经济效益、生态效益、社会效益两种或两种以上的复合效益。此类低质林的经济效益、生态效益、社会效益远远小于林地的潜在经济效益、生态效益、社会效益,即森林经济效益、生态效益、社会效益远远小于具有相同自然环境和立地条件的现有林分产生的最大经济效益、生态效益、社会效益,且能通过人类活动,使森林效益得到较大提升[1,24]。

1.5.3 按低质林主要影响因子分类

张浟等利用对小兴安岭林区典型低质林进行实地调查获得的样地森林资源的详细资料,应用多元统计分析理论对林分树种、林分密度、林分径级、林分多样性和丰富度以及土壤状况等进行了分析,筛选造成低质林分的主要影响因子,并以此为基础，确定了低质林划分的技术参数，然后对低质林进行分类[25]。

（1）非经济型低质林。更新较快的树种占主要优势，表明林分树种结构不合理。因此，需要根据林分的树种结构，依照森林生态系统演替规律，选择适宜林分环境生长的、价值高的树种，及时更换掉价值低的树种，达到对低质林改造的目的。经调查，在径级相同的情况下，不同树种的价格大约为：红松 1050 元/m³，椴木 850 元/m³，落叶松 800 元/m³，桦木 700 元/m³，杨木 500 元/m³，榆木 750 元/m³。分析调查结果，调查区低质林树种分布不均衡，区域性的树种比较单一，大部分为经济价值较低的林分，因此，将该部分林分界定为"非经济型低质林"。

（2）低密度型低质林。为了研究低质林分与优良林分之间的差异，选取优良林分并以一定的立地因子进行不同梯度的设置，划分了多块标准地进行调查研究。通过调查发现，低质林分的幼龄林，其分布明显低于优良林分，总平均蓄积生长量也远低于优良林分；在近成熟林龄组中，低质林分中的个别树木的胸径、树高高于优良林分，平均单株材积也较大，但是总蓄积和总平均生长量并没有明显的差别。

调查发现，各个调查区的林木密度都小于当地优良林分的总平均密度 1470 株/hm²。由此可见，调查区内的林木很稀疏，森林质量低，这必然会导致将来的林木产量很低。同时，稀疏的森林在生态效益方面的效用也很有限，很难达到预期的效益。因此，将该地区林木密度低于 850～1000 株/hm² 的低质林界定为"低密度型低质林"。

（3）草原型低质林。小兴安岭 3 块调查区域草本层的物种丰富度为 16.22，明显高于灌木层（9.67）和乔木层（13.78）；草本层的物种多样性指数也高于灌木层和乔木层，平均分别为 3.14，1.48 和 2.04；各样地的物种均匀度指数和生态优势度指数变动幅度不大。这说明，作为优势种的乔木由于采伐量大，增加了草本植物的生长空间，导致该区域生态系统不平衡，抗干扰能力降低，造成大量的草类植物迅速生长。因此，将其界定为"草原型低质林"。

（4）生长潜力型低质林。调查区域径级在 5～20cm 的株数最多，20～30cm 的株数较少，整体来看，中小径林木占很大比重，说明调查区内林分质量较差。但就长远意义上来讲，经过阶段性的生长，可以使林木产量有所提高，说明该区域的低质林还是具有一定的生长潜力的。调查区内 q 值在 0.02～5，q 值均值为 1.167，比较偏低，说明林区不同径级的株数分布不均匀。因此，将林分径级 70%以上集中在 5～20cm 的低质林界定为"生长潜力型低质林"。

（5）高肥低效低质林。与对照地相比，在土壤有效量中，除有效 N 的质量分数大于对照地外，有效 P 和速效 K 的质量分数均小于对照地；土壤全 N、全 P 及有机质的质量分数都大于对照地，全 K 小于对照地；碳 N 比和 pH 稍微小于对照地。这说明光照强度加速了枯落物的降解及采伐剩余物、死根的分解，使土壤有机质和全量增加，土壤酸性增加，土壤呈现出"溢肥"现象。但是由于缺少植被，土壤水土保持能力降低，造成可溶性营养元素淋失，使营养元素的可利用性降低。因此，将土壤微量元素质量分数高而利用率低的低质林命名为"高肥低效低质林"[25]。

1.5.4 按低质林优势树种分类

按低质林优势树种分类，是以低质林中的优势树种作为低质林类型划分依据的分类方法。优势树种是在混交林中，组成上比重占优势的树种。树种是森林效益的有效载体，在森林自然演替过程中，是自然环境因子集、林地因子集、生物因子集的综合体现者，也是人类社会对森林多种需求的主要实现者。

参 考 文 献

[1] 陈进军, 张忠友, 杨春齐. 试论低效林的涵义及类型划分[J]. 四川林业科技, 2009, 30(6): 98-101.

[2] 廖金荣. 改造低产落后林分提高营林总体质量 [J]. 福建林业科技, 1989, (1): 42-44.

[3] 綦山丁. 乌江流域低效林分特点及其改造技术途径探讨. 长江中上游防护林建设论文集[C], 1991.

[4] 孙源和, 楼墨文, 郭尔飞. 浅谈我省低产林的改造[J]. 华东森林经理, 1994, 8(2): 40-42.

[5] 马阿滨, 薛茂贤. 低产林改造类型及改造模式研究[J]. 农业系统科学与综合研究, 1995, 11(4): 267-270.

[6] 李铁民. 太行山低质低效林判定标准[J]. 山西林业科技, 2000, (3): 1-8.

[7] 杜晓军, 姜凤岐. 低价林概念商榷[J]. 长江流域资源与环境, 2003, 12(2): 136-140.

[8] 侯淑艳. 北京市低山区低效人工林结构特征与评价研究[D]. 北京: 北京林业大学博士学位论文, 2013.

[9] 李莲芳, 屠明跃, 郑畹, 等. 云南松低质低效林的成因及其分类[J]. 西部林业科学, 2009, 38(4): 94-99.

[10] 苏月秀. 我国森林经营现状研究[D]. 北京: 北京林业大学硕士学位论文, 2012.

[11] 邓东周, 张小平, 鄢武先, 等. 低效林改造研究综述[J]. 世界林业研究, 2010, 23(4): 65-69.

[12] 郭小平, 朱金兆. 论黄土高原地区低效刺槐林改造问题[J]. 水土保持研究, 1998, 5(4): 75-82.

[13] 侯庆春, 黄旭, 韩仕峰, 等. 黄土高原地区小老树成因及其改造途径的研究[J]. 水土保持学报, 1991, 5(1): 64-72.

[14] 叶功富, 张水松, 徐俊森, 等. 沿海木麻黄防护林更新改造技术的试验研究[J]. 防护林科技, 1996(7): 1-11

[15] 宋启亮. 不同类型退化森林诱导改造后森林生态系统稳定性评价[D]. 哈尔滨: 东北林业大学硕士学位论文, 2012.

[16] 周立江. 低效林评判与改造途径的探讨[J]. 四川林业科技, 2004, 25(1): 16-21.

[17] 张波. 黑龙江省西部小黑杨低质防风固沙林成因研究[D]. 哈尔滨: 东北林业大学硕士学位论文, 2007.

[18] 廉洪英, 杨金成, 孔繁盛, 等. 论内蒙古东部浅山区低质林改造与生态环境保护[J]. 内蒙古林业调查设计, 2002, 25(4): 4-6.

[19] 张健, 王国龙, 杨玉坡. 三江流域低效林类型划分及标准制定研究//杨玉坡, 等. 长江上游(川江)防护林研究[C]. 北京: 科学出版社, 1993: 282-291.

[20] 国家林业局. 低效林改造技术规程[S]. 北京: 中国标准出版社, 2007.

[21] 曾思齐, 欧阳君祥. 马尾松低质低效次生林分类技术研究[J]. 中南林学院学报, 2002, 22(2): 12-16.

[22] 李丽莉, 钱玉库, 李志达. 低质林调查分析及改造对策[J]. 农业系统科学与综合研究, 1993, 9(3): 175-177.

[23] 罗晓华, 何成元, 刘兴良, 等. 国内低效林研究综述[J]. 四川林业科技, 2004, 25(2): 31-36.

[24] 徐培富, 陈进军. 不同封育措施对绵阳市低山丘陵区柏木低效林物种多样性的影响[J]. 四川林业科技, 2009, 30(5): 88-94.

[25] 张泱, 姜中珠, 董希斌, 等. 小兴安岭林区低质林类型的界定与评价[J]. 东北林业大学学报, 2009, 37(11): 99-102.

[26] 朱教君, 李凤芹. 森林退化/衰退的研究与实践[J]. 应用生态学报, 2007, 18(7): 1601-1609.

2 低质林改造

2.1 低质林改造的意义

低质林改造是指为改善林分结构、开发林地生产潜力、提高林分质量和效益水平，对低质林采取的结构调整、树种更替、补植补播、封山育林、林分抚育、嫁接复壮等营林措施[1]。虽然改造的历史很长，实践活动丰富多彩，但其理论研究却相对滞后。为了合理利用林地资源，充分发挥森林的多种功能，实现林业的可持续发展，必须在科学的指导下调整不合理的经营目标和利用方向，改造这一部分低质资源，开发其自然属性所赋予的生产能力[2,3]。黑龙江省林区的各种类型低质林地域分布广，保有面积大。因此，改造低质林，调控林分结构，促进低质林向着高生产力、高品质的森林演替，充分发挥森林的生态价值，对我国林业建设具有举足轻重的作用。通过对低质林结构的调控复壮的研究，使林分的生产力和生态功能逐步提高，为天然林保护工程的实施提供切实可靠的实用技术，对大小兴安岭林区的森林实现可持续经营和长期、稳定地发挥多种效益特别是生态效益十分必要。大小兴安岭林区是我国重点林业生产基地，林区总经营面积近 2000 万 hm^2。大小兴安岭开发建设几十年来，林区人民发扬突破高寒禁区、无私奉献的大无畏精神，为祖国的现代化建设作出了巨大贡献，但是也给大小兴安岭的森林生态系统造成了巨大的破坏，林区植被类型与原始状态已发生重大改变，阔叶林比重大幅上升，针叶林比重大幅下降，对维护区域千百年来形成的冷湿环境保护构成极大威胁，降低了林区整体植被类型的稳定性和效能。另外，大兴安岭 1987 年森林火灾区，使大兴安岭形成了大面积低质杨桦林，如不人为干预进行改造，恢复原生植被群落需要上百年甚至更长的时间[4]。因此，对低质林进行改造，具有以下重要意义。

（1）有利于稳定森林结构，提高森林质量。通过对低质林进行改造，可以改善林木生长状况，调整树种结构和龄组结构等，为本土优势群种创造健康有利的生长环境，使森林尽快转变为能向生产优质林木过渡，形成优良的生态林分，优化林分结构，提高林地生产力和抗御灾害的能力，增加物种多样性，使林分结构逐步趋向合理，使其涵养水源、保持水土和净化空气等生态系统功能更加完善，促进人与自然和谐发展，推动林业经济社会可持续发展。

（2）增加森林资源总量，提升森林多种效益。受各种因素影响，目前，大小兴安岭现实的林木资源以幼、中龄林为主，低质林又占了很大一部分比例，这就造成了森林蓄积总量不足，可采资源濒临枯竭，林木资源难以实现永续利用。因此，对低质林进行改造，加快森林资源培育和林业产业发展步伐，培育优质森林资源，利用科技手段，通过科学规划、稳步实施，目标培育，努力挖掘林地资源的生产潜力，为林木生长创造有利环境，最大限度地发挥林地单位面积产量和效益，既可以实现定向培育、集约经营，又可以缩短森林培育周期，缓解可采资源危机的矛盾，也可减轻天然林生存压力，对推进林业建设，提质增效、转型升级、科学发展，逐步达到改善山区林业"大资源、小产业、低效益"的现状，发挥林业的生态、经济、社会等效益具有重要作用。

（3）促进林业全面发展，引导林农增收致富。目前，由于企业木材产量下调，林区出现了过多的剩余劳动力，加上每年新增的劳动力，给企业带来的就业压力越来越大。该项目的建设，可安置项目区的部分职工就业，这既可增加企业经济收入，提高人们的生活水平，增强社会稳定性，又可促进其他林产品的发展。因此，低质林改造既是加快林业发展的重要举措，通过现代林业建设，不断促进林业全面、系统地发展，提高林地产出率、改善生态环境，构建山川秀美的生态林业；也是加快农民增收步伐，繁荣农村经济，推进社会主义新农村建设的惠民工程。对山区农民来说，困难在山，希望在山，潜力在林，出路在林，开展低质林改造，激发农民发展林业生产经营的积极性和主动性，有利于促进森林资源的有效保护和高效利用，促进林业产业发展，而且对于调整农村经济结构，促进农民持续增收具有十分重要的意义[5]。

低质林重建属于国土治理的一个重要方面，是兴利除害、改善生态环境、治理水土流失的一条有效途径。改造低质林的目的是使现有低质林分达到经营损益合理、保持水土以及提高其综合效能。因此，在进行低质林的改造和重建时，应以恢复近自然林为目标，基本保持原有植被条件下的综合效能，结合适当的条件因地制宜地发展多林种、多层次结构源和保持水土的防护功能，变低效为高效，变纯林为混交林，变疏林为密林，最终达到增强森林涵养水变单层林为乔、灌、草结合的复层林，改低产为高产，改劣质为优质，提高森林的生态效益和经济效益，充分发挥森林的多种功能[6]。

2.2 低质林改造的国内外现状

低质林的研究工作一直是国内外比较重视的问题，并取得了一定的成效。但由于各国森林资源条件的差异，经济发达程度和工业化水平的不一致，以及对森林价值取向的不同，其改造技术也有不同的发展途径。

2.2.1 低质林改造的国外现状

国际热带木材组织（The International Tropical Timber Organization, ITTO）在

《ITTO 热带退化与次生森林恢复、经营和重建指南》一书中将我们所称为低质林的林分，根据其结构特征和退化程度分为两类：一类称为退化原始林，指由于对林分的不可持续经营利用，导致森林结构、过程、功能和动态的变化超出了生态系统的短期恢复能力的原始林，即此类森林在采伐利用后，已经危害了近、中期内完全恢复的能力。另一类称为低质林，指原有森林植被被大面积采伐后（即低于原有森林覆盖度的 10%），林地上重新生长的木本植被。

在对退化与低质林的功能、作用的认识上，联合国粮食及农业组织（Food and Agriculture Organization, FAO）2000 年对 77 个热带国家退化与低质林面积的统计是约 8.5 亿 hm²，相当于热带地区森林总面积的 60%。亚洲热带地区退化原始林和次生林的面积估计有 1.45 亿 hm²，占森林总面积的 46%。其认为退化和低质林已逐渐成为许多热带木材生产国的主要森林类型，可以发挥着各种生产、社会和保护功能，有益于改善人类生计和环境。其分布往往位于居民点附近的易接近区域，因而可提供很好的基础设施，在地方、国家和国际水平上提供大范围的有价值的产品和服务，是热带森林资源中越来越重要的部分。低质林和退化原始林还能提供重要的环境服务，若能得到合理地恢复和经营，能防止土壤侵蚀、调节水流、降低坡面径流的损失，作为破碎地和农业景观生物多样性的庇护地，能提供森林重建模板，有助于基因资源保护及其他作用，并在全球碳循环中发挥重要作用。

在其结构特征研究方面，研究者认为低质林最典型的特征之一是相距很近的不同林分之间的树冠层和下木层，都具有高度的植物异质性，其主要原因是土地弃耕期侵入树种的物种变异、更新类型以及影响物种组成的残余树种的不同所致。在区域尺度上，主要是非生物因素影响演替速度，如降水和海拔的差异。作为生产系统的低质林，具有许多有利于经营的生态特征，包括存在天然更新的能力，物种组成相对一致，物种特征一致（强烈的需光性），年龄和大小具有很大的同质性（适合低质幼林生长），树木在幼年生长快，许多树种的木材特性相似[7]。

国外低质林改造首先开始于德国，20 世纪 50 年代以来，世界上许多国家也都十分重视低质林分的改造工作，并将其作为提高森林生产力的重要措施之一，尤其是通过"栽针保阔"的途径来促进其进展演替，在改造、抚育过程中充分运用边缘效应，但并没有形成较为完整的作业体系（或营林体系）。如亚美尼亚的低质林改造于 1965 年在巴格拉特申林场开展营造核桃、克里木松等树种的实验，这些人工林按带状法营造（带宽 10m、20m 和 30m），林窗面积 100m²、225m² 和 400m²；奥地利采取先抚育后改造的方法，制定改造方案伐去灌木和低劣林木，促进保留树种的解放与生长，可以增加木材产量 40 万 m³；斯洛伐克对过量采伐和破坏的云杉低质纯林采取引进珍贵树种形成混交林的方法，形成高产的复层林分结构；在美国、瑞典、日本等国，一般是皆伐后用人工更新的改造方式，采取集约经营培育速生丰产林，如美国南部地区计划到 2000 年改造 1200 hm² 的阔叶低质林为针叶林；日本将低质林多改造为速生针叶林；前苏联等国家都主张在原有林分的基础上进行改造，培育相对稳定且质量较高的林分[8]。

2.2.2　低质林改造的国内现状

我国对低质林的经营和研究工作始于 20 世纪 80 年代，30 余年来取得了很大的成绩，并逐渐向科学化、现代化和集约化方向发展。

从低质林的研究方面看，从 20 世纪 90 年代初开始进行天然低质林的分类方面的研究，为低质林的经营工作提供了基本理论和初步方案。之后在东北地区以东北林业大学、黑龙江省林业科学院和辽宁省林科所等单位为主，在西北以中国林业科学研究院为代表，相继开展了有关低质林抚育、改造和经营的系统研究工作，并分别提出了一些有关的经营技术。如东北林业大学林学系根据植被动态演替理论和顶极学说，对东北低质林提出抚育和改造相结合，通过栽针保阔，推动低质林的进展演替，恢复地带性顶极群落的"动态经营体系"；黑龙江省林业科学院林研所从低质林的开发利用和人工林的培育角度出发，提出了"人天混更新方式"；黑龙江、辽宁、吉林、甘肃等省生产部门也对低质林改造进行过大量的生产实践，取得了积极的效果。黑龙江省东部浅山区现已形成的大面积人工林多数是次生柞林经改造而成长起来的。如通天一林场对低质柞林皆伐后栽植落叶松，12a 生每公顷蓄积达 84.1m^3，较未改造的 15a 次生柞林的 17.6m^3 增长了近 4 倍；吉林省寒葱岭林场对低质杂木林、柞木林采用抚育改造方法，22a 生红松林平均蓄积量达到 51.5m^3，形成复层混交林分；辽宁省宽甸白石砬子林场对一沟一坡 71hm^2 低质林分进行综合改造，将原来低质的阔叶杂木林，诱导成以针叶树为主的混交林，新植的红松、落叶松等生长旺盛，10～13a 的红松的落叶松的材积生长率达 10%～12%；甘肃省小陇山林业总场改造了大面积的沟谷杂木林、萌生灌丛、疏林残败林分，采用带状改造方法，14a 生落叶松较未改造的杂木林蓄积提高 2.5 倍。周志春等对马尾松低质林实施"砍松留阔"择伐实验,结果表明：马尾松次生林经 40%～50%强度择伐利用 6 年后，林下的石栎、青冈等地带性常绿阔叶树种呈现出快速的恢复性生长，林相结构得到快速恢复而形成新的森林景观，且其生态功能显著增强[9]。近年来，董希斌等又率先对大小兴安岭的低质林进行不同生态模式的改造实验，并连续多年定期对改造实验后林地的各指标进行跟踪分析，然后分别对不同类型的低质林筛选出相应的最佳生态改造模式，取得了丰硕的成果。随着对低质林改造技术研究的逐步深入和对生产实践的不断总结，低质林改造技术日趋完善和丰富，上述理论、观点和技术措施，均为以后对低质林的研究奠定了重要的基础。

2.3　低质林改造存在的问题

低质林改造是林业资源培育和功能优化配置中所面临的一个重要问题，低质林改造问题虽提出已久，但那时对低质林林分的认识尚停留在较浅的层次上，对资源的需求也没有现在这样紧迫，低质林的改造工作进行得并不理想，个别地方甚至将一些生长较好的林分也"改造"，在改造技术上，存在一律砍光重造并建立人工纯林的倾向。随着森林生态系统科学研究的逐步深入，森林的多种效益特别是兼顾森林资源恢复和对生态环境短期和长期效益受到重视，对低质林改造亦要求向生态效益与经济效益并重的方向发展。然而，由于低效林改造过程涉及多方面因素的影响，是一项复杂的系统工程，目前仍存在如下问题[10]。

（1）政策问题。产权必须明晰。低效林改造虽然属于森林经营范畴，但无论是对低质防护林还是低质低产林的改造，都有可能涉及林地与林木产权的变更。尤其是在集体林区，非公有制参与程度较高，林地所有权、经营权多发生变动。因此，在低质林改造中对所有权与经营权发生变更的必须明晰产权，做好确权登记工作。此外，低质林的改造需要吸引社会各方面资金的投入，还要完善林木所有权和林地使用权的合理流转，做好承包、租赁、抵押、继承、转让、拍卖等工作。

木材限额和税费的现有政策有待调整。我国现有木材生产限额统得过死，在一定程度上已经制约了对低质林改造的实施。一些地区，残败低效林分大量存在，需要进行更新和改造；有些中幼龄林，急需采取抚育间伐、抽针补阔、调整林分树种结构等措施[2]。但由于受到下达给当地采伐限额的限制，使改造不能实施，或使原本生长正常的林分，由于经营管理措施跟不上，变成低质林。另外，木材税费过高，占了木材总销售额的 40%以上，增加了低质林改造的成本。尤其是对低质防护林改造，其经营效能为公益性，更需要国家在限额、税费等政策上给予倾斜和调整[11]。

（2）管理问题。低质林地改造计划与审批应从严掌握，不论是低质防护林还是低质低产林，都应有一套科学、实用和操作性强的评价指标。这不仅能确保低效林分得到及时的改造，而且可以避免毁林造林的盲目行为发生。建议在将要实施低质林改造的区域，应首先以县为单位编制现有低质林的调查报告及改造的规划设计，制定出切实可行的经营改造措施，经行业主管部门审批后分阶段实施。

对采取抚育间伐、调整林分结构等措施改造的低质林，必须加强改造期的施工管理，保证改造活动中严格按照设计施工，避免乱砍滥伐林木，杜绝以改造为名而加剧林地的毁坏。

（3）林地经营利用方向。低质林的大量存在与前期所确定的经营利用方向有较多的联系，往往由于未从科学的角度正确地评价林地的质量等级，确定林地的经营目标，而导致营造林的过程中生产经营措施失误，成为低质林产生的一大重要因素。因此，对我们过去所确定的商品林经营区，应本着实事求是的原则，科学评价立地质量，调整不恰当的土地利用方式。对公益林经营区，必须在坚持生态优先的基础上，发挥森林的多功能作用。长江、珠江、"三北"和沿海等防护林建设，应作为国家和地方的一项基础设施来抓，对防护成熟的林分及时更新，避免大量林分到衰老或功能丧失时，才实施更新[2]。

（4）技术问题。①生产经营技术水平比较低，有待于提高。低质林改造需要有科学完整的技术配套，从林地质量评价、改造方式、树种配置、良种壮苗、抚育间伐等方面进行技术组装；也需要根据不同的自然和社会地理环境，制定出不同的改造经营模式。②林分的生物多样性不丰富，生态系统自身保健能力弱。低质林通常不具有生物多样性，纯林、同龄的种群结构本身就造成了林分较差的稳定性和持续性。树种结构单一，是产生低质林的主要原因，尤其是以生态功能为主要经营培育目标的林分。在南方许多低山丘陵区，低质用材林的更新改造，采用的树种多为桉树、相思树等速生树种，主要为短周期工业原料林的集约经营。但着眼于区域生态系统，还需要形成丰富多彩的生物种群，以抗拒可能产生的系统风险。因此，对低质林的改造，应避免树种单一，选择更多的适生林树种是应该重点考虑的问题之一。③缺乏各类型低质林的典型科学实践和应用技术攻关。目前，许多改造活动仍然还处于不够严密、规范的状态之中。在沿海防护林、长江中上游防护林建设中，对低质林改造过去做了许多工作，也总结了一些技术措施与经验，并在生产实践中积极推广。但在大面积的次生林区，低质林改造仍以树种更换为主，值得肯定的是，由于注重了种苗质量，选择了一批优良的速生树种，从目前表现来看，改造已产生了显著的效果。但是，不同成因造成的低效林，我们总结出的改造技术和模式还极为有限，有些目前也还处于探索之中[11]。不同立地条件、林分类型和经营目标的改造技术和模式，需要有更多的科学与生产实践，也需要对一些关键技术进行攻关。今后需要在划分低质林类型的基础上，选择一些典型低质林类型以及典型区域，进行改造实验和技术攻关，进而提高森林整体的经营技术水平。

2.4　低质林改造的原则

由于小生境的差异和人为干扰破坏的程度不同，所形成的低质林林分类型千差万别，各地在改造中应根据立地条件和现实林分状况，制定切实可行的措施。一般来讲，应当遵循如下基本原则[12]。

（1）因林因地制宜，因势利导的原则。做到从培育出发，实行分别类型，避害趋利，实地规划，分区实施。

（2）适地适树和整地适树相结合的原则。在坚持以立地条件、林分状况与引进树种生物学特性基本相统一的基础上，通过人工措施，如整地、施肥、管理等，加大相统一的程度，提高改造效果。

（3）生态优先，生态、经济兼顾的原则。绝大部分的低质林的立地条件都比较差，很多低质林的土壤、植被都在退化，想要通过人工改造后，马上收到较好的经济效益不现实，只能立足于以改善生态环境为主，有条件的地方可采用生态、经济兼顾的办法。

（4）立足于长远效益，坚持长、中、短效益相结合的原则。低质林改造效益需要一个较长的时间，才能得以实现，故只能立足于长远效益。有条件的地方，也可采用长、中、短相结合的原则进行经营。

（5）改造与保护相结合的原则。不到万不得已，低质林改造一般都不提倡皆伐后重新造林这一措施，而是为了保护森林生态环境，避免造成森林生态条件的剧烈变化，尽量采用抚育改造，择伐改造和带状改造的方法。

（6）在林下造林树种选择中，坚持以乡土树种为主，乡土树种与外来引进树种相结合的原则。

2.5   低质林改造的方法

低质林改造应建立在严格界定的基础上，以森林生态学理论和树种生物学特性为指导，遵循森林群落自然演替规律适地适树，根据不同立地条件、不同地区、不同经济状况，因地制宜进行。对于在自然状态下由于立地条件差和生长环境恶劣，致使林木生长不良而自然形成的低效林，要慎重进行低质林改造[13]。低质林的改造已经有很长的历史，各地区的林业单位和科研单位做了许多对退化森林改造的探索和实验，张涛等采用先造后抚、效应带改造、综合改造 3 种方法对低质林改造的结果表明：先造后抚的改造方法适用于林相残破型和结构简单型的林分；效应带改造方法主要适用于林相残破的天然次生林和结构简单型的低质林分；综合改造方法主要适用于林带结构不合理，没有成林希望的林带[14]。白玉茹等对低质林的改造方法为采伐、整地、造林、抚育管理[15]。鲁锦峰等对绥阳林区低质林改造的措施有：依据划区管理，分类经营的总体思路，采取统筹规划，合理保护，讲求效益，分类施策等有效措施，有条不紊地进行[16]。刘伟等提出的几种改造低质林的措施为：全部伐除，全面造林；清理活地植被，林冠下造林；抚育采伐，伐劣造林；带状采伐，引入珍贵树种；局部造林，提高密度；封山育林，育改结合[17]。陈守万、杨冬生认为水土保持低效林改造技术要素包括改造方式、树种选择、盖度设计和整地方式[18]。吕勇等提出 5 种低质林改造模式，即全面改造模式、局部改造模式、抚育改造模式、择伐改造模式和封禁管护模式[19]。由于低质林固有的复杂性，在具体进行改造时，不是采用单一的措施，而应根据林分的状况，对各种营林措施综合运用，旨在提高低产林分的生产力，最大限度地发挥森林的三大效益[2,20]。本书在前人研究成果的基础上，对低质林改造的途径总结归纳如下。

2.5.1 低质林补植改造

在林冠下播种或植苗，提高林分密度，适用于林分稀疏，郁闭度小于 0.5 的低质林。林冠下补植造林是低质林改造成功与否的关键和基础，而林冠下造林能否成功的关键是补植树种的选择。一是选择适宜的补植树种，引入树种既要与立地条件相适应，又要与原有林相协调，使营造的人工林形成多层结构的混交林。虽然有部分现有树种不能形成生产力，但对病虫害有良好的生态作用，能够提高人工林的稳定性，维护地力，而且如果经营得当，会有利于目的树种的生长。如果原来的优势树种是阔叶树，则应该引进针叶树，如在蒙古栎（Xylosma racemosum）、白桦低质林中引进红松，红松幼年喜欢侧方庇荫，生长良好。二是如何及时处理引进树种与原有树种的矛盾。随着引进树种年龄的增大，需要的光照越来越多，应对上层林木进行疏伐，疏伐次数与强度根据林冠下幼树生长情况而定[21]。一般地区选择树种应优先考虑优良的乡土树种，因为它们是本地区分布最广、生长最正常的树种，是长期适应该地区条件而发展起来的树种，具有适应性强、生长相对稳定、抗性强、繁殖容易等特点[22,23]。

选择合适的树种需要综合很多的条件，包括对土壤的立地的调查、经营目标和所需的产品、市场趋势、当地实验的结果和类似地区的经验、可用资源（包括时间和劳动力）、社会和文化价值对当地景观的喜好，林副产品的利用、气候。例如，在补植树种的选择上，应按不同土壤类型而选择最适宜生长的树种，如棕色针叶林土以栽植红松、红皮云杉、臭冷杉为主，暗棕壤以营造针阔混交林或阔叶林为主。根据黑龙江省大小兴安岭林区肥沃的土壤和优越的自然条件，低质林改造后，应以培育大径用材林为主。因此，树种选择决定于造林地块的立地条件及树种的生物学特征，即所选树种的生物学特性要和造林地条件相适应，通常选择抗性强、经济效益高的红松、红皮云杉、落叶松、樟子松、水曲柳、核桃楸、黄菠萝、椴树、大青杨、蒙古栎、白桦和山槐等乡土树种较多。相关树种生物学特性及适宜的立地条件如表 2-1 所示。

表 2-1 树种生物学特性及适宜的立地条件

树种	特性	适宜的立地条件
水曲柳 核桃楸 黄菠萝	喜光、耐阴，喜肥沃湿润性土壤、畏风、易遭受霜冻	河岸冲积土、山麓缓坡；土层深厚、肥沃、排水良好的迹地、疏林地；气候湿润、背风的沟谷、缓坡中下部

续表

树种	特性	适宜的立地条件
椴树	喜光、耐寒、萌蘖性强，易遭霜害，属伴生树种	山中部半阳坡、阴坡、斜坡及缓坡；具有深厚土壤的采伐迹地
大青杨	强阳性、喜水肥，多小面积群生	河谷、缓坡；土壤深厚肥沃、水分光照条件充足，排水良好的地块；有活水流动的河岸冲积土
白桦	次生林的先锋树种，生长速度较快；喜光、适应性强；是营造针阔混交林的主要树种	在沼泽、干燥阳坡及湿润阴坡均能生长，但喜湿润土壤；生长在海拔1000m以下，多与红松、落叶松及其他阔叶树混生
蒙古栎	耐寒、抗旱、抗风、火性强坡	山地各种坡位，特别是在湿润、排水良好、土壤肥沃条件下生长更好
山槐	中庸、近阳性树种，稍耐阴，喜肥沃湿润土壤；适应性强，在较干旱的山坡地能生长；耐干旱、抗贫瘠性强，有改良土壤的作用	各种坡向的缓、斜坡中下部；庭院周围及公路两侧
樟子松	喜酸性或微酸性土壤，贫瘠风沙土或土层很薄的山地石砾土均能生长良好	适应沙地不同部位环境条件，即使在条件最差的丘顶也能生长
落叶松	耐寒、喜光、耐干旱瘠薄的浅根性、强阳性树种	适应性强，在干旱瘠薄的山地阳坡或在常年积水的水湿地或低洼地也能生长
红松	对光照适应性强、有适度庇荫生长较好，喜土壤深厚、肥沃、排水良好和湿润的微酸性土壤	阴坡、半阴坡、缓坡和斜坡的皆伐迹地、林间空地及各种坡向的疏林地；稀疏或中等密度的杨桦林；带状改良的低质林及择伐林地；分布在海拔300～800m
红皮云杉	浅根性、耐阴、耐寒、喜湿，全光下生长良好	气候湿润的沟谷两岸及坡麓；河源及湿润的草地；薄层腐殖土的择伐林地

2.5.2 低质林结构改造

改造低质林旨在建立合理的林分结构，恢复其生态经济功能，因此要重点考察树种的混交特性，包括层次的主次、乔灌层配置、树种的固氮（以下简称固 N）能力等关系。林木郁闭度大，林地的光照弱，土壤微生物数量减少、酶活性降低，长此以往不利于林地的养分循环，会造成地力衰退。对林分密度大的低质林进行改造，通过调整林分密度和群落结构，控制林分生产力成为改善退化森林生长状况的有效途径。因此，针对密度过大的林分主要采用间伐、整枝等技术措施，来控制群落的生产力，降低林分密度，从而使林地水分的消耗与自然环境的供水保持相对平衡的状态，进而使得低质林中个体林木的生长状况有所改善。在低质林造林的过程中种植密度不宜过大，使林地的土壤养分和微环境调控达到最佳状态，从而提高林分的防护能力和稳定性，尽量避免营造密度过大的针叶纯林，最好把生物循环快的阔叶林与针叶林进行混交。低质林分重建的一个重要步骤是考虑建立良好的层次结构，其核心是盖度设计使层间具有最佳的盖度镶嵌性。对于树种组成单一、林分结构简单的低质林，要考虑进行盖度设计，建立良好的层次结构，寻求合理的乔、灌、草比例。合理的乔、灌、草结构不但能有效截留降雨，保证森林生态系统的能量流动和物质循环，而且能保持生态系统的生物多样性，增加森林生态系统抗逆向发展的要求。诱导改造低质林应从"近自然"的森林生态系统入手，从而形成主林层与更新林层混交协同发展的复层异龄混交林。

2.5.3　低质林改造方式

低质林改造模式要根据低质林林木的立地条件、生长发育的特点，以及营林改造的目的进行确定，主要包括：皆伐改造、抚育改造、复壮改造、效应带改造、效应块改造、栽针保阔改造、群团状改造、复壮改造、封育改造。

（1）皆伐改造。皆伐改造模式是将林地内原有林木和灌丛全部伐除，全面进行造林，适于林内所有林木无培育价值且利用价值小的杂灌林、残败林，且林地立地条件好，一般选择地势平坦的山脚、土壤肥沃的坡麓地区。皆伐改造的面积，在坡麓平缓地区可选择较大的改造面积，在陡坡山地改造面积一般不超过 $10hm^2$。但因皆伐改造方式对林区的生境影响大，工程量大，投入量大，且林地土壤被严重干扰，若在改造初期遇强烈的暴风雨天气，极容易造成低质林地内的水土流失，进而使林地造成二次破坏，所以一般不提倡对低质林采取皆伐改造。

（2）抚育改造。抚育改造主要用于原林分有一定生长潜力的低质林，林分郁闭度在 0.4 左右，把低质林分中有培育价值的林木作为抚育对象。对需要调整林木的生长空间、促进林木生长的林分，可采用生长伐抚育；对需要调整树种的组成、林木密度或结构的林分，可采用透光伐抚育；对病虫危害的林分，通过彻底伐除病源木和受害木，能够恢复林分健康发育的低质林，可采用育林择伐或卫生抚育。具体抚育改造措施按"五砍二留两造"的原则，"五砍"是砍去过成熟木、枯立木、病虫害木、弯曲木、双叉木，"二留"是保留优良的用材树和经济树等经营目的树种，"两造"是用直播或植苗法进行补植或更新。在目的树种较多的改造地区，栽植的目的植苗应少些；反之，则应多一些。抚育改造模式可充分利用现有低质林内的保留木作为培养对象，原保留木与引进目的树种形成复层混交林，森林微环境变化小，引进苗木易成活，引进的目的树种与原保留树种形成近自然林。但该改造方法复杂，必须注意适时地疏开上层林冠，以调节上下层间林木的关系，为幼树的生长创造良好的条件。实践证明，抚育改造对调整林分结构、促进林木生长、改善林地卫生状况、提高林分生产力有显著的效果[10]。

（3）效应带改造。又称带状改造，效应带改造主要用于林地土层深厚、肥沃，立地条件好，由非经营目的树种形成的低质林。效应带改造方法是通过顺山、横山或斜山的呈带状伐除具有一定宽度的带内的全部非经营目的乔灌木，保留效应带内的目的诱导树种的幼苗，以及生长苗壮、有价值的林木。效应带宽度一般为 5～30m，不得超过有林地平均树高的 2 倍，每条效应带间的间隔距离不得小于采伐带宽度，并及时更新，待幼树生长稳定后，分阶段地伐除保留带。效应带和保留带的带向及宽度显著地影响着低质林的改造效果，因此，效应带与保留带的宽度与宽向要根据改低质林的立地条件、原有林分组成结构和引进目的树种的特性作出科学的选择。一般地，在低质林立地条件好、林分郁闭度大的区域，效应带应当宽一些；在陡坡、阳坡顶部或土壤层浅薄的地区，效应带应当窄一些。同时，还要根据经营的目的树种特性来选择采伐带的宽度，如目的树种为耐阴的红松、云杉等针叶树种，宜采用较窄的效应带；目的树种为喜阳的落叶松、樟子松等针叶树种，宜采用宽一些的效应带。效应带改造对林地小气候的影响较小，能较好地维持原森林生态环境，也为引进的目的树种的成活和生长发育创造了良好的条件，并有效地改变了林分结构，变阔叶林为针阔混交林，且有利于林区内水源涵养和水土保持，使森林的经济效益和社会效益同时得到了有效提高。

（4）效应块改造。又称块状改造，效应块改造的方法和效应带改造类似，主要区别在于其改造区域的形状为块形。块形自行规定，随地形布局，伐块面积不得超过 1hm^2；改造地块的山脊、沟谷两侧应尽量保留原生植被，山脊和沟谷两侧保留的林带宽度不少于 20m，并及时更新，待幼树生长稳定后再改造剩余林地。用此法改造后，对森林周围的环境影响较小，适合幼苗的生长，可以减少幼林抚育次数。除了无关的灌木和杂草，对小块区域进行整地造林，一般可以用植苗造林法。

（5）栽针保阔改造。栽针保阔改造充分利用了采伐后天然更新的阔叶低质林所构造的森林生态环境，为补植的耐阴目的针叶树种的生长提供了有利的条件。通过人为地引进耐阴针叶树种，可使使生物群落合理化，进而加快低质林林分向区域性顶极群落演替的进程，逐步形成针阔混交林。栽针保阔改造主要应注意以下几个方面：首先，目的树种选择必须是幼龄期需要庇荫的针叶树种（如红松、云杉等）；其次，选择适于耐阴树种生长的立地条件；再次，因栽植的针叶幼苗适应环境的能力弱，改造初期必须加强林地管理，及时割灌除草，增强目的树种的竞争能力，当培育出显著的针阔混交复层林时，要依据主要经营层林木的生长发育对其生境的要求，采取相应的抚育措施[10]。

（6）群团状改造。林分内尚有一些分布不均的目的树种，呈群团状分布。伐去无培育前途的林木，在林间空地和砍伐区域内进行人工补植目的树种。选择补植树种，视林间空地面积大小和立地条件而定。如林间空地小于原有树高，且立地条件较好，宜选用耐阴性较强的树种；如林间空地，超过原有树高 2 倍以上，或立地条件较差（干旱贫瘠），应选用喜光树种，形成群团状针阔混交林[13]。

（7）复壮改造。因干旱、湿涝等形成的退化森林通过防旱排涝等措施进行复壮；目的树种为萌生能力较强的树种，对因过度砍伐而形成的退化森林进行复壮。适用于通过培育措施和加强林地管理可以恢复正常生长的中幼林，包括除杂松土法、施肥间作法、排涝防旱法、嫁接改造法和平茬改造法等。除杂松土法：适用于因抚育管理不善而导致杂灌丛生、林地荒芜的低质幼龄林，铲除影响林木生长的灌丛杂草，扩穴松土，促进幼林复壮。施肥间作法：适用于因土壤缺肥而导致的低质林，根据林木所缺养分进行施肥，或间作绿肥植物，以改善土壤的营养条件，促进林木生长。排涝防旱法：适用于因干旱、湿涝等形成的低质林，通过防旱排涝对涝湿林地实施挖沟排水工程，排除过多水分。干旱林地采用集水抚育措施，有条件的可灌水抗旱，恢复林木正常生长。嫁接改造法：适用于品种或市场等其他原因导致生长不良，无培育前途并适宜嫁接的低质林，可通过嫁接优良树种，将其改造成有培育前途的新林。平茬改造法：适用于目的树种为萌生能力较强的树种但因过度砍伐而形成的低质林，可在休眠期进行平茬，使其萌发新枝条，并对萌发的新枝条及时进行定株、修枝。

（8）封育改造。封山育林被实践证明是成本低、效果好的低质林恢复经营模式，特别适合在立地条件较差，天然更新有一定基础的残次林经营中采用。封山育林主要采取全封、半封和轮封三种封育方式，通过育林、保灌、护草，配套必要的补植、补播、混交等措施，从而实现对低质林林分的自然更新。人烟稀少的远山、深山、高山林区，以及暂时不需要人工经营的林分和天然更新的幼林，实行全封，封育期限一般为10～15年，封育期内严禁樵采、乱砍滥伐、放牧等不利于林木繁殖、生长发育的人为活动；用材林和薪炭林以及人口较多的近山、低山区实行半封，即在森林旺盛生长期和进入成熟期内进行封育，每年冬至至翌年春分期间在不影响森林植被恢复的前提下，有计划、有指导地组织群众上山砍柴、放牧和从事林业生产；在人口稠密的近山、低山林区划片分段，实行分区轮封，使整个封育区都能达到提高林分质量和恢复森林植被的目的，一般轮封期间隔2～5年。

除了上述各种改造方法外，对于生态系统极其脆弱、防护能力极低、林分生产力低下的低质林，必须采取综合的、配套的优化组合技术措施，并根据现有林分的状况，灵活应变地对低质林进行改造。三分造七分管，是对低质林改造很好的总结。低质林改造后根据具体的林分生长状况，适时清除劣质的病害林木，改善林分卫生条件，及时、科学地进行间伐，保证保留木的营养空间，改善林内的光照条件，提高林分的质量，防止破坏性的放牧、樵采、砍伐等，保护林内的地表植物和枯落物，并根据不同的生长条件，科学合理地对林分辅以施肥、灌溉、修枝等管理措施。

2.6 低质林改造的效益

低质林研究重建属于国土治理的一个重要方面，是兴利除害、改善生态环境、治理水土流失的一条有效途径。改造低质林的目的是使现有低效林分达到经营损益合理、保持水土以及提高其综合效能的目的。对于已实施封山育林多年、林分涵水固土功能较强、经济效益低下的低质林，必须进行高效地培育和改造，宜采用投入强度大于一般意义上的低质林改造经营模式，以便取得更大的经济效益和生态效益。现今应以林分生产力和经济效益为主要经营调控目标，根据低质林分中树种资源现状和当地的社会经济条件和市场需求情况，确定合理的高效培育对象、高效培育目标和高效培育技术及其开发利用途径。通过对低质林的改造、重建，改善林分的生态环境，保持水土，减少泥沙的流失，控制林地水土流失，降低人类及畜禽对森林生态系统的干扰强度，维护与提高森林生态系统管理及林地涵蓄降水能力等技术途径，达到森林生态系统的协调与平衡，从而形成涵养水源、保持水土、持续稳定发挥高效益的森林生态系统，提高了低质林的经济效益，提高了群众造林护林的积极性。

大小兴安岭森林资源丰富，低质林经营技术的研究，可以极大地促进黑龙江省林区的天然林资源保护，带动东北林区低质林经营水平的提高，对于发展林区的多种经济，使贫困山区脱贫致富，必将发挥重要的作用。同时，大小兴安岭的森林还具有十分重要的生态地位，加强大小兴安岭林区低质林经营对维护和改善地区生态环境、确保国土安全有着不可替代的作用。

2.6.1　低质林改造的经济效益

低质林改造效果的经济效益主要包括林产品的经济效益和林业旅游的经济效益，引种经济价值高的经济植物和名贵药材，发展林下经济，进行立体复合经营。低质林改造将极大地促进林区天然林资源保护，带动林区低质林经营水平的提高，对发展林区的多元经济、优化产业结构发挥着至关重要的作用。大面积的低质林经过合理地优化改造，通过开发森林旅游业，将带动大兴安岭地区的经济效应，改善林区人民的经济条件，对提高森林生态、经济和社会三大效益都是大有益处的。

2.6.1.1　林产品的经济效益

在低质林林内引种经济价值高的经济植物和名贵药材，柞木可以培育木耳，加工家具，发展林下经济，进行立体复合经营。按此方法经营，其收入（间伐木材、林分生长、林间种植药材等）高出正常经营的许多倍。森工系统的大部分林业局已无林可采，所剩下的大部分是多次过伐后形成的低质次生林，迫切需要改造技术，其应用前景十分广阔，对其改造得当，将产生巨大的经济效益和社会效益。

如果大小兴安岭林区每年低质林改造保持在一个较高的水平，不但可以产出高质量的木材，而且可带来多样化的林业经济模式。举例来说，可产的食用菌和木耳等林区特产远远比杂木杆和剩余物直接进入市场销售后的销售收入高出许多倍。因此，低质林优化改造能同时带动林区千家万户增收，使产业结构优化调整，多种经济产业链条内外延伸，模式的多样化必然会造就工人的再就业和收入多样化，工人在林业产业中直接得到的收入是一般常规农业的 2～3 倍[16]。

2.6.1.2　林业旅游的经济效益

大小兴安岭地区具有丰富的森林旅游资源，据大兴安岭旅游局的资料，共有 6 类 34 种 86 处。另据黑龙江省旅游局和黑龙江省发展计划委员会的资料，有各级旅游资源 64 处。其中，漠河北极、呼中国家级自然保护区、界江、白银纳鄂伦春族风情等具有较高的开发价值和开发前景。大兴安岭地区现有国内旅行社 3 家，国际旅行社 1 家，涉外旅游定点宾馆、饭店 5 家，较大规模的宾馆、饭店 30 余家，具有较大接待能力的旅游景区 3 个。据统计，2008 年接待各类游客 4.3 万人次，其中国内游客 4.16 万人次，海外过夜旅游者 920 人次，海外不过夜旅游者 864 人次（倒包），全区旅游收入 2000 万元。低质林经过合理地优化改造，开发森林旅游业对提高森林生态、经济和社会三大效益都是大有益处的。尽管大兴安岭地区森林旅游景点已初具规模，但还远远适应不了飞速发展的森林旅游业的需要。因此，有效改造低质林，大力发展森林旅游，规范各森林旅游景点的管理，同时开发旅游系列产品，不但会带动大兴安岭地区的经济效应，而且可解决部分人员的就业问题，改善林区人民的经济条件。

2.6.2　低质林改造的生态效益

2.6.2.1　环境保护

调查和测定结果表明，由于森林的作用，使区域内降水量增加 25mm，蒸发量减少 34mm，降低风速 25%，提高空气相对湿度 2.1%，削减径流量 25.4%，林区涵养的水量相当于区域内现有水库总量的 9 倍多。但是，随着用材林基地的森林数量和质量的急剧下降，引起区域内生态环境的急剧恶化，特别是大小兴安岭森林自然资源过度消耗，导致水土流失严重。

通过低质林优化改造工作，植被比较容易恢复，其对森林资源结构林分质量的提高产生了明显的作用。从整体生态功能上分析，其促进了森林整体生态功能的发挥，项目区及其周边区域的环境质量明显提高。森林作为保持生态平衡的主体，国土安全的屏障，也是区域再造山川秀美的生态文明社会的主要载体，在区域可持续发展中具有不可取代的地位和极其重要的作用。通过加强大小兴安岭低质林的结构调整和加速其恢复，对实现森林生态系统的活力、生产力和稳定性、维持生物多样性，改善生态环境，维护生态平衡，都具有巨大的作用。大小兴安岭低质林改造有助于减缓水流的速度，当含有毒物和杂质（农药、生活污水和工业排放物）的流水经过时，流速减慢，使毒物和杂质沉淀和排除，有利于环境保护。同时，林地间丰富的植物群落，能够吸收大量的二氧化碳气体，并放出氧气，一些植物吸收空气中的有害气体，能有效调节大气组成，如林间沼泽能吸收空气中的粉尘及携带的各种菌，从而起到净化空气的作用。

2.6.2.2 生物多样性

生物多样性指森林生态系统内和生态系统间相互作用的多样性，不仅各个物种间相互依赖，彼此制约，而且生物与周围的环境因子也是相互作用的，主要包括遗传多样性和物种多样性。物种种类的组成是生态系统的结构特征，因此普遍地把生物多样性作为低质林改造效果的评价指标之一。经过低质林的优化改造工程后，森林资源结构林分质量明显提高，为各种野生动植物尤其是受国家保护的珍贵和濒危野生动植物提供了浩瀚的绿色生态园，有益于保护珍稀物种，这些动物、植物与兴安林海构成了相对完整的生态系统；在野外观察时，会发现很多鸟兽出没于林海，集中在林间的鸟类是一些游禽（如雁形目和鸻形目的鸟类）和涉禽（如鹤形目和鸻形目），而分布在林地周围的鸟类是一些鸣禽和猛禽，在林地里它们的觅食和繁殖活动相对不受干扰。由于啮齿类动物的存在，导致以啮齿类和兔形目动物为食的食肉目的鼬科动物犬科动物特别繁盛，它们均愿意在此地觅食，这样就构成了林地生态系统比较简单的食物链，为维持生态系统的平衡起到了重要作用。因为林地全年任何时间都可以针对环境造成的压力为它们提供独具特色的适当的栖息地，天热时，湿地较凉爽，有风时，湿地较平静，天冷时，林地不冷，较温和，天干燥时，林地较湿润，突出了林地环境物种的多样性。

2.6.2.3 涵养水源

低质林的改造与重建，首先就是控制水土流失，进而逐步地改善土壤肥力，裸露土地上植被的恢复是控制水土流失的根本。因天然次生低质林与农地交错分布，又多靠近居民点，所以可通过低质林的改造与重建来调节气候、涵养水源、防沙固沙。因此，评价低质林改造效果的重要指标就是评价改造后森林生态系统的水土保持功能，主要体现在林地的水源涵养能力、水土保持能力和林内植被对降雨的拦截能力，可以采用土壤的渗透性能、抗蚀性能、持水性能等作为评价指标。土壤的渗透性能主要受土壤物理性质的影响，土壤渗透性能越高降水的径流与流速越小；土壤的抗蚀性能是指土壤对抗肥力流失表现出的稳定性，主要用土壤水稳性团粒组成及分散特性等表征；土壤的持水性能主要包括林冠层持水、枯落物层持水和土壤层的最大持水量与降水储存量等。

大小兴安岭地区河流纵横交错，大小支流密布，水力资源丰富。从流域看，有额尔古纳河、嫩江两大水系，主要支流除海拉尔河外尚有根河、得耳布尔河、莫尔道嘎河、阿巴河、激流河、乌玛河等；嫩江是松花江的源头，发源于大兴安岭支脉伊勒呼里山的南坡。河流两岸生长着茂密的植物，其下根茎交织，根层疏松多孔，具有很强的持水能力，它能保持大于本身绝对干重3～15倍的水量。经过低质林的优化和改造不仅能储蓄大量水分，还能通过植物蒸腾和水分蒸发，把水分源源不断地送回大气中，从而增加了空气湿度，调节降水，为大兴安岭林区涵养了大量水源。天然次生林与农地交错分布，又多靠近居民点，因此它在调节气候、涵养水源、防沙固沙、保持水土等方面具有很大作用，能直接对防护农田、保护环境与人民的生活发挥良好的作用。

2.6.2.4　生态屏障

大小兴安岭的森林还具有十分重要的生态地位，加强大小兴安岭林区低质林经营对维护和改善地区生态环境，确保国土安全有着不可替代的作用。大小兴安岭具有巨大的生态屏障功能，地处东北边陲，是我国最大的国有林区，其东连黑龙江，西接呼伦贝尔大草原，南至吉林洮儿河，北部和西部与俄罗斯、蒙古国毗邻，是呼伦贝尔草原和松嫩平原的天然生态屏障，是我国北方国土生态安全体系中重要的组成部分。它涵养和护卫着区域内农业、牧区、工矿区的国土生态安全和生态文明，起着调节区域内气候、涵养水源、防止水土流失、防风固沙、美化生态环境等重要作用。由此可见，森林作为保持生态平衡的主体，国土安全的屏障，也是区域再造山川秀美的生态文明社会的主要载体，在区域可持续发展中具有不可取代的地位和极其重要的作用。低质林改造重建属于国土治理的一个重要方面，是兴利除害，改善生态环境，治理水土流失的一条有效途径。小兴安岭林区经过长期的采伐，形成了大面积的低质林，森林资源逐年减少，已面临资源危机的经济危困，低质林改造的目的是使现有低质林分达到经营损益合理，保持水土以及提高其综合效能。胡锦涛同志在视察大兴安岭时指出：保护好大兴安岭这片绿色林海，为建设祖国北方重要的生态屏障作出贡献！对这里的生态建设寄托了殷切的希望。国内外生态专家在大兴安岭林区进行实地考察后得出了权威性结论：大兴安岭林海绿色天然生态屏障作用正日趋明显，而且还能产生其他价值。大兴安岭林区与亚马孙雨林区堪称地球的两大肺叶，为地球生态起着吐故纳新的作用，将该区域的低质林有效地改造成优质林，对我国甚至全球的生态具有重要意义。

2.6.3　低质林改造的社会效益

低质林的优化和改造完成后，主导功能完善，林分结构合理。优质的新一代人工林或人天混交林形成后，一定会使区域生态得到有效改善以及区域经济协调发展，真正达到全社会受益，人与自然和谐发展的目的。通过优化和改造，可以带动低价值林木向深度和广度加工利用、挖潜增效方向发展，把林业产业做大做强，积极开拓创新，形成规模优势，占领国内外市场，增加企业和全员的收入。同时，又能使产业链得以延伸，安置众多人员就业。我们应以林养林，长短结合，优势互补，真正让无培育价值的残破森林变废为宝，促进区域经济和谐发展，人民安居乐业。

2.7 低质林改造的后续经营

低质林改造的后续经营，是指通过现实和潜在森林生态系统的科学管理、合理经营、维持森林生态系统的健康和活力、维护生物多样性及其生态过程，来满足社会经济发展过程中，对森林产品及其环境服务功能的需求，保障和促进人口、资源、环境与社会、经济的持续协调发展。低质林改造的后续经营问题关系到全球的生态环境和人类的生存，其理论已成为世界各国制定 21 世纪林业发展和环境综合治理战略的理论基础和基本原则。森林可持续经营强调：森林提供的经济和环境价值，物质和无形利益，不仅能保证满足现在的需要，而且能保证对社会、经济发展具有长期有效性，要用生态系统的观点去经营森林，森林经营要有公众参与决策过程。因此，依据林业可持续经营原则与当今生物质能源利用的有效方法，低质林的后续经营需要制定一系列的措施，来解决今后相当长时间段内木材生产量与社会需求量之间严重供需不足的矛盾，即在规划采伐量一定时，能有最大的木材产出量，以达到最高利用效率，获得最大的经济效益和生态效益。

2.7.1 低质林的经营规划

低质林后续经营涉及多个经营目标的实现，应当在森林经营规划或相应的文件中确定这些目标以及实现这些目标的方法。整个森林的长期经营规划，如整个轮伐期或 25 年期间的经营规划。提出拟开展的活动，通常是 5 年一个周期，内容更加详细，通常与管理规划一致。对下一年要开展的活动的详细安排和精确计划，包括逐月安排的活动，应对实施活动进行最直接的控制，实施计划是保证实施效果和符合环保要求的最基本、最重要的措施。

2.7.2 林产品的持续生产

实施低质林的后续经营，一个先决条件是林产品的产量不能超过其生长水平。对于主要产品是木材的商品林来说，这意味着要计算和实现可持续的木材产量。这需要反映林木的蓄积量和生长量的数据，并把它作为计算低质林后续发展采伐量的基本信息。

采伐率必须建立在可持续的水平上，这是森林可持续经营的重要基础。在有可能的地方，应逐一确定每个主要的木材林产品的收获水平。然而，确定大小兴安岭的可持续采伐水平是复杂的，因此，这个水平随森林生长和采伐情况而变化，也随市场对不同树种需要的改变而变化。为了确定后续采伐水平，必须收集可靠的数据、森林资源调查数据和生长量、产量方面的信息。

2.7.3　森林资源保护与监测

森林可持续经营是一项要求对森林资源进行持续保护的长期活动。林业用地与其他土地利用之间的矛盾和非法砍伐活动，是造成以往低质林形成的主要原因。要保护森林，使其免遭与森林可持续经营相悖的破坏和非法活动的影响，必须使其免遭非法砍伐和其他与森林可持续经营相悖的活动的影响；另外，必须控制不合理或非法的狩猎、捕鱼、套捕和采集；最后在火灾等级较高的地区，务必防止森林火。

大兴安岭林区目前征占用低质林地项目拟使用的林地所占面积比例很小，通过异地还林工作，植被比较容易恢复，其对森林资源结构林分质量不会产生明显的影响。从整体生态功能上分析，不会影响森林整体生态功能的发挥，对项目区及其周边区域的环境质量不会构成大的威胁。为了达到建设优良生态环境的目标，应首先从生态环境建设目标出发，坚持可持续发展的原则，因地制宜，分步实施、先易后难，制订切实可行的使用林地恢复森林植被计划，进行异地还林工作，因地制宜地落实好异地更新造林设计工作，将确保项目区有林地面积不会减少，根据地域特点提出适合不同类型低质林的科学改造模式[24]。

对低质林的改造进行监测非常重要，它能告诉营林者有关森林经营对森林经营单元内部及其周边区域内所产生的影响。首先，林业机构应当定期对其经营活动进行环境、财务和社会影响的监测，监测应着重在两个层面上，即操作层面和战略层面；其次，采伐后的评估是一个典型的实施监测活动，由于采伐和集材作业是所有林业活动中对环境潜在威胁最大的活动，故要强调采伐后的评估。

2.7.4　充分发挥森林的多重效益

森林经营常常以获得最大的木材量为目标，这就无形中影响了森林的多重效益的发挥，给低质林的形成埋下了隐患。森林可持续发展的经营核心需要充分发挥森林的综合效益，这就需要在当前利益和未来利益之间达成平衡，还需要在可出售的产品与重要的生态环境效益之间形成妥协。森林作为保持生态平衡的主体，国土安全的屏障，也是区域再造山川秀美的生态文明社会的主要载体，在区域可持续发展中具有不可取代的地位和极其重要的作用。

参 考 文 献

[1] 国家林业局. 低效林改造技术规程[S]. 北京：中国标准出版社，2007.

[2] 王红霞. 赤峰市大五家流域低效林更新的土壤水文生态效益研究[D]. 呼和浩特：内蒙古农业大学硕士学位论文，2009.

[3] 刘国辉，张野. 谈南岔林业局低质低效林改造项目[J]. 林业勘查设计，2011，(3)：30-31.

[4] 马宝峰, 王佰彦, 李志栋. 大兴安岭林区低质林改培经营模式的探讨[J]. 防护林科技, 2006, (4): 100-101.

[5] 钟金保. 紫金县低产低效林改造措施初探[J]. 科技创新导报, 2013, (7): 162.

[6] 徐培富, 陈进军. 不同封育措施对绵阳市低山丘陵区柏木低效林物种多样性的影响[J]. 四川林业科技, 2009, 30(5): 88-94.

[7] 蒋倩仪. 马尾松低质低效次生林经营调控模拟系统研究[D]. 长沙: 中南林业科技大学硕士学位论文, 2010.

[8] 马阿滨, 薛茂贤, 尹淑清, 石殿林. 试论低产林改造[J]. 林业科学, 1995, 06: 10-11.

[9] 周志春, 徐高福, 金国庆, 何建平. 择伐经营后马尾松次生林阔叶树的生长与群落恢复[J]. 林业科学研究, 2004, 04: 420-426.

[10] 孙洪志, 屈红军, 郝雨, 等. 次生林改造的几种模式[J]. 东北林业大学学报, 2004, 32(3): 103-104.

[11] 张波. 黑龙江省西部小黑杨低质防风固沙林成因研究 [D]. 哈尔滨: 东北林业大学硕士学位论文, 2007.

[12] 吴克选, 曾志光, 杨先锋, 等. 低效林人工改造技术浅议[J]. 江西林业科技, 2002, 02: 21-24.

[13] 穆鑫, 张旭. 谈黑龙江省低效次生林分的改造[J]. 林业勘查设计, 2010, 01: 25-26.

[14] 张涛, 全小川, 惠谦, 等. 低效(质)林改造的方法与效果分析[J]. 林业勘查设计, 2004, 03: 30-31.

[15] 白玉茹, 孙玉杰. 低质低产林的更新和改造[J]. 林业实用技术, 2003, (5): 17-18.

[16] 鲁锦峰, 刘英岐. 绥阳林区低质低效林经营示范项目调研报告[J]. 黑龙江科技信息, 2008, (9): 67, 19.

[17] 刘伟, 赵小刚. 天然次生林区低质低效林分改造技术初探[J]. 甘肃科技, 2008, 24(7): 169-184.

[18] 陈守万, 杨冬生. 关于水土保持低效林改造的技术要点[J]. 四川林业科技, 1991, 12(3): 28-32.

[19] 吕勇, 汪新良, 饶兴旺, 刘鹏. 低质低效次生林改造技术的研究[J]. 林业资源管理, 2000, 06: 30-36.

[20] 张泱, 宋启亮, 董希斌, 等. 小兴安岭林区低质林改造效果评价[J]. 东北林业大学学报, 2009, 37(12): 35-36, 55.

[21] 苏月秀. 我国森林经营现状研究[D]. 北京: 北京林业大学硕士学位论文, 2012.

[22] 宋启亮. 不同类型退化森林诱导改造后森林生态系统稳定性评价[D]. 哈尔滨: 东北林业大学硕士学位论文, 2012.

[23] 赵鹏, 郭宝成. 浅谈低质(效)林改造技术[J]. 林业勘查设计, 2009, 01: 28-29.

[24] 白丽娟, 鄂忠华, 康文智. 浅谈内蒙古大兴安岭林区征占用使用林地对环境的影响[J]. 内蒙古林业调查设计, 2009, 32(6): 5-6.

第 **2** 篇

大兴安岭低质林结构与功能调控优化技术模式

3 低质林改造对生物多样性的影响

3.1 生物多样性

3.1.1 生物多样性概念的提出

生物多样性是生物在其漫长的进化过程中形成的，是生物与其生境相互作用的结果。"生物多样性"一词在生态学或生物学教科书中已有很长的应用历史，但其概念和术语却是由 Wilson 在 1986 年提出的[1]。1988 年"生物多样性"一词出现在生物学文摘数据库"BIOSIS"中，但仅被提及 4 次，到 1994 年 4 月这一词汇被提及 888 次[2]。自 20 世纪 80 年代以来，生物多样性逐渐成为人们关注的热点，大量地出现在各种大众媒体、政府文件、学术论文和会议中[3]。

3.1.2 生物多样性的概念

对于生物多样性的概念，不同学者有不同的解释，这主要决定于他们研究的角度和层次。McNeely（1990）认为，生物多样性是生命有机体及其借以存在的生态复合体的多样性和变异性[4,5]。1992 年联合国环境与发展大会的《生物多样性公约》第二条用语中对生物多样性作了如下解释："生物多样性"是指所有来源的生物体中的变异性，这些来源包括陆地、海洋和其他水生生态系统及其构成的生态综合体，包括物种内、物种之间和生态系统的多样性[6]。生物多样性是指地球上陆地、水域、海洋中所有生物（包括各种动物、植物和微生物），以及它们拥有的遗传基因和它们构成的生态系统之间的丰富度、多样性、变异性和复杂性的总称[7]。1995 年，联合国环境规划署（United Nations Environment Programme, UNEP）发表的关于全球生物多样性的巨著《全球生物多样性评估》（GBA）给出了一个较简单的定义：生物多样性是生物和它们组成的系统的总体多样性和变异性[8]。从广义角度，生物多样性可以定义为：生物及其所在生态复合体的种类、丰富度和相互之间的差异性，是指各种生命实体，包括了上百万种植物、动物、微生物所拥有的基因和由各种生物与环境的相互作用所形成的生态系统，以及它们的生态过程。生物多样性是多样化的生命实体群的特征，每一级实体，从基因、细胞、种群、物种乃至生态系统都存在多样性。多样性是生命系统的基本特征[1]。

生物多样性是指一定空间范围内多种多样活的有机体（动物、植物、微生物）有规律地结合在一起的总称。其既是生物之间以及与其生存环境之间复杂的相互作用的体现，也是生物资源丰富多彩的标志，是对世界生态平衡规律的一个简明概括，也是衡量生产发展是否符合客观规律的主要尺度[9]。无论生物多样性被如何描述，学者们都承认，生物多样性是生物的一个特征，这个特征涉及了生物的基因、物种、群落、生存环境和它们构成的自然景观等各个层次的丰富度、复杂性、差异性和规律性。

3.1.3 生物多样性的层次与格局

从生物多样性的概念中我们可以看出，生物多样性是一个内涵非常广泛的概念，它所研究的问题从微观的种内遗传基因变化一直到宏观的生物圈，生物多样性在不同的层次上显示出不同的格局与动态过程。

尽管生物多样性的概念中包含了广阔的层次或水平，但通常最常见的是在基因、物种、生态系统和景观四个水平上来研究生物多样性的（马克平，1993，1994）。生物多样性格局与过程体现在四个不同的组织水平上生物多样性的结构、组成和功能特性，如四个层次上生物多样性的组成特性分别是：基因组成→物种、种群组成→群落、系统组成→景观类型；四个层次上生物多样性的结构特性分别是：基因结构→种群结构→群落外貌与生境结构→景观格局；四个层次上生物多样性的功能特性分别是：遗传过程→统计过程→生活史过程→种间相互作用、生态系统过程→景观过程与干扰体系、土地利用趋势。依据生物多样性四个水平的组成、结构与功能特性，就可制定出生物多样监测的等级指标（Noss，1990）。

3.1.3.1 遗传多样性

遗传多样性也称为基因多样性，是指种内基因的变化，包括种内显著不同的种群间和同一种群内的遗传变异。种内的多样性是物种以上各水平多样性的重要来源。遗传变异、生活史特点、种群动态及其遗传结构等决定或影响着一个物种与其他物种及其环境相互作用的方式。而且，种内多样性是一个物种对人为干扰进行成功反应的决定因素。种内的遗传变异程度也决定其进化的潜在趋势。所有的遗传多样性都发生在分子水平上，它与核酸的理化性质紧密相关。新的变异是突变的结果。自然界中存在的变异都源于突变的积累，然后再经过自然选择，从而形成了遗传多样性。对遗传多样性的测度是比较复杂的，主要包括染色体的多态性，蛋白质的多态性和核酸的多态性三个方面。

生物体内各种不同的基因和它们不同的排列组合，为生物性状的表达和进化动力提供了丰富的物质基础。种群内进化的速率是与可利用遗传变异的数量成比例的，种群内个体的杂合性（heterozygosity）的增加有利于其适合度（fitness）的增加，而杂合性的减少将导致适合度的降低，因此，种群内遗传变异的研究是进化学研究的中心问题之一。种群间的变异主要是由于种群对不同地方生态条件（local ecological conditions）长期适应的结果。某一广布种适应于某些地方的种群可能具有特殊的基因或基因组合，以使这个种在那些地方保持生存力，如果那些种群灭绝了，从其他地方引来的种群就有可能在这些地方不能生存。因此，保护同一个物种的同一种群内以及不同种群间的遗传多样性，都是种内生物多样性保护的重要任务。

3.1.3.2 物种多样性

所谓物种多样性是指物种水平上的生物多样性，它是一个地区生物物种的数量、分布等的多样化特性。出现于一个地区的物种数量就是物种的丰富度（species richness），而各物种用它们的重要性（如高度、生产力、盖度和大小等）指标来加权，就构成了各种多样性指标（index of species diversity），如 Shannon-Wiener 及 Simpson 的多样性指数等。在生态学和保护生物学研究中，人们常用物种丰富度和多样性指数来衡量污染或其他类型的干扰效应。对于物种多样性的保护，特别是珍稀、濒危和特有物种的保护，物种的丰富度是最重要的衡量指标。目前，物种多样性的编目是一项艰巨而又急待解决和加强的问题，它是了解物种多样性现状（包括现状及其特有程度等）的最有效的途径。然而，我们现在却不能估计出地球上物种的确定的数量，因为生物的生存环境的多样性和生物本身的多样性使得生物多样性的编目存在巨大的困难。物种的濒危状况、灭绝速率及其原因、生物自身的特有性、如何对物种进行有效的保护与持续利用等，都是物种多样性研究的重要内容。

国外许多学者在分析生物多样性的格局时，也常常只用物种丰富度，即狭义的物种多样性指标，来作为分析的基础。目前，大约有 150 万种生物被正式描述并进行了命名，而人们对地球上生物物种的实际数量的估计相差很大，变化在 1000 万～5000 万种（May，1988；Wilson，1992）。从这个估计数字的巨大变化，可以看出目前人类对地球的生物物种的了解还远远不够，仍然有许多物种在人类对其进行正式命名之前，将会从地球上永远灭绝。

3.1.3.3 生态系统多样性

生态系统多样性是指生物圈内生境、生物群落和生态过程的多样化，以及生态系统内生境的差异、生态过程的多样性。这里的生境是指无机环境，如地貌、气候、土壤、水文等。生境的多样性是生物群落多样性乃至整个生物多样性形成的基本条件。生物群落的多样性主要指群落的组成、结构和动态方面的多样化（包括演替和波动）。从物种组成方面研究群落的组织水平或多样化程度的工作已有较长的历史，方法也比较成熟。目前提出的大量的生态多样性的指数可分为三类：α 多样性指数、β 多样性指数和 γ 多样性指数。α 多样性指数用以测度群落内的物种多样性；β 多样性指数用以测度群落物种多样性沿着环境梯度变化的速率或群落间的多样性；γ 多样性指数则是对二定区域内总的物种多样性的度量。生态过程主要是指生态系统的组成、结构与功能在时间上的变化，以及生态系统的生物组成成分之间及其与环境之间的相互作用或相互关系。

3.1.3.4　景观多样性

生物多样性还包括另外一个层次，即景观多样性。它是指由不同类型的景观要素或生态系统构成的景观，在空间结构、功能机制和时间动态方面的多样化或变异性。景观是一个大尺度的宏观系统，是由相互作用的景观要素组成的，是具有高度空间异质的区域。景观要素是组成景观的基本单元，相当于一个生态系统。依性状的差异，景观要素可分为嵌块体（patch）、廊道（corridor）和基质（matrix）。嵌块体是景观尺度上最小的单元，它的起源、大小、形状和数量等，对于景观多样性的形成具有十分重要的意义。廊道是具有通道或屏障功能的线状或带状的景观要素，是联系嵌块体的重要的桥梁和纽带。其按照来源的不同可分为干扰廊道、栽植廊道、更新廊道、环境资源廊道和残余廊道。基质是相对面积大于景观中嵌块体和廊道的景观中最具连续性的部分，往往形成景观的背景。基质具有三个特点：①相对面积比景观中的其他要素大；②在景观中的连接度最高；③在景观动态中起最重要的作用。景观功能是指生态客体（即物种、能量和物质）在景观要素之间的流动。景观异质性可降低稀有的内部种（interior species）的丰富度，增加需要两个或两个以上景观要素边缘种（edge species）的丰富度。

自然干扰、人类活动和植被的演替或波动，是景观发生动态变化的主要原因。近年来，特别是自 20 世纪 70 年代以来，森林的大规模破坏所造成的生境片断化、森林面积减少，以及结构单一的人工生态系统的大面积出现，严重影响了景观的变化过程，形成了多种多样的变化模式。其结果是增加了景观的多样性，给生物多样性的保护造成了严重的障碍。景观多样性的研究越来越受到人们的重视，特别是景观格局与生物多样性的保护、生境变化、森林的片断化对生物多样性的影响、景观异质性与景观多样性的测度，以及人类活动对景观多样性的影响和景观的规划与管理等方面都引起了广泛的关注。

以上是生物多样性研究中的几个水平或层次的基本原理。在生物多样性的保护中，最能引起人们注意而又易于被人们理解的是物种水平的多样性。但在实施物种多样性保护的过程中，生态系统或景观水平的多样性，是我们必须考虑的实施单位。对珍稀、濒危或特有物种实施保护时，遗传多样性是应该考虑的重点之一。在实施一个具体的保护计划时，上述几个水平的多样性是互相关联的，我们进行生物多样性保护时都应该考虑，只不过针对具体的问题，对不同的水平有不同的侧重而已。

3.1.4　生物多样性的价值

生物多样性的价值是人们保护生物多样性的重要动机之一。环境哲学家习惯性地将生物多样性的价值分为两大类，即工具或功利价值（instrumental or utilitarian value）和内在的或固有的价值（intrinsic or inherent value）。生物多样性的功利价值完全是以人为核心来分析的，它包括四种基本的类型：①物品，如食物、燃料、纤维、药物等；②服务，如对植物的授粉、营养元素再循环、固 N、气候调节、净化空气等；③信息，如利用生物储藏的遗传信息进行基因改造，利用生物多样性的规律为人类服务的各种应用生物学，以及以生物多样性为基础发展起来的纯科学等；④心理与精神，如自然景色、宗教、科学知识等。生物多样性的固有价值是指无论人类如何，它都有自己固有的价值，其他生物和人类一样，都是自我组织的事物，都有其自身存在与发展的固有价值。

3.1.5　生物多样性的保护

随着人口、粮食、能源、资源与环境危机的不断出现，人类不得不重新考虑人与自然的关系，不得不对我们现有的生产与生活方式重新加以调整。生物多样性与当今人类社会所面临的五大问题都息息相关。随着人类经济活动的加剧，世界各地的生物多样性都受到了不同程度的破坏和威胁，如果再不对这种情况加以扼制，人类的生存与经济的进一步持续发展将受到严重的影响。地球上的生物多样性是地球几十亿年生命进化的结果，每个物种的产生都经历了漫长的地质历史过程，同样，它们的自然灭绝也要经历一个循序渐进的过程。然而，人类活动的不断加剧，使地球上许多物种正在以惊人的速度消失。人类活动严重地破坏了地球上物种自然灭绝与产生的比率，使物种产生的条件遭到了严重破坏，同时又大大加剧了物种的灭绝。地球上的物种正面临着前所未有的被灭绝的危机，有许多物种在人类还未给它命名之前，就会携带着它们所特有的基因资源从我们面前永远消失。如果这种情况再继续下去，那么面临危机与挑战的将是人类自己。因此，如何科学地保护与合理地利用地球上的生物多样性，是摆在我们面前迫切需要研究的课题，它不仅关系到我们自己的利益，而且也关系到子孙后代的长远利益，关系到整个人类社会的长久生存与持续发展。

3.1.5.1　生物多样性的丧失

据估计，生物多样性正以自然灭绝 1000 倍的速度在消亡。一些专家在 1984 年保护大自然国际联盟的会议上警告：2.5 万～4 万种有可能在 100 年内彻底绝种，每天有 2 种植物绝种，意味着一个比 6500 万年前那次大规模生物绝种还要严重的问题。被誉为"物种宝库"的热带雨林正以每年 20 万 hm^2 的速度锐减，天然草地以每年 10 万 hm^2 的速度荒漠化。6 亿年的化石记录表明，自寒武纪多细胞生物多样性剧增以来，虽曾有过几次大的灭绝，但总的来说地球上生命的历史是多样性增加的历史。如果把自寒武纪以来物种多样性平均增长看成是波动而稳定的曲线，则每年增长约 2%～4%[10]。然而，在人类工业化大规模开展以来短短的 100 多年中，生物多样性就遭到了巨大的破坏，这是地球悲剧的开始[9]。

3.1.5.2　生物多样性的灭绝原因

生物与环境的相适应是不会引起生物灭绝的，因此生物的灭绝就是由于环境不再适合生物的生存。生境的丧失对于自然环境、资源和生物多样性是一个很大的威胁，大约 90%的已知临近灭绝的物种的灾难是由于生境（栖息地）的丧失引起的[11]。导致生境退化有自然因素也有人为因素。生境的破坏、资源过度开发、环境质量恶化和物种的入侵，被称为物种灭绝的"灾害四重奏"[12]，可概括为：①人口数量的无节制膨胀对环境造成了巨大的压力。一些学者认为，控制人口数量是保护生物多样性的关键。②对自然资源利用的低效率和不平衡。低效率造成了资源的浪费，从而引起对自然资源的过度开发。③工商业的大力发展造成对土地的侵占和资源的掠夺，生境岛屿化的直接原因之一就是工业对环境的严重破坏。④大量污染物的排放，以及农药、杀虫剂的滥用已经引起人类的恐惧。"三废"使地球环境的缓冲能力几乎丧失，到了崩溃的边缘。⑤人类不加选择地引进外来种，使世界许多地方受到外来种的强烈影响。

3.1.5.3　生物多样性的保护

研究生物多样性的目的是保护生物多样性。全球用于保护生物物种的经费已达数百亿美元。尽管如此，滥捕乱猎、乱采滥伐和走私销售仍未受到遏制。有一种观点认为，地球上的生物多样性自始至终在平衡（动态）中发展，有物种的灭绝，就有新物种的产生，这是自然规律。这种观点只认识到了自然的规律，没有看到自从人类"文明"诞生以后生物遭到的巨大灾难。人类保护生物多样性是在维护自己的生存空间。因此，保护物种，防止其灭绝是无可争议的。世界自然保护联盟（International Union or Conservation of Nature and Natural Resources，IUCN）列举的重点保护物种为：①已经濒临灭绝的物种；②因种群数量或地理分布范围日益缩小而长期处于脆弱状态的物种；③稀有种。欧洲学者率先提出建立生物多样性保护网络，也称为生态网络（ecological network）。目前，欧洲至少有 12 个国家开始建立绿道（green ways）及生态网络。在美国，至少有 1500 个区域性绿道计划处于规划或实施中。生态网络能覆盖大部分具有生物多样性价值及潜在价值的陆地表面，将不同区域的自然保护区连接起来，并与城市绿化系统及农田林网相衔接，从而构成多层次（自然保护区、农田、郊野、城市生态园林），多尺度（单个保护区、区域、大陆）完整的生物多样性保护体系，使陆地区域生物多样性资源得到最大程度的保护。我国生物多样性保护的形势十分严峻，目前采取的措施有：①研究生物多样性保护的基本问题，制定保护策略、方针、原则，确定计划和目标；②确保珍稀濒危物种的生存环境，建立保护区，迁地保护；③摸清我国生物多样性的情况，确立在生态系统多样性、物种多样性和遗传多样性等方面的重点；④加强对野生物保护的法规建设；⑤合理利用和开发生物资源；⑥积极参与国际合作。

3.1.5.4 保护生物多样性的国际公约

生物多样性的保护是 1972 年在瑞典斯德哥尔摩召开的联合国人类环境大会上首次作为重点被确定下来的。在其后 20 多年里又通过了一系列与生物多样性有关的国际和区域性法律文件。而《生物多样性公约》是在 1992 年 5 月在肯尼亚内罗毕联合国环境规划署一次成员国大会上获得通过的。1992 年 6 月在巴西的里约热内卢召开的联合国环境和发展大会上，有 150 多个国家签署了这个公约。1993 年 12 月在蒙古作为第 30 个国家批准后正式生效[13]。到 1998 年 3 月底已有 168 个签约国家。这个公约有 3 个目标：生物多样性保护、生物多样性的可持续利用、平等分享和利用野生和驯养物种生产的新产品。我国参与了《生物多样性公约》的起草、讨论和谈判。从 1988 年 11 月到 1992 年 5 月，我国政府代表参加了《生物多样性公约》谈判过程中的 10 次重要会议，为《生物多样性公约》的最终通过起到了积极作用，并在里约热内卢召开的联合国环境和发展大会上签署了公约，成为第 64 个签约国。1996 年 9 月我国发布了《中国生物多样性保护行动计划》，其中确定了我国生物多样性优先保护的生态系统和物种名录，提出了一批优先行动方案和项目。

3.1.5.5 建立生物多样性信息系统

随着生物多样性研究的深入和生物多样性公约的实施，建立生物多样性保护信息系统越来越重要。建立生物多样性保护信息系统的目标有三点：①建立和保持一个与生物多样性有关的数据和信息系统，主要包括保护和持续利用两方面；②提供高质量的数据和信息，帮助不同地区发展作出决策，实施管理；③提高各级决策者的决策能力，更有效地评估和利用生物多样性信息[14]。

3.2　森林生物多样性

3.2.1　森林生物多样性的定义

我们知道，森林资源包括林地以及林区内野生的植物和动物。森林包括竹林，林木包括树木、竹子，林地包括郁闭度 0.3 以上的乔木林地、疏林地、灌木林地、采伐迹地、火烧迹地、苗圃地和国家规划的宜林地。因此，森林是一个综合地域的概念，它包括林地以及林区内所有野生的植物和动物。

至于森林生物多样性，则是生物多样性的重要组成部分。它是在森林这个综合地域类型中，所有森林植物、动物和微生物组成的全部物种（含物种内的基因）和森林生态系统，以及这些物种所在的生态系统的生态学过程。它也同生物多样性一样包括 3 个层次，即森林遗传多样性、森林物种多样性和森林生态系统多样性。我们可将森林生物多样性概念分为广义和狭义两种，广义的森林生物多样性涉及各种各样的森林生物或与森林相关的各种生物，如植物、动物和微生物，而狭义的森林生物多样性则主要涉及的是以木本植物为主体的森林植物的多样性。实际工作或研究中既不可能将森林中的所有生物都包括，而有时在主要研究某些森林生物的多样性时则又很难将其游离于森林生态系统的其他生物之外而进行独立研究。所以，实际上不同的研究者或实际工作人员在采用森林生物多样性的概念时是有所不同，各有侧重的。林业工作者和植物学家主要以森林植物为研究对象，而动物学家和微生物学家则主要以森林动物和微生物为研究对象。本节所指的森林生物多样性主要涉及的是以木本植物为主体的森林植物及其生态系统的多样性，即狭义的森林生物多样性。

3.2.2 森林生物多样性评价

生物多样性的格局与过程体现在基因、物种、生态系统和景观水平上，但物种是多样性的基础和核心。因为无论个体还是从群落到群落、生态系统乃至景观的各个层次，都是以不同物种个体为载体和基本单位来体现多样性的结构和功能的。物种多样性是现代生态学研究的方向之一。因此，大多数的生物多样性研究都以物种多样性的调查与研究为基础。物种多样性由两个基本成分组成，第一是群落中的物种数量，生态学上称为物种丰度；第二是物种的均匀性或均等性，均匀性是植物种的个体数、盖度、生物量等是怎样分布的，可用均度指数、生态优势度指数来表示，而试图将丰富度和均匀性联系起来就是多样性指数（程瑞梅，2001）。目前所提出的大量的生态多样性指数可分为三类：A 多样性指数、B 多样性指数和 C 多样性指数。其中，A 多样性指数是用于测量某一生态系统内生物种类数量，以及生物种类间相对多度的一种测量指标，反映某一生态系统内物种间通过竞争资源或利用同种生境而产生的共存结果。它又可分为几类，如物种丰富度指数（species richness index）、物种均匀度指数（species evenness index）、物种相对多度分布（species abundance distribution）等（吴甘霖，2004）。

（1）物种丰富度指数是对一个群落中所有实际物种数目的测量，是最简单、最直观的群落物种多样性测定方法。

（2）物种均匀度指数是指生物群落中不同物种（多度生物量、盖度、重要值等）分布的均匀程度。其常用的度量指标有以下几种：Pielou 均匀度指数、Sheldon 均匀度指数、Heip 均匀度指数、Alatalo 均匀度指数。

（3）物种的多度可分为绝对多度和相对多度。物种的绝对多度可以以个体数量、生物量、植物盖度、频度、基面积以及生产力等为测度指标。物种的相对多度则是指种对群落总多度的贡献大小。物种多度的分布可以由若干理论分布拟合，其中，有四个理论分布模型在研究应用中较为广泛，它们是对数正态分布、几何级数分布、对数级数分布和分割线段模型。但在利用理论分布参数计算群落多样性的过程中，常会遇到观测数据难以用某种理论分布拟合，理论分布参数的大小与样本大小有关等问题。因此，产生了众多的物种多样性指标，应用较为广泛的是 Simpson 指数和 Shannon-Wiener 指数。

3.2.3   森林生物多样性的意义

（1）有利于维持生态系统的平衡。生态平衡是一种动态平衡，它靠自我调节能力来维持，这种调节能力来自于系统内部的负反馈机制。在自然生态系统中，这种自我调节机制来自系统的食物链和营养结构[15]。食物链和食物网的完整性与生物多样性有密切关系，生物多样性越高，食物链和食物网越完整，物质和能量运转得越快，生态系统越稳定，从而能够更好地抵御外界不良因素的影响。

（2）有利于基因的保存。遗传基因是人类最宝贵的资源，遗传基因的多少决定了物种的丰富度。基因的消失意味着物种的消失，会给人类造成不可挽回的损失[16]。专家估计地球上物种的 25%已经消失，并有 20%～30%还有消失的危险。因此，保护遗传基因特别重要，生物多样性越高，保存的遗传基因越多，会给人类以更多的选择机会，有利于人类的生存和发展。

（3）有利于生物的进化。在复杂的生态环境中，任何一种生物要想获得生存和发展仅靠自身的调节和更新能力是不够的，还需要生物之间相互依存、协同进化。不仅植物与植物之间、植物与动物之间是相互依存的，植物与微生物之间也是相互依存、协同进化的[16]。例如，微生物分解凋落物释放养分供植物吸收利用；被子植物结实与昆虫的传粉有密切的关系等。

（4）提供木材及其他林副产品，促进经济的发展。森林生物多样性不仅为人类提供大量的木材，还能够提供人类生存所需的各种食物和药物，以及多种多样的工业原料和燃料。生物多样性越高，其所提供的物质和能量越多，在很大程度上促进了经济的发展。

（5）有利于林地环境的改善。森林多样性高，物种丰富，林地形成大量的枯枝落叶层，增加土壤的腐殖质，进而促进土壤微生物的活动，提高土壤的肥力。微生物和土壤动物呼吸放出的 CO_2 还可供植物重新利用进行光合作用。丰富的生物多样性对涵养水源、保持水土、调节气候等都有重要作用。此外，森林生物多样性还有很多不可估量的重要意义。森林生物多样性是森林生态系统演替的外部反映，是森林生态系统功能的衡量标准。生态系统多样性和物种多样性是构成景观多样性的基础，森林生物多样性的保护将有助于森林旅游和生态旅游业的发展，以及林业产业多样性调整、多样化格局的形成[17]。

3.2.4   森林生物多样性的影响因素

（1）立地条件。其包括土壤条件和气候条件。一个局域性生态系统能够支持多少物种生长和繁殖，在很大程度上影响着生物多样性。土壤疏松、通透性好，土壤质地良好，土层深厚，有利于植物的繁殖和根系生长，从而带动地上部分的生长。一个地区无霜期长，光照充足，昼夜温差较大，降雨量适中且多分布于生长季，为植物的生长发育提供了先决条件。总之，立地条件好，为多种生物提供了良好的生存空间，生物多样性高，反之则低。

（2）干扰因素。干扰作为自然界的普遍现象，很早就受到人们的关注，在传统生态学中将干扰作为影响群落结构和演替的重要因素。由于研究干扰的角度不同，对于干扰所下的定义也不同。就字面含义而言，干扰是对正常过程的打扰或妨碍，即平静的中断。White 认为，"干扰是一个偶然的、不可预知的事件，是在不同时空尺度上产生的自然过程"；Turner 则将其定义为"破坏生态系统、群落和种群结构，并改变资源、基质的适宜性，或者是物理环境的任何时间上发生的相对不连续事件"。从生态学角度，干扰被认为是"引起景观或生态系统的结构、基质发生重大变化的离散性事件"（张建国，1996）。

干扰根据其产生源可分为自然干扰和人工干扰。自然干扰包括由自然因素和生物因素（除人为因素外）引发的一系列扰动自然的事件，如地震、火灾、洪水等；人为干扰是指人类有意或无意的行动对自然界的扰动，如采伐、排污、外来种的引进等。森林经营是对自然界进行人为干扰的重要形式之一。商业性采伐是温带森林中最为常见的干扰方式，该方式具有改变地区物种多样性（McMinn，1992）和丰富度（Hughes and Fhey，1991）的潜在能力。

干扰伴随着自然界的发展、演变，对自然界产生有利和不利影响。由于偏见，一些人认为干扰就是破坏，如地震、火山喷发导致某地区或区域的自然景观的破坏；火灾、滥砍滥伐等可使某一地区森林景观破坏，自然生态环境恶化。因此，农林业中常将一些干扰作为破坏事件严格控制和消除，如林业上将火灾作为森林管理的大敌。事实上，近几年的研究表明：只有重度干扰才会引起景观的破坏。Conell 等通过大量实验验证后提出了中度干扰学说，即中等程度的干扰水平能维持高度生物多样性。近代的多数生态学家也认为适度干扰是一种有意义的现象，如林隙动态理论的提出及在实践中的应用（叶林奇，2000；臧润国，1999；张建国，1996）。

人为干扰对森林生物多样性的影响极为重要，但干扰程度不同对其影响也不同。

适度干扰（择伐或轻度间伐）有利于生物多样性的提高。通过对黑龙江省东部林区（小兴安岭的凉水自然保护区，长白山的老爷岭、绥阳林业局）的调查发现：经过人为适度干扰的次生林总的来说具有较高的多样性，原始林同人工林相比只有春季多样性稍高。这是因为受干扰后次生性过渡类型处于向顶极群落演替的过程中，它包括有先锋群落种以及原始林所具有的物种，两个林种的物种兼而有之，产生边缘效应，从而提高了次生林的多样性。而稳定性较大的原始林具有较高的群落优势度，林内郁闭度高，透光性能差，林下植物难以生长[18]。同时，稳定性较大的群落中，单位面积内种类和数量很多，各自占有有利的空间位置，充分利用环境条件，形成良好的群落结构[19]，物种之间相互协调生长，种类和数量能保持相对稳定，而排斥新种的侵入，使生物多样性反而降低。

重度间伐使树冠疏开，促使林下草本和灌木的发育，同时也可能使一些耐阴性较强的幼苗由于接受不了这种强烈的刺激而死亡。

皆伐除了使林内地上环境发生剧烈变化外，还可改变土壤的很多性质，如土壤微生物数量与活性，营养物质含量等。植物根系呼吸放出大量能量支持着复杂的土壤生物群落，而土壤生物群落又直接或间接地对树木生长有利。如果失去了树木或支持这个地下生物群落的其他植物，则立地会失去支持树木生长的能力，生物多样性大大降低。

另外，森林作业对森林生物多样性也有很大的影响，主要是对土壤和保留木及其地表植被的影响。

在森林作业中，由于作业车辆和载荷的作用，使集材道和林地土壤被压实。被压实的土壤密度增大，空隙度减小，使其持水能力和地表渗水能力下降，引起大面积的地表径流和营养元素的流失，阻碍了土壤中氧气、水分的循环，严重影响种子发芽和苗木的生长[20]。

在森林作业活动中，作业机械对基地保留木的影响分为间接和直接两种。间接作用如上所述，通过对土壤的破坏阻碍苗木的发生和生长；另一方面，集材机械在作业过程中，不仅压实土壤，而且还拖去地表植被，带走地表土壤，从而使近道保留木根系裸露失水，吸收能力下降，进而影响植被的生长。直接作用是机械设备在作业过程中对保留木及其地表植被产生一定程度的损伤，如擦伤、刮伤、破裂、折断等。

（3）人工林的起源及其邻近的生态系统状况对生物多样性有很大的影响[21]。人工林中物种的丰富度和种类组成，在很大程度上受人工林立地上原土地利用状况（皆伐迹地、农田、荒地、灌丛等）影响，尤其是在人工林定居的初期表现得更为明显。一般起源于皆伐迹地的人工林，比在农田、荒地上营造的林分生物多样性高，因为皆伐迹地上具有丰富的种子库。

邻近生态系统状况主要是解决种源问题。人工林生态系统种源不外乎 3 个方面：①原立地保留下来的物种及繁殖材料；②人工栽培的物种（目的树种）；③从本系统外通过各种途径传播和扩散进来的，如鸟、风等的传播。如果此林分邻近生态系统物种丰富，且多为能在该立地上繁殖生长的物种，那么其他物种侵入此林分的概率就大，有利于该林分生物多样性的提高。

此外，森林生物多样性的梯度等级还表现在时间上，随着季节的变化生物多样性也随之变化。由于各种生物的生理特性不同，它的发生时间以及寿命长短各异，尤其是草本植物生态位狭窄、生命周期短，表现出较强的季节性，往往春季发生，形成较高的生物多样性，到夏季陆续有植物死亡，之后逐渐消失，生物多样性下降。

3.3　森林生物多样性的保护

森林是地球上最为重要的生物类型，是世界生物多样性的分布中心。根据 1998 年国家环境保护总局的《中国环境状况公告》介绍，我国共有 599 类主要陆地生态系统，其中森林生态系统 212 类，占 35.4%，是 8 类陆地生态系统中最多的一类。在我国森林生态系统中，又包括针叶林、阔叶林和针阔混交林生态系统。其中，寒温带针叶林内野生动物 200 多种，鸟类近 120 种，属国家重点保护的动物主要有貂熊、驼鹿、马鹿、猞猁、雪兔等。在阔叶林中，仅常绿阔叶林生态系统，其种子植物的属、种分别占全国的 2/3 以上和 1/2 左右。而在针阔混交林生态系统中，存在许多名贵针叶树，如红松、各种云杉和落叶松等，并且也生长着许多珍贵药材，如人参、天麻等。但随着社会经济的发展，人为的活动使森林生态系统遭受了巨大的破坏。根据联合国粮食及农业组织的统计，在 1980～1995 年，全球森林净损失 1.8 亿 hm^2，平均每年损失 1200 万 hm^2。我国森林资源长期受到乱砍滥伐、毁林开荒及森林病虫害的影响，使森林面积，特别是天然林面积大幅度下降。在 2000 年前，我国的森林覆盖率为 50%左右，目前为 20.36%多。因此，保护生物多样性，森林生物多样性保护是关键。目前，我国有 1551 个自然保护区，其中国家级的 171 个，面积达 1.45 亿 hm^2。这将有助于推动我国生物多样性的保护。

另外，全球三大陆地生态系统——农田、森林、草场，支持着世界经济的发展；提供了几乎所有的人类所需的原料；除海产品外，还提供了几乎人类所有的食物。在三大陆地生态系统中，森林又是地球上最为重要的类型，占有特别重要的地位，是世界生物多样性的分布中心。而在森林生态系统中，热带森林又是突出的物种分布中心。据统计，热带森林集中了 50%以上的物种，拥有世界 80%以上的昆虫、90%以上的灵长类动物。在全球大约 170 万已得到描述的物种中，其中昆虫和高等植物就超过了 100 万种，它们之中绝大多数是分布在热带森林中的。

目前，世界热带林每年的消失率约为 0.6%～1.0%，年平均毁林面积达 1700 万 hm^2，由于大面积的热带原始林被毁，导致热带野生动物生境的丧失。随着社会经济的发展，生物物种所受到的威胁是有史以来最大的。所有这些威胁的实质就是由于人类对生物资源开发管理不当而引起的，而且这种行为还经常遭受错误引导的经济政策和不完善的制度的激励。因此，合理开发利用资源，尤其是合理开发利用森林资源，保护生物多样性，把一个丰富多彩的世界留给后代，是当代人的责任，也是每个人应尽的义务。

3.3.1 提高人们对生物多样性的认识

森林具有丰富的各种自然资源,除具有生产木材及林副产品直接经济效益外,还具有更为重要的生物多样性间接价值和潜在价值,如提供医药、工业等的原料。目前,人类对森林物种的生物和经济价值所知甚少,还持续在单一的"木头"思想,没有从森林的多资源、多效益的角度去看待森林。一个物种所含的遗传信息在今天看来可能毫无价值,但是在将来的某一天也许极有价值。一个物种价值的相对性还表现在:有时人们已经弄清某个物种所含遗传信息的重要意义,但现在人们尚不能利用它们,而寄希望于将来能利用它们。例如,有一种低产的野生小麦,其叶片的光合强度是一般小麦的 4 倍,农学家也找到了使叶片具有高光合强度的基因,但现在尚无法将这个基因嫁接到农作物小麦上,但随着科学的发展,将来也许能够实现[22]。当人们了解了生物多样性的分布和价值,明白了生物多样性如何影响人们的生存环境,并且懂得了在不降低生物多样性的前提下满足自身的需要,保护生物多样性才会获得成功。

3.3.2 加强立法、执法和保护区建设

我国发布和实施的《中华人民共和国森林法实施细则》《中华人民共和国环境保护法》《中华人民共和国野生动物保护法》等规则和条例,对我国生物多样性的保护起到了重要作用[23]。随着社会的进一步发展,根据出现的新形势,对有关法律法规要进行修补和完善,并制定新的法规。

保护生态系统稀有和濒危灭绝的物种,防止基因及基因综合体的损失,是自然保护区的基本任务。根据国家标准《自然保护区类型与级别划分原则》(GB/T 14529—93),我国的自然保护区划分为 3 个类别 9 个类型,其中对森林生物多样性起保护作用的主要有森林生态系统类型、野生动物类型和野生植物类型 3 个类型自然保护区[24]。自然保护区是保存生物基因、繁衍濒危生物物种、探索自然发展规律和人类合理利用生物资源途径的重要基地。另外,加强森林公园和风景名胜区的建设对生物多样性的保护也有重要意义。它们除了具有丰富的旅游资源外,绝大多数还保存着比较完整的森林生态系统。

3.3.3 发展速生丰产林缓解木材危机

集约经营对生物多样性的保护具有至关重要的作用。虽然发展一定规模的集约林,使生物多样性减少了,但它能提供社会需要的充足木材,减少天然林的采伐量,不仅缓解了林产品的供需矛盾,还保存了自然植被,保护了生物多样性[25]。同时,发展速生丰产林还有助于促进各种树种的改良和优良基因的保存。如何科学地营造速生丰产林是我们共同努力的方向,首先要坚持因地制宜、适地适树的原则;其次要进行合理配置和科学的抚育采伐管理。实践证明,适宜树种的混交

比营造纯林具有更高的生物多样性且林分生长稳定。

3.3.4　开展国际交流与合作

生物多样性是人类共同的财富。1992 年在巴西里约热内卢召开的联合国环境和发展大会上签署的联合国《生物多样性公约》，确认"生物多样性的保护是全人类共同的事业"[26]。近几十年来，我国在保护全球环境和物种资源方面作出了许多的努力，取得了很大的成绩，但与全球环境的持续恶化，物种资源的迅速减少，对保护生物多样性、维持生态平衡的迫切需求相比还有很大的差距。所以，我们必须加强国际交流与合作，引进国外生物多样性保护和持续利用的先进经验、技术措施，吸引外商投资，促进我国生物多样性持续、健康发展。

3.4　森林经营对森林植物多样性的影响

森林植物多样性保护与持续利用是森林可持续经营中需要解决的重要问题。在具体的森林经营实践中，根据不同林分的植物多样性状况，应采取不同的经营措施和保护利用措施。许多以自然干扰、斑块镶嵌和林隙动态为基础的理论，近年来在国外的森林生物多样性保护和森林可持续经营实践中有着非常广泛的应用（Szaro and Johnston, 1996），许多森林经营者已开始在其经营规划中把森林生物多样性的动态保护作为重要的指导思想。森林景观的斑块镶嵌和森林生物多样性的动态维持规律，要求我们在对一个地区的森林经营和林业规划中，应尽量保持森林和其他生态系统的多样性，同时在每个生态系统内又要尽量保持它的复杂性、生境的多样化、物种极其变型的多样性和种群生存能力。

在没有人类干扰之前，各种各样的天然林都处在动态的变化之中，不同的森林景观是由处于干扰后不同阶段的斑块镶嵌体所组成的。各种天然林都在不同的大、小型干扰体系作用之下，维持着其正常的结构、功能和生物多样性。天然林的动态变化特征是森林生物和不同自然环境长期适应、相互作用的结果，天然生态系统具有优化而复杂的结构。拥有丰富的物种多样性，并有人工林所不可比拟的生态系统功能和动态稳定性，为人工林的培育和优化提供了良好的模拟范式。所以，一个地区的天然林结构和功能特征及其时空动态，是我们在这个地区进行森林经营活动的基本科学依据。在森林经营的过程中，在满足经济利益的基础上，应尽量保持森林生态系统的完整性和森林景观动态的平衡，争取在人为干扰后能快速恢复林地生物多样性，从而发挥森林的最大效益，并且应该做到以下三方面：①把生物多样性作为评价森林质量的一项重要指标；②把森林抚育作为提高生物多样性的一项重要措施；③把森林抚育对生物多样性的影响进行长期定位研究。

不同的经营方式和程度对森林生态系统造成的干扰程度不同。依据中度干扰学说和林隙动态理论，采取合理的经营方式，控制干扰强度，是进行森林经营、维持森林植物多样性，实现森林可持续利用的一种有效方法。不同的人为干扰方式在林地不同恢复阶段会呈现出不同的森林景观，形成不同的斑块镶嵌结构，森林中的植物多样性也会有明显差异。

3.4.1　研究方法

关于采伐后森林植物多样性的研究，一般是在相似的自然生境条件下，即在相似的森林立地类型、林龄，相似的湿度、坡度、坡向、坡位等条件下，对不同林型、不同演替阶段、不同干扰强度、不同干扰类型、不同林层等的林分物种多样性情况进行调查（程瑞梅，2002；Franklin et al，2002；Mark，2002），然后进行统计分析。

物种调查的方法一般采用随机抽样法，在所调查的林分中设置大样方，样方可根据实际要求确定大小，在以往的研究中有在大样方（可设为 20m×20m）设置有 1m×1m，2m×2m 小样方的，也有把小样方设置为圆形的，如有 5m² 样圆（程瑞梅，2002；Mark，2002）。

3.4.2　皆伐与森林植物多样性

在许多国家和地区，过去和现在都习惯采用皆伐，即将一片森林树木都砍去，并火烧林地上的残余枯枝落叶，然后进行人工更新，这种作业方式会使森林生态系统遭到很大程度的破坏。有人提出，传统的同龄林主伐作业（如皆伐）不是以自然干扰模式和林地的演替为依据的（Franklin et al，2002）。在主伐方法中具有最大潜在影响力的是皆伐。皆伐后，林地上植物种以早期演替种占优势，而一些晚期演替植物种可能会在该地灭绝（Hannerz and Hanell，1997），尤其是一些特有种会灭绝，而广布种会增多。

关于皆伐对草本层的影响是一个相当重要的课题，但是还未被全部了解，所有伐前的林下草本植物种是否在皆伐后恢复到原来状态还不清楚（Robers，2002）；Duffy 和 Meier（1992）认为，林下植物恢复至少需要 80a，但是也有人指出，密歇根北方阔叶林的物种多样性在主伐 50 年后恢复到伐前水平（Metzger and Schultz，1984）。有实验表明，在皆伐后森林中树种的丰度会显著下降。皆伐（或皆伐并整地）进行人工造林后，林内伐前树木适生种会下降 20%~24%（Roberts，2002）。

根据国内学者对阔叶红松林及其次生林、南亚热带常绿阔叶林和热带山地雨林的林隙动态及生物多样性的研究结果，采伐方式应该以择伐为主，合理的择伐可以与形成林隙的小型树冠干扰相类似，从而有利于形成生境异质性。高水平和垂直的生境异质性会产生高的生物多样性。同样，依据林隙动态理论，在择伐的前 10 a 内，物种丰富度较小，多样性也较低；到 10~20a，物种丰富度达到最大，多样性也达到最高；20～30a，物种丰富度和多样性稍有下降，但是仍维持在较高水平；到达 30a 以上，物种丰富度和多样性都有很大下降。物种多样性的动态变化总趋势可能与林隙内的生态环境和种间关系有较大关系。

3.4.3　择伐与森林植物多样性

有研究表明，单木择伐形成的林隙会减少物种多样性，尤其是中等耐阴性树种[27]。但更多的研究表明，择伐可以形成具有不同的树种组成、年龄和结构的森林[28]，几乎相当于原始林[29]。森林经营措施效仿天然林分动态，因此可以更有效地维持生物多样性和森林生态系统的主要功能[30]。

（1）择伐对各林层的物种多样性的影响。灌木和草本的多样性在采伐迹地增加，尤其是在林隙处的多样性最高[31]。郭泉水等[32]研究了雾灵山落叶阔叶林采伐迹地的物种多样性和植物种群动态变化。结果表明，在林分采伐后的 4a 内，迹地上苗木的物种多样性和群落均匀度指数均高于伐前林分。从无到有并迅速繁衍的树种为山杨，伐前林分中有林木存在，但迹地上缺乏幼苗的树种为油松。灌木的物种多样性和均匀度指数呈增加趋势。始终处于优势的树种为锦带花和胡枝子，后期迅速繁衍的树种为山楂叶悬钩子。草本植物的物种多样性和群落均匀度指数均是在林分采伐后第 3a 达到最大值，第 4a 开始下降。主要草本植物种群的动态变化可归纳为 8 种类型。阳性植物充分发育，阴性或耐阴植物逐渐衰退，是草本植物种群最明显的表现。

陈雄文等[33]研究了林窗模型 BKPF 模拟伊春地区红松针阔叶混交林采伐迹地对气候变化的潜在反应。研究表明，伊春地区采伐迹地演替 50a 后红松和硬阔叶树的数量增加，落叶松、山杨与白桦减少。

Sterba 等[34]的研究认为，使用单木模型表明，单木择伐体系在 80a 后会形成有收获和生长相平衡的森林，有丰富垂直结构多样性，但树种多样性和林分间的差异较小。在天然更新系统下，没有单木择伐，树种多样性、结构多样性和林分间的变化加大，但在 100a 期间生长与收获达不到平衡。

（2）不同择伐强度对物种多样性的影响。邱仁辉等[35]研究了择伐作业对常绿阔叶林乔木层树种结构及物种多样性的影响。研究了 4 种不同强度择伐作业（弱度 13.0%、中度 29.1%、强度 45.8% 和极强度 67.1%）对常绿阔叶林林分结构及乔木层物种多样性的影响。结果表明，轻度与中度择伐对林分结构的影响较小，原林分乔木层优势树种的地位仍保持甚至略有提高；而强度择伐和极强度择伐则引起林分结构发生一定的变化，一些优势树种的地位削弱，而另一些树种的优势地位上升。但采伐作业不利于常绿阔叶林物种多样性的发展，尤其是林冠强度破坏对物种多样性的影响最大，而轻度与中度择伐作业有利于原有物种的保持与恢复，这可能与不同强度择伐作业引起林地光照条件、温度和湿度等环境因子的不同变化有关。

Kern 等[36]研究评估了北部硬木林未采伐样地和使用异龄林经营法的林地上植被的多样性和群落组成。异龄林经营包括 3 种强度的择伐（轻度 20.6m²/hm²、中度 17.2m²/hm²、重度 13.8m²/hm²），分别在 1952 年、1962 年、1972 年和 1982 年实施，所有的采伐都是在冬天进行的。1991 年测量了植物多样性和群落组成。不同的经营措施，树种多样性变化不大。在这些经营措施下很少有外来树种，可能是由于冬天采伐对土壤的干扰较小。研究结果表明，硬木生态系统要么没有地上群落要么没有发生变化，要么已经恢复了。

Lei 等[37]研究发现，不同经营方式伐后的几年在树种和大小多样性上都没有显著差异。采伐和不采伐的样地在 12a 之后都有相似的下层木多样性。另有研究表明，伐后短期内树种组成会有明显的变化，但从长期来看，择伐林分的组成与未采伐样地相似[38]。

张恒庆等[39]进行了天然红松遗传多样性在时间尺度上变化的 RAPD 分析。从红松遗传多样性近 100a 的变化过程可以看出，伴随着人为的干扰，红松的遗传多样性呈现出先下降后上升的变化。因此，其认为适度的干扰并不会降低红松的遗传多样性，干扰停止后，红松的遗传多样性会得到缓慢恢复。

3.4.4 抚育间伐与森林植物多样性

对于森林抚育在森林培育中的作用，奥地利著名森林培育学家汉斯·迈耶尔（1980）讲道：一个符合自然规律的健康而又富有生命力的森林，不仅可以生产优质木材，而且还可以发挥人们所盼望的为社会公益服务的效能，森林培育从广义上讲，栽培和抚育是它的任务，以森林抚育为内容的森林培育始终是森林培育学研究的基本指导思想[40]。森林生物多样性在一定程度上是衡量森林质量变化的重要指标，丰富的生物多样性不仅是生态系统稳定的基础，而且会促进生态系统功能的优化[41,42]，而抚育间伐作为森林经营的主要措施，是影响森林生态系统内部生物多样性的主要因素，它为林木创造良好的生长环境，提高了林木质量，同时也使森林的生物多样性发生变化，影响森林的生态功能。因此，研究森林抚育间伐对生物多样性的影响，是科学确定森林抚育具体措施的重要依据，对整个森林生态系统的经营也具有重要意义。而我国营林工作从大规模植树造林转变为大规模的抚育管理，以抚育为内容的公益林培育从理论体系、研究方法、培育技术等方面都需要进行更深入的研究。

国内外普遍关注森林的稳定性问题，尤其是人工林的稳定性问题，人工林长期生产力能否维持是当前人工林研究的一个重要方面。盛炜彤等认为，应通过促进"森林自肥能力"以及采取生物学方法来维护地力，而抚育间伐作为森林持续经营的有效途径，对林下灌木和植被的影响主要体现在林下植被的物种多样性和生物量两个方面，这两个方面是人工林生态系统的一个重要组成部分，在促进人工林养分循环和维护林地地力方面起着不可忽视的作用[43,44]。杨承栋等对林龄为

20a 的杉木林进行不同强度的抚育间伐，4a 后调查表明，抚育间伐能促进杉木人工林林下植被发育，对改善土壤物理、化学和生物学特性效果显著，由此得出抚育间伐是恢复杉木人工林地力的重要途径[45]。抚育方式和强度对植物种类的丰富度、密度和盖度影响很大。研究表明，影响林下植物物种多样性的因子，在一般情况下间伐强度越大植物的种类越丰富，密度和盖度也越大，不同的间伐强度除了对植物种类有较明显的影响外，对植被结构也有较大的影响，低强度间伐造成的植被结构无明显垂直分化，基本是单层的；而中强度间伐的植被结构是复层的，有明显的垂直分化。因此提高间伐强度，不仅可以增加林下草本和灌木的种类，而且也可相应地提高每个物种的高度和盖度，增加其出现的株数[46,47]。在研究抚育间伐对林下植物多样性的影响方面，不同的学者得出的结论不尽相同。大多数研究认为，间伐后林下植物物种多样性比伐前高。Smith 的研究认为，集约间伐的林分比未间伐林分有更高的物种丰富度，随着间伐强度的增加，地被的盖度也随着增加[48]。Niese 研究了美国威斯康星州北部阔叶林 8 种不同采伐方式的经济效益与采伐区的树木多样性，并进行比较，得出抚育间伐是维持树种多样性最好的方式[49]。Kammesheidt 研究委内瑞拉热带雨林择伐 5a、8a 和 19a 后的树种多样性，得出植物种类明显增加，随着演替的发展，同原始林的近似系数不断增长[50]。Bailey 研究美国俄勒冈州西部疏伐后 28 个立地类型的异叶铁杉幼林林下植被，得出不同立地类型下植物种类都有变化，但植物的丰富度和总盖度均高于未疏伐的林分的结论[51]。熊有强等对江西分宜 21a 生的杉木林进行抚育间伐后 10a 的调查研究结果表明，中度和强度间伐都可促进林下植被的良好发育[52]。方海波等调查研究湖南省会同县抚育 5a 和 26a 生的杉木林，得出杉木人工林间伐后林下空间环境因子的变化，植被生物量大量增加，为对照区的 3.25 倍[53]。任立忠等研究了冀北山地次生山杨中龄林不同强度抚育后 1a、2a 和 5a 的山杨林群落物种多样性变化，弱度、中度抚育提高了群落物种多样性，强度抚育则降低了群落物种多样性[54]。另外一些研究则认为，间伐对物种多样性无显著影响或可导致草本植物丰度或多样性的长期下降。雷向东等通过研究吉林金沟岭林场的人工落叶松纯林演化后形成的落叶松云冷杉混交林，间伐 12a 后观测得出，20%和 30%左右的间伐强度没有显著改变林分下层的物种多样性[55]。Reader 和 Gilliam 等在研究间伐强度对物种多样性的影响时，认为间伐后的成熟林和皆伐后的幼林草本层的物种多样性无显著变化[56,57]。还有的学者认为，任何包含采伐的森林经营都会对生物多样性产生负面的影响[58]。因此，针对不同地区、不同森林采取的抚育间伐措施对林下植物多样性的影响是不同的，在林业生产中需要科学地确定抚育措施。

3.5 改造方式对大兴安岭 3 种低质林分生物多样性的影响

低质林的改造，是通过调控植物结构和功能，加快林地内的物质循环，促进植物生长和根系的活动能力，从而改善土壤的生态功能。保护物种多样性是森林可持续经营的一个重要目标，林下植被作为森林群落的重要组成部分，对于保持水土、促进森林生态系统的物质循环、维护群落的生物多样性和稳定性，以及揭示植被演替特征等方面具有不可忽视的作用，近年来备受关注。刘松春等研究发现，上层透光抚育保持林分郁闭度为 0.2～0.6 时，有利于群落植物多样性的维持[59]；马履一等发现，间伐对油松林分的生长及其林下植物多样性的影响是显著的，强度间伐最有利于林分的生长和林下植物多样性的提高[60]；董希斌等研究发现，恢复时间、采伐方式对生物多样性的恢复和分布起主导作用[61]；杨梅等发现，重度人为干扰阻碍和延缓了群落的恢复进程，当干扰强度减弱时，群落中原有种群逐渐恢复并有新种侵入[62]；刘彤等发现，红松人工林林下植物多样性水平均较低[63]。本节以大兴安岭 3 种不同林分低质林为研究对象，研究用不同的改造方式进行改造后森林生物多样性的变化情况，为低质林改造提供可靠的理论依据。

3.5.1 研究区概况

试验区位于加格达奇林业局翠峰林场，大兴安岭山脉的东南坡，属于低山丘陵地带。地理坐标为东经 124°23′47.8″至 124°24′35.1″，北纬 50°34′9.17″至 50°34′32.0″。土壤以暗棕壤为主，土壤厚度为 15～30cm；坡度多在 15°以下；无霜期为 85～130d；年平均降水量为 494.8 毫米；属寒温带大陆性季风气候，春秋分明，冬长夏短，且冬季气候寒冷，年平均气温−1.3℃，最高气温 37.3℃，最低气温−45.4℃。在翠峰林场 174 林班选取 3 种典型低质林分进行改造实验，3 种林分低质林的立地条件和林分概况如表 3-1 所示。

表 3-1 3 种林分低质林立地条件和概况

林分类型	地形地势			土壤			乔木层			主要灌木		主要草本	
	坡向	坡位	坡度(°)	类型	厚度(cm)	砾石含量(%)	郁闭度	胸径(cm)	树高(m)	种类	盖度(%)	种类	盖度(%)
阔叶混交林	南	中	6	棕森土	20	3	0.3	11.0	9.0	杜鹃	12	莎草	27
蒙古栎林	东南	中	8	棕森土	22	2	0.4	8.9	7.4	胡枝子	15	苍术	30
白桦林	东北	中	7	棕森土	22	2	0.4	10.0	6.8	杜鹃	13	苍术	29

3.5.2 研究方法

3.5.2.1 样地设置

在大兴安岭加格达奇林业局翠峰林场 174 林班选取 3 种典型低质林分进行改造实验，3 种低质林分别为阔叶混交低质林、蒙古栎低质林和白桦低质林，每个试验区分别进行带状改造和块状改造。带状改造试验区以顺山带设置，包括 S_1~S_4 共 4 条皆伐带，每条皆伐带的面积分别为 6m×200m（S_1）、10m×200m（S_2）、14m×200m（S_3）、18m×200m（S_4），每条皆伐带平均分成 3 段，分别栽植樟子松、西伯利亚红松、落叶松，栽植苗木时与相邻保留林带距离 1m，株行距配置为 2m×1.5m。每种类型低质林块状改造试验区共 3 组，每组由 6 个沿横坡方向排列且面积不同的矩形试验区组成，6 个试验区的面积分别为（G_1）25m^2（5m×5m）、（G_2）100m^2（10m×10m）、（G_3）225m^2（15m×15m）、（G_4）400m^2（20m×20m）、（G_5）625m^2（25m×25m）、（G_6）900m^2（30m×30m）。在林窗下进行更新造林，造林树种为樟子松、西伯利亚红松、落叶松，造林时原则上与原有林分边缘间隔 1m 左右，株行距配置为 1.5m×1.5m。同时在 3 种不同类型低质林试验区中分别设置一个未采伐的对照样地（CK）。

3.5.2.2 样地调查

每条带状改造试验区设置 3 个样地，并取样地的均值进行各采伐带生物多样性研究，样地宽度为每条带的带宽，长度为 20m。块状改造试验区每个试验区为一个样方。在样方中针对乔木进行每木调查，调查乔木的种类、株数、高度、胸径；在样方中随机设置 3 个大小为 5m×5m 的灌木样方，调查灌木的种类和盖度；在 3 个灌木样方的中心设置大小为 1m×1m 的草本样方，进行植物的种类和盖度的调查，盖度指植物地上部分的垂直投影面积与样方面积之比的百分数。

3.5.2.3 生物多样性的计算

生物多样性的测度采用物种丰富度指数（S）、物种多样性指数（H'）和均匀度指数（J）。其计算公式如下：

（1）物种丰富度指数：

$$S = 标准地内所有物种数之和 \tag{3-1}$$

（2）Shannon-Wiener 多样性指数：

$$H' = -\sum_{i=1}^{s} p_i \ln p_i \tag{3-2}$$

（3）Pielou 均匀度指数：

$$J = H' / \ln S \tag{3-3}$$

式中，S 为种 i 所在样方的物种总数，即丰富度指数；$p_i = n_i / N$，代表第 i 个物种的相对多度，n_i 为种 i 的个体数，N 为所在群落的所有物种的个体数之和。

3.5.3 阔叶混交低质林物种多样性

不同改造方式对阔叶混交低质林生物多样性的影响存在差异性，依据调查所得数据，运用式（3-1）～式（3-3）计算的各试验区物种多样性指数如表3-2所示。

表 3-2 阔叶混交低质林物种多样性

项目	乔木层			灌木层			草本层		
	S	H'	J	S	H'	J	S	H'	J
S_1	3	0.97	0.88	3	0.92	0.83	8	1.71	0.82
S_2	4	1.03	0.74	3	1.06	0.97	10	1.69	0.74
S_3	4	1.25	0.81	3	0.93	0.84	11	2.06	0.86
S_4	3	0.96	0.88	2	0.66	0.95	10	1.83	0.79
G_1	3	0.86	0.78	3	0.68	0.62	9	1.74	0.79
G_2	3	0.88	0.79	3	0.45	0.41	9	1.88	0.85
G_3	4	1.27	0.91	2	0.35	0.51	8	1.96	0.94
G_4	3	0.83	0.76	3	0.99	0.91	8	2.02	0.97
G_5	4	1.15	0.83	2	0.66	0.95	9	1.75	0.79
G_6	3	1.09	0.99	3	0.84	0.77	6	1.55	0.86
CK	5	1.34	0.83	3	1.04	0.95	8	1.88	0.90

各试验区乔木层物种丰富度指数较对造林分均下降，且减少了1～2个种，S_2、S_3、G_3、G_5 的物种丰富度与对照相差2个物种，好于其他试验区；各试验区灌木层物种丰富度指数呈现恒定趋势，S_4、G_3、G_5 的物种丰富度与对照林分相差1个物种，其他试验区与对照相同；各带状改造试验区草本层物种丰富度指数随着带宽的增加有递增的趋势，且较对照林分增加2～3个种，而 G_6 试验区草本层物种丰富度较对照林分少2个种，其他各块状试验区草本层物种丰富度指数变化不大。

各试验区乔木层物种多样性指数都低于对照林分，下降幅度为0.07～0.51，试验区 S_3、G_3 乔木层物种多样性指数较高；试验区 S_2 的灌木层物种多样性指数高于对照林分，其他各试验区都低于对照林分，块状改造试验区中 G_4 灌木层物种多样性指数最高；试验区 S_3、G_3、G_4 草本层物种多样性指数高于对照林分，块状改造试验区草本层物种多样性指数随着采伐面积的增人而提高，当块状采伐面积大于400m^2 后，草本层物种多样性指数下降，试验区 G_6 的草本层物种多样性指数最低。

带状改造试验区中 S_1、S_4 和块状改造试验区中 G_3、G_6 的乔木层均匀度指数高于对照林分；试验区 S_2 的灌木层均匀度指数高于对照林分，块状改造试验区中 G_5 灌木层均匀度指数最高；试验区 G_4 的草本层均匀度指数高于对照林分0.07，其他各试验区都低于对照林分，带状改造试验区中 S_3 草本层均匀度指数最高。

3.5.4 蒙古栎低质林物种多样性

不同改造方式对蒙古栎低质林生物多样性的影响存在差异性，依据调查所得数据，运用式（3-1）～式（3-3）计算的各试验区物种多样性指数如表3-3所示。

表 3-3　蒙古栎低质林物种多样性

项目	乔木层			灌木层			草本层		
	S	H'	J	S	H'	J	S	H'	J
S_1	2	0.69	1.01	2	0.54	0.77	8	1.38	0.67
S_2	3	1.05	0.96	2	0.63	0.91	11	2.11	0.88
S_3	4	1.36	0.98	3	0.96	0.87	8	1.63	0.78
S_4	3	0.87	0.79	3	0.8	0.73	10	1.68	0.73
G_1	2	0.67	0.97	2	0.58	0.85	7	1.04	0.53
G_2	2	0.63	0.89	2	0.68	0.98	9	1.51	0.69
G_3	2	0.64	0.92	2	0.53	0.76	10	1.75	0.76
G_4	3	0.91	0.82	2	0.54	0.78	8	1.85	0.89
G_5	4	1.14	0.82	2	0.69	0.99	8	1.68	0.81
G_6	2	0.56	0.81	2	0.52	0.75	7	1.49	0.77
CK	5	1.20	0.75	3	1.07	0.97	12	1.91	0.77

各试验区乔木层物种丰富度指数较对照林分均下降，且减少了1～3个种，S_3、G_5的物种丰富度与对照林分仅相差1个物种，好于其他试验区；各试验区灌木层物种丰富度指数呈现恒定趋势，S_3、S_4的物种丰富度指数与对照林分相同，其他试验区与对照相差1个物种；各试验区草本层物种丰富度指数都低于对照林分，且减少了1～5个种，块状改造试验区草本层物种丰富度指数随着采伐面积的增大而提高，当块状采伐面积大于225m^{2}后，草本层物种丰富度指数下降，试验区G_3的草本层物种丰富度指数最高。

带状改造试验区S_3乔木层物种多样性指数高于对照林分0.16，其他各试验区乔木层物种多样性指数都低于对照林分，下降幅度为0.06～0.64，块状改造试验区中G_5的乔本层物种多样性指数最高；各改造试验区的灌木层物种多样性指数都低于对照林分，下降幅度为0.11～0.55，S_3和G_5分别是带状改造试验区和块状改造试验区中灌木层物种多样性指数最高的；试验区S_2草本层物种多样性指数高于对照林分0.2，其他各试验区都低于对照林分，块状改造试验区草本层物种多样性与丰富度指数变化趋势相似，草本层多样性指数随着采伐面积的增大而提高，当块状采伐面积大于400m^{2}后，草本层物种多样性指数下降，块状改造试验区中G_4的草本层物种多样性指数最高。

各试验区乔木层均匀度指数都高于对照林分，上升幅度为0.04～0.26，其中试

验区 S_1、S_3、G_1 乔木层均匀度指数较高；只有块状改造试验区 G_2、G_5 灌木层均匀度指数高于对照林分 0.01、0.02，其他各试验区都低于对照林分；带状改造试验区中 S_2 草本层均匀度指数最高，高于对照林分 0.11，块状改造试验区草本层均匀度指数与物种多样性变化趋势相同，草本层均匀度指数随着采伐面积的增大而提高，当块状采伐面积大于 $400m^2$ 后，草本层均匀度指数下降，块状改造试验区中 G_4 的草本层均匀度指数最高。

3.5.5 白桦低质林物种多样性

不同改造方式对白桦低质林生物多样性的影响存在差异性，依据调查所得数据，运用式（3-1）～式（3-3）计算的各试验区物种多样性指数如表 3-4 所示。

表 3-4 白桦低质林物种多样性

项目	乔木层			灌木层			草本层		
	S	H'	J	S	H'	J	S	H'	J
S_1	3	1.01	0.92	3	0.91	0.83	5	1.4	0.87
S_2	3	1.09	1.01	3	1.02	0.93	7	1.66	0.86
S_3	2	0.66	0.95	5	1.55	0.96	10	1.91	0.83
S_4	3	0.61	0.55	3	0.71	0.64	9	1.69	0.77
G_1	2	0.64	0.92	2	0.68	0.98	5	1.37	0.85
G_2	3	0.85	0.77	4	1.34	0.97	5	1.15	0.72
G_3	3	1.01	0.91	3	0.98	0.89	9	1.93	0.88
G_4	4	1.27	0.91	3	1.06	0.97	9	1.78	0.81
G_5	3	1.05	0.96	4	1.08	0.78	9	1.80	0.82
G_6	3	0.84	0.77	3	0.85	0.77	9	1.97	0.89
CK	4	0.86	0.62	4	1.31	0.94	9	1.97	0.89

块状改造试验区 G_4 的乔木层物种丰富度指数与对照林分相同，其他各试验区乔木层物种丰富度指数都低于对照林分，且减少了 1～2 个种，试验区 S_3、G_1 乔木层物种丰富度与对照林分相差 2 个物种，低于其他试验区；带状改造试验区 S_3 的灌木层物种丰富度比对照林分多 1 个物种，块状改造试验区 G_2、G_5 与对照林分相同，其他各试验区较对照林分有不同程度的降低；各带状改造试验区草本层物种丰富度指数随着带宽的增加有递增的趋势，而各块状改造试验区中面积较大的试验区草本层物种丰富度指数高于小面积改造试验区，试验区 S_3 草本层物种丰富度指数最高，且比对照林分多 1 个物种。

带状改造试验区 S_1、S_2 乔木层物种多样性指数高于对照林分，分别上升了 0.15、0.23，块状改造试验区乔木层物种多样性指数随着采伐面积的增大而提高，当块状采伐面积大于 $400m^2$ 后，乔木层物种多样性指数下降，试验区 G_4 的乔本层物种多样性指数最高，高于对照林分 0.41；带状改造试验区 S_3 的灌木层物种多样性指数高于对照林分 0.24，块状改造试验区 G_2 灌木层物种多样性指数高于对照林分 0.03，其他各试验区都低于对照林分；试验区 G_6 草本层物种多样性指数与对照林分相同，其他各试验区都低于对照林分，带状改造试验区中 S_3 的草本层物种多样性指数最高。

带状改造试验区 S_4 乔木层均匀度指数低于对照林分，其他各试验区都高于对照林分，上升幅度为 0.15～0.39，其中 S_2、S_3、G_5 乔木层均匀度指数较高；带状改造试验区 S_2、S_3 和块状改造试验区 G_1、G_2、G_4 灌木层均匀度指数较高；试验区 G_6 的草本层均匀度指数与对照林分相同，其他各试验区都低于对照林分，带状改造试验区中 S_2 和块状改造试验区中 G_3 草本层均匀度指数下降幅度较大。

3.5.6　各试验区物种多样性主成分分析

为了从整体进一步研究改造方式对不同类型低质林生物多样性的影响，以各试验区物种丰富度、生物多样性、均匀度指数为基础，应用主成分分析，计算各试验区的综合得分。主成分特征值如表 3-5 所示，前 4 个公因子特征值大于 1，4 个公因子累计贡献率达 82.76%，能够充分描述改造方式对不同林分低质林生物多样性的影响。

表 3-5　特征值解释

主成分	特征值	贡献率（%）	累计贡献率（%）
第 1 主成分	3.08	34.21	34.21
第 2 主成分	1.90	21.13	55.34
第 3 主成分	1.39	15.44	70.78
第 4 主成分	1.08	11.98	82.76

由表 3-6 可以看出，乔木层 S、H' 在第一公因子（F_1）上有很大荷载；灌木层 S、H' 在第二公因子（F_2）上有很大荷载；草本层 S 在第三公因子（F_3）上有很大荷载；草本层 H'、J 在第四公因子（F_4）上有很大荷载。4 个公因子分别从不同方面反映了不同改造方式对 3 种不同林分低质林生物多样性的影响，单独一个公因子不能反映整体的情况，因此按照各公因子对应的贡献率为权数计算公式，即

$$F = \frac{\lambda_1}{\lambda_1 + \lambda_2 + \lambda_3 + \lambda_4} S_1 + \frac{\lambda_2}{\lambda_1 + \lambda_2 + \lambda_3 + \lambda_4} S_2 + \frac{\lambda_3}{\lambda_1 + \lambda_2 + \lambda_3 + \lambda_4} S_3$$

$$+ \frac{\lambda_4}{\lambda_1 + \lambda_2 + \lambda_3 + \lambda_4} S_4 \tag{3-4}$$

式中，F 为综合得分；λ_1、λ_2、λ_3、λ_4 为第 1、2、3、4 主成分贡献率；S_1、S_2、S_3、S_4 为第 1、2、3、4 主成分因子得分。

表 3-6　因子载荷表

指数		主成分			
		F₁	F₂	F₃	F₄
乔木层	S	0.36	0.02	0.12	−0.05
	H'	0.44	−0.03	−0.12	−0.01
	J	0.14	−0.10	−0.43	−0.09
灌木层	S	−0.07	0.46	0.02	0.14
	H'	0.06	0.46	−0.02	−0.12
	J	0.21	0.16	−0.07	−0.49
草本层	S	0.08	−0.09	0.53	−0.14
	H'	0.15	0.01	0.29	0.31
	J	0.13	0.12	−0.11	0.54

根据式（3-4），依据各因子得分计算不同改造方式对 3 种不同林分低质林生物多样性的影响综合得分，如表 3-7 所示。阔叶混交低质林经带状和块状改造后，不同试验区的综合得分相差较大，带状改造试验区中 S_3 的综合得分（0.91）最高，试验区 S_2 的综合得分也较高，块状改造试验区中 G_4 的综合得分（0.50）最高，其次是试验区 G_3、G_5，带状改造试验区综合得分高于块状改造试验区，阔叶混交低质林经带状和块状改造后不同试验区综合得分前 5 位是 $S_3>G_4>S_2>G_3>G_5$；蒙古栎低质林经改造后，带状改造试验区中 S_3 的综合得分（0.34）最高，其次是试验区 S_2，块状改造试验区中 G_5 的综合得分（0.13）最高，带状改造试验区综合得分高于块状改造试验区，蒙古栎低质林经带状和块状改造后不同试验区综合得分前 5 位是 $S_3>S_2>G_5>G_4>S_4$；白桦低质林经改造后，带状改造试验区中 S_3 的综合得分（0.44）最高，其次是试验区 S_2，块状改造试验区中 G_4 的综合得分（0.59）最高，试验区 G_3、G_5 的综合得分也较高，块状改造试验区综合得分略高于带状改造试验区，白桦低质林经带状和块状改造后不同试验区综合得分前 5 位是 $G_4>S_3>G_3>G_5>G_6$。

表 3-7　不同采伐方式因子得分

林分类型	试验区	因子得分（S₁）	因子得分（S₂）	因子得分（S₃）	因子得分（S₄）	综合得分
阔叶混交低质林	S₁	−0.02	0.27	−0.30	0.11	0.02
	S₂	0.56	0.59	1.00	−1.08	0.41
	S₃	1.30	0.26	1.29	0.49	0.91
	S₄	0.30	−0.80	0.45	−0.59	−0.08
	G₁	−0.70	−0.36	0.66	0.79	−0.14
	G₂	−0.84	−0.90	0.81	2.16	−0.11
	G₃	0.85	−1.53	−0.11	2.26	0.27
	G₄	0.10	0.83	0.38	1.23	0.50
	G₅	0.94	−0.70	0.29	−0.62	0.17
	G₆	0.11	0.11	−1.64	0.48	−0.16
	CK	1.93	0.78	0.03	0.27	1.04

续表

林分类型	试验区	因子得分（S_1）	因子得分（S_2）	因子得分（S_3）	因子得分（S_4）	综合得分
蒙古砾 低质林	S_1	−1.34	−1.40	−1.00	−1.09	−1.25
	S_2	0.86	−0.90	0.64	0.32	0.29
	S_3	1.25	0.20	−0.82	−0.56	0.34
	S_4	−0.56	−0.18	0.87	−0.19	−0.14
	G_1	−1.77	−1.35	−1.42	−2.57	−1.71
	G_2	−1.11	−0.83	−0.16	−1.58	−0.93
	G_3	−1.11	−1.30	0.35	−0.12	−0.74
	G_4	−0.09	−0.88	0.07	0.93	−0.11
	G_5	0.91	−0.52	−0.11	−0.64	0.13
	G_6	−1.71	−1.05	−0.44	0.01	−1.05
	CK	1.62	0.54	1.88	−0.87	1.03
白桦 低质林	S_1	−0.16	0.43	−1.86	0.27	−0.26
	S_2	0.53	0.52	−1.36	−0.12	0.08
	S_3	−0.58	2.58	0.23	−0.11	0.44
	S_4	−1.50	−0.07	1.65	0.72	−0.22
	G_1	−1.09	−0.42	−1.91	−0.42	−0.98
	G_2	−0.82	1.87	−1.37	−1.34	−0.31
	G_3	0.47	0.44	0.03	0.41	0.37
	G_4	1.35	0.55	−0.10	−0.60	0.59
	G_5	0.21	0.97	−0.20	0.35	0.35
	G_6	−0.21	0.26	0.77	1.12	0.29
	CK	0.34	2.01	1.42	0.58	1.00

　　通过对各个试验区物种多样性的比较研究，结果表明，阔叶混交低质林经带状和块状改造后，带状改造试验区生物多样性高于块状改造试验区，带状改造试验区中 S_2、S_3 和块状改造试验区中 G_3、G_4、G_5 的生物多样性较高；蒙古砾低质林经改造后，同样是带状改造试验区生物多样性高于块状改造试验区，带状改造试验区中 S_2、S_3 和块状改造试验区中 G_3、G_4、G_5 的生物多样性较高；白桦低质林经带状和块状改造后，块状改造试验区生物多样性略高于带状改造试验区，带状改造试验区中 S_3 和块状改造试验区中 G_3、G_4、G_5、G_6 的生物多样性较高；综合 3 个试验区生物多样性恢复效果，带状改造试验区生物多样性高于块状改造试验区；带状试验以 10m、14m 带宽进行改造；块状试验区以 225～625m² 进行改造，试验区生物多样性较高。

参 考 文 献

[1] 王伯荪, 彭少麟. 植被生态学: 群落与生态系统[M]. 北京: 中国环境科学出版社, 1997.

[2] Hawksworth D L. Biodiversity-Measurement and Estimation [M]. London: Chapman and Hall, 1996.

[3] 李俊清. 植物遗传多样性及其保护研究进展[J]. 植物研究, 1998, (4): 227-242.

[4] 夏铭. 生物多样性研究进展[J]. 东北农业大学学报, 1999, 30(1): 94-100.

[5] 陈灵芝. 中国的生物多样性现状及其保护对策[M]. 北京: 科学出版社, 1993.

[6] 《中国生物多样性国情研究报告》编写组. 中国生物多样性国情研究报告[M]. 北京: 中国环境科学出版社, 1998.

[7] 陈炳浩. 世界生物多样性面临危机及其保护的重要性[J]. 世界林业研究, 1993, 6(4): 1-6.

[8] Heywood V H. Global Biodiversity Assessment [M]. London: Cambridge University Press, 1995.

[9] 陈海道, 钟炳辉. 保护生物学[M]. 北京: 中国林业出版社, 1999.

[10] May R M. 保护物种, 防止灭绝[J]. IUCN——世界自然保护联盟通讯, 1998, 4-1999: 1.

[11] Arunachalam V. Participatory conservation: A means of encouraging community biodiversity[J]. Plant Genetic Resources Newsletter, 2000, 122: 1-6.

[12] Diamond J. Overview of recent extinctions [J]. Conservation for the Twenty-First Century, 1989: 37-41.

[13] Primack R, 季维智. 保护生物学基础[M]. 北京: 中国林业出版社, 2000.

[14] 王献溥. 建立生物多样性保护信息系统的意义和途径[J]. 植物资源与环境, 1996, 5(6): 48-53.

[15] 张耀辉. 生物多样性及生态平衡原理的探讨[J]. 农业环境保护, 1998, 17(5): 235-236.

[16] 邵先倬. 论生物多样性与林业发展[J]. 山东林业科技, 1996, (3): 24-27.

[17] 李德生, 张平. 论森林生物多样性含义及保护[J]. 山东林业科技, 1996, (3): 28-30.

[18] 张万里, 李雷鸿. 黑龙江东部林区森林植物生物多样性与干扰的研究[J]. 东北林业大学学报, 2000, 28(5): 77-82.

[19] 张耀辉. 生物多样性及生态平衡原理的探讨[J]. 农业环境保护, 1998, 17(5): 235-236.

[20] 孙墨珑, 杨学春. 森林作业与森林环境[J]. 世界林业研究, 1998, (4): 23-28.

[21] 孟庆繁. 人工林生物多样性研究的现状及展望[J]. 世界林业研究, 1998, (2): 26-29.

[22] 蓝太刚. 生物多样性保护: 现实和前景[J]. 湖北林业科技, 1995, (1): 37-42.

[23] 付健全. 森林与生物多样性及其保护策略[J]. 林业资源管理, 1994, (4): 37-39.

[24] 刘成林, 蒋明康. 我国森林生物多样性的保护现状与展望[J]. 南京林业大学学报, 1995, 19(3): 77-81.

[25] 严承高, 陈建伟. 从生物多样性保护浅谈我国森林经营与管理对策[J]. 中国林业调查规划, 1995, (1): 37-41.

[26] 李泓, 李澍. 树种多样性与森林经营措施[J]. 林业资源管理, 1999, (1): 39-42.

[27] Webster C R, Lorimer C G. Single-tree versus group selection in hemlock-hardwood forests: Are smaller openings less productive? [J]. Canadian Journal of Forest Research, 2002, 32(4): 591-604.

[28] 赵俊卉, 亢新刚, 龚直文. 择伐对北方森林更新、生物多样性和生长的影响研究进展[J]. 内蒙古农业大学学报, 2008, 29(4): 264-270.

[29] Mäkinen H, Isomäki A. Thinning intensity and long-term changes in increment and stem form of Norway spruce trees [J]. Forest Ecology and Management, 2004, 201(2): 295-309.

[30] Leduc A, Bergeron Y. Forest dynamics modelling under natural fire cycles: A tool to define natural mosaic diversity for forest management [J]. Environmental Monitoring and Assessment: An International Journal Devoted to Progress in the Use of Monitoring Data in Assessing Environmental Risks to Man and the Environment, 1996, 39: 417-434.

[31] Wang H, Shao G F, Dai L M, et al. An impacts of logging operations on understory plants for the broadleaved/Korean pine mixed forest on Changbai Mountain, China [J]. Journal of Forestry Research, 2005, 16(1): 27-30.

[32] 郭泉水, 王德艺. 雾灵山落叶阔叶林采伐迹地物种多样性和植物种群动态变化研究[J]. 应用生态学报, 1999, 10(6): 645-649.

[33] 陈雄文, 王凤友. 林窗模型 BKPF 模拟伊春地区红松针阔叶混交林采伐迹地对气候变化的潜在反应[J]. 应用生

态学报, 2000, 11(4): 513-517.

[34] Sterba H, Ledermann T. Inventory and modelling for forests in transition from even-aged to uneven-aged management [J]. Forest Ecology and Management, 2006, 224(3): 278-285.

[35] 邱仁辉, 陈涵. 择伐作业对常绿阔叶林乔木层树种结构及物种多样性的影响[J]. 中国生态农业学报, 2005, 13(3): 158-161.

[36] Kern C C, Palik B J, Strong T F. Ground-layer plant community responses to even-age and uneven-age silvicultural treatments in Wisconsin northern hardwood forests [J]. Forest Ecology and Management, 2006, 230(1): 162-170.

[37] Lei X, Lu Y, Peng C, et al. Growth and structure development of semi-natural larch-spruce-fir forests in northeast China: 12-year results after thinning [J]. Forest Ecology and Management, 2007, 240(1): 165-177.

[38] Jenkins M A, Parker G R. Composition and diversity of ground-layer vegetation in silvicultural openings of southern Indiana forests [J]. The American Midland Naturalist, 1999, 142(1): 1-16.

[39] 张恒庆, 刘德利. 天然红松遗传多样性在时间尺度上变化的 RAPD 分析[J]. 植物研究, 2004, 24(2): 204-210.

[40] 汉斯·迈耶尔. 造林学(第三分册)[M]. 北京: 中国林业出版社, 1989.

[41] Tilman D, Downing J A, Wedln D A. Does diversity beget stability? [J]. Nature, 1994, 371(33): 113-114.

[42] Karieva P. Diversity begets productivity [J]. Nature, 1994, 386(15): 686-687.

[43] 姚茂和, 盛炜彤, 熊有强. 杉木林林下植被及其生物量的研究[J]. 林业科学, 1991, 27(6): 644-648.

[44] 盛炜彤, 范少辉. 人工林长期生产力保持机制研究的背景、现状和趋势[J]. 林业科学研究, 2004, 17(1): 106-115.

[45] 杨承栋, 焦如珍, 屠星南, 等. 杉木林下植被对 5~15cm 土壤性质的改良[J]. 林业科学研究, 1995, 8(5): 514-519.

[46] 雷相东. 东北过伐林区森林类型和采伐对物种和林分结构多样性的影响研究[D]. 北京: 北京林业大学博士学位论文, 2000.

[47] 李春明, 杜纪山, 张会儒. 抚育间伐对森林生长的影响及其模型研究[J]. 林业科学研究, 2003, 16(5): 636-641.

[48] Smith H C, Miller G W. Managing Appalachian hardwood stands using four regeneration practice: 34-Year Results [J]. Northern Journal of Applied Forestry, 1987, 4(4): 180-185.

[49] Niese J N, Strong T F. Economic and tree diversity trade-offs in managed northern hardwoods [J]. Canadian Journal of Forest Research, 1992, 22(11): 1807-1813.

[50] Kammesheidt L. Effect of selective logging on tree species diversity in a seasonally wet tropical forest in Venezuela [J]. Forest Archive, 1996, 67(1): 14-24.

[51] Beese W J, Arnott J T. Montane alternative silvicultural systems (MASS): Establishing and managing a multi-disciplinary, multi-partner research site[J]. The Forestry Chronicle, 1999, 75(3): 413-416.

[52] 熊有强. 不同间伐强度杉木林下植被发育及生物量研究[J]. 林业科学研究, 1995, 8(4): 408-412.

[53] 方海波, 田大伦, 康文星. 杉木人工林间伐后林下植被生物量的研究[J]. 中南林学院学报, 1998, 18(1): 5-9.

[54] 任立忠, 罗菊春, 李新彬. 抚育采伐对山杨次生林植物多样性影响的研究[J]. 北京林业大学学报, 2000, 22(4): 14-17.

[55] 雷相东, 陆元昌, 张会儒, 等. 抚育间伐对落叶松云冷杉混交林的影响[J]. 林业科学, 2005, 41(4): 78-85.

[56] Reader R J, Bricker B D. Value of selectively cut deciduous forest for understory herb conservation: An experimental assessment [J]. Forestry Ecology and Management, 1992, 51: 317-327.

[57] Gilliam F S, Turrill N L, Adams M B. Herbaceous-Layer and overstory species in clear-cut and mature central appalachian hardwood forests [J]. Ecological Applications, 1995, 5(4): 947-955.

[58] Buongiorno J, Dahir S. Tree size diversity and economic returns in uneven aged forest stand[J]. Forest Science, 1994, 40(1): 83-103.

[59] 刘松春, 牟长城, 屈红军. 不同抚育强度对"栽针保阔"红松林植物多样性的影响[J]. 东北林业大学学报, 2008, 36(11): 32-35.

[60] 马履一, 李春义, 王希群, 等. 不同强度间伐对北京山区油松生长及其林下植物多样性的影响[J]. 林业科学, 2007, 43(5): 1-9.

[61] 董希斌, 姜帆. 帽儿山不同森林类型生物多样性恢复效果分析[J]. 林业科学, 2008, 44(12): 77-82.

[62] 杨梅, 林思祖, 曹光球. 不同人为干扰强度下甜槠群落物种多样性比较分析[J]. 东北林业大学学报, 2009, 37(7): 30-32.

[63] 刘彤, 胡丹, 魏晓雪, 等. 红松人工林林下植物物种多样性分析[J]. 东北林业大学学报, 2010, 38(5): 28-29, 53.

4 低质林不同林分冠层研究

4.1 国内外冠层研究现状

4.1.1 树木冠层结构

树冠结构即叶面积指数、叶倾角、叶方位角等在树冠内因高度变化的垂直分布，树冠是树木进行光合作用和蒸腾作用的主要场所，冠层特性与树木的生长密切相关。有关于树木冠层特性的研究报道，大多从冠层的几个基本特征参数如叶面积、叶生物量等方面进行分析[1-4]。在很多森林健康监测计划中，林冠都曾经被列为重要的指标因素进行监测和测量[5-7]。陈高等[8]对样地进行调查，对不同干扰方式产生的次生白桦林、过伐天然林和人工落叶松林等树种的群落结构组成进行了分析和分类探讨，选取叶面积指数和林窗片断两个能表示群落冠层结构的指标进行了分析。丁圣彦等[9]应用 WinScanopy For Canopy Analysis 软件对研究区内不同群落冠层进行分析，得到不同群落冠层和林下的光环境特征指标：光合光量子通量密度（Photosynthetic photon flux density，PPFD）和相关的冠层结构形态学指标林隙分数（gap fraction）、叶面积指数（leaf area index，LAI）、平均叶倾角（average leaf angle，ALA）。郭华等[10]对黄土高原子午岭林区四个不同龄级油松林的冠层特征和林下光立地系数利用植物冠层半球影像系统进行了分析测定，结果表明，在林木生长 20a 以后，该地区人工油松林叶面积指数达到稳定值；平均叶倾角在 40a 内变化不大。

科学工作者们对植物的冠层进行了多方面的研究。刘晓东等[11]通过对集约经营与粗放经营杨树人工林冠层上部、下部太阳总辐射和光合有效辐射（PAR）的数据进行分析，建立了其相互转换的关系方程；研究了 PAR 的日、季变化特征；根据 Beer-Umbert 方程，结合林分生长季内的叶面积动态及林冠各层次的叶面积指数，计算出生长季内各天的消光系数（K）及任一时刻冠层内不同深度的光分布，并对 PAR 的透过率与林分消光系数 K 及累积叶面积指数之间的相互关系进行了研究。刘志刚等[12]依据塞罕坝华北落叶松放叶期和生长季 7 个晴天完整的野外分层实测资料，研究了光在林分优势木、平均木和被压木单株树冠中的衰减和吸收过程，对林分中不同类型林木的冠结构与光分布规律的关系进行了比较。

李生等[13]对 17a 生混交试验林（杉木×乳源木莲）中的乳源木莲冠层特性与单株材积生长进行相关分析，结果显示：乳源木莲单株材积指数与各冠层因子间的相关系数不同，除单株叶面积指数、冠层密度（crown layer density，CLD）外，单株总叶面积（total leaf area，TLA）、树冠表面积（surface area of crown，TCA）及冠形率（crown shape ratio，CSR）与单株材积指数均达极显著正相关。在对冠层空间结构对单株材积生长的影响的分析中发现：在垂直方向上，冠层中、下层的叶面积决定着单株材积生长，而冠层上层对单株材积生长影响较小；在水平方向上，叶面积多集中于内部、外部的，有利于乳源木莲单株材积生长，而中部叶面积作用较小。梁士楚等[14]应用分形理论分析了山口国家级红树林自然保护区木榄种群植冠层结构的分形特征。刘杏娥等[15]阐述了在森林树冠参数提取，以及林木冠层与木材结构、性质间的关系上遥感技术的研究现状，分析了树冠冠层和木材性质二者之间潜在的关系，探讨了利用遥感卫星影像数据分析林木树冠冠层特征的方法，提出了遥感树冠因子与木材性质间的关系模型的构想，进而预测木材性质以及进行产品评价。

4.1.2 冠层太阳辐射

植物的冠层结构指植物群体地上部分总的绿色覆盖层。它包括植物的叶、茎、枝条、花和果实等器官的大小、形状、方位和在冠层中的上下位置的分布情况。植被截获太阳辐射的程度、风速、空气的温度及湿度、土壤蒸发量、土壤的温度及湿度等各个不同方面，都对冠层结构有不同程度的影响，冠层能够调节植物与环境的相互作用，同时对动植物生存和生长都有一定的影响。植物的冠层结构深刻地影响着植物与环境的相互作用。它不仅直接影响植物和周围环境因子的适应策略，而且是植物群落长期演变过程的变化特征。它是判断群落外观的可视化指标。

冠层是指树木主干以上连同集生枝叶的部分，树冠主要由骨干枝和辅养枝组成。它是林木光合作用和呼吸作用等一系列生理活动的主要场所，树冠的形状、大小、位置、角度及树冠的分布形式，直接决定了林木的生长活力和生产力。冠层结构可以用以评估植物的生长状况。研究树冠结构对于研究林木的生长，以及解释和估计经营措施对林木产生的效果具有重要意义。树冠结构影响着树木在光受限制环境中的竞争能力和光合作用能力，它是影响树木生产力的重要因素。冠层的结构及组成对树体的通风透光有决定性的影响。植物的冠层结构深刻地影响着植物与环境的相互作用。植物的冠层不仅直接影响植物和周围环境因子的适应策略，而且是植物群落长期演变过程的变化特征，所以，测定和描述植物的冠层结构对理解植物许多生态过程是非常重要的。

冠层是乔木树形结构的主要组成部分，冠层的结构及组成对树体的通风透光有决定性的影响，因此，对冠层结构及冠内光照分布的研究是果树研究的重点及热点，对植被冠层结构的研究有助于进一步理解植被生态系统格局、过程及其运作机制等各方面。植物冠层研究受到生物环境内的时间与空间因素的限制，它包括：①林冠生物对树冠内部几何空间的差异性利用；②基质的异质性；③冠层内的树木龄级变化；④冠层与大气界面的微气候变化；⑤各类生物的高度多样性；

⑥定量化研究林冠的通用规程的缺乏[16,17]。因此，冠层研究还有很多工作要做。

太阳辐射是地表主要热量的来源，到达地球的太阳总辐射减去大气反射、散射及地表反射、辐射等耗散后，即是太阳净辐射。太阳辐射的多少取决于太阳高度角，而太阳高度角又由该地的地理位置、地球的公转和自转决定。因此，太阳辐射的多少可用天文学的方法推算得到。太阳辐射可分为直接辐射和间接辐射，有人对它们在总辐射中所占的比例进行过研究，得出了许多理论和经验公式[17-20]。

太阳净辐射即光照，是植被生长的能量来源，光照对植物的萌芽、展叶、开花、抽梢、根系生长、花芽分化等都有重要影响。净辐射是热量平衡的重要组成部分，是定量研究地表能量转换及水热循环的一个不可或缺的重要参数。其形成过程比较复杂，不仅受太阳总辐射、空气的温度及湿度、风速等气象因素的影响，而且还与下垫面物理及生物属性有关。

太阳辐射在冠层内的分布主要是由冠层结构决定的，有了太阳辐射和冠层结构就可以求出辐射在冠层内部的分布。Myneni 等认为，在冠层内部存在着半影效应、透射、反射和叶片散射现象。半影效应是因为太阳不是一个点光源，而是一个视角为 16°的圆盘，当部分太阳被枝叶挡住时就会产生半影效应。当叶片较小、叶片平展和冠层较高时，半影效应就会变得比较显著[21]。不过，由于果树叶片大、树体低、群体密度较小，因此在果树冠层辐射的传播模型中，很少考虑半影效应。在冠层内部还存在着辐射的透射、反射和叶片的散射现象，透射和反射在辐射中的比例一般很小，往往不考虑[22,23]，Myneni 曾对叶片散射进行过论述，认为叶片散射在 PAR 中所占比例一般不足 10%，可忽略不计。虽然冠层内的有效光合辐射分布对冠层光合作用有着重要的影响，但是温度、湿度、CO_2 浓度、风速，以及土壤水分和养分状况等因子对光合作用也有很大影响，这种影响也是由冠层结构决定的[24-25]，目前有关这方面的研究开展得比较少。

Shaw 和 Firtshchen 较早地开始了有关净辐射的研究。Smith 提出的区域尺度或参考作物下垫面条件下的净辐射计算公式是目前较为成熟的，但仍属于半经验半理论性质的[26-28]。周英、周允华、张旭东等依据一定观测时期内太阳总辐射与净辐射的统计拟合关系，进行了冬小麦净辐射的估算[17-19]，刘建栋、董树亭、郭焱等对夏玉米进行了净辐射研究[29-31]，但是，这些研究都是针对局地或特定下垫面而进行不定期定位或半定位观测而得到的特定方法，普适性的公式并未出现，而且植被冠层总辐射和净辐射的关系模式研究，主要侧重于农田生态系统领域，这方面关于林木及果树的研究并不多见。相对于农田生态系统，森林生态系统下垫面属性及冠层辐射的变化更为复杂。孟平等应用分形理论对苹果树冠层净辐射进行了研究，证实了可以通过总辐射推算出净辐射，苹果树冠净辐射与太阳总辐射间具有显著的线性相关关系，以及相似的分形特征[32]。目前，冠层辐射的研究集中在作物及林业上，关于果树冠层辐射的研究还不多。随着我国果树科研工作的发展及一些新技术的应用，果树冠层太阳辐射研究会取得一些大的进展。

4.1.3　光合有效辐射（PAR）与光合作用

光合作用是生物获得有机物质和能量的根本途径，是全球生态系统赖以生存的基础，因此光合作用的研究一直都是人们研究的重点。森林作为一个林业生态系统，其生长的基础也是光合作用。

影响林木光合特性的因素很多，内因有树种、树龄、叶位、叶绿素、比叶重及酶系统等；外因包括光照、CO_2、温度、水分、土壤及一些其他环境因子。对于特定的树种来说，光照是最主要的影响因子，而冠层内的光合有效辐射分布，又是对林木光合作用影响最大的条件。因此，对冠层内光合有效辐射与光合作用的关系研究，是光合作用研究的重点。在这方面对冠层光合作用的数学模型的研究较多，因为利用数学建模的方法定量化地研究林木的光合进程，既可以加深对林木光合动态的了解，又可以为林木栽培提供指导。模拟冠层的光合作用的难点在于不同植物的冠层结构不同，冠层内部的 PAR 分布也不一样，因此研究冠层结构和冠层内的有效光合辐射分布就成了光合模拟研究的焦点。很多研究者从单叶模型、冠层模型、三维模拟等不同层次进行了研究。Monsi 等最早应用数学方程来模拟单叶的光合速率对光强的响应，利用该方法在苹果、柑橘、葡萄、桃等果树上都取得了很好的模拟效果[33]。1992 年 Higgins 提出了用包含暗呼吸的方程式来模拟光合作用，通过该方程人们在苹果、梨、桃、橄榄、葡萄和无花果上取得了很好的模拟效果[34]。

冠层光辐射的传播与分布是植物冠层光合生产力模拟的关键，特别是在温度、土壤养分和水分充足时，有效光合辐射分布往往就成了影响植物生长的最重要的因素。而对于冠层结构的研究则是确定冠层辐射的基础，其主要任务就是找到那些影响冠层内光合有效辐射分布的因素，并用函数的形式予以数学化。主要的冠层模型有大叶模型、多层模型和三维模型。

最简单的冠层结构模型就是大叶模型，该模型将整个植物冠层看成是同质的混沌介质，当成一片伸展的大叶来处理，直接利用单叶光合模型求其光合生产力[33]。多层模型就是将冠层分层，只考虑光辐射的垂直差异而忽略水平差异，即考虑了垂直向下时经过不同厚度的叶层（一般用叶面积指数描述，即 LAI）遮挡而产生的光强减弱，忽略了叶片的不连续性、分布的不均匀性等，造成的处于同一水平面上的不同位置的叶片或叶片上的不同部分之间在受光情况上的差异。

多层模型的应用比较广泛，Monsi 曾将比尔定律应用于冠层光辐射分布的研究，提出了冠层光辐射分布的指数递减模型。他认为到达某一叶层的辐射通量与冠层顶部的光通量、消光系数、叶面积指数呈指数递减，消光系数取决于叶片在水平面上的投影，由叶倾角分布和太阳高度角决定[33]。植物的叶倾角不是单一的，不同类型的植物叶倾角不同，Campbell 提出了椭球面叶倾角分布是叶角分布的一般形式[35]。Cohen 等利用分室模型来描述柑橘果园的冠层结构，不但对光辐射，而且对叶面积分布、光合作用和蒸腾作用都取得了很好的模拟效果[36]。植物叶片在横切面上的分布并不均匀，往往散生或簇生在当年生枝上，成一定的聚集状态。Nilson 首次引入了冠层叶片聚集指数来描述冠层结构[37]，Cohen 的研究认为苹果树冠外围的聚集指数较大，生长旺盛的果树的聚集指数也较大[36]。

在实际的三维空间里面，林木的枝叶分布是不规则的，当光线进入冠层后，经过枝叶的吸收、散射、反射后，就造成了光辐射分布的异质性。以上各种冠层结构模型都是对冠层的某一部分进行简化，将其看成是连续的、同质的，而实际上叶片在冠层中的分布是不连续的、异质的。三维几何模型运用立体几何、曲面几何、分形几何等数学手段，来具体地刻化树干、树枝、叶片在三维空间中的位置，进而确定冠层结构。它通过对每片树叶、每个枝条进行分析运算，来确定冠层内每片叶所接收到的有效光合辐射，再通过积分的方法模拟整个冠层的光合作用。所以说三维几何模型是最接近冠层真实结构的模型，它可以模拟从叶片到不同类型的枝条，从单个树冠个体到整片林木冠层的有效光合辐射分布，这可以用于模拟植物培育管理措施（如整枝、采伐等），对有效光合辐射的影响。而现代计算机技术的飞速发展和冠层观测技术的不断革新，为三维数字模拟提供了可能。

通过光合模拟可以研究定植模式、栽培密度、树冠形状、行距与树冠高度的关系，以及整枝对冠层光合速率的影响[38]。Jackson 等首先利用数学模拟的方法计算了不同纬度，一年内不同时间、不同的定植方式对光能截获的影响[39]。魏钦平等通过模拟计算发现行向对光能截获的影响是复杂的，在不同层次上富士苹果的光合能力没有明显的差异，而不同地点和不同类型的枝条却有明显的差异。长枝和中枝的最大光合速率明显大于短枝，但对于不同的修剪方式产生的不同的树冠结构，对光合作用影响的研究却很少。光合产物是果实生长的物质基础，对果实的产量和品质都有很大的影响。不过产量和品质都是由多基因控制的数量性状，并且受多种因素的影响，难以用模型的方法来描述，目前所得到的结论一般是定性的或经验性的[40]。

国内很多学者如程述汉、魏钦平、王成良、徐胜利、李雄等，分别对苹果冠层光截获进行了模拟，对苹果不同树形及冠内光照分布与果实品质的关系进行了研究，认为苹果冠层的光分布对于它的产量和品质都有显著的影响，并且当叶面积指数相同时，树冠高低对总的光能截获量的影响不大，而高的树冠能提高光的透射，进而提高果树的产量和品质[41,42]。有人从地面覆盖及冠内不同光质等因素，对冠内光合有效辐射的影响及果实品质的影响进行了研究[43]。随着冠层研究的进一步深入，冠层研究开始运用于林木改造和采伐指导等林木培育方面，冠层光合有效辐射及光合作用研究将会更加深入和广泛。

4.1.4　叶面积指数

叶面积是研究许多植物生态过程的关键参数和研究植物冠层结构的重要指

标，叶面积指数是指单位面积上植物叶片的垂直投影面积的总和与单位土地面积的比值，即单位土地面积上叶面积的总数。若已知各高度水平层次中的平均叶面积密度，则对植冠整个高度的叶面积密度函数积分就得到植冠的叶面积指数。叶面积指数不仅是进行生物量估算的一个重要参数，而且也是定量分析地球生态系统能量交换特性的重要参数，同时也是农业遥感研究中作物产量预估和病害评价的有效参数。叶面积指数与林冠的光合作用、蒸腾作用、生产力等密切相关，它决定了陆地表面植被的生产力，影响着地表和大气之间的相互作用。叶面积指数是植被生态系统的一个重要结构参数，叶片影响着植被冠层内的许多生物化学过程，在生态过程、大气生态系统的交互作用以及全球变化等研究中，都需要叶面积指数的资料。

　　建立林冠生态系统的生长模型和研究林冠生态系统的能量交换等，都需要准确地估测叶面积指数，尽管它的定义非常简单，但是如何准确地测量这一参数却并非易事。

　　以前的研究者测量叶面积指数采用的是直接测量法或者间接测量法等。直接测量法是先对叶面积进行测量，再计算叶面积指数，即先通过点接触法、落叶收集法、树木解析法等测量出叶面积。这些方法大部分是破坏性测量，一些经验方法也存在比较大的误差。点接触法是将一头尖的细棒插入植冠，改变天顶角和方位角的大小，然后利用细棒从冠层顶部到底部的过程中跟棒尖相接触的叶片数目来计算叶面积指数 [44]。在农业系统中，已成功地应用了树木解析法，如称重法、求积仪法、方格计数法等，来对叶面积指数进行测量 [45]。直接测量法的测量在过程中只涉及了叶片，所以所测的叶面积指数值相对来说比较准确，是实际的叶面积指数。即使所有直接测量方法对植物或森林并非都是毁坏性的，但对冠层及叶片角度的分布都会有一定的干扰，从而使所测数据的质量并不是很精确。同时野外工作耗时、耗力，数据处理的过程虽简单但比较烦琐，浪费人力、物力和财力，对大面积测量有局限性。不同于直接测量法，间接测量法先用光学仪器观测辐射透过率，再由辐射透过率计算出叶面积指数 [45,46]。间接测量法操作简单、省时，可以用于大面积测量，对林木的破坏非常小，节省人力、物力，很少干扰到植被冠层，但数据处理必须经过复杂的演算才能完成，因而借助计算机程序进行测量可以有效地改善这一状况。

　　现在的遥感技术为这种测量提供了条件，可以通过遥感手段反演出大范围的叶面积指数，有助于进行大范围的实验。当前联合 MODIS 和 MISR 遥感数据估算叶面积指数也已经进入了产品阶段，但是由于地表的不均一性，低、中分辨率的遥感图像反演得到的叶面积指数有很大的不确定性。因此，还需要评估和验证这些产品的质量和精度。另外，一些遥感反演算法对叶面积指数的测量还停留在理论研究阶段，通过这些算法得到的叶面积指数也需要进行实地验证。对于叶面积指数的光学测量来说，目前的光学测量仪器大都基于从透光或辐射情况反演叶面积指数的原理，假设叶片在空间的分布是随机的，不考虑集聚指数。最近的一些较先进的仪器，如 TRAC，WinScanopy 等，不仅能够使用间隙率数据，而且引用了间隙尺度（大小）分布的概念，有了聚集指数这个参数，叶面积指数的计算就可以不用假设叶片在空间随机分布，可以减小从有效叶面积指数到实际叶面积指数的计算误差[47,48]。

由于研究叶面积指数具有很重要的现实意义，许多学者在这一研究领域已取得了一定的成绩。周宇宇等[1]采用了光学测量，考虑集聚效应，通过观测计算，得出长白山自然保护区主要植被类型的叶面积指数分别是：云冷杉林 6.6，红松阔叶林 7.7，岳桦林 3.4，阔叶林 3.9。其基于测量结果，对不同植被类型的叶面积指数的分布情况进行了分析。骆知萌等以江西省兴国县为研究区域，基于不同时相的 LandsatETM＋地面反射率图像，计算了 RS、NDVI 和 RSR 三种植被指数，并与野外观测的叶面积指数数据建立相关关系，从而进行了叶面积指数的反演研究。朱春全等[4]通过研究，建立了树木生长季的不同时期内，集约经营与粗放经营林木累积叶面积指数垂直分布的拟合模型，可用于估算叶面积。

4.1.5　叶角

林木的生长状况主要取决于作物群体的受光能力和群体内部的光分布特征，叶片作为作物进行光合作用的主要器官，其形状、大小和数量及其空间散布性状，直接关系到群体中光环境的优劣和光能利用率的高低，是影响作物群体光能分布与光合特性的重要因素。因此，许多学者对多种农作物的叶片形态及群体结构特征进行了深入研究。通过对不同叶位的叶片形态及群体冠层结构和冠层光能分布特点的比较，阐述了叶片形态及其空间分布对冠层辐射性的影响。

叶角是作物群体结构中重要的参数，作物群体光分布和传递都以叶角为基础。计算叶角的分布频率就可以了解叶的空间分布，叶角是叶倾角和叶方位角的通称。叶倾角是指叶片法线（就是一个和该点所在面垂直的向量）方向与垂直轴的夹角；叶方位角是叶片法线方向在水平面的投影与正北方向的夹角。

叶倾角也可定义为叶子向上半面某一点上的法线方向与 Z 轴（Z 轴垂直于水平面指向天空）的夹角，称为叶子在该点的叶倾角，测量时，往往根据叶片弯曲的程度将叶片分成几部分，对每一部分进行测量。一个冠层内叶倾角的分布模式可以从 0°（水平叶）到 90°（垂直叶），喜直型冠层（叶子为垂直取向）的最大多数叶倾角往往集中在 70°～90°，而喜平型冠层（叶子为水平取向）的最大多数叶角集中在 0°～20°。叶方位角也指从北方顺时针转到叶轴在水平面上的投影所需的角度。与叶倾角相反，叶方位角对于植被群体来说都是随机的，它在确定植被群体对入射辐射的截获能力上很重要。

近年来，研究冠层结构模型的工作日益开展起来。Ross 较早确定了植被内部将植被冠层当作水平均一的混沌介质的辐射传输式[49]。然而早期的有关植被冠层截获辐射的各种模拟模式中，均未涉及叶方位角。鉴于叶方位角在光的截获和光能利用率方面的重要性，20世纪80年代以来，不少学者把叶方位角作为重要的植被参数之一，加入到植被生长模型中。改进的辐射传输模型中提供了冠层结构的间接方法，如项月琴利用植被冠层的直接太阳辐射、总辐射的透过率推算植被冠层的几何结构参数[50]。

罗俊等测定了甘蔗不同叶位层的冠层参数和相应叶位的叶片的形态特征，结果表明不同基因型不同叶位层间叶片形态、冠层空间结构和冠层辐射特征存在显著差异，不同叶位层叶面积指数、叶簇倾角和叶分布的变化主要是由冠层内不同叶位叶片的叶宽的变化引起；而不同叶位层消光系数的变化主要与叶簇倾角和叶分布有关。散射光透过系数的变化主要与叶面积指数、叶簇倾角和叶分布有关；直射光透过系数的变化主要与叶分布、叶宽、长宽比有关；光合有效辐射的变化与叶面积指数、叶面积、叶宽、长宽比有关。研究结果同时表明，叶片形态与冠层辐射特征存在显著的典型相关关系[51]。叶片相对于太阳辐射的角度还与太阳高度角与方位角有关，太阳高度角的变化可通过准确的天文公式推算，方位角也是经常变化的，但对叶片方位角随机分布的植物来说，太阳方位角的变化对计算无影响。Norman指出，很少能找到叶片方位角不对称的植冠，提出椭球面叶倾角分布是叶角分布的一般形式。研究发现，对叶片方位角随机分布的植物而言，分别方位角计算冠层光合生产力是没有多大必要的，因此通常均假定叶片方位角随机分布，但在杨树无性系中叶片截获的太阳辐射和光合速率受叶片方位角的影响强烈[52]。

4.1.6　林隙分数

林隙（gap，又译为林冠空隙或林窗）是森林生态学的一个概念，主要是指森林群落中老龄树自然死亡或受干扰（如干旱、台风、火灾等）导致树木的死亡，从而在林冠造成空隙的现象。一般定义为："林隙就是森林中的单株树木、树木的某一部分或多株树死亡所形成的林冠空隙"，其外延概念分为两类：①林冠空隙（canopy gap）指直接处于林冠层空隙下的土地面积或空间（狭义的林隙）；②扩展林隙（expanded gap）指由林冠空隙周围树木的树干所围成的土地面积或空间（广义的林隙）。

梁晓东等提出林冠缝隙的概念，是指由于森林林冠上层优势树种空间分布格局或其他树木折干断枝、枯朽、倒伏死亡等原因，造成的林冠上层中的微小缝隙。因此，对林隙的不同定义是由于不同学者从不同的研究角度采取不同尺度而造成的。但从现有的文献中，多数学者将林隙限定在一个小尺度范围上[49-53]。

林隙分数（群落冠层空隙度）是半球照片应用下的一个林分概念，指一个区域的空隙度——位于天空区域的像素占此区域总像素的比例。总空隙度指的是在整个半球照片中位于天空区域的像素数占整个照片像素的比例，它就等于没有加入权重的总开度（openness），此定义也是小尺度范围的定义。

　　林隙分数是目前很多冠层间接测量仪器的基础，间接测量方法常常涉及林冠内外的辐射，冠层结构与冠层内的辐射环境的相互作用是一个可定量化的关系，辐射交换和冠层结构的耦合关系非常明显，利用测定辐射的相关数据可推断冠层的结构特征，这种关系形成了间接测量技术的基础。通过采用辐射测定方法取得的数据，结合合适的辐射转换理论，借助逆程序可获得冠层结构特征的估测值，但其数据的缩减要经过复杂的演算过程，因而往往需借助合适的计算机程序。如美国 CID 公司生产的 CI-110 型数字植物冠层图像分析仪，其理论基础就是林隙分数逆程序，林隙分数方法提供了一个估测完全覆盖或单独的林冠，甚至是异质性冠层的叶面积指数和叶倾角的强大工具[54,55]。

4.1.7　光环境指标

　　光合作用是绿色植物利用光能，将无机物合成有机物的主要途径。由于光合作用的主要发生器官是叶片，因此由叶片着生、排列所构成的林冠，尤其是冠层中叶面积的分布在植物光合生产中起着重要作用，它影响着林分对太阳辐射的截获，从而影响着林分生产力水平的高低。研究表明，林木生物量生产与叶片对辐射能的截获直接相关[56]；在林分水平上，太阳辐射的截获与生物量生产之间存在着线性相关。关于光在植物群落中的分布，许多科学工作者围绕植物群体的冠层结构及其与光能利用方面做了大量研究工作。目前，在林分冠层结构与光能利用方面的研究，主要是通过光结构模型进行的，但这些模型大都是基于若干假设条件的基础上，而部分假设在森林群落中是难以满足的。正因为如此，光结构模型多在较为均同的大田作物以及草本群落内进行。对于森林群落，则主要进行简单的实验观测，光结构模拟研究基本上还局限在理论探讨上，在某种程度上忽略了对具体复杂的群体结构和辐射场的研究。目前，国内对棉花、小麦、玉米等农作物的冠层结构内光合有效辐射的分布研究较多，在这方面对高大果树的研究较为少见，彭方仁等对板栗[57]冠层内的光强分布进行了较为细致的研究。

　　通过比较研究不同演替阶段群落不同光照环境的特征，在一定程度上能够说明不同树种形成的不同冠层结构，对林下物种造成的光环境特征的影响，从而对其后的群落更新起到决定性作用，进而揭示群落演替过程中优势种更替的光照原因。应用冠层分析仪对植物冠层的结构和太阳辐射强度进行分析，是该方面研究的一个途径。

4.1.8　树木冠层特性指标相关性

　　冠层结构光学特性研究在森林和农田生态领域应用较多。高登涛等[58]运用 WinScanopy 2004a 冠层分析仪，对陕西渭北 8 个县 110 棵苹果树的冠层结构光学特性进行了测定。结果表明，渭北地区苹果树冠层的特征指标中，林隙分数、开度（openness）、叶面积指数与冠层光合有效辐射通量和定点因子有显著相关性，并且不同树体间的差别很大，表明林隙分数、开度、叶面积指数等对果树冠层的光截获能力影响较大。而平均叶角和聚集因子等指标与冠层光合有效辐射通量和定点因子无明显相关性且不同树体间相差不大，表明叶分配角和平均叶角等对冠层光截获无明显影响，初步认为 WinScanopy 2004a 冠层分析仪可用在苹果树冠层结构分析方面，可以合理地进行苹果树冠结构及光学特性的评价。

4.2 冠层具体参数

林隙分数：（间隙指数）是指将图像中像素等级作为开放的天空（不被植被阻隔的）所占图像（在两个空间间隔中）中天空网格区域的指数（所占百分比）。

开度：是开放的天空（open sky，不被植被阻隔）在镜头上面真实冠层的特定区域所占的指数（百分数）。有时也称为 percent open sky，是图像得来的林隙分数经过补偿计算剔除了植被阻隔的影响，得出的实际冠层林隙分数。

叶面积指数：作物群体总绿叶面积与其占地面积的比值。

叶倾斜角（θL leaf inclination）：指叶轴和水平面之间的夹角，一个植被群体内叶倾斜角的分布模式可从 0°（水平叶）到 90°（垂直叶），一般用间隔为 10°做出的叶倾斜角相对分布频率图来表示。植被群体的受光面积与植被群体的叶倾斜角有直接关系，同时也受到入射辐射的太阳高度角的影响，当群体的叶倾斜角与太阳高度角都大时，群体的受光面积也增大；但当太阳高度角小时，则水平叶子的受光面积最大，也可以将其定义为叶片腹面的法线与天顶轴的夹角（即叶面与地平面的夹角）。

叶方位角（ΦL leaf azimuth）：指从北方顺时针转到叶轴在水平面上的投影所需的角度，或叶片法线在地平面上投影与正比方位的夹角。

冠层（canopy）：由植物群体的主茎、分枝（分蘖）、叶柄、叶片等构成的绿色覆盖层。

树冠（crown）：树木主干以上集生枝叶的部分，一般由骨干枝、枝组和叶幕组成。

树冠层（canopy）：森林中最高树木植株顶部形成的交叠叶层。

辐射通量（radiant flux）：单位时间内通过任意面积的辐射能量。

太阳常数（solar constant）：太阳和地球为平均距离时，在地球大气层上界垂直于太阳光线的单位面积上单位时间内的太阳辐射量。

太阳方位角（solar azimuth）：太阳光线在地面上的投影与当地子午线的夹角。

太阳辐射（solar radiation）：又称日射，指太阳向天空放射的电磁波能量。

直接辐射（direct radiation）：以平行光线的形式直接（不包括经由大气散射）投射到地面上的太阳辐射。

天空散射辐射（sky scattering radiation）：又称天空辐射、天空漫射辐射、天光、太阳漫射辐射等，即太阳辐射经过大气时被大气中的空气分子、尘埃、云滴等质点散射而到达地面的辐射能。

总辐射（global radiation）：同时到达水平面上的太阳直接辐射和散射辐射之和。

光合有效辐射：波长在 400～700nm 的太阳总辐射称为光合有效辐射，也可将其定义为能直接被绿色植物用来进行光合作用的辐射，用光合光量子通量密度来度量，也可用辐射能量来表示。

光合光量子通量密度：指单位时间单位面积上所入射 400～700nm 波长范围内的光量子数，单位为 μmol photons·m^{-2}·s^{-1}。

叶丛消光系数（extinction coefficient of foliage）：单位叶面积所形成的阴影面积，即叶面积的遮阴程度，阴影面积与叶片面积之比。

太阳斑：即地面（照相的地方）在一定时间内接收到的直接阳光。

叶面积密度（leaf area density）：植物总叶面积与所占空间体积之比，反映的是植物叶片重叠的密集程度。

累计 LAI（down ward cumulative LAI）：从植物群体顶面向下到某一高度的叶层内的叶面积的累积量。

定点因子：是一定时间内透过冠层并到达下方的入射辐射数量的相关的量化数据，即冠层下方接收到的日平均辐射与冠层上方接收到的日平均辐射比值，相当于透光率。

4.3　大兴安岭低质林主要树种冠层分析

冠层是植物群体地上部分的绿色覆盖层，包括植物的叶、茎、枝条、花和果实等器官，以及冠层的大小、形状、方位和在冠层中的上下位置的分布情况。冠层结构是判断群落外观的可视化指标，冠层结构对植被截获太阳辐射的程度、风速、空气的温度及湿度、土壤蒸发量、土壤温度等各个不同方面都有影响，能够调节植物与环境的相互作用，同时对动植物生存和生长都有一定的影响[59]，冠层结构指数可以直接反映植被的生长能力，冠层研究有助于探究该地区的环境因子[60]。

使用冠层分析仪对林木冠层进行分析具有重要的意义和作用。它可以用于农业方面土壤改善和肥力的研究、低质林的诱导改造、低质林研究、叶面施肥的研究等，以及林业用地和施肥方面的研究，还可以用于干旱对植物生长和产量的影响、不同基因型植被的特性研究、试验地变异因素的评估等方面，能够有效地指导今后的生产和科学研究。同时，研究这些参数能够有助于研究黑龙江省的大部分地带性森林植被，对于森林的培育和土地的诱导改造都同样有意义。

目前，国内关于植被冠层特性的研究比较少，采用研究植物冠层的仪器

WinScanopy 2010a 冠层分析仪测定和分析树种冠层特性指标和光环境因子之间的关系，同时分析、研究不同冠层特征参数之间的相关性，是研究树种冠层的新方法，对以后研究树种冠层特性指标方面的实验具有一定的理论指导意义。通过分析制备的冠层特性指标，研究林木的生长发育状况，进而研究植被对土地中营养物质的吸收，这些都有助于认识整个森林和树木群落的特点，可以帮助我们建立满足和有利于林分生长的光分布模型，从而达到森林的生态经营，对于实现森林的可持续发展有很重要的指导意义。

4.3.1 研究区概况

研究区概况见 3.5.1。

4.3.2 研究方法

WinScanopy 植物冠层分析系统主要包括：WinScanopy 分析软件、XLScanopy 数据处理软件、高分辨率专业数码相机及 180°鱼眼镜头等。WinScanopy 通过由数码相机和鱼眼镜头拍摄的半球图像实现分析。选择树木进行实地拍摄，使用鱼眼镜头拍摄所要研究的植被冠层，获得半球状的图像，再利用 WinScanopy 软件对图像进行处理，获得有关植被冠层的相关数据后，对太阳光直射透过的系数进行计算。

于 2012 年 8 月中旬在加格达奇翠峰林场 174 林班的山杨低质林、白桦低质林和蒙古栎低质林分别随机选取 50 棵树，用 GPS 分别测得每棵树木的所在地点的经纬度和海拔，用数据采集装置 Mini-O-Mount7MP 进行实地实验，找准正北方向并调平仪器，测量仪器镜头离地距离，从 3～4 个不同方向进行观测，采集图像。

另外，使用冠层分析仪 WinScanopy 处理采集到的图像，得到初步的实验数据，再用 XLScanopy 对数据进行校正等预处理，最后导入 Excel 和 SPSS 对数据进行计算处理。

4.3.3 林隙分数与开度

林隙分数是指图像中像素等级作为开放天空（不包括植被阻隔的）所占图像（在两个空间间隔）中天空网格区域的指数，开度是林隙分数经过补偿计算剔除了植被阻隔的影响得出的实际冠层林隙分数[61]，二者都是体现冠层透光率的指标。

通过数据分析得出 3 个树种林隙分数和开度的拟合曲线，如图 4-1 所示。在大兴安岭低质林中，运用冠层分析仪测得了林隙分数和开度。山杨林、白桦林和蒙古栎林中的林隙分数分别为 10.69%～21.79%、9.34%～22.85% 和 5.72%～14.27%，平均值分别为 14.98%、14.07% 和 9.63%；开度分别为 11.32%～26.52%、9.91%～24.44% 和 5.85%～15.12%，平均值分别为 15.94%、15.86% 和 9.98%。测定结果没有受到不同树种树木生长特性的影响，山杨林、白桦林和蒙古栎林中的实验结果说明，林隙分数和开度的相关性极强，且两组值差异不显著，开度随着林隙分数的增加呈明显上升趋势，说明 3 种林型下林隙分数与开度的关系都呈显著正相关关系，林隙分数和开度的相关性越显著，枝叶阻隔对林隙分数的影响程度越小。山杨林中林隙分数和开度在 3 个树种中最大，白桦林次之，蒙古栎林最小。由显著性水平 R^2 值证明，蒙古栎林中枝叶阻隔对林隙分数的影响程度最小。

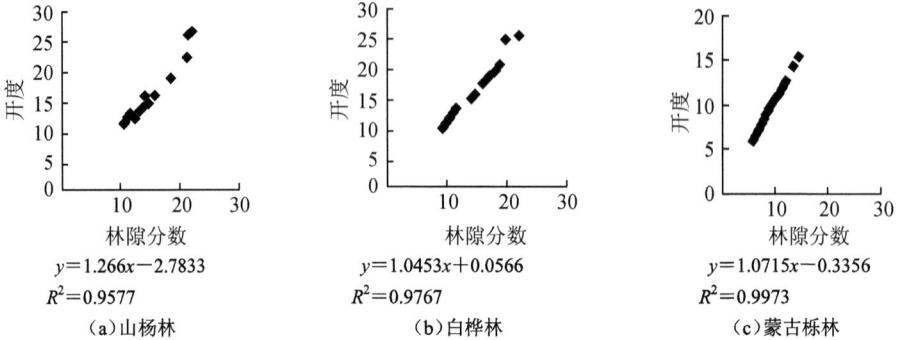

$y=1.266x-2.7833$
$R^2=0.9577$
（a）山杨林

$y=1.0453x+0.0566$
$R^2=0.9767$
（b）白桦林

$y=1.0715x-0.3356$
$R^2=0.9973$
（c）蒙古栎林

图 4-1　3 个树种林隙分数和开度的拟合曲线

4.3.4　林隙分数与叶面积指数

叶面积指数是指绿叶的总面积与单位水平种植面积的比值。通过叶面积指数可以对植物进行生物量和地球生态系统能量的交换特性方面的定量分析，叶面积指数与树冠的光合作用、蒸腾作用，以及生产力等方面密切相关，叶面积指数决定了陆地表面植被的生产力，同时对地表和大气之间的相互作用也有一定的影响。尽管它的定义非常简单，但是要准确地测量出叶面积指数也比较困难[62,63]。叶面积指数是植被生态系统的一个重要结构参数。植物叶片影响着林木冠层内的许多生物化学过程，在生态过程、大气生态系统的交互作用以及全球变化等研究中，都需要用到叶面积指数这一参数[64-67]。

以前的研究者测量叶面积指数采用直接测量法或者间接测量法等[68,69]。冠层分析仪能够得出 4 种方法测量所得叶面积指数的值，高登涛等[70]对实测的叶面积指数结果与 WinScanopy 的分析结果进行相关性检验，发现实测结果与 $L_{\mathrm{A,I(2000)}}$-Log 方法的相关性最好，本实验中采用的叶面积指数取分析结果中 $L_{\mathrm{A,I(2000)}}$-Log 的值。

经过数据分析得出 3 个树种林隙分数与叶面积指数的拟合曲线如图 4-2 所示，可以看出，3 个树种林隙分数与叶面积指数呈现出负相关的关系，随着林隙分数的增大，林中透光率增加，冠层下方光照增加，相应的单位面积上叶片的覆盖率较小，所以叶面积指数随之减小。山杨林、白桦林和蒙古栎林中叶面积指数值分别为 0.97～2.57、1.02～3.23 和 2.74～5.38，平均值分别为 1.92、2.03 和 3.99，实验得出该地区的叶面积指数蒙古栎林较白桦林和山杨林都大。

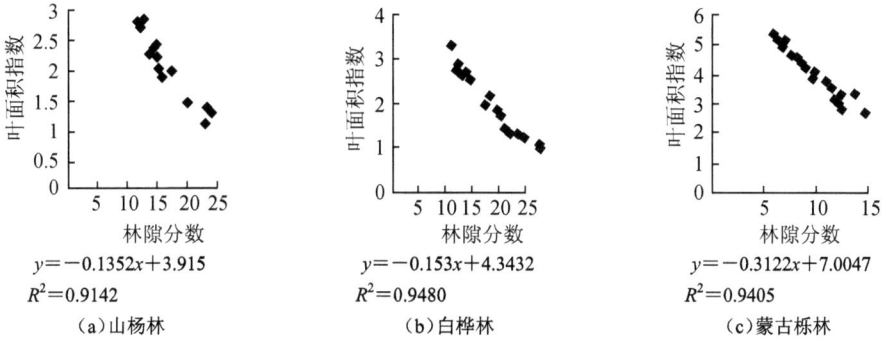

图 4-2　3 个树种林隙分数与叶面积指数的拟合曲线

4.3.5　林隙分数与总定点因子

总定点因子是定量表示单位时间内透过冠层的光与光照入射辐射有关的数据，也可以将其定义为透过冠层接收到的日平均辐射占冠层上方入射光辐射的比例，也即透光率[7]。

由图 4-3 可看出，总定点因子随林隙分数的增加均呈直线上升趋势，说明在冠层上方接受到的日平均光合辐射总量基本相同的情况下，阳光随林隙的增加，透过冠层到达冠下的总光合有效辐射平均通量密度（以下简称冠下总光合辐射）明显上升，即林隙分数增大，林中透光率增加，透过冠层的光辐射较强，冠层下方接收的日平均辐射量增加，总定点因子随之增加。3 种林分相比较，由大到小的顺序为山杨林（0.2984）、白桦林（0.2521）、蒙古栎林（0.1772）。

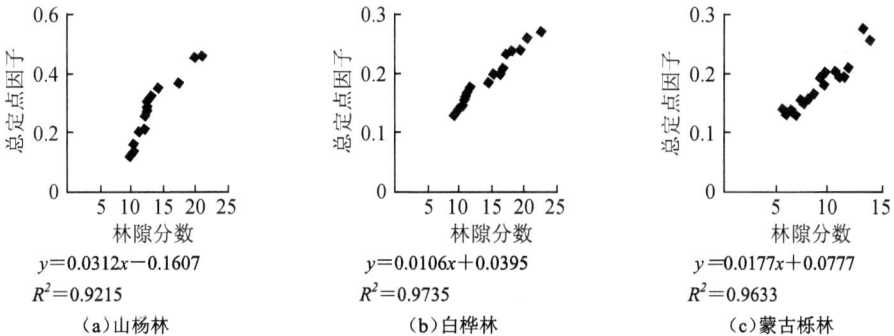

图 4-3　3 个树种林隙分数与总定点因子的拟合曲线

4.3.6　叶面积指数与冠下总光合辐射

植物的光合作用面积与叶面积指数相关，通常用叶面积指数来表示光合作用面积，总定点因子表明了透光率的大小，可以用来表示阳光透过冠层到达冠下的能力，也能够表示植被冠层获得光能力的强弱。冠层结构决定太阳辐射在冠层内的分布，由太阳辐射和冠层结构可以计算出辐射在冠层内部的分布[71-73]，冠层内的有效光合辐射分布对冠层光合作用有着重要的影响，同时温度、湿度、风速和土壤养分等因子对光合作用也有很大的影响，这些影响也与冠层结构相关[74,75]。

由图 4-4 可看出，叶面积指数和冠下总光合辐射呈显著负相关关系。随着叶面积指数的增大，单位面积的叶片覆盖率增加，植被对阳光的截获能力提升，透过树冠到达冠层下方的辐射量减少，从而导致冠下总光合辐射减小。实验得出山杨林、白桦林和蒙古栎林的叶面积指数分别为 0.97～2.57、1.02～3.23 和 2.74～5.38，平均值分别为1.92、2.03 和 3.99；冠下总光合总辐射量分别为 3.45～11.57、2.11～6.53 和 3.61～6.53，平均值分别为 5.62、4.77 和 4.15。结果表明，大兴安岭地区蒙古栎林的光获截能力最强，山杨林最弱。

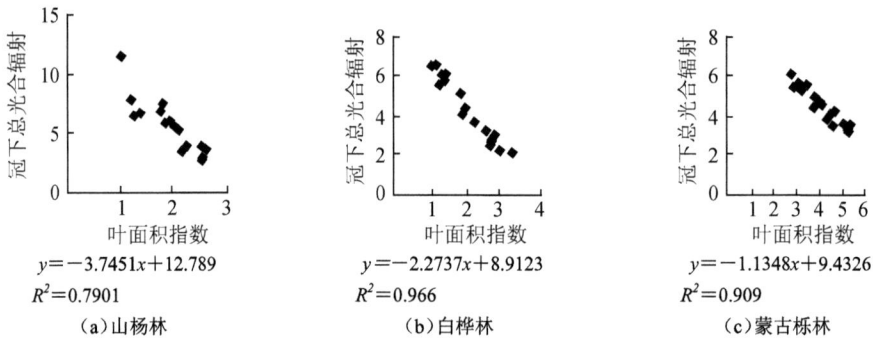

（a）山杨林　　　　　　（b）白桦林　　　　　　（c）蒙古栎林

$y=-3.7451x+12.789$
$R^2=0.7901$

$y=-2.2737x+8.9123$
$R^2=0.966$

$y=-1.1348x+9.4326$
$R^2=0.909$

图 4-4　3 个树种叶面积指数与冠下总光合辐射拟合曲线

4.3.7　叶面积指数与总定点因子

通过对不同树种的叶面积指数和总定点因子的测量结果进行相关性分析，得到 3 个树种叶面积指数与总定点因子的拟合曲线（图 4-5）。得出不同树种的叶面积指数与总定点因子的相关性变化程度不完全相同，随着叶面积指数的增大，总定点因子都随之减小，皆呈现出明显的负相关性。树冠透光率减少时，说明单位面积中的叶片面积所占比例较大，总定点因子减小。对于同一层面，叶面积指数越大，树冠的光能利用率越高，此时总定点因子较小。

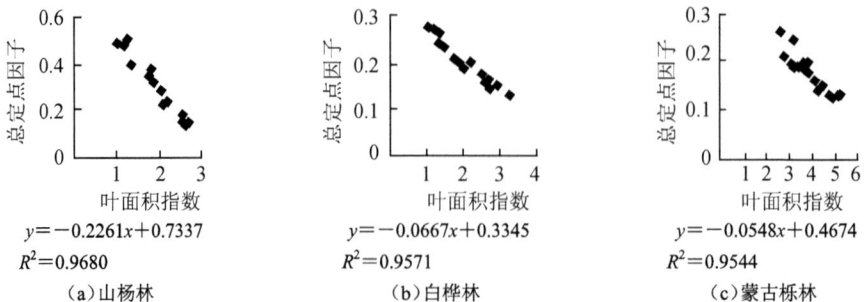

（a）山杨林　　　　　　（b）白桦林　　　　　　（c）蒙古栎林

$y=-0.2261x+0.7337$
$R^2=0.9680$

$y=-0.0667x+0.3345$
$R^2=0.9571$

$y=-0.0548x+0.4674$
$R^2=0.9544$

图 4-5　3 个树种总定点因子与叶面积指数拟合曲线

山杨林、白桦林和蒙古栎林中总定点因子值分别为 0.1605~0.4962、0.1310~0.2748、0.1712~0.2568，平均值分别为 0.2984、0.2521 和 0.1772，从定点因子这一因素验证了 3 种林分的光截获能力由大到小的排序为蒙古栎林、白桦林、山杨林。

4.3.8 3 个树种的光截获能力比较

冠层光合有效辐射平均通量密度是评价冠层光截获能力最重要的指标，冠层上方总的光合有效辐射平均通量密度与冠层下方的总光合有效辐射平均通量密度之差，即冠层的光截获密度[76]。在同一试验地中，冠层上方的光照辐射强度相同，冠层上方总光合有效辐射平均通量的密度基本相同，冠层的光截获能力直接影响到冠层下方的总光合辐射，因此，冠下总光合辐射大小反映出了冠层的光截获能力的强弱，由于不同树种冠层的差异很大，对阳光的截获能力也有很大差异。通过分析得出了 3 个树种的总定点因子与冠下总光合辐射的拟合曲线（图 4-6）。

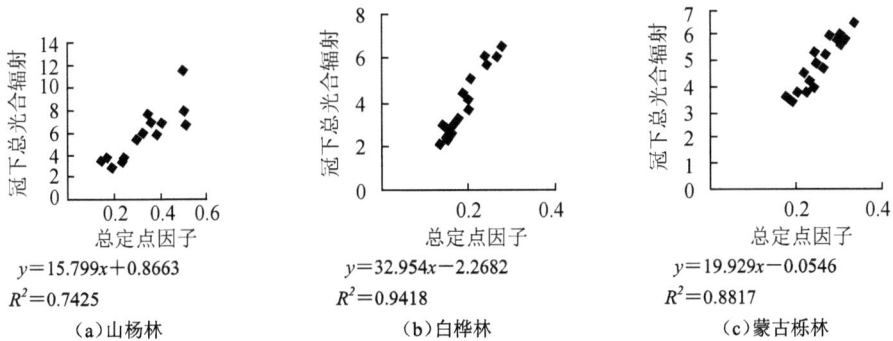

$y=15.799x+0.8663$
$R^2=0.7425$
（a）山杨林

$y=32.954x-2.2682$
$R^2=0.9418$
（b）白桦林

$y=19.929x-0.0546$
$R^2=0.8817$
（c）蒙古栎林

图 4-6　3 个树种总定点因子和冠下总辐射拟合曲线

从图 4-6 可看出，总定点因子与冠层下方总辐射通量平均密度的相关性极显著，呈现出显著的正相关关系。山杨林、白桦林和蒙古栎林的冠下总光合辐射分别为 3.45~11.57、2.11~6.53 和 3.61~6.53，平均值分别为 5.62、4.77 和 4.15。对 3 个树种的冠下光合辐射进行比较（表 4-1），结果表明，林木冠下总光合辐射主要来自冠下直接光合辐射，同时表 4-1 中的数据再次验证了蒙古栎林冠层的光截获能力最强。

表 4-1　不同树种的冠下光合辐射比较　　　　单位：$mol \cdot m^{-2} \cdot d^{-1}$

树种	冠下间接光合有效辐射平均通量密度	冠下直接光合有效辐射平均通量密度	冠下总光合有效辐射平均通量密度
山杨林	0.68	4.94	5.62
白桦林	0.63	4.14	4.77
蒙古栎林	0.48	3.67	4.15

　　大兴安岭地区山杨林、白桦林和蒙古栎林等低质林的冠层结构指标测定结果如下：林隙分数为 14.97%、14.07%、9.63%，开度为 15.94%、15.86%、9.98%，叶面积指数为 1.92、2.03、3.99，总定点因子为 0.2984、0.2521、0.1772，生长季节冠层下方总光合有效辐射平均通量密度为 5.62、4.77 和 4.15。

　　对于不同的树种，冠层特征指标林隙分数、冠层的光合有效辐射平均通量密度和叶面积指数都有显著的相关性。实验得出：林隙分数与开度、总定点因子都呈现出显著正相关，叶面积指数与林隙分数、总定点因子及冠下总光合辐射皆为负相关，总定点因子与冠下总光合辐射呈正相关。

　　对大兴安岭地区低质林中 3 个树种的冠层特性指标进行分析，该地区蒙古栎林的冠层光截获能力最强，白桦林次之，山杨林最弱。3 种林分由于离地因子的差异，由此可能导致入射光的不同。高荣孚[77]的研究发现，植物群体内部的辐射状况不仅仅取决于入射光的数量，而且与植物个体和群体的结构息息相关。不同的树种叶片分布的差异直接影响到自身光合作用和呼吸作用的强弱，过密的叶片分布会造成相互遮光，从而降低了植被吸收光能的效率，使叶片的平均光合效率降低，又增加了植被光合产物的消耗[78]，对植物的生长不利。在不同的立地条件下，土壤的理化性质也会有很大的差异，高健等的研究发现，地形对杨树的光合作用有很大的影响，这些因素都有可能造成大兴安岭地区不同林型树种的冠层参数的差异，对于主要影响因素，还有待进一步的试验和论证[79]。

参 考 文 献

[1] 周宇宇, 唐世浩, 朱启疆, 等. 长白山自然保护区叶面积指数测量及结果[J]. 资源科学, 2003, 25(6): 38-42.

[2] 颜文洪, 胡玉佳. 海南石梅湾青皮林 LAI 的冠层数字成像间接法测算[J]. 中山大学学报（自然科学版）, 2004, 43(3): 71-74.

[3] 张小全, 徐德应, 赵茂盛. 林冠结构、辐射传输与冠层光合作用研究综述[J]. 林业科学研究, 1999, 12(4): 411-421.

[4] 朱春全, 雷静品, 等. 不同经营方式下杨树人工林叶面积分布与动态研究[J]. 林业科学, 2001, 37(1): 46-51.

[5] 高照全, 魏钦平, 王小伟, 等. 果树光合作用数学模拟的研究进展[J]. 果树学报, 2003, 20(5): 338-344.

[6] 张红旗, 陈永瑞, 牛栋. 红壤丘陵区针叶林有效叶面积指数遥感反演模型[J]. 江西农业大学学报, 2004, 26(2): 159-163.

[7] 吕勇. 马尾松林叶面积的预测[J]. 湖北林业科技, 1996, (3): 8.

[8] 陈高, 代力民, 周莉. 受干扰长白山阔叶红松林林分组成及冠层结构特征[J]. 生态学杂志, 2004, 23(5): 116-120.

[9] 丁圣彦, 卢训令, 李昊民. 天童国家森林公园常绿阔叶林不同演替阶段群落光环境特征比较[J]. 生态学报, 2005, 25(11): 2862-2867.

[10] 郭华, 王孝安. 黄土高原子午岭人工油松林冠层特性研究[J]. 西北植物学报, 2005, 25(7): 1335-1339.

[11] 刘晓东, 朱春全, 雷静品, 等. 杨树人工冠层光合辐射分布的研究[J]. 林业科学, 2000, 36(3): 2-7.

[12] 刘志刚, 潘向丽. 华北落叶松不同类型林木的冠结构与光的分布[J]. 河北果树研究, 1997, 12(2): 99-107.

[13] 李生, 陈存及. 混交林分中乳源木莲冠层特性与生长的通径分析[J]. 林业科学研究, 2005, 18(3): 310-314.

[14] 梁士楚, 王伯荪. 红树植物木榄种群植冠层结构的分形特征[J]. 海洋通报, 2002, 21(5): 26-31.

[15] 刘杏娥, 江泽慧, 费本华, 等. 利用遥感技术预测人工林木材性质及其产品价值的初探[J]. 林业科学研究, 2005, 18(4): 425-429.

[16] 王进欣, 张一平, 王今殊. 植物群体受光结构与光截获研究综述[J]. 生态农业研究, 2000, 8(3): 13-16.

[17] 周允华, 陆魁东. 农田生态系统能量物质交换[M]. 北京: 气象出版社, 1990.

[18] 张旭东, 柯晓新, 杨兴国. 甘肃中部春小麦生育期净辐射的估算[J]. 甘肃气象, 1998, 16(2): 25-28.

[19] 周英, 李秉柏, 董占强. 冬小麦农田中净辐射的研究[J]. 植物生态学, 1999, 23(2): 171-176.

[20] 孟平, 张劲松, 樊巍, 等. 农林复合生态系统研究[M]. 北京: 科学出版社, 2004.

[21] Myneni R B, Ross J, Asrar G. A review on the theory of photon transport in leaf canopies[J]. Agricultural and Forest Meteorology, 1989, 45(1): 1-153.

[22] Baldocchi D D. Turbulent transfer in a deciduous forest [J]. Tree Physiology, 1989, 5(3): 357-377.

[23] Sands P J. Modelling canopy production. I. Optimal distribution of photosynthetic resources[J]. Functional Plant Biology, 1995, 22(4): 593-601.

[24] Farquhar G D, S. von Caemmerer S, Berry J A. A biochemical model of photosynthetic CO_2 assimilation in leaves of C_3 species[J]. Planta, 1980, 149(1): 78-90.

[25] Leuning R. A critical appraisal of a combined stomata-photosynthesis model for C_3 plants [J]. Plant Cell Environ, 1995, 18: 339-355.

[26] Shaw R H. A comparison of solar radiation and net radiation[J]. Bull. Am. Meteorol. Soc, 1956, 37: 205-206.

[27] Fritschen L J. Net and solar radiation relations over irrigated field crops[J]. Agricultural Meteorology, 1967, 4(1): 55-62.

[28] Smith M, Segeren A, Santos Pereira L, et al. Report on the expert consultation on procedures for revision of FAO guidelines for prediction of crop water requirements[J]. Rome, Italy, 1991, 5: 28-31.

[29] 刘建东, 曹卫星. 玉米冠层分布农业气象模式的研究[J]. 南京农业大学学报, 1997, 20(3): 13-19.

[30] 董树亭, 胡昌浩, 岳寿松, 等. 夏玉米群体光合速率特性及其与冠层结构、生态条件的关系[J]. 植物生态学与地植物学学报, 1992, 16(4): 372-379.

[31] 郭焱, 李保国. 玉米冠层的数学描述与三维重建研究[J]. 应用生态学报, 1999, 10(1): 39-41.

[32] 孟平, 张劲松, 高峻. 果树冠层太阳总辐射与净辐射分形特征的相关分析[J]. 林业科学, 2005, 41(1): 1-4.

[33] Monsi M, and T. Saeki. Über den Lichtfaktor in den pflanzenge-sellschaften and seine bedeutung für die stoffproduktion[J]. Jpn. J. Bot, 1953, 14: 22-52.

[34] Higgins S S, Larsen F E, Bendel R B, et al. Comparative gas exchange characteristics of potted, glasshouse-grown almond, apple, fig, grape, olive, peach and Asian pear[J]. Scientia Horticulturae, 1992, 52(4): 313-329.

[35] Campbell G S. Extinction coefficients for radiation in plant canopies calculated using an ellipsoidal inclination angle distribution[J]. Agricultural and Forest Meteorology, 1986, 36(4): 317-321.

[36] Cohen S, Mosoni P, Meron M. Canopy clumpiness and radiation penetration in a young hedgerow apple orchard[J]. Agricultural and Forest Meteorology, 1995, 76(3): 185-200.

[37] Nilson T. A theoretical analysis of the frequency of gaps in plant stands[J]. Agricultural Meteorology, 1971, 8: 25-38.

[38] Genard M, Baret F, Simon D. A 3D peach canopy model used to evaluate the effect of tree architecture and density on

photosynthesis at a range of scales[J]. Ecological Modelling, 2000, 128(2): 197-209.

[39] Jackson, J E. Light interception and utilization by orchard syntheses [J]. Hortic. Rev. 1980, 2: 208-267.

[40] 魏钦平, 程述汉. 栽植行向、树形和光能截获的数学模型// 王秀峰, 等. 园艺学进展[C], 北京: 农业出版社, 1993.

[41] 程述汉, 束怀瑞, 哈益明. 苹果园光能截获率的数学模型[J]. 生物数学学报, 2002, 17(1): 69-73.

[42] 李雄, 孙伯筠, 李福荣, 等. 树冠内光分布对苹果梨产量和品质的影响[J]. 中国果树, 1998, (1): 23-25.

[43] 杜川利, 李怀川. 铺反光膜对树冠光合有效辐照度（PAR）的分布影响[J]. 陕西气象, 1999, (5): 6.

[44] 任海, 彭少麟. 鼎湖山森林群落的几种叶面积指数测定方法的比较[J]. 生态学报, 1997, 17(2): 220-223.

[45] 王家保, 林秋金, 叶水德, 等. 5种测量热带果树单叶面积的方法研究[J]. 热带农业科学, 2003, 23(1): 11-14.

[46] 聂延云, 杨振锋, 张红军, 等. 果树叶面积简易测定方法研究[J]. 天津农学院学报, 2000, 7(4): 33-35.

[47] 杨劲峰, 陈清, 韩晓日, 等. 数字图像处理技术在蔬菜叶面积测量中的应用[J]. 农业工程学报, 2002, 18(4): 155-158.

[48] 鲍雅静, 李政海, 张颖. 羊草叶面积测量方法的比较[J]. 内蒙古大学学报（自然科学版）, 2002, 33(1): 62-64.

[49] Ross J. The radiation regime and architecture of plant stands [M]. The Hague. W. Junk, 1981.

[50] 项月琴, 周允华. 利用植冠层太阳直接辐射的透过率推算叶面积指数和视平均叶倾角的进一步研究[J]. 农业生态环境研究, 1990(3): 280-296.

[51] 罗俊, 张华, 邓祖湖, 等. 甘蔗不同叶位叶片形态与冠层特征的关系[J]. 应用与环境生物学报, 2005, 11(1): 28-31.

[52] 吴彤, 倪绍祥, 李云梅, 等. 基于植被信息遥感反演的东亚飞蝗监测研究[J]. 地理与地理信息科学, 2006, 22(2): 25-29.

[53] 刘西军, 吴泽民. 林隙辐射特点与林隙更新研究进展（综述）[J]. 安徽农业大学学报, 2004, 31(4): 456-459.

[54] 赵平, 曾小平, 蔡锡安, 等. 利用数字植物冠层图像分析仪测定南亚热带森林叶面积指数的初步报道[J]. 广西植物, 2002, 22(6): 485-489.

[55] 朱教君, 康宏樟, 胡理乐. 应用全天空照片估计林分透光孔隙度（郁闭度）[J]. 生态学杂志, 2005, 24(10): 1234-1240.

[56] Monteith J L. Does light limit crop production? [J]. Proceedings-Easter School in Agricultural Science, University of Nottingham, 1981, 1979.

[57] 彭方仁, 黄宝龙. 板栗密植园树冠结构特征与光能分布规律的研究[J]. 南京林业大学学报（自然科学版）, 1997, 21(2): 27-31.

[58] 高登涛, 韩明玉, 李丙智, 等. 冠层分析仪在苹果树冠结构光学特性方面的研究 [J]. 西北农业学报, 2006, 15(3): 166-170.

[59] 刘晓东, 朱春全, 雷静品, 等. 杨树人工林冠层光合辐射分布的研究[J]. 林业科学, 2000, 36(3): 2-7.

[60] 孙婧, 王刚, 孟艳琼, 等. 不同环境下黄山杜鹃光合特性及其与主要环境因子的关系[J]. 东北林业大学学报, 2013, 41(3): 9-12.

[61] Jelaska S D. Analysis of canopy closure in the Dinaric silver fir-beech forests (Omphalodo-Fagetum) in Croatia using hemispherical photography [J]. Hacquetia, 2004, 3(2): 43-49.

[62] Chen J M, Cihlar J. Retrieving leaf area index of boreal conifer forests using Landsat TM images[J]. Remote Sensing of Environment, 1996, 55(2): 153-162.

[63] Chason J W, Baldocchi D D, Huston M A. A comparison of direct and indirect methods for estimating forest canopy leaf area [J]. Agricultural and Forest Meteorology, 1991, 57(1): 107-128.

[64] Pierce L L, Running S W. Rapid estimation of coniferous forest leaf area index using a portable integrating radiometer [J]. Ecology, 1988, 69(6): 1762-1767.

[65] Gholz H L, Vogel S A, Jr Cropper W P, et al. Dynamics of canopy structure and light interception in *Pinus* elliottii stands, north Florida [J]. Ecological Monograph, 1991, 61(1): 33-51.

[66] 田庆久, 闵祥军. 植被指数研究进展[J]. 地球科学进展, 1998, 13(4): 327-333.

[67] 薛利红, 曹卫星, 罗卫红, 等. 光谱植被指数与水稻叶面积指数相关性的研究[J]. 植物生态学报, 2004, 28(1): 47-52.

[68] Frazer G W, Fournier R A, Trofymow J A, et al. A comparison of digital and film fisheye photography for analysis of forest canopy structure and gap light transmission [J]. Agricultural and Forest Meteorology, 2001, 109(4): 249-263.

[69] Van Gardingen P R, Jackson G E, Hernandez-Daumas S, et al. Leaf area index estimates obtained for clumped canopies using hemispherical photography[J]. Agricultural and Forest Meteorology, 1999, 94(3): 243-257.

[70] 高登涛, 韩明玉, 李丙智, 等. 冠层分析仪在苹果树冠结构光学特性方面的研究 [J]. 西北农业学报, 2006, 15(3): 166-170.

[71] 张小全, 徐德应, 赵茂盛. 林冠结构、辐射传输与冠层光合作用研究综述[J]. 林业科学研究, 1999, 12(4): 411-421.

[72] 牛文元, 周允华, 张翼. 农田生态系统能量物质交换[M]. 北京: 气象出版社, 1987.

[73] 孟平. 农林复合生态系统研究[M]. 北京: 科学出版社, 2004.

[74] Farquhar G D, S. von Caemmerer S, Berry J A. A biochemical model of photosynthetic CO_2 assimilation in leaves of C_3 species [J]. Planta, 1980, 149(1): 78-90.

[75] Leaning R. A critical appraisal of a combined stomata-photosynthesis model for C_3 plants [J]. Plant Cell Environ, 1995, 18(4): 339-355.

[76] 刘立鑫. 应用冠层分析仪对天然次生林冠层结构及光照分布的研究[D]. 哈尔滨: 东北林业大学硕士学位论文, 2009.

[77] 高荣孚. 杨树光合作用研究进展[J]. 北京林学院学报, 1981, 3(1): 56-62.

[78] 温志宏, 黄敏仁. 美洲黑杨冠层光截获特性的遗传学研究[J]. 南京林业大学学报, 1992, 16(3): 11-17.

[79] 高健, 吴泽民, 彭镇华. 滩地杨树光合作用生理生态的研究[J]. 林业科学研究, 2000, 13(2): 147-152.

5　低质林改造对林地水源涵养的影响

目前，地球上约有 40 亿 hm² 的森林正在保护着主要江河的安全。森林对水资源的调节作用就是涵养水源。随着人们对森林采伐与更新、干旱地造林、水资源（如水量、水质）等环境问题的日益关心，有关森林与水的关系正在被深入地研究，研究者一方面企图确定这种关系的机制，另一方面企图定量出这种影响的水平大小，从而为改善水资源的管理方法，为林业事业的发展提供所必需的科学依据[1-3]。

森林与水的关系，其实质是森林的水量平衡，即森林对各水量平衡要素的影响。森林的水量平衡系统是极为复杂的，不同林分对各种平衡要素的影响是随时空而变化的。同时，这种影响也受到气候、地形、土壤、地质等多方面的制约[4,6]。因此，在综合评价中如何区分出森林的作用是极为重要的。总的来说，森林在涵养水源、保持水土、调节径流、防止洪水、改善局部地区水文循环等方面，都具有重要的作用[7-16]。

5.1　森林对降雨的再分配作用

在有林流域中，当降雨到达林冠层上时，其从林冠层向下运动的过程中就要被重新分配，总的趋势是到达林地上土壤表面的降雨有所减少。其中相当的一部分降雨要被植物冠层（乔木、下木、灌木）和活地被物及枯枝落叶层截留，通过蒸发又可以增加大气湿度，从而抑制林木的蒸腾和地表土壤的蒸发，使进入土壤的水分有充足的时间在土内重新再分配，而后更有效地供给林木及其他植物的蒸腾需要[17]。同时，这种从林冠上、地面上对降雨的再分配，对降雨的雨滴动能可以起到一定的消能作用，即减小或削弱雨滴对土壤的分散力，防止地表土壤被侵蚀。这种截留作用的直接后果则是地面净雨量减小，即在降雨量和降雨强度比较大时可以起到减缓洪水的作用。

5.1.1　林冠层对降雨的截留作用

5.1.1.1　基本概念

林冠层对降雨的截留作用，就是当降水到达林冠层时，有一部分被林冠层的枝叶、树干所临时容纳，而后又蒸发返回大气中去的作用。在降雨过程中的某一时段内，从林冠表面通过蒸发返回大气中的降水量和降水终止时，林冠层还保留的降水量，称为该时段内的林冠截留量。在该时段内林冠截留量与林外降水量之比，称为林冠截留率。一部分降雨顺着枝条、树干流到地面，称为干流量或径流量。林外降雨量与林冠截留量和干流量的差就形成了林内降雨量。林内降雨量由从林冠间隙直接降落到地面的林冠透雨量，以及从林冠枝叶体表面降落到地面的林冠滴下雨两部分雨量所组成，其中前者的雨滴动能不受林冠截留作用的影响，而后者则要受林冠截留作用的影响[18]。落到林冠的降水（P），可分为林冠截留量（I）、林内降水量（P_i）、树干径流量（S）3 部分。林冠截留量公式为

$$I=P-P_i-S \qquad (5\text{-}1)$$

5.1.1.2 林冠截留的影响因子

影响林冠截留降水的因子很多，大体上可分为外因和内因两类：外因有风与风向、地形和坡度、降水特性、空气湿度等；内因有林冠特征（冠幅、冠高、枝叶数、叶比表面积、枝条着生角度、林冠湿润程度等）和林分特征（树种、郁闭度、林龄等）。现对主要因子对林冠截留的影响进行论述。

（1）气候因素。森林的截留以降水为前提，降雨量、降水强度、降雨的时空分布极大地影响着森林的截留功能[19-22]。一般地说，随着降水量的增大，截留量增加，当降雨量达到某一值之后，降雨量增加，林冠截留量不再增加，达到它的极限值，即所谓的林冠饱和截留量。截留率（截留量占降雨量的百分率）不是一个常数，是随着降水量的增加而减少。雨强越大，降雨越集中，不利于森林截留功能的发挥，截留量越小。反之，雨强越小，历时越长，有利于林冠充分吸水和吸水后蒸发，截留量越大。降雨的间隔期越长，植物表面、枯枝落叶和土壤湿润度越低，森林截留降水的能力越强。

风能吹走枝叶表面截留的降水，使截留量减少，又能促使截留降水蒸发到大气中去连续性降水，能增大截留量，即增加了附加截留量。此外，温度、光照等也能通过影响植物和土壤的蒸发、失水来影响林冠截留。

（2）林分因素。林冠截留量的大小取决于森林植被的类型、结构、林龄、郁闭度以及降雨特征。林分组成和结构对降水影响很大。树种不同，其枝叶密度及吸水能力、树冠大小和形状不同，截留率亦有差异。一般来说，针叶树枝叶密集，层次多，呈水平轮状重叠分布，枝叶面积大，故截留率大，为 25%～45%；阔叶树较针叶树枝叶稀疏，层次少，枝叶总面积小，故截留率较小，为 20%～25%。硬阔叶树比软阔叶树枝叶少，且表面光滑，吸水的能力差，因此，截留率较软阔叶树小。灌木截留率往往居于针阔叶树种之间。黄土高原的林冠截留率为 15%～35%，其中针叶树为 15.6%～38.6%，阔叶树为 15.0%～30.0%，灌木为 15%～25%。

林冠郁闭度大，冠层深厚，枝叶表面积大，因而附着于叶表面的截留降水量也多，反之郁闭度小而枝叶稀疏的林冠，截留降水量就少。据观测，郁闭度为 0.3 的云杉林分，林冠截留率为 14.7%～24.7%；而郁闭度为 0.6 的林分，林冠截留率为 22.9%～31.2%。

同一树种因林龄不同，枝叶茂密程度不同，截留率也不相同。幼龄树树枝叶稀，层次少，树冠小，故截留率也小。随着林龄的增长，枝叶扩展，郁闭度增大，森林对降水的截留的能力增强。当林分接近成熟时，生长衰弱，枝叶量逐渐减少，森林的截留能力减弱。据观测，65a 生油松的平均截留率为 37.6%，而 20a 生油松的平均截留率仅为 12.7%。

5.1.1.3　树干径流

在大气降水过程中，有一部分雨量从林冠枝叶体转到树干流入地表形成树干径流。树干径流顺树干流到地面，免除了雨滴的击溅侵蚀，有利于保护土壤。在一般情况下，径流在树干附近渗入土壤，有利于树木根系吸收水分[23]。

5.1.1.4　林冠截留的水文效应

（1）降雨滞后效应。由于林冠对降雨的截留作用，使林内降雨的开始时间与林外降雨的开始时间并不同步，一般会出现滞后效应。据张增哲（1987）等观测，降雨量小于 0.5~1.5mm 时，林下几乎不产生降雨，降雨量超过 0.5~1.5mm 以后，才会出现林下降雨。滞后时间与降雨强度有关，研究发现，在降雨量相同或相似的情况下，连续降雨的平均强度如果达到或超过 0.10mm/min 时，林内林外降雨开始的时间非常接近，一般滞后时间不超过 10min；但当连续降雨的强度小于 0.10mm/min 时，林下降雨开始时间大为推迟，一般可达 10~30min。

（2）降雨历时延长效应。由于降雨的不断补给，截留在林冠上的雨水会滴落到林下，这种作用在降雨停止后一段时间，林冠上超饱和雨水还会滴落下来，因此，林下降雨的总时间比林外降雨要长，根据张增哲等的观测统计，杉木林下降雨的持续时间比林外降雨一般要长 20~30min。

（3）林地降水量减少和降水强度减弱。由于截留在树冠上的降水最终被蒸发回到大气中，因而林地降水总量减少。林下降雨强度因林冠截留而显著低于林外，其减弱林下降雨强度的作用与降雨本身特性有很大的关系，一般减弱程度随着降水强度的增加而减弱，林内降雨强度通常比林外降雨强度小 10%~30%[24-26]。

5.1.2　林下灌草层对降雨的截留作用

穿过林冠的雨水与林下灌木和草本植物接触后，一部分被截留。林下灌木草本层截留量的大小，取决于自身生长状况和枝叶量的大小。灌木草本层的生长发育状况又受到上层林冠的影响，上层林冠的郁闭度大，下层灌草层稀少，盖度低，对降雨的截留量小，如华北落叶松、油松、华山松等；林冠的郁闭度低，下层灌草生长茂密，盖度高，对降雨的截留量大。在六盘山的研究表明，林下灌木草本层的截留率为 1.7%~17.2%。对黄土丘陵区对沙打旺草地截留作用的观测表明，截留率受植物盖度、降雨强度和降雨历时的影响，当草地全覆盖时，沙打旺草地的最大截留率为 29.7%。可见灌木和草本植物的截留是森林截留的重要组成部分，从水土保持角度考虑可能更为重要。

5.1.3 枯枝落叶层对降雨的截留作用

5.1.3.1 基本概念

（1）枯枝落叶层。林地的枯枝落叶层，也叫枯落物层，是由林木及林下植被凋落下来的茎、叶、枝条、花、果实、树皮和枯死的植物残体所形成的一层地面覆盖层。它是林地地表所特有的一个层次。根据分解程度，枯枝落叶层可分为上、中、下 3 层，上层为枯落物未分解层，中层为半分解层，下层为完全分解层或腐殖质化层[27-36]。

（2）枯落物持水量。经过林冠和下层灌草层截留后降落到地表的雨水，一部分被枯落物截留吸收，随即蒸发回大气中去，这部分水量称为枯落物层截留量。由于受林内蒸发的限制，枯落物层截留量一般只有几毫米。枯落物截留降雨量的多少，可根据林地枯落物的数量和持水量进行估算。枯落物的持水量是指在自然条件下，单位干重的枯落物所能吸收的水量，也称水容量[37-44]。一般以它干重吸水的百分数或相当的降雨毫米数表示，即

$$L_c(\%)=\frac{S_L}{W_L}\times100 \qquad (5\text{-}2)$$

或

$$L_c(mm)=\frac{S_L}{\rho A_L}\times10 \qquad (5\text{-}3)$$

式中，L_c 为枯落物持水量（mm，%）；S_L 为枯落物截留的降雨量（g）；W_L 为枯落物干重（g）；ρ 为水的比重（g·cm^{-3}）；A_L 为采集枯落物的面积（cm^2）。

枯落物最大持水量是指枯枝落叶吸水达到饱和时的重量与干重之差。最大持水率是枯枝落叶吸水饱和时的重量与干重的百分比，即

$$W=W_m-W_d \qquad (5\text{-}4)$$

$$L(\%)=\frac{W_m}{W_d}\times100 \qquad (5\text{-}5)$$

式中，W 为枯落物最大持水量（g）；L 为枯落物最大持水率（%）；W_d 为枯落物干重（g）；W_m 为枯落物吸水饱和时的重量（g）。

5.1.3.2 枯枝落叶层的作用

森林凋落物和林地枯枝落叶层是森林土壤区别于其他土壤最明显的特征。森林凋落物是指在森林生态系统内，由生物组分产生并归还到林地表面，作为分解者的物质和能量来源，借以维持生态系统功能的所有有机物质的总称。林地枯枝落叶层是森林凋落物在降水、气温和微生物的作用下分解而形成的具有一定结构

的特殊土壤层。森林的凋落物及林地枯枝落叶层，是由林木及林下植被凋落下来的茎、叶、枝条、花、果实、树皮和枯死的植物残体所形成的一层地面覆盖层。其中枯枝落叶占 70%～90%，树皮占 9%～14%，繁殖器官占 5%～10%。林地枯枝落叶层不仅直接承受着穿过林冠和沿树干流下来的雨水，彻底消灭降雨动能，大大减轻了雨滴对地表土壤的直接冲击，增加了地表粗糙度，分散、滞缓、过滤地表径流，形成地表保护层，而且是土壤有机质养分的重要储备库，储存着各种矿物质营养元素，经土壤微生物、动物及植物根系的活动，分解转化，释放出大量的养分，供应林木根系吸收利用，同时维持土壤结构的稳定。这会增加土壤有机质，改良土壤结构，使土壤变得疏松，具有较强的透水和蓄水性能，同时提高土壤肥力，起到滞蓄径流和泥沙，保护表土免遭径流侵蚀的作用。因此，是否具有良好的枯枝落叶层，是评价森林水文效益的一项重要指标，保护好林地枯枝落叶层，也成为森林经营管理的一项重要内容[45-68]。

良好的枯枝落叶层具有相当大的溶水性和透水性。森林凋落物层吸水性能的大小，一方面与其厚度成正比，另一方面与形成凋落物的树种及其年龄有着密切关系。一般来说分以下几种情况：

（1）混交林凋落物层比纯林的厚度大。

（2）阔叶林的凋落物层比针叶林厚度大。

（3）树龄大的林分凋落物层比树龄小的厚度大。

5.1.3.3　影响枯枝落叶层持水量的因素

（1）内部因素。枯枝落叶层持水量与树种和林分特征及枯枝落叶层的特性有关。不同林分枯枝落叶层的厚度一般约数厘米至十几厘米，重量每公顷从数吨至数十吨，枯枝落叶层的持水量也不同。不同的森林类型，林下苔藓、枯枝落叶层的厚度、干重及持水量有一定的差别。据测定，原始林的枯落物持水量大于天然次生林，阔叶林大于针叶林，乔木林大于灌木林。随着林龄的增加，枯枝落叶量逐渐增多，持水量相应增加。例如，美国的辐射松林枯枝落叶层的最大持水量如下：5～10a 生的为 0.5mm；10～15a 生的为 1.0mm；15～20a 生的为 1.8mm；25～30a 生的为 3.6mm。枯枝落叶层持水量与其干燥度有关，比较干燥的枯落物持水量大，反之则小。干燥速度受气象条件的影响，主要决定于大气蒸发强度的大小。

（2）外部因素。影响枯枝落叶层持水量的外部因子很多，主要包括坡度、温度、降雨特性等。坡度与枯枝落叶层的持水量有关。根据原西北林学院测定，在 10° 坡面上枯枝落叶层的持水量为 1.6～2.7kg/m²；在 20° 的坡面上下降为 1.0～2.7kg/m²；23° 坡面上其持水量为 10° 坡面上的 2/3 左右。坡度越大，林地枯枝落叶层持水量越小。枯枝落叶层截留降水量与降雨特性有关，随着降雨量的增加，枯枝落叶层截留量的百分比相应减小，但以小雨或小阵雨时较为显著；随着雨量的增加，特别是发生连续性大暴雨或特大暴雨时，这种截留作用逐渐减弱。

5.1.4 林分截留量和地面净降水量的计算

5.1.4.1 林分截留量

$$I = I_c + I_u + I_t \qquad (5\text{-}6)$$

式中，I 为林分截留降水量（mm）；I_c 为林冠截留量（mm）；I_u 为林下灌木草本植物层截留量（mm）；I_t 为枯落物层截留吸持降水量（mm）。

林分截留量最终被蒸发到大气中去，对于地面受雨量来说，是一种损失，因此，林分截留降水量也称为截留损失量。不同类型的森林，截留损失量不同，截留损失量在蒸发损失量中所占比例也不同，这将影响流域的水量平衡。一个流域森林截留损失量是流域内所有类型森林截留损失量之和。

5.1.4.2 地面净降水量

大气降雨在经过林冠层、林下植被和枯枝落叶层的截留之后，到达林地地面的实际有效降水量，在水土保持及水文学中有极其重要的意义，地面净水量（P_e）可用式（5-7）式（5-8）表示：

$$P_e = P_i + P_s - I_b - I_f \qquad (5\text{-}7)$$

或

$$P_e = P - I_c - I_b - I_f \qquad (5\text{-}8)$$

式中，P_e 为林地地面降水量（mm）；P 为大气降水量（mm）；P_i 为林内降雨量（mm）；P_s 为树干径流量（mm）；I_c 为林冠截留量（mm）；I_b 为林下灌木草本植物层截留量（mm）；I_f 为枯枝落叶层截留量（mm）。

5.1.5 林地土壤的渗水、蓄水作用

森林有改良土壤结构的作用，土壤储蓄水分的总量取决于土壤的质地、结构和土层深度。表土一般为团粒结构，土壤孔隙率特别是非毛管孔隙率大，为水分渗透、蓄积降水创造了良好条件。

5.1.5.1 森林土壤的透水作用

林地土壤具有强大的透水性和溶水性，原因如下：

（1）改善了土壤的理化性质。森林每年都产生大量的枯枝落叶，同时土壤中还有相当数量的树根和草根腐烂，可大量增加土壤中的有机质。有机质经分解，变成黑色的腐殖质，与土壤结合形成良好的团粒结构，使土壤容重减小、孔隙度增大。据测定，林地土壤具有大量大团粒结构土层，可深达 40～50cm，而一般草地和农田土壤只有少量小团粒结构土层，且主要分布在土壤表层。

（2）根系腐烂形成了大量孔道。森林土壤中林木根系盘根错节，且分布较深，林木采伐后，这些根系逐渐腐烂，形成根系孔道。据原北京林学院在西北黄土高

原地区的研究，20a 生刺槐人工林，每公顷垂直根系通道在 15 000 条以上，这些孔道是根系腐烂后形成的，有的几乎是空的，有的充满有机物，有的则被类似 A 层的土壤注满。许多侧面孔道是从中心辐射出去的，因而腐烂后也形成辐射状的孔道。由于腐烂的根系孔道是纵深盘结在一起的，有利于水分迅速地分散到较深的土层中。

（3）土壤动物活动形成了大量洞穴、孔道。森林中大量的枯枝落叶，给土壤动物提供了丰富的食物和良好的隐蔽场所，这些动物不仅疏松了土壤，产生了大量的洞穴、孔道，而且其排泄物能在土壤表面形成良好的水稳性团粒结构，增大土壤空隙。

由于上述原因，在森林土壤中，水分下渗的速度很快，处在斜坡上的森林不仅有能力接纳林地上空的降水，而且可能还有余力接纳来自上方（农田、牧场或荒地）的地表径流。

5.1.5.2　森林土壤的蓄水作用

土壤能够储存水的总量，取决于它的非毛管孔隙度和土层厚度，土壤非毛管孔隙度大，其涵养的水量就多。由于森林土壤的孔隙率远比其他形式的用地大，因而其储水能力也很强。在土壤孔隙中，毛管孔隙所储存的水分能够抵抗住重力作用而保持在孔隙中，这种水分对江河水流和地下水不起作用，但坡地植被所需的水分几乎全靠它们供应。非毛管孔隙除形成水分运动的通道外，还为水分的暂时储存提供了场所。当水分进入土壤的速度大于它流到底层的速度时，水分就储存在孔隙中，但只是暂时停留。然而，这种储存形式很有意义，因为它延长了水分向底层渗透的时间。此外，它还提供了水分的应急储存场所，否则大量降水就会被迫从土壤表面流走。

当土壤已经湿润到田间持水量时，滞留储存（也可暂时储存）是唯一的储水形式。当它的容积足以容下暴雨雨量时，地表很少形成径流，但这些水分将会补充地下水或从土壤流入沟道，再汇入江河。森林的这种减少地表径流，促进水流均匀进入河川或水库，在枯水期间仍能维持一定水位、水量的作用，称为森林的水源涵养作用。而森林涵养水源能力可用储水量来表示，公式为

每公顷林地降水储水量（t）＝10 000（m^2）×土层深度（m）

$$×土壤非毛管孔隙率（\%）×水的比重（t/m^3）$$

这里的非毛管孔隙，是指土壤能使降水凭借重力渗透下去的孔隙。非毛管孔隙率越大，土壤的储水量也越大，越有利于涵养水源；而毛管孔隙中水分黏附在土壤颗粒上，不能再往下层渗透移动，也就不能发挥涵养水源的机能。

当降雨强度大到一定程度，使森林土壤中非毛管孔隙填满雨水后，即开始产生地表径流，但由于受枯枝落叶和苔藓、草类的阻挡，流速减小，另外，水分在土壤下层的移动速度十分缓慢，这对涵养水源、减缓洪峰很有利。据祁连山水源

涵养林研究所测定，以坡长 500m 计算，在长满了苔藓的植物落叶层内，地表径流需 2h 才能到达沟底。而土壤上层的水分到沟底则需 3d，下层土壤中的水要历时 4 个月之久才能到沟底。一般情况下，森林可使降雨量的 50%～80%渗入土壤，涵养河川平时流量的 70%；每公顷有林地比无林地多蓄水 300m³，若有 5hm² 森林，其所蓄水分就相当于一个 100 万 m³ 的小水库。这就使得大量雨水渗入土壤并储存起来，转变为地下潜流，从而大大减轻了地表径流对土壤的冲刷，调节了河川径流，减少了旱、涝灾害。

5.2　低质林改造后水文生态功能

5.2.1　研究区概况

研究区概况见 3.5.1。

5.2.2　试验样地设置

标准试验地设计面积为 30hm²，采用块状、带状两种不同的皆伐改造方式。白桦低质林试验区和阔叶混交低质林试验区样地设置见 3.5.2.1。

5.2.3　土壤的采集与测定

在不同改造方式的试验样地和对照样地上，分别随机布置 8 个 2m×2m 的取样样方，每个取样样方按"S"形混合采样法取 5 个土壤剖面为 0～10cm 的土壤样本，然后用容积为 100cm³ 的环刀取土壤样本，来回重复 3 次，再将土壤样本带回实验室进行测定分析（LY/T 1215—1999）。将土壤样品弄碎放在室内阴凉通风处风干、研磨，使之全部通过 0.15mm（100 目）筛，放入塑料袋中保存，注明编号、采样地点、土壤名称、土壤深度等项目。

土壤物理性质的调查项目包括土壤容重、土壤含水率、毛管孔隙度、非毛管孔隙度、总孔隙度 5 项。土壤物理性质的测定采用土壤环刀法（LY/T 1215—1999），土壤容重采用环刀法。

5.2.4　枯落物的采集

在带状皆伐带内随机设置 9 个 30cm×30cm 的样方，在未采伐的林分中选择 3 块 20m×20m 的对照样地，然后在每个对照样地中选择 3 个 30cm×30cm 的样方；在块状皆伐区域内随即设置 9 个 20cm×20cm 的样方，在未采伐的林分中选择 3 块 20m×20m 的对照样地，然后在每个对照样地中选择 3 个 30cm×30cm 的样方。根据枯落物的分解状况分为 3 层：未分解层由新鲜的叶、枝、皮、果等凋落至地面组成，颜色无过多改变，外表无分解的痕迹；半分解层颜色变化大，外形轮廓不完整,但仍能辨出原型;已分解层颜色发黑,基本分解至不能辨识原型[69-71]。本次研究每个样方内按未分解层、半分解层分层收集枯枝落叶取回。

将取回的枯落物迅速称鲜重,然后用烤箱烘干至质量无明显变化以后称重,测定其干重,再以干物质质量推算枯落物的蓄积量[72]。

采用室内浸泡法测定枯落物的持水特性。将烘干后枯落物样品称取 50g 放入尼龙网袋中,浸没于清水中,在分别浸泡 0.25h、0.5h、1h、2h、4h、8h、24h 后称重,每次取出后静置直至枯落物不滴水为止,迅速称枯落物的湿重并进行记录,由此计算枯落物在不同浸水时间的持水率、持水量和吸水速率,然后在 24h 时计算出最大持水率、最大持水量以及有效拦蓄量[73,74]。

5.2.5　林冠截留的测定

在试验林地边缘的空旷地上设置一个塑料集水槽(规格为 0.5m×0.5m×0.2m),以便在观测期间内测定林外的总降雨量。

在试验林地里设置 3 个大型塑料集水槽(规格为 4m×1.5m×0.5m),并且在水槽的底部钻一个小孔,用聚乙烯塑料管连接小孔,另一端连接带盖的塑料桶。为了避免地面草本和矮灌木破坏集水槽底部,将集水槽支起至地面一定的高度,每次通过称量塑料桶内的雨水的重量来测定穿透雨量。

对标准试验林地里的样木进行调查,将其胸径适当分类为 3 个不同径级。然后从每个不同径级的样木中各选取 3 株。将聚乙烯塑料管沿着中线剖开,与样木大约成 30°角,从距离地面约 1.5m 的地方螺旋地缠绕在树干上,末端连接带盖的塑料桶,以便树干径流沿着聚乙烯塑料管流入塑料桶中,每次通过称量塑料桶内的水量来测定树干径流量的大小。

5.3　大兴安岭低质林改造后枯落物水文生态功能

林地枯落物层的蓄积量由环境和森林的特性两个因子决定。这些因子不仅会影响到林地枯落物层的质与量,同时也会影响到林地枯落物层形成和分解的环境。树木种类不同,枯落物组成也不同,蓄积量也有较大的差别。由乔木、灌木、草本植物组成的林分,枯落物的蓄积量较大,一些树叶较难分解或落叶的针叶林和叶片厚度比较大的阔叶林的蓄积量也较大,而常绿的针叶林和叶子已分解的阔叶林的枯落物的蓄积量较少,阔叶林枯落物叶子中的灰分含量较高,分解速率较快,而针叶林叶子中大多含有油脂等不易分解的物质。

枯落物的种类及其分解状况对持水量有一定的影响。枯落物的分解直接关系到地力的维持和恢复,有了枯枝落叶层才能保证土壤和林分的持水能力。枯落物分解后促进了林木的生长[75],因此,研究林下枯落物层持水特性就成为森林生态系统研究中的重要内容。目前，对不同林型下的枯落物特性已有许多研究，但是包括以上在内的许多关于枯落物持水性能的研究，都是从不同林型的角度出发，而针对不同方式改造后的林下枯落物持水性能变化的研究还很少。

本节以经过两种不同改造方式改造后的枯落物为研究对象，分别计算出白桦萌生林和阔叶混交次生林中带状皆伐、块状皆伐和对照样地的枯落物蓄积量、持水量和有效拦蓄量，然后绘制枯落物持水量和吸水速率与浸泡时间的函数关系曲线，最终分析出两种低质林型在两种不同改造方式下对森林枯落物层水文生态功能产生的影响。

5.3.1 白桦低质林枯落物层水文生态功能

5.3.1.1 带状皆伐枯落物蓄积量

带状皆伐不同带宽的枯落物蓄积量方差分析表明：未分解层 18m 带宽处的枯落物蓄积量与 6m、10m、14m 处具有明显差异，而 6m、10m、14m 处无显著差异。半分解层 6m 和 10m 处的枯落物蓄积量无显著差异，同时与 14m、18m 这三者均有显著差异。带宽 10m、14m 处未分解枯落物蓄积量最大，10m 处半分解枯落物蓄积量最大，14m 处总的枯落物蓄积量最大，达到 9.81t/hm²。从 6m 带宽至 18m 带宽的未分解层所占的比例依次为：35.38%，36.79%，34.76%，29.60%；半分解层所占的比例依次为：64.62%，63.21%，65.24%，70.40%。每条皆伐带未分解层枯落物蓄积量所占比例均小于半分解层的枯落物蓄积量，具体如表 5-1 所示。

表 5-1　白桦低质林带状皆伐枯落物蓄积量

项　目		6m	10m	14m	18m	对照样地
枯落物蓄积量 /（t/hm²）	未分解	b3.11	b3.41	b3.41	a2.01	b3.96
	半分解	b5.68	b5.86	c6.40	a4.78	c6.79
枯落物总蓄积量/（t/hm²）		8.79	9.27	9.81	6.79	10.75

注：同行不同字母表示方差显著（$p<0.05$）。

5.3.1.2 块状皆伐枯落物蓄积量

不同面积块状皆伐区域的枯落物蓄积量方差分析表明：未分解层面积为 10m×10m、20m×20m 和对照样地的蓄积量无显著差异，同时面积为 15m×15m、25m×25m 和 30m×30m 的蓄积量也无显著差异，但前后两者之间有显著差异，并且面积为 5m×5m 的区域与前后两者均有显著差异。半分解面积 5m×5m、15m×15m 的蓄积量无显著差异，同时 10m×10m、20m×20m、25m×25m 和 30m×30m 的蓄积量无显著差异。面积为 5m×5m 处未分解的枯落物蓄积量最大，10m×10m 处半分解的枯落物蓄积量最大，25m×25m 处枯落物总蓄积量最大，达到 5.05t/hm²。从面积为 5m×5m 至面积为 30m×30m 的未分解层所占的比例依次为：71.64%，

36.09%，60.42%，33.81%，47.72%，44.47%；半分解层所占的比例依次为：28.36%，63.91%，39.58%，66.19%，52.28%，55.53%，如表5-2所示。

表5-2　白桦低质林块状皆伐枯落物蓄积量

项　目		5m×5m	10m×10m	15m×15m	20m×20m	25m×25m	30m×30m	对照样地
枯落物蓄积量/（t/hm²）	未分解	c3.36	a1.66	b2.03	a1.42	b2.41	b2.01	a1.54
	半分解	a1.33	b2.94	a1.33	b2.78	b2.64	b2.51	b2.25
枯落物总蓄积量/（t/hm²）		4.69	4.60	3.36	4.20	5.05	4.52	3.79

注：同行不同字母表示方差显著（$p<0.05$）。

5.3.1.3　带状、块状皆伐枯落物蓄积量比较

对这两种不同的皆伐方式的枯落物（总）蓄积量做方差分析可知：未分解层带状皆伐与块状皆伐的枯落物蓄积量差异不显著，而半分解层带状皆伐与块状皆伐的枯落物蓄积量有显著差异。未分解枯落物蓄积量排序：带状皆伐＞块状皆伐；半分解枯落物蓄积量排序：带状皆伐＞块状皆伐；总枯落物蓄积量排序：带状皆伐＞块状皆伐。这说明带状皆伐改造低质林的方式枯落物蓄积量最大，具体如表5-3所示。

表5-3　白桦低质林带状、块状皆伐枯落物蓄积量比较

项　目		带状皆伐	块状皆伐
枯落物蓄积量/（t/hm²）	未分解	a2.99	a2.15
	半分解	a5.68	b2.26
枯落物总蓄积量/（t/hm²）		a8.67	b4.41

注：同行不同字母表示方差显著（$p<0.05$）。

5.3.1.4　带状皆伐枯落物最大持水量及最大持水率

带状皆伐不同带宽的枯落物持水量及最大持水率方差分析表明：未分解层各个带宽之间的枯落物最大持水量均具有明显差异。10m、14m、18m处的枯落物最大持水率无显著差异，与6m处有显著差异。半分解层6m、10m和对照样地的枯落物最大持水量无显著差异，同时又与14m和18m处有显著差异，但带宽为14m和18m之间的枯落物最大持水量有显著差异。6m、18m之间的最大持水率无显著差异，其与10m、14m处有显著差异，但10m和14m之间有显著差异。未分解带宽10m处的枯落物持水量最大，18m处枯落物持水率最大。半分解枯落物带宽14m处枯落物持水量最大，10m处枯落物持水率最大。14m处枯落物总持水量最大，达到44.88t/hm²，10m处枯落物总持水率最大，达到1000.53t/hm²。从6m带宽至18m带宽的未分解层所占的比例依次为：38.32%，35.15%，26.60%，33.18%；半分解层所占的比例依次为：61.68%，64.85%，73.40%，66.82%。每条皆伐带未分

解层枯落物持水量所占比例均小于半分解层的枯落物持水量，具体如表 5-4 所示。

表 5-4　白桦低质林带状皆伐枯落物持水量及持水率

项　目		6m	10m	14m	18m	对照样地
最大持水量/(t/hm²)	未分解	bc12.56	c13.28	b11.94	a8.72	c13.08
	半分解	b20.22	b24.50	c32.94	a17.56	b21.92
最大持水率/%	未分解	ab354.65	b448.20	b401.77	b464.42	a290.56
	半分解	a300.18	b552.33	ab445.35	a336.00	a295.93

注：同行不同字母表示方差显著（$p<0.05$）。

5.3.1.5　块状皆伐枯落物持水量及持水率

不同面积块状皆伐区域的枯落物持水量及最大持水率方差分析表明：未分解层面积为 5m×5m、15m×15m 的枯落物最大持水无显著差异，同时面积为 10m×10m、30m×30m 处的枯落物最大持水量无显著差异，20m×20m、25m×25m 的枯落物最大持水量也无显著差异，这三者之间差异显著。15m×15m、25m×25m 处的枯落物最大持水率无显著差异，这两个区域与其他不同面积区域的枯落物最大持水率均有显著差异。半分解面积 10m×10m、20m×20m 处的枯落物最大持水量无显著差异，这两个区域与其他不同面积区域的枯落物最大持水量均有显著差异。10m×10m、20m×20m 处的最大持水率无显著差异，5m×5m、15m×15m 处的枯落物最大持水率无显著差异，25m×25m、30m×30m 处的枯落物最大持水率也无显著差异，但这三者之间差异显著。未分解面积为 20m×20m 处的枯落物最大持水量最大，30m×30m 处的最大持水率最大。半分解面积为 10m×10m 和 20m×20m 处的枯落物最大持水量最大，30m×30m 处的枯落物最大持水率最大。20m×20m 处枯落物总持水量最大，达到 17.00t/hm²，30m×30m 处的枯落物总持水率最大，达到 1057.02t/hm²。从 5m×5m 面积至 30m×30m 面积的未分解层所占的比例依次为：52.38%，39.55%，43.41%，46.06%，48.28%，43.33%；半分解层所占的比例依次为：47.62%，60.45%，56.59%，53.94%，51.72%，56.67%，具体如表 5-5 所示。

表 5-5　白桦低质林块状皆伐枯落物持水量及持水率

项　目		5m×5m	10m×10m	15m×15m	20m×20m	25m×25m	30m×30m	对照样地
最大持水量/(t/hm²)	未分解	a5.50	b6.00	a5.50	c7.83	c7.00	b6.50	c7.83
	半分解	a5.00	d9.17	c7.67	d9.17	c7.50	cd8.50	b6.67
最大持水率/%	未分解	a93.14	c491.07	b218.60	bc361.13	b252.10	d553.59	d594.59
	半分解	b255.97	a180.33	b276.61	a159.56	c428.98	c434.78	c462.43

注：同行不同字母表示方差显著（$p<0.05$）。

5.3.1.6　带状、块状皆伐枯落物持水量及持水率比较

对这两种不同的皆伐方式的枯落物最大持水量及持水率做方差分析可知：未分解层带状皆伐与块状皆伐的枯落物最大持水量及持水率差异很显著，同时半分解层带状皆伐与块状皆伐的枯落物最大持水量及最大持水率差异也很显著。未分解枯落物持水量及最大持水率排序：带状皆伐＞块状皆伐；半分解枯落物持水量及最大持水率排序：带状皆伐＞块状皆伐；总枯落物持水量及最大持水率排序：带状皆伐＞块状皆伐。这说明带状皆伐改造低质林的方式枯落物持水量及最大持水率最大，具体如表 5-6 所示。

表 5-6　白桦低质林带状、块状皆伐枯落物持水量及持水率比较

项　目		带状皆伐	块状皆伐
最大持水量/（t/hm²）	未分解	b11.63	a6.39
	半分解	b23.81	a7.84
最大持水率/%	未分解	b417.26	a328.27
	半分解	b408.47	a289.37

注：同行不同字母表示方差显著（$p<0.05$）。

5.3.1.7　带状皆伐枯落物有效拦蓄量（深）

带状皆伐不同带宽的枯落物有效拦蓄量（深）方差分析表明：未分解层 10m、18m 带宽处的枯落物有效拦蓄量（深）无显著差异，同时与 6m、14m 处三者间具有明显差异。半分解层 6m、18m 处的枯落物有效拦蓄量（深）无显著差异，同时 10m、14m 处的枯落物有效拦蓄量（深）也无显著差异，但前后两者有显著差异。带宽 14m 处未分解枯落物有效拦蓄量最大，10m 处半分解枯落物有效拦蓄量最大，10m 处枯落物的总有效拦蓄量最大，达到 32.78t/hm²。从 6m 带宽至 18m 带宽的未分解层所占的比例依次为：23.24%，22.69%，32.80%，21.27%；半分解层所占的比例依次为：76.76%，77.31%，67.20%，78.73%。每条皆伐带未分解层枯落物有效拦蓄量（深）所占比例均小于半分解层的枯落物有效拦蓄量（深），具体如表 5-7 所示。

表 5-7　白桦低质林带状皆伐枯落物有效拦蓄量（深）

枯落物层	带宽/m	蓄积量 /（t/hm²）	最大持水率 /%	自然持水率 /%	有效拦蓄量 /（t/hm²）	有效拦蓄深 /mm
未分解	6	3.11	354.65	44.61	ab8.00	0.80
	10	2.48	448.20	66.53	a7.81	0.78
	14	3.41	401.77	10.80	b11.29	1.13
	18	2.02	464.42	31.38	a7.32	0.73
对照样地		3.96	290.56	58.00	a7.49	0.75

续表

枯落物层	带宽/m	蓄积量 / (t/hm²)	最大持水率 /%	自然持水率 /%	有效拦蓄量 / (t/hm²)	有效拦蓄深 /mm
半分解	6	5.68	300.18	75.68	a10.19	1.02
	10	5.86	552.33	43.51	b24.97	2.50
	14	6.40	445.35	64.68	b20.08	2.01
	18	4.78	336.00	55.16	a11.01	1.10
对照样地		6.79	295.93	57.96	a13.15	1.32

注：同列不同字母表示方差显著（$p < 0.05$）。

5.3.1.8　块状皆伐枯落物有效拦蓄量（深）

不同面积块状皆伐区域的枯落物有效拦蓄量（深）方差分析表明：未分解层面积为 5m×5m、25m×25m 的有效拦蓄量（深）无显著差异，其与 10m×10m、15m×15m、20m×20m、30m×30m 处的有效拦蓄量（深）有显著差异。半分解面积 10m×10m、15m×15m 的有效拦蓄量（深）无显著差异，5m×5m、20m×20m 的有效拦蓄量（深）无显著差异，25m×25m 和 30m×30m 的有效拦蓄量（深）无显著差异，但这三者之间有显著差异。面积为 30m×30m 处未分解的枯落物有效拦蓄量（深）最大，25m×25m 处半分解的枯落物有效拦蓄量（深）最大，30m×30m 处枯落物总有效拦蓄量（深）最大，达到 17.59t/hm²。从 5m×5m 面积至 30m×30m 面积的未分解层所占的比例依次为：13.46%，27.16%，1.19%，6.57%，15.80%，35.83%；半分解层所占的比例依次为：86.54%，72.84%，98.81%，93.43%，84.20%，64.17%，具体如表 5-8 所示。

表 5-8　白桦低质林块状皆伐枯落物有效拦蓄量（深）

枯落物层	面积/m²	蓄积量 / (t/hm²)	最大持水率 /%	自然持水率 /%	有效拦蓄量 / (t/hm²)	有效拦蓄深 /mm
未分解	5×5	3.36	93.14	180.32	b3.40	0.34
	10×10	1.66	491.07	4.08	c6.86	0.69
	15×15	2.03	218.60	200.87	a0.30	0.03
	20×20	1.42	361.13	189.74	ab1.66	0.17
	25×25	2.41	252.10	48.59	b3.99	0.40
	30×30	2.01	553.59	20.61	d9.05	0.91
对照样地		3.96	290.56	58.00	cd7.49	0.73
半分解	5×5	1.33	255.97	133.19	b1.12	0.11
	10×10	2.94	180.33	172.93	a0.58	0.06
	15×15	1.33	276.61	188.52	a0.62	0.06
	20×20	2.78	159.56	188.62	b1.47	0.15
	25×25	2.64	428.98	15.20	c9.24	0.92
	30×30	2.51	434.78	29.63	c8.54	0.85
对照样地		2.25	462.43	17.06	c8.47	0.85

注：同列不同字母表示方差显著（$p < 0.05$）。

5.3.1.9 带状、块状皆伐枯落物有效拦蓄量（深）比较

对这两种不同的皆伐方式的枯落物有效拦蓄量（深）做方差分析可知：未分解层带状皆伐与块状皆伐的枯落物有效拦蓄量（深）差异很显著，同时半分解层带状皆伐与块状皆伐的枯落物有效拦蓄量（深）差异也很显著。未分解枯落物有效拦蓄量（深）排序：带状皆伐＞块状皆伐；半分解枯落物有效拦蓄量（深）排序：带状皆伐＞块状皆伐；总枯落物有效拦蓄量（深）排序：带状皆伐＞块状皆伐。这说明带状皆伐改造低质林的方式枯落物有效拦蓄量（深）最大，具体如表5-9所示。

表 5-9　白桦低质林带状、块状皆伐枯落物有效拦蓄量比较

项　目		蓄积量 /（t/hm²)	最大持水率 /%	自然持水率 /%	有效拦蓄量 /（t/hm²)	有效拦蓄深 /mm
带状皆伐	未分解	2.76	417.26	38.33	a8.61	0.86
	半分解	5.68	408.47	59.76	b16.56	1.66
块状皆伐	未分解	2.15	328.27	107.37	a4.21	0.42
	半分解	2.26	289.37	121.35	b3.60	0.36

5.3.2　阔叶混交低质林枯落物层水文生态功能

5.3.2.1　带状皆伐枯落物蓄积量

带状皆伐不同带宽的枯落物蓄积量方差分析表明：未分解层 6m、10m 带宽处的枯落物蓄积量无明显差异，但其与 14m、18m 处三者之间均有显著差异。未分解层 6m、14m 带宽处的枯落物蓄积量无明显差异，但其与 10m、18m 处三者之间均有显著差异。14 m 带宽处未分解枯落物蓄积量最大，14m 带宽处半分解枯落物蓄积量最大，14m 带宽处总的枯落物蓄积量最大，达到 8.93t/hm²。从 6m 带宽至 18m 带宽的未分解层所占的比例依次为：33.04%，44.01%，35.61%，41.19%；半分解层所占的比例依次为：66.96%，55.99%，64.39%，58.81%。每条皆伐带未分解层枯落物蓄积量所占比例均小于半分解层的枯落物蓄积量，具体如表 5-10 所示。

表 5-10　阔叶混交低质林带状皆伐枯落物蓄积量

项　目		6m	10m	14m	18m	对照样地
枯落物蓄积量/（t/hm²)	未分解	b2.65	b2.72	c3.18	a2.08	a2.09
	半分解	b5.37	ab3.46	b5.75	a2.97	a3.03
枯落物总蓄积量/（t/hm²)		8.02	6.18	8.93	5.05	5.12

注：同行不同字母表示方差显著（$p < 0.05$）。

5.3.2.2 块状皆伐枯落物蓄积量

阔叶混交低质林块状皆伐枯落物蓄积量，具体如表 5-11 所示。

表 5-11 阔叶混交低质林块状皆伐枯落物蓄积量

项 目		5m×5m	10m×10m	15m×15m	20m×20m	25m×25m	30m×30m	对照样地
枯落物蓄积量 /（t/hm²）	未分解	a2.03	a2.45	a2.13	b4.01	a2.62	ab3.38	b4.22
	半分解	a3.50	c7.08	c8.20	b4.74	a3.72	a4.04	b5.06
枯落物总蓄积量/（t/hm²）		5.53	9.53	10.33	8.75	6.34	7.42	9.28

注：同行不同字母表示方差显著（$p<0.05$）。

5.3.2.3 带状、块状皆伐枯落物蓄积量比较

对这两种不同的皆伐方式的枯落物（总）蓄积量做方差分析可知：未分解层带状皆伐与块状皆伐的枯落物蓄积量差异不显著，同样半分解层带状皆伐与块状皆伐的枯落物蓄积量也无显著差异。未分解枯落物蓄积量排序：带状皆伐＜块状皆伐；半分解枯落物蓄积量排序：带状皆伐＜块状皆伐；总枯落物蓄积量排序：带状皆伐＜块状皆伐。这说明块状皆伐改造低质林的方式枯落物蓄积量最大，具体如表 5-12 所示。

表 5-12 阔叶混交低质林带状、块状皆伐枯落物蓄积量比较

项 目		带状皆伐	块状皆伐
枯落物蓄积量 /（t/hm²）	未分解	a2.66	a2.77
	半分解	a4.39	a5.21
枯落物总蓄积量/（t/hm²）		a7.05	a7.98

注：同行不同字母表示方差显著（$p<0.05$）。

5.3.2.4 带状皆伐枯落物持水量及持水率

带状皆伐不同带宽的枯落物持水量及持水率方差分析表明：未分解层带宽 10m、18m 处的枯落物最大持水量无显著差异，同时与 6m、14m 处三者之间差异显著。未分解层各带宽的枯落物最大持水率均有显著差异。半分解层带宽 10m、18m 处的枯落物最大持水量无显著差异，同时与 6m、14m 处三者之间差异显著。半分解层各带宽的枯落物最大持水率均有显著差异。未分解带宽 14m 处枯落物持水量最大，6m 处持水率最大。半分解枯落物带宽 14m 处持水量最大，18m 处持水率最大。14m 处枯落物总持水量最大，达到 36.34t/hm²，18m 处枯落物总持水率最大，达到 883.3t/hm²。从 6m 带宽至 18m 带宽的未分解层所占的比例依次为：38.96%，52.85%，44.19%，50.70%；半分解层所占的比例依次为：61.04%，47.15%，55.81%，49.30%，具体如表 5-13 所示。

表 5-13　阔叶混交低质林带状皆伐枯落物持水量及持水率

项　目		6m	10m	14m	18m	对照样地
最大持水量 /（t/hm²）	未分解	a10.78	b12.89	bc16.06	b12.00	c21.50
	半分解	ab16.89	a11.50	b20.28	a11.67	a11.92
最大持水率 /%	未分解	c555.11	ab317.07	a262.29	b456.55	b447.69
	半分解	a157.75	ab278.61	b309.52	c426.75	c405.25

注：同行不同字母表示方差显著（$p < 0.05$）。

5.3.2.5　块状皆伐枯落物持水量及持水率

不同面积块状皆伐区域的枯落物持水量及持水率方差分析表明：未分解层面积为 5m×5m、10m×10m 处的最大持水量无显著差异，同时面积为 20m×20m、30m×30m 处的最大持水量无显著差异，15m×15m、30m×30m 处这四者之间差异显著。20m×20m、25m×25m 处的最大持水量无显著差异，同时 5m×5m、10m×10m、15m×15m 处的最大持水量也无显著差异，但 30m×30m 处的最大持水率与前面两者均分别有显著差异。25m×25m、30m×30m 处的最大持水量无显著差异，5m×5m、15m×15m、20m×20m 处的最大持水量也无显著差异，但 10m×10m 处的最大持水量与前面两者均分别有显著差异。25m×25m、30m×30m 处的最大持水率无显著差异，5m×5m、15m×15m、20m×20m 处的最大持水率无显著差异，而 10m×10m 处的最大持水率与前面两者均分别有显著差异。未分解面积为 25m×25m 处的枯落物最大持水量最大，30m×30m 处的最大持水率最大。半分解面积为 10m×10m 处的枯落物最大持水量最大，5m×5m 处的最大持水率最大。10m×10m 处枯落物总持水量最大，5m×5m 处的枯落物总持水率最大，达到 886.92t/hm²。从面积 5m×5m 至面积 30m×30m 的未分解层所占的比例依次为：36.19%、29.49%、36.75%、46.59%、57.96%、59.13%；半分解层所占的比例依次为：63.81%、70.51%、63.25%、53.41%、42.04%、40.87%。每个不同面积的块状区域半分解层枯落物最大持水率所占比例均小于未分解层的枯落物蓄积量，具体如表 5-14 所示。

表 5-14　阔叶混交低质林块状皆伐枯落物持水量及持水率

项　目		5m×5m	10m×10m	15m×15m	20m×20m	25m×25m	30m×30m	对照样地
最大持水量 /（t/hm²）	未分解	a9.83	a9.83	ab10.17	b14.83	c17.00	b15.67	c19.33
	半分解	b17.33	c23.50	b17.50	b17.00	a12.33	a10.83	c23.33
最大持水率 /%	未分解	b499.15	b499.15	b465.65	a313.49	a324.84	c532.28	a371.32
	半分解	c387.77	b231.83	a171.85	b210.79	b280.30	a193.91	b236.33

注：同行不同字母表示方差显著（$p < 0.05$）。

5.3.2.6 带状、块状皆伐枯落物持水量比较

对这两种不同的皆伐方式的枯落物最大持水量及持水率做方差分析可知：未分解层带状皆伐与块状皆伐的枯落物最大持水量及持水率均无显著差异，同时半分解层带状皆伐与块状皆伐的枯落物最大持水量及持水率差异也无显著差异。未分解枯落物持水量排序：带状皆伐＞块状皆伐，持水率排序：带状皆伐＜块状皆伐；半分解枯落物持水量排序：带状皆伐＜块状皆伐，持水率排序：带状皆伐＞块状皆伐；总枯落物持水量排序：带状皆伐＜块状皆伐，总枯落物持水率排序：带状皆伐＞块状皆伐。这说明块状皆伐改造低质林的方式枯落物持水量最大，带状皆伐改造低质林的方式枯落物持水率最大，具体如表5-15所示。

表5-15 阔叶混交低质林带状、块状皆伐枯落物持水量及持水率比较

项目		带状皆伐	块状皆伐
最大持水量/（t/hm²）	未分解	a12.93	a12.89
	半分解	a15.09	a16.42
最大持水率/%	未分解	a397.76	a439.09
	半分解	a293.16	a246.08

注：同行不同字母表示方差显著（$p < 0.05$）。

5.3.2.7 带状皆伐枯落物有效拦蓄量（深）

带状皆伐不同带宽的枯落物有效拦蓄量（深）方差分析表明：未分解层10m、18m带宽处的枯落物有效拦蓄量（深）无显著差异，同时与6m、14m处三者间具有明显差异。半分解层各带宽处的枯落物有效拦蓄量（深）均有显著差异。带宽6m处未分解枯落物有效拦蓄量最大，14m处半分解枯落物有效拦蓄量最大，14m处枯落物的总有效拦蓄量最大，达到14.30t/hm²。从6m带宽至18m带宽的未分解层所占的比例依次为：44.22%，18.63%，12.21%，24.94%；半分解层所占的比例依次为：55.78%，81.37%，87.79%，75.06%，具体如表5-16所示。

表5-16 阔叶混交低质林带状皆伐枯落物有效拦蓄量（深）

枯落物层	带宽/m	蓄积量/（t/hm²）	最大持水率/%	自然持水率/%	有效拦蓄量/（t/hm²）	有效拦蓄深/mm
未分解	6	2.65	555.11	13.42	c12.13	1.21
	10	2.72	317.07	81.30	b5.11	0.51
	14	3.18	262.29	117.69	a3.35	0.34
	18	2.08	456.55	59.97	b6.84	0.68
对照样地		2.10	447.69	279.54	a2.11	0.21
半分解	6	5.37	157.75	171.52	a2.01	0.20
	10	3.46	278.61	118.05	ab4.11	0.41
	14	5.75	309.52	72.74	c10.95	1.10
	18	2.97	426.75	67.89	b8.74	0.87
对照样地		3.03	405.25	78.45	b8.06	0.81

注：同列不同字母表示方差显著（$p < 0.05$）。

5.3.2.8　块状皆伐枯落物有效拦蓄量（深）

不同面积块状皆伐区域的枯落物有效拦蓄量（深）方差分析表明：未分解层面积为 5m×5m、10m×10m、15m×15m、20m×20m 的有效拦蓄量（深）无显著差异，其与面积为 25m×25m、30m×30m 这三者的有效拦蓄量（深）有显著差异。半分解面积为 20m×20m、30m×30m 的有效拦蓄量（深）无显著差异，面积为 10m×10m 和 15m×15m 的有效拦蓄量（深）也无显著差异，但面积为 5m×5m 的有效拦蓄量（深）与前面两者有显著差异。面积为 30m×30m 处未分解的枯落物有效拦蓄量（深）最大，面积为 25m×25m 处半分解的枯落物有效拦蓄量（深）最大，面积为 5m×5m 处枯落物总有效拦蓄量（深）最大，达到 17.39t/hm²。从 5m×5m 面积至 30m×30m 面积的未分解层所占的比例依次为：15.41%，18.60%，14.64%，17.04%，6.37%，27.94%；半分解层所占的比例依次为：84.59%，81.40%，85.36%，82.96%，93.63%，72.06%，具体如表 5-17 所示。

表 5-17　阔叶混交低质林块状皆伐枯落物有效拦蓄量（深）

枯落物层	面积/m²	蓄积量/（t/hm²）	最大持水率/%	自然持水率/%	有效拦蓄量/（t/hm²）	有效拦蓄深/mm
未分解	5×5	2.03	499.15	19.68	b8.23	0.82
	10×10	2.45	499.15	19.69	b9.93	1.00
	15×15	2.13	465.65	28.94	b7.82	0.78
	20×20	4.01	313.49	39.50	b9.10	0.91
	25×25	2.62	324.84	146.13	a3.40	0.34
	30×30	3.38	532.28	11.60	bc14.92	1.49
对照样地		4.22	371.32	43.71	c11.47	1.15
半分解	5×5	3.50	387.77	67.71	c9.16	0.92
	10×10	7.08	231.83	90.79	b7.52	0.75
	15×15	8.20	171.85	59.83	b7.07	0.71
	20×20	4.74	210.79	138.47	a1.93	0.19
	25×25	3.72	280.30	61.22	b6.59	0.66
	30×30	4.04	193.91	135.00	a1.20	0.12
对照样地		2.25	462.43	17.06	c8.47	0.85

注：同列不同字母表示方差显著（$p < 0.05$）。

5.3.2.9　带状、块状皆伐枯落物有效拦蓄量（深）比较

对这两种不同的皆伐方式的枯落物有效拦蓄量（深）做方差分析可知：未分解层带状皆伐与块状皆伐的枯落物有效拦蓄量（深）差异显著，同时半分解层带状皆伐与块状皆伐的枯落物有效拦蓄量（深）差异也很显著。未分解枯落物有效拦蓄量（深）排序：带状皆伐＜块状皆伐；半分解枯落物有效拦蓄量（深）排序：带状皆

伐＞块状皆伐；总枯落物有效拦蓄量（深）排序：带状皆伐＜块状皆伐。这说明块状皆伐改造低质林的方式枯落物有效拦蓄量（深）最大，具体如表5-18所示。

表5-18 阔叶混交次生林带状、块状皆伐枯落物有效拦蓄量（深）比较

项 目		蓄积量 / (t/hm^2)	最大持水率 /%	自然持水率 /%	有效拦蓄量 / (t/hm^2)	有效拦蓄深 /mm
带状皆伐	未分解	2.66	397.76	68.10	a6.86	0.69
	半分解	4.39	293.16	107.55	a6.45	0.65
块状皆伐	未分解	2.77	439.09	44.26	b8.90	0.89
	半分解	5.21	5.21	246.08	b5.58	0.56

注：同列不同字母表示方差显著（$p<0.05$）。

5.3.3 白桦低质林枯落物层持水特性曲线

5.3.3.1 带状皆伐枯落物持水量与时间的函数关系曲线

图 5-1 表示白桦低质林带状皆伐未分解枯落物持水量与时间的关系，满足函数式：$Y=1.1591\mathrm{Ln}(t)+19.75$，相关系数 $R^2=0.9445$。

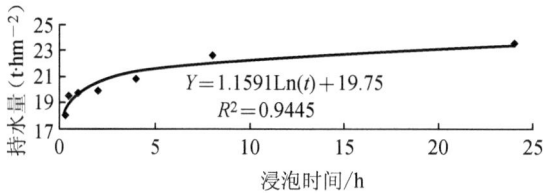

图 5-1 带状皆伐未分解枯落物持水量

图 5-2 表示白桦低质林带状皆伐未分解对照样地枯落物持水量与时间的关系，满足函数式：$Y=1.7519\mathrm{Ln}(t)+25.77$，相关系数 $R^2=0.9851$。

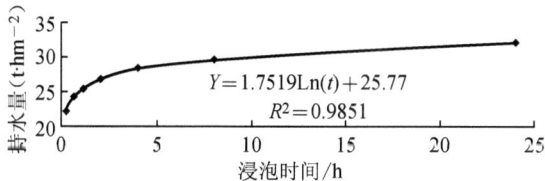

图 5-2 对照地未分解枯落物持水量

图 5-3 表示白桦低质林带状皆伐半分解枯落物持水量与时间的关系，满足函数式：$Y=0.7453\mathrm{Ln}(t)+15.667$，相关系数 $R^2=0.9539$。

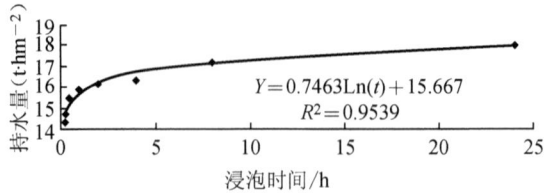

图 5-3　带状皆伐半分解枯落物持水量

图 5-4 表示白桦低质林带状皆伐半分解对照样地枯落物持水量与时间的关系，满足函数式：$Y=2.123\mathrm{Ln}(t)+22.901$，相关系数 $R^2=0.9558$。

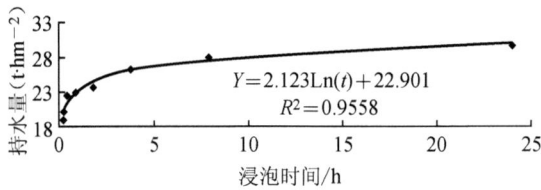

图 5-4　对照地半分解枯落物持水量

5.3.3.2　块状皆伐枯落物持水量与时间的函数关系曲线

图 5-5 表示白桦低质林块状皆伐未分解枯落物持水量与时间的关系，满足函数式：$Y=0.6094\mathrm{Ln}(t)+7.6662$，相关系数 $R^2=0.9625$。

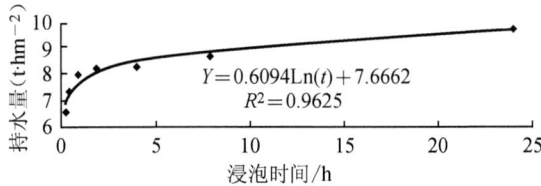

图 5-5　块状皆伐未分解枯落物持水量

图 5-6 表示白桦低质林块状皆伐半分解对照样地枯落物持水量与时间的关系，满足函数式 $Y=0.6705\mathrm{Ln}(t)+4.3024$，相关系数 $R^2=0.9606$。

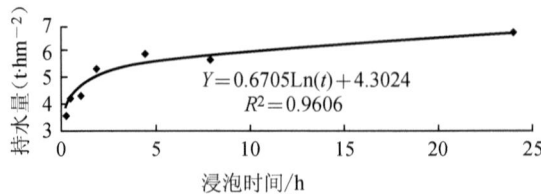

图 5-6　对照地未分解枯落物持水量

图 5-7 表示白桦低质林块状皆伐半分解枯落物持水量与时间的关系，满足函数式：$Y=0.5353\mathrm{Ln}(t)+9.0812$，相关系数 $R^2=0.9508$。

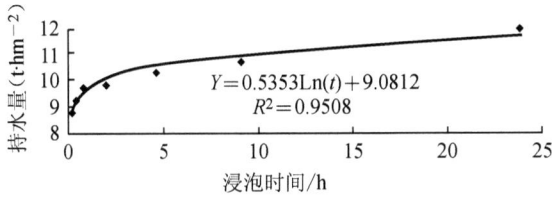

图 5-7 块状皆伐半分解枯落物持水量

图 5-8 表示白桦低质林块状皆伐半分解对照样地枯落物持水量与时间的关系，满足函数式：$Y=0.605\mathrm{Ln}(t)+5.9397$，相关系数 $R^2=0.9092$。

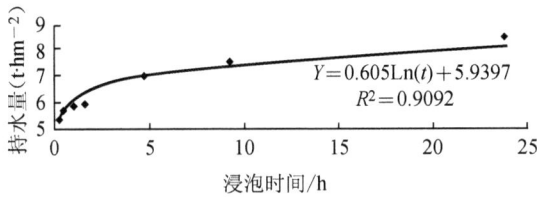

图 5-8 对照地半分解枯落物持水量

5.3.3.3 带状皆伐枯落物吸水速率与时间的函数关系曲线

图 5-9 表示白桦低质林带状皆伐未分解枯落物吸水速率与时间的关系，满足函数式：$Y=12.344t^{-0.9421}$，相关系数 $R^2=0.9997$。

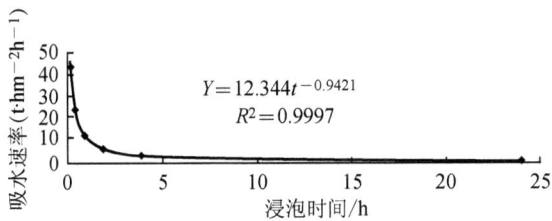

图 5-9 带状皆伐未分解枯落物吸水速率

图 5-10 表示白桦低质林带状皆伐未分解对照样地枯落物吸水速率与时间的关系，满足函数式：$Y=15.639t^{-0.9421}$，相关系数 $R^2=0.9999$。

图 5-11 表示白桦低质林带状皆伐半分解枯落物吸水速率与时间的关系，满足函数式：$Y=25.675t^{-0.935}$，相关系数 $R^2=0.9999$。

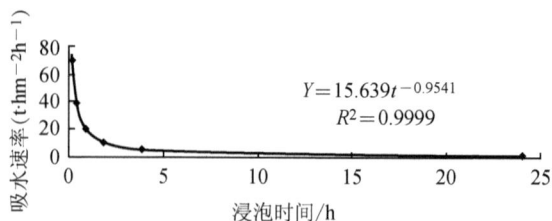

图 5-10 对照地未分解枯落物吸水速率

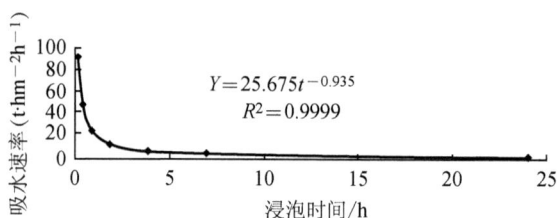

图 5-11 带状皆伐半分解枯落物吸水速率

图 5-12 表示白桦低质林带状皆伐未分解对照样地枯落物吸水速率与时间的关系，满足函数式：$Y=22.738t^{-0.9125}$，相关系数 $R^2=0.9999$。

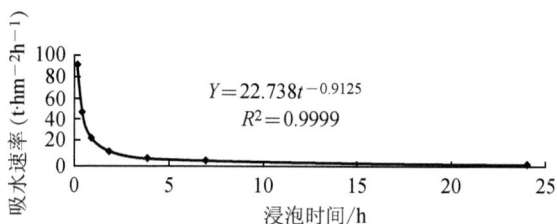

图 5-12 对照地半分解枯落物吸水速率

5.3.3.4 块状皆伐枯落物吸水速率与时间的函数关系曲线

图 5-13 表示白桦低质林块状皆伐未分解枯落物吸水速率与时间的关系，满足函数式：$Y=7.6244t^{-0.9242}$，相关系数 $R^2=0.9996$。

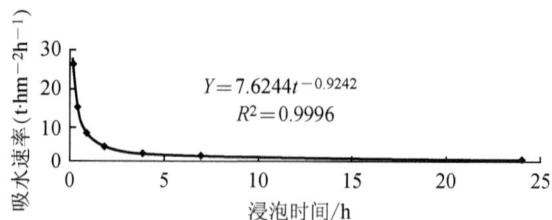

图 5-13 块状皆伐未分解枯落物吸水速率

图 5-14 表示白桦低质林块状皆伐未分解对照样地枯落物吸水速率与时间的关系，满足函数式：$Y=4.2184t^{-0.8571}$，相关系数 $R^2=0.9983$。

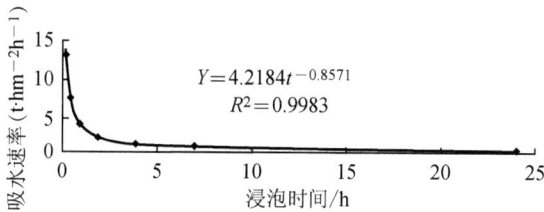

图 5-14　对照地未分解枯落物吸水速率

图 5-15 表示白桦低质林块状皆伐半分解枯落物吸水速率与时间的关系，满足函数式：$Y=9.0637t^{-0.9445}$，相关系数 $R^2=0.9999$。

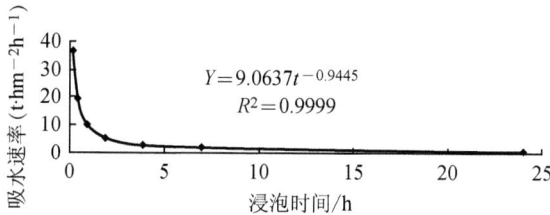

图 5-15　块状皆伐半分解枯落物吸水速率

图 5-16 表示白桦低质林块状皆伐半分解对照样地枯落物吸水速率与时间的关系，满足函数式：$Y=5.9078t^{-0.9083}$，相关系数 $R^2=0.9991$。

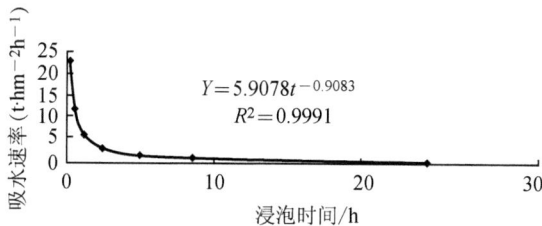

图 5-16　对照地半分解枯落物吸水速率

5.3.4　阔叶混交低质林枯落物层持水特性曲线

5.3.4.1　带状皆伐枯落物持水量与时间的函数关系曲线

图 5-17 表示阔叶混交低质林带状皆伐未分解枯落物持水量与时间的关系，满足函数式：$Y=0.6632\text{Ln}(t)+14.472$，相关系数 $R^2=0.9707$。

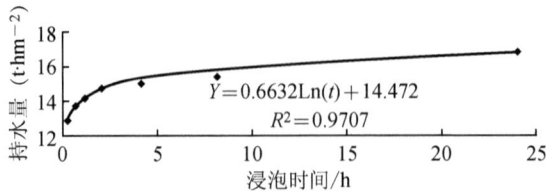

图 5-17　带状皆伐未分解枯落物持水量

图 5-18 表示阔叶混交低质林带状皆伐未分解对照样地枯落物持水量与时间的关系，满足函数式：$Y = 1.675\mathrm{Ln}(t) + 23.191$，相关系数 $R^2 = 0.9202$。

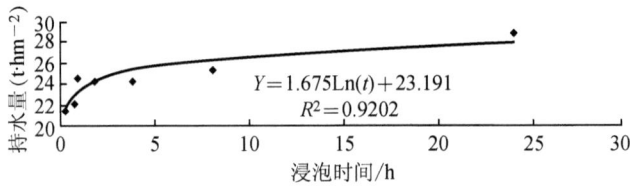

图 5-18　对照地未分解枯落物持水量

图 5-19 表示阔叶混交低质林带状皆伐半分解枯落物持水量与时间的关系，满足函数式：$Y = 1.1329\mathrm{Ln}(t) + 18.919$，相关系数 $R^2 = 0.9788$。

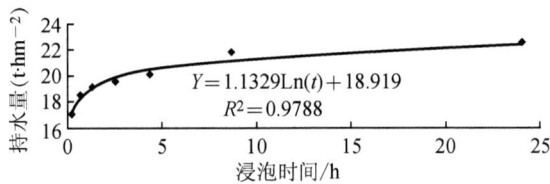

图 5-19　带状皆伐半分解枯落物持水量

图 5-20 表示阔叶混交低质林带状皆伐半分解对照样地枯落物持水量与时间的关系，满足函数式：$Y = 0.9402\mathrm{Ln}(t) + 12.195$，相关系数 $R^2 = 0.9582$。

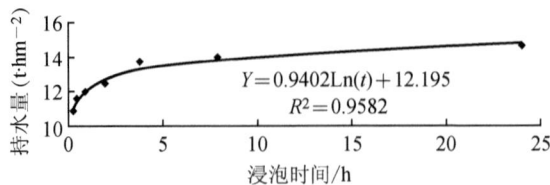

图 5-20　对照地半分解枯落物持水量

5.3.4.2 块状皆伐枯落物持水量与时间的函数关系曲线

图 5-21 表示阔叶混交低质林块状皆伐未分解枯落物持水量与时间的关系，满足函数式：$Y = 0.6447 \mathrm{Ln}(t) + 14.168$，相关系数 $R^2 = 0.9667$。

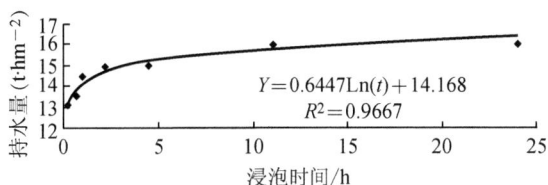

图 5-21 块状皆伐未分解枯落物持水量

图 5-22 表示阔叶混交低质林块状皆伐未分解对照样地枯落物持水量与时间的关系，满足函数式：$Y = 19.749 t^{0.0757}$，相关系数 $R^2 = 0.9567$。

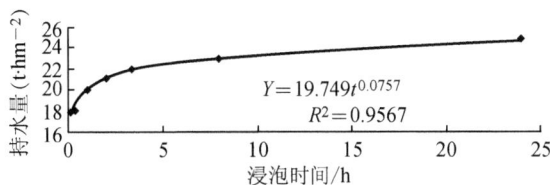

图 5-22 对照地未分解枯落物持水量

图 5-23 表示阔叶混交低质林块状皆伐半分解枯落物持水量与时间的关系，满足函数式：$Y = 1.159 \mathrm{Ln}(t) + 19.75$，相关系数 $R^2 = 0.9445$。

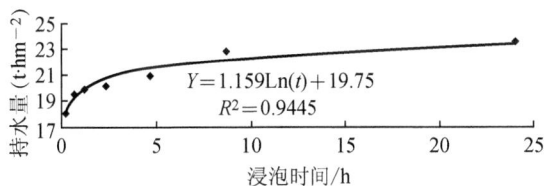

图 5-23 块状皆伐半分解枯落物持水量

图 5-24 表示阔叶混交低质林块状皆伐半分解对照样地枯落物持水量与时间的关系，满足函数式：$Y - 3.1955 \mathrm{Ln}(t) + 23.497$，相关系数 $R^2 = 0.8724$。

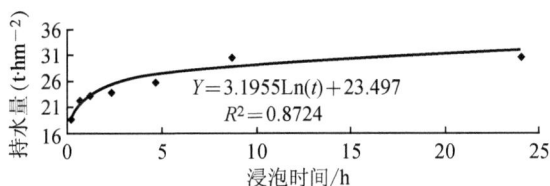

图 5-24 对照地半分解枯落物持水量

5.3.4.3 带状皆伐枯落物吸水速率与时间的函数关系曲线

图 5-25 表示阔叶混交低质林带状皆伐未分解枯落物吸水速率与时间的关系，满足函数式：$Y=14.451t^{-0.9559}$，相关系数 $R^2=0.9999$。

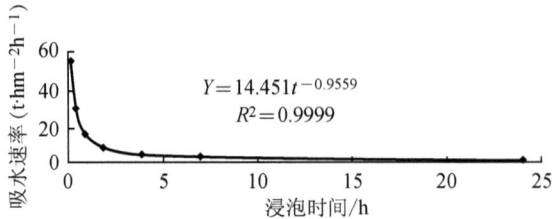

图 5-25　带状皆伐未分解枯落物吸水速率

图 5-26 表示阔叶混交低质林带状皆伐未分解对照样地枯落物吸水速率与时间的关系，满足函数式：$Y=23.094t^{-0.9315}$，相关系数 $R^2=0.9995$。

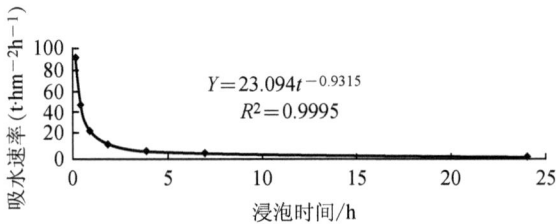

图 5-26　对照地未分解枯落物吸水速率

图 5-27 表示阔叶混交低质林带状皆伐半分解枯落物吸水速率与时间的关系，满足函数式：$Y=18.872t^{-0.943}$，相关系数 $R^2=0.9999$。

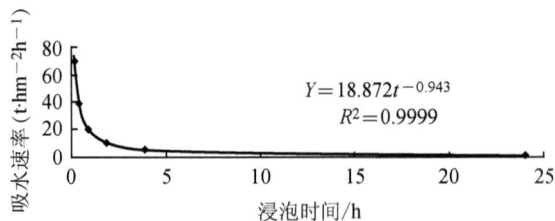

图 5-27　带状皆伐半分解枯落物吸水速率

图 5-28 表示阔叶混交低质林带状皆伐半分解对照样地枯落物吸水速率与时间的关系，满足函数式：$Y=12.13t^{-0.9262}$，相关系数 $R^2=0.9996$。

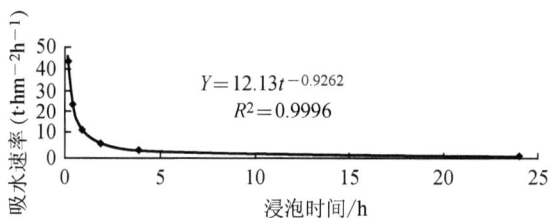

图 5-28 对照地半分解枯落物吸水速率

5.3.4.4 块状皆伐枯落物吸水速率与时间的函数关系曲线

图 5-29 表示阔叶混交低质林块状皆伐未分解枯落物吸水速率与时间的关系，满足函数式：$Y=14.142t^{-0.9558}$，相关系数 $R^2=0.9999$。

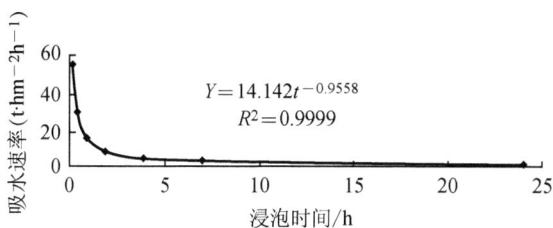

图 5-29 块状皆伐未分解枯落物吸水速率

图 5-30 表示阔叶混交低质林块状皆伐未分解对照样地枯落物吸水速率与时间的关系，满足函数式：$Y=19.749t^{-0.9243}$，相关系数 $R^2=0.9997$。

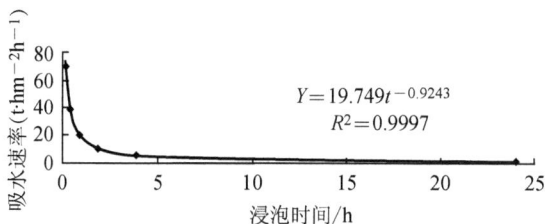

图 5-30 对照地未分解枯落物吸水速率

图 5-31 表示阔叶混交低质林块状皆伐半分解枯落物吸水速率与时间的关系，满足函数式：$Y=19\,704t^{-0.9443}$，相关系数 $R^2=0.9998$。

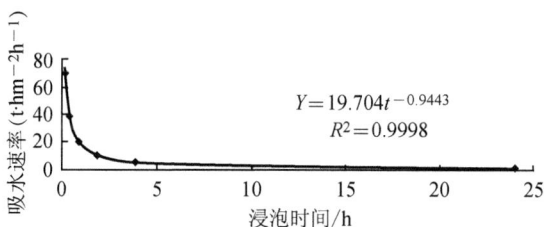

图 5-31 块状皆伐半分解枯落物吸水速率

图 5-32 表示阔叶混交低质林块状皆伐半分解对照样地枯落物吸水速率与时间的关系，满足函数式：$Y=23.086t^{-0.8736}$，相关系数 $R^2=0.9962$。

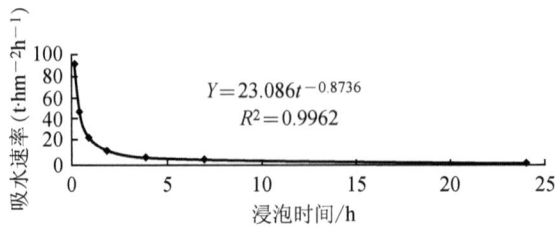

图 5-32　对照地半分解枯落物吸水速率

5.3.5　两种低质林分改造后枯落物水文生态功能

白桦低质林带宽为 6～18m 的皆伐带未分解层枯落物蓄积量所占比例均小于半分解层的枯落物蓄积量，说明在人类采伐干扰后，林地地表裸露面积增大，所以光照强度增加，加速了未分解层枯落物的分解，导致半分解层枯落物数量的增加。而面积为 5m×5m～30m×30m 的块状区域未分解层枯落物蓄积量所占比例也是均小于半分解层的枯落物蓄积量。未分解枯落物蓄积量排序：带状皆伐＞块状皆伐；半分解枯落物蓄积量排序：带状皆伐＞块状皆伐；总枯落物蓄积量排序：带状皆伐＞块状皆伐。这说明带状皆伐改造低质林的方式枯落物蓄积量最大。

阔叶混交低质林带宽为 6～18m 的皆伐带未分解层枯落物蓄积量所占比例均小于半分解层的枯落物蓄积量，原因同白桦萌生低质林。而面积为 5m×5m～30m×30m 的块状区域未分解层枯落物蓄积量所占比例也是均小于半分解层的枯落物蓄积量。未分解枯落物蓄积量排序：带状皆伐＜块状皆伐；半分解枯落物蓄积量排序：带状皆伐＜块状皆伐；总枯落物蓄积量排序：带状皆伐＜块状皆伐。这说明块状皆伐改造低质林的方式枯落物蓄积量最大。

白桦低质林未分解枯落物持水量及持水率排序：带状皆伐＞块状皆伐；半分解枯落物持水量及持水率排序：带状皆伐＞块状皆伐；总枯落物持水量及持水率排序：带状皆伐＞块状皆伐，这说明带状皆伐改造低质林的方式枯落物持水量及持水率最大，说明枯落物的持水量与其分解程度有很大的关系。各枯落物层的持水能力由枯落物蓄积量和持水性能共同决定，枯落物吸收的水分与枯落物干重的比值越大，枯落物的持水率越大，持水能力就越强。蓄积量越多，持水量越大，则持水能力越强。由于带状皆伐枯落物蓄积量大于块状皆伐，自然带状枯落物持水量也比块状的大。阔叶混交低质林未分解枯落物持水量排序：带状皆伐＞块状皆伐，持水率排序：带状皆伐＜块状皆伐；半分解枯落物持水量排序：带状皆伐＜块状皆伐，持水率排序：带状皆伐＞块状皆伐；总枯落物持水量排序：带状皆伐＜块状皆伐，总枯落物持水率排序：带状皆伐＞块状皆伐。这说明块状皆伐改造低质林的方式枯落物持水量最大，带状皆伐改造低质林的方式枯落物持水率最大。

白桦低质林未分解枯落物有效拦蓄量（深）排序：带状皆伐＞块状皆伐；半分解枯落物有效拦蓄量（深）排序：带状皆伐＞块状皆伐；总枯落物有效拦蓄量（深）排序：带状皆伐＞块状皆伐，这说明带状皆伐改造低质林的方式枯落物有效拦蓄量（深）最大。阔叶混交低质林未分解枯落物有效拦蓄量（深）排序：带状皆伐＜块状皆伐；半分解枯落物有效拦蓄量（深）排序：带状皆伐＞块状皆伐；总枯落物有效拦蓄量（深）排序：带状皆伐＜块状皆伐，这说明块状皆伐改造低质林的方式枯落物有效拦蓄量（深）最大。

白桦低质林带状皆伐未分解枯落物持水量与时间的关系，满足函数式：
$Y=1.1591\mathrm{Ln}(t)+19.75$，相关系数 $R^2=0.9445$。

白桦低质林带状皆伐半分解枯落物持水量与时间的关系，满足函数式：
$Y=0.7453\mathrm{Ln}(t)+15.667$，相关系数 $R^2=0.9539$。

白桦低质林块状皆伐未分解枯落物持水量与时间的关系，满足函数式：
$Y=0.6094\mathrm{Ln}(t)+7.6662$，相关系数 $R^2=0.9625$。

白桦低质林块状皆伐半分解枯落物持水量与时间的关系，满足函数式：
$Y=0.5353\mathrm{Ln}(t)+9.0812$，相关系数 $R^2=0.9508$。

阔叶混交低质林带状皆伐未分解枯落物持水量与时间的关系，满足函数式：
$Y=0.6632\mathrm{Ln}(t)+14.472$，相关系数 $R^2=0.9707$。

阔叶混交低质林带状皆伐半分解枯落物持水量与时间的关系，满足函数式：
$Y=1.1329\mathrm{Ln}(t)+18.919$，相关系数 $R^2=0.9788$。

阔叶混交低质林块状皆伐未分解枯落物持水量与时间的关系，满足函数式：
$Y=0.6447\mathrm{Ln}(t)+14.168$，相关系数 $R^2=0.9667$。

阔叶混交低质林块状皆伐半分解枯落物持水量与时间的关系，满足函数式：
$Y=1.159\mathrm{Ln}(t)+19.75$，相关系数 $R^2=0.9445$。

林下枯落物持水量与浸泡时间之间的关系满足如下对数曲线：$Y=m\mathrm{Ln}(t)+n$，其中 Y 为枯落物持水量，m，n 为方程系数，t 为浸泡时间。开始枯落物的吸水量迅速增加，然后吸水量增加的幅度减少，最后吸水达到稳定，吸水量达到饱和，几乎不再变化。两种不同林型不同皆伐方式的枯落物持水量随浸泡时间的变化趋势基本一致。

白桦低质林带状皆伐未分解枯落物吸水速率与时间的关系，满足函数式：
$Y=12.344t^{-0.9421}$，相关系数 $R^2=0.9997$。

白桦低质林带状皆伐半分解枯落物吸水速率与时间的关系，满足函数式：
$Y=25.675t^{-0.935}$，相关系数 $R^2=0.9999$。

白桦低质林块状皆伐未分解枯落物吸水速率与时间的关系，满足函数式：
$Y=7.6244t^{-0.9242}$，相关系数 $R^2=0.9996$。

白桦低质林块状皆伐半分解枯落物吸水速率与时间的关系，满足函数式：

$Y=9.0637t^{-0.9445}$，相关系数 $R^2=0.9999$。

阔叶混交低质林带状皆伐未分解枯落物吸水速率与时间的关系，满足函数式：$Y=14.451t^{-0.9559}$，相关系数 $R^2=0.9999$。

阔叶混交低质林带状皆伐半分解枯落物吸水速率与时间的关系，满足函数式：$Y=18.872t^{-0.943}$，相关系数 $R^2=0.9999$。

阔叶混交低质林块状皆伐未分解枯落物吸水速率与时间的关系，满足函数式：$Y=14.142t^{-0.9558}$，相关系数 $R^2=0.9999$。

阔叶混交低质林块状皆伐半分解枯落物吸水速率与时间的关系，满足函数式：$Y=19.704t^{-0.9443}$，相关系数 $R^2=0.9998$。

林下枯落物吸水速率与浸泡时间之间的关系满足如下乘幂曲线：$Y=at^{-1}$，其中 Y 为枯落物吸水速率，a 为方程系数，t 为浸泡时间。开始枯落物的吸水速率迅速上升，然后枯落物的吸水速率迅速下降，随后比较平稳，吸水速率下降的幅度减少，最后达到吸水速率达到稳定，吸水速率几乎不再变化。两种不同林型不同皆伐方式的枯落物吸水速率随浸泡时间的变化趋势基本一致。

5.4　大兴安岭低质林改造后土壤水文生态功能

土壤的物理性质决定土壤的水源涵养功能。土壤本身比较稀疏，内部分布着大小、体积不同的孔隙，存在于毛管孔隙中的水分能被植物吸收。孔隙度的增加缩短了入渗时间[76]。衡量土壤存储水分的能力的关键是土壤总蓄水量。非毛管孔隙的饱和持水量即为土壤的有效持水量[77]。

本节以经过两种不同改造方式改造后的土壤物理性质为研究对象，分别计算出白桦萌生林和阔叶混交次生林中带状皆伐、块状皆伐和对照样地的土壤容重、土壤含水率、毛管孔隙度、非毛管孔隙度、总孔隙度等指标，并分别加以比较，最终分析出两种低质林型在两种不同改造方式下对森林土壤层水文生态功能产生的影响。

5.4.1　研究方法

土壤物理性质的研究方法见 5.2.3。土壤的物理性质包括土壤容重、土壤含水率、毛管孔隙度、非毛管孔隙度、总孔隙度等物理指标[78]。

5.4.2　白桦低质林土壤物理性质

5.4.2.1　带状皆伐土壤物理性质

通过分析不同带宽的土壤物理性质可知，带宽 6m 处的土壤含水率最高为82%，各带宽和对照样地的土壤含水率从高到低排列依次为：对照样地＞6m＞

18m＞10m＞14m。土壤含水率的变化范围为 59%～82%。带宽 14m 处的土壤容重最大，达到 0.60g·cm⁻³，各带宽和对照样地的土壤容重从大到小排列依次为：14m＞10m＞18m＞对照样地＞6m。带宽 10m 处的总孔隙度最高为 85%，各带宽和对照样地的总孔隙度的变化范围为 82%～85%，具体如表 5-19 所示。

表 5-19　白桦低质林带状皆伐土壤物理性质

带宽（m）	土壤含水率（%）	土壤容重（g·cm⁻³）	非毛管孔隙度（%）	毛管孔隙度（%）	总孔隙度（%）
6	82	0.36	19	65	84
10	71	0.54	14	71	85
14	59	0.60	21	61	82
18	79	0.44	15	67	83
对照样地	91	0.38	14	72	85

5.4.2.2　块状皆伐土壤物理性质

通过分析不同带宽的土壤物理性质可知块状皆伐土壤的物理性质，具体如表 5-20 所示。

表 5-20　白桦低质林块状皆伐土壤物理性质

面积（m²）	土壤含水率（%）	土壤容重（g·cm⁻³）	非毛管孔隙度（%）	毛管孔隙度（%）	总孔隙度（%）
5×5	87	0.24	22	57	79
10×10	92	0.49	13	67	80
15×15	88	0.50	13	60	73
20×20	78	0.59	7	68	75
25×25	53	0.73	14	50	64
30×30	96	0.41	15	63	78
对照样地	89	0.43	16	55	71

5.4.2.3　带状、块状皆伐土壤物理性质比较

对带状、块状两种不同的皆伐方式的土壤物理性质做方差分析可知：带状皆伐与块状皆伐的土壤容重差异不显著，非毛管孔隙度差异不显著，毛管孔隙度差异也不显著，但土壤含水率和总孔隙度差异却很显著。土壤含水率排序：带状皆伐＜块状皆伐；土壤容重排序：带状皆伐＜块状皆伐；总孔隙度排序：带状皆伐＞块状皆伐。这说明块状皆伐后土壤含水率高，具体如表 5-21 所示。

表 5-21　白桦低质林带状、块状皆伐土壤物理性质比较

项　目	土壤含水率 （%）	土壤容重 （g·cm^{-3}）	非毛管孔隙度 （%）	毛管孔隙度 （%）	总孔隙度 （%）
带状皆伐	a72.75	a0.49	a17.25	a66.00	b83.50
块状皆伐	b82.33	a0.50	a14.00	a60.83	a74.83

注：同列不同字母表示方差显著（$p<0.05$）。

5.4.3　阔叶混交低质林土壤层物理性质

5.4.3.1　带状皆伐土壤物理性质

通过分析不同带宽的土壤物理性质可知，带宽 14m 处的土壤含水率最高为 96%，各带宽和对照样地的土壤含水率从高到低排列依次为：14m＞对照样地＞6m＞18m＞10m。土壤含水率的变化范围为 86%～96%。带宽 18m 处的土壤容重最大，达到 0.53g·cm^{-3}，各带宽和对照样地的土壤容重从大到小排列依次为：18m＝对照样地＞6m＝10m＞14m。带宽 18m 处的总孔隙度最高为 77%，各带宽和对照样地的总孔隙度的变化范围为 42%～78%，具体如表 5-22 所示。

表 5-22　阔叶混交低质林带状皆伐土壤物理性质

带宽（m）	土壤含水率 （%）	土壤容重 （g·cm^{-3}）	非毛管孔隙度 （%）	毛管孔隙度 （%）	总孔隙度（%）
6	91	0.48	13	61	74
10	86	0.48	12	67	42
14	96	0.47	10	67	76
18	89	0.53	9	68	77
对照样地	92	0.53	10	68	78

注：同列不同字母表示方差显著（$p<0.05$）。

5.4.3.2　块状皆伐土壤物理性质

通过分析不同面积的土壤物理性质可知，面积为 5m×5m 处的土壤含水率最高为 96%，各面积和对照样地的土壤含水率从高到低排列依次为：5m×5m＞10m×10m＞对照样地＞20m×20m＞15m×15m＞30m×30m＞25m×25m。面积为 25m×25m 处的土壤容重最大，达到 0.82g·cm^{-3}，土壤含水率的变化区间为 47%～96%。各面积和对照样地的土壤容重从大到小排列依次为：25m×25m＞对照样地＞30m×30m＞15m×15m＞20m×20m＞5m×5m＞10m×10m。面积为 10m×10m 处的总孔隙度最高为 89%，各面积和对照样地的总孔隙度的变化区间为 69%～89%，具体如表 5-23 所示。

表 5-23 阔叶混交低质林块状皆伐土壤物理性质

面积（m²）	土壤含水率（%）	土壤容重（g·cm⁻³）	非毛管孔隙度（%）	毛管孔隙度（%）	总孔隙度（%）
5×5	96	0.45	12	71	83
10×10	88	0.37	11	78	89
15×15	57	0.63	17	52	69
20×20	59	0.62	14	58	72
25×25	47	0.82	10	59	69
30×30	56	0.64	16	55	71
对照样地	78	0.71	11	70	81

5.4.3.3 带状、块状皆伐土壤物理性质比较

对带状、块状两种不同的皆伐方式的土壤物理性质做方差分析可知：带状皆伐与块状皆伐的土壤容重、非毛管孔隙度和毛管孔隙度差异不显著，但土壤含水率和总孔隙度差异却很显著。土壤含水率排序：带状皆伐＞块状皆伐；土壤容重排序：块状皆伐＞带状皆伐；总孔隙度排序：块状皆伐＜带状皆伐。这说明带状皆伐改造低质林的方式土壤含水率高，具体如表 5-24 所示。

表 5-24 阔叶混交低质林带状、块状皆伐土壤物理性质比较

项 目	土壤含水率（%）	土壤容重（g·cm⁻³）	非毛管孔隙度（%）	毛管孔隙度（%）	总孔隙度（%）
带状皆伐	b90.50	a0.49	a11.00	a65.75	a67.25
块状皆伐	a67.17	a0.59	a13.33	a62.17	b75.50

注：同列不同字母表示方差显著（$p < 0.05$）。

5.5 大兴安岭低质林对降水的再分配

大气降水进行再分配形成穿透雨、树干径流和林冠截留三部分。蒸发到大气中的雨量和雨停后树木表面还停留的雨量统称为该段时间内的林冠截留量。林冠截留的作用在森林水文循环中非常重要：首先，林冠使雨水在数量和空间上重新分配；其次，林冠会重新分配雨水下落时的动能；再次，增加了雨水下落时所需要的时间。一般来说，林冠截留量受降水量、降水强度、林分类型、林龄、林分密度等因素的影响。这相当于林冠截留具有时间和空间的差异性。

根据水量平衡的原理可知：林冠截留量＝林外总降雨量－穿透雨量－树干径流量。

林冠截留量的研究方法见 5.2.5。本节以两种不同低质林型中的大气降水为研究对象，分别计算出白桦低质林和阔叶混交低质林的林冠截留量和林冠截留率的特征，并分别运用 3 种不同截留模型加以比较，绘制林外总降雨量与林冠截留量

的函数关系曲线，最终分析出两种不同低质林型对降水的再分配过程。

5.5.1　林外降雨量特征

观测时间段为 2012 年 6 月至 2012 年 8 月 3 个月，总共产生降雨 17 次，总雨量为 209.81mm。观测期间：小雨（10mm 以内）有 8 次，中雨（10～25mm）有 7 次，大雨（25mm 以上）有 2 次。小雨、中雨、大雨分别占总降雨量的 47.06%，41.18%，11.76%。由图 5-33 可知降雨主要集中在 7、8 月。

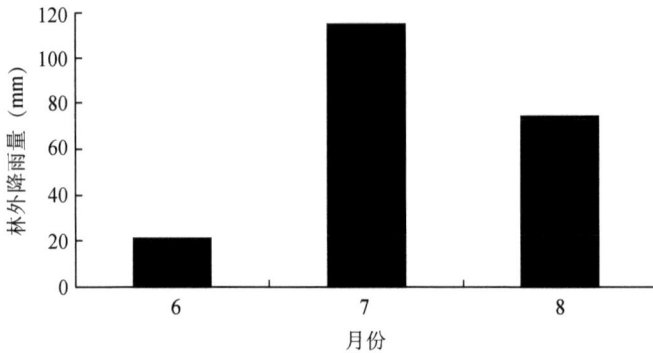

图 5-33　两种不同林型在观察季度内林外降雨量统计

白桦低质林和阔叶混交低质林的降水再分配参数分别如表 5-25 和表 5-26 所示。

表 5-25　白桦低质林月降水的再分配参数

月份	林外降雨量（mm）	穿透雨量（mm）	树干径流（mm）
6	20.99	15.22	2.72
7	114.60	90.72	13.04
8	74.22	60.75	7.26
总计	209.81	166.69	23.02

表 5-26　阔叶混交低质林月降水的再分配参数

月份	林外降雨量（mm）	穿透雨量（mm）	树干径流（mm）
6	20.99	14.72	2.46
7	114.60	88.69	12.40
8	74.22	60.06	6.92
总计	209.81	163.47	21.78

5.5.2　林外降雨量与林冠截留量的特性曲线

根据影响林冠截留的各种因子，可以推导出降水截留的经验模型，但这些模型中大多都要求对各项因子的测定，由于条件的限制导致很多地方都难以实现，因此我们预建立方法简便且精确度较高的模型[79-81]。从直观上来看，林外降雨量越大，林冠截留量也越大，但是二者并非线性关系。例如，对数函数模型

（$Y=a+b\mathrm{Ln}X$），三次多项式函数模型（$Y=a+bX+cX^2+dX^3$），幂函数模型（$Y=aX^b$）等。其中：Y 为林冠截留量，X 为林外总降雨量，a，b，c，d 为常数项。现在分别用这 3 种模型对林外总降雨量与林冠截留量进行拟合。

白桦低质林林外降雨量与林冠截留量的函数关系：

对数函数模型：$Y=0.6862\mathrm{Ln}(X)-0.3607$，$R^2=0.7422$。

幂函数模型：$Y=0.3290X^{0.5258}$，$R^2=0.8311$。

三次多项式模型：$Y=-0.0003X^3+0.0142X^2-0.142X+1.1525$，$R^2=0.8812$。

图 5-34 即为白桦低质林三种函数模型拟合效果对比图。我们发现 3 种函数模型的 R^2 值均较小，拟合效果不理想。其中三次多项式函数模型拟合效果相对略好，R^2 达到 0.8812。经过进一步的计算得出白桦低质林林外总降雨量与林冠截留量的关系满足：$Y=-0.0003X^3+0.0142X^2-0.142X+1.1525$。当降雨量很小时，林冠截留量也很少。随着林外总降雨量的增加，低质林林冠截留量也随之增加。当降雨量超过约 28mm 时，林冠截留量增加趋势下降，最终达到饱和状态。

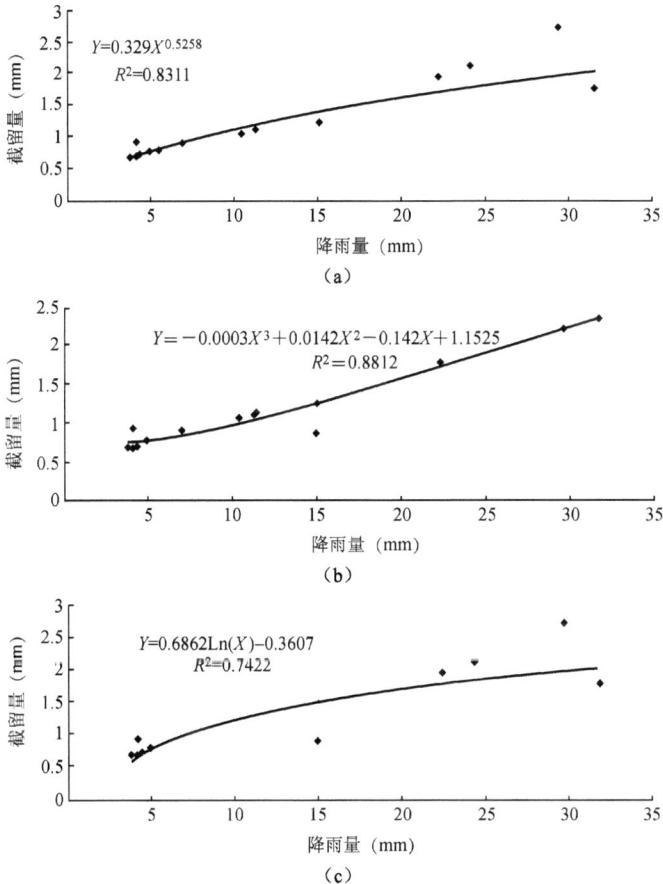

图 5-34　白桦低质林 3 种函数关系对比曲线

阔叶混交低质林林外降雨量与林冠截留量的函数关系：

对数函数模型：$Y=0.8303\mathrm{Ln}(X)-0.4237$，$R^2=0.7760$。

幂函数模型：$Y=0.8454X^{0.5106}$，$R^2=0.8454$。

三次多项式模型：$Y=-0.0004X^3+0.004X^2-0.0195X+0.9761$，$R^2=0.9692$。

图 5-35 即为阔叶混交低质林 3 种函数模型拟合效果对比图。我们发现对数函数模型和指数函数模型 R^2 值均较小，拟合效果不理想。而 3 次多项式函数模型拟合效果非常好，R^2 达到 0.9692。经过进一步的计算得出阔叶混交低质林林外总降雨量与林冠截留量的关系满足：$Y=-0.0004X^3+0.004X^2-0.0195X+0.9761$。当降雨量很小时，林冠截留量也很少。随着林外总降雨量的增加，低质林林冠截留量也随之增加。当降雨量超过约 32mm 时，林冠截留量增加趋势下降，最终达到饱和状态。

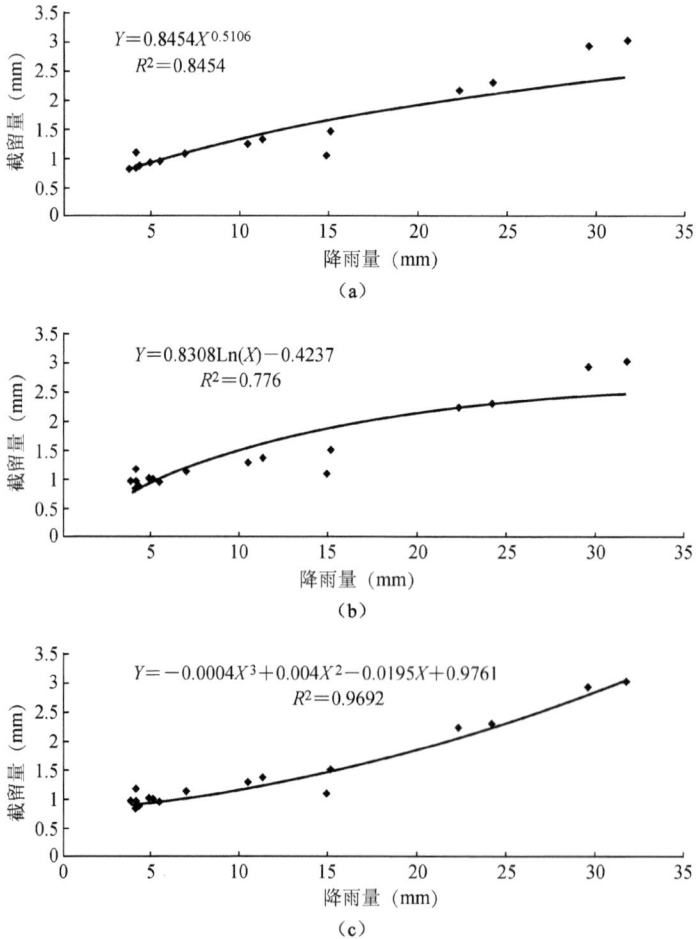

图 5-35　阔叶混交低质林 3 种函数关系对比曲线

5.5.3 林冠截留率的特征

白桦低质林和阔叶混交低质林在观测时段内林冠总截留量分别为 20.10mm、24.56mm，分别占同期林外总降雨量的 9.58%、11.71%左右。两种不同林分的低质林截留量均满足：7 月＞8 月＞6 月。低质林的林冠截留率具有明显的季节变化，均以 6 月份的林冠截留率值为最大，7 月份次之，8 月份最小（表 5-27 和表 5-28）。

表 5-27　白桦低质林月降水的林冠截留率参数

月份	林外降雨量 （mm）	截留量 （mm）	平均截留率 （%）	降雨时长 （h）	降雨强度 （mm·h⁻¹）
6	20.99	3.05	14.53	33	0.64
7	114.60	10.84	9.46	65	1.76
8	74.22	6.21	8.37	30	2.46

表 5-28　阔叶混交低质林月降水的林冠截留率参数

月份	林外降雨量 （mm）	截留量 （mm）	平均截留率 （%）	降雨时长 （h）	降雨强度 （mm·h⁻¹）
6	20.99	3.81	18.15	33	0.64
7	114.60	13.51	11.79	65	1.76
8	74.22	7.24	9.75	30	2.46

参 考 文 献

[1] 鲍文, 包维楷, 何丙辉, 等. 森林生态系统对降水的分配与拦截效应[J]. 山地学报, 2004, 22(4): 483-491.

[2] 陈伟, 李山东, 薛立. 水源涵养林的功能和效益综述[J]. 山西林业科技, 2004, (2): 17-20.

[3] 范世香, 蒋德明, 阿拉木萨, 等. 论森林在水源涵养中的作用[J]. 辽宁林业科技, 2001, (5): 22-25.

[4] 高志义. 水土保持林学[M]. 北京: 中国林业出版社, 1996.

[5] 张金池. 水土保持与防护林学[M]. 北京: 中国林业出版社, 1995.

[6] 王爱娟, 章文波. 林冠截留降雨研究综述[J]. 水土保持研究, 2009, 16(4): 55-59.

[7] 王佑民. 我国林冠对降水再分配的研究（Ⅱ）[J]. 西北林学院学报, 2000, (4): 1-5.

[8] 赵艳云, 程积民, 万惠娥, 等. 林地枯落物层水文特征研究进展[J]. 中国水土保持科学, 2007, 5(2): 130-134.

[9] 耿玉清, 王保平. 森林地表枯枝落叶层涵养水源作用的研究[J]. 北京林业大学学报, 2000, 22(5): 49-52.

[10] 吴钦孝, 赵鸿雁, 刘向东, 等. 森林枯枝落叶层涵养水源保持水土的作用评价[J]. 土壤侵蚀与水土保持学报, 1998, 6(4): 23-28.

[11] 李传文. 森林保持水土涵养水源的效应及评价[J]. 山西水土保持科技, 2006, (2): 1-3.

[12] 齐永峰, 潘海兵, 刘春起, 等. 森林作业对水土流失影响的研究进展[J]. 森林工程, 2008, 24(4): 16-24.

[13] 马雪华. 森林水文学[M]. 北京: 中国林业出版社, 1993.

[14] 吴钦孝, 刘向东, 苏宁虎, 等. 山杨次生林枯枝落叶蓄积量及其水文作用[J]. 水土保持学报, 1992, 6(1): 71-76.

[15] 吴长文, 王礼先. 水土保持林中枯落物的作用[J]. 中国水土保持, 1993, (4): 28-30.

[16] 武强, 董东林. 试论生态水文学主要问题及研究方法[J]. 水文地质工程地质, 2001, (2): 69-72.

[17] 赵玉涛, 张志强, 余新晓. 森林流域界面水分传输规律研究述评[J]. 水土保持学报, 2002, 16 (1): 92-95.

[18] 中野秀章. 森林水文学[M]. 北京: 中国林业出版社, 1983.

[19] 董世仁, 郭景唐, 满荣洲. 华北油松人工林的透流、干流和树冠截留[J]. 北京林业大学学报, 1987, 9 (1): 58-63.

[20] 杨立文, 张理宏. 林冠对降雨截留过程的研究//李昌哲. 太行山水土保持林营造技术及效益研究[C]. 北京: 中国科学技术出版社, 1991: 76-84.

[21] 王礼先, 张志强. 森林植被变化的水文生态效应研究进展[J]. 世界林业研究, 1998, (6): 14-22.

[22] 王彦辉, 于澎涛, 徐德应, 等. 林冠截留降雨模型转化和参数规律的初步研究[J]. 北京林业大学学报, 1998, 20 (6): 25-30.

[23] 黄承标, 梁宏温. 广西亚热带主要林型的树干径流[J]. 植物资源与环境, 1994, 3 (4): 10-17.

[24] 党坤良, 雷瑞德. 秦岭火地塘林区不同林分水源涵养效能的研究[J]. 水土保持学报, 1995, (1): 79-84.

[25] 周国逸. 几种常用造林树种冠层对降水动能分配及其生态效应分析[J]. 植物生态学报, 1997, 21 (3): 250-259.

[26] 王礼先, 解明曙. 山地防护林水土保持水文生态效益及其信息系统[M]. 北京: 中国林业出版社, 1997.

[27] 薛建辉, 郝奇林, 何常清, 等. 岷江上游两种亚高山林分枯落物层水文特征研究[J]. 水土保持学报, 2009, 23 (3): 168-172.

[28] 赵玉涛, 余新晓, 张志强, 等. 长江上游亚高山峨眉冷杉林地被物层界面水分传输规律研究[J]. 水土保持学报, 2002, 16 (3): 118-121.

[29] 吴钦孝, 刘向东. 山杨次生林枯枝落叶蓄积量及其水文作用[J]. 水土保持学报, 1992, 6 (1): 71-76.

[30] 杨吉华, 张永涛, 李红云, 等. 不同林分枯落物的持水性能及对表层土壤理化性状的影响[J]. 水土保持学报, 2003, 17 (2): 141-144.

[31] Kelliher F M, Lloyd J, Arneth A, et al. Evaporation from a central Siberian pine forest[J]. Journal of Hydrology, 1998, 205.

[32] 刘春江, 杨玉盛, 马祥庆. 欧亚大陆地上森林凋落物的研究[J]. 林业研究, 2003, 14 (1): 35-37.

[33] Schaap M G, Bouten W, Verstraten J M. Forest floor water content dynamics in a Douglas firstand[J]. Journal of Hydrology, 1997, 201.

[34] Marin C T, Bouten I W, Dekker S. Forest floor water dynamics and root water uptake in floor forest ecosystems in northwest Amazonia[J]. Journal of Hydrology, 2000, 237.

[35] Kosugi K, Mori K, Yasuda H. An inverse modeling approach for the aharacterization of unsaturated water flow in an organic forest floor[J]. Journal of Hydrology, 2001, 246.

[36] 程金花, 张洪江, 史玉虎等. 三峡库区三种林下枯落物储水特性[J]. 应用生态学报, 2003, 14 (11): 146-149.

[37] Putuhena W M, Cordery I. Estmiation of interception capacity of the forests floor[J]. J. Hydrol. , 1996, 180: 283-299.

[38] 吴钦孝, 赵鸿雁, 刘向东, 等. 森林枯枝落叶层涵养水源保持水土的作用评价[J]. 水土保持学报, 1998, 4 (2): 23-28.

[39] Leer R. Forest Hydrology[M]. New York : Columbia University Press , 1980.

[40] 杨立文, 石清峰. 太行山主要植被枯枝落叶层的水文作用[J]. 林业科学研究, 1997, 10 (3): 281-188.

[41] 刘世荣, 温远光, 王兵, 等. 中国森林生态系统水文生态功能规律[M]. 北京: 中国林业出版社, 1996.

[42] 马雪华. 森林生态系统定位研究方法[M]. 北京: 中国科学技术出版社, 1994.

[43] Mc Culloch, Robinson J G. History of forest hydrology[J]. Hydrology, 1993, (150): 189-216.

[44] 郝占庆, 王力华. 辽宁东部山地主要森林类型土壤蓄水能力的研究[J]. 应用生态学报, 1998, 9(3): 237-238.

[45] Kosugi K, Mori K, Yasuda H. An inverse modeling approach for the characterization of unsaturated water flow in an organic forest floor[J]. Journal of Hydrology, 2001, 246: 96-108.

[46] 叶吉, 郝占庆, 姜萍. 长白山暗针叶林苔藓枯落物层的降雨截留过程[J]. 生态学报, 2004, 24(12): 2859-2862.

[47] 赵玉涛, 余新晓, 张志强, 等. 长江上游亚高山峨眉冷杉林枯落物层界面水分传输规律研究[J]. 水土保持学报, 2002, 16(3): 118-121.

[48] 陈丽华, 余新晓, 张东升, 等. 贡嘎山冷杉林区苔藓层截持降水过程研究[J]. 北京林业大学学报, 2002, 24(4): 60-63.

[49] 赵鸿雁, 吴钦孝, 从怀军. 黄土高原人工油松林枯枝落叶截留动态研究[J]. 自然资源学报, 2001, 16(4): 381-385.

[50] 赵玉涛, 余新晓, 张志强, 等. 长江上游亚高山峨眉冷杉林枯落物层界面水分传输规律研究[J]. 水土保持学报, 2002, 16(3): 118-121

[51] 陈丽华, 余新晓, 张东升, 等. 贡嘎山冷杉林区苔藓层截持降水过程研究[J]. 北京林业大学学报, 2002, 24(4): 60-63.

[52] 赵鸿雁, 吴钦孝, 刘国彬. 黄土高原人工油松林枯枝落叶层的水土保持功能研究[J]. 林业科学, 2003, 39(1): 168-172.

[53] 向成华, 蒋俊明, 陈祖铭. 平通河流域的森林水文效应[J]. 南京林业大学学报, 1995, 23(3): 79-82.

[54] 赵艳云. 林地枯落物层水文特征研究进展功能研究[J]. 自然资源学报, 2001, 16(5): 451-456.

[55] 纪浩, 董希斌, 李芝茹. 大兴安岭低质林诱导改造后土壤呼吸影响因子[J]. 东北林业大学学报, 2012, 40(4): 97-100.

[56] 周永文, 黄文辉, 陈红跃, 等. 不同人工林分枯落物和土壤持水能力研究[J]. 生态环境, 2003, 12(4): 449-451

[57] 王金建, 崔培学, 刘霞, 等. 小流域水土保持生态修复区森林枯落物的持水性能[J]. 中国水土保持科学, 2005, 3(1): 48-52.

[58] 张振明, 余新晓, 牛健植, 等. 不同林分枯落物层的水文生态功能[J]. 水土保持学报, 2005, 19(3): 139-143.

[59] 杨海龙, 朱金兆, 齐实, 等. 三峡库区森林流域林地的地表糙率系数[J]. 北京林业大学学报, 2005, 27(1): 38241.

[60] 张洪江, 北原曜, 远藤泰造. 几种林木枯落物对糙率系数 n 值的影响[J]. 水土保持学报, 1994, 1(12): 4-10.

[61] 李发林, 黄炎和, 蔡志发, 等. 福建侵蚀坡地果园龙眼凋落物的年变化及库流量[J]. 中国水土保持科学, 2005, 3(2): 87-91.

[62] 刘向东, 吴钦孝, 赵鸿雁. 黄土高原油松人工林枯枝落叶层水文生态功能研究[J]. 水土保持学报, 1991, 5(4): 87-92.

[63] Onda Y, Yukawa N. The influence of understories and litter layer on the infiltration of forest hillslopes//Onda Y, Yukawa N [C]. Proceedings of the International Symposium on Forest Hydrology : Tokyo , Japan , 1994: 107-114.

[64] Stuart M. The water vapor conductance of Eucalyptus litter layers. [J] Agricultural and Forest Meteorology , 2005, 135: 73-81.

[65] Schaap M G, Bouten W, Verstraten J M. Forest floor water content dynamics in a Douglas fir stand[J]. Journal of Hydrology , 1997, 201: 367-383.

[66] Schaap M G, Bouten W. Forest floor evaporation in a dense Douglas fir stand[J]. Journal of Hydrology, 1997, 193:

97-113.

[67] Tino B , Mark G J , Paul T R , et al. Two probe method for measuring water content of thin forest floor litter layers using time domain reflectometry[J]. Soil Technology , 1996, 9: 199-207.

[68] 黄忠良, 孔国辉, 余清发, 等. 南亚热带季风常绿阔叶林水文功能及其养分动态的研究[J]. 植物生态学报, 2000, 24(2): 157-161.

[69] 宋轩, 李树人, 姜风岐. 长江中游栓皮栎林水文生态效益研究[J]. 水土保持学报, 2001, 15(2): 76-79.

[70] 张洪江. 程金花, 史玉虎. 等. 三峡库区 3 种林下枯落物储量及其持水特性[J]. 水土保持学报, 2003, 17(3): 55-59.

[71] 张洪江, 程金花, 余新晓, 等. 贡嘎山冷杉纯林枯落物储量及其持水特性[J]. 林业科学, 2003, 39(5): 147-151.

[72] 韩同吉, 裴胜民, 张光灿, 等. 北方石质山区典型林分枯落物层涵蓄水分特征[J]. 山东农业大学学报, 2005, 36(2): 275-278.

[73] 张振明, 余新晓, 牛健植, 等. 不同林分枯落物层的水文生态功能[J]. 水土保持学报, 2006, 19(3): 139-143.

[74] 姜海燕, 赵雨森, 陈祥伟, 等. 大兴安岭岭南几种主要森林类型土壤水文功能研究[J]. 水土保持学报, 2007, 21(3): 149-153.

[75] Berg B, Mcclaugherty C. Nitrogen and phosphorus release from decomposing litter in relation to the disappearance of lignin[J]. Canadian Journal of Botany, 1989, 67: 148-156.

[76] 杨澄. 麻栎人工林水源涵养效能研究[J]. 西北林学院学报, 1997, 12(2): 15-19.

[77] 林业部科技司. 森林生态系统定位研究方法[M]. 北京: 中国科学技术出版社, 1994.

[78] 余新晓, 张建军, 朱金兆. 黄土地区防护林生态系统土壤水分条件的分析与评价[J]. 林业科学, 1996, 32(4): 289-296.

[79] 王彦辉, 于澎涛, 徐德应, 等. 林冠截留降雨模型转化和参数规律的初步研究[J]. 北京林业大学学报, 1999, 20(6): 25-30.

[80] 董世仁, 郭景唐, 满荣洲. 华北油松人工林的透流、干流和树冠截留[J]. 北京林业大学学报, 1987, 9(1): 58-67.

[81] 刘世荣. 中国森林生态系统水文生态功能规律[M]. 北京: 中国林业出版社, 1996.

6 低质林改造对土壤肥力的影响

6.1 林地土壤肥力的评价

随着科学技术的进步、经济的发展，以生产木材为中心的传统林业将逐渐被具有多种资源、多种功能的现代林业所代替，在维持生态平衡的前提下获取森林增产的物质以满足人类的需求。然而低质林生物多样性低，对自然灾害的抵抗力弱，系统稳定性差，林地生产潜力没有得到充分发挥，尤其地力有下降趋势等一系列问题，已引起国内外学者的普遍关注。

林地土壤肥力变化的研究，是当前国内土壤学领域的前沿课题，从国内外该方面已有的文献来看，大多是对人工林引起地力下降的研究，而对天然低质林林地土壤肥力进行定时、定位连续观测，以及不同的经营措施对低质林林地土壤肥力的影响的研究甚少，在该方面的研究尚缺乏系统性。全面、系统地开展低质林林地土壤肥力变化的研究，从分析森林凋落物组成、分解低质林生态环境对"生物自肥"作用的影响入手，深入、系统地研究低质林林地土壤肥力的变化规律，提出低质林林地土壤肥力维持和提高的经营措施，具有很高的理论意义和应用价值。

森林生态系统是陆地生态系统的主要组成部分，是以林木及其下木植被、枯枝落叶层和矿物质土壤三个部分所组成的统一体。低质林林下形成的能量系统称为低质林森林生态系统。林地土壤和森林生态系统的关系非常密切，即土壤的演变会引起森林生态系统的变化，反之，森林生态系统的变化又会引起土壤的演变。生态系统中的物质和部分能量的传输和转换，都要通过土体进行。因此，不同森林类型形成了不同的林地土壤肥力。

6.1.1 林地土壤肥力指标

土壤质量是在土壤不同功能间寻求平衡和整体表现而确定的土壤本身的内在属性，这一属性不能通过感官或仪器分析直接获得，而必须根据已知的土壤外部性质进行推测或者综合量化表达。这些用于评价土壤质量的土壤性质就是土壤质量指标。土壤质量包含非常多的物理、化学和生物学性质。任何一项研究也不能将这些性质全部包括，在评价土壤质量时，我们必须选择那些最能体现土壤质量本质的土壤性质，得到不同土壤属性的阈值与最适值，再通过各种土壤属性的不同水平间的相互组合，体现各种土壤属性与土壤功能之间的关系，在此基础上对土壤质量进行评价。所以，选取适合的指标是更能反映实际土壤质量的前提。

林地土壤肥力是土壤供应和协调森林生长所需的营养和环境因素的能力，它是构成土壤总体质量的一个重要部分。从概念上讲，林地土壤肥力是指土壤满足林木资源生长需要的度量。从一般意义上来看，林地土壤肥力指标包括土壤物理指标、土壤化学指标、土壤养分指标和土壤生物指标，如表6-1所示。

表6-1　林地土壤肥力评价指标汇总

土壤物理指标	土壤化学指标	土壤养分指标	土壤生物指标
表土层厚度	pH	全P	有机质
障碍层厚度	CEC	全N	有机质易氧化率
容重	电导率	全K	HA
黏粒	盐基饱和度	速效P	HA/FA
粉黏比	交换性酸	速效N	微生物生物量碳
通气孔隙	交换性钠	速效K	微生物生物量碳/总有机碳
毛管孔隙	交换性钙	微量营养元素全量和有效性	微生物总量
渗透率	交换性镁	Ca Mg S Cu Fe Zn Mn B	细菌总量和活性
团聚体稳定性	铝饱和度	Mo	真菌总量和活性
大团聚体、微团聚体	Eh		放线菌总量和活性
结构系数			脲酶及活性
水分含量			转化酶及活性
温度			过氧化氢酶及活性
水分特征曲线			酸性磷酸酶及活性
渗透阻力			

在物理指标中，土壤质地是最常见和最综合性的指标，它与其他很多物理性状，如容重、孔隙度、渗透速率等密切相关，但土壤质地涉及几种不同的颗粒级别，通常以黏粒含量作为代表性的指标。

在化学指标中，pH无疑是对土壤化学环境最重要和直接的反映，决定着几乎所有元素的化学行为。在养分指标中，N、P、K等大量元素都是重要的林地土壤肥力因子，与森林的表现密切相关。研究表明，当土壤中的硝态氮（$NO_3^- - N$）含量低于 25 mg·kg^{-1} 时，林地资源与其存在显著的正相关，但更高的含量并不会使产量进一步增加[1]。全氮与土壤有机质存在高度的相关性，所以一般在使用有机质含量指标后不再需要全N含量。磷素在土壤中存在多种化学形态，主要有无定形和晶质三二氧化物形态结合的无机态磷和有机磷，但对森林生长而言，速效磷含量最具直接意义。当然，不同提取剂获得速效磷也存在一定的差异。在大量养分元素中，钾通常是含量最高的。矿质土壤的钾素含量为 0.4～30g·kg^{-1}，每公顷 20cm 的表层土壤中全钾储量为 3～100t，但其中98%是以矿物结合态存在，只有不到2%是以土壤溶液和交换态存在[2]，而后者对森林是有效的。因此，在评价林地土壤肥力时，也只用所谓的有效钾含量作为标准。

严格来说，土壤有机质既是土壤化学指标，也是土壤生物学指标，因为有机质对土壤的化学特性和生物学特性存在着至关重要的作用，有机质既与养分释放有关，同时具有阳离子交换量形成、调节土壤 pH 和结合无机离子等功能，因此在林地土壤肥力评价中是不可或缺的指标。

6.1.1.1 林地土壤肥力指标分级的原则

在我国土壤质量评价研究中，一个主要的目标是建立土壤质量指标体系和评价标准。根据该项研究获得的数据，以下对上述最小数据集中的土壤质量指标进行简要分析，并提出相应的分级标准。

迄今为止，对评价指标的划分还没有统一的标准。在目前的土壤质量研究中，包括中国在内的发展中国家仍以林地土壤肥力为重点，因此森林的产量仍是重要参比标准。

一般而言，评价模型的建立需要做更多的肥料效应实验，然后通过相关研究和校验研究建立评价指标与林地资源之间的评价模型。研究表明，土壤速效磷和有效钾与林地资源之间通常具有很好的相关性，可以通过建立土壤磷、钾与林地资源之间的模型，准确地按森林生长反应确定临界值，以此计算获得的隶属度值相当可靠。至于土壤全氮、速效氮和有机质等指标多数情况下与森林生长的相关性较差，但有时也会表现出良好的相关性，因此其临界值的确定多半带有经验性的成分。而对 CEC、黏粒、土层厚度以及一些环境指标与森林生长之间关系缺乏系统的研究和基础资料积累，特别是一些环境指标与森林生长之间的关系非常复杂，难以用简单的模型来表达，因此对这些指标评价模型的建立和临界值的确定完全是经验性的。

6.1.1.2 林地土壤肥力主要指标的功能和分级

（1）pH 是土壤最重要的属性之一，它深刻地影响着几乎所有养分的有效性，因此它是土壤化学性质中最为综合和重要的特征。土壤 pH 的范围变化比较大，从强酸性至酸性土壤的 3.5～4.5，到碱性和强碱性土壤的 8.5～9.5，但耕作土壤 pH 大多为 5.0～7.5。影响土壤 pH 的主要因素是自然土壤形成条件，但耕作施肥也会对其产生很大的影响。一般而言，土壤 pH 适中的时候，土壤中的养分具有较高的有效性，除 Fe、Mn、Cu、Zn 这些微量重金属元素外，N、P、K、S、Ca、Mg、B 和 Mo 在中性 pH 附近都具有高的有效性[3]。

（2）有机质是决定土壤多种功能表现的最重要成分，对土壤结构的形成、土壤养分的释放、土壤吸附和缓冲功能、土壤微生物的活动等都起着至关重要的作用。土壤有机质促进水分入渗和保存，帮助形成和稳定土壤结构并缓冲耕作压实，降低土壤侵蚀危险。如果土壤的有机质含量下降，将降低土壤的养分提供能力，森林对氮、磷的需求将显著增加，其他的大量和微量元素也会更容易遭受淋溶，其结果是增加土壤和森林对外源肥料的依赖。

（3）土壤磷素包含很多形态，各种形态之间存在着互相转化。虽然 Al、Fe、Mn 和 Ca 等元素含量是决定与它们结合的磷素含量的主要因子，但在土壤磷素（特别是无机磷素）转化中，最关键的因子还是土壤 pH。在酸性土壤中，无定形和水合 Fe、AI、Mn 氧化物决定着磷素吸附过程，而在石灰性土壤中含钙化合物决定着磷素的吸附和沉淀反应，因此，磷素在 pH 为 6～7 时具有最高的有效性。一般而言，土壤中的无机磷是林木资源有效态磷的主要来源，但在特别低或者高林地土壤肥力的土壤中，有机磷的矿化也非常重要[4,5]。总体而言，无论是酸性土壤还是石灰性土壤，有效磷是最能反映土壤对森林供给水平的一个综合指标，它取决于土壤反应、总磷含量、有机质含量和颗粒组成等多种因子。

越来越多的研究表明，土壤中磷素的富集将导致磷素从土壤向水体的转移。磷素从土壤向水体转移的途径主要是土壤侵蚀和溶解。当土壤有效态磷含量超过某一个特定的临界点时，这种释放将会突然升高。在太湖流域的水稻土和南京城市郊区的菜地土壤中，土壤磷素含量的转折点都在 25mg·kg^{-1} 左右[6]。从环境安全的角度考虑，土壤有效磷的水平达到 20mg·kg^{-1} 时，已经处于比较明显的富集状态。

土壤中的磷主要有两个方面的来源：一是矿物风化，二是有机质的分解和释放。在森林生态系统中这两方面的作用交织在一起，使土壤中磷的含量变化规律变得复杂。

（4）钾素在土壤中也包含多种形态，有效钾主要是土壤中的水溶性钾和交换性钾。由于水溶性钾的含量很低，一般应用于林地土壤肥力评价的是交换性钾。测定土壤交换性钾的提取方法有多种，如沸 HNO_3、H_2SO_4、热 HCl、电超滤、离子交换树脂等[7]，其中最常用的方法为沸 HNO_3 提取方法。其他方法有使用稀盐酸或者稀盐溶液的持续淋溶[8]。由于使用稀酸作为浸提剂，总有部分非交换性和矿物态钾被提取出来，因此在土壤测定中通常会高估水溶性和交换性钾[9]。在美国不同的地区，使用的浸提剂存在一些区域差异，如在东北部和东南部多用 MulishⅠ和 MulishⅡ，在中北部多用中性 $1mol·L^{-1}$ NH_4 OAc。

土壤中的钾全部以无机形态存在，而且其数量远远高于氮、磷。我国土壤的全钾含量也大体上是南方较低，北方较高。南方的砖红壤，土壤全钾含量平均只有 0.4%左右，华中、华东的红壤则平均为 0.9%，而我国北方包括华北平原、西北黄土高原以至东北黑土地区，土壤全钾量一般都在 1.7%左右。因此，缺钾主要在南方，北方也已开始出现缺钾现象。全钾的含量是评价林地土壤肥力的重要因素，钾不足时，林木的抗寒性和抗旱性均差；叶片变黄，逐渐坏死。由于钾能移动到嫩叶，缺钾开始在较老的叶，后来发展到林木基部，也有叶缘枯焦，叶子弯卷或皱缩。

（5）氮素是土壤养分的主要来源，一般氮素在土壤中以有机化合物的形态存在，依靠土壤中含氮有机物的不断分解转化成无机态氮化合物，比如，有 NO_3^-、NH_4^+ 等，才能被林木资源直接利用，这部分氮也称为土壤中的速效氮。速效氮的特性是易溶于水，也称水解氮，是速效性养分，供林木资源吸收，吸湿性强，其含量的多少是短期供氮水平的指标。

土壤中的全氮是有机氮和无机氮的总和，土壤中全氮的含量变化很大，不同立地条件，尤其是影响微生物活动的气候、土壤质地等因素，对土壤全氮量具有较大的影响。如立地条件较差的荒山表土，全氮多处于0.1%以下，而在森林覆被下的土壤全氮量则较高。

（6）物理指标，包括土壤的质地、结构状况、孔隙度、水分和温度状况等。它们影响土壤的含氧量、氧化还原性和通气状况，从而影响土壤中养分的转化速率和存在状态、土壤水分的性质和运行规律，以及林木资源根系的生长力和生理活动。物理因素对土壤中水、肥、气、热各个方面的变化有明显的制约作用。

（7）生物指标，指土壤中的微生物及其生理活性。它们对土壤中的氮、磷、硫等营养元素的转化和有效性具有明显影响，主要表现在：①促进土壤有机质的矿化作用，增加土壤中有效氮、磷、硫的含量；②进行腐殖质的合成作用，增加土壤有机质的含量，提高土壤的保水保肥性能；③进行生物固氮，增加土壤中有效氮的来源。

6.1.2　林地土壤肥力指标的量化表达

林地土壤质量的核心是林地土壤生产力，其基础是林地土壤肥力。林地土壤肥力是林地土壤提供林地资源养分，保障生物生产的能力。林地土壤肥力是林地土壤的养分状况，以及林地土壤在供应林地资源生理所需物质时所处的环境条件的有机结合。林地土壤的养分状况包括有机质、大量营养元素以及必需的微量营养元素等；而环境条件又分为物理、化学和生物环境条件三个方面，其中物理环境包括质地、物理性黏粒、粉黏比、土层厚度和水汽热状况等，化学环境包括酸碱度、阳离子交换量等，生物环境包括微生物数量、组成及土壤酶活性等。可见林地土壤肥力是由众多的物理、化学、生物和环境指标形成的一个综合性概念或指标。

6.1.2.1　林地土壤肥力指标分等定级的原则

林地土壤肥力指标具有以下特性：①制约性：林地土壤肥力因子之间有着各种交互作用和制约作用，某一因子的增减，会影响其他因子的利用率。若某一林地土壤肥力因素处于较低水平时，即使其他因素水平较高，也难以使森林获得高产；②相对性：林地土壤肥力的定量化须同土体内物能状况与林木资源转化联系起来才能确定，林地土壤肥力也可理解为土壤内可被林木资源利用和转化的物质和能量；③系统性和模糊性：土壤是受成土因素和人为活动制约的复杂系统。因此，不可能精确地算出或预测出某一时刻土壤系统的各种性质，这就是系统行为的模糊性。林地土壤肥力是一个多因子、多变量的综合系统，它受水、肥、气、热的综合影响，不同肥力水平之间不存在明显的界线。

林地土壤肥力是土壤质量的重要内容，对一个地区的林地土壤肥力作出合理的解释与评价，对于揭示人类活动对土壤质量的影响具有重要的意义。因为不论是研究土壤质量变化的机理，还是定向培育土壤，都必须进行林地土壤肥力的评价。林地土壤肥力一般采用林地资源来衡量[9]。

客观地评价林地土壤肥力指标和准确地判别指标等级，是林地土壤肥力综合评价、改土培肥和科学施肥的关键。综观林地土壤肥力指标的评价方法，大致可以分为直接法和间接法两大类。

直接评价法是指通过试验手段直接确定评价指标对土壤某种用途的适宜程度，目前较多地采用林地资源作为标准来衡量土壤质量指标的适宜程度，这种方法具有绝对评价的含义。严格地说，直接评价的结果只能应用于具体的特定试验点或与特定试验点相类似的地方，但实际上则常被推广应用到该自然环境单元的全境或土壤性质和利用方式大致相同的地区。但由于直接评价法受到研究资料不足的限制，不能充分反映林地土壤肥力状况。因此，大多数的林地土壤肥力指标评价采用间接评价法。

间接评价法是根据具体的参评指标与林地土壤肥力或林地资源之间的关系，推论评价指标的优劣。间接评价法可以充分利用已有的土壤、森林和气候等资料，评价简单而准确，而且应用广泛。

间接评价法又可分为两大类：一类是分级法或归类法，即根据评价指标的潜力和限制条件，把评价指标分为一级、二级、三级等或者高、中、低等几个等级，在以往的林地土壤肥力和施肥研究中，分级法用得非常普遍；另一类是评分法，又称数值法或参数法，此法以某种利用方式下已知的最优土壤为依据，通过计算得到不同的数字或百分率，以此作为土壤质量指标优劣的依据。在实际应用中，评分法的计算方法比较多，其内涵十分丰富。可以说间接评价法是经过长期实践检验并不断得到发展的。

林地土壤肥力评价首先要确定可测定的林地土壤肥力指标，筛选出评价林地土壤肥力短期和长期变化的指标体系；对各参评指标进行分级、评价和量化表达，建立其评价标准；对参评指标按其重要性程度进行排序，给予适当的权重；根据现有的研究结果和数据找出适宜的评价方法。

林地土壤肥力评价的基本程序主要包括以下几个步骤：

（1）确定和筛选林地土壤肥力指标，建立林地土壤肥力评价指标体系；

（2）单项肥力指标的等级划分，如高、中、低等，确定指标分级的阈值；

（3）根据单项指标对林地土壤肥力与森林生长的效应，建立隶属函数；

（4）求出参评指标的具体隶属度；

（5）根据对林地土壤肥力贡献的重要性，确定评价因素的权重系数；

（6）综合评价方法的确定和综合集成；

（7）评价结果检验。

用于评价林地土壤肥力的技术方法归纳起来大致有以下几类：

（1）林地资源分级法；

（2）土壤化学测定分级法；

（3）林地资源组织测定分析法；

（4）相对产量分级法；

（5）肥力指数分级法；

（6）土壤生态指数分级法；

（7）土壤酶活性分级法；

（8）生物学测定法。

由于林地土壤肥力指标与土壤质量指标的量化表达原理和方法是一致的，因此本节中有时候会同时出现这两个术语，但本节讨论的重点是林地土壤肥力指标的量化表达原理和方法。

林地土壤肥力主要从森林生产潜力的角度来监测和评价土壤的性状、功能或条件。这些指标或因素可以直接与土壤有关，也可以与受土壤影响的某些因子有关，既包括描述性指标，也包括具体的数量指标。理想的林地土壤肥力指标应该是公正、灵敏、具预测能力、有阈值、易于收集和交流、数据资料可以转化和综合。值得注意的是，通过田间实验的观察，如看、摸、嗅和尝而获得的林地土壤肥力的描述性特征，同样是制定林业管理政策和措施的基本依据，因此评价林地土壤肥力时，需要将观察数据与科学家们的分析数据结合起来。

1）评价指标的选取标准

林地土壤肥力指标的选择和评价，应该以土壤保障森林生产这一基本功能为主要依据，同时必须考虑到控制生物地球化学过程的物理、化学、生物因素及其这些因素在时空、强度和组分的动态变化。因此，土壤的肥力质量同土壤质量评价的指标一样，应满足以下 5 个标准：①包括生态系统过程并与过程模拟相关；②综合土壤物理、化学和生物特征及其过程；③易于为多数用户理解并可应用到农田；④对管理和气候的变化敏感；⑤最好是现有土壤基础数据的组成部分。可见影响选择林地土壤肥力评价指标体系的因素很多。首先要明确评价目标，确定发生问题的区域特征，然后提出具有代表性的评价指标。

2）评价指标的选取原则

林地土壤肥力参评指标的选取直接关系到评价结果的客观性和准确性，因此在林地土壤肥力指标的选定中首先必须遵循主导性、生产性和稳定性 3 项原则，同时应尽量选择可靠、可度量和可重复的指标。其次，作为林地土壤肥力评价的指标，最终还应针对评价的区域与尺度来选择参评指标。不同的区域、不同景观类型的土地，应使用不同的指标体系，且选择指标的侧重点也应不同。迄今为止，林地土壤肥力指标多数着重于与林木资源生长和林地资源有关的土壤因子。作为林地土壤肥力评价的指标，应以土壤养分为主，并能较显著地影响土壤生产力，同时需要根据评价目的和目标的环境条件，选择评价土壤质量的化学、物理学和生物学土壤质量指标。确定有效、可靠、敏感、可重复和可接受的指标，是林地土壤肥力评价中的首要问题。参评指标选取的合理性和全面性直接关系到评价结果的客观性和准确性，因此在指标的选定中必须遵循主导性、生产性和稳定性等原则。

（1）主导性原则：在众多的土壤特性中，有些性质起主导作用，即这些性质的变化影响其他性质的变化。因此，所选林地土壤肥力指标应是对土壤质量产生主要影响的因子。比如，土地生产潜力分级的评价指标把坡度和排水以及与此相关的土层厚度作为主导因子。渗透作用、有效持水量和耕层深度是影响土壤质量的首选物理指标。Carlson 和 Stott 提出与土壤侵蚀有关的最关键的物理指标是渗透作用、水力传导、切变强度和团聚体稳定性[10]。在土壤物理指标中，土壤黏粒含量是主导性指标；在土壤化学指标中，土壤有机质和 pH 是主导性指标。土壤质地、有机质含量等可以作为影响其他土壤性质的主导性土壤肥力指标。

（2）生产性原则：根据土壤学、森林栽培学等有关学科的研究成果和生产实践经验，来选取那些影响土壤生产性能的林地土壤肥力指标。应根据具体森林的生态要求来确定林地土壤肥力评价指标。参评指标的分级标准要有生物学意义，也就是说主要级差要尽量利用具有生物学意义的临界指标。

（3）综合性原则：确定和筛选林地土壤肥力指标应综合考虑土壤的重要成土过程、利用方式和管理措施三方面。在进行林地土壤肥力评价时，一般可从土壤属性、环境条件和农田排灌条件三方面来选择参评指标，但应以土壤属性为主。

（4）空间变异性原则：应针对评价的区域与尺度来选择参评指标。所选土壤指标值应有较大的变化范围，在空间上的变异越大越好，以反映土壤质量的空间变化，因为空间变异越大，越能区分出不同的土壤类型。

（5）土壤对林业的适宜性和限制性相结合的原则：土壤适宜性一般可分为当前适宜性和潜在适宜性。在评价时应着重于潜在适宜性的分析和研究，以利于最大限度地发挥土壤的潜在生产力。针对不同利用方式或不同森林类型，因地制宜地选择参评指标。不同生态类型，至少应选择旱地、水田、菜地、园地、林地及牧地 6 种地类分别选取。

（6）肥力指标相对稳定原则：应尽量选择可靠、可度量和可重复的指标。所选林地土壤肥力指标应是比较稳定的土壤性质。不同的土壤性质其变化的时间尺度是不相同的，土壤性质随时间的可变性可用土壤特性响应时间来表示，其定义为当外界环境条件变化时，某一土壤性质或状况达到准平衡态所需要的时间。土壤性质的 CRT 值为我们衡量土壤性质的稳定性，提供了一种定量参考尺度。根据 CRT 值的大小，可知某一土壤性质在多长的时间尺度里变化。一般认为，CRT＞10 的土壤性质具有一定的稳定性，所以林地土壤肥力指标应选 CRT＞10 的土壤性质，而 CRT<10 的土壤性质被认为是相对易变的。采用土壤特性响应时间方法所选取的相对稳定的土壤指标，有土壤质地、土体构型、土层深度、土壤有机质、阳离子交换量、原生矿物组成、各矿物的化学组成、土粒密度等。所以，林地土壤肥力评价要选择的指标主要是介于两个极端之间的中等稳定性的土壤特性。这些指标主要有团聚体稳定性、有机质含量、饱和含水量、容重、总氮、总磷、速效磷、有效钾、微生物量等。这些特性之间具有一定的相关性，可以选择一些易于测量、差异性明显的特性，作为林地土壤肥力的评价指标。土壤速效 P 虽然易变，但变化规律明显，且与林地土壤肥力、熟化程度及当前生产关系密切，同时它比全磷更能反映土壤的供磷水平，因此仍应作为林地土壤肥力的参评指标。

（7）地域性原则：我国地域辽阔、土地类型复杂，自然经济条件差异大，土壤类型多，利用方式多种多样，不同生产对象对土壤和自然环境条件的要求有所不同，土壤适宜性程度无法用同一尺度来衡量，故其评价指标划分应根据不同地区、不同土壤类型、不同利用方式和不同土壤功能来制定。在指标选取、分级赋值、权重确定等方面，必须要体现不同区域的土地特点。

（8）定量与定性相结合的原则：定量的数据和非定量的信息相结合，有利于林地土壤肥力评价的客观性和精确性。着力实现定量评价，一般应尽量选择可度量或可测定的特征，并使用恰当的数学方法来量化。事实上，很多重要的指标（如土体剖面形态）只能用文字来描述，但同样是肥力评价中必不可少的指标。因此，在进行肥力质量评价时需要经验知识和定性描述指标来补充，增强评价结果的应用价值。

3）林地土壤肥力指标的选定

目前，国内外通常采用土层厚度、土壤容重、土壤有机碳含量、土壤 pH、导电性、渗透性、土壤有机质代谢率、速效钾、速效磷、土壤水溶性盐分含量、地形坡度、障碍层等作为研究林地土壤肥力的指标[11]，提出将土壤质地、结构和强度、林木资源有效水和最大扎根深度作为物理指标，将养分有效性、全碳、不稳定有机碳、pH 和电解传导率作为化学指标。美国土壤保持局建议，将渗透作用、土壤质地、团聚作用、土壤结构、密度、排水、渗透性、持水性、通气性、有效含水量、毛管水、热传导、耕性、板结、表面光滑度和土壤深度作为评价土壤质量的物理指标，而把阳离子交换量、肥力和有机质含量作为化学指标。

土壤有机质是土壤中非常活跃的成分，它几乎对土壤性质的所有方面都产生强烈的影响，因此有机质是土壤质量指标中唯一最重要的指标。表 6-2 列出了在林地土壤肥力评价中常用的指标。一些统计分析方法如主成分分析、逐步回归分析、层次分析法、多元回归分析、相关系数检验和灰色关联度分析等，常用于林地土壤肥力指标的筛选。

表 6-2　常用林地土壤肥力指标

土壤化学指标	土壤物理指标	土壤生物指标	其他指标
pH	质地	有机质	地下水位
全氮	容重	腐殖质：富里酸、胡敏酸	坡度
全磷	水稳性团聚体	生物量	林网化水平
全钾	孔隙度：总孔隙度、毛管孔隙度、非毛管孔隙度	生物碳、生物氮	
碱解氮	耕层土壤温度	土壤酶活性：脲酶、蛋白酶	
有效磷	土层厚度	过氧化氢酶、转化酶、磷酸酶	
有效钾	障碍层深度		
阳离子交换量	土壤含水量		
碳氮比	黏粒含量		
盐基饱和度	土壤耕性		
含盐量	土体构型		
钠饱和度			

6.1.2.2　林地土壤肥力指标等级的确定

参评指标等级的划分是林地土壤肥力指标量化和综合评价的核心工作，目前国内尚无统一规定。通常把林地土壤肥力等级分成 3～5 个级别，如根据土壤质地的粗细将土壤分为砂土、壤土、黏土和砾质土 4 个级别。我国地域广阔，各区域自然条件差异很大，因此，指标划分应充分考虑各个自然区域的气候、生态环境条件和林业生产特点，使指标分级结果能比较全面客观地反映实际情况。在进行指标等级确定时，应考虑以下几点：

（1）数值要有客观性：林地土壤肥力指标的分级应尽量采用定量指标。对一些难以直接用数据表示的指标，可根据形态特征的差异，用评分办法使其数量化。例如，土壤质地，不用壤土、黏壤土和砂壤土等不同文字表示，而用物理性黏粒等客观数值来表示。

（2）参评指标的分级标准要有生物学意义：指标的分级必须能反映主要森林的生物学适应。性，也就是说主要级差要尽量利用具有生物学意义的临界指标。

（3）确定合适的等级数：指标的分级以能满足和区分林地土壤肥力等级为原则，即不同级别之间要有较强的区别能力。一般而言，每个参评指标按其限制性程度划分为 3～5 个等级比较合适。等级划分最好能与主导性因子、主导限制因子和生态环境的级差相一致，以便编制各种评价图。

（4）评价指标级差与产量级差的对应性：林地资源是衡量林地土壤肥力的最重要标准。在实验资料比较齐全的地区，应根据评价指标与林地资源之间的相关曲线，划分评价指标的范围值。特别是土壤的 N、P 和 K 含量与林地资源之间有很好的相关关系，更应用此方法确定等级标准。

评价指标分级的确定，是指参评指标所代表的土壤或环境条件的限制因素在量上的变异及其对生产对象适宜程度的分级。它是鉴定林地土壤肥力划分的具体依据，也是指标标准化和量化表达中的一个关键环节。林地土壤肥力指标的标准化或量化实际上是各评价指标与理想状态指标的比较过程，通过比较可定量地得到每一个指数值与理想值之间的差距。在实际应用中，临界值因其计算简单又比较符合实际，而在推荐施肥中得到普遍应用。但关键是要确定一个符合实际和评价要求的临界值或阈值。

6.1.2.3　林地土壤肥力评价的意义

林地土壤肥力对林业可持续发展具有非常重要的意义，是降低林业成本、维系土地产出、保护生态环境质量的重要基础，林地土壤肥力评价的服务领域包括：①评价林地土壤肥力的现状，确定存在障碍的生产区域，更好地进行森林的资源管理；②分析不同土地利用方式或土壤管理措施对土壤带来的影响，理解林地土壤肥力变化的机理，预测土地利用方式的改变或采用新的土壤管理措施对土壤可能产生的影响以及随之带来的风险；③通过林地土壤肥力状况评估土壤对水环境以及动物和人体健康的影响。

6.1.2.4　林地土壤肥力评价指标的选取

简而言之，林地土壤肥力评价就是对土壤供肥能力高低的评判和鉴定。由于林地土壤肥力概念的不统一性，内涵的不确定性，评价目的侧重的不同，因而在林地土壤肥力评价指标的选取过程中就存在着很大的差异；在评价过程中指标的不同，可能导致评价结果的差异，甚至出现与客观实际相悖的结果。因此，如果能够确定相对稳定、适用区域广、可用于多种评价方法的林地土壤肥力指标系统，是很有意义的。

（1）综合性原则。在进行林地土壤肥力评价时，指标的选取直接影响到林地土壤肥力评价的真实性、合理性和科学性。所以，林地土壤肥力评价指标应全面、综合地反映林地土壤肥力的各个方面，即土壤的养分储存、养分有效性、因子协调程度、森林需求和产出等。因此，在确定林地土壤肥力评价指标时，应该广泛调查了解，多方征求意见，减少评价者的主观性，使指标能真实、客观地反映林地土壤肥力水平和状况。

（2）主导因素原则。影响林地土壤肥力的因素很多，而且因素之间具有重叠影响，林地土壤肥力评价指标的选取应避免指标间多重共线性问题。如果选取的指标间存在多重共线性，既增加了不必要的计算量和分析量，又影响到林地土壤肥力评价结论的真实性。为避免指标间多重共线性问题，在进行林地土壤肥力评价时，应采用各种数学统计方法，对选取的指标进行相关或独立性分析，保留主导因素，剔除部分次要的、重叠的指标。

（3）实用性原则。虽然我们努力定量地评价林地土壤肥力，但事实上林地土壤肥力是难以客观表达的，因为概念的模糊性，使得林地土壤肥力的真值根本就不存在。因此，在进行评价时，在一定的精度范围内，能够反映实际情况就满足要求了，精益求精的目标在林地土壤肥力概念中未必适用。在进行指标的选取时，也应该兼顾指标的获取难度、获取成本、区域特点等因素，与理论研究不同，实际应用中，尤其要考虑指标选取的实用性和操作性问题。

早期在进行林地土壤肥力评价时，由于受分析手段和水平的限制，一些林地土壤肥力评价以观测和测定生长着的林木资源为基础，进行林木资源营养分析和生长状况观察，比较不同土壤上林木资源的生长状况来评价林地土壤肥力；同时，选取林木资源生物量、经济量以及林木资源生长状况等比较直观的指标进行林地土壤肥力评价。由于认识水平的限制，这种选取单一林地资源或林木资源生长状况为林地土壤肥力评价指标，源于林地土壤肥力与土壤生产力概念之间的关系。那种认为林地土壤肥力就是土壤生产力的观点是不全面的，因为林地土壤肥力只是土壤生产力的一个基本形成条件。土壤生产力还包括土壤肥沃度、林木种类、生态环境等条件。

由于在认识上把林地土壤肥力与土壤养分等同起来，认为土壤养分可以反映林地土壤肥力的高低，因而在评价林地土壤肥力时，就选取单一的土壤养分氮、磷、钾、有机质等指标进行评价，特别是一些土壤培肥的研究中把林地土壤肥力完全等同于土壤养分，并把养分的提高作为培肥的目标[12-14]。

随着林地土壤肥力概念外延的扩展，其评价指标也由土壤养分指标发展到包括土壤养分、土壤物理性质、生物化学性质及环境条件等的综合性指标。虽然在进行林地土壤肥力评价时，选取的是包括土壤物理、化学、生物和环境条件的综合指标，但是在对这些综合性指标进行选取时也存在选取指标的差异，如生物指标中的土壤酶包括氧化酶（过氧化氢酶、多酚氧化酶），还原酶（硫酸盐还原酶、硝酸盐还原酶、亚硝酸盐还原酶、铁还原酶）和水解酶（转化酶、蛋白酶、脲酶、磷酸酶）等十几项，由于研究者对不同酶的重要性认识不同、分析条件的限制、选取林地土壤肥力指标的侧重点不同，选取的林地土壤肥力评价指标难以统一。骆东奇等总结了不同研究者在进行土壤肥力评价时选取的土壤肥力指标。不同的研究者在进行林地土壤肥力评价时选取的指标不同，但在这些相对综合的评价指标中，仍然多集中在林地土壤肥力的养分指标，而土壤物理性状指标，土壤生物指标和环境条件因子相对较少，这可能是对土壤肥力内涵理解的差异所致。

随着科技的发展，应认识事物数值化、全面化和综合化的要求，林地土壤肥力评价也要求数量化、客观化、综合化，尽可能地反映林地土壤肥力的养分状况、物理性状、生物特征和土壤的环境条件。合理的林地土壤肥力评价指标既能反映土壤的自然养分状况，又能显示土壤养分对林木资源的供应能力，还能反映土壤所处的小环境和大环境。

确定了参评指标后，需科学地赋予各参评指标权重，确保显著影响林地土壤肥力评价结果的精度。常见的权重分配方法可以分为如下几种类型。

（1）等值法。就是把诸指标同等对待，假设它们对林地土壤肥力和土地生产力的贡献相同，从而赋予其相同的权重。事实上，随着对林地土壤肥力认识的加深，不同指标对森林生长和土地生产力的贡献不同，指标之间也具有交互的影响，用等值法分配权重的评价方法基本不被采用了。

（2）等差法。应用等差法确定林地土壤肥力评价指标权重时，首先要根据对林地土壤肥力贡献的大小把参评指标排序，称为作用序列，然后按照等差原则分配权重，使相邻指标间的权重相差一个公差 d：

$$d=\frac{a_1-a_n}{n} \tag{6-1}$$

式中，a_1 为首项；a_n 为末项；n 为项数；计算时，常先设 $a_1=100$，$a_n=0$，则

$$d=\frac{100}{n} \tag{6-2}$$

计算后，以 $a_1=100$，而 $a_n=100-(n-1)\cdot d$，保证最后一个指标的权重不为零。为了便于比较，习惯上常把由此得到的权重数值进行归一化处理，也就是把各个指标的权重除以所有指标的权重之和，得到可比权重，参评指标的可比权重之和为 1。

等差法应用于林地土壤肥力评价时，其问题是显而易见的。首先，各指标对林地土壤肥力的贡献不会呈等差规律；即使假定为近似等差，在根据专家经验和实验结果对参评指标进行排序时，主观影响较强。

（3）回归分析法。统计学的发展为林地土壤肥力评价提供了更为科学的途径，利用回归分析建立林地土壤肥力评价指标与土地生产力之间的回归方程，通过回归系数确定各参评指标的权重，更为有效地排除了主观因素的影响，其结果在适用区域内会更科学、准确。

土地生产力与林地土壤肥力存在一定的相关关系，把林地土壤肥力评价指标作为自变量（$x_1, x_2, x_3, \ldots, x_n$），土地生产力作为因变量（$y$），以多元线性回归为例，两者可以模拟为如下关系：

$$y=b_0+b_1x_1+b_2x_2+\ldots+b_mx_m \tag{6-3}$$

在 y 和 z 均已知的前提下，通过回归分析就可以得到一系列的 b 值，通过逐项检验 b_i 的显著性，剔除对 y 影响小、可有可无的 z 变量，从而建立更为简单的回归方程，降低林地土壤肥力评价中对参评指标的要求，使林地土壤肥力评价模型更为简练和实用。方程中，x 和 y 都具有不同的量纲，因此，回归得到的 b 值还不能直接用于权重分配，可以把它们转化为标准回归系数：

$$b_i'=b_i\sqrt{\frac{L_i}{L_y}} \quad (i=1,2,3,\ldots,m) \tag{6-4}$$

式中，L_i 为 x_i 的离差平方和；L_y 为 y 的离差平方和。

标准回归系数与 z 和 y 的单位无关，可以互相比较，b_i 越高，则说明该指标对林地土壤肥力和土地生产力的贡献越大。得到标准回归系数后，对其进行标准化计算，即可得到诸参评指标的权重系数，公式如下：

$$W_i = \frac{b_i'}{\sum\limits_{i=1}^{m} b_i'} \tag{6-5}$$

利用回归分析得到的评价指标集和权重系数，是以土地生产力为评价标准的结果，应用到林地土壤肥力评价模型中，区域的代表性较好。

（4）灰色关联度法。影响林地土壤肥力的因素较多，究竟哪个因素对土地生产力的影响最大，影响程度又如何，可以用回归分析来确定各评价因素的重要性，但是，当被分析的样本量较少，数据又无典型的概率分布时，回归很难获得满意的结果。采用灰色关联度方法，对被分析对象样本量和数据规律性没有过高的要求[15]。

国内一些研究采用了该方法评价林地土壤肥力，与利用灰色关联方法计算权重所不同的是，这些研究基本上是在采用传统权重赋值和主观确定最优参考序列后，再把待评数据与参考序列比较，用灰色关联分析方法直接得到肥力质量评价结果。这使得评价结果表现为连续的模糊相似度，当然也可以根据需要进行人为分级。但前期工作的主观影响已经介入，后期采用灰包关联方法，更倾向于是一种形式的不同。

实际工作中，如果采用时间序列，对数据的要求比较高，需要有多时段的实测数据支持，如多个年份的产量数据和林地土壤肥力各项指标数据，这往往难以实现。因此，很多研究采用空间序列方法，即针对同一土地利用类型的不同林地，组成空间序列，完成关联度的计算过程。无论是时间序列还是空间序列，都不可避免地受其他因素的影响。对于时间序列，结果会受到不同年份的气候、病虫害等变化的影响，而空间序列、林地间生长期、管理以及病虫害的不同，也会影响结果。

（5）层次分析法（Analytic Hierarchy Process，AHP）。它是基于系统论中的一个重要原理——系统的层次性原理建立起来的。遵循认识事物的规律，有意识地将复杂问题分解为若干层次，在比原来问题简单的层次上逐步分析比较，层次分析法广泛地应用在土地和土壤质量评价中。

利用层次分析法进行林地土壤肥力评价，首先要建立林地土壤肥力的层次结构，便于说明问题。最高层次也就是总目标。为了实现该目标，根据对林地土壤肥力的认识，划分为 3 个分目标：当前肥力、潜在肥力和肥力有效性。准则层中含有很多项指标，图中元素存在实线连接的，说明两者之间存在联系。如果某元素与相邻的下一层次所有元素均有联系，则称该元素与下层元素存在完全层次关系——总目标与分目标之间就是完全层次关系，否则，为不完全层次关系。分目标中的 3 个元素与准则层之间均为不完全层次关系。

（6）主成分分析法。林地土壤肥力评价研究囊括了土壤化学、物理、生物、环境等众多评价指标。指标间相互影响，因而表现为数据反映信息上的重叠效应，同时也会混杂进一些不太重要的或依赖于其他指标变化的指标。另外，指标太多，降低了实际应用的可操作性，并提高了肥力质量的评价成本。用主成分分析法能将众多的具有错综复杂关系的指标归结为少数几个综合因素，即原来指标的主成分。通过适当调整线性函数的系数，既可以使主成分之间相互独立，舍去重叠信息，又能起到降维作用。

采用主成分分析法确定林地土壤肥力指标权重时，基本的计算过程如下：首先进行数据的标准化处理，由于主成分分析中，每个主分量依赖于测量初始变量所用的量纲，当量纲改变时，就会得到不同的特征值，因此，需要对初始变量进行标准化处理；其次进行相关矩阵计算，并求得其特征值和特征向量；最后确定主因子的权重以及主因子与初始变量的相关系数。

6.1.2.5　林地土壤肥力评价模型

长期以来，客观、准确地评价林地土壤肥力是土壤学家和林业科技工作者一直寻求的目标，为了达到这个目的，建立了很多林地土壤肥力评价模型。在土壤质量评价过程的每一个步骤都需要采用一定的方法。在传统土壤评价中，我们通常采用定性分析方法，这些方法主要建立在评价专家的经验基础上。随着土壤科学的不断发展，定量研究已经成为土壤科学的发展趋势，各种定量方法也越来越受到人们的重视，并且得到了越来越广泛的应用。表 6-3 中概括了在林地土壤肥力评价中经常采用的一些定性与定量方法。

表 6-3　林地土壤肥力评价过程中常用的定性和定量方法

评价过程	定性方法	定量方法
选择评价指标	经验	主成分分析，相关分析，多元回归，灰色关联度，层次分析，判别分析，预测模型
指标标准化	分等定级	模糊隶属度，标准评分函数，回归分析，功能模型
确定指标权重	经验	等值法，等差法，层次分析，多元回归，主成分分析，灰色关联度
综合评价	分等定级	模糊综合判别，聚类分析，加权平均，加和法，指数法，乘积，功能模型，PDF 函数
空间内插	以点带面	克里格法，趋势面，最近值内插
动态评价	经验比较	动力学评价，动态预测模型

1）指数法评价模型

指数法应用在林地土壤肥力评价方面十分简单。首先选取评价指标，并根据对林地土壤肥力的贡献大小进行分级，得到各评价单元的单指标指数，按各评价指标在评价中的重要性赋予权重。各指标指数与权重相乘所得的积为综合评价指数，再划分各评价单元的肥力质量等级。

（1）确定各评价指标的指数。林地土壤肥力评价指标，大部分研究采用的都是定量指标，但是也有部分采用定性描述指标，不管采用哪些指标，首先要把实测数值或定性描述进行标准化赋值转换。

对于定量的参评指标，标准化转换是通过数学函数完成的。根据各个指标与林地土壤肥力和土地生产力的关系，确定各指标的转换数学方程，把实测值代入进行转换计算，得到各评价指标的指数。

各个研究者采用的评分函数的参数值并不一样，这是由他们研究区域差别和评价目的差别造成的。在研究中可以结合评价区域的实际情况，利用田间实验的有关结果，综合各方面的资料，由专家确定各个参数。

（2）指标权重分配。这里不再赘述。

（3）综合指数计算。各参评指标权重的标准化指数确定后，通过一定方法的计算得到综合指数，也就是林地土壤肥力指数。根据指标间相互作用的组合和计算方法的不同，综合指数计算法一般采用加和方法，就是将各评价指标的指数与其权重的积相加得到综合指数，总值越高，林地土壤肥力越好。其计算公式如下：

$$P=\sum_{i=1}^{n}P_i \cdot W_i \qquad (6\text{-}6)$$

式中，P 为林地土壤肥力综合评价指数；P_i 为主评价指标的标准指数；W_i 为主指标的权重系数；i 为参评指标数目。完全使用加和法时，最小因子限制率就失去了其作用，即使某项指标条件很差，生产力为零，但如果其他条件优越，评价单元仍可能被定为较高级别，这是加和法的不足之处。

因此，也可以采用指数乘法，即将各评价指标的指数相乘，最终得到综合指数。

（4）肥力质量等级划分。得到评价结果后，根据实际需要，将综合指数按顺序划分为不同的区段，分别表示不同的肥力质量等级。

王军艳等应用指数加和法探讨了北京大兴1982～2000年农田土壤肥力的变化特征，并对其影响因素进行了评价和分析[16]。

2）环境指数评价模型

环境评价中的指数评价法也可以用于林地土壤肥力的评价，秦明周和赵杰对开封市城乡结合部的土壤质量进行了评价[17]。他们首先采用分级法对土壤质量指标进行标准化，然后采用内梅罗（Nemerow）公式计算土壤质量指数：

$$Q=\sqrt{\frac{(P_i+P_{i\min})^2}{2} \cdot \frac{n-1}{n}} \qquad (6\text{-}7)$$

式中，Q 是土壤质量指数；P_i 为样品 z 各项土壤质量指标标准得分的平均值；$P_{i\min}$

是样品各项指标中的最小值；n 是样品数。

指数模型在环境研究中主要考虑了各项污染物的平均污染水平和个别污染物的最大污染状况。在用于林地土壤肥力评价时，研究者根据养分最小因子将最大污染状况改为最小养分含量，能够在一定程度上反映实际情况。但是这种综合指数给出的信息非常有限，而且缺乏评价的原理，在不同研究区域之间的可比性较差。

3）模糊综合评价模型

在林地土壤肥力评价中，已经建立了许多比较成功的方法可以应用于土壤质量评价，近年来的许多研究采用了模糊隶属度函数方法。这种方法建立在模糊数学的基础上，提供了几种隶属度函数对土壤质量指标进行标准化。目前，在林地土壤肥力评价中经常采用的隶属函数包括：戒上型、戒下型、梯形以及概念型。这些函数需要确定一些参数，确定参数的方法包括：①直接采用有关标准值；②专家打分；③通过实验获取；④根据经验公式计算。土壤质量指标标准化之后，需要确定各项指标对总的土壤质量的权重，这可以采用层次分析法确定。

$$\text{戒上型} \quad F_i = \begin{cases} 0 & x \leqslant c_0 \\ \dfrac{1}{a(x-c_0)^2} & c_0 < x < c_1 \\ 1 & x \geqslant c_1 \end{cases} \qquad (6\text{-}8)$$

$$\text{戒下型} \quad F_i = \begin{cases} 0 & x \leqslant c_0 \text{ 或 } x \geqslant c_3 \\ \dfrac{x-c_0}{x_1-c_0} & c_0 < x < c_1 \\ 1.0 & c_1 \leqslant x \leqslant c_2 \\ 1-\dfrac{x-c_2}{x_3-c_2} & c_2 < x < c_3 \end{cases} \qquad (6\text{-}9)$$

$$\text{梯形} \quad F_i = \begin{cases} 0 & x \leqslant c_0 \\ 1-\dfrac{1}{[1+a(x-c_0)^2]} & c_0 < x < c_1 \\ 1 & x \geqslant c_1 \end{cases} \qquad (6\text{-}10)$$

$$\text{概念型} \quad F_i = \begin{cases} N_1 & x \in \text{类}1 \\ N_2 & x \in \text{类}2 \\ N_2 & x \in \text{类}3 \end{cases} \qquad (6\text{-}11)$$

孙波应用模糊隶属度函数评价了东南丘陵山区的土壤肥力[18]。还有一些研究若在红壤地区乡镇域林地土壤肥力、耕地地力等级体系研究，以及浙江低丘红壤肥力评价中也采用了类似方法[19]。

模糊综合评价模型具有比较扎实的数学基础，与层次分析方法结合，提供了土壤质量评价的数学模型框架，但是这一模型并不是建立在土壤功能基础上的，评价的最终结果只能给出一个综合指数。

4）地统计学评价

Smith 等总结了土壤质量评价的多变量克里格法，可以将没有数量限制的单个土壤质量指标综合成一个总体的土壤质量指标[20]。在 GIS 技术的支持下，在建立完整的土壤质量数据库的基础上，结合土壤过程模型，采用合适的数学评价模型，可以做到对土壤质量的自动评价和动态监测。这一方法分为 5 个步骤：①确定土壤质量评价指标，进行土壤质量调查，建立土壤质量数据库；②根据土壤质量指标的临界值将指标转化为 0（不适宜）或 1（适宜）；③设定良好的土壤质量需要满足的条件，利用多变量指标变换将指标值综合为土壤质量指数；④利用地统计方法，计算土壤质量指数的变异函数图；⑤在 GIS 的支持下，采用指示克里格法估计未采样地区的土壤质量指数值，然后可以将插值结果转化为区域分布图，得到土壤质量评价结果图。这一方法在提出以后没有得到实际应用，原因可能在于它过于复杂，需要大量的运算和专用的软件，并且在将单个土壤质量指标综合为土壤质量指数时采用的评价模型缺乏依据，提供的信息有限。

5）系统评价方法

土壤质量是土壤各种功能的综合体现，对土壤质量的评价必须建立在对土壤实现其功能的能力评价的基础上，这是土壤质量评价与传统的土壤资源和林地土壤肥力评价的区别。土壤包括多方面的功能，建立包括所有土壤的评价模型是不现实的，土壤功能的划分必须适合当地的实际情况，充分考虑土壤质量面临的主要问题，能够集中反映研究区域的实际问题。Carlen 等将与土壤侵蚀有关的土壤功能划分为：容纳水分进入土壤的能力；促进水分运移、吸收的能力；抵抗表层结构退化的能力；支持森林生长的能力。每个功能又被划分为次一级的功能，例如，支持森林生长的能力划分为扎根深度、与水分有关的能力，与养分有关的能力以及化学障碍。这样划分直到每一项土壤功能都可以用一系列可以直接测定的土壤指标来表示。在此之后，Harris（1996）将土壤质量指标分为养分有效性、水分有效性和根系环境 3 组，并给出了各项指标的标准评分函数[21]。这一划分与土地评价纲要中土壤部分的功能划分基本吻合，可以为更为综合的土地质量评价服务。

在划分了土壤功能之后，需要建立各项土壤指标相对某一土壤功能的权重，以及各项土壤功能相对土壤质量的权重，这可以通过层次分析法进行。最终的土壤质量指数采用加权加和法计算：

$$\text{SQI} = \sum q_i \cdot w_i \qquad (6\text{-}12)$$

式中，q_i 是第 i 项土壤功能的标准得分；w_i 是第 i 项土壤功能的权重。

Husain 等按照 Harris 等的系统评价方法给出了各项指标相对土壤功能的权重值，计算了 3 种不同耕作制度的土壤质量指数[22]，他们在研究中通过增加土壤质量指标，改变 SSF 类型和参数以及调整指标权重计算了 6 个土壤质量指数，结果发现根据当地情况调整评分函数可以使评价结果对管理方式更为敏感。Glover等[23]采用 Karle 和 Stott[24]的方法评价了传统、有机和集成 3 种耕作方式下的苹果园的土壤质量指数。土壤质量系统评价在评分方程类型选择、参数确定以及指标和功能权重的确定方面仍然要借助专家经验，所以它还不是一个完全客观的评价模型，但是这一方法提供了一个比较完善、系统的评价框架，并且具有一定的灵活性，可以依据研究区域和研究目的进行调节，这一方法也是比较容易应用的，所以在我们的研究中主要采用了系统评价方法。

6）动力学评价

Larson 和 Pierce 认为，林地土壤肥力动态变化可以定量表示为林地土壤肥力 Q 随时间 t 变化的函数[25]，采用模型或者统计质量控制（SQC）可以评价林地土壤肥力变化，其中林地土壤肥力 Q 可以是一系列土壤属性（quiz）的函数：

$$Q = f(q_1, \ldots, q_i, \ldots, q_n) \tag{6-13}$$

林地土壤肥力动态变化 do/dot 可以定义为

$$\frac{\mathrm{d}Q}{\mathrm{d}t} = f\left(\frac{\dfrac{q_{it} - q_{it_0}}{q_{it_0}} \ldots \dfrac{q_{nt} - q_{nt_0}}{q_{nt_0}}}{\mathrm{d}t} \right) \tag{6-14}$$

它表示在 t 时刻土壤属性（q_{it}）相对于标准状态（t_0）的变化。当 $\dfrac{\mathrm{d}Q}{\mathrm{d}t}$ 为正时，表示林地土壤肥力得到改善，$\dfrac{\mathrm{d}Q}{\mathrm{d}t}$ 为负则表示土壤发生退化。采用统计质量控制模型，通过设置上限和下限，可以监测林地土壤肥力是否可持续，帮助我们选择合适的土壤管理利用措施。王效举和龚子同在评价江西千烟洲红壤低丘区土壤质量变化时，引入了相对土壤质量指数的概念，表示土壤相对于理想土壤的质量指数，并利用其变化速率（ΔRSQI）评价了不同利用方式下土壤质量的演化[26]。

7）决策树方法

数据挖掘中的决策树方法是以实例为基础的归纳学习算法。该法的优点在于不依赖领域知识，易于处理字符型属性数据，表达出的规则易于理解。孙微微等采用决策树方法，对广东省的土壤资源类型图选取了高程、地面坡度、土壤有机质含量、土壤质地、土壤 pH、土壤利用类型、地貌类型和土壤类型等属性进行土壤质量等级预测，取得了较高的预测准确率[27]。

张学雷等利用决策树方法，建立了海南岛主要土壤的质量评价模型[28]。在评价土壤质量的差异时，单一的土壤属性指标所起的作用是十分有限的，通常需要将这些土壤属性集合起来成为一个评价作用显著的指标体系。

土壤（肥力）质量是借助于决策树对一个或多个土壤特征进行评价而得来的，

最后得到某种利用方式下的土壤质量评价等级指数。针对某些森林，每一单项土壤质量均可定出评价等级指数，而最终的土壤（肥力）质量评价等级指数，是由各个单项的土壤质量的评价指数累积而来的，遵守最小限制因子率法，选取 1~2 项最高限制因子来决定。

用决策树对所有水稻土土系图斑进行评价，如养分有效性评价等，首先选择相应的土壤特征，以及每种特征的限制等级、等级名称、等级标准，如构成养分有效性等级的土壤特征包括有机质含量、CEC（Cation Exchange Capacity，阳离子交换量）、BAS（Base Saturation，盐基饱和度）等，有机质含量又可确定为很低、低、中、高 4 个限制等级及标准。用决策树的形式来确定每一个图斑的土壤质量，如通过各个单土壤特征包括有机质含量、CEC、BAS 等分别建立的决策树叠加成养分有效性作为土壤（肥力）质量的一项。然后把所有土壤（肥力）质量的分决策树再一次叠加，最末端的"树叶"形成最终的土壤质量评价等级指数。

6.2　改造方式对大兴安岭低质林土壤理化性质及重金属的影响

土壤为植物生长提供水分和营养元素，而植被对土壤产生生态效应。森林土壤是维持林木健康生长的基质，其肥力特征影响并控制着林木的健康状态。改良土壤条件可以改善植物的萌发、生根条件，并启动生态系统的演替过程。森林退化与土壤肥力的衰退有密切的联系。土壤具有净化污染物质的功能，当进入土壤环境污染物质的数量与速度超过它的净化能力或土壤环境容量时，土壤遭受污染的同时亦失去"净化器"的作用，并将要影响植物产品的质量与数量。因而，对森林土壤理化性质及重金属变化规律的了解，可及时为森林的健康经营提供理论依据。随着生态环境问题的日益突出，世界各国的森林经营实践都非常重视森林土壤状况的动态监测[29]。

低质林改造的目的是要提高林地生产力，能否提高林地生产力，很重要的一个方面，就是改造后土壤理化性质能否得到改善。刘美爽等分析了不同的采伐方式对土壤理化性质产生的不同影响，林窗带的理化性质变化程度最大，其次为垂直皆伐带和择伐带，水平皆伐带的变化程度最小[30]。王会利等研究发现，低效马尾松、湿地松纯林混交荷木、大叶栎后，改造效果明显[31]。庞学勇等发现，萌蘖更新技术在岷江上游中山区试验效果明显，土壤蓄水保水能力强[32]。孙慧珍等研究发现，林地土壤 Pb、Cd、Cu、Zn 间（除水曲柳林）及其与土壤有机质、N、P、K（除水曲柳林和蒙古栎林）显著相关[33]，不同植物种类组成的林地土壤对重金属吸附和累积有着较明显的影响[34,35]。低质林的改造，是通过调控植物结构和功能，加快林地内的物质循环，促进植物生长和根系的活动能力，从而改善土壤的生态功能。本节以大兴安岭低质林为研究对象，研究用不同方式进行改造后林地土壤理化性质及重金属的变化，为低质林改造提供可靠的理论依据。

6.2.1 研究区概况

研究区概况见 3.5.1。

6.2.2 研究方法

6.2.2.1 样地设置

2009 年春，在大兴安岭林区加格达奇林业局翠峰林场 174 林班选取 3 种典型低质林林分类型进行改造试验，3 种类型的低质林分别为阔叶混交低质林、蒙古栎低质林和白桦低质林，每个试验区分别进行带状改造和块状改造。带状改造试验区以顺山带设置，包括 $S_1 \sim S_4$ 共 4 条皆伐带，每条皆伐带的带宽分别为 6m（S_1）、10m（S_2）、14m（S_3）、18m（S_4），每条皆伐带平均分成 3 段，分别栽植樟子松（*Mongolica* Litv）、西伯利亚红松（*Pinus koraiensis*）、落叶松（*Larix gmelinii*），栽植苗木时与相邻保留林带距离 1m，株行距配置为 2m×1.5m。每种类型低质林块状改造试验区共 3 组，每组由 6 个沿横坡方向排列且面积不同的矩形试验区组成，6 个试验区的面积分别为（G_1）25m²（5m×5m）、（G_2）100m²（10m×10m）、（G_3）225m²（15m×15m）、（G_4）400m²（20m×20m）、（G_5）625m²（25m×25m）、（G_6）900m²（30m×30m）。在林窗下进行更新造林，造林树种为樟子松、西伯利亚红松、落叶松，造林时原则上与原有林分边缘间隔 1m 左右，株行距配置为 1.5m×1.5m。同时在 3 种不同类型低质林试验区中分别设置一个未采伐的对照样地（CK）。

6.2.2.2 土壤样品采集与制备

带状改造试验区每条采伐带和对照样地沿山坡上中下机械设置各 9 个样点，每个块状改造试验区设置 3 个样点，每个样点取土壤剖面为 0～10cm 的土壤 1kg 带回实验室，同时用容积为 100cm³ 的环刀在 0～40cm 土层取环刀样品。鲜土在实验室做自然风干处理，然后研磨过筛，用于分析土壤的化学性质，环刀样品用于分析土壤的物理性质。

6.2.2.3 土壤理化性质测定

土壤物理性质分析方法：土壤环刀法（LY/T 1215—1999）。

土壤化学性质分析方法：①pH，水浸，水土体积比为 50∶1，使用酸度计测定（LY/T 1239—1999）；②有机质，油浴加热重铬酸 K 氧化法（LY/T 1237—1999）；③全 N，自动凯氏法（LY/T 1228—1999），仪器为 VS-KT-P 型全自动定 N 仪；④水解 N，扩散法（LY/T 1231—1999）；⑤全 P，酸溶，钼锑抗比色法（LY/T 1232—1999）；⑥有效 P，氢氧化钠浸提，钼锑抗比色法（LY/T 1233—1999）；

⑦全 K，酸溶，火焰光度法（LY/T 1234—1999），仪器为火焰光度计；⑧速效 K：乙酸铵浸提，火焰光度法（LY/T 1236—1999）。以上分析方法见森林土壤分析方法。

土壤重金属含量的分析方法：王水回流消解原子吸收法（NY/T1613—2008），仪器为 GGX-610 原子吸收分光光度计。

6.2.3　土壤物理性质

低质林经过不同方式进行改造后，样地内土壤物理性质平均值如表 6-4 所示。从表 6-4 可知，除了样地 G_6 的土壤密度高于对照样地，其他各个改造样地的土壤密度都低于对照样地，带状改造样地中 S_1、S_4 和块状改造样地中 G_5、G_6 的土壤密度较高。样地 G_4 的土壤总孔隙度最高，高于对照样地 5.1%，经方差分析，其他各个样地之间土壤总孔隙度差异不显著。各个改造样地中，只有 S_4 和 G_6 的土壤非毛管孔隙度比对照样地高，而其土壤毛管孔隙度比对照样地低，其他各个改造样地的非毛管孔隙度低于对照样地，而毛管孔隙度高于对照样地，样地 S_3、G_4 的土壤毛管孔隙度较高。与对照样地相比，只有样地 G_6 的土壤含水率下降，其他样地的土壤含水率上升，改造样地 S_2、S_3、G_4 的土壤含水率较高，经方差分析与对照样地差异显著（$p < 0.05$）。

表 6-4　样地土壤物理性质

样地	土壤密度（$g \cdot cm^{-3}$）	孔隙度（%）			土壤含水率（%）
		非毛管	毛管	总孔隙度	
S_1	0.65±0.13b	8.37±0.22bc	54.66±3.21bc	63.03±3.46ab	38.69±2.94b
S_2	0.56±0.15a	7.02±0.17b	52.43±2.18b	59.45±2.39a	45.55±3.51c
S_3	0.61±0.12ab	5.96±0.15ab	58.31±4.69bc	64.27±4.91ab	43.58±3.27bc
S_4	0.66±0.18b	11.19±0.31c	49.50±3.64ab	60.69±3.98a	37.54±3.18b
G_1	0.69±0.23b	7.13±0.23b	57.80±4.67bc	64.93±4.96ab	27.39±2.64a
G_2	0.59±0.19a	8.14±0.25b	53.60±3.92b	61.74±4.28a	30.00±2.83a
G_3	0.59±0.15a	7.90±0.16b	53.95±3.28b	61.85±3.51a	33.36±2.61ab
G_4	0.60±0.13ab	4.77±0.17a	62.25±5.78c	67.02±5.99b	45.91±4.22c
G_5	0.73±0.17bc	8.49±0.21bc	53.51±4.19b	61.99±4.52a	30.22±2.61a
G_6	0.78±0.22c	12.41±0.13c	46.10±3.97a	58.52±4.17a	25.24±1.95a
CK	0.77±0.11c	10.02±0.15c	51.89±3.85b	61.92±4.13a	27.10±2.35a

注：表中数据为平均值±标准差，同列不同小写字母表示差异达显著水平（$p < 0.05$）。

6.2.4　土壤化学性质

低质林经过不同方式进行改造后，样地内土壤化学性质平均值如表 6-5 所示。从表 6-5 可知，与对照样地相比，各个改造样地土壤的 pH 都升高，带状改造样地

S_3 和块状改照样地 G_3 土壤的 pH 较高，分别高出对照样地 0.45 和 0.31，各样地土壤均呈弱酸性。带状改造样地 S_4 和块状改造样地 G_5、G_6 的土壤有机质质量分数高于对照样地，其他各个改造样地低于对照样地，带状改造样地中 S_4 的土壤有机质质量分数最高，高出对照样地 $2.78g \cdot kg^{-1}$，其他各个带状改造样地低于块状改造样地。

表 6-5　样地土壤化学性质

样地	pH	有机质质量分数 $(g \cdot kg^{-1})$	全量养分质量分数 $(g \cdot kg^{-1})$			速效养分质量分数 $(mg \cdot kg^{-1})$		
			全 N	全 P	全 K	水解 N	有效 P	速效 K
S_1	5.30±0.35a	15.97±1.31a	5.50±0.42b	2.05±0.19ab	13.21±2.64a	79.47±6.94b	34.64±3.66c	18.66±2.42c
S_2	5.56±0.16ab	17.37±1.64a	5.65±0.32b	1.86±0.14ab	12.82±1.67a	74.39±7.28ab	32.85±3.07c	13.23±1.76ab
S_3	5.74±0.19b	16.37±1.55a	6.43±0.49c	2.67±0.36bc	13.87±3.17a	83.57±8.21b	33.55±2.94c	16.42±1.17b
S_4	5.53±0.26ab	25.56±2.69c	6.44±0.35c	3.08±0.31c	13.49±1.65a	86.80±9.27bc	42.03±4.08d	15.87±2.25b
G_1	5.37±0.21a	18.13±2.12ab	4.96±0.17ab	1.44±0.12a	15.20±2.24b	69.76±7.64a	23.78±3.19b	13.54±1.21ab
G_2	5.47±0.19ab	19.54±2.28ab	5.40±0.26b	1.65±0.25a	16.26±2.63bc	88.31±8.25bc	23.11±2.75b	17.55±1.54bc
G_3	5.60±0.27ab	18.81±1.94ab	6.05±0.31bc	2.26±0.22b	17.27±2.71c	80.03±7.38b	20.36±3.16ab	18.20±2.96c
G_4	5.33±0.16a	20.64±1.91b	5.95±0.27bc	2.30±0.19b	13.51±1.39a	75.97±9.27ab	28.95±4.47bc	16.82±2.45b
G_5	5.42±0.18ab	23.61±2.83bc	4.90±0.19ab	2.05±0.27ab	13.47±2.37a	66.68±6.34a	19.26±2.32ab	15.15±1.73b
G_6	5.37±0.22a	25.42±2.95c	4.19±0.15a	2.47±0.25b	15.91±2.14b	96.97±9.61c	16.83±1.99a	19.13±2.37d
CK	5.29±0.17a	22.78±1.76bc	5.48±0.24b	2.68±0.16bc	17.42±2.66c	88.32±6.73bc	31.98±1.95c	10.69±1.62a

注：表中数据为平均值±标准差，同列不同小写字母表示差异达显著水平（$p < 0.05$）。

带状改造样地中土壤全 N 质量分数随着带宽的增加而升高，且高于对照样地，块状改造样地中土壤全 N 质量分数随着采伐面积的增大而升高，当块状采伐面积大于 $225m^2$ 后，土壤全 N 质量分数下降，样地 G_3、G_4 的土壤全 N 质量分数高于对照样地，样地 G_6 的土壤全 N 质量分数最低。与对照样地相比，只有样地 S_4 的土壤全 P 质量分数升高，其他各个样地土壤全 P 质量分数都下降，块状改造样地中 G_6 的土壤全 P 质量分数最高。所有改造样地中的土壤全 K 质量分数都低于对照样地，各带状改造样地的土壤全 K 质量分数差异不显著（$p > 0.05$），块状改造样地中 G_3 的土壤全 K 质量分数最高。

各个改造样地中只有 G_6 的土壤水解 N 质量分数高于对照样地，其他各改造样地都低于对照样地，带状改造样地中 S_4 的土壤水解 N 质量分数较高。与对照样地相比，各带状改造样地的土壤有效 P 质量分数升高，其中样地 S_4 的土壤有效 P 质量分数最高，高于对照样地 $10.05mg \cdot kg^{-1}$，而各块状改造样地的土壤有效 P 质量分数下降，样地 G_4 的土壤有效 P 质量分数较高。所有改造样地的土壤速效 K 质量分数都高于对照样地，各样地与对照差异显著（$p < 0.05$），样地 S_1、G_3、G_6 的土壤速效 K 质量分数较高。

6.2.5 土壤重金属

低质林经过不同方式进行改造后，样地内土壤 3 种重金属平均值如表 6-6 所示。从表 6-6 可知，样地 S_1、G_4、G_5 的土壤 Cd 质量分数与对照样地差异显著（$p<0.05$），且高于对照样地。各样地的土壤 Cu 质量分数与对照样地差异不显著（$p>0.05$），带状改造样地中 S_3 和块状改造样地中 G_3、G_5 的土壤 Cu 质量分数较高。各带状改造样地之间的土壤 Pb 质量分数差异显著（$p<0.05$），样地 S_3 的土壤 Pb 质量分数最高，高于对照样地 $3.66mg\cdot kg^{-1}$，块状改造样地中的土壤 Pb 质量分数随着采伐面积的增大而升高，当块状采伐面积大于 $400m^2$ 后，土壤的 Pb 质量分数下降，样地 G_4 的土壤 Pb 质量分数最高。

表 6-6　样地土壤重金属

样地	Cd 质量分数（$mg\cdot kg^{-1}$）	Cu 质量分数（$mg\cdot kg^{-1}$）	Pb 质量分数（$mg\cdot kg^{-1}$）
S_1	0.88±0.15c	15.72±2.25ab	22.73±2.52bc
S_2	0.49±0.08a	15.34±2.64ab	18.00±2.61b
S_3	0.66±0.15b	16.17±2.85ab	29.28±3.24cd
S_4	0.46±0.14a	11.59±1.96a	15.61±2.43a
G_1	0.46±0.12a	14.77±2.41ab	13.59±2.22a
G_2	0.69±0.16b	12.27±2.55a	16.88±1.86a
G_3	0.66±0.13b	20.18±3.53b	21.42±3.14bc
G_4	0.96±0.22c	13.20±2.74a	34.31±4.53d
G_5	0.89±0.25c	18.05±3.57b	28.41±3.37cd
G_6	0.47±0.11a	12.64±2.21a	22.54±2.95bc
CK	0.55±0.14ab	15.97±2.84ab	25.62±2.67c

注：表中数据为平均值±标准差，同列不同小写字母表示差异达显著水平（$p<0.05$）。

样地内土壤重金属各元素之间及土壤重金属与土壤理化性质的相关系数见表 6-7，土壤 Cd 与 Pb 质量分数之间呈极显著正相关，相关系数为 0.71。土壤 3 种重金属质量分数与土壤总孔隙度呈正相关，与土壤有机质及水解 N 质量分数呈负相关，土壤 Cd 和 Cu 质量分数与土壤密度、全 P、有效 P 质量分数呈负相关，土壤 Cd 和 Pb 质量分数与土壤 pH、全 K 质量分数呈负相关，与土壤速效 K 质量分数呈正相关，土壤 Cu 和 Pb 质量分数与土壤全 N 质量分数呈正相关。

表 6-7　土壤重金属元素间及其与理化性质的相关系数

	Cd	Cu	Pb	土壤密度	总孔隙度	pH	有机质	全 N	全 P	全 K	水解 N	有效 P	速效 K
Cd	1.00	0.36	0.71**	−0.27	0.46	−0.18	−0.20	−0.01	−0.15	−0.16	−0.25	−0.14	0.28
Cu	0.36	1.00	0.46	−0.04	0.31	0.17	−0.39	0.14	−0.02	0.06	−0.41	−0.14	−0.15
Pb	0.71**	0.46	1.00	0.12	0.45	−0.21	−0.06	0.16	0.38	−0.07	−0.09	0.00	0.10

** $p<0.01$。

综上所述，与未经改造的对照样地相比，带状改造和块状改造的样地在经过样地清理、穴状整地、苗木栽植、林地松土等抚育改造后，林地土壤的物理性质得到了改善，改造样地的土壤密度低于对照样地，而土壤含水率高于对照样地，土壤孔隙度也有所提高。综合各个土壤物理性质指标，发现样地 S_3、G_3、G_4 的土壤物理性质得到了明显改善。

与对照样地相比，各改造样地的土壤 pH 升高，各样地土壤均呈弱酸性；土壤有机质质量分数在带宽较宽及面积较大的改造样地中更高；带状改造样地和中等采伐面积样地（225～400m^2）的土壤全 N 质量分数高于对照样地；改造样地的土壤全 P、全 K 以及水解 N 质量分数并没有得到改善；带状改造样地的土壤有效 P 质量分数升高，块状改造样地的土壤有效 P 质量分数下降；改造样地的土壤速效 K 质量分数高于对照样地。

样地 S_1、G_4、G_5 的土壤 Cd 质量分数高于对照样地，且与对照样地差异显著（$p<0.05$），各样地的土壤 Cu 质量分数与对照样地差异不显著（$p>0.05$），各带状改造样地之间的土壤 Pb 质量分数差异显著（$p<0.05$），样地 S_3 的土壤 Pb 质量分数最高。土壤 Cd 与 Pb 质量分数之间呈极显著正相关，土壤 3 种重金属质量分数与土壤总孔隙度呈正相关，与土壤有机质及水解 N 质量分数呈负相关，土壤 Pb 与全 P 质量分数呈正相关，土壤 Cd 与土壤速效 K 质量分数呈正相关。

6.3　诱导改造对大兴安岭低质林土壤理化性质的影响

6.3.1　研究方法

试验样地共分 2 个试验区，分别为白桦低质林试验区和阔叶混交低质林（杨树、黑桦、柞树）试验区。将试验区分别进行 6m、10m、14m、18m 带宽顺山皆伐改造，每种皆伐方式均种植西伯利亚红松、樟子松、落叶松。

2011 年 8 月，在不同带宽的各改造林分及对照林分，各随机选取 8 块 $2m×2m$ 样方，在每块样方按"S"形混合取样法取 5 个 0～10cm 土层土样，然后按四分法混合取土样，共取 208 个土壤样本，土壤样本经实验室风干后用于化学分析，用容积 100cm^3 的环刀在不同带宽的各改造林分及对照林分取环刀土壤样本，重复 3 次，将环刀土壤样本带回实验室测定土壤的物理性质。

土壤理化性质测定方法见 6.2.2.3。

应用 SPSS17.0 和 Excel2007 进行数据统计分析。

6.3.2 不同诱导改造方式对土壤理化性质的影响

6.3.2.1 不同诱导改造方式对土壤物理性质的影响

在阔叶混交低质林改造中，与对照样地相比，除土壤容重有不同程度的降低外，土壤毛管持水量、毛管孔隙度都有一定程度的升高（表 6-8）。除土壤容重外，土壤毛管持水量和土壤毛管孔隙度变异系数均小于 15%，说明带宽对土壤毛管持水量和土壤毛管孔隙度的影响较小。在白桦低质林改造中，和阔叶混交低质林有相似的规律。方差分析发现，土壤物理性质虽然有不同程度的升降，但幅度很小，方差分析不显著（$p > 0.05$）。

表 6-8　不同诱导改造方式土壤容重、毛管持水量和毛管孔隙度影响的描述性统计

小班号		土壤容重		土壤毛管持水量（%）		毛管孔隙度（%）	
		均值	变异系数（%）	均值	变异系数（%）	均值	变异系数（%）
阔叶混交低质林	H	0.71±0.12a	16.90	61.37±4.18ab	6.81	44.51±5.89b	13.23
	Z	0.59±0.18b	30.51	74.51±9.04b	12.13	50.81±7.21b	14.19
	L	0.85±0.21a	24.71	53.55±7.22a	13.48	62.49±8.44b	13.51
	CK	0.81a	—	53.48a	—	35.09a	—
白桦低质林	H	0.57±0.15b	26.32	80.94±10.37b	12.81	66.24±4.80a	7.24
	Z	0.68±0.24a	35.29	56.49±8.52a	15.08	59.41±5.19a	8.73
	L	0.77±0.09a	11.69	70.18±4.01b	5.71	68.43±7.73a	11.29
	CK	0.72a	—	56.07a	—	50.60a	—

注：H：西伯利亚红松（*Pinus koraiensis*），Z：樟子松（*Mongolica* Litv），L：落叶松（*Larix gmelinii*），CK：对照样地。同一次生林的同列不同字母表示差异显著（$\alpha = 0.05$），反之不显著，下同。

6.3.2.2 不同诱导改造方式对土壤 pH 的影响

在阔叶混交低质林改造中，所有诱导改造方式使土壤 pH 与对照样地相比都有不同程度的升高，升高程度表现为落叶松 9.67%、西伯利亚红松 6.20%、樟子松 3.65%（表 6-9）。方差分析发现，使用不同诱导改造方式改造后的土壤 pH 与对照样地都不存在差异性（$p > 0.05$）。同一诱导树种不同带宽 pH 属弱度变异程度，变异系数最高的为西伯利亚红松（10.14%）。在白桦低质林改造中，所有诱导树种土壤 pH 与对照样地的方差分析都不存在差异性（$p > 0.05$）。与阔叶混交低质林结果一致，西伯利亚红松变异系数最高，说明西伯利亚红松在不同带宽下土壤 pH 的变异程度较高。除白桦低质林的诱导树种西伯利亚红松土壤 pH 降低外，其他诱导方式改造下的树种都有不同程度的增加，这是因为在改造前期，林地凋落物减少，从而减少了 CO_2 和有机酸等酸性物质的来源。

表 6-9　不同诱导改造方式土壤 pH、有机质的描述性统计

小班号		pH			有机质/（g·kg⁻¹）		
		范围	均值	变异系数（%）	范围	均值	变异系数（%）
阔叶混交低质林	H	5.12～6.80	5.82±0.59a	10.14	18.37～27.56	22.67±4.02a	17.73
	Z	5.03～6.57	5.68±0.41a	7.22	19.72～28.29	21.56±4.08a	18.92
	L	5.46～6.56	6.01±0.37a	6.16	25.75～32.50	29.13±5.72b	19.63
	CK	—	5.48a	—	—	26.55ab	—
白桦低质林	H	4.91～6.58	5.72±0.90a	15.73	9.74～35.1	21.55±10.08a	46.77
	Z	5.24～6.71	6.07±0.82a	13.51	16.94～31.24	25.59±8.00a	31.26
	L	5.04～6.78	6.09±0.54a	8.87	15.09～29.44	24.92±7.16a	28.73
	CK	—	5.81 a	—	—	22.71a	—

6.3.2.3　不同改造方式对土壤有机质含量的影响

在阔叶混交低质林中，与对照样地相比，土壤有机质含量除落叶松升高 9.72%外，西伯利亚红松和樟子松分别降低了 14.61%和 18.79%（表 6-9）；诱导树种落叶松与西伯利亚红松、樟子松均存在差异性（$p<0.05$），而所有诱导树种与对照样地均无显著性差异（$p>0.05$）。不同带宽有机质含量变异系数均低于 20%，属于弱变异程度。在白桦低质林中，与对照样地相比，有机质含量除西伯利亚红松降低 5.11%外，樟子松和落叶松分别升高 12.68%和 9.73%。西伯利亚红松土壤有机质的变异系数达到 46.77%，属于高变异程度。产生这一现象的原因可能受地表凋落物的分解和地下根系的周转有关。土壤有机碳的归还主要包括了细根的周转，而根系的不同化学成分将影响其细根的分解速率。

6.3.2.4　不同诱导改造方式对土壤全 N 含量的影响

在阔叶混交低质林中，诱导树种西伯利亚红松的全 N 含量在不同带宽变异系数最大（53.16%），属高变异程度（表 6-10）。不同诱导树种全 N 含量与对照样地相比均有不同程度的增加，升高程度表现为落叶松 98.26%、西伯利亚红松 72.70%、樟子松 44.91%。在白桦低质林中，所有诱导改造方式土壤全 N 含量均降低 37%左右。这说明对白桦低质林的改造过程中，全 N 的归还量较少，这可能与白桦低质林凋落物、死根现存量和在其活动的生物量有关。方差分析发现，除阔叶混交低质林的樟子松诱导改造中与对照样地全 N 含量无显著差异（$p>0.05$）外，其他诱导方式全 N 含量与对照样地均有显著差异（$P<0.05$）。

6.3.2.5　不同诱导改造方式对土壤全 P 含量的影响

在阔叶混交低质林中，诱导树种落叶松土壤全 P 含量与对照样地保持平衡

（表 6-10），而西伯利亚红松和樟子松土壤全 P 含量均分别降低了23.88%和35.52%。这说明西伯利亚红松、樟子松全 P 的归还量远小于落叶松。方差分析发现，所有诱导方式土壤全 P 含量都与对照地无显著性差异（$p > 0.05$）。樟子松、落叶松的变异系数最大，为 42.59%左右，属强变异程度。在白桦低质林中，诱导树种土壤全 P 含量与对照样地相比均有所降低，降低程度表现为西伯利亚红松 38.90%、落叶松 33.15%、樟子松 11.78%，不同诱导方式间土壤全 P 含量无显著差异（$p > 0.05$）。

表 6-10 不同诱导改造方式土壤全 N、全 P 的描述性统计

小班号		全 N （g·kg^{-1}）			全 P （g·kg^{-1}）		
		范围	均值	变异系数（%）	均值	范围 e	变异系数（%）
阔叶混交低质林	H	2.75~11.68	6.96±3.7 a	53.16	1.61~3.21	2.55±0.67a	26.27
	Z	5.15~6.19	5.84±0.48ab	8.22	1.58~3.54	2.16±0.92a	42.59
	L	5.16~10.99	7.99±2.04a	25.534	3~3.6	3.35±1.41a	42.09
	CK	—	4.03b	—	—	3.35a	—
白桦低质林	H	4.13~7.56	6.18±1.68 a	27.18	1.69~2.64	2.23±0.43a	19.28
	Z	3.09~8.25	6.02±2.15 a	35.71	1.58~4.11	3.22±1.13a	35.09
	L	4.47~7.91	6.11±1.41 a	23.08	1.72~3.32	2.44±0.66a	27.05
	CK	—	9.66b	—	—	3.65a	—

6.3.2.6 不同诱导改造方式对土壤全 K 含量的影响

在阔叶混交低质林中，除诱导树种西伯利亚红松的土壤全 K 含量比对照样地升高 19.25%外，樟子松、落叶松基本保持平衡（表 6-11），不同带宽种植的西伯利亚红松的土壤全 K 含量异系数最大。在白桦低质林中，与对照样地相比，土壤全 K 含量除西伯利亚红松降低 5.23%外，樟子松、落叶松分别升高 15.21%和11.22%。综合分析发现，不同诱导改造土壤全 K 含量方差分析均无显著差异。不同带宽种植的西伯利亚红松土壤全 K 含量变异系数均最大，说明皆伐宽度对诱导树种西伯利亚红松林下的土壤 K 含量有显著的影响。

表 6-11 不同诱导改造方式全 K 含量的描述性统计

项目	阔叶混交低质林				白桦低质林			
	H	Z	L	CK	H	Z	L	CK
范围（mg·kg^{-1}）	13.85~24.71	12.19~17.61	12.34~14.79	—	6.18~21.38	15.40~18.38	10.35~23.60	—
均值（mg·kg^{-1}）	17.10±5.12a	14.63±2.26a	13.81±1.50a	24.19a	13.77±7.75a	16.74±1.41a	16.16±5.62a	14.53a
变异系数（%）	29.94	15.45	10.86	—	56.28	8.24	34.78	—

注：同一林型的同行不同字母表示差异显著（$\alpha = 0.05$），反之不显著。

6.3.3 相关性分析

由表 6-12 知，土壤有机质含量与全 N、全 K 含量具有显著正相关性（$p<0.05$），这与耿玉清等[36]的研究结果一致，说明有机质含量的增加将改善土壤养分的有效性，因为 N 素的输入量主要依赖于植物凋落物的归还和生物固 N，而有机质的积累主要依赖于地上凋落物分解和地下根系的周转。土壤毛管孔隙度与其他物理量均没有显著相关性。皆伐带宽与土壤容重、有机质、水解 N 含量呈显著负相关性（$p<0.05$），说明皆伐带宽增加不利于土壤养分的积累。

表 6-12　土壤容重、毛管空隙度、pH、有机质含量、全 N 含量、全 K 含量与皆伐带宽的相关性分析

项目	土壤容重	毛管空隙度	pH	有机质含量	全 N 含量	全 K 含量	带宽
土壤容重	1						
毛管空隙度	−0.642**	1					
pH	0.151	−0.084	1				
有机质含量	0.271	0.249	0.121	1			
全 N 含量	0.408*	−0.162	0.044	0.692**	1		
全 K 含量	−0.125	0.372	0.702**	0.501*	0.483*	1	
带宽	−0.551*	0.291	0.243	−0.428*	−0.470*	−0.105	1

** 表示在 0.01 水平上极显著相关；
* 表示在 0.05 水平上显著相关。

在不同诱导改造中，与对照样地相比除土壤容重有不同程度的降低外，土壤毛管持水量、毛管孔隙度都有一定程度的升高，但升降幅度很小，方差分析不显著。赵康等[37]的研究表明，森林采伐后土壤密度增加，透水性能减弱，总孔隙度减少，持水能力降低。本试验区土壤属弱酸性，pH 在 6.0 左右，且土壤 pH 的变异系数小于土壤有机质和土壤全量，这与 Fu 等[38]的研究结果相一致。不同带宽西伯利亚红松土壤 pH 的变异系数最大，说明带宽对西伯利亚红松林下土壤 pH 的影响最大，这与不同带宽红松林下形成不同的微环境，较大程度地影响了凋落物分解、根系分泌物、微生物的活动与繁殖有关[39,40]。

森林树种组成、凋落物数量及化学成分、养分的吸收和归还等特性直接影响土壤养分的储存和有效性。Guo 和 Gifford[41]的研究发现，土地利用方式的改变造成土壤碳储量的降低。蒋培坤等[42]的研究表明，在中亚热带石灰岩荒山上造林，营造不同的树种均可以显著增加土壤养分。王旭琴等[43]研究了江西大岗山地区马尾松纯林、马褂木纯林、杉木纯林及马褂木－栲木混交林不同人工林更新方式对土壤理化性质状况的影响。对阔叶混交低质林和白桦低质林两种不同的低质林分做不同诱导改造后，土壤有机质的含量基本保持平衡。在阔叶混交低质林改造中，土壤全 N 含量有一定程度的升高，而全 P、全 K 含量有不同程度的降低；在柞树低质林改造中，土壤全 N、全 P 含量有不同程度的降低，而全 K 含量均有所升高。在阔叶混交低质林中有更丰富的灌木和草本，且有大量的固 N 植物胡枝子（*Lespedeza bicolor*），因此采伐改造后全 N 含量有一定程度的升高。P 素的含量主要与不同根系对 P 的活化作用和 P 在土壤中的存在状态有关[44]，P 在土壤中易形成难溶性盐沉淀，不同根系的分泌物对活化土壤难溶性 P 具有重要作用。经多重比较，鉴于对低质林所有诱导改造方式土壤全 P 含量有显著下降，因此，在生产上应加大对 P 素的补充，以保持土壤肥力的长期有效性。不同带宽土壤 pH、土壤养分含量（除全 P 外）诱导树种西伯利亚红松的变异系数最大，说明不同带宽改造模式对诱导树种西伯利亚红松土壤养分的吸收和积累有极其显著的影响。

低质林分的不同诱导改造模式土壤养分差异除与经营措施有关外，还可能与诱导树种对养分的吸收特性，以及林木之间和林草之间的相互关系等方面有关，这方面的问题还有待于进一步的研究。同时，本节只对低质林改造初期的土壤养分进行了研究，而低质林改造效果还需更加长期的定位观测和分析[45]。

6.4 阔叶混交低质林诱导改造后土壤养分的模糊综合评价

土壤作为植物生长的重要介质，不仅为植物的生长提供了物理支撑，而且为植物生长提供了水分、微生物和必要的养分，是生态系统中物质和能量循环的重要场所[46]。土壤养分和土壤理化性质息息相关，不但直接影响植物的生长发育，而且也对森林群落内植物种类的分布格局具有重要影响[47]。因此，国内外许多学者对各地的土壤养分和土壤理化性质进行了大量的研究，但由于土壤养分的影响因子众多，目前国内对土壤养分的评价还停留在定性描述以及传统的定量描述上，其中定性描述已无法满足人们对土壤研究的需要，而传统的定量化描述则存在着较大的主观随意性[48]。模糊综合指数评价法，是指对多种模糊因素所影响的事物或现象进行总的评价，是一种定量研究多种属性事物的方法[49]。本书以大兴安岭林区中的阔叶混交低质林为研究对象，采用模糊综合指数法对不同诱导改造方式下阔叶混交低质林的土壤养分质量分数建立评价模型，分析比较不同诱导改造方式对林地土壤养分质量分数的影响，以期为阔叶混交低质林的改造和培育提供参考依据。

6.4.1 研究方法

6.4.1.1 实验数据采集

对大兴安岭林区加格达奇林业局翠峰林场 174 林班的阔叶混交低质林进行带状改造。带状改造试验区以顺山带设置，共 4 条皆伐带，皆伐带的带宽依次为 6m、10m、14m、18m，每条皆伐带平均分成 3 段，分别栽植樟子松、落叶松、西伯利亚红松，栽植苗木时与相邻保留林带距离 1m，株行距配置为 2m×1.5m。同时，在阔叶混交低质林试验区中设置一个未采伐的对照样地（CK）。

采样时间选在 2012 年的 6 月底，在带状改造试验区每条采伐带和对照样地沿山坡上、中、下按 "S" 形分别选取 5 个采样点，每个样点取土壤剖面为 0~10cm 的土壤 1kg 带回实验室，鲜土在实验室做自然风干处理，然后研磨、过筛，用于分析土壤养分质量分数，分析方法[50]如表 6-13 所示。

表 6-13　森林土壤分析方法

测定对象	测定方法	主要仪器
有机质质量分数	油浴重铬酸 K 氧化法	油浴锅
全 N 质量分数	半微量凯氏法	自动定 N 仪
全 P 质量分数	酸溶——钼锑抗比色法	原子吸收光谱分析仪
全 K 质量分数	碳酸氢钠浸提——火焰光度法	火焰光度计
碱解 N 质量分数	碱解扩散法	扩散皿、恒温箱
有效 P 质量分数	氢氧化钠浸提——钼锑抗比色法	原子吸收光谱分析仪
速效 K 质量分数	乙酸铵浸提——火焰光度法	火焰光度计

将测得的数据录入 Excel 2010 中进行基本的处理后，再导入 Matlab 7.0 中对矩阵进行计算。

6.4.1.2 模糊综合指数法

设影响土壤养分质量分数的因子有 n 个，由这 n 个因子组成土壤养分质量分数评价因子集 U：

$$U=(U_1,U_2,\ldots,U_n) \tag{6-15}$$

设有 m 种不同的土壤养分质量分数评价等级，它们组成与 U 相对应的土壤养分质量分数评价等级集 V：

$$V=(V_1,V_2,\ldots,V_m) \tag{6-16}$$

在 V 和 U 均给定之后，土壤样本的养分因子与评价等级之间的模糊关系可用模糊矩阵 R 表示：

$$R=(r_{ij})_{n\times m} \quad (i=1,2,\ldots,n;j=1,2,\ldots,m) \tag{6-17}$$

其中，r_{ij} 表示第 i 种土壤养分的质量分数，可以被评为第 j 种土壤养分质量分数等级的可能性，即 i 对 j 的隶属度。

由于土壤养分质量分数评价因子集 U 中各养分因子在土壤养分质量分数评价中所起的作用不一样，因此，评价时应给 U_i 分配相应的权重系数 w_i，它们构成土壤养分质量分数评价因子集 U 的权重矩阵 W：

$$W=(w_1,w_2,\ldots,w_n) \tag{6-18}$$

其中，$\sum_{i=1}^{n}w_i=1$。

已知模糊矩阵 R 和权重矩阵 W 后，对于 n 种土壤养分因子，可得到其多指标模糊综合评价矩阵 B：

$$B=W \cdot R=(b_1,b_2,\ldots,b_m) \tag{6-19}$$

其中，$b_j=\sum_{i=1}^{n}(w_i \times r_{ij})$ $(j=1,2,\ldots,m)$。

则可求出土壤养分质量分数的模糊综合指数 $F_{C,I}$：

$$F_{C,\ I}=B \cdot G \tag{6-20}$$

其中，G 为土壤养分质量分数等级标准向量，$G^{\mathrm{T}}=(1,2,\ldots,m)$。

$F_{C,I}$ 值越小，说明该样地的土壤养分质量分数等级越高，土壤养分越好。

6.4.2　土壤养分传统定量评价

阔叶混交低质林经过不同诱导改造后，样地内各土壤养分影响因子质量分数的实测值如表 6-14 所示。在土壤有机质、全 N 和有效 P 质量分数方面，和对照样地相比，除 18m 诱导改造带有所上升外，其余诱导改造带均有不同程度的下降；而在土壤全 K 质量分数方面，则正好相反，除 18m 诱导改造带有略微下降外，其余诱导改造带均有不同程度的升高，其中土壤全 K 质量分数最高的是 14m 诱导改造带，达到了 26.05g·kg^{-1}；而在土壤全 P 和碱解 N 质量分数方面，除 10m 诱导改造带有所下降外，6m、14m、18m 诱导改造带均有不同程度的升高。

表 6-14　样地土壤养分质量分数

样地	有机质质量分数 （g·kg^{-1}）	全 N 质量分数 （g·kg^{-1}）	全 P 质量分数 （g·kg^{-1}）	全 K 质量分数 （g·kg^{-1}）	碱解 N 质量分数 （mg·kg^{-1}）	有效 P 质量分数 （mg·kg^{-1}）	速效 K 质量分数 （mg·kg^{-1}）
对照	25.01	11.00	1.06	18.94	352.98	40.95	41.23
6m	17.63	10.52	1.07	24.94	372.23	20.08	33.98
10m	22.90	7.79	1.02	23.69	297.79	37.80	39.66
14m	22.19	9.86	1.08	26.05	334.56	35.44	48.99
18m	36.33	13.21	1.27	17.37	428.07	54.73	55.43

显然，采用传统方法对土壤养分进行定量评价，得到的结果粗糙，很难判断

改造后的样地的土壤养分质量分数是否上升，也很难筛选出最适合阔叶混交低质林的改造方法。

6.4.3 土壤养分模糊综合评价

6.4.3.1 确定土壤养分评价因子和评价标准

在考虑大兴安岭的土壤特征以及专家的指导下，本书选取差异显著、对土壤养分和植物生长影响较大的土壤有机质、全 N、全 P、全 K、碱解 N、有效 P 和速效 K 的质量作为评价因子，因此，$n=7$。

本次研究中，土壤养分质量分数评价标准参考全国第二次土壤普查养分分级标准[51]（表6-15），因此，$m=6$。

表 6-15   全国第二次土壤普查养分质量分数（c）分级标准

级别	有机质质量分数（g·kg⁻¹）	全 N 质量分数（g·kg⁻¹）	全 P 质量分数（g·kg⁻¹）	全 K 质量分数（g·kg⁻¹）	碱解 N 质量分数（mg·kg⁻¹）	有效 P 质量分数（mg·kg⁻¹）	速效 K 质量分数（mg·kg⁻¹）
1	$40{\leqslant}c$	$2{\leqslant}c$	$1{\leqslant}c$	$25{\leqslant}c$	$150{\leqslant}c$	$40{\leqslant}c$	$200{\leqslant}c$
2	$30{\leqslant}c<40$	$1.5{\leqslant}c<2$	$0.8{\leqslant}c<1$	$20{\leqslant}c<25$	$120{\leqslant}c<150$	$20{\leqslant}c<40$	$150{\leqslant}c<200$
3	$20{\leqslant}c<30$	$1{\leqslant}c<1.5$	$0.6{\leqslant}c<0.8$	$15{\leqslant}c<20$	$90{\leqslant}c<120$	$10{\leqslant}c<20$	$100{\leqslant}c<150$
4	$10{\leqslant}c<20$	$0.75{\leqslant}c<1$	$0.4{\leqslant}c<0.6$	$10{\leqslant}c<15$	$60{\leqslant}c<90$	$5{\leqslant}c<10$	$50{\leqslant}c<100$
5	$6{\leqslant}c<10$	$0.5{\leqslant}c<0.75$	$0.2{\leqslant}c<0.4$	$5{\leqslant}c<10$	$30{\leqslant}c<60$	$3{\leqslant}c<5$	$30{\leqslant}c<50$
6	$0{\leqslant}c<6$	$0{\leqslant}c<0.5$	$0{\leqslant}c<0.2$	$0{\leqslant}c<5$	$0{\leqslant}c<30$	$0{\leqslant}c<3$	$0{\leqslant}c<30$

6.4.3.2 建立模糊关系矩阵

模糊关系矩阵 R 的建立主要是计算隶属度 r_{ij}（$i=1,2,\ldots,n; j=1,2,\ldots,m$），而 r_{ij} 可通过隶属函数来确定。本次研究中土壤养分的影响因子与土壤养分均为"S"形曲线关系，因此，用"S"形隶属函数计算隶属度。为了便于计算，文中用折线型分段函数模拟"S"形隶属函数。

对于第 1 级土壤养分质量分数，即 $j=1$，其隶属函数为

$$r_{ij}=\begin{cases} 0 & (X_i < S_{i(j+1)}) \\ \dfrac{X_i-S_{i(j+1)}}{S_{ij}-S_{i(j+1)}} & (S_{i(j+1)} \leqslant X_i \leqslant S_{ij}) \\ 1 & (X_i > S_{ij}) \end{cases} \tag{6-21}$$

对于第 2~5 级土壤养分质量分数，即 $j=2\sim5$，其隶属函数为

$$
r_{ij} = \begin{cases} \dfrac{X_i - S_{i(j+1)}}{S_{ij} - S_{i(j+1)}} & (S_{i(j+1)} \leqslant X_i \leqslant S_{ij}) \\ 0 & (X_i > S_{i(j-1)} \text{ 或 } X_i < S_{i(j+1)}) \\ \dfrac{S_{i(j-1)} - X_i}{S_{i(j-1)} - S_{ij}} & (S_{ij} < X_i \leqslant S_{i(j-1)}) \end{cases} \tag{6-22}
$$

对于第 6 级土壤养分质量分数，即 $j=6$，其隶属函数为

$$
r_{ij} = \begin{cases} 0 & (X_i > S_{i(j-1)}) \\ \dfrac{S_{i(j-1)} - X_i}{S_{i(j-1)} - S_{ij}} & (S_{ij} \leqslant X_i \leqslant S_{i(j-1)}) \\ 1 & (X_i < S_{ij}) \end{cases} \tag{6-23}
$$

式中，X_i 是第 i 种养分因子的实测值；S_{ij} 是第 i 种养分因子的第 j 级评价标准，由表 6-15 可知，本次研究中的 S 矩阵如下：

$$
S = \begin{bmatrix} 40 & 30 & 20 & 10 & 6 & 0 \\ 2 & 1.5 & 1 & 0.75 & 0.5 & 0 \\ 1 & 0.8 & 0.6 & 0.4 & 0.2 & 0 \\ 25 & 20 & 15 & 10 & 5 & 0 \\ 150 & 120 & 90 & 60 & 30 & 0 \\ 40 & 20 & 10 & 5 & 3 & 0 \\ 200 & 150 & 100 & 50 & 30 & 0 \end{bmatrix}
$$

根据式（6-21）～式（6-23），可求出对照样地和各诱导改造带的模糊关系矩阵：

$$
R_1 = \begin{bmatrix} 0 & 0.501 & 0.499 & 0 & 0 & 0 \\ 1 & 0 & 0 & 0 & 0 & 0 \\ 1 & 0 & 0 & 0 & 0 & 0 \\ 0 & 0.789 & 0.211 & 0 & 0 & 0 \\ 1 & 0 & 0 & 0 & 0 & 0 \\ 1 & 0 & 0 & 0 & 0 & 0 \\ 0 & 0 & 0 & 0.561 & 0.439 & 0 \end{bmatrix} ;
$$

$$
R_2=\begin{bmatrix}
0 & 0 & 0.763 & 0.237 & 0 & 0 \\
1 & 0 & 0 & 0 & 0 & 0 \\
1 & 0 & 0 & 0 & 0 & 0 \\
0.987 & 0.013 & 0 & 0 & 0 & 0 \\
1 & 0 & 0 & 0 & 0 & 0 \\
0.004 & 0.996 & 0 & 0 & 0 & 0 \\
0 & 0 & 0 & 0.199 & 0.801 & 0
\end{bmatrix};
$$

$$
R_3=\begin{bmatrix}
0 & 0.290 & 0.710 & 0 & 0 & 0 \\
1 & 0 & 0 & 0 & 0 & 0 \\
1 & 0 & 0 & 0 & 0 & 0 \\
0.738 & 0.262 & 0 & 0 & 0 & 0 \\
1 & 0 & 0 & 0 & 0 & 0 \\
0.890 & 0.110 & 0 & 0 & 0 & 0 \\
0 & 0 & 0 & 0.483 & 0.517 & 0
\end{bmatrix};
$$

$$
R_4=\begin{bmatrix}
0 & 0.219 & 0.781 & 0 & 0 & 0 \\
1 & 0 & 0 & 0 & 0 & 0 \\
1 & 0 & 0 & 0 & 0 & 0 \\
1 & 0 & 0 & 0 & 0 & 0 \\
1 & 0 & 0 & 0 & 0 & 0 \\
0.772 & 0.228 & 0 & 0 & 0 & 0 \\
0 & 0 & 0 & 0.950 & 0.050 & 0
\end{bmatrix};
$$

$$
R_5=\begin{bmatrix}
0.633 & 0.367 & 0 & 0 & 0 & 0 \\
1 & 0 & 0 & 0 & 0 & 0 \\
1 & 0 & 0 & 0 & 0 & 0 \\
0 & 0.474 & 0.526 & 0 & 0 & 0 \\
1 & 0 & 0 & 0 & 0 & 0 \\
1 & 0 & 0 & 0 & 0 & 0 \\
0 & 0 & 0.109 & 0.891 & 0 & 0
\end{bmatrix}。
$$

其中，R_1 为对照样地的模糊关系矩阵，R_2、R_3、R_4 和 R_5 分别为 6m、10m、14m、18m 诱导改造带的模糊关系矩阵。

6.4.3.3 计算各土壤养分因子权重

本次研究中采用变异系数法来计算各土壤养分因子的权重，采用变异系数法可以直接利用各土壤养分影响因子所包含的信息，通过计算得到各土壤养分影响因子的权重，是一种客观赋权的方法。各土壤养分因子的变异系数公式如下：

$$V_i = \sigma_i / \overline{X_i} \qquad (6\text{-}24)$$

式中，V_i 是第 i 个土壤养分影响因子的变异系数，也称为标准差系数；σ_i 是第 i 个土壤养分影响因子的标准差；$\overline{X_i}$ 是第 i 个土壤养分影响因子的平均值。

各个土壤养分影响因子的权重为

$$w_i = V_i / \sum_{i=1}^{n} V_i \qquad (6\text{-}25)$$

将表 6-14 中的数据按式（6-24）和（6-25）计算，可求出各土壤养分影响因子的权重系数，因此，得到各影响因子的权重矩阵 W：

$$W = (0.20, 0.14, 0.06, 0.12, 0.10, 0.24, 0.14)$$

6.4.3.4　计算多指标模糊综合评价矩阵

根据式（6-17），利用 Matlab 7.0 计算可得到各样地土壤养分质量分数的模糊综合评价矩阵 B：

$$B_1 = W \cdot R_1 = (0.533, 0.200, 0.128, 0.078, 0.061, 0.000);$$
$$B_2 = W \cdot R_2 = (0.420, 0.238, 0.155, 0.076, 0.111, 0.000);$$
$$B_3 = W \cdot R_3 = (0.599, 0.118, 0.144, 0.067, 0.072, 0.000);$$
$$B_4 = W \cdot R_4 = (0.604, 0.099, 0.159, 0.131, 0.007, 0.000);$$
$$B_5 = W \cdot R_5 = (0.662, 0.134, 0.081, 0.123, 0.000, 0.000)。$$

其中，B_1 为对照样地的模糊综合评价矩阵；B_2、B_3、B_4、B_5 分别为 6m、10m、14m、18m 诱导改造带的模糊综合评价矩阵。

6.4.3.5　模糊综合指数的计算

由表 6-15 可知，$G^T = (1, 2, 3, 4, 5, 6)$，因此，由式（6-20）可计算出各个样地土壤养分质量分数的模糊综合指数 $F_{C,I}$：

$$F_{C,\,I1} = B_1 \cdot G = 1.93;$$
$$F_{C,\,I2} = B_2 \cdot G = 2.22;$$
$$F_{C,\,I3} = B_3 \cdot G = 1.89;$$
$$F_{C,\,I4} = B_4 \cdot G = 1.84;$$
$$F_{C,\,I5} = B_5 \cdot G = 1.66。$$

其中，$F_{C,I1}$ 为对照样地土壤养分质量分数的模糊综合指数，$F_{C,I2}$、$F_{C,I3}$、$F_{C,I4}$ 和 $F_{C,I5}$ 分别为 6m、10m、14m、18m 诱导改造带土壤养分质量分数的模糊综合指数。

土壤养分是衡量土壤肥力的核心指标，是土壤肥力综合评价的根本。森林采伐，尤其是皆伐会移除大量的地面生物量，使森林微气候发生改变，导致水、热、光等各种环境影响因子的再分配，从而使枯落物的分解条件发生改变，影响森林生态系统物质和能量的循环过程，并使土壤养分发生改变。研究采伐后林地土壤养分的分布特征，对于了解营养元素循环、森林生态系统土壤肥力和森林群落的更新演替规律具有重要意义。本次研究中采用模糊综合指数法对大兴安岭阔叶混交低质林在不同诱导改造后的土壤养分质量分数进行研究，得到各样地土壤养分质量分数的模糊综合指数（$F_{C,1}$）由大到小的顺序为6m诱导改造带（2.22）、对照样地（1.93）、10m诱导改造带（1.89）、14m诱导改造带（1.84）、18m诱导改造带（1.66），表明除6m诱导改造带外，其他诱导改造带的土壤养分质量分数等级均要优于对照样地，这主要是因为皆伐改造后的初期，森林郁闭度降低，阳光可以直达地表，土壤温度比对照样地要高。在土壤微生物的作用下，采伐迹地上留存的大量采伐剩余物变得易于分解，矿化速率加快，再加上采伐后的枯枝落叶层的有机质在降水的淋溶作用下，导致诱导改造后初期的土壤养分质量分数增加[52]；而6m诱导改造带的土壤养分质量分数等级不如对照样地，可能是因为皆伐后样地出现水土流失，土壤养分质量分数下降。另外，从模糊综合指数计算结果可知，随着采伐带宽的增加，土壤养分质量分数等级升高，这可能是因为采伐带越宽，诱导改造带的阳光越充足，土壤温度升高得越快，诱导改造带的微气候越适宜采伐剩余物的分解，从而使诱导改造带的养分质量分数越高。

对各土壤养分影响因子科学地赋予不同的权重，有利于提高土壤养分质量分数等级评价的精度。本次研究根据对大兴安岭诱导改造后样地的实测数据，采用变异系数法对各指标客观地求权重，有效地避免了层次分析法等由于人为主观因素而造成的权重分配偏差。结果显示，有机质、有效P的权重分别为0.20和0.24，高于全N（0.14）、全P（0.06）、全K（0.12）、碱解N（0.1）以及速效P（0.14），说明有机质和有效P是影响土壤养分的主要因子。因此，在今后的低质林培育过程中，可以适当地施加P肥，以保持林地土壤肥力的长期有效性。

本次研究中采用模糊综合指数法对各诱导改造带和对照样地的土壤养分质量分数建立评价模型，避免了定性评价和传统定量评价所存在的主观性强、结论粗糙、评价所提供的信息量少等弊端。采用模糊综合指数法的评价结果显示，大兴安岭阔叶混交低质林的土壤养分质量分数等级均在2左右，说明各样地的土壤非常肥沃，这与大兴安岭的实际情况是比较相符的，也说明本次研究采用模糊综合指数法对土壤养分质量分数等级进行评价，是科学可行的。另外，本次研究中建立的模糊综合评价模型具有良好的通用性，对其他区域的土壤养分质量分数等级进行评价时，只需根据实际情况稍微进行调整，即可得到评价结果，对今后的森林经营和培育具有重要的借鉴意义。

6.5　蒙古栎低质林诱导改造后土壤
养分的灰色关联评价

灰色关联分析法是采用关联度来量化研究系统内各指标的相互联系、相互影响与相互作用的一种方法，若两指标参数矩阵构成的空间几何曲线越接近，则关联度越大[53,54]。由于灰色关联分析法简单、高效，因此，在水质评价、大气质量评价等环境质量评价领域得到广泛应用，但在土壤养分评价方面却鲜见报道[55]。

大兴安岭林区的总经营面积达 $8.35 \times 10^6 hm^2$，森林资源丰富，是我国重要的林业基地之一，木材储量约占全国的一半，但由于 20 世纪在强烈的自然和人为因素的共同干扰、破坏下，林分结构成分大面积缺失，生物多样性大幅下降，形成了大片质量低下、林相残败、林下土壤侵蚀严重的低质林[56]。本节以大兴安岭蒙古栎低质林为研究对象，探讨不同诱导改造方式对林地土壤养分的影响，并尝试利用灰色关联分析法对各样地的土壤养分进行综合评价，旨在为蒙古栎低质林今后的更新和培育提供参考依据。

6.5.1　研究方法

6.5.1.1　实验方法

测定时间选在 2012 年的 6 月底（改造后第 3a），在加格达奇林业局翠峰林场 174 林班的蒙古栎低质林未采伐的对照样地和带状改造试验区的每条采伐带沿山坡上、中、下按"S"形分别选取 5 个采样点，在块状改造试验区随机选取 3 个采样点，每个样点取土壤剖面为 0～10cm 的土壤 1kg 带回实验室，鲜土在实验室做自然风干处理，然后去除杂质并研磨、过筛，用于分析土壤养分质量分数。

6.5.1.2　数据处理

将测得的数据录入 Excel 2010，进行基本的处理后，再导入 Matlab 7.0 中对矩阵进行计算。

6.5.1.3　评价方法

由 n 个样地的 m 个评价指标实测值组成的集合即为决策矩阵 X。

1）初始化决策矩阵

由于各评价指标的量纲和量纲单位均有所不同，为了消除其对评价结果造成的影响，应该对各评价指标进行无量纲化处理，从而得到初始化决策矩阵 X'。

2）计算灰色关联系数

理想对象矩阵 S 为

$$S=\{s_i\}_{m\times 1} \quad (i=1,2,\ldots,m) \quad (6-26)$$

式中，s_i 为初始化后的决策矩阵 X' 中第 i 行的最大值。

已知初始化后的决策矩阵 X' 和理想对象矩阵 S 后，就可以利用式（6-27）计算出各自的关联系数 r_{ij}：

$$r_{ij}=\frac{\min\limits_m \min\limits_n |s_i-x'_{ij}| + \lambda \max\limits_m \max\limits_n |s_i-x'_{ij}|}{|s_i-x'_{ij}| + \lambda \max\limits_m \max\limits_n |s_i-x'_{ij}|} \quad (6-27)$$

式中，λ 为分辨系数，其取值范围为 0～1，其值只影响样地关联度的大小，而不会影响各样地关联度的排列顺序，一般取 0.5；$|s_i-x'_{ij}|$ 表示 s_i 与 x'_{ij} 在点 $j=1,2,\ldots,n$ 的绝对差；$\min\limits_m \min\limits_n |s_i-x'_{ij}|$ 为因素 $i=1,2,\ldots,m$ 在点 $j=1,2,\ldots,n$ 的最小绝对差，也称二级最小差；$\max\limits_m \max\limits_n |s_i-x'_{ij}|$ 为因素 $i=1,2,\ldots,m$ 在点 $j=1,2,\ldots,n$ 的最大绝对差，也称二级最大差。

3）确定评价指标权重

由于土壤养分受各指标的影响程度不一样，因此，需要对不同的影响指标赋予不同的权重。

4）计算灰色关联度

已知灰色关联系数和指标权重后，即可根据下式计算出各样地的关联度 b_j：

$$b_j=\sum_{i=1}^m (w_i \times r_{ij}) \quad (j=1,2,\cdots,n) \quad (6-28)$$

6.5.2 土壤养分传统定量评价

蒙古栎低质林各诱导改造带、林窗和对照样地的土壤养分指标的实测平均值如表 6-16 所示。

表 6-16 样地土壤养分实测值

样地	有机质质量分数（g·kg⁻¹）	全 N 质量分数（g·kg⁻¹）	全 P 质量分数（g·kg⁻¹）	全 K 质量分数（g·kg⁻¹）	碱解 N 质量分数（mg·kg⁻¹）	有效 P 质量分数（mg·kg⁻¹）	速效 K 质量分数（mg·kg⁻¹）
CK	21.46	8.60	1.20	24.33	291.12	18.42	46.81
S_1	19.13	8.94	1.21	23.39	316.40	24.97	32.11
S_2	18.62	8.25	1.06	26.86	366.03	26.08	37.46
S_3	18.57	9.40	1.13	29.43	341.21	20.74	42.91
S_4	20.08	10.54	1.11	22.99	341.21	23.95	45.03
G_1	16.62	10.11	1.04	29.60	428.07	18.67	52.45

续表

样地	有机质质量分数 (g·kg^{-1})	全 N 质量分数 (g·kg^{-1})	全 P 质量分数 (g·kg^{-1})	全 K 质量分数 (g·kg^{-1})	碱解 N 质量分数 (mg·kg^{-1})	有效 P 质量分数 (mg·kg^{-1})	速效 K 质量分数 (mg·kg^{-1})
G$_2$	31.22	10.31	1.62	37.75	390.84	18.67	51.95
G$_3$	19.68	13.75	1.45	29.81	465.29	21.03	51.26
G$_4$	40.68	6.88	1.07	20.76	595.57	13.45	59.03
G$_5$	15.47	12.75	0.90	25.50	521.12	15.68	35.70
G$_6$	25.30	10.82	1.06	25.49	446.68	15.99	49.61

从表 6-16 中可知，各改造带的土壤有机质质量分数与对照样地（CK）相比，均有不同程度的下降，总体趋势是随着带宽增加，有机质质量分数下降（S$_4$ 带除外）；土壤全 P 的质量分数和有机质类似，总体趋势也是随着带宽增加，质量分数下降，且除 S$_1$ 带略高于对照样地（CK）外，其他改造带的全 P 质量分数均有不同程度的下降；而土壤全 N 正好相反，各诱导改造带全 N 的质量分数均比对照样地（CK）高，且随着带宽增加，土壤全 N 质量分数升高（S$_2$ 带除外）；各诱导改造带土壤全 K 和土壤全 N 类似，总体趋势是随着带宽增加，质量分数升高，但 S$_1$、S$_4$ 带与对照样地相比，土壤全 K 质量分数有所降低；在碱解 N 和有效 P 方面，各诱导改造带的质量分数均不同程度地高于对照样地，但和带宽没有明显的相关性；而速效 K 却正好相反，其质量分数与带宽呈显著正相关，但和对照样地（CK）相比，均有不同程度的下降。

在蒙古栎低质林的林窗改造中，土壤有机质的质量分数为 15.47～40.68g·kg^{-1}，其中，G$_1$、G$_3$、G$_5$ 林窗的有机质质量分数与对照样地相比有所降低，其他林窗则有不同程度的升高；在土壤全 N 方面，除 G$_4$ 林窗低于对照样地外，其他林窗均有不同程度的升高，其中，最高的是 G$_3$ 林窗（13.75g·kg^{-1}）；各林窗改造中，全 P 的总体趋势是随着林窗面积增加，其质量分数下降，其中，除 G$_2$、G$_3$ 林窗高于对照样地外，其他林窗的全 P 质量分数均有所下降；全 K 的质量分数除 G$_4$ 林窗低于对照样地外，其他林窗均有所升高，且总体上和林窗面积呈负相关；各林窗改造中，碱解 N 的质量分数为 428.07～595.57mg·kg^{-1}，均远远高于对照样地和诱导改造带；各林窗改造有效 P 的质量分数为 13.45～18.67mg·kg^{-1}，和对照样地相比，面积较小的林窗（G$_1$、G$_2$、G$_3$）有所升高，面积较大的林窗（G$_4$、G$_5$、G$_6$）有所降低；在速效 K 方面，和对照样地相比，除 G$_5$ 林窗的质量分数有所降低外，其他林窗均有不同程度的升高。

6.5.3　灰色关联分析评价

6.5.3.1　确定决策矩阵

选择合适的土壤养分评价指标是土壤养分评价的基础和关键，在遵循生产性、主导性和稳定性三原则的基础上，同时考虑大兴安岭的土壤特征并参考有关专家的指导建议，本次研究中选取对土壤养分和植物生长影响较大且差异显著的土壤有机质、全 N、全 P、全 K、碱解 N、有效 P 和速效 K 7 个土壤养分指标作为评价指标。由表 6-16 可知，本次研究中 $m=7$，$n=11$，因此，决策矩阵 X 为

$$X=\begin{bmatrix} 21.46 & 19.31 & 18.62 & 18.57 & 20.08 & 16.62 & 31.22 & 19.68 & 40.68 & 15.47 & 25.30 \\ 8.60 & 8.94 & 8.25 & 9.40 & 10.54 & 10.11 & 10.31 & 13.75 & 6.88 & 12.75 & 10.82 \\ 1.20 & 1.21 & 1.06 & 1.13 & 1.11 & 1.04 & 1.62 & 1.45 & 1.07 & 0.90 & 1.06 \\ 24.33 & 23.39 & 26.86 & 29.43 & 22.99 & 29.60 & 37.75 & 29.81 & 20.76 & 25.50 & 25.49 \\ 291.12 & 316.40 & 366.03 & 341.21 & 341.21 & 428.07 & 390.84 & 465.29 & 595.57 & 521.12 & 446.68 \\ 18.42 & 24.97 & 26.08 & 20.74 & 23.95 & 18.67 & 18.67 & 21.03 & 13.45 & 15.68 & 15.99 \\ 46.81 & 32.11 & 37.46 & 42.91 & 45.03 & 52.45 & 51.95 & 51.26 & 59.03 & 35.70 & 49.61 \end{bmatrix}$$

6.5.3.2 初始化决策矩阵

由于各评价指标的量纲和量纲单位均有所不同，为了消除其对评价结果造成的影响，应该对各评价指标进行无量纲化处理，目前，无量纲化处理的方法有很多，由于本次研究中的指标均为效益型指标，因此，采用式（6-29）对决策矩阵进行初始化处理：

$$x'_{ij}=x_{ij}/x_{i0} \quad (i=1,2,\ldots,m;\ j=1,2,\ldots,n) \tag{6-29}$$

式中，x'_{ij} 表示第 j 个样地的第 i 种土壤养分指标初始化后的值；x_{ij} 表示第 j 个样地的第 i 种土壤养分指标的实测值；x_{i0} 表示 x_{ij} 在第 i 种土壤养分指标上的最大值，即决策矩阵 X 中第 i 行的最大值。

因此，初始化后的决策矩阵 X' 为

$$X'=\begin{bmatrix} 0.53 & 0.47 & 0.46 & 0.46 & 0.49 & 0.41 & 0.77 & 0.48 & 1.00 & 0.38 & 0.62 \\ 0.63 & 0.65 & 0.60 & 0.68 & 0.77 & 0.74 & 0.75 & 1.00 & 0.50 & 0.93 & 0.79 \\ 0.74 & 0.75 & 0.65 & 0.70 & 0.69 & 0.64 & 1.00 & 0.90 & 0.66 & 0.56 & 0.66 \\ 0.64 & 0.62 & 0.71 & 0.78 & 0.61 & 0.78 & 1.00 & 0.79 & 0.55 & 0.68 & 0.68 \\ 0.49 & 0.53 & 0.61 & 0.57 & 0.57 & 0.72 & 0.66 & 0.78 & 1.00 & 0.88 & 0.75 \\ 0.71 & 0.96 & 1.00 & 0.80 & 0.92 & 0.72 & 0.72 & 0.81 & 0.52 & 0.60 & 0.61 \\ 0.79 & 0.54 & 0.63 & 0.73 & 0.76 & 0.89 & 0.88 & 0.87 & 1.00 & 0.60 & 0.84 \end{bmatrix}$$

6.5.3.3 确定灰色关联判断矩阵

本次研究中的理想对象矩阵 S 为

$$S^{\mathrm{T}}=[1\ 1\ 1\ 1\ 1\ 1\ 1]$$

根据式（6-27）进行计算，可得到灰色关联判断矩阵 R：

$$R=\begin{bmatrix} 0.40 & 0.37 & 0.36 & 0.36 & 0.38 & 0.34 & 0.57 & 0.38 & 1.00 & 0.33 & 0.45 \\ 0.45 & 0.47 & 0.44 & 0.49 & 0.57 & 0.54 & 0.55 & 1.00 & 0.38 & 0.81 & 0.59 \\ 0.55 & 0.55 & 0.47 & 0.51 & 0.50 & 0.46 & 1.00 & 0.75 & 0.48 & 0.41 & 0.47 \\ 0.47 & 0.45 & 0.52 & 0.58 & 0.44 & 0.59 & 1.00 & 0.60 & 0.41 & 0.49 & 0.49 \\ 0.38 & 0.40 & 0.45 & 0.42 & 0.42 & 0.52 & 0.47 & 0.59 & 1.00 & 0.71 & 0.55 \\ 0.51 & 0.88 & 1.00 & 0.60 & 0.79 & 0.52 & 0.52 & 0.62 & 0.39 & 0.44 & 0.44 \\ 0.60 & 0.40 & 0.46 & 0.53 & 0.57 & 0.74 & 0.72 & 0.70 & 1.00 & 0.44 & 0.66 \end{bmatrix}$$

6.5.3.4 确定评价指标权重

目前，常用的权重确定方法有层次分析法、熵值法和变异系数法等，本次研究采用变异系数法来确定各土壤养分指标的权重。采用变异系数法可以直接利用土壤养分各影响因子所包含的信息，通过计算得到各土壤养分影响因子的权重，是一种客观赋权的方法。各土壤养分指标的变异系数计算公式如下：

$$v_i = \sigma_i / \overline{x_i} \quad (i=1,2,\dots,m) \tag{6-30}$$

式中，v_i 是第 i 种土壤养分指标的变异系数，即标准差系数；σ_i 是第 i 种土壤养分指标的标准差；$\overline{x_i}$ 是第 i 种土壤养分指标的平均值。

各土壤养分指标的权重计算公式为

$$w_i = \frac{v_i}{\sum\limits_{i=1}^{m} v_i} \quad (i=1,2,\dots,m) \tag{6-31}$$

将表 6-16 中的数据按式（6-30）和（6-31）可计算出各土壤养分指标的权重系数，因此，各指标的权重矩阵 W 为

$$W=\begin{bmatrix} 0.22 & 0.13 & 0.12 & 0.12 & 0.15 & 0.14 & 0.12 \end{bmatrix}$$

6.5.3.5 确定灰色关联评价矩阵

根据式（6-28）进行计算，可得到各个样地关联度 b_j，组成的集合即为灰色关联评价矩阵 B：

$$\begin{array}{ccccccccccc} \text{CK} & S_1 & S_2 & S_3 & S_4 & G_1 & G_2 & G_3 & G_4 & G_5 & G_6 \end{array}$$
$$B=\begin{bmatrix} 0.47 & 0.49 & 0.52 & 0.48 & 0.51 & 0.51 & 0.67 & 0.63 & 0.70 & 0.51 & 0.52 \end{bmatrix}$$

根据灰色系统理论中的关联度分析原则，由于"理想对象"的质量是系统中质量"最高"的，如果被评价样地土壤养分的关联度越大，则其与"理想对象"越接近，表明其土壤养分越高。通过灰色关联评价矩阵可知，各诱导改造样地的关联度为 0.48～0.70，均大于对照样地（0.47），表明各诱导改造样地的土壤养分均优于对照样地；在各诱导改造带中，S_2 带的关联度最高，但在所有的改造样地中，关联度最高的是 G_4 林窗（0.70），说明 20m×20m 林窗改造方式比其他改造方

式更有利于土壤养分的积累。

各诱导改造带的土壤有机质、全 P 质量分数与带宽表现为负相关，且和对照样地相比，各诱导改造带的有机质和全 P 质量分数均有所降低；各诱导改造带的土壤全 N、全 K、速效 K 质量分数与带宽表现为正相关，但与对照样地相比，各诱导改造带的土壤全 N 质量分数有不同程度的升高，速效 K 质量分数有所降低，全 K 质量分数则表现为有升有降；在碱解 N 质量分数和有效 P 质量分数方面，各诱导改造带均比对照样地高，但和带宽没有明显的相关性。在林窗诱导改造中，各改造样地的土壤有机质质量分数的变化规律不明显，但土壤全 N、全 K、碱解 N、速效 K 质量分数和对照样地相比，均有不同程度的升高，其中全 K 质量分数随着林窗面积的增加而下降；全 P 质量分数的总体趋势是随着林窗面积的增加而下降；各林窗改造样地有效 P 的质量分数和对照样地相比，面积较小的林窗有所升高，面积较大的林窗有所降低。

土壤养分是林木生长的物质基础，二者相互作用，相互影响：土壤养分状况的好坏直接影响着林木生长的速度及可持续性，而林木生长又反过来影响土壤的养分状况。研究采伐后林地土壤养分的分布特征，对于了解土壤养分循环、森林土壤肥力和森林生态系统的更新演替规律，具有十分重要的意义。本次研究采用灰色关联分析法，对大兴安岭不同诱导改造后蒙古栎低质林的土壤养分进行多指标综合评价，结果显示：诱导改造后各样地的土壤养分在总体上均有所上升，这主要是因为皆伐改造后初期的林地透光率增加，土壤温度高于未采伐的对照样地，森林微气候发生改变，林地上残留的大量采伐剩余物变得易于分解，从而导致林地土壤养分增加；林窗改造比带状改造更能有效地提高林地的土壤养分，这和"林窗的全 N 质量分数均高于改造带"的实验结果一致，这可能是因为林窗改造后的森林微气候最适宜采伐剩余物的分解，并且和林窗改造样地不易发生水土流失有关；在所有的诱导改造方式中，20m×20m 林窗改造方式最有利于土壤养分的积累，从土壤养分的角度看，最适宜大兴安岭蒙古栎低质林的改造。

对于"部分信息已知，部分信息未知"的"小样本"、"贫信息"的不确定性系统，灰色系统理论能够精确地描述和理解，而在土壤养分评价中，只有部分影响因子的信息已知，而其他影响因子的信息是未知的，并且土壤养分的评价样本一般都比较少，可见灰色关联分析法在土壤养分评价方面是非常合适的。土壤养分的指标较多，单独从某个指标的角度来评价各样地的土壤养分高低，是不合理的，本次研究采用灰色关联分析法和变异系数法，对各样地的土壤养分建立的综合评价模型，简单可靠，充分开发、利用了已有的评价指标信息，避免了定性评价和传统定量评价主观随意性大、结果粗糙的缺点，评价的结果与实际情况是比较相符的，说明采用灰色关联分析法对大兴安岭蒙古栎低质林的土壤养分进行综合评价是科学合理的，并且所建的模型具有通用性，稍加修改便可对其他区域的土壤养分进行比较评价。

6.6 大兴安岭地区低质林改造后的
土壤理化性质分析

6.6.1 研究方法

试验样地共分 2 个试验区,分别为白桦低质林试验区和阔叶混交低质林试验区(见 6.3.1)。将试验区分别进行 6m、10m、14m、18m 带宽顺山皆伐改造,每种皆伐方式均种植西伯利亚红松、樟子松、落叶松。本节以不同诱导改造后林地土壤的理化性质为研究对象,比较不同诱导树种土壤理化性质与对照低质林样地的差异程度,分析同一诱导树种在不同带宽效应带土壤理化性质的差异,且通过变异系数的大小来衡量不同带宽对土壤理化性质的影响程度。

变异系数表达式为

$$CV = \frac{\sqrt{\dfrac{\sum\limits_{i=1}^{n}(X_i - \bar{X})^2}{n-1}}}{\bar{X}} \qquad (6\text{-}32)$$

$$\bar{X} = \frac{\sum\limits_{i=1}^{n} X_i}{n} \qquad (6\text{-}33)$$

变异系数表示各指标单位均值上的离散程度,是衡量各观测值变异程度的统计量。变异系数值可由式(6-32)和式(6-33)得出。经本实验测量,得到相同带宽下同一种诱导树种的相同物理量变异系数值不大于 5.0%,因此可用变异系数的大小来衡量不同带宽对观测量影响的大小程度。

本次研究应用 Excel2003 和 SPSS10.0 进行数据统计分析。

6.6.2 不同改造方式对土壤物理性质的影响

在阔叶混交低质林改造中,与对照样地相比,西伯利亚红松诱导改造林和樟子松诱导改造林土壤容重有不同程度的降低,分别降低了 12.34%、27.16%,而落叶松诱导改造林升高了 4.97%(表 6-17);在土壤最大持水量方面,西伯利亚红松诱导改造林、樟子松诱导改造林有不同程度的升高,分别升高了 6.74% 和 31.27%,但落叶松诱导改造林下降了 2.64%;在不同改造方式下,土壤毛管持水量、毛管孔隙度和总孔隙度均有一定程度的升高。综合分析所有改造方式,除土壤容重外,土壤最大持水量、毛管持水量、土壤毛管孔隙度和总孔隙度变异系数均小于 15%,说明效应带宽度对土壤最大持水量、毛管持水量、土壤毛管孔隙度和总孔隙度的影响较小。LSD 方差分析发现,不同诱导改造林土壤毛管孔隙度和总孔隙度与对照样地均有显著的差异性（$p<0.05$），其余的各土壤物理指标虽然有不同程度的升降，但升降幅度很小，方差分析不显著（$p>0.05$）。

表 6-17　阔叶混交低质林不同诱导改造方式土壤物理性质的描述性统计

测量指标		西伯利亚红松	樟子松	落叶松	对照样地
土壤容重	范围	0.62~0.76	0.41~0.75	0.69~8.8	—
	均值	0.71±0.12a	0.59±0.18b	0.85±0.21a	0.81a
	变异系数	16.90	30.51	24.71	
最大持水量（%）	范围	58.18~79.37	57.26~88.49	45.03~80.54	
	均值	67.12±6.89a	82.54±11.06b	61.22±8.50a	62.88a
	变异系数	10.92	16.14	13.88	
毛管持水量（%）	范围	54.55~68.19	60.08~85.61	40.70~72.32	
	均值	61.37±4.18ab	74.51±9.04b	53.55±7.22a	53.48a
	变异系数	6.81	12.13	13.48	
毛管孔隙度（%）	范围	33.46~50.48	40.59~67.11	51.18~82.94	
	均值	44.51±5.89b	50.81±7.21b	62.49±8.44b	35.09a
	变异系数	13.23	14.19	13.51	
总孔隙度（%）	范围	40.17~66.79	46.11~80.72	54.83~89.67	
	均值	56.11±6.72a	63.74±8.09a	71.86±10.58b	42.71c
	变异系数	11.98	12.69	14.72	

注：表中数据为平均值±标准差，同行不同字母表示差异显著，反之不显著。

由表 6-18 可知，在白桦低质林改造中，与对照样地相比，西伯利亚红松诱导改造林和樟子松诱导改造林的土壤容重分别降低了 20.83%、5.56%，而落叶松诱导改造林的土壤容重升高了 6.94%；土壤最大持水量、毛管持水量、土壤毛管孔隙度和总孔隙度均有不同程度的升高，这与阔叶混交低质林诱导改造表现出相同的规律。经 LSD 方差检验，西伯利亚红松诱导改造林土壤容重与其余改造方式和对照样地有显著的差异性（$p<0.05$）；不同改造方式土壤毛管孔隙度的方差分析均不显著（$p>0.05$）；其余各土壤物理指标在不同诱导改造林下有不同程度的升降，但升降幅度很小，方差分析没有一定的规律性。除土壤容重外，土壤最大持水量、毛管持水量、土壤毛管孔隙度和总孔隙度变异系数均小于 15%，说明效应带宽度对土壤最大持水量、毛管持水量、土壤毛管孔隙度和总孔隙度的影响较小，这与阔叶混交低质林的诱导改造表现出相似的规律。综合分析发现，在两种林分低质林诱导改造中，效应带宽度对土壤容重有显著的影响。

表 6-18　白桦低质林不同诱导改造方式土壤物理性质的描述性统计

测量指标		西伯利亚红松	樟子松	落叶松	对照样地
土壤容重（%）	范围	0.37～6.80	0.51～7.66	0.67～0.84	—
	均值	0.57±0.15b	0.68±0.24a	0.77±0.09a	0.72a
	变异系数	26.32	35.29	11.69	—
最大持水量（%）	范围	72.64～89.60	45.33～80.76	70.09～89.73	—
	均值	81.46±11.45a	68.08±9.51b	81.11±8.57a	64.72b
	变异系数	14.06	13.97	12.22	—
毛管持水量（%）	范围	63.11～75.76	34.86～60.80	66.22～73.43	—
	均值	70.94±10.37b	56.49±8.52a	70.18±4.01b	56.07a
	变异系数	12.81	14.08	5.71	—
毛管孔隙度（%）	范围	58.49～70.51	55.78～70.64	50.19～70.81	—
	均值	66.24±4.08a	59.41±5.19a	68.43±7.73a	50.60a
	变异系数	7.24	8.73	11.29	—
总孔隙度（%）	范围	64.80～79.86	60.77～79.10	61.49～81.79	—
	均值	75.31±6.41a	67.18±6.42ab	72.43.52±6.95ab	61.16b
	变异系数	8.51	9.56	8.63	—

注：表中数据为平均值±标准差，同行不同字母表示差异显著，反之不显著。

6.6.3　不同改造方式对土壤化学性质的影响

6.6.3.1　不同改造方式对土壤 pH 的影响

在阔叶混交低质林改造中，所有诱导改造林土壤的 pH 都有不同程度的增加，落叶松诱导改造林土壤的 pH 最大，达到 6.08，比对照样地高 9.95%，而西伯利亚红松诱导改造林和樟子松诱导改造林也分别增加了 7.96% 和 4.70%（表 6-19）。经 LSD 方差分析，不同诱导改造方式下土壤的 pH 与对照样地均不存在差异性（$p > 0.05$）。同一诱导改造树种在不同效应带宽的土壤 pH 属弱度变异程度，西伯利亚红松诱导改造林变异系数最高，为 12.23%，而落叶松、樟子松诱导改造林变异系数均小于 10%。

在白桦低质林改造中，与对照样地相比，落叶松诱导改造林、樟子松诱导改造林的土壤 pH 均有所升高，分别升高了 3.78%、2.92%；西伯利亚红松改造林的土壤 pH 降低了 3.37%。LSD 方差分析中，所有诱导改造方式均不存在差异性（$p > 0.05$）。与阔叶混交次生林的诱导改造结果一致，西伯利亚红松诱导改造林变异系数最高（14.56%），说明在不同效应带带宽下，西伯利亚红松林的土壤 pH 与其他改造方式相比，受到了更显著的影响。

表 6-19　不同诱导改造方式的土壤 pH 影响的描述性统计

试验样地		范围	均值	变异系数%
阔叶混交低质林	H	5.00～6.73	5.97±0.73a	12.23
	Z	5.3～6.45	5.79±0.48a	8.29
	L	5.68～6.47	6.08±0.37a	6.09
	CK	—	5.53a	—
白桦低质林	H	4.86～6.48	5.63±0.82a	14.56
	Z	5.39～6.68	5.99±0.81a	13.52
	L	5.39～6.68	6.04±0.59a	9.77
	CK	—	5.82a	—

注：H 表示西伯利亚红松；Z 表示樟子松；L 表示落叶松；CK 表示对照样地。表中数据为平均值±标准差，同一类型低质林的同列不同小写字母表示差异显著（$\alpha=0.05$），反之不显著，下同。

综合分析发现，与对照样地相比，除白桦低质林的改造目的树种西伯利亚红松林的土壤 pH 降低外，其余诱导改造方式下的林地土壤 pH 均有不同程度的升高。这是因为在诱导改造后林地凋落物的减少，从而减少了 CO_2 和有机酸等酸性物质的来源，所以 pH 有所升高。而西伯利亚红松根系的分泌物和白桦低质林原死根促进了微生物的活动与繁殖，进而促使土壤 H^+ 的增加，从而使得白桦低质林的诱导树种西伯利亚红松的土壤 pH 降低[57]。

6.6.3.2　不同改造方式对土壤有机质的影响

在阔叶混交低质林改造中，土壤有机质含量除落叶松诱导改造林升高了19.92%外，西伯利亚红松和樟子松诱导改造林分别降低了 8.34%和 11.50%（表 6-20）；落叶松诱导改造林土壤有机质含量与西伯利亚红松、樟子松诱导改造林存在差异性（$p<0.05$），而与对照样地均无显著性差异（$p>0.05$）。同一诱导树种在不同效应带带宽土壤有机质的变异系数均小于 20%，变异程度低，说明带宽对土壤有机质含量变化的影响不显著。

表 6-20　不同诱导改造方式土壤有机质的描述性统计

试验样地		范围	均值（$g \cdot kg^{-1}$）	变异系数（%）
阔叶混交低质林	H	19.57～28.08	23.19±4.02a	17.34
	Z	19.66～29.19	22.39±4.02a	17.95
	L	22.13～33.8	30.34±5.55b	18.29
	CK	—	25.30ab	—
白桦低质林	H	9.56～36.8	20.41±11.88a	58.21
	Z	17.43～30.96	24.28±7.09a	29.20
	L	16.24～30.68	24.68±6.31a	25.57
	CK	—	22.66a	—

在白桦低质林改造中，土壤有机质含量除西伯利亚红松诱导改造林降低了9.93%外，樟子松和落叶松诱导改造林分别升高了7.15%和8.91%。在 LSD 方差分析中，所有诱导改造林与对照样地均无显著性差异（$p>0.05$）。在不同宽度效应带的改造下，西伯利亚红松诱导改造林土壤有机质含量的变异程度达到 58.21%，说明在白桦低质林改造中，目的树种为西伯利亚红松林中效应带的宽度强烈地影响着土壤有机质的含量。产生这一现象可能与地表凋落物的分解和地下根系的周转有关。土壤有机碳的归还主要包括了细根的周转，而根系的不同化学成分将影响其细根的分解速率。

6.6.3.3　不同改造方式对土壤全 N 的影响

在阔叶混交低质林改造中，不同诱导改造方式下的土壤全 N 含量与对照样地相比均有不同程度的增加，升高程度表现为落叶松改造林（98.26%）＞西伯利亚红松改造林（72.70%）＞樟子松改造林（44.91%）（表 6-21）。西伯利亚红松诱导改造林的土壤全 N 含量变异系数最大，为 53.16%，而樟子松诱导改造林在不同宽度效应带下的土壤全 N 含量变异系数只为 8.22%，说明土壤全 N 含量在不同的效应带宽度下受改造目的树种的影响较大。方差分析发现，西伯利亚红松、落叶松诱导改造林与对照样地的土壤全 N 含量有显著差异（$p<0.05$），而不同诱导改造方式间无显著差异性（$p>0.05$）。

表 6-21　不同诱导改造方式土壤全 N 的描述性统计

试验样地		范围	均值（$g \cdot kg^{-1}$）	变异系数（%）
阔叶混交低质林	H	2.75～11.68	6.96±3.7a	53.16
	Z	5.15～6.19	5.84±0.48ab	8.22
	L	5.16～10.99	7.99±2.04a	25.534
	CK	—	4.03b	—
白桦低质林	H	4.13～7.56	6.18±1.68a	27.18
	Z	3.09～8.25	6.02±2.15a	35.71
	L	4.47～7.91	6.11±1.41a	23.08
	CK	—	9.66b	—

在白桦低质林改造中，所有诱导改造方式下的土壤全 N 含量均降低了 37% 左右（表 6-21）。这说明对白桦低质林的改造过程中，土壤全 N 的归还量远小于消耗量，这可能与白桦低质林凋落物、死根现存量和在其活动的生物量有关。在不同的效应带宽度下，各改造目的树种土壤全 N 含量变异系数为 23%～35%，变化不明显。LSD 方差分析发现，所有诱导改造方式下的土壤全 N 含量与对照样地均存在显著差异（$p<0.05$）。

6.6.3.4 不同改造方式对土壤全 P 的影响

在阔叶混交低质林改造中，落叶松诱导改造林的土壤全 P 含量与对照样地保持平衡，而西伯利亚红松、樟子松诱导改造林的土壤全 P 含量分别降低了 23.88% 和 35.52%（表 6-22）。这说明西伯利亚红松、樟子松诱导改造林的土壤全 P 的归还量远小于落叶松诱导改造林。在 LSD 方差分析中，樟子松诱导改造林的土壤全 P 含量与对照样地、落叶松改造林有显著性差异（$p < 0.05$），而与西伯利亚红松诱导改造林无显著差异性（$p > 0.05$）。在不同的效应带宽度下，樟子松、落叶松诱导改造林的土壤全 P 含量的变异系数最大，为 42%左右。

表 6-22 不同诱导改造方式土壤全 P 的描述性统计

试验样地		范围	均值（g·kg⁻¹）	变异系数（%）
阔叶混交低质林	H	1.61～3.21	2.55±0.67ab	26.27
	Z	1.58～3.54	2.16±0.92b	42.59
	L	3.00～3.60	3.35±1.41a	42.09
	CK	—	3.35a	—
白桦低质林	H	1.69～2.64	2.23±0.43a	19.28
	Z	1.58～4.11	3.22±1.13a	35.09
	L	1.72～3.32	2.44±0.66a	27.05
	CK	—	3.65a	—

在白桦低质林改造中，不同诱导改造方式下的土壤全 P 含量与对照样地相比均有所降低，降低程度表现为樟子松诱导改造林（11.78%）＜落叶松诱导改造林（33.15%）＜西伯利亚红松诱导改造林（38.90%）。在不同的效应带宽度下，各树种诱导改造林的土壤全 P 含量变异系数相差不大，说明在白桦低质林改造中，带宽对各诱导树种的土壤全 P 含量的影响较小。与阔叶混交低质林相同，不同诱导改造方式间，土壤全 P 含量无显著差异（$p > 0.05$）。综合分析发现，对不同类型低质林的诱导改造中，土壤的全 P 含量均出现了不同程度的降低，所以在后续的管理中应加大对林地土壤 P 素的补充。

6.6.3.5 不同改造方式对土壤全 K 的影响

在阔叶混交低质林改造中，除西伯利亚红松诱导改造林的土壤全 K 含量比对照样地升高了 19.25%外，樟子松、落叶松诱导改造林基本保持平衡（表 6-23）。在不同宽度效应带下，目的树种西伯利亚红松的土壤全 K 含量变异系数最大，为 29.94%。在白桦低质林改造中，与对照样地相比，除西伯利亚红松诱导改造林土壤全 K 含量降低 5.23%外，樟子松、落叶松诱导改造林的土壤全 K 含量分别升高了 15.21%和 11.22%。

综合分析发现，在不同林分的低质林改造中，不同诱导改造方式下的土壤全 K

含量方差分析均无显著性差异（$p>0.05$）。在不同宽度效应带下，西伯利亚红松诱导改造林的土壤全 K 含量变异系数均最大，说明效应带的宽度对西伯利亚红松林下的土壤全 K 含量比其他两种改造目的树种有更显著的影响。

表 6-23　不同诱导改造方式土壤全 K 的描述性统计

试验样地		范围	均值（g·kg^{-1}）	变异系数（%）
阔叶混交低质林	H	13.85～24.71	17.10±5.12a	29.94
	Z	12.19～17.61	14.63±2.26a	15.45
	L	12.34～14.79	13.81±1.50a	10.86
	CK	—	14.19a	—
白桦低质林	H	6.18～21.38	13.77±7.75a	56.28
	Z	15.40～18.38	16.74±1.41a	8.24
	L	10.35～23.60	16.16±5.62a	34.78
	CK	—	14.53a	—

6.6.3.6　不同改造方式对土壤水解 N 的影响

在阔叶混交低质林改造中，与对照样地相比，不同诱导改造方式下的土壤水解 N 含量均有不同程度的升高，升高程度表现为落叶松诱导改造林（35.69%）＞西伯利亚红松诱导改造林（18.91%）＞樟子松诱导改造林（18.84%）（表 6-24）。在 LSD 方差分析中，落叶松诱导改造林的土壤水解 N 含量与对照样地差异显著（$p<0.05$），而与其他 2 种改造目的树种无显著差异（$p>0.05$）。在白桦萌生低质林中，不同诱导改造方式下的土壤水解 N 含量也有不同程度的增加，升高程度表现为樟子松诱导改造林（67.36%）＞西伯利亚红松诱导改造林（65.48%）＞落叶松诱导改造林（53.78%）。西伯利亚红松、樟子松改造林的土壤水解 N 含量与对照样地有显著性差异（$p<0.05$），而与落叶松无显著性差异（$p>0.05$）。

表 6-24　不同诱导改造方式土壤水解 N 的描述性统计

试验样地		范围	均值（mg·kg^{-1}）	变异系数（%）
阔叶混交低质林	H	316.4～725.85	539.74±101.59ab	18.82
	Z	446.68～595.57	525.78±70.95ab	13.49
	L	453.58～818.91	615.91±109.03a	17.70
	CK	—	453.90b	—
白桦低质林	H	279.17～637.79	395.49±103.23a	26.10
	Z	297.79～502.51	399.97±98.01a	24.50
	L	241.95～466.38	367.51±71.01ab	19.32
	CK	—	238.99b	—

在两种低质林林分改造中，改造目的树种西伯利亚红松的土壤水解 N 含量在不同宽度效应带改造下变异系数均最大，为 18.82% 和 26.10%。这可能与诱导西伯利亚红松林凋落物、死根现存量和在其活动的生物量有关。

6.6.3.7 不同改造方式对土壤有效 P 的影响

在阔叶混交低质林改造中，与对照样地相比，不同诱导改造方式下的土壤有效 P 含量均有所下降，降低程度表现为樟子松诱导改造林（21.73%）＜西伯利亚红松诱导改造林（66.77%）＜落叶松诱导改造林 68.13%（表 6-25）。方差分析表明，落叶松、西伯利亚红松诱导改造林与对照样地、樟子松诱导改造林的土壤有效 P 含量均有显著性差异（$p<0.05$），这说明落叶松、西伯利亚红松诱导改造林的土壤有效 P 的归还量远小于樟子松诱导改造林。在不同效应带带宽下，不同诱导改造方式下的土壤有效 P 的变异系数均大于 20%，改造目的树种落叶松最大，为 66.18%，因此效应带的宽度强烈地影响着土壤有效 P 的含量，特别是落叶松改造林。

表 6-25　不同诱导改造方式土壤有效 P 的描述性统计

试验样地		范围	均值（mg·kg^{-1}）	变异系数（%）
阔叶混交低质林	H	20.77～41.23	31.81±8.41a	26.44
	Z	57.90～98.03	74.94±17.09b	22.28
	L	17.23～60.14	30.51±20.19a	66.18
	CK	—	95.74b	—
白桦低质林	H	19.74～59.67	41.47±20.35a	49.07
	Z	35.67～93.35	70.30±25.35b	36.06
	L	28.85～40.98	33.02±5.42a	16.41
	CK	—	101.78c	—

在白桦低质林改造中，不同诱导改造方式土壤有效 P 含量均降低，西伯利亚红松、落叶松比对照样地降低近 2/3，而樟子松诱导改造林也降低了 30.85%。方差分析表明，不同诱导改造方式与对照样地均存在显著性差异（$p<0.05$）。不同带宽西伯利亚红松诱导改造林土壤有效 P 的变异数最大，为 49.07%，表现出土壤有效 P 的含量受到了效应带宽度强烈的影响。以上分析表明，不同的诱导改造林土壤有效 P 的消耗量远大于归还量，呈急剧下降趋势，因此在低质林诱导改造后的管理中，应加大对林地土壤 P 素的补充。

6.6.3.8 不同改造方式对土壤速效 K 的影响

在阔叶混交低质林改造中，与对照样地相比，不同诱导改造方式土壤速效 K 含量均有不同程度的升高，升高程度表现为落叶松诱导改造林（13.60%）＞樟子松诱导改造林（10.71%）＞西伯利亚红松诱导改造林（2.03%）（表 6-26）。但在白桦低质林改造中，不同诱导改造方式土壤速效 K 含量均有不同程度的降低，降低程度表现为樟子松诱导改造林（0.66%）＜落叶松诱导改造林（2.36%）＜西伯利亚红松诱导改造林（9.45%）。

在两种低质林林分诱导改造中，不同诱导改造方式土壤速效 K 含量方差分析均无显著差异（$p > 0.05$）。在不同效应带带宽下，改造目的树种西伯利亚红松土壤速效 K 含量变异系数均最大，分别为 28.93% 和 65.35%，说明效应带的宽度对西伯利亚红松林下土壤速效 K 含量有着强烈的影响。

表 6-26　不同诱导改造方式土壤速效 K 的描述性统计

试验样地		范围	均值（mg·kg^{-1}）	变异系数（%）
阔叶混交低质林	H	13.78～30.35	24.68±7.14a	28.93
	Z	20.57～32.78	26.78±5.76a	21.51
	L	19.84～37.67	27.48±7.91a	28.78
	CK	—	24.19a	—
白桦低质林	H	5.27～38.05	21.85±14.28a	65.35
	Z	18.14～29.14	23.97±5.31a	22.15
	L	15.50～28.03	23.56±5.57a	23.64
	CK	—	24.13a	—

6.6.4　相关性分析

由表 6-27 可知，土壤有机质含量与全 N、水解 N 含量呈极显著的正相关（$p < 0.01$），与土壤全 K、速效 K 含量具有显著正相关性（$p < 0.05$），这与陈瑞梅等[58]的研究结果一致，说明土壤有机质的增加将显著地改善土壤养分的有效性。因为 N 素的输入量主要依赖于植物残体、凋落物的归还和生物固 N，而有机质的积累主要依赖于地上凋落物分解和地下根系的周转。效应带带宽与土壤容重、有机质、全 N、水解 N 含量呈显著负相关（$p < 0.05$），说明效应带带宽的增加使土壤养分消耗量大于归还量。土壤容重与土壤全 N、水解 N 含量呈显著正相关，与效应带带宽呈显著负相关（$p < 0.05$）。土壤 pH 与土壤全 K、速效 K 含量呈极显著正相

表 6-27　土壤理化性质与效应带带宽的相关性分析

项目	容重	pH	有机质	全 N	全 P	全 K	水解 N	速效 K	带宽
容重	1								
pH	0.151	1							
有机质	0.271	0.121	1						
全 N	0.408*	0.044	0.692**	1					
全 P	0.182	0.360*	0.249	0.199	1				
全 K	−0.014	0.702**	0.501*	0.483*	0.158	1			
水解 N	0.394*	0.262	0.676**	0.618**	0.220	0.160	1		
速效 K	0.094	0.754**	0.376*	0.140	0.186	0.792**	0.389*	1	
带宽	−0.55*	0.243	−0.401*	−0.47*	0.251	−0.105	−0.367*	0.113	1

* 表示在 0.05 水平上显著相关；

** 表示在 0.01 水平上显著相关。

关关系（$p<0.01$），这是因为土壤 pH 的大小强烈影响着土壤 K 元素的有效性，土壤酸碱性抑制了 K 元素的固定作用，从而促进了作物对 K 元素的有效利用，同时也与在其活动的土壤微生物有关[59]。土壤全 K 含量除与 pH 呈显著正相关外，与其他指标无显著的相关性。土壤 pH 与土壤全 P 含量呈显著正相关（$p<0.05$）。

在不同的诱导改造中，与对照样地相比，除土壤容重有不同程度的降低外，土壤毛管持水量、最大持水量、毛管孔隙度、总孔隙度都有一定程度的升高，但升降幅度很小，方差分析不显著。刘美爽等[30]的研究表明，小兴安岭低质林采伐改造后土壤密度增加，透水性能减弱，总孔隙度减少，持水能力降低。本次研究结果与上述研究出现偏差，主要是因为实验数据的采集时间不同。本实验是在低质林诱导改造后，诱导目的树种已成为影响该区域微环境的主要因素，而刘美爽的研究是在低质林采伐完成后对林地土壤物理性质的研究。

试验区土壤属弱酸性，pH 在 6.0 左右，且在不同的效应带带宽下，不同的诱导改造方式下的土壤 pH 的变异系数小于土壤有机质和土壤养分，这与 Fu 等[38]的研究结果相一致。不同带宽西伯利亚红松诱导改造林的土壤 pH 的变异系数最大，说明效应带带宽对西伯利亚红松林下的土壤 pH 的影响最大，这与不同带宽红松林下形成不同的微环境，较大程度地影响了凋落物分解、根系分泌物、微生物的活动与繁殖有关[39]。除白桦低质林的西伯利亚红松诱导改造外，其他所有改造方式下的土壤 pH 都有不同程度的升高，但无显著差异。这是因为在诱导改造后林地凋落物的减少，从而减少了 CO_2 和有机酸等酸性物质的来源，所以 pH 有所升高。而西伯利亚红松根系的分泌物和白桦萌生林原死根促进了微生物的活动与繁殖，进而促使土壤 H^+ 的增加，从而使得白桦萌生林的诱导树种西伯利亚红松的土壤 pH 降低。

森林树种组成、凋落物的数量及化学成分、养分的吸收及归还特性等直接地影响土壤养分的储存和有效性。Guo 等[41]的研究发现，土地利用方式的改变造成土壤碳储量的降低。蒋培坤等[42]的研究表明，在中亚热带石灰岩荒山上造林，营造不同的树种均可以显著增加土壤养分。在本研究中，对阔叶混交低质林和白桦低质林两种不同林分的低质林做不同诱导改造后，土壤有机质的含量基本保持平衡。在阔叶混交低质林诱导改造中，土壤全 N、水解 N、速效 K 含量有一定程度的升高，而全 P、有效 P 含量有不同程度的降低；在白桦低质林诱导改造中，土壤全 N、有效 P 含量有不同程度的降低，全 P、水解 N 含量有所升高，而个同的改造方式下的土壤 K 素无明显变化规律。在阔叶混交低质林中有更丰富的灌木和草本，且有大量的固 N 植物胡枝子（*Lespedeza bicolor*），因此采伐改造后土壤 N 素的含量有一定程度的升高。土壤 P 素的含量主要与不同根系对 P 的活化作用和 P 在土壤中的存在状态有关，P 元素土壤中易形成难溶性盐沉淀，不同根系的分泌物对活化土壤难溶性的 P 具有重要作用。

经多重比较，鉴于低质林所有诱导方式下土壤 P 含量有显著下降，因此在后续的生产管理中应加大对 P 素的补充，以保持土壤肥力的长期有效性。在不同效应带带宽的土壤 pH、有机质、全 N、水解 N、全 K、速效 K 含量中，诱导树种红松的变异系数最大，说明不同带宽改造模式对诱导树种红松土壤养分的吸收与积累有极其显著的影响。

6.7　不同改造方式低质林土壤肥力质量综合评价

反映土壤质量好坏的诊断标准可分为两类，一类是主观评价土壤健康的描述性标准；另一类是分析土壤肥力质量的客观性指标。第二类因具有定性评价值，常为研究人员所用[60]。土壤肥力质量是土壤系统物理、化学和生物组分之间复杂相互作用的综合体现，它通常用土壤的物理指标、化学指标和生物指标等具有相互关联的特征来评价。

6.7.1　土壤肥力质量评价指标

土壤肥力质量综合反映了土壤各方面性质的相互影响与作用，因此土壤肥力质量评价指标应全面、综合地反映土壤的养分肥力。土壤肥力质量评价指标的选取，直接关系到土壤肥力质量评价结果的科学性、客观性和合理性[61]。

由于土壤肥力的时空差异性和不同作物对土壤肥力的要求也不尽相同等，目前还没有规范、统一的评价指标体系。但总结前人研究的结果得出了一些土壤质量评价指标的选择原则，例如：①选取影响改造目的树种生长发育和生产力的主导限制因子，作为土壤肥力的评价指标；②选择时空异质性评价指标，使评价结果在相对大的空间和长时间内具有应用价值；③从土壤的养分含量和所处地域的生态环境两方面来选择评价指标，以可度量的土壤养分含量为主，而生态环境条件必须能显著影响土壤肥力质量和作物的生产力；④定量与定性分析相结合的原则，以可定量的评价指标为主，对难以定量的概念型指标应进行定性分析；⑤差异性原则，选择的指标间应有较大差异性、较小相关性，同时体现出不同的时空差异性和不同属性[62-64]。

根据上述土壤肥力质量评价指标的选择原则，以及东北地区土壤性质和肥力研究的相关经验[65-68]，同时结合现有的实验观测条件，本节采用土壤容重、土壤pH、有机质、全 N、水解 N、全 P、有效 P、全 K、速效 K、土壤碳通量 10 个指标。

本节中把土壤碳通量作为土壤肥力质量的评价指标，是因为土壤呼吸是衡量土壤微生物总的活性指标，它在一定程度上反映了土壤有机质的氧化和转化能力，反映了土壤的生物学特性和土壤物质的代谢强度，同时也是预测生态系统生产力与相应气候变化的参数之一[69-71]。虽然土壤呼吸速率受土壤温度、土壤湿度等自然环境的影响较大，但本节在同一时间段内观测多组呼吸速率值，尽可能地避免了土壤温度和湿度对土壤碳通量造成的影响。

6.7.2 改进层次分析法的综合评价模型

层次分析法，是匹兹堡大学教授 T.L.Saaty 在 20 世纪 70 年代初提出的。层次分析法将人的思维过程层次化、数值化，通过数学方法为研究问题的分析、控制和决策提供定量的数字依据，即将研究问题的定性分析转化到定量分析，综合集成定性与定量分析的一种系统分析方法。层次分析法将影响复杂工程系统问题的各因子划分为相互关联的有序层次，客观地判断各层次中各影响因子间的相对重要性，然后把各判断要素之间的差异数值化，进而确定出每一层次各要素的相对重要性权值[72]。层次分析法评价系统越来越多地被应用于土壤肥力质量评价中。

在传统层次分析法中，很多情况并不能"精确"地体现运用者的实际思维；在层次分析法的随机一致性检验中，判断矩阵中只能出现 1 到 9 之间的自然数，但在实际构造权重过程中，通常需要对专家的意见进行"均值化"处理，这样就出现了非整数项的判断矩阵，如果再用层次分析法的 RI 系数进行一致性检验就很不科学；在判断矩阵的构建时，因不同专家人为主观因素的差异性，对评价指标间的相对重要程度判断往往与客观实际出现差异，具有一定的主观差异性；同时，传统层次分析法对现有的定量数据信息也不能够充分应用[73,74]。

因此，本次研究将充分利用实验实测数据所提供的定量信息来构建判断矩阵，以提高层次分析法确定权重的科学性、客观性和有效性。同时通过构建评价指标的隶属度矩阵，来确定其各评价因子的权重，从而消除了因不同专家人为主观因素的差异性造成的评价指标间相对重要性与实际情况的偏差，进而使所确定的评价指标的权重更符合研究区域的实际情况。同时，本节采用土壤肥力质量评价指标的样本标准差来构造其判断矩阵，因为样本标准差能全面地反映各评价指标对土壤肥力综合评价的影响程度。

6.7.2.1 构建土壤肥力质量评价的隶属度矩阵

作物不同，对土壤肥力的要求也不尽相同，即"土宜"问题。把作物对土壤肥力质量的要求条件设为集合 A，把目前土壤现有的肥力状态设为集合 B，只有集合 A 与集合 B 的交集才真正是作物所需要的和可利用的土壤肥力，即集合 A 与集合 B 的交集部分真正地体现了观测土壤对某一作物所提供的肥力水平（图 6-1）。因此，通过构建某一特征函数来表征集合 A 与集合 B 交集的特征，就能数值化、全面客观地反映出观测土壤的肥力质量水平。

pH 过大或过小，都将影响作物的生长发育和生产力，即随着因子数量的增加，作物效应值表现出抛物线形，因此用抛物线形隶属函数对其进行处理；土壤容重、有机质、全 N、水解 N、全 P、有效 P、全 K、速效 K、土壤呼吸速率的作物效应呈"S"形，即随着评价指标因子量的增加，作物生长效应强度将迅速上升，当评价指标因子量达到一定额度后，作物生长效应值并不随着因子量的增加而升高，而是稳定在一定水平值上，因此用"S"形隶属度函数表示土壤的肥力特征。为便于计算处理，将抛物线形隶属函数、"S"形隶属度函数转化为相应的折线形分段函数[75]（图6-2和图6-3）。

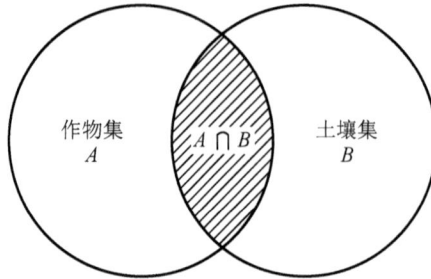

图6-1　作物—土壤肥力示意图

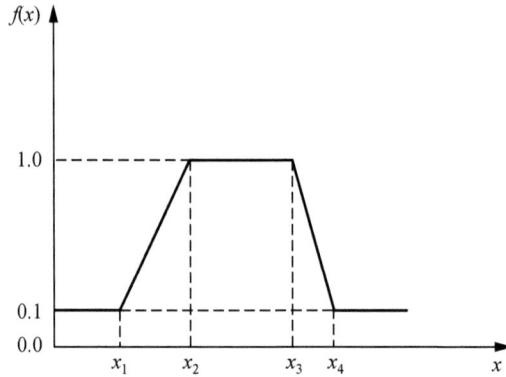

图6-2　抛物线形曲线的折线形

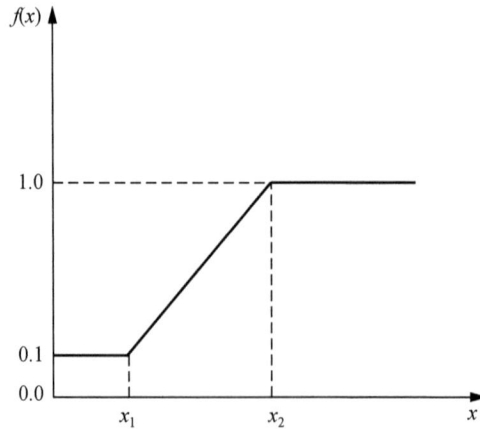

图6-3　"S"形曲线的折线形

抛物线形隶属函数：

$$f(x)=\begin{cases} 1.0 & x_2 \leqslant x \leqslant x_3 \\ 0.1+0.9[(x-x_3)/(x_4-x_3)] & x_3 < x \leqslant x_4 \\ 0.1+0.9[(x-x_1)/(x_2-x_1)] & x_1 \leqslant x < x_2 \\ 0.1 & x < x_1 \text{ 或 } x > x_4 \end{cases} \quad (6\text{-}34)$$

在式（6-34）中，$f(x)$ 表示肥力评价指标对作物发育影响的隶属函数，x 为各土壤肥力评价指标的实测数值，x_1 为该评价指标的下限值，x_4 为上限值，x_2、x_3 为该土壤肥力评价指标的最优值。当隶属度函数 $f(x)$ 的值为 0.1 时，表示该评价指标含量不适宜作物生长，当隶属度函数值为 1.0 时，表示该肥力评价指标含量能完全满足作物的生长需求。

S 形隶属度函数：

$$f(x)=\begin{cases} 1.0 & x \geqslant x_2 \\ 0.9[(x-x_1)/(x_2-x_1)]+0.1 & x_1 \leqslant x < x_2 \\ 0.1 & x < x_1 \end{cases} \quad (6\text{-}35)$$

在式（6-35）中，$f(x)$ 表示肥力指标对作物发育影响的隶属函数，x 为各土壤肥力评价指标的实测数值，x_1 为该评价指标的下限值，x_2 为该评价指标的上限值。当 $f(x)$ 的值为 0.1 时，表示该评价指标含量不适宜作物生长，当 $f(x)$ 的值为 1.0 时，表示该肥力指标值能完全满足作物的生长发育。

根据前人运用层次分析法综合评价土壤肥力的研究结果，结合本次研究区域酸性土壤的具体实际，以及连续多年对本试验区土壤肥力评价指标的观测，最后通过专家审定，确定隶属函数曲线中拐点的相应取值（表 6-28 和表 6-29）。

表 6-28 抛物线形隶属函数曲线转折点取值

转折点	x_1	x_2	x_3	x_4
pH	4.5	5.5	6.5	7.5

表 6-29 "S"形隶属函数曲线转折点取值

评价指标	转折点		评价指标	转折点	
	x_1	x_2		x_1	x_2
土壤容重（g·cm^{-3}）	0.5	0.7	水解 N（mg·kg^{-1}）	400	700
有机质（g·kg^{-1}）	10	30	有效 P（mg·kg^{-1}）	30	70
全 N（g·kg^{-1}）	6.0	7.0	速效 K（mg·kg^{-1}）	20	30
全 P（g·kg^{-1}）	2.0	3.5	土壤碳通量（μmol·m^{-2}·s^{-1}）	2	5
全 K（g·kg^{-1}）	10	20			

经过上述隶属函数的数据处理，消除了各土壤肥力质量评价指标间的量纲差异，从而建立起了土壤肥力评价的隶属度矩阵 $A_{n \times m}=\{a_{ij}, i=1 \sim n, j=1 \sim m\}$，值

的大小反映了各土壤肥力质量评价指标的隶属程度。其中 i 表示土壤肥力质量的评价指标，j 表示土壤观测样点，a_{ij} 的值均在 0.1～1.0。

6.7.2.2　各土壤肥力质量评价指标权重的确定

在事物的综合评价中，若某一评价指标内部的变化差异程度越大，说明该评价指标所传递的综合评价信息越丰富，就越能体现事物的本质特性。因此，本节利用各土壤肥力评价指标的样本标准差 $S_{(i)}$ 来表征各评价指标对土壤肥力质量综合评价的影响程度，从而运用各土壤肥力评价指标的样本标准差 $S_{(i)}$ 来构造判断矩阵 $B_{n \times n}$。判断矩阵 $B_{n \times n}$ 由式（6-36）和式（6-37）得出，判断矩阵 $B_{n \times n}$ 是各土壤肥力质量评价指标权重分配的基础。

$$b_{ik}=\begin{cases}\dfrac{S_{(i)}-S_{(k)}}{S_{\max}-S_{\min}}(b_m-1)+1 & S_{(i)} \geqslant S_{(k)} \\[3mm] \dfrac{1}{\dfrac{S_{(k)}-S_{(i)}}{S_{\max}-S_{\min}}(b_m-1)+1} & S_{(i)} < S_{(k)}\end{cases} \tag{6-36}$$

$$b_m=\min\left\{9, \mathrm{int}\left[\dfrac{S_{\max}}{S_{\min}}+0.5\right]\right\} \tag{6-37}$$

在式（6-36）和式（6-37）中，$S_{\max}$ 和 $S_{\min}$ 分别为各评价指标的样本标准差 $S_{(i)}, i=1～n$ 的最大值和最小值；b_m 为相对重要性程度参数值，int 为取整函数，b_m 值取 9 或 int 函数计算出的最小值。根据判断矩阵 $B_{n \times n}$ 求出最大特征根所对应的特征向量，所求出的特征向量即为各土壤肥力质量评价指标的重要性排序，即为各评价指标的权重。

本节运用方根法求解由样本标准差 $S_{(i)}$ 构造的判断矩阵 $B_{n \times n}$ 最大特征根所对应的特征向量。首先计算判断矩阵 $B_{n \times n}$ 每一行元素的乘积 M_i，通过式（6-38）得出：

$$M_i=\prod_{k=1}^{n} b_{ik} \quad (\mathrm{i}=1, 2, 3, \ldots, n) \tag{6-38}$$

然后计算 M_i 的 n 次方根 $\overline{R_i}$，通过式（6-39）得出：

$$\overline{R}=(\overline{R_1}\,\overline{R_2}\,\overline{R_3}\cdots\overline{R_n})^{\mathrm{T}} \tag{6-39}$$

然后将式（6-39）求出的向量作归一化处理，即见式（6-40）：

$$R_i=\dfrac{\overline{R_i}}{\displaystyle\sum_{i=1}^{n}\overline{R_i}} \tag{6-40}$$

通过式（6-38）、式（6-39）、式（6-40）即可求出判断矩阵 $B_{n \times n}$ 的特征向量 $R=(R_1, R_2, R_3, \ldots, R_n)^{\mathrm{T}}$。特征向量 R 即为各土壤肥力评价指标对土壤肥力质

量综合评价所作的贡献，即权重。

6.7.2.3 判断矩阵的一致性检验

所构建的判断矩阵 $B_{n \times n}$ 需满足单位性、互反性和一致性要求，其中一致性是单位性和互反性的充分条件，一致性检验表示判断矩阵内各因子的相互关系是可以定量传递的。通过式（6-41）～式（6-43）即可求出判断矩阵 $B_{n \times n}$ 的一致性指标 CR。

$$CR = \frac{CI}{RI} \tag{6-41}$$

$$CI = \frac{\lambda_{max} - n}{n - 1} \tag{6-42}$$

$$\lambda_{max} = \sum_{i=1}^{n} \frac{(BR)_i}{nR_i} = \frac{1}{n} \sum_{i=1}^{n} \frac{(BR)_i}{R_i} \tag{6-43}$$

其中，RI 为判断矩阵 $B_{n \times n}$ 的平均随机一致性指标，值的大小取决于判断矩阵 $B_{n \times n}$ 的阶数，具体值如表 6-30 所示。判断矩阵 $B_{n \times n}$ 一致性的准则为：当 CR＜0.1 时，则认为判断矩阵 $B_{n \times n}$ 通过一致性检验，也即说明以上各评价指标的权重分配是合理的；若否，CR≥0.1 时，则说明判断矩阵 $B_{n \times n}$ 未通过一致性检验，需要通过对判断矩阵 $B_{n \times n}$ 的调整，直到判断矩阵 $B_{n \times n}$ 通过一致性检验，才能说明评价指标的权重分配是合理的。

表 6-30   10 阶的判断矩阵 $B_{n \times n}$ 的 RI 值

判断矩阵阶数	1	2	3	4	5	6	7	8	9	10
RI	0	0	0.58	0.90	1.12	1.24	1.32	1.41	1.45	1.49

6.7.2.4 土壤肥力质量综合评价模型

通过土壤质量评价指标隶属度函数消除了各评价指标间的量纲差异，得到各评价指标在不同取样点的标准化转换值，同时结合通过判断矩阵 $B_{n \times n}$ 所得出的各评价指标的权重，通过两者的乘积即可建立土壤肥力质量的综合评价模型，即

$$IFI = \sum_{i=1}^{n} a_{ij} R_i \tag{6-44}$$

其中，IFI 表示第 j 个观测样点的土壤肥力质量综合性指标值（integrated fertility index），a_{ij} 为第 j 个观测点的第 i 个土壤肥力评价指标的隶属度值，R_i 为第 i 个评价指标对土壤肥力质量综合评价所作的贡献，即权重系数。通过式（6-44）即可得出各个观测样点的土壤肥力质量指数值，从而可直观、科学地评价两种类型低质林在不同诱导改造后土壤肥力质量的变化。

6.7.3　不同改造方式低质林分土壤肥力质量综合评价

综合各试验区的数据，得出了大兴安岭地区低质林在诱导改造后土壤肥力质量的各评价指标的实测数据，如表 6-31 所示。

表 6-31　低质林诱导改造后土壤肥力质量的评价指标测定结果

评价指标	最大值	最小值	均值	标准差
pH	6.73	4.86	5.86	0.63
有机质（g·kg^{-1}）	36.80	9.65	24.16	6.48
全 N（g·kg^{-1}）	11.68	2.75	6.60	2.58
水解 N（mg·kg^{-1}）	818.97	241.95	442.16	90.80
全 P（g·kg^{-1}）	4.11	1.61	2.62	0.87
有效 P（mg·kg^{-1}）	101.78	17.23	59.95	16.13
全 K（g·kg^{-1}）	24.71	6.18	15.14	3.94
速效 K（mg·kg^{-1}）	38.05	5.27	24.58	7.66
土壤碳通量（μmol·m^{-2}·s^{-1}）	6.51	2.68	4.75	0.92
土壤容重（g·cm^{-3}）	0.71	0.57	0.85	0.16

利用改进层次分析法对低质林诱导改造后的土壤肥力质量进行综合评价。通过式（6-36）和式（6-37）求得的土壤肥力质量评价指标的判断矩阵 $B_{10\times10}$ 为

$$B_{10\times10}=\begin{array}{c}\text{容重}\quad\text{pH}\quad\text{有机质}\quad\text{全N}\quad\text{全P}\quad\text{全K}\quad\text{水解N}\quad\text{有效P}\quad\text{速效K}\quad\text{土壤碳通量}\\ \begin{bmatrix} 1 & 0.96 & 0.64 & 0.82 & 0.94 & 0.75 & 0.11 & 0.42 & 0.60 & 0.94 \\ 1.04 & 1 & 0.66 & 0.85 & 0.98 & 0.77 & 0.11 & 0.42 & 0.62 & 0.98 \\ 1.56 & 1.52 & 1 & 1.34 & 1.50 & 1.22 & 0.12 & 0.54 & 0.91 & 1.49 \\ 1.21 & 1.17 & 0.74 & 1 & 1.15 & 0.89 & 0.11 & 0.46 & 0.69 & 1.15 \\ 1.06 & 1.02 & 0.67 & 0.87 & 1 & 0.79 & 0.11 & 0.43 & 0.63 & 1.00 \\ 1.33 & 1.29 & 0.82 & 1.12 & 1.27 & 1 & 0.12 & 0.48 & 0.75 & 1.27 \\ 9.00 & 8.96 & 8.44 & 8.97 & 8.94 & 8.67 & 1 & 7.59 & 8.34 & 8.93 \\ 2.41 & 2.37 & 1.85 & 2.2 & 2.35 & 2.08 & 0.13 & 1 & 1.75 & 2.34 \\ 1.66 & 1.62 & 1.10 & 1.45 & 1.60 & 1.33 & 0.12 & 0.57 & 1 & 1.59 \\ 1.07 & 1.03 & 0.67 & 0.87 & 1.00 & 0.79 & 0.11 & 0.43 & 0.63 & 1 \end{bmatrix}\end{array}$$

通过式（6-38）～式（6-40）即可求出判断矩阵 $B_{10\times10}$ 的特征向量 $R=(0.043,$ $0.044，0.064，0.051，0.045，0.056，0.497，0.104，0.069，0.045)^{\text{T}}$。同时，通过式（6-41）～式（6-43）对判断矩阵 $B_{10\times10}$ 进行一致性检验，计算得出 $\lambda_{\max}=10.05$，$RI=1.49$，$CI=0.037$，因 $CI=0.037<0.1$，满足判断矩阵的一致性检验要求。因此，上面计算所得的特征向量 R 即可作为土壤肥力质量评价指标的权重值（表 6-32）。

表 6-32　低质林诱导改造后土壤肥力质量评价指标权重值

评价指标	权重
土壤容重（$g \cdot cm^{-3}$）	0.043
pH	0.044
有机质（$g \cdot kg^{-1}$）	0.064
全 N（$g \cdot kg^{-1}$）	0.051
全 P（$g \cdot kg^{-1}$）	0.045
全 K（$g \cdot kg^{-1}$）	0.056
水解 N（$mg \cdot kg^{-1}$）	0.479
有效 P（$mg \cdot kg^{-1}$）	0.104
速效 K（$mg \cdot kg^{-1}$）	0.069
土壤碳通量（$\mu mol \cdot m^{-2} \cdot s^{-1}$）	0.045

按照五级分类法将土壤肥力质量综合性指标值 IFI 分为 5 个等级：当 IFI≥0.8 时土壤肥力质量好，0.6≤IFI<0.8 时土壤肥力质量较好，0.4≤IFI<0.6 时土壤肥力质量中等，0.2≤IFI<0.4 时土壤肥力质量较差，当 IFI<0.2 时土壤肥力质量差。

6.7.3.1　阔叶混交低质林改造后的土壤肥力质量

根据式（6-44）和表 6-32 中各土壤肥力质量评价指标的权重值，即可计算阔叶混交低质林在不同诱导改造后土壤肥力质量综合性指标值，其结果如图 6-4 所示。

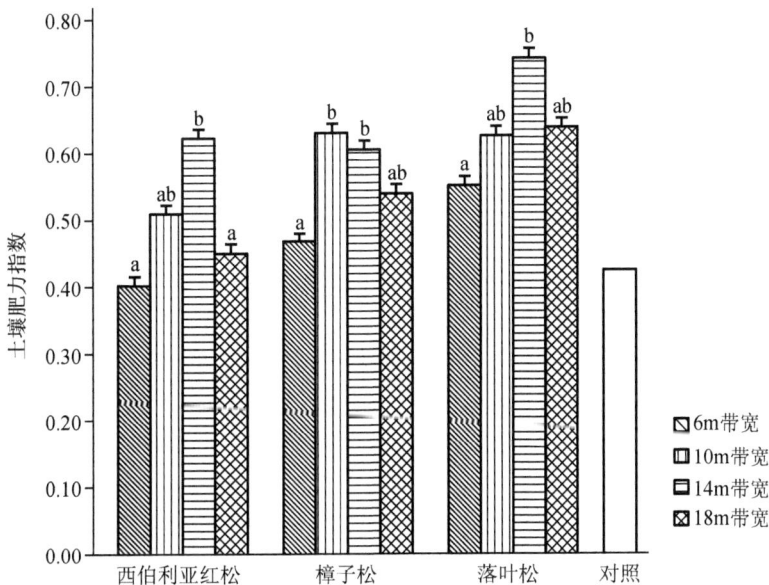

图 6-4　阔叶混交低质林诱导改造后的土壤肥力质量指数

经 LSD 多重检验，同一诱导树种不同小写字母表示差异显著（$p<0.05$），反之，差异不显著，下同。

改造目的树种为西伯利亚红松时，6m 宽效应带土壤肥力质量指数小于对照样地，但方差不显著（$p<0.05$），其余改造方式土壤肥力质量指数均高于对照样地。14m 宽效应带改造林土壤肥力质量指数显著高于 6m、18m 宽效应带，不同改造方式土壤肥力质量指数表现为：6m 宽效应带（0.402）＜对照样地（0.426）＜18m 宽效应带（0.451）＜10m 宽效应带（0.511）＜14m 宽效应带（0.624）。

改造目的树种为樟子松时，所有改造方式下的土壤肥力质量指数均高于对照样地。在 LSD 方差分析中，10m、14m 宽效应带改造林土壤肥力质量指数显著高于 6m 宽效应带改造（$p<0.05$）。不同改造方式下的土壤肥力质量指数表现为：对照样地（0.426）＜6m 宽效应带（0.429）＜18m 宽效应带（0.543）＜14m 宽效应带（0.608）＜10m 宽效应带（0.631）。

改造目的树种为落叶松时，所有改造方式下的土壤肥力质量指数均显著高于对照样地（$p<0.05$）。不同宽度效应带间土壤肥力质量指数差异不显著（$p>0.05$，14m 宽效应带除外）。不同改造方式下的土壤肥力质量指数表现为：对照样地（0.426）＜6m 宽效应带（0.553）＜10m 宽效应带（0.627）＜18m 宽效应带（0.640）＜14m 宽效应带（0.744）。

综合分析阔叶混交低质林所有改造样地，所有不同改造方式下的土壤肥力质量指数均大于 0.4，其中改造样地土壤肥力质量属中等的占总改造方式的 41.67%；土壤肥力质量属于好的占改造方式的 50%；除 6m 宽效应带改造目的树种为西伯利亚红松的林地土壤肥力质量指数（0.402）小于对照样地土壤肥力质量指数（0.426）外，其余改造方式下的土壤肥力质量指数均大于对照样地，14m 宽效应带改造目的树种为落叶松的林地内土壤肥力指数最高，为 0.744。说明在阔叶混交低质林的诱导改造中，土壤的肥力质量均得到了有效的改善。不论什么改造目的树种，10m 和 14m 宽效应带土壤肥力质量指数普遍高于其他改造方式。

6.7.3.2　白桦低质林改造后的土壤肥力质量

根据式（6-44）和表 6-32 得出了白桦低质林在不同诱导改造后土壤肥力质量综合性指标值，其结果如图 6-5 所示。

改造目的树种为西伯利亚红松时，所有改造方式下的土壤肥力质量指数均高于对照样地。不同改造方式下的土壤肥力质量虽然均有显著的提高，但 6m、10m 宽效应带改造林土壤肥力质量指数仍属于较差层次。土壤肥力质量指数最高为 18m 宽效应带，且显著高于 6m、10m 宽效应带（$p<0.05$）。不同改造方式下的土壤肥力质量指数表现为：对照样地（0.311）＜6m 宽效应带（0.371）＜10m 宽效应带（0.390）＜14m 宽效应带（0.462）＜18m 宽效应带（0.533）。

改造目的树种为樟子松时，所有改造方式下的土壤肥力质量指数均显著高于对照样地（$p<0.05$）。14m 宽效应带土壤肥力质量属较好层次，其余改造方式下的土壤肥力质量均属于中等的层次。在 LSD 方差分析中，14m、18m 宽效应带改造

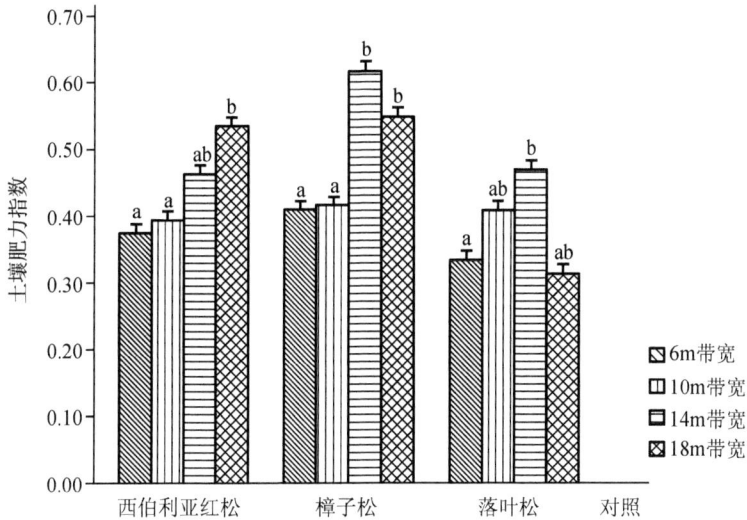

图 6-5　白桦低质林诱导改造后土壤肥力质量指数

林土壤肥力质量指数显著高于 6m、10m 宽效应带改造（$p<0.05$）。不同改造方式下的土壤肥力质量指数表现为：对照样地（0.311）<6m 宽效应带（0.408）<10m 宽效应带（0.413）<18m 宽效应带（0.545）<14m 宽效应带（0.617）。

改造目的树种为落叶松时，与对照样地相比，所有改造方式土壤肥力质量指数均有不同程度的升高，但除 14m 宽效应带土壤肥力质量指数显著高于对照样地外，其余改造方式下的土壤肥力质量指数方差分析均不显著（$p<0.05$）。6m、18m 宽效应带改造林土壤肥力质量指数属较差层次，10m、14m 宽效应带改造林土壤肥力质量指数属中等层次。不同改造方式下的土壤肥力质量指数表现为：对照样地（0.311）<6m 宽效应带（0.329）<18m 宽效应带（0.381）<10m 宽效应带（0.407）<14m 宽效应带（0.468）。

综合分析白桦低质林所有改造样地，有 33.33% 的诱导改造林地土壤肥力质量属于较差行列，58.34% 的诱导改造林地土壤肥力质量属中等水平，而只有 14m 带宽改造目的树种为樟子松诱导的改造林土壤肥力质量达到较好的行列。与对照样地土壤肥力质量指数的 0.311 相比，所有诱导改造方式下的土壤肥力质量均高于对照样地，表明对白桦低质林的效应带诱导改造显著地改善了林地土壤的肥力质量。不论什么改造目的树种，14m、18m 宽效应带的土壤肥力质量普遍高于其他带宽改造。

6.7.3.3　土壤肥力质量指数与各评价指标间的相关性

通过 Spearman 相关性分析方法综合分析两类低质林的改造，得出了土壤肥力质量指数与各评价指标间的相关性，其结果如表 6-33 所示。试验样地中土壤水解

N 平均含量为 442.16 mg·kg^{-1}，与土壤肥力质量指数有极显著的正相关性（$p<$ 0.01），表明土壤水解 N 含量强烈地影响土壤肥力的质量。土壤有机质、全 P 的平均含量分别为 24.16g·kg^{-1}、2.62g·kg^{-1}，均与土壤肥力质量指数呈显著的正相关（$p<0.05$）。土壤容重与土壤肥力质量指数呈负相关，其余评价指标与土壤肥力质量指数均呈正相关，但均未通过 Spearman 相关性检验，相关性不显著。因此，在大兴安岭地区的阔叶混交次生林低质林和白桦萌生低质林诱导改造中，影响土壤肥力质量大小的主导因子为土壤水解 N、有机质、全 P 含量。其主要原因是在不同的改造方式下，土壤水解 N 的含量差异显著，因此水解 N 指标多少能显著地影响土壤肥力质量；而土壤有机质是土壤养分的基底，含量的多少表征着该地区土壤肥力的高低；在两种林分低质林改造过程中，土壤全 N 的含量普遍偏低，这也是影响该地区土壤肥力质量的重要原因。

表 6-33　土壤肥力质量指数与各评价指标间的相关性分析

指标	容重	pH	有机质	全 N	全 P	全 K	水解 N	有效 P	速效 K	碳通量
IFI	−0.205	0.057	0.418*	0.149	0.430*	0.172	0.781**	0.144	0.252	0.308

** 表示在 0.01 水平上极显著相关；
* 表示在 0.05 水平上显著相关。

土壤肥力质量是土壤系统物理、化学和生物组分之间复杂且相互作用的综合体现，它通常用土壤的物理指标、化学指标和生物指标等具有相互关联的特征来定量地评价。土壤肥力质量的定性评价，提供了一种评价人类管理林地方式对土壤质量直接和间接影响的有效方法。在利用层次分析方法对土壤肥力质量的综合评价中，充分利用实验实测数据的定量信息来构建层次分析法的判断矩阵，使土壤肥力质量指标权重更具科学性、客观性和合理性。本次研究利用改进层次分析法来确定各土壤肥力质量评价指标的权重，对两类低质林诱导改造后的土壤肥力质量进行了综合评价。土壤肥力质量受海拔影响存在空间异质性[76,77]，但本节中不同坡位的未干扰对照样地各土壤肥力评价指标间无显著差异性（$p>0.05$），表明在本次研究中可以忽略海拔对土壤肥力质量产生的空间异质性。

在阔叶混交低质林诱导改造中，所有不同改造方式土壤肥力质量指数均大于 0.4，除 6m 宽效应带诱导树种为西伯利亚红松的林地土壤肥力质量指数小于对照样地外，其余改造方式下的土壤肥力质量指数均大于对照样地。其中，改造样地土壤肥力质量属中等的占总改造方式的 41.67%；土壤肥力质量属于好的占总改造方式的 50%。14m 宽效应带改造目的树种为落叶松的林地内土壤肥力指数最高，为 0.744。因此，对阔叶混交低质林的诱导改造使其土壤肥力质量得到了有效的改善。不同改造目的树种在 10m、14m 宽效应带下土壤肥力普遍高于其他诱导改造方式。

在白桦低质林诱导改造中，所有诱导改造方式土壤肥力质量均高于对照样地，表明对白桦低质林的效应带诱导改造显著地改善了土壤肥力质量。但有 33.33% 的诱导改造林地土壤肥力质量属较差行列，58.34%的诱导改造林地土壤肥力质量属中等水平，而只有14m带宽改造目的树种为樟子松诱导改造林土壤肥力质量指数最高，为0.617，土壤肥力质量属较好层次。不同改造目的树种在14m和18m宽效应带下土壤肥力普遍高于其他诱导改造方式。

综合分析发现，白桦低质林改造后的土壤肥力质量显著低于阔叶混交低质林诱导改造，这主要是在原白桦低质林的土壤肥力质量已显著低于阔叶混交低质林，而在阔叶混交低质林中有着更丰富的植被，特别是大量胡枝子（*Lespedeza bicolor*）等固N植物能有效地改善土壤肥力质量[78]。通过Spearman相关性分析方法综合分析土壤肥力质量指数与各评价指标间的相关性，土壤水解N与土壤肥力质量指数有极显著的正相关（$p<0.01$），土壤有机质、全P均与土壤肥力质量指数呈显著的正相关（$p<0.05$），表明影响土壤肥力质量大小的主导因子为土壤水解N、有机质、全P含量，且都表现出了显著的正相关。

参 考 文 献

[1] Binford G D, Blackmer A M, Meese B G. Optimal concentrations of nitrate in cornstalks at maturity[J]. Agron J, 1992, 84: 881-887.

[2] Bertsch P M, Thomas G W. Potassium Status of temperate region soils//Munson R E. Potassium in Agriculture[M]. Madison: American Society of Agronomy, 1985: 131-162.

[3] Brady N C. The Nature and Properties of Soils[M]. New York: Macmillan Publishing Co, 1974: 639.

[4] Stewart J W B, Tiessen H. Dynamics of soil organic phosphorus[J]. Biogeochemistry, 1987, (4): 41-60.

[5] Tate K R, Speir T W, Ross D J, et al. Temporal variations in some plant and soil P pools in two pasture soils of widely different P fertility status[J]. Plant and Soil, 1991 (132): 219-232.

[6] 张焕朝, 张红爱, 曹志洪, 等. 太湖地区水稻土磷素径流流失及其Olsen磷的"突变点"[J]. 南京林业大学学报, 2004, 28(5): 6-10.

[7] Helmke P A, Sparks D L. Lithium, sodium, potassium, rubidium, and cesium//Sparks D L. Methods of Soil Analysis: Chemical Methods[C]. Soil Science Society of America, 1996: 551-574.

[8] Martin H W, Sparks D L. On the behavior of nonexchangeable potassium in soils[J]. Communications in Soil Science and Plant Analysis, 1985, (16): 133-162.

[9] Wolf A, Beegle D B. Recommended soil tests for macronutrients: Phosphorus, potassium, calcium and magnesium//Sims J T, Wolf A. Recommended Soil Testing Peocedures for the Northeastern United States. Northeast Regional Bull. Agric Exp Stn, Univ of Ddelaware, Newark, 1995: 25-34.

[10] Doran J W, Parkin T B. Defining and assessing soil quality. In: Doran J W, Timothy B P. Defining Soil Quality for a Sustainable Environment[C]. Soil Science Society of American Publication Inc, Madison, Wisconsin, USA. 1994, (35): 3-21.

[11] Larson W E, Pierce F J. Conservation and enhancement of soil quality[J]. Dumanski J. Evaluation for Sustainable Land Management in the Developing Word Technical Papers. Chiang Rai, Thailand: Board for Soil Res. and

Management. 1991(2): 175-203.

[12] 杨文元. 不同轮作方式对土壤肥力的影响[J]. 土壤肥料, 1982, (5): 1-5.

[13] 吕晓男, 陆允甫, 王人潮, 等. 土壤肥力综合评价初步研究[J]. 浙江大学学报, 1999, 25(4): 378-382.

[14] 吕晓男, 陆允甫, 王人潮, 等. 浙江低丘红壤肥力数值化综合评价研究[J]. 土壤通报, 2000, 31(3): 107-110.

[15] 梁朝仪. 土地评价[M]. 郑州: 河南科学技术出版社, 1992.

[16] 王艳艳, 张凤荣, 王茹, 等. 应用指数和法对潮土农田土壤肥力变化的评价研究[J]. 农村生态环境, 2001, 17(3): 13-16.

[17] 秦明周, 赵杰. 城乡结合部土壤质量变化特点与可持续性利用对策——以开封市为例[J]. 地理学报, 2000, 55(5): 544-547.

[18] 孙波, 张桃林, 赵其国, 等. 我国东南丘陵山区土壤肥力的综合评价[J]. 土壤学报, 1995, 32(4): 362-368.

[19] 蔡崇法, 陈家宙, 王长荣, 等. 鄂南红壤丘陵区种植结构调整对土壤养分的影响[J]. 土壤与环境, 2001, 10(1): 47-50.

[20] Smith J L, Halvorson J J, Papendick R L. Using multiplen variable indicator kriging for evaluation soil quality[J]. Soil Sci Soc Am J, 1993, (57): 743-749.

[21] Harris R F, Karlen D L, Mulla D J. A conceptual framework for assessment and management of soil quality and health// Doran J W, Jones A J. Methods for Assessing Soil Quality. Madison, Wisconsin, 1996: 49.

[22] Hussain I, Olson K R, Wander M M, et al. Adaptation of soil quality indices and application to three tillage systems in southern Illinois[J]. Soil & Tillage Research, 1999, (50): 237-249.

[23] Glover G D, Reganold J P, Andrews P K. Systematic method for rating soil quality of conventional, organic, and integrated apple orchards inWashington State[J]. Agriculture, Ecosystem and Environment. 2000, (80): 29-45.

[24] Karlen D L, Stott D E. A framework for evaluating physical and chemical indicators of soil quality// Doran J W, Coleman D C, Bezdicek D F, et al. Defining Soil Quality for a Sustainable Environment[M]. Madison, SSSA Special Publication, SSSA. 1994, (35): 53-72.

[25] Larson W E, Pierce F J. The dynamics of soil quality as a measure of sustainable management//Doran J W, Coleman D C, Bezdicek D F,et al. Defining Soil Quality for a Sustainable Environment[M]. Madison, Wisconsin, USA: Soil Science Society of American Publication, 1994, (35): 37-52.

[26] 王效举, 龚子同. 红壤丘陵小区域水平上不同时段土壤质量变化的评价和分析[J]. 地理科学, 1997, 17(2): 141-148.

[27] 孙微微, 胡月明, 刘才兴, 等. 基于决策树的土壤质量等级研究[J], 华南农业大学学报, 2005, 26(3): 108-110.

[28] 张学雷, 张甘霖, 龚子同. SOTER 数据库支持下的土壤质量综合评价——以海南岛为例[J]. 山地学报, 2001, 19(4): 377-380.

[29] 李勇, 宋启亮, 纪浩, 等. 不同改造方式对大兴安岭低质林土壤理化性质及重金属影响[J]. 东北林业大学学报, 2012, 40(4): 101-105.

[30] 刘美爽, 董希斌, 郭辉. 小兴安岭低质林采伐改造后土壤理化性质变化分析[J]. 东北林业大学学报, 2010, 38(10): 36-40.

[31] 王会利, 唐玉贵, 韦娇媚. 低效林改造对土壤理化性质及水源涵养功能的影响[J]. 中国水土保持科学, 2010, 8(5): 72-78.

[32] 庞学勇, 包维楷, 张咏梅. 岷江上游中山区低效林改造对土壤物理性质的影响[J]. 水土保持通报, 2005, 25(5):

12-16.

[33] 孙慧珍, 陆小静, 陈明月, 等. 哈尔滨市不同类型人工林土壤重金属含量[J]. 东北林业大学学报, 2011, 22(3): 614-620.

[34] 宁晓波, 项文化, 方晰, 等. 贵阳花溪区石灰土林地土壤重金属含量特征及其污染评价[J]. 生态学报, 2009, 29(4): 2169-2177.

[35] 刘晓辉, 吕宪国, 刘惠清. 沟谷地不同植被下土壤重金属纵向分异研究[J]. 环境科学, 2007, 28(12): 2766-2770.

[36] 耿玉清, 余新晓, 岳永杰, 等. 北京山地森林的土壤养分状况[J]. 林业科学, 2010, 46(5): 169-175.

[37] 赵康, 孙长仁. 论森林采伐作业对土壤理化性质的影响[J]. 内蒙古林学院学报(自然科学版), 1997, 19(4): 101-107.

[38] Fu B J, Liu S L, Ma K M, et al. Relationships between soil characteristics, topography and plant diversity in a heterogeneous deciduous broad-leaved forest near Beijing, China[J]. Plant and Soil, 2004, 261: 47 - 54.

[39] Paul K I, Black A S, Conyers M K. Effect of plant residue return on the development of surface soil pH gradients [J]. Biology and Fertility of Soils, 2001, 33(1): 75-82.

[40] 郭辉, 董希斌, 姜帆. 皆伐方式对小兴安岭低质林土壤呼吸的影响[J]. 林业科学, 2009, 45(10): 32-37.

[41] Guo L B, Gifford R M. Soil carbon stocks and land use change: A meta analysis [J]. Global Change Bio, 2002, 8: 345-360.

[42] 蒋培坤, 徐秋芳, 周国模, 等. 石灰岩荒山造林后土壤养分与活性碳含量的变化[J]. 林业科学, 2007, 43(1): 39-42.

[43] 王旭琴, 戴伟, 夏良放, 等. 亚热带不同人工林土壤理化性质的研究[J]. 林业科学, 2006, 28(6): 56-59.

[44] 陈立新. 东北山地人工林生态系统土壤肥力的研究[M]. 哈尔滨: 东北林业大学出版社, 2000: 151 -153.

[45] 刘美爽, 纪浩, 董希斌. 诱导改造对大兴安岭低质林土壤理化性质的影响[J]. 林业科学, 2012, 48(5): 67-71.

[46] 徐建明, 张甘霖, 谢正苗, 等. 土壤质量指标与评价[M]. 北京: 科学出版社, 2010.

[47] 周莉, 代力民, 谷会岩, 等. 长白山阔叶红松林采伐迹地土壤养分含量动态研究[J]. 应用生态学报, 2004, 15(10): 1771-1775.

[48] 武伟, 唐明华, 刘洪斌. 土壤养分的模糊综合评价[J]. 西南农业大学学报, 2000, 22(3): 270-272.

[49] 曾翔亮, 董希斌, 宋启亮, 等. 阔叶混交低质林诱导改造后土壤养分的模糊综合评价[J]. 东北林业大学学报, 2013, 41(9): 50-53, 93.

[50] 张万儒, 杨光滢, 屠星南. 森林土壤分析方法[M]. 北京: 中国标准出版社, 1999.

[51] 全国土壤普查办公室. 全国第二次土壤普查暂行技术规程[M]. 北京: 农业出版社, 1979.

[52] 刘美爽, 纪浩, 董希斌. 诱导改造对大兴安岭低质林土壤理化性质的影响[J]. 林业科学, 2012, 48(5): 67-71.

[53] 刘玥, 薛喜成, 何勇. 灰色关联分析法在土壤重金属污染评价中的应用[J]. 安全与环境工程, 2009, 16(1): 15-17.

[54] 刘继明, 宋启亮, 李芝茹, 等. 大兴安岭白桦低质林生态功能评价指标的灰色关联聚类分析[J]. 东北林业大学学报, 2012, 40(8): 112-115.

[55] 曾翔亮, 董希斌, 高明. 不同诱导改造后大兴安岭蒙古栎低质林土壤养分的灰色关联评价[J]. 东北林业大学学报, 2013, 41(7): 48-52.

[56] 李勇, 刘继明, 董希斌, 等. 大兴安岭林区低质林成因及改造方式[J]. 东北林业大学学报, 2012, 40(8): 105-107.

[57] 张志. 红松人工林土壤质量演变规律[D]. 哈尔滨: 东北林业大学硕士学位论文, 2004: 12-23.

[58] 陈瑞梅, 肖文发, 王晓荣, 等. 三峡库区植被不同演替阶段的土壤养分特征[J]. 林业科学, 2010, 46 (9): 1-6.

[59] 曲国辉, 郭继勋. 松嫩平原不同演替阶段植物群落与土壤特性的关系[J]. 草业学报. 2003, 12 (1): 18-22.

[60] Strivastava S C, Singh J S, Microbial C. N and P in dry tropical forest soils: Effects of alternate land-uses and nutrient flux [J]. Soil Biology and Biochemestry, 1991, 23 (2): 117-124.

[61] 赵汝东. 北京地区耕地土壤养分空间变异及养分肥力综合评价研究[D]. 河北农业大学硕士学位论文, 2008: 2-3.

[62] 周勇, 张海涛, 汪善勤, 等. 江汉平原后湖地区土壤肥力综合评价方法及其应用[J]. 水土保持学报, 2001, 15 (4): 70-7.

[63] 高玉蓉, 许红卫, 周斌. 稻田土壤养分的空间变异性研究[J]. 土壤通报, 2005, 36 (6): 822-825.

[64] 薛红霞, 何江华. 广东省耕地分等中的土壤肥力评价指标体系[J]. 生态环境, 2004, 13 (3): 461-462.

[65] 李双异, 刘慧屿, 张旭东. 东北黑土地区主要土壤肥力质量指标的空间变异性[J]. 土壤通报, 2006, 37 (2): 220-225.

[66] 姜勇, 张玉革, 梁文举, 等. 沈阳市苏家屯区耕层土壤养分空间变异性研究[J]. 应用生态学报, 2003, 14 (10): 1673-1676.

[67] 陈立新, 陈祥伟, 史桂香. 提高落叶松人工林林地质量的研究[J]. 东北林业大学学报, 1998, 26 (3): 25-31.

[68] 黄健, 张惠琳, 傅文玉, 等. 东北黑土区土壤肥力变化特征的分析[J]. 土壤通报, 2005, 36 (5): 659-663.

[69] Doran J W, Parkin T B. Quantitative indicators of soil quality: A minimum data set//Doran J W, et al. Methods for Assessing Soil Quality[M]. Soil Science Society of American Publication No. 49. Inc, Madison, Wisconsin, USA, 1996: 61~82.

[70] Stenberg B. Monitoring soil quality of arable land: Microbiological indicators [J]. Acta Agric Scand Section B, Soil and Plant Sci, 1999, 49 (1): 1-24.

[71] Jordan D, Kremer R J, Bergfield W A, et al. Evaluation of microbial methods as potential indicators of soil quality in historical agricultural fields[J]. Biol Fertile Soils, 1995, 19 (4): 297-302.

[72] 许树柏. 实用决策方法——层次分析法原理[M]. 天津: 天津大学出版社, 1988.

[73] 吴殿廷, 李东方. 层次分析法的不足及其改进的途径[J]. 北京师范大学学报, 2004, 40 (2): 264-268.

[74] 刘洋, 吴洁. 层次分析法在应用中的几个问题[J]. 温州大学学报, 2002, 12 (4): 67-72.

[75] 冯德益, 楼世博. 模糊数学方法与应用[M]. 北京: 地震出版社, 1985.

[76] Jackson R B, Caldwell M M. The scale of nutrient heterogeneity around individual plants and its quantification with geostatistics. Ecology, 1993, 74 (2): 612-614.

[77] Gimeno G E, Andreu V, Rubio J L. Spatial patterns of soil temperatures during experimental fires[J]. Geoderma, 2004, 118 (2): 17-38.

[78] 纪浩. 大兴安岭低质林改造后土壤肥力质量评价[D]. 东北林业大学硕士学位论文, 2013.

7 低质林改造对土壤呼吸的影响

7.1 土壤呼吸概述

7.1.1 土壤呼吸的概念

森林土壤呼吸是土壤微生物活性和土壤肥力的一个重要指标，是土壤碳流通的一个重要过程，也是陆地生态系统碳循环的一个关键部分，对研究全球变化有非常重要的影响。森林土壤碳是全球碳库的重要组成部分，占全球土壤碳的73%。且森林土壤CO_2通量占森林生态系统呼吸总量的40%~80%。全球森林过度采伐和其他土地利用变化导致土壤 CO_2 释放量的增加，占过去两个世纪来因人类活动释放的 CO_2 总量的一半，是除化石燃料释放 CO_2 导致大气 CO_2 浓度升高的另一重要原因。森林土壤呼吸也是目前已建立的长期监测 CO_2 通量网站的重要研究对象之一，是研究世界碳循环的重要课题，对生态学、环境科学及地球表层系统科学意义重大。

森林土壤呼吸由自养呼吸和异养呼吸组成，不同森林类型、测定季节和测定方法等直接影响其所占比例。人们把测定土壤呼吸作用强度看作是衡量土壤微生物总的活性指标，或者作为评价土壤肥力的指标之一。但必须指出，土壤微生物活动是土壤呼吸作用的主要来源，因此，影响土壤微生物活动的诸因子，如土壤有机质含量、pH、温度、水分以及有效养分含量都能影响土壤呼吸的作用强度，并从土壤呼吸的作用强度变化中反映出来。

7.1.1.1 土壤呼吸与生态系统碳平衡

通常，当植物通过光合作用固定空气中的 CO_2，并把它转变为有机碳化合物的时候，生态系统中的碳循环就开始了。一部分有机碳化合物用于植物组织的生长，还有一部分被分解用来为植物提供能量，在这个过程中，CO_2 通过植物的呼吸作用又被释放回大气中。生长组织包括叶、茎（如树木的木质部分）和根。在死亡之前，叶和细根通常要活几个月直至几年，而森林中的木本组织可能会活数百年。死亡的植物材料（即凋落物）被微生物分解，为微生物的生物量生长和其他活动提供能量。与此同时，CO_2 通过微生物呼吸释放回大气中。活的微生物与死亡的植物和死亡的微生物的有机残体混合在一起形成土壤有机质。而在这一过程中，土壤呼吸起到了至关重要的作用。

7.1.1.2　土壤呼吸与营养循环

土壤呼吸的一个主要组成成分是微生物分解凋落物和土壤有机质，并释放 CO_2，在这个过程中使营养矿化。在分解初期，从凋落物矿化来的氮同时被微生物固定，以满足它们自身生长的需要，导致凋落物和微生物的混合物的氮浓度增加。由于很难将凋落物与微生物分开，习惯上把它们的混合物也叫作凋落物。正在分解的凋落物的氮浓度通常是增加的，而在分解过程中凋落物中氮的绝对量可能增加，也可能不增加。当微生物在生物量生长时整合了土壤中其他外源氮或整合了固氮作用的氮时，氮的绝对量则会增加，在凋落物分解过程中，碳的释放，再加上氮的固定，使得碳氮比（C：N）逐渐降低，直至从凋落物中矿化的氮超过了微生物生长的需求。在这之后，凋落物分解导致氮释放。同样，在分解的初期，P 和硫也可能会增加。

土壤有机质的分解通常导致净的 N 释放，因为土壤有机质的 C：N 通常低于 20，更接近于微生物的 C：N，而与凋落物的 C：N 相差较大。土壤有机质中的蛋白质和核酸的降解释放无机氮（即 NH_4^+）。从土壤有机质矿化来的氮，一部分被微生物固定，用以满足生长的需要，还有一部分加入到土壤的无机氮库中。

由于在微生物分解凋落物和土壤有机质的过程中，氮和碳的矿化作用是耦合在一起的，因此，氮的矿化速率常与微生物呼吸具有相关性。在野外的研究中，由于氮固持的存在，使得氮的矿化作用与土壤呼吸的相关性可能没那么好。

7.1.2　CO_2 在土壤中产生过程

土壤呼吸涉及多个过程，包括土壤中 CO_2 的产生和 CO_2 从土壤向大气的传输。土壤呼吸释放出的气态 CO_2 分子是由土壤及凋落物层中的根、土壤微生物和土壤动物产生的。活的组织所产生的这些 CO_2 是其进行新陈代谢的副产品，通过新陈代谢使有机体获得维持生命生长和繁殖所需的能量和碳的中间产物。根据底物碳水化合物的来源，土壤中 CO_2 的产生可以分为根呼吸、根际微生物呼吸（这些微生物呼吸是通过消耗根系分泌的易分解的碳水化合物）、凋落物的分解以及土壤有机质的氧化。在一个生态系统中，土壤动物可能对呼吸通量有不可忽略的贡献。

7.1.2.1　CO_2 产生的生物化学过程

CO_2 可以通过几种生物化学途径产生，最常见的是三羧酸循环。其他产生 CO_2 的途径包括葡萄糖酵解为有机酸及嗜甲烷菌氧化甲烷的过程。发酵作用发生在厌氧的环境中，如湿地，水淹区域或土壤颗粒内部厌氧的微小区域；而三羧酸循环和氧化甲烷的过程发生在有氧的条件下。另外，碳酸盐化反应也能产生或消耗土壤中的 CO_2。

7.1.2.2 根呼吸

根呼吸通常占土壤总呼吸的大约 50%，但是在不同的研究中，这个比为 10%～90% 不等。根呼吸消耗掉每天光合作用同化的碳总量的约 10%～50%。通过根呼吸产生的 CO_2 量，是由根生物量和单位根呼吸速率所决定的。一个生态系统中根的生物量取决于生态系统的生产量和植物物种的分配模式，并随着环境和季节的变化而改变。在植物个体水平上，分配给根生长的糖类随着植物种类、年龄以及生长环境的改变而变化。通常，在器官发育过程中个体发育节律的变化，使得根与茎的比例（根茎比）随着年龄的增长而下降。一般来说，在营养供应不足，土壤中水分的可用性较低和光照充足的情况下，根茎比较高。生长温度、CO_2 浓度对根茎比的影响视具体的情况而定，从以往的研究中还没有总结出一个清晰的模式。单位根呼吸速率，即每单位根生物量的呼吸速率，随着物种和环境因素的不同有很大变化。单位根呼吸率反映了许多过程对能量的需求，包括：①新的结构生物量的生物合成；②光合产物的转运；③从土壤中吸收离子；④将氮和硫同化为有机化合物；⑤蛋白质的周转；⑥维持细胞内外离子浓度的梯度。因此，根呼吸受到许多生物和非生物因子的调控，这些因子与植物的状况、生活史和环境有关。

7.1.2.3 易分解碳供应的根际呼吸

根际中丰富的含碳物质（黏液、脱落的细胞及分泌物）能大大刺激微生物的呼吸。根际是紧贴根表面的区域及其邻近的土壤。在根际中，植物与微生物之间发生密切的相互作用。根际的概念最初是由 Hiltne 于 1904 年提出的，是指厚 10～20μm、被薄液层包围的很薄的区域。根际为微生物提供了一个非常适宜的生境。此区域中的微生物群落常常和一般土壤中的明显不同。根际中植物和微生物之间的相互作用，在调控微生物活性、营养可利用性、凋落物分解及土壤有机质动态方面起着十分关键的作用。根连续不断地向土壤中释放各种各样的物质。根据释放方式的不同，根际沉积可分为 3 种：①水溶性分泌物（糖类、氨基酸、激素及维生素），此类物质从根中渗出时不消耗代谢能量；②分泌液，此类物质的释放依赖于代谢过程；③溶解产物，当细胞自溶时释放出来。

估算的通过分泌物和分泌液损失的碳量，依据植物种类不同，实验设施和地点以及量方法的差别很大。研究发现，生长在控制设施中的一年生作物将净固定碳量的 30%～60% 转移到根部。在 11 个研究中，10 个研究发现通过呼吸作用指示出来的以分泌物形式转移至根中的碳量占总碳同化量的 10%～70%。一般来说，净固定的碳转移到根中的比例，多年生植物要高于一年生植物。源自根的总碳量随着树苗年龄的增长而增加，栗树幼苗在 3 个月时来自根的总碳量占净碳吸收的5%，而到 19 个月时占 19%，不同物种的植物证明了在营养生长时期，将近 20% 的光合作用所固定的碳被释放到土壤中。

7.1.2.4　凋落物分解与土壤有机体

在土壤表面及土壤产生的 CO_2 中，凋落物分解产生的 CO_2 占了相当大一部分。凋落物的生产是指单位时间从活着的植物体转移至凋落物库的生物量。凋落物的生产与净生态系统生产力呈正相关。净初级生产除了在食草活动和火灾中损失一部分外，所有的植物生物量最终都会成为凋落物，以死有机质的形式运输至土壤中。

木质凋落物的生产往往随森林年龄的增加而增多。在草原生态系统中，地上部分生物量的绝大多数都不在多年生的组织中，因此，年凋落物量近似或等于年净初级生产。在许多生态系统中，细根周转向土壤中输入大量的碎屑。而在一个生态系统中，凋落物生产和分解之间的平衡决定着凋落物库的大小。凋落物含有不同的成分，包括可溶性成分、半纤维素、纤维素和木质素。凋落物的每种不同成分都有各自不同的分解速率。因此，分析凋落物的组成很重要，因为凋落物并不是作为一个整体而分解的。另外，土坡微生物个体产生的降解酶是各不相同的，这样土壤微生物组合起来就可以使凋落物中的各种有机化合物都能被分解。

7.1.2.5　土壤有机质的氧化

土壤有机质是土壤的有机部分，通常不包括土壤中植物的根、未腐烂的大型土壤动物和植物残体。土壤有机质为植物生长提供营养，提高阳离子的交换能力从而维持土壤肥力，并能改善土壤结构。近年来，为了解释土壤以有机质形式沉积碳的潜力，人们对土壤有机质进行了广泛的研究。

土壤有机质由腐殖化和非腐殖化的物质构成。非腐殖化物质是植物、动物及微生物的有机残留物，它们已经变得不能再识别出原来的样子。非腐殖化物质通常可占到土壤有机质的 20%。其余 80% 或更多的土壤有机质是腐殖化物质（即腐殖质），是通过次生合成反应形成的。当凋落物发生生物化学变化时，微生物合成了另外的化合物，其中的一部分是通过化学反应或酶促反应进行聚合或缩合的。腐殖质形成的一个关键机制可能是通过酶催化或自氧化的聚合反应，反应过程中有酚类化合物参与。

有机质的分解包括许多复杂的过程，如有机质化学成分变化、物理性破碎和矿质元素的释放。在理化变化的不同阶段有很多土壤生物，如微生物、蚯蚓、小型节肢动物、蚂蚁及甲壳虫，都参与了此过程。有机质的分解受许多因素调控，包括土壤湿度、热量状况、土壤质地、基岩类型、营养状况（阳离子交换容量）、持水量、淀积作用、生物扰动速率、根系穿透阻力和能够用来支持微生物有氧呼吸的氧气的数量。这些变量往往是耦合在一起的，土壤质地能较好地代表大多数变量，土壤有机碳水平与土壤底物颗粒的大小呈负相关。毁林、采伐、农业和放牧活动、生物量燃烧等干扰因素，常常通过减少碳输入或增加碳释放而使土壤的有机碳减少。森林砍伐和生物量燃烧会减少土壤有机碳库的碳输入。土壤有机质由稳定的物质组成，这些物质的分解速率为每年 5%或者更少，视气候情况而定。土壤温度的增加通常有利于腐殖质的分解，土壤的透气性增加有利于土壤有机质的氧化分解，充足的氮供应会增加土壤有机质的分解速率，耕作带来的机械干扰同样也会促进分解。在湿地、沼泽地或滩涂等厌氧环境中，凋落物的分解大大减弱，有机残留物得以积累，最终形成了一种有机土——有机土。有机土通常被称为泥炭，以表明植物凋落物的分解速率很低。当把水分排干时，土壤有机质会迅速分解，释放出大量的 CO_2。

7.1.3 土壤呼吸的影响因子

7.1.3.1 底物供应和生态系统生产力

呼吸作用所释放出的 CO_2 是在分解含碳的有机底物时产生的，所以在生物化学水平上，就碳原子来说，通过呼吸产生的 CO_2 与消耗的底物之间的关系是 $1:1$ 的摩尔比。从生态系统水平上来讲，土壤呼吸是多个过程的复合，会消耗多种来源的底物。根呼吸利用的是细胞间和细胞内的糖类、蛋白质、脂质及其他基质。土壤微生物能利用所有种类的底物，从新鲜残体和根分泌物中的简单糖类到土壤有机质中复杂的腐殖质酸。虽然呼吸作用释放的 CO_2 与底物的可利用性之间具有线性关系，但是底物转变为 CO_2 的速率也随着底物的类型而改变。简单的糖类很容易被根和微生物转变为 CO_2，滞留时间很短。腐殖质酸很难分解，需要几百或是几千年的时间才能转换成 CO_2。纤维素、半纤维素、木质素和酚类物质的滞留时间介于两者之间。由于底物性质的异质性，底物供应的来源又多种多样，这使得很难在底物供应和呼吸作用的 CO_2 产生之间找到一个简单的关系，来构建模型。

最近的实验结果证明了来自冠层光合作用的底物供应对土壤呼吸有很强的控制作用。在温度和湿度保持不变的条件下进行的一个模式草地生态系统的温室实验也表明，地上部分的光合作用直接控制着土壤呼吸。该实验跨了1999 年和 2000 年的两个生长季。白天和夜间的温度分别控制在 28℃和 22℃，土壤含水保持相对恒定，为田间持水量的 70%。测得的土壤呼吸速率在没有植物的时候接近零，逐渐增加至生长季的峰值，在 1999 年不施氮肥的情况下，峰值为 $4gC \cdot m^{-2} \cdot d^{-1}$，在 2000 年施氮肥的情况下，峰值为 $7gC \cdot m^{-2} \cdot d^{-1}$。由于土壤温度和土壤含水量保持不变，土壤呼吸显著的季节性变化只能是由植物地上部分底物供应的变化而导致。

其他的研究也证明了土壤呼吸和地上部分光合作用有着密切关联。例如，一方面，根和土壤呼吸随着地上的食草行为、营养的可利用性、光及其他控制植物碳获取的因子而变化，另一方面，地下环境也强烈地影响着根的生长和对地上光合作用所合成糖类物质的需求。土壤的环境调控着对糖类的需求，而光合作用决定了地上部分供应糖类的能力，需求与供应之间的相互作用，共同控制着地下部分的碳通量，也因而控制着根和土壤呼吸。除了地上部分光合作用对土壤呼吸的直接控制外，凋落物也为微生物呼吸提供了大量碳底物，所以土壤呼吸通常也随着凋落物数量的增加而增加。

7.1.3.2　土壤温度

温度几乎影响呼吸过程的各个方面。在生物化学水平上，呼吸系统包括许多酶，以驱动糖酵解、三羧酸循环和电子传递链。生物化学和生理学研究证明了一个普遍的温度响应曲线，即温度较低时，呼吸速率随着温度的升高而呈指数增加，在 45～50℃时达到最大值，然后随着温度的增加呼吸速率开始下降。在低温范围内，呼吸酶的最大活性（Vmax）可能是最大限制因子。

温度和呼吸作用的生物化学过程之间的关系，通常是用指数方程或阿累尼乌斯方程来描述。Van't Hoff（1985）提出了一个简单的经验指数模型来描述化学反应对温度变化的响应：

$$R = \alpha e^{\beta T}$$

式中，R 是呼吸速率，α 是 0℃时的呼吸速率，β 是温度响应系数，T 是热力学温度。

当温度较低、呼吸速率主要受生物化学反应限制时，根呼吸也是随着温度的升高呈指数增加的。当温度较高时，那些主要依赖扩散运输的代谢底物和代谢产物（如糖、氧气、CO_2）就成了限制因子。当温度超过 35℃时，原生质系统可能开始降解。低温时如果氧气含量较低，那么通过扩散传输的物理过程也可能限制呼吸。幼根呼吸比老根呼吸对温度更敏感。温度通过影响根的生长，间接地影响根呼吸。

根据微生物对温度的要求，可将微生物分为 3 类，即嗜冷微生物、嗜温微生物和嗜热微生物。它们的最适温度分别是小于 20℃、20～40℃、大于 40℃。在自然条件下，土壤中有许多微生物类群，在一个相当宽的温度范围内，土壤呼吸对温度的响应呈指数变化。通过测量取自 3 个湿润高地苔原的冰冻的有机土壤中微生物的呼吸速率发现，在−10～0℃测量的结冻土壤和在 0～14℃测量的解冻土壤，其微生物呼吸速率可用一个简单的一阶指数方程很好地描述。同样，在一个较宽的温度范围内，土壤不同深度的微生物对温度变化的响应也呈指数形式。

在土壤团聚体的水平上，温度可以通过影响底物和/或氧气的运输而间接地影响土壤呼吸。气体和溶质通过土壤水膜的扩散，是由土壤的扩散率和体积含水量共同决定的。一方面，在土壤含水量不变的条件下，土壤扩散率随着温度的增加而增加；另一方面，在一定时期内，温度的升高导致水分蒸散增加而可能降低土壤含水量和土壤水膜的厚度。土壤含水量极大地影响扩散。所以从动态的角度来看，温度通过改变土壤含水量而对高地土壤呼吸造成的直接的、间接的影响通常是负面的。

7.1.3.3　土壤湿度

土壤湿度是影响土壤呼吸的另一个重要因子。通常认为，土壤呼吸与土壤湿度之间的关系是，土壤 CO_2 通量在干燥的条件下较低，在中等土壤湿度水平时最大，当含水量很高、厌氧条件占优势致使好氧微生物的活性受到抑制时，又会下降。最适的含水量通常是接近林地间持水量，这时大孔隙空间大部分充满空气，利于氧气扩散，小孔隙空间大部分充满水，利于可溶性底物的扩散。例如，在湿润的低活性强酸土和北方的粗腐殖质层中，在 $-15kPa$（持水量的 50%）时，土壤的呼吸速率最大。在土壤湿度较高的情况下，土壤水分对土壤呼吸的影响主要受氧气浓度的控制。虽然实验室的研究指出，在最适土壤含水量时土壤呼吸速率最高，但是很多野外测量结果表明，土壤湿度只有在最低和最高的情况下才会抑制土壤 CO_2 通量。在一个很宽的范围内，土壤呼吸对土壤湿度的响应可能有一个平稳期，土壤湿度过低或过高，土壤呼吸都会急剧降低。

土壤湿度对土壤呼吸的直接影响，是影响根和微生物的生理过程，对土壤呼吸的间接影响，是影响底物和氧气的扩散的过程。土壤微生物群体具有极大的灵活性，能适应土壤的水环境很广。虽然发生水分胁迫时，有些微生物缺乏调节体内渗透势的生理机制，但许多微生物具有渗透调节策略，使它们能够在水分胁迫的条件下生长和存活。能进行渗透调节的微生物通常具有细胞壁——膜复合体，因此很容易亲和溶质或诱导产生额外的溶质。因此，这些微生物可以忍耐极端下调冲击（引起质壁分离）和上调冲击（引起细胞质溢出）的水分胁迫，并能在土壤含水量很低的条件下维持生长。

水分胁迫对微生物生长的影响，随着生物合成、能量产生、底物吸收的速率以及水分干扰的性质和方式的不同而变化。在非极端干燥或积水的条件下，土壤湿度对呼吸作用的调控主要是通过影响底物和氧气的扩散实现的。在干燥土壤中，限制微生物活性的主要过程是底物的供应，而在潮湿的土壤中，主要是氧气扩散控制微生物活性。在较干的土壤中，水分的物理构型也许会影响微生物的运动性以及营养和根分泌物扩散到微生物活动的位点。对于没有菌丝系统能在空气空间搭起桥梁的微生物来说，运动性受到限制尤为重要。如果充满水的孔隙或孔颈太小不能通过时，小型动物和运动型细菌的活动也会受到限制。此外，空气和水的交界面本身也影响生物的运动。含水量较高时，土壤孔隙中的水分影响微生物和根活动地点的氧气和 CO_2 的交换。因此，氧气或 CO_2 的扩散活动的有效面积，随着被水占据的空隙空间的增加而成比例地下降。在给定的土壤水势条件下，在砂土中气体扩散系数的下降要低于在黏土中的下降。

7.1.3.4　土壤氧气

当土壤含水量超出最适条件时，土壤呼吸由于缺乏氧气而被抑制。在湿地、淹水区域和热带雨林中，土壤氧气条件是土壤呼吸的一个主要限制性因子。Silver et al. （1999）测量了波多黎各的卢科依罗山的 3 个湿润的亚热带森林的土壤氧气含量。年降水量从低海拔森林的3500mm增至高海拔森林的5000mm。结果是，在10cm 土壤深度的氧气浓度从低海拔森林的 21%降到中等海拔森林的 13%，再降到高海拔森林的 8%。即使在同一个森林中，土壤微环境也在连续几周的时间里，从较低的氧气浓度（0～3%）增加到了 25%。土壤氧气浓度对根和微生物的呼吸影响很大。

7.1.3.5　氮

氮通过几种方式直接影响呼吸作用。呼吸作用产生的能量用来支持根对氮的吸收和同化。每吸收 1 个单位的 NO_3^-，至少要消耗 0.4 个单位的 CO_2。一旦 NO_3^- 被根吸收，在氮同化成氨基酸之前就被还原为 NH_3。NO_3^- 还原成 NH_3 时，每个单位的 NO_3^- 需要消耗稍多于 2 个单位的 CO_2。从生物能量的角度来说，NH_3 同化为氨基酸消耗的能量较少。将 N_2 转变为 NH_3 的固氮作用，是由共生体内的固氮酶催化的，每固定 1 个 NH_3 至少要消耗 2.63 个单位的 CO_2。固氮过程中根瘤的生长和维持还需要消耗额外的 CO_2。氮影响凋落物分解，因而影响微生物呼吸的模式较为复杂。在分解初期，凋落物分解随着可利用氮的增加而增加，不论这些可利用N 的增加是源于凋落物本身的氮含量较高，还是冠层淋溶及土壤溶液中的无机氮浓度增加。氮也通过影响生态系统生产而间接地影响土壤呼吸。

7.1.3.6　土壤质地

根据土壤所含砂、粉砂和黏土的百分比，可将土壤质地分成 12 种类型。土壤质地与土壤孔隙度有关，而孔隙度决定着土壤持水力以及土壤中水分的运动和气体的扩散，最终决定了土壤的长期肥力。因此，土壤质地主要通过影响土壤孔隙度、湿度和肥力而影响土壤呼吸。

土壤质地也间接地影响生根，从而间接地影响土壤呼吸。一般来说，由于质地较粗的土壤（含砂量较多）比质地较细的土壤（含砂量较少）肥力更低、不饱和水传导率更低、储水力更差，所以，在质地较粗的土壤中，根的生长更慢。根生物量和根生产量越高，根呼吸和相关的根际微生物呼吸速率也就越高。此外，根的凋落物的分解对土壤质地比较敏感，在黏土中比在砂壤土中的分解速率更快。

水的渗透和气体扩散影响微生物繁殖体的运动性，并为微生物生长提供空气和水分。土壤质地不同，水的渗透和气体扩散变化很大，因而也影响土壤 CO_2 的产生。实验室研究表明，在 10℃或 20℃条件下，土壤经历4d 或16d 的湿—干循环时，黏土中CO_2的产生量比粉砂土壤中低 20%～40%。黏土中的 CO_2 产生量比砂土多了近 50%（Kowalenko et al.，1978）。然而，尽管土壤质地与总碳含量有很强的相关性，但是黏土和粉土含量高的土壤，呼吸释放的碳占土壤总碳的比例却要低于黏土和粉土含量低的土壤。同样，微生物生物量占总碳的比例也是黏性更大的土壤低于砂土。

7.1.3.7 土壤 pH

土壤 pH 调控化学反应和微生物体内酶的多样性。一个细菌细胞含有约 1000 种酶，其中的许多酶都对 pH 具有依赖性，并与细胞的组成成分（如细胞膜）有关。在土壤基质中，酶吸附到土壤腐殖质上后，会使酶的最适 pH 变得更高。大部分已知的细菌能生长的 pH 范围为 4～9。真菌适度嗜酸，pH 范围为 4～6。土壤 pH 对微生物的生长和增殖，以及土壤呼吸都有明显的影响。植物在分泌物中释放有机酸，以及根吸收的阳离子比阴离子多，从而导致根排出更多的 H^+，通过这两种作用植物能使根际土壤酸化，pH 可下降 2 个单位。

由于 pH 较低对土壤微生物活动具有副作用，因此 pH 为 3 的土壤产生的 CO_2 量比 pH 为 4 的土壤低 2～12 倍。土壤 pH 低于 7 时，随着 pH 的增加 CO_2 的产生量也增加，pH 超过 7 以后，随着 pH 的增加 CO_2 的产生量降低。与 pH 为 7 时的 CO_2 释放量相比，pH 为 8.7 时下降了 18%，pH 为 10.0 时下降了 83%。Xu & Qi（2001a）发现，表层 10cm 的 pH 与土壤 CO_2 通量呈负相关，可以引起 34% 的土壤呼吸的变化。

7.1.4 土壤呼吸对干扰的响应

许多自然干扰和实验处理，都会导致根和微生物呼吸的底物供应产生变化。这些干扰包括火烧，森林采伐、疏伐或环割，以及凋落物移走或添加。一般来说，土壤呼吸随底物供应的减少而降低，随底物供应的增加而升高。采伐对森林土壤呼吸的影响结果有增加、降低或无影响，因采伐方式、森林类型、采伐迹地上植被恢复进程和气候条件等而异。火烧一般导致土壤呼吸速率降低。因肥料种类、施用剂量和立地条件不同，施肥对森林土壤呼吸的影响出现增加、降低或无影响等不同结果。大气 CO_2 浓度升高和升温均可促进森林土壤呼吸。N 沉降有可能刺激了土壤呼吸，而酸沉降则可能降低了土壤呼吸。

7.1.4.1 火烧

野火是景观水平上碳吸收和释放的主要调控因子之一。一般来说，火烧会降低土壤呼吸，降低的多少取决于火烧的强度和时间。例如，火烧后森林的土壤呼吸显著低于未受破坏的森林的土壤呼吸，而且重度火烧森林的土壤呼吸比轻度火烧的降低得更多。在长叶松林中，控制火烧、移走新鲜的凋落物和移走所有凋落物处理的土壤呼吸，分别比对照地低 6%、5% 和 22%。在阿拉斯加内陆的 3 个林分——黑皮云杉、白皮云杉和白杨林中，与对照地相比，尽管火烧之后土壤显著变暖，但是植被、凋落物和表层土壤有机质的丧失，使得火烧区域的土壤 CO_2 通量显著降低。火烧降低了根的活性，因此也影响了 CO_2 通量的季节性波动，并使 Q_{10} 下降。但火烧会使永久冻土融化，使活动土层变厚，因而分解作用加快，增加了冻结生态系统储存的碳的净损失。

7.1.4.2　森林采伐、疏伐和环割

森林采伐时伐木设备移走了树木，并干扰了土壤，因此，采伐可能对土壤的物理和化学性质产生极大的影响。森林采伐移走了生物量，因而通常会增加土壤的热度，增加土壤表面的水分蒸发和土壤表面温度的日波动。采伐也留下了大量的凋落物和易于分解的即将死亡的树根。所有物理和生物特性的改变，都有可能影响土壤呼吸。例如，森林皆伐促进、抑制土壤呼吸，或对土壤呼吸没有影响。土壤呼吸的响应取决于采伐方法、森林类型、更新速度和气候条件。

研究发现，森林皆伐降低了土壤呼吸。土壤呼吸的降低是由于切断了冠层对根际的碳供应。在皆伐后的数年，随着新树和草本植物的生长，土壤呼吸逐渐增加，8a 生和 20a 生林分生长季的土壤呼吸分别比成熟林高约 40%和 25%。当林龄超过 20a 后，随着树木生长速率减慢，以及先锋的禾草、一年生植物和小灌木被苔藓所取代，土壤呼吸可能持续降低并接近采伐前的水平。皆伐后森林演替过程中土壤呼吸的动态变化，是由植被及相应的碳供应的变化所引起的。

森林疏伐从林分中移走一部分树木以减少竞争，提高树木生产力和降低野火风险。与森林采伐一样，疏伐也降低了林分密度和叶面积，增加了光照和营养的可利用性，改变了土壤热量和湿度状况。此外，机械疏伐使土壤压实，导致土壤透气性降低，限制了根生长和微生物活动。疏伐引起的这些过程的改变将不可避免地影响土壤呼吸。

同皆伐一样，疏伐也对土壤呼吸产生多种影响。在加利福尼亚州内华达山脉，当疏伐减少生物量的 30%时，某一特定温度和含水量的土壤呼吸降低，土壤呼吸对温度或水分的敏感性不变，但是呼吸的空间异质性增加。土壤呼吸的降低可能是疏伐后根密度和碳底物供应下降所导致的。在加利福尼亚州一个古老的针叶混交林中，疏伐并没有显著影响土壤呼吸，这可能是由于疏伐后凋落物输入增多，凋落物分解的增加抵消了根呼吸的减少。然而，日本柳杉林疏伐后的 3~4 年土壤呼吸增加了 40%，但是在第 5 年这种影响消失了。在一个针叶混交林中和一个硬木林中，择伐后土壤呼吸分别增加了 43%和 14%。同样，在其他的一些研究中也发现，森林疏伐后土壤呼吸增加。土壤呼吸的增加可能是由于土壤温度和土壤湿度增加，增加的死根或地上凋落物的分解，以及采伐残留的新鲜叶子导致的凋落物质量改变所引起的。

树木环割立即切断了光合产物从树冠通过韧皮部向根和根际的流动，而水分通过木质部的反向运输在几天内不会受到影响。因此，树木环割减少了底物供应，但不会立即对土壤环境，如湿度和温度产生影响。环割既没有采用物理方法移走根或微生物，也没有切断根或真菌的菌丝，它是研究地上部分光合作用的底物供应影响土壤呼吸作用的一个较为理想的方法。在一个大规模的环割实验中，对 9个样地进行了环割，每个样地 120 棵树，研究结果表明，与未环割的对照样地相比，环割使土壤呼吸在 5 天内降低了 37%，在 1~2 个月内降低了 54%。环割后的

第 2 年，环割样地与未环割样地土壤呼吸的差异比第 1 年的小。

7.1.4.3 凋落物移除和添加

土壤呼吸的一个重要组成部分是植物凋落物的分解。因此，移除凋落物通常会降低土壤呼吸，而添加凋落物会增加土壤呼吸。完全移走地上部分凋落物，使土壤呼吸降低 25%，而凋落物数量加倍使土壤呼吸增加近 20%。凋落物的添加和移除也影响土壤呼吸的温度敏感性。

7.2 大兴安岭 3 种林分夏季土壤呼吸的日变化

土壤呼吸作为生态系统碳循环的一个组成部分，它与生态系统生产的许多组分都有联系，土壤呼吸在调控地球系统的大气 CO_2 浓度和气候动态方面起着十分关键的作用。在森林生态系统中，2/3 的碳储存在土壤和与之相关的泥炭层中[1]，所以开展森林土壤呼吸的研究具有重大意义。大兴安岭地区是中国纬度最高的重点林区，目前对此地区土壤呼吸的研究还未开展。Malhi[2]和Pregitzer[3]等的研究也表明，高纬度森林的土壤呼吸速率较低。本节即是以大兴安岭地区 3 种林分为研究对象，测定其夏季的土壤呼吸值，分析 3 种林分土壤呼吸的日变化趋势，探讨影响土壤呼吸的因素。

7.2.1 研究区概况

试验区位于大兴安岭林区加格达奇林业局翠峰林场 174 林班和跃进林场 193 林班。其中，翠峰林场为白桦低质林和以胡枝子——黑桦、柞树为主的天然阔叶混交低质林；跃进林场为 1992 年低质林改造生长的落叶松人工林。3 种林分的立地条件和林分特征如表 7-1 所示。翠峰林场的土壤以暗棕壤和棕色针叶林土为主；跃进林场的土壤以暗棕壤和棕色针叶林土为主。两个林场土壤厚度15～30cm，坡度多在 15° 以下；年平均气温－1.3℃，最高气温 37.3℃，最低气温－45.4℃；年平均降水量 500mm。

表 7-1 3 种林分立地条件和林分特征

林分类型	坡向	坡度（°）	土壤类型		乔木层			灌木层		草本层	
			类型	厚度（cm）	郁闭度	胸径（cm）	树高（m）	种类	盖度（%）	种类	盖度（%）
白桦低质林	南	6	棕森土	20	0.3	11.0	9.0	杜鹃	12	莎草、红花鹿马蹄草	27
阔叶混交低质林	东南	8	棕森土	22	0.4	8.9	7.4	胡枝子	15	八桂牛、苍术	30
落叶松人工林	东	9	棕森土	16	0.5	10.0	6.8	榛柴	48	杂草	47

7.2.2　实验方法

样地设置：于 2010 年 6 月中旬在翠峰林场和跃进林场内，分别在白桦低质林、阔叶混交低质林和落叶松人工林内随机设置 3 个 20m×20m 的样地；在每个样地内按"之"形布设 5 个 20cm 的 PVC 管，使其露出地面4～5cm，保留其内的枯枝落叶。样地设置完毕后，进行林分、地形以及土壤因子调查。

土壤呼吸测定：利用 5 通道的 LI－8150 土壤碳通量自动测量系统，在 PVC 安放 24h 后进行土壤呼吸测量，连续24h 观测每个样地的土壤呼吸日动态。土壤温度和湿度的观测，采用与 LI－8150 相配套的温度、湿度传感器，测定距地表10cm 的土壤温度和湿度。

土壤有机质和 pH 测定：在样地内每个 PVC 管附近进行土壤取样，每个样点取土壤剖面为 0～10cm 的土壤 1kg 带回实验室。土壤 pH 测定——水浸，水土体积比为 50∶1，用酸度计按照 LY/T 1239—1999 规定测定。土壤有机质用油浴重铬酸 K 氧化法按照 LY/T 1237—1999 规定测定。

7.2.3　土壤呼吸的日变化

3 种林分的土壤呼吸日变化明显不同（图 7-1）。虽然 3 种林分的土壤呼吸日变化呈单峰趋势，但是阔叶混交低质林呈现出一定的波动。白桦低质林土壤呼吸速率最大值出现在 12：00，最小值出现在 6：00～8：00；落叶松人工林土壤呼吸速率最大值出现在12：00，最小值出现在 23：00；阔叶混交低质林土壤呼吸速率最大值出现在 12：00，最小值出现在 21：00～23：00。3 种林分的土壤呼吸速率平均值分别为：2.13μmol·m^{-2}·s^{-1}、3.47μmol·m^{-2}·s^{-1}、3.43μmol·m^{-2}·s^{-1}，阔叶混交低质林的土壤呼吸速率最大、落叶松人工林次之、白桦低质林最小。方差分析表明，3 种林分的土壤呼吸速率存在显著性差异（表 7-2）。

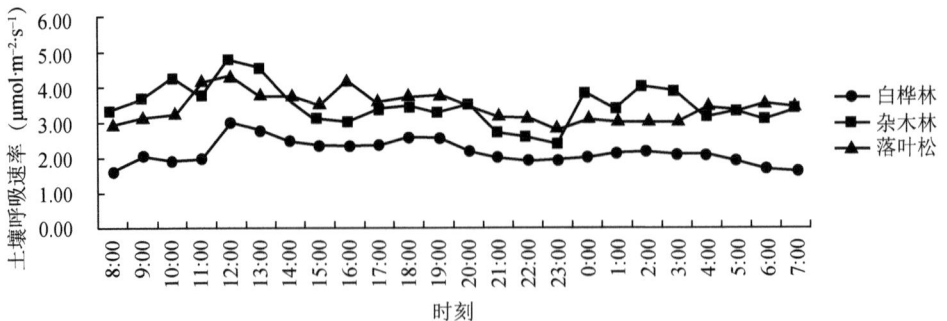

图 7-1　3 种林分土壤呼吸日变化

表7-2 3种林分土壤呼吸速率方差分析

表7-2 3种林分土壤呼吸速率方差分析

方差来源	平方和	d_f	均方	F	显著性
组间	32.585	2	16.293	60.154	0
组内	18.689	69	0.271		
总数	51.274	71			

7.2.4 土壤呼吸对土壤温度的敏感性

温度是影响土壤呼吸的重要因素。土壤温度与土壤呼吸的关系已有许多经验模型，但土壤呼吸对温度的响应需要拟合方程估算温度敏感性，一般采用指数方程及其敏感指数（Q_{10}）来估测土壤温度与土壤呼吸的关系[4,5]：$y=ae^{bt}$。式中，y为实验测量的土壤呼吸速率；t为距地表下 10cm 处的土壤温度；a为 0℃时的土壤呼吸速率；b为温度反应系数。Q_{10}的表达式为：$Q_{10}=e^{10b}$。

由表 7-3 可见，得到的 3 种林分的 Q_{10} 值以阔叶混交低质林的最大，其次为落叶松人工林，白桦低质林最小。这说明天然次生林的土壤呼吸对温度的敏感性，要好于落叶松人工林。Peng 等[6]估计中国针阔叶混交林的 Q_{10} 为 2.78±0.96；Keith 等[7]认为，温度高于 10℃时 Q_{10} 为 1.4，低于 10℃时为 3.1；刘绍辉等[8]根据文献计算了全球尺度下温度对森林土壤呼吸的影响，得到的 Q_{10} 值为 1.57。3 种林分的 Q_{10} 高于全球平均水平。彭家中等[9]的研究表明，在全球变暖的影响下，低温地区土壤有机质的分解速率高于高温地区。大兴安岭地区属于寒冷地区，有机碳向大气中的释放量增多。

表7-3 3种林分土壤呼吸和土壤温度的关系

林分类型	模拟方程	R^2	Q_{10}
白桦低质林	$y=0.293e^{0.097t}$	0.478	2.65
阔叶混交低质林	$y=0.547e^{0.116t}$	0.364	3.19
落叶松人工林	$y=0.302e^{0.108t}$	0.546	2.94

7.2.5 影响土壤呼吸的主要因素

土壤温度、土壤湿度、土壤有机质、pH 和气候因子是影响土壤呼吸的主要因素[10,11]，其中，气候因素在短期内的变化不明显，所以土壤温度、土壤湿度、土壤有机质和 pH 是影响土壤呼吸的重要因素[12]。根据实验测得数据，分析土壤呼吸与其影响因素的相关性，并建立土壤呼吸的多因素回归方程（表 7-4 和表 7-5）。

表 7-4 土壤呼吸与其影响因素的相关性

林分类型	参数	复相关系数 R^2
白桦低质林	x_1	0.678**
	x_2	0.505**
	x_3	0.438**
	x_4	0.624**
阔叶混交低质林	x_1	0.784**
	x_2	0.554**
	x_3	0.647**
	x_4	0.603**
落叶松人工林	x_1	0.690**
	x_2	0.584**
	x_3	0.462**
	x_4	0.621**

注：x_1 为土壤温度，x_2 为土壤湿度，x_3 为土壤有机质，x_4 为 pH；

　　**表示 $p < 0.01$。

表 7-5 土壤呼吸与其影响因素的标准化回归方程

林分类型	回归方程	复相关系数 R^2	p
白桦低质林	$y_1 = 0.682x_1 + 0.039x_2 + 0.001x_3 + 0.114x_4$	0.471	0.013
阔叶混交低质林	$y_2 = 0.174x_1 + 0.687x_2 + 0.108x_3 + 0.143x_4$	0.645	0.001
落叶松人工林	$y_3 = 0.147x_1 + 0.11x_2 + 0.516x_3 + 0.029x_4$	0.526	0.055

注：x_1 为土壤温度，x_2 为土壤湿度，x_3 为土壤有机质，x_4 为 pH。

由表 7-4 可见，3 种林分的土壤呼吸与土壤温度、土壤湿度、有机质和 pH 具有良好的相关性。其中阔叶混交低质林的相关性最好。由建立的土壤呼吸的多因素标准化回归方程（表 7-5）可以看出，在白桦低质林、阔叶混交低质林和落叶松人工林中，4 种因素的变化可分别解释土壤呼吸变化的 47.1%、64.5% 和 52.6%，阔叶混交低质林的相关系数最大。根据标准化方程的系数可知，对于白桦低质林，土壤温度的系数最大，说明在白桦低质林中土壤温度是导致土壤呼吸变化的主要因素，依次得出，阔叶混交低质林为土壤湿度，落叶松人工林中为土壤有机质。这说明在不同的生态系统条件下，影响土壤呼吸变化的主要因素也不相同。

天然林采伐后形成萌生的次生林或营造林后，植被组成、土壤性质等发生变化，从而导致土壤呼吸发生变化[13]。研究结果表明，3 种林分的土壤呼吸呈单峰曲线但变化趋势不明显，这可能是试验样地位于高纬度地带，土壤温度、湿度等因素的日变化趋势不明显所致。通过方差分析，3 种林分的土壤呼吸呈现出明显差异，其中阔叶混交低质林的土壤呼吸速率最大，落叶松人工林次之，白桦低质林最小；落叶松人工林的土壤呼吸速率低于阔叶混交低质林，高于白桦低质林，这可能是根呼吸速率和枯落物层呼吸速率不同所致。落叶松枯落物的分解速率低于阔叶树[14]，被子植物的根呼吸速率高于裸子植物[15]，这些都导致落叶松人工林的土壤呼吸速率低于阔叶混交低质林。但是，落叶松人工林的呼吸速率高于白桦低质林，这可能是落叶松人工林林下层的盖度较大，使其枯落物的含量增加所致。

Q_{10} 是反映土壤呼吸对土壤温度敏感性的指标。本节得到的白桦低质林、阔叶混交低质林和落叶松人工林 3 种林分的 Q_{10} 值分别为 2.65、3.19 和 2.94。该地区的 Q_{10} 值高于全球平均水平。阔叶混交低质林的生态系统稳定性最好；落叶松人工林由于其林下的植被比白桦低质林丰富，所以其稳定性要好于白桦低质林。这些是导致阔叶混交低质林的 Q_{10} 值大于落叶松人工林、落叶松人工林高于白桦低质林的主要原因。

本节分析了土壤温度、土壤湿度、有机质和pH对土壤呼吸的影响，得到土壤呼吸的多元回归方程。从方程可知，不同林分影响土壤呼吸的因素呈现出差异，在白桦低质林中，土壤温度是导致土壤呼吸变化的主要因素，在阔叶混交低质林中为土壤湿度，在落叶松人工林中为土壤有机质。这说明在不同的生态系统中，影响土壤呼吸的主要因素不同。不同改造方式下的土壤呼吸速率比较，如图 7-2 所示。

本节分析了生长季节 3 种林分土壤呼吸日变化趋势，以及影响土壤呼吸变化的因素，得到大兴安岭地区土壤呼吸的日变化趋势和土壤呼吸多因素回归方程。但是，大兴安岭为中国高纬度地区，其土壤呼吸的季节变化趋势，以及其他因素对土壤呼吸的影响应需进一步研究。

7.3 诱导改造对大兴安岭阔叶混交低质林土壤呼吸的影响

7.3.1 研究区概况

研究区概况见 7.2.1。

7.3.2 实验方法

样地设置：翠峰施业区174 林班是以胡枝子——黑桦、柞树为主的天然阔叶混交低质林，将试验区分别进行6m、10m、14m、18m带宽顺山皆伐改造，在不同皆伐带上均种植西伯利亚红松。在每条改造带内和未干扰对照样地上按"S"形选取 5 个观测点，并埋入内径为20cm的 PVC 土壤环，保留 PVC 土壤环内凋落物的自然状态。待测量完毕后，进行土壤因子及枯落物因子的调查。

土壤呼吸测定：采用 LI-8150 多通道土壤碳通量自动测量系统，测定土壤表面 CO_2 通量（LI-COR Inc.，Lincoln，NE，USA），以 60min 为一测量周期，全天重复测量 24 次。同步测量同一水平线上不同带宽 PVC 内土壤呼吸速率，每条水平线上的观测点连续观测 3 天,从 2011 年 8 月 2 日到 8 月 16 日共观测 15 天。采用 LI-8150 配套的土壤温度和湿度传感器,测定距地表10cm处的土壤温度和湿度。

土壤理化性质和枯落物的测定:测量完毕后,取PVC 土壤环内未分解层和半分解层枯落物,在每个取样点取土壤剖面为 0～10cm 的土壤,土壤样本经实验室风干后进行分析。土壤物理性质用容积 100cm³ 的环刀在 0～40cm 土层采取土样,重复 3 次,将土壤样本带回实验室测定分析。土壤含水量用酒精燃烧法测定,用环刀法测定土壤容重和其他土壤物理性质。土壤 pH 采用 50:1 的水土比,用酸度计测定;土壤有机质采用油浴重铬酸 K 氧化法;水解性 N 采用碱解扩散法测定;有效 P 采用氢氧化钠浸提——钼锑抗比色法测定;速效 K 采用乙酸铵浸提——火焰光度法测定。以上分析方法见森林土壤分析方法。

7.3.3　大兴安岭阔叶混交低质林改造后的土壤呼吸影响因子

7.3.3.1　不同带宽诱导改造的土壤呼吸速率

比较不同带宽诱导改造后的土壤呼吸数据可知(图 7-2),所有诱导改造方式与对照样地相比土壤呼吸速率均有不同程度的升高,表现为18m 带宽诱导改造林地(6.51μmol·m⁻²·s⁻¹)>10m 带宽诱导改造林地(5.33μmol·m⁻²·s⁻¹)>14m 带宽诱导改造林地(5.26μmol·m⁻²·s⁻¹)>6m 带宽诱导改造林地(3.53μmol·m⁻²·s⁻¹)>对照样地(3.12μmol·m⁻²·s⁻¹)。经 LSD 多重检验表明,随着带宽的加大土壤呼吸速率都有不同程度的升高(14m 带宽除外),且所有诱导改造方式下的土壤呼吸速率均与对照样地有显著差异($p < 0.05$)。除 10m 带宽和 14m 带宽方差分析不显著外($p > 0.05$),所有诱导改造方式两两 LSD 检验均有显著差异。说明不同带宽皆伐诱导改造后对土壤呼吸速率有显著的影响,这与郭辉等[17]研究小兴安岭不同带宽皆伐后土壤呼吸速率无显著差异的结果有所差异,其主要原因是本实验是在种植西伯利亚红松诱导改造后测量的,说明西伯利亚红松林下的微环境对土壤呼吸速率的大小有显著的影响。

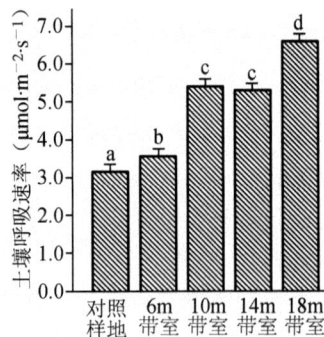

图 7-2　不同诱导改造方式下的土壤呼吸速率比较

经 LSD 检验,不同小写字母表示差异显著($p < 0.05$)。

7.3.3.2 不同带宽诱导改造下的土壤物理性质对土壤呼吸速率的影响

阔叶混交低质林在经过不同带宽诱导改造后，与对照样地相比，土壤容重均有不同程度的升高（18m 带宽除外），但方差分析不显著（$p > 0.05$）。土壤最大持水量、毛管持水量、总孔隙度和毛管孔隙度与对照样地相比均有下降的趋势（表 7-6）。各个土壤物理指标与同一诱导改造条件下的土壤呼吸速率分别做 Spearman 相关性检验，除18m 带宽外，其余诱导改造方式下的土壤容重与土壤呼吸速率均呈显著负相关（$p < 0.05$），这与 Bouma[18] 和 Silver[19] 的研究结果相一致。除 6m 带宽土壤最大持水量和18m 带宽土壤总孔隙度与土壤呼吸速率有显著的正相关外，其余物理量均未通过 Spearman 相关性检验（$p > 0.05$）。

表 7-6　不同带宽诱导改造土壤物理性质与土壤呼吸速率的分析

土壤物理性质	6m 带宽	10m 带宽	14m 带宽	18m 带宽	对照样地
土壤容重（g·cm^{-3}）	a1.02±0.22*	b0.76±0.17*	ab0.89±0.20*	b0.71±0.15	b0.74±0.26*
最大持水量（%）	A40.02±0.41*	ab48.55±0.37	a43.71±0.18	b52.83±0.29	b57.60±0.27
毛管持水量（%）	a32.48±0.28	a37.06±0.51	ab40.87±0.22	b45.69±0.20	b50.19±0.19
总孔隙度（%）	a44.18±5.04	a40.19±7.42	b50.78±9.41	b48.33±7.16*	ab47.54±4.79
毛管孔隙度（%）	ab40.21±4.17	a35.79±6.51	b46.30±5.94	ab38.99±3.05	ab41.83±2.96
土壤呼吸速率（μmol·m^{-2}·s^{-1}）	b3.53±0.84	c5.33±0.84	c5.26±1.12	d6.51±1.22	a3.12±0.64

注：表中数据为平均值±标准差，同行不同小写字母表示差异达显著水平（$p < 0.05$）；
* 表示该物理量与同一诱导改造条件下的土壤呼吸速率在 0.05 水平上显著相关，下同。

7.3.3.3 不同带宽诱导改造下的土壤化学性质、枯落物对土壤呼吸速率的影响

阔叶混交次生林在经过不同带宽诱导改造后，与对照样地相比，土壤有机质有不同程度的降低，但土壤水解 N、速效 K 的含量均有不同程度的升高。不同带宽诱导改造下的土壤有机质、水解 N、有效 P、速效 K 含量均有不同程度的差异性（$p < 0.05$），见表 7-7。在 Spearman 相关性检验中，不同带宽诱导改造后土壤有机质与土壤呼吸速率表现出显著正相关性的规律（除10m 带宽外），其余的指标与土壤呼吸速率无显著的规律。与对照样地相比，枯落物质量均有所减少，同时半分解层枯落物的多少与土壤呼吸速率也表现出显著的正相关（$p < 0.05$）。

表 7-7　不同带宽诱导改造下的土壤化学性质、枯落物与土壤呼吸速率的分析

项　目	6m 带宽	10m 带宽	14m 带宽	18m 带宽	对照样地
pH	a4.92±0.15	a5.51±0.08*	a5.49±0.21	a5.08±0.27	a5.01±0.14*
有机质（g·kg^{-1}）	ac15.87±2.18*	b8.43±3.71	a14.18±4.70*	b9.52±3.75*	c18.11±4.31*
水解 N（mg·kg^{-1}）	a104.45±18.92	b85.83±27.14*	b86.01±18.46	a111.67±30.76	c71.59±20.87
有效 P（mg·kg^{-1}）	a18.74±3.81	b40.72±5.90	ab28.60±6.18	c64.97±9.57*	b30.11±8.37

项　目	6m 带宽	10m 带宽	14m 带宽	18m 带宽	对照样地
速效 K（mg·kg^{-1}）	a10.37±2.70	b15.05±1.85	bc16.61±3.09	c18.44±2.73	a10.75±1.92
未分解层/g	a5.67±3.42	a5.08±1.09	b2.49±2.71*	b3.07±0.81	a6.13±2.46
半分解层/g	a16.36±5.04*	ac17.26±2.18*	b13.91±2.77*	b12.06±4.50	c19.85±1.58*
呼吸速率（μmol·m^{-2}·s^{-1}）	b3.53±0.84	c5.33±0.84	c5.26±1.12	d6.51±1.22	a3.12±0.64

7.3.3.4　不同带宽诱导改造下的土壤温度与土壤呼吸速率的关系

本节采用指数模型 $y=ae^{bt}$ 模拟土壤呼吸速率与土壤温度的关系，其中：y 为实验所测的土壤呼吸速率；t 为土壤的温度；a 为 0℃时土壤呼吸速率值；b 为温度反应系数。由图 7-3 可知，随着皆伐带宽的增加，土壤呼吸速率与土壤温度的相关性有不同程度的升高，其相关系数分别为60.14%、65.36%、78.31%、81.03%、68.38%。Q_{10} 是衡量土壤呼吸的温度敏感系数，Q_{10} 的表达式为：$Q_{10}=e^{10b}$。根据指数模型可得，6m 带宽、10m 带宽、14m 带宽、18m 带宽和对照样地的 Q_{10} 值分别为：3.72、1.09、2.77、4.31、2.58。皆伐带宽为 18m 的西伯利亚红松林下的土壤呼吸速率对距地表下 10cm 的土壤温度敏感性最强，而皆伐带宽为10m 的诱导改造林土壤温度敏感性最弱。

本节采用二次多项式模拟土壤呼吸速率与土壤含水量的关系，所有不同带宽诱导改造林的相关性均好于对照样地，其相关系数分别为 81.50%、75.02%、68.73%、72.08%、53.787%（图 7-4）。无论什么改造方式都体现出随着土壤含水量的升高土壤呼吸速率逐渐升高，但达到一定临界值后土壤呼吸速率呈现出下降的趋势，而不同诱导改造林这一临界值不同。

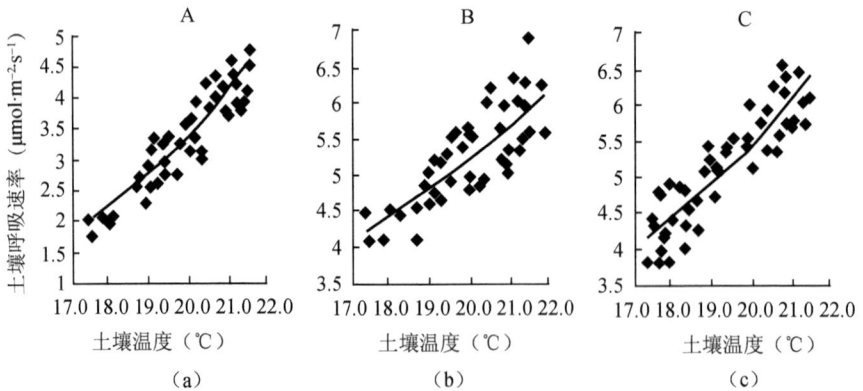

图 7-3　不同带宽诱导改造下的土壤温度与土壤呼吸的影响曲线

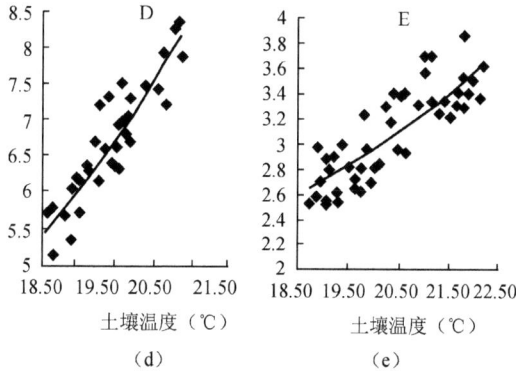

图 7-3 不同带宽诱导改造下的土壤温度与土壤呼吸的影响曲线（续）

A 表示 6m 诱导改造带；B 表示 10m 诱导改造带；C 表示 14m 诱导改造带；D 表示 18m 诱导改造带；E 表示无干扰对照样地；下同。

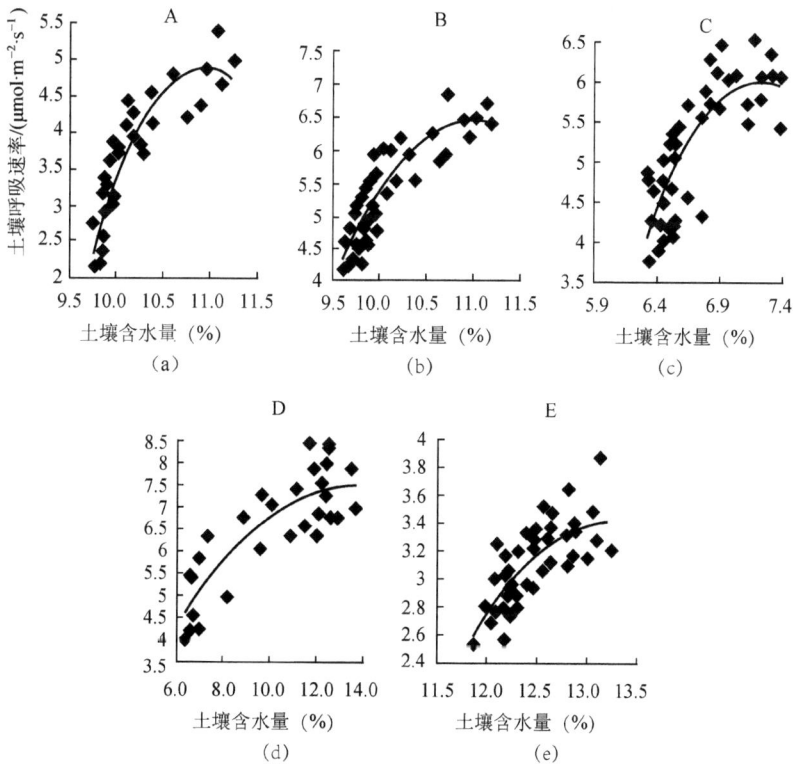

图 7-4 不同带宽诱导改造下的土壤含水量与土壤呼吸的影响曲线

森林土壤的扰动和利用方式的改变，影响着土壤结构的稳定性和土壤的养分含量，同时也影响着土壤微生物的多样性，进而影响着土壤呼吸速率[20,21]。所有不同带宽诱导改造林土壤呼吸速率均高于对照样地,与对照样地相比,6m 带宽诱导改造林、10m 带宽诱导改造林、14m 带宽诱导改造林、18m 带宽诱导改造林分别高出 13.14%、70.83%、68.59%、108.65%。林地微环境、土壤理化性质和枯落物的产量调控着微生物的生物量和反硝化作用,同时也影响着植物根系的生长量,进而影响土壤呼吸速率[22]。林地在受到干扰的情况下,微环境的改变使得土壤呼吸速率增加。

大兴安岭地区阔叶混交低质林经过不同带宽皆伐并种植西伯利亚红松后,与对照样地相比,土壤容重有不同程度的升高,而土壤最大持水量、毛管持水量、总孔隙度和毛管孔隙度均有下降的趋势,这与刘美爽等[23]研究小兴安岭低质林采伐改造后土壤物理性质的变化规律相似。在各土壤物理指标与同一诱导改造条件下的土壤呼吸速率做 Spearman 相关性检验中,土壤容重与土壤呼吸速率均有显著负相关性($p < 0.05$)。这是因为土壤的物理质地影响着土壤 CO_2 的传输,土壤容重越小,土壤 CO_2 通过充气孔隙的扩散越自由。在进行不同带宽诱导改造后,土壤有机质、水解 N、有效 P、速效 K 含量均有不同程度的差异性,说明森林土地利用方式的改变对土壤的化学性质有着显著的影响。土壤呼吸速率与土壤有机质含量、半分解层枯落物质量表现出显著的正相关,这是因为枯落物和有机质的多少影响着微生物群落的生物量,而微生物群落的呼吸是土壤呼吸的主要来源之一[24]。Raich 等[25]研究了在森林生态系统中,年土壤呼吸速率与地上部分凋落物产量呈正相关,初级生产提供了驱动土壤代谢活动的有机燃料。

Q_{10} 是衡量土壤呼吸的温度敏感系数,不同带宽土壤呼吸速率对土壤温度的敏感程度不同,这是因为经过诱导改造后,不同带宽林分引起周围微环境的改变,而土壤温度对土壤有机物分解、根系呼吸、土壤微生物等活动有着显著影响[26]。在一定范围内,土壤含水量的升高使得土壤呼吸速率逐渐升高,但在水分胁迫的情况下,土壤呼吸速率出现降低,不同的带宽土壤呼吸速率下降的拐点不同。

本节分析了大兴安岭地区阔叶混交低质林在不同带宽皆伐并种植西伯利亚红松后土壤理化性质、枯落物质量、土壤温度、土壤湿度这些因子对土壤呼吸的影响。但土壤呼吸速率的大小受多因子的交互影响,这些因子对土壤呼吸速率的影响到底有多大,还需要在以后的研究中进行更深入的研究和探讨。

7.4　诱导改造对大兴安岭白桦低质林土壤呼吸的影响

本节以大兴安岭林区中的典型低质林林分——白桦低质林为研究对象,探讨不同诱导改造方式对林地土壤呼吸的影响,建立土壤呼吸与土壤温度、湿度之间的模型,并将多因素模型与单因素模型进行分析和比较,以期为白桦低质林改造和全球的碳平衡研究提供参考依据。

7.4.1 实验设计与数据采集

样地设置：在大兴安岭林区加格达奇林业局翠峰林场 174 林班选取典型低质林林分——白桦低质林进行带状改造。带状改造试验区以顺山带设置，包括 $S_1\sim S_4$ 共 4 条皆伐带，每条皆伐带的带宽分别为 6m（S_1）、10m（S_2）、14m（S_3）、18m（S_4），在不同的皆伐带上栽植樟子松，同时在白桦低质林试验区中设置一个未采伐的对照样地（CK）。在4条皆伐带以及对照样地上按随机布点法各选择 3 个观测点进行土壤呼吸的测定。

实验方法：土壤呼吸的测定采用 LI－8150 多通道土壤碳通量自动测量系统，测定时间选在 2012 年的6月底。为减小对土壤呼吸测定的干扰，每次测量前，提前一天在观测点安置内径为20cm的 PVC 土壤环，使其露出地表 2～3cm，并保留土壤环内凋落物的自然状态。测量时，以 30min 为一测量周期，对观测点进行全天重复测量，每个观测点连续观测 3d。在测定土壤呼吸的同时，分别采用与 LI－8150 系统配套的 E 型热电偶土壤温度探头和 EC－5 土壤水分传感器测量观测点距地表 10cm 处的土壤温度和湿度。

数据处理：实地测量完毕后，在实验室用与 LI－8150 配套的软件 File Viewer v3.0.0 软件将测得的土壤呼吸数据打开，对数据进行校正等预处理后，导入 Excel2010 和 SPSS17.0 进行计算和处理。

7.4.2 大兴安岭白桦低质林改造后的土壤呼吸影响因子

7.4.2.1 不同带宽改造对土壤呼吸日变化的影响

由于夏季是土壤呼吸最活跃的季节，因此选择在夏季进行土壤呼吸实验与分析，有利于了解土壤呼吸变化的本质特征[27]。由于改造带宽度不同，各采伐带的日呼吸变化特征各有差异（图 7-5），且其日变化特征和温度的日变化特征基本吻合。在全天的任一时刻，各诱导改造带的土壤呼吸基本上均高于对照样地；对照样地、6m 和 10m 诱导改造带的土壤呼吸在总体上呈单峰趋势，峰值均出现在 12:00～15:00；14m 和 18m 诱导改造带的土壤呼吸存在波动，在总体上表现为双峰曲线，14m 带的峰值出现在 17:00 和 23:00 左右，18m 带的峰值出现的时间略有提前，分别在 15:00 和 20:00 左右。

各诱导改造带土壤呼吸的日平均值、最大值、最小值和日变化幅度各不相同（图 7-6）。不同诱导改造带土壤呼吸的日平均值与对照样地（$4.04\mu mol\cdot m^{-2}\cdot s^{-1}$）相比，均有所升高，其中最高的是 14m 诱导改造带，达到了 $6.47\mu mol\cdot m^{-2}\cdot s^{-1}$，是对照样地的 1.6 倍，升高幅度最低的是 10m 诱导改造带，为 $4.63\mu mol\cdot m^{-2}\cdot s^{-1}$，是对照样地的 1.15 倍；不同诱导改造带土壤呼吸最大值表现为 14m 诱导改造带

（7.88μmol·m^{-2}·s^{-1}）＞6m 诱导改造带（7.56μmol·m^{-2}·s^{-1}）＞18m 诱导改造带（7.21μmol·m^{-2}·s^{-1}）＞10m 诱导改造带（6.12μmol·m^{-2}·s^{-1}）＞对照样地（5.55μmol·m^{-2}·s^{-1}）；各诱导改造带土壤呼吸最小值的大小顺序和最大值相同，表现为 14m 诱导改造带（5.43μmol·m^{-2}·s^{-1}）＞6m 诱导改造带（4.52μmol·m^{-2}·s^{-1}）＞18m 诱导改造带（4.31μmol·m^{-2}·s^{-1}）＞10m 诱导改造带（3.71μmol·m^{-2}·s^{-1}）＞对照样地（3.25μmol·m^{-2}·s^{-1}）；在土壤呼吸的日变化幅度方面，6m 诱导改造带的日变化幅度最大，为3.04μmol·m^{-2}·s^{-1}，10m、14m 和 18m 诱导改造带的日变化幅度分别为 2.41μmol·m^{-2}·s^{-1}、2.45μmol·m^{-2}·s^{-1} 和 2.9μmol·m^{-2}·s^{-1}，均高于对照样地的日变化幅度（2.3μmol·m^{-2}·s^{-1}）。

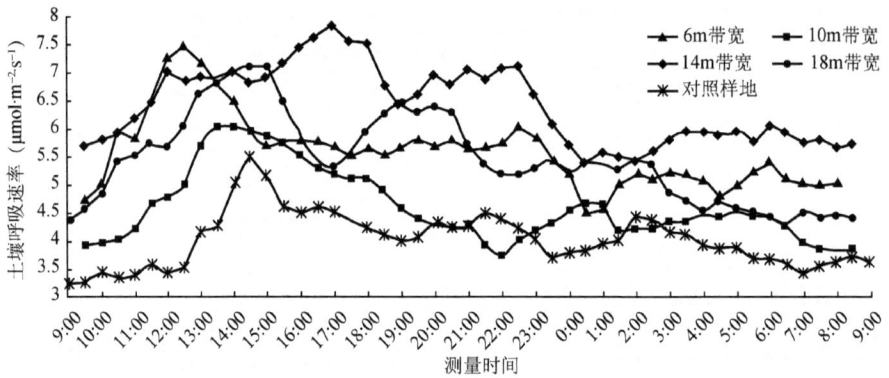

图 7-5　不同带宽诱导改造后土壤呼吸的日动态变化

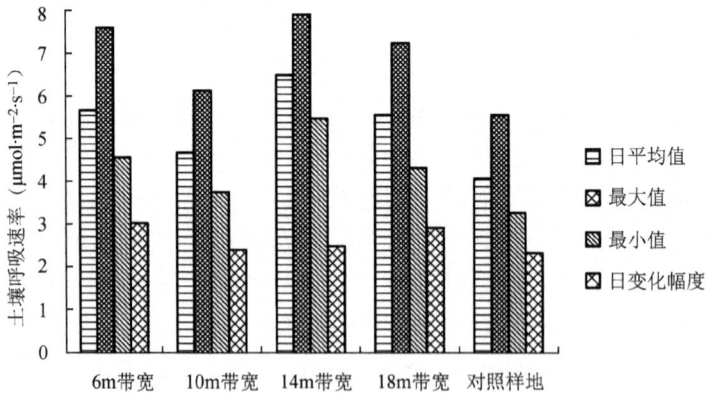

图 7-6　不同带宽诱导改造后土壤呼吸的比较

7.4.2.2　不同带宽改造下的土壤温度对土壤呼吸的影响

目前，土壤呼吸和温度之间有多种模型，包括线形模型、二次方程模型、指数模型和阿累尼乌斯模型等[28]，其中应用最广泛的是由 Van't Hoff 在 1985 年提出的指数模型，在一定范围内，它能够很好地描述土壤呼吸与土壤温度之间的关系，模型表达式如下：

$$R = a \times e^{b \times T}$$

式中，R 为土壤呼吸速率（$\mu mol \cdot m^{-2} \cdot s^{-1}$）；$T$ 为土壤（10cm）处的温度（℃）；a,b 为待定参数。

为了更好地分析土壤呼吸与土壤温度之间的关系，本次研究除了采用指数模型外，还采用其温度敏感指数 Q_{10} 描述二者的关系，其表达式如下：

$$Q_{10} = e^{10b}$$

式中，Q_{10} 是衡量土壤呼吸对温度的敏感性，指土壤温度升高 10℃ 所造成的土壤呼吸改变的比值；b 为待定参数。

将各诱导改造带和对照样地土壤呼吸和土壤温度的关系用散点图（图 7-7）描绘出来后，发现其总体趋势是随着土壤温度的升高，土壤呼吸速率升高。

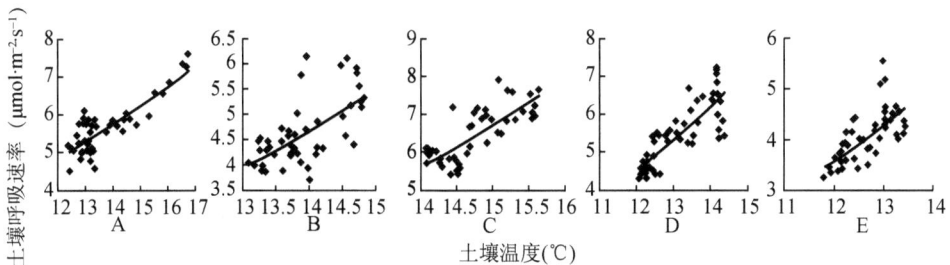

图 7-7　不同带宽诱导改造后土壤呼吸与土壤温度的关系

A 为 6m 诱导改造带；B 为 10m 诱导改造带；C 为 14m 诱导改造带；D 为 18m 诱导改造带；E 为对照样地

为了更好地分析和比较各诱导改造带土壤温度与土壤呼吸之间的关系，对其进行回归分析（表 7-8），结果表明各诱导改造带的土壤温度与土壤呼吸之间存在明显的指数关系。和对照样地相比，各诱导改造带的土壤呼吸与土壤温度的相关性更显著（10m 带除外），在 41.9%～69.3%，且总体趋势是随着带宽的增加，相关性升高（6m 带除外）。各诱导改造带的 Q_{10} 值在 2.25～5.53，总体趋势是随着带宽的增加，Q_{10} 值升高，但与对照样地（5.99）相比，均有不同程度的降低，说明各诱导改造带土壤呼吸对温度的响应不如对照样地，这主要是因为诱导改造后，改造带上的生物量减少，缺乏乔木的覆盖，土壤温度波动性增加，从而降低了土壤呼吸的温度敏感性[10]。

表 7-8　不同带宽诱导改造土壤呼吸与土壤温度的回归分析

诱导改造带	回归模型	R^2	F	P	Q_{10}
6m	$R = 1.848e^{0.081T}$	0.693	99.355	<0.001	2.25
10m	$R = 0.457e^{0.166T}$	0.419	31.715	<0.001	5.26
14m	$R = 0.516e^{0.171T}$	0.601	67.842	<0.001	5.53
18m	$R = 0.719e^{0.153T}$	0.689	103.936	<0.001	4.62
对照样地	$R = 0.416e^{0.179T}$	0.515	49.831	<0.001	5.99

7.4.2.3　不同带宽改造土壤湿度对土壤呼吸的影响

将各诱导改造带和对照样地的土壤呼吸和土壤湿度的关系用散点图（图7-8）描绘出来后，结果显示各诱导改造带的土壤呼吸均有一个最适含水率，当土壤湿度低于该最适含水率时，随着土壤湿度的升高，土壤呼吸加快；而当土壤湿度高于该最适含水率时，随着土壤湿度的升高，土壤呼吸反而降低。因此，采用二次多项式模型对其进行拟合，模型表达式如下：

$$R = a \times W^2 + b \times W + c$$

式中，R 为土壤呼吸速率（$\mu mol \cdot m^{-2} \cdot s^{-1}$）；$W$ 为土壤（10cm）处的湿度（%）；a，b，c 为待定参数。

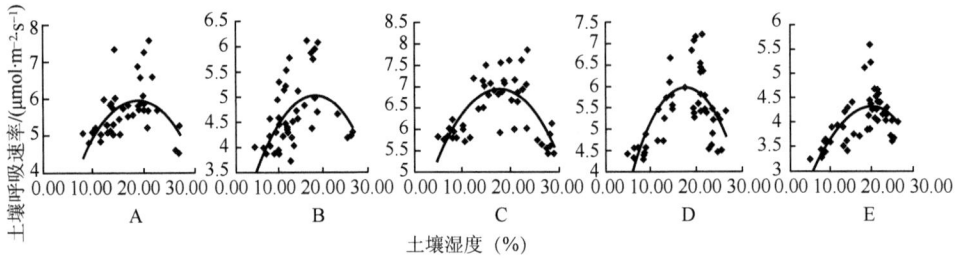

图 7-8　不同带宽诱导改造后土壤呼吸与土壤湿度的关系

A 为 6m 诱导改造带；B 为 10m 诱导改造带；C 为 14m 诱导改造带；D 为 18m 诱导改造带；E 为对照样地

为了更好地分析和比较各诱导改造带土壤湿度与土壤呼吸之间的关系，对其进行回归分析（表7-9），从表中可以看出，土壤呼吸与土壤湿度之间存在比较显著的相关性，相关系数在 30.8%～54.6%。各诱导改造带土壤呼吸的最适含水率在 17.33%～19.11%，均低于对照样地的最适含水率（19.43%），且随着带宽的增加，最适含水率降低。

表 7-9　不同带宽诱导改造土壤呼吸与土壤湿度的回归分析

诱导改造带	回归模型	R^2	F	P	最适含水率（%）
6m	$R = -0.014W^2 + 0.535W + 0.952$	0.313	9.795	<0.001	19.11
10m	$R = -0.009W^2 + 0.318W + 2.202$	0.308	9.588	<0.001	17.67
14m	$R = -0.011W^2 + 0.384W + 3.598$	0.546	26.444	<0.001	17.45
18m	$R = -0.015W^2 + 0.520W + 1.410$	0.476	20.876	<0.001	17.33
对照样地	$R = -0.007W^2 + 0.272W + 1.666$	0.456	19.312	<0.001	19.43

7.4.2.4　不同带宽改造下的土壤温湿度对土壤呼吸的影响

土壤温度和土壤湿度对土壤呼吸具有显著影响，为了进一步探讨二者共同对土壤呼吸的影响，本次研究采用双因素模型对土壤呼吸进行拟合[29]，模型表达式如下：

$$R=a\times e^{b\times T}\times W^{c}$$

式中，R 为土壤呼吸速率（$\mu mol\cdot m^{-2}\cdot s^{-1}$）；$T$ 为土壤（10cm）处的温度（℃）；W 为土壤（10cm）处的湿度（%）；a，b，c 为待定参数。

结果显示，土壤温度和土壤湿度共同解释了土壤呼吸的 51.9%～70%（表 7-10），总体趋势是随着带宽的增加，相关性增强（6m 带除外）。和单因素模型相比，无论是土壤温度单因素模型（44.13%～69.31%），还是土壤湿度单因素模型（30.8%～54.6%），该双因素模型都能更好地解释土壤呼吸的变化，说明土壤呼吸是受土壤温度和土壤湿度共同影响的。

表 7-10　不同带宽诱导改造土壤呼吸与土壤湿度和湿度的回归分析

诱导改造带	回归模型	R^2	F	P
6m	$R=1.714\times e^{0.079\times T}\times W^{0.037}$	0.700	50.227	<0.001
10m	$R=0.424\times e^{0.153\times T}\times W^{0.098}$	0.519	23.159	<0.001
14m	$R=0.536\times e^{0.169\times T}\times W^{0.008}$	0.603	33.350	<0.001
18m	$R=0.740\times e^{0.144\times T}\times W^{0.034}$	0.696	52.633	<0.001
对照样地	$R=0.572\times e^{0.137\times T}\times W^{0.076}$	0.552	28.285	<0.001

森林采伐作业可导致植被组成、生物多样性、土壤微生物活性，以及土壤理化特性等发生变化，并进一步引起土壤呼吸的改变[30,31]。大兴安岭白桦低质林不同诱导改造带土壤呼吸的日平均值与对照样地相比，均有所升高，是对照样地的1.15～1.6 倍，这与纪浩等对大兴安岭阔叶低质林土壤呼吸研究的结果[32]类似，这主要是因为白桦低质林进行诱导改造后，改造带出现大量易于分解的采伐剩余物，为土壤呼吸提供充足的呼吸底物。各诱导改造带土壤呼吸的日变化幅度均高于对照样地，这主要是因为诱导改造带缺乏乔木的覆盖，昼夜温差较大，而土壤呼吸又对温度变化敏感。

土壤温度不仅可以直接影响酶的活性和土壤生物，而且可以通过影响底物供应和氧气运输间接地影响土壤呼吸[33]。采用指数模型对土壤呼吸和土壤温度进行拟合，结果表明二者之间存在明显的相关性。和对照样地相比，各诱导改造带的土壤呼吸与土壤温度的相关性更加显著，这有可能也是诱导改造带的土壤呼吸日变化幅度大于对照样地的原因之一。Q_{10} 值不仅在时间和空间上存在着巨大的差异，而且随着地理位置和生态系统类型的改变而变化[33]。王小国等对四川盆地中部紫色土丘陵区 3 种土地利用方式的土壤呼吸进行研究，发现 Q_{10} 值与土壤温度存在明显的负相关关系，而与土壤湿度存在明显的正相关关系[34]。本次研究中各诱导改造带的 Q_{10} 值在 2.25～5.53，均低于对照样地的 Q_{10} 值，但与全球尺度下的 Q_{10}（1.57）相比[35]，各诱导改造带的 Q_{10} 值均要高些，这主要是因为在北半球高纬度地区，土壤呼吸对温度的敏感性要高[36,37]。

　　在不同的研究中，土壤湿度与土壤呼吸之间的关系往往不一致，即使在相似的立地条件下，不同植被类型土壤湿度对土壤呼吸的影响也不一样[34]。本次研究将各诱导改造带和对照样地的土壤呼吸和土壤湿度的关系用散点图描绘出来后，与 Mielnick 和 Dugas 在得克萨斯州的草原上进行的研究结果[38]类似，各诱导改造带的土壤呼吸均有一个最适含水率，这主要是因为当土壤湿度低于最适含水率时，随土壤湿度的增加，更多的底物可以扩散到微生物能够利用的地方，从而使土壤呼吸增加；而当土壤湿度超过最适含水率时，随着土壤湿度的增加，O_2 的扩散受到抑制，土壤呼吸相应降低。各诱导改造带土壤的最适含水率在17.33%～19.11%，均低于对照样地的最适含水率，且与带宽呈负相关，这可能是因为诱导改造带的乔木被砍伐后，地上生物量减少，改造带夏季的蒸腾速度降低，根呼吸所需的水分也相应减少，所以诱导改造带的最适含水率相对较低。

　　土壤呼吸受土壤温度和土壤湿度共同影响，本次研究采用双因素模型对土壤呼吸进行拟合。在不同的研究中，一般用指数模型或阿累尼乌斯模型或它们的变形来描述温度对土壤呼吸的影响，而用不同形式的方程来描述湿度的影响[39,40]。结果表明，6m、10m、14m、18m 带宽和对照样地的土壤温度和湿度分别共同解释了土壤呼吸的 70%、51.9%、60.2%、69.6%和 55.2%，优于仅考虑土壤温度或土壤湿度的单因素模型。各诱导改造带中土壤温度单因素模型的相关系数均大于土壤湿度单因素模型的相关系数，说明土壤呼吸受土壤温度的影响比受土壤湿度的影响更显著，这可能与大兴安岭地区在夏季时雨量充沛，土壤呼吸不受土壤湿度限制有关。

7.5　大兴安岭地区低质林改造后土壤的碳通量

　　本节以大兴安岭地区低质林不同诱导改造后的林地为研究对象，探讨对低质林林分进行不同诱导改造后，各改造林地土壤的呼吸特性及影响因子，以期为制定高效低质林改造模式和全球碳"源与汇"的研究提供基础和理论依据。

7.5.1　研究方法

　　本节针对大兴安岭低质林林分（具体样地概况见 7.2.1，调查方法见 7.3.2 和 7.4.1），采用不同诱导改造后，运用 LI-8150 多通道土壤碳通量自动测量系统（LI-COR Inc., Lincoln, NE, USA）测定土壤表面的 CO_2 通量，分析在不同效应带带宽下，同一诱导改造树种以及不同诱导改造树种下同一效应带宽度土壤碳通量的差异；分析土壤碳通量的影响因子，应用 Excel 2003 和 SPSS10.0 进行数据统计分析。

7.5.2   同一改造目的树种土壤碳通量的差异

7.5.2.1   西伯利亚红松在不同效应带下土壤碳通量的差异

由图7-9可知，在阔叶混交低质林改造中，改造目的树种为西伯利亚红松时，不同带宽效应带土壤呼吸速率有显著的差异性（$p<0.05$，14m 带宽与18m 带宽除外）。所有诱导改造林地内土壤碳通量均大于无干扰下的对照样地，表现为对照样地（$2.576\mu mol\cdot m^{-2}\cdot s^{-1}$）$<$6m 宽效应带（$2.816\mu mol\cdot m^{-2}\cdot s^{-1}$）$<$10m 宽效应带（$3.717\mu mol\cdot m^{-2}\cdot s^{-1}$）$<$18m 宽效应带（$5.492\mu mol\cdot m^{-2}\cdot s^{-1}$）$<$14m 宽效应带（$5.548\mu mol\cdot m^{-2}\cdot s^{-1}$）。在白桦低质林改造中，不同效应带带宽土壤的碳通量差异性与阔叶混交低质林改造林相似，不同带宽效应带上的土壤碳通量表现为 6m 宽效应带（$2.522\mu mol\cdot m^{-2}\cdot s^{-1}$）$<$对照样地（$2.771\mu mol\cdot m^{-2}\cdot s^{-1}$）$<$10m 宽效应带（$3.317\mu mol\cdot m^{-2}\cdot s^{-1}$）$<$18m 宽效应带（$5.192\mu mol\cdot m^{-2}\cdot s^{-1}$）$<$14m 宽效应带（$5.750\mu mol\cdot m^{-2}\cdot s^{-1}$）。6m 宽效应带土壤呼吸速率小于无干扰的对照样地，其主要原因是 6m 宽效应带林内的枯落物少于对照样地，而两者林内的光照强度相差不大，枯落物分解速度几乎相同，从而使得6m宽效应带土壤呼吸速率为最小。

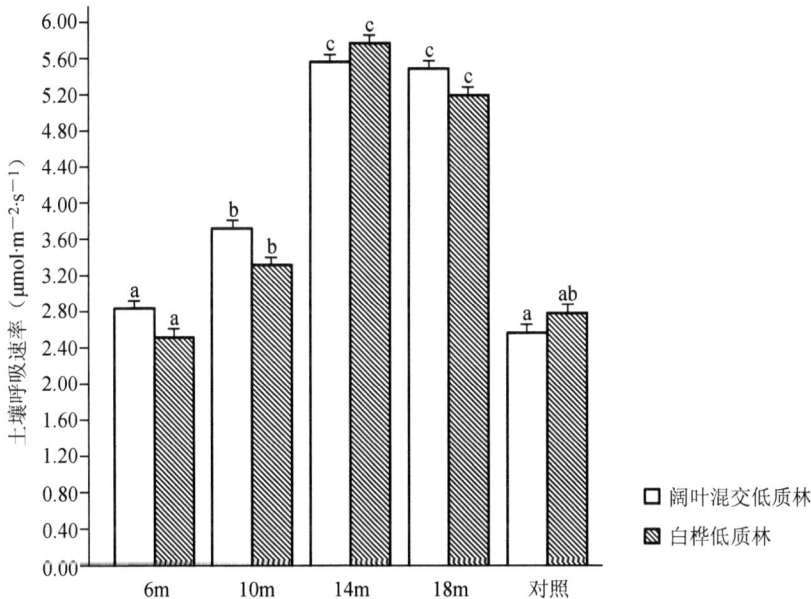

图 7-9   西伯利亚红松在不同效应带下土壤碳通量

经 LSD 检验，各林分类型不同小写字母表示差异显著（$\alpha=0.05$），反之不显著，下同

综合分析发现，两种林分低质林土壤碳通量随效应带带宽的加大而升高，其主要原因是随着带宽的加大，有效光照强度增强，使得枯落物的分解速度增大，同时使许多生物酶活化，进而土壤碳通量增大。18m 宽效应带土壤碳通量略小于

14m 带宽，6m 带宽的土壤碳通量与无干扰对照样地相近，在相同带宽下土壤碳通量的变化不明显。

7.5.2.2　樟子松在不同效应带下土壤碳通量的差异

在阔叶混交低质林诱导改造中，改造目的树种为樟子松时，随着效应带宽度的增大土壤碳通量也随之升高，表现为对照样地（2.576μmol·m^{-2}·s^{-1}）<6m 宽效应带（2.624μmol·m^{-2}·s^{-1}）<10m 宽效应带（3.055μmol·m^{-2}·s^{-1}）<14m 宽效应带（4.735μmol·m^{-2}·s^{-1}）<18m 宽效应带（5.607μmol·m^{-2}·s^{-1}）（图 7-10）。在 LSD 方差检验中，土壤碳通量 6m 宽效应带与 10m 宽效应带差异不显著，14m 宽效应带和 18m 宽效应带差异不显著（$p>0.05$），而 6m、10m 宽效应带与 14m、18m 宽效应带土壤碳通量有显著差异（$p<0.05$），其主要的影响因子是带宽的差异影响着光照强度的有效性。

在白桦低质林诱导改造中，土壤碳通量随效应带宽的度增大而升高，且升高幅度逐渐减小，表现为 6m 宽效应带（2.326μmol·m^{-2}·s^{-1}）<对照样地（2.771μmol·m^{-2}·s^{-1}）<10m 宽效应带（3.334μmol·m^{-2}·s^{-1}）<14m 宽效应带（4.341μmol·m^{-2}·s^{-1}）<18m 宽效应带（5.006μmol·m^{-2}·s^{-1}）（图 7-10）。方差分析表明，土壤碳通量 6m 宽效应带、10m 宽效应带与 14m、18m 宽效应带均有显著差异（$p<0.05$）。

综合分析两种林分低质林改造，原低质林分对土壤碳通量的影响不大。而效应带带宽显著地影响着土壤碳通量的变化，表现为随效应带宽度的增大土壤碳通量升高，且升高幅度逐渐减小。

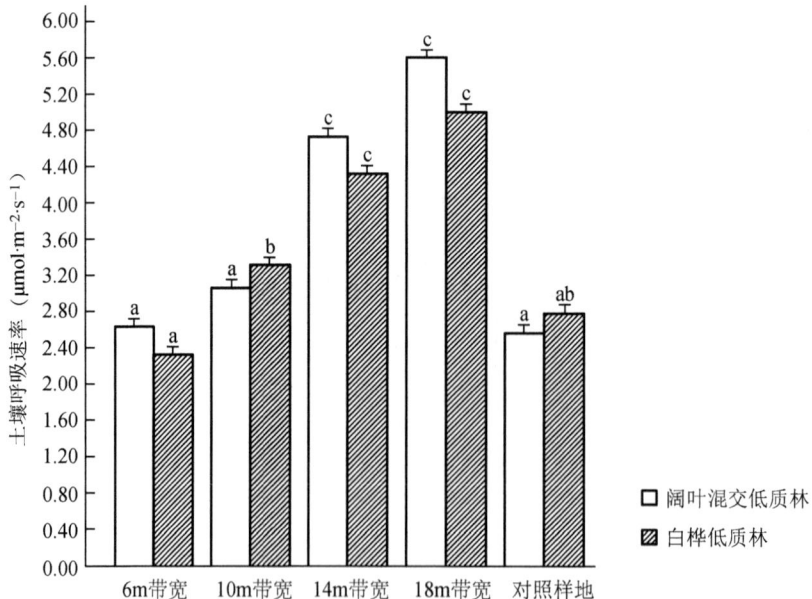

图 7-10　樟子松在不同效应带下土壤碳通量

7.5.2.3 落叶松在不同效应带下土壤碳通量的差异

在阔叶混交低质林诱导改造中，同上述两种改造目的树种一样出现了随效应带宽度增大土壤碳通量随之升高，但在落叶松诱导改造方式中，14m 宽效应带土壤碳通量值最大，与其他诱导改造方式有显著的差异性（$p < 0.05$）。6m 宽效应带与无干扰对照样地、10m 宽效应带与 18m 宽效应带土壤碳通量无显著差异性（$p < 0.05$）。其表现为 6m 宽效应带（$2.432\mu mol \cdot m^{-2} \cdot s^{-1}$）<对照样地（$2.576\mu mol \cdot m^{-2} \cdot s^{-1}$）<10m 宽效应带（$3.521\mu mol \cdot m^{-2} \cdot s^{-1}$）<18m 宽效应带（$4.860\mu mol \cdot m^{-2} \cdot s^{-1}$）<14m 宽效应带（$5.837\mu mol \cdot m^{-2} \cdot s^{-1}$）（图 7-11）。

在白桦低质林诱导改造中，与其他改造目的树种相比，效应带宽度对土壤碳通量的影响较小，无干扰对照样地与 6m 宽效应带和 10m 宽效应带、14m 宽效应带与 18m 宽效应带土壤碳通量均无显著的差异性（$p > 0.05$），表现为对照样地（$2.771\mu mol \cdot m^{-2} \cdot s^{-1}$）<6m 宽效应带（$3.033\mu mol \cdot m^{-2} \cdot s^{-1}$）<10m 宽效应带（$3.321\mu mol \cdot m^{-2} \cdot s^{-1}$）<14m 宽效应带（$4.235\mu mol \cdot m^{-2} \cdot s^{-1}$）<18m 宽效应带（$4.812\mu mol \cdot m^{-2} \cdot s^{-1}$）（图 7-11）。

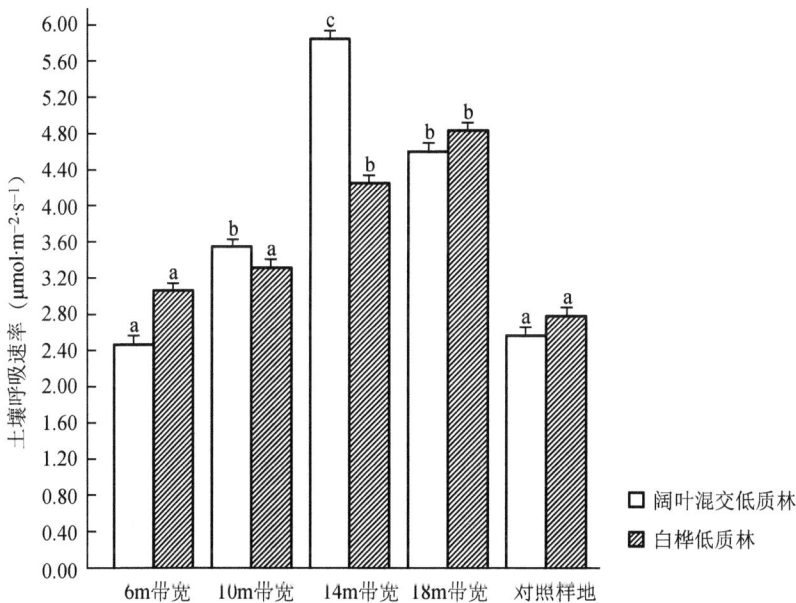

图 7-11 落叶松在不同效应带下土壤碳通量

综合分析两种林分低质林的不同带宽效应带改造，阔叶混交低质林改造的 14m 宽效应带土壤碳通量显著高于其他所有改造方式，而其他改造方式间土壤碳通量的差异不大，表现出改造目的树种落叶松林土壤碳通量对效应带宽度的不敏感，这与其他两种改造目的树种不同。

7.5.3 同一宽度效应带土壤碳通量的差异

由图 7-12 可知，除 14m 带宽外，相同带宽效应带的不同改造目的树种土壤碳通量的差异较小，说明改造目的对土壤碳通量的影响较小。与对照样地相比，6m 带宽和 10m 带宽土壤碳通量与无干扰对照样地相近，无显著差异性（$p > 0.05$），而 14m 带宽和 18m 带宽的土壤碳通量显著高于对照样地，呈现出显著的差异性（$p < 0.05$），说明低质林分在小效应带带宽的诱导改造中对土壤碳通量的影响较小，这主要是因为效应带带宽的大小显著地影响着光照的有效性。

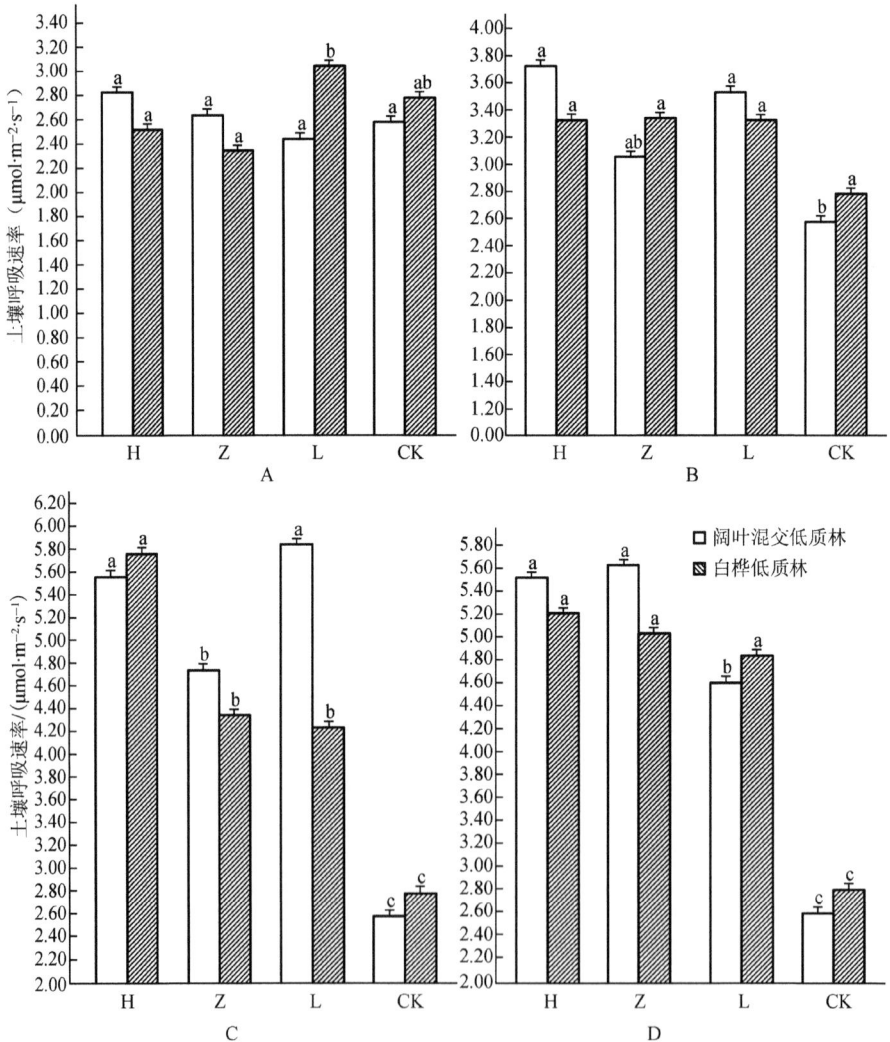

图 7-12　同一效应带下不同诱导树种土壤碳通量分析

H 表示西伯利亚红松；Z 表示樟子松；L 表示落叶松；CK 表示对照样地；

A:6m 带宽，B:10m 带宽，C:14m 带宽，D:18m 带宽

经 LSD 方差检验综合分析，对于不同类型的低质林分，在相同的改造方式下土壤碳通量无显著的差异性（$p>0.05$，改造目的树种为落叶松的 14m 宽效应带除外），说明改造目的树种和原低质林林分对土壤碳通量的影响较小。

7.5.4 土壤碳通量影响因子的相关性

综合两种低质林分的分析，从表 7-11 可知，不同目的树种的改造林土壤容重与土壤碳通量呈显著的负相关性（$p<0.05$），西伯利亚红松、落叶松诱导改造林土壤碳通量与土壤总孔隙度呈显著的正相关性，这与 Bouma[42]等的研究结果相一致，其主要原因是土壤容重和土壤总孔隙度表征着土壤透气性的好坏，当土壤容重小、土壤总孔隙度大时，土壤中的气体能自由地扩散，进而使土壤表层的碳通量加大。对土壤有机质含量与土壤碳通量做 Spearman 相关性检验，除无干扰对照样地外，不同改造方式下的土壤有机质含量与土壤碳通量均呈显著正相关（$p<0.05$）。土壤有机质含量是土壤肥力的主要体现，有机质的分解将产生大量CO_2，同时有机质含量的多少影响着土壤的微生物量，而微生物呼吸是土壤呼吸的主要来源之一。综合分析发现，土壤 pH、全 N、全 P、全 K 含量与土壤碳通量均未通过 Spearman相关性检验（$p>0.05$），对土壤碳通量的大小影响较小。枯落物半分解层的多少与土壤碳通量有显著的正相关性（$p>0.05$），在不同诱导改造林和无干扰对照样地中，土壤温度、土壤湿度与土壤碳通量呈极显著的正相关性（$p<0.01$），这与大多数的研究结果相一致[43,44]。

表 7-11 土壤碳通量与各影响因子的相关性分析

项目	H	Z	L	CK
土壤容重	−0.518*	−0.607**	−0.499*	−0.402*
总孔隙度	0.448*	0.249	0.516*	0.344
pH	0.118	0.204	−0.153	0.397*
有机质	0.461*	0.409*	0.662**	0.341
全 N	0.214	−0.118	0.491*	−0.188
全 P	−0.084	−0.116	−0.208	−0.046
全 K	−0.150	0.294	0.187	−0.116
半分解层	0.422*	0.541*	0.327	0.698**
未分解层	0.113	0.280	0.164	0.307
土壤温度	0.795**	0.807**	0.680**	0.613**
土壤湿度	0.824**	0.543*	0.604**	0.701**

注：H 表示西伯利亚红松；Z 表示樟子松；L 表示落叶松；CK 表示对照样地。
* 表示在 0.05 水平上显著相关；
** 表示在 0.01 水平上极显著相关。

森林土壤的扰动和利用方式的改变影响着土壤结构稳定性和土壤养分含量，

同时也影响着土壤微生物的多样性，进而影响着土壤的呼吸速率[17]。阔叶混交低质林和白桦低质林在不同诱导改造方式下均表现出了随效应带宽度增大土壤碳通量升高，在相同诱导改造方式下土壤碳通量无显著的差异性；6m带宽和10m带宽土壤碳通量与无干扰对照样地相近，无显著差异性，而10m带宽和18m带宽土壤碳通量显著高于对照样地，说明低质林在小效应带带宽诱导改造中对土壤碳通量的影响较小。林地在受到较大干扰的情况下，微环境改变从而使得土壤的呼吸速率增加[41]。

　　林地微环境、土壤理化性质和枯落物的产量调控着微生物的生物量和反硝化作用，同时也影响着植物根系的生长量，进而深层次地影响土壤呼吸速率[44]。不同改造方式下的土壤容重与土壤碳通量呈显著的负相关，而西伯利亚红松、落叶松诱导改造林土壤碳通量与土壤总孔隙度呈正相关，这是因为土壤的物理质地影响着土壤 CO_2 的传输，土壤容重越小，土壤 CO_2 通过充气孔隙的扩散越自由，从而使得土壤中的 CO_2 能大量直接地扩散到土壤表层。土壤碳通量与土壤有机质含量、半分解层枯落物多少呈现出显著的正相关，这是因为半分解层枯落物和有机质的多少直接地影响着微生物群落的生物量，而微生物群落的呼吸是土壤呼吸的主要来源之一，年土壤碳通量与地上部分凋落物产量呈正相关关系，初级生产提供了驱动土壤代谢活动的有机燃料[44]。

　　土壤温度、土壤湿度与土壤碳通量呈极显著的正相关，这是因为土壤温度几乎影响土壤呼吸过程的各个方面，土壤温度直接地影响着生物化学和生理化学，同时也间接地影响着植物根呼吸、底物和氧气的运输从而影响土壤碳通量。土壤湿度直接地影响着植物根系和微生物的生理过程，同时也间接地影响着底物和氧气的扩散，进而显著地影响土壤碳通量的大小。

参 考 文 献

[1] Dixon R K, Brown S, Houghton R A, et al. Carbon pools and fluxs of global forest ecosystems[J]. Science, 1994, 263(14): 185-191.

[2] Malhi Y, Baldocchi D D, Jarvis P G. The carbon balance of tropical, temperate and boreal forests[J]. Plant Cell and Environment, 1999, 22(6): 715-740.

[3] Pregitzer S, Euskirchen S. Carbon cycling and storage in world forests: Biome patterns related to forest age[J]. Global Change Biology, 2004, 10: 2052-2077.

[4] Arrhenius S. The effect of constant influences upon physiological relationships[J]. Scandinavian Archives of Physiology, 1898, 8: 367-415.

[5] Lloyd J, Taylor J A. On the temperature dependence of soil respiration[J]. Functional Ecolog, 1994, 8: 315-323.

[6] Shushi Peng, Shilong Piao, Tao Wang, et al. Temperature sensitivity of soil respiration in different ecosystems in China. Soil Biology & Biochemistry, 2009, (41): 1008-1014.

[7] Keith H, Jacobsen K L, Raison R J. Effects of soil phosphorus availability, temperature and moisture on soil respiration

in *Eucalyptus pauciflora* forest[J]. Plant and Soil, 1997, 190: 127-141.

[8] 刘绍辉, 方精云. 土壤呼吸的影响因素及全球尺度下温度的影响[J]. 生态学报, 1997, 17(5): 469-476.

[9] 彭家中, 常宗强, 冯起. 温度和土壤水分对祁连山青海云杉林土壤呼吸的影响[J]. 干旱区资源与环境, 2008, 22(3): 660-664.

[10] Freeman J C, Valerie A O. Relationships between soil respiration and soil moisture[J]. Soil Biology & Biochemistry, 2008, 40: 1013-1018.

[11] 邓东周, 范志平, 王红, 等. 土壤水分对土壤呼吸的影响[J]. 林业科学研究, 2009, 22(5): 722-727.

[12] Choonig Kim. Soil CO_2 efflux in clear-cut and uncut red pine (*Pinus densiflora* S. et Z.) stands in Korea[J]. Forest Ecology and Management, 2008, 255: 3318-3321.

[13] Adachi M, Bekku Y S, Rashidah W, et al. Differences in soil respiration between different tropical ecosystems[J]. Applied Soil Ecology, 2008, 34: 258-265.

[14] 陈立新, 陈祥伟, 段文标. 落叶松人工林凋落物与土壤肥力变化研究[J]. 应用生态学报, 1998, 9(6): 581-586.

[15] Burton A J, Pregitaer K S, Ruess R W, et al. Root respiration in North American forests: Effects of nitrogen concentration and temperature across biomess[J]. Oecologia, 2002, 131: 559-568.

[16] 骆亦其, 周旭辉. 土壤呼吸与环境[M]. 北京: 高等教育出版社, 2007.

[17] 郭辉, 董希斌, 姜帆. 皆伐方式对小兴安岭低质林土壤呼吸的影响[J]. 林业科学, 2009, 45(10): 32-37.

[18] Bouma T J, Bryla D R. On the assessment of root and soil respiration for soils of different textures, interactions with soil moisture contents and soil CO_2 concentrations [J]. Plant and Soil, 2000, 227(1-2): 215-221.

[19] Silver W L, Thompson A W, Mcgroddy M E, et al. Fine root dynamics and trace gas fluxes in two lowland tropical forest soil [J]. Global Change Biology, 2005, 11(2): 59-67.

[20] 张金波, 宋长春. 土地利用方式对土壤碳库影响的敏感性评价指标[J]. 生态环境, 2003, 12(4): 500-504.

[21] Zak D R, Pregitzer K S, King J S, et al. Elevated atmospheric CO_2, fine roots and the response of soil microorganisms: A review and hypothesis[J]. Ecological Applications, 2000, 147: 201-222.

[22] Misson L, Tang J, Xu M, et al. Influences of recovery from clear-cut, climate variability, and thinning on the carbon balance of a young ponderosa pine plantation[J]. Agricultural and Forest Meteorology, 2005, 130: 207-222.

[23] 刘美爽, 董希斌, 郭辉, 等. 小兴安岭低质林采伐改造后土壤理化性质变化分析[J]. 东北林业大学学报, 2010, 38(10): 36-40.

[24] Riksson J, Jensen L S. Soil respiration, nitrogen mineralization and uptake in barley following cultivation of grazed grasslands [J]. Biology and Fertility of Soil, 2001, 33: 139-145.

[25] Raich J W, Nadelhoffer K J. Belowground carbon allocation in forest ecosystems: Global trends [J]. Ecology, 1989, 70(5): 1346-1354.

[26] Knorr W, Prentice I C, House J I, et al. Long-term sensitivity of soil carbon turnover to warming[J]. Nature, 2005, 433: 298-301.

[27] 冯朝阳, 吕世海, 高吉喜, 等. 华北山地不同植被类型土壤呼吸特征研究[J]. 北京林业大学学报, 2008, 30(2): 20-26.

[28] Fang C, Moncrieff J B. The dependence of soil CO_2 efflux on temperature[J]. Soil Biology and Biochemistry, 2001, 33(2): 155-165.

[29] 杨玉盛, 陈光水, 王小国, 等. 中国亚热带森林转换对土壤呼吸动态及通量的影响[J]. 生态学报, 2005, 25(7): 1.

[30] Adachi M, Bekku Y S, Rashidah W, et al. Differences in soil respiration between different tropical ecosystems[J]. Applied Soil Ecology, 2006, 34(2): 258-265.

[31] 周海霞, 张彦, 孙海龙, 等. 东北温带次生林与落叶松人工林的土壤呼吸[J]. 应用生态学报, 2007, 18(12): 2668-2674.

[32] 纪浩, 董希斌, 李芝茹. 大兴安岭低质林诱导改造后土壤呼吸影响因子[J]. 东北林业大学学报, 2012, 40(4): 97-100.

[33] 杨庆朋, 徐明, 刘洪升, 等. 土壤呼吸温度敏感性的影响因素和不确定性[J]. 生态学报, 2011, 31(8): 2301-2311.

[34] 王小国, 朱波, 王艳强, 等. 不同土地利用方式下土壤呼吸及其温度敏感性[J]. 生态学报, 2007, 27(5): 1960-1967.

[35] 刘绍辉, 方精云. 土壤呼吸的影响因素及全球尺度下温度的影响[J]. 生态学报, 1997, 17(5): 469-476.

[36] 陈光水, 杨玉盛, 吕萍萍, 等. 中国森林土壤呼吸模式[J]. 生态学报, 2008, 28(4): 1748-1755.

[37] Chen H, Tian H Q. Does a general temperature-dependent Q_{10} model of soil respiration exist at biome and global scale?[J]. Journal of Integrative Plant Biology, 2005, 47(11): 1288-1302.

[38] Mielnick P C, Dugas W A. Soil CO_2 flux in a tallgrass prairie[J]. Soil Biology and Biochemistry, 2000, 32(2): 221-228.

[39] Gulledge J, Schimel J P. Controls on soil carbon dioxide and methane fluxes in a variety of taiga forest stands in interior Alaska[J]. Ecosystems, 2000, 3(3): 269-282.

[40] Lavigne M B, Foster R J, Goodine G. Seasonal and annual changes in soil respiration in relation to soil temperature, water potential and trenching[J]. Tree Physiology, 2004, 24(4): 415-424.

[41] Fang C, Moncrieff J B. The dependence of soil CO_2 efflux on temperature[J]. Soil Biology and Biochemistry, 2001, 33: 155-165.

[42] Bouma T J, Bryla D R. On the assessment of root and soil respiration for soils of different textures, interactions with soil moisture contents and soil CO_2 concentrations[J]. Plant and Soil, 2000, 227(1-2): 215-221.

[43] Davidson E A, Richardson A D, Aavage K E, et al. A distinct seasonal pattern of the ratio of soil respiration to total ecosystem respiration in a spruve-dominated forest[J]. Global Change Biology, 2005, http//doi:10.1111/j. 1365-2486.

[44] Misson L, Tang J, Xu M, et al. Influences of recovery from clear-cut, climate variability, and thinning on the carbon balance of a young ponderosa pine plantation[J]. Agricultural and Forest Meteorology, 2005, 130: 207-222.

8 大兴安岭低质林不同改造模式评价

8.1 大兴安岭白桦低质林不同改造模式综合评价

8.1.1 基于灰色系统理论研究白桦低质林的土壤性质

8.1.1.1 灰色系统理论的基础

灰色系统理论产生于 20 世纪后期，是"黑箱"理论的一种拓展[1]。由于在系统科学与系统评价工程方面，人们掌握的信息并非除了"黑"就是"白"，往往有多种不确定性，因而多种研究不确定性系统的理论和方法渐渐出现。在扎德（L.A. Zadeh）教授于 20 世纪 60 年代创立模糊数学以后[2,3]，我国华中科技大学控制科学与工程系邓聚龙教授，于 1982 年提出了灰色模型，创立了灰色系统理论[4]。灰色系统理论主要通过对"部分"已知信息的析出、生成、拓展，提取有价值的信息，实现对系统行为走向、演化规律的正确描述和评价。

国外对灰色系统理论的研究多见于对自然规律的猜测描述和探索性研究中，Jadhav 应用灰色系统理论研究霉菌在棉花上的生长规律[5]。Joseph 应用灰色分析理论研究常用工程的选择问题[6]。Westerhuis 在已有研究的基础上展开了对灰色理论组成的分析[7]。在我国，灰色系统理论尤其是灰色关联分析被广泛应用于项目投资决策、经济效益分析、煤矿勘探预测，以及环境的污染等级评定等领域。尤其是近年来灰色关联分析被越来越多地研究和应用，以帮助解决生产生活中的实际问题。如齐景顺等在黑龙江大庆地区油气勘探和预测方面应用灰色关联分析，并在大庆外围盆地早期勘探圈闭评价中收效显著，可在相当程度上提高油气井的钻探成功率、降低勘探投资[8]。在水环境评价和水质预测方面，辜寄蓉等[9]利用经典灰色模型，拟合九寨沟历史降雨量数据进行灰色分析，预测未来该地区的降水量和水资源情况。赵剑[10]利用灰色关联分析方法，以监测结果中水的 pH、溶解氧、氰化物、重金属含量等作为灰变量，对地表水环境进行综合评价。陈林等[11]应用灰色关联分析对不同土地利用类型的土壤水分变化进行研究，通过对不同月份土壤表层、中层、深层水分的变化态势关联分析得出相应的结论。很多学者在研究的基础上对灰色关联分析进行改进并应用，如张蕾等[12]在对水质监测数据进行灰色评价时，改传统的关联曲线分析为灰色区间分析，使评价更加科学、客观；在林业方面，灰色系统理论在林业产业结构的研究中也有所应用，如尹少华等[13]在对湖南林业产业结构预测研究中应用灰色系统理论，并对林业产业内部的各产业进行分析预测。我国学者刘思峰、谢乃明等系统地研究了灰色理论在自然科学、社会科学中的应用[14]。

在对森林生态系统这一抽象化的概念系统进行评价时，由于包含着涉及社会、经济、环境三方面作用下的多种因素，如林区人为干扰、采伐量、病虫害、气候条件等，多种因素的共同作用决定了森林生态系统的发展态势，为了确定其中对森林生态系统的发展起主导作用的因素，一般要求对其进行系统分析，常用的系统分析方法有回归分析、方差分析、主成分分析等。其不足之处在于：①需要大量数据，计算量大；②要求样本服从某一个典型的概率分布，要求各因素数据与系统特征数据之间呈线性关系且各因素之间彼此独立；③极易出现量化结果与定性分析不符的现象，歪曲甚至颠倒系统中的关系和规律。灰色关联分析方法可弥补用数理统计方法作系统分析所导致的缺憾。对样本量的多少和规律性不作要求，计算量小，不会出现结果与定性分析结果相背离的情况。

在使用灰色理论对大兴安岭白桦低质林改造模式进行评价时，其样地设置见6.2.2.1，其基本思想是根据数据序列曲线几何形状的相似程度，来判断其关联程度是否紧密，曲线越接近，相应序列之间的关联程度就越大，反之则越小。具体操作时，须先找到系统行为的映射量，即选取反映系统行为特征的数据序列，用映射量来间接地表征系统行为。具体用土壤理化性质表征土壤情况，用枯落物蓄积量和持水性能表征涵养水源的功能，用腐殖质含量表征土壤肥力，用植被种类和盖度情况表征林下生物多样性。以下用灰色关联分析法逐一探究白桦低质林的土壤性质。

8.1.1.2　用灰色关联理论分析白桦低质林不同诱导改造样地的土壤物理性质

在大兴安岭白桦低质林内栽植樟子松（A）、兴安落叶松（B）、西伯利亚红松（C）后，采集不同宽度皆伐带、不同面积林窗样地土壤，测得以上 5 项物理指标。下面逐一进行分析。

1）不同树种诱导改造后样地土壤密度

经种植樟子松（A）、兴安落叶松（B）、西伯利亚红松（C）后，白桦低质林 $G_1 \sim G_6$、$S_1 \sim S_4$，各样方土壤密度数据序列分别为 X_A、X_B、X_C（单位：$g \cdot cm^{-3}$），则有：

$X_A = (0.765, 0.84, 0.86, 1.01, 0.85, 0.91, 0.82, 0.61, 0.8, 0.83)$，有 $\overline{X_A} = 0.829$

$X_B = (0.45, 0.51, 0.47, 0.54, 0.52, 0.59, 0.54, 0.42, 0.66, 0.51)$，有 $\overline{X_B} = 0.517$

$X_C = (0.52, 0.47, 0.57, 0.46, 0.51, 0.56, 0.55, 0.43, 0.56, 0.53)$，有 $\overline{X_C} = 0.509$

为消除量纲取其均值像有：

$X_{A1} = (0.923, 1.01, 1.04, 1.23, 1.03, 1.1, 0.99, 0.74, 0.97, 1.00)$

$X_{B1} = (0.87, 0.98, 0.91, 1.04, 1, 1.13, 1.04, 0.81, 1.27, 0.96)$

$X_{C1} = (1.02, 0.93, 1.09, 0.89, 0.99, 1.08, 1.06, 0.83, 1.08, 1.03)$

经观察不难发现，均值像中各数据差异较大，数据走向易出现混乱。采用弱

化缓冲算子 D（取 $d=0.5$）对均值像进行整理，使数据序列振幅减小。记为一阶弱化序列 XD，则 $XD=(x(1)d, x(2)d, …, x(n)d)$。即

$XD_{A1}=(0.46, 0.51, 0.52, 0.61, 0.51, 0.55, 0.49, 0.37, 0.48, 0.50)$

$XD_{B1}=(0.44, 0.49, 0.455, 0.52, 0.5, 0.565, 0.52, 0.41, 0.64, 0.48)$

$XD_{C1}=(0.51, 0.465, 0.545, 0.445, 0.448, 0.54, 0.53, 0.415, 0.54, 0.515)$

作白桦低质林不同诱导方式下各样方土壤密度数据走向图，如图 8-1 所示。

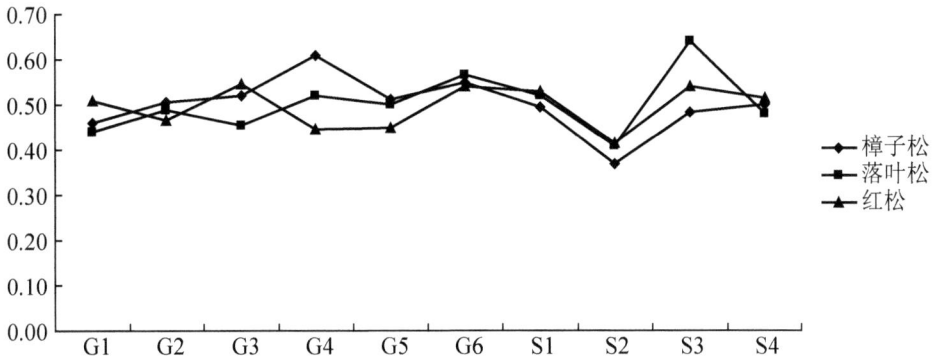

图 8-1 不同诱导方式下土壤密度数据序列走向图

由图 8-1 易于判断，在各样地栽植樟子松、兴安落叶松、西伯利亚红松后，各样地土壤密度略有波动。其中，以红松诱导改造的样地土壤密度波动最为明显，兴安落叶松次之，樟子松诱导改造的样地土壤密度波动最平缓。在所有样方土壤密度中，经落叶松诱导改造的带状样地 S_3 的土壤密度最高，同时带状样地 S_3 在红松诱导改造下也呈现出较高的土壤密度。林窗样地 G_1 在所有样地中土壤密度最低，而 G_4 在栽植樟子松、兴安落叶松、西伯利亚红松后，其土壤密度均高于其他林窗样地。经数据处理，对照地相应的土壤密度数列均值为 0.546，可以判断落叶松诱导改造的带状样地 S_3，樟子松诱导改造的带状样地 S_1、S_2、S_4 的土壤密度高于对照样地，其余各样地的土壤密度均不同程度地低于对照样地，其中以樟子松诱导改造的林窗样地 G_1 最低，从整体个样方看来，红松诱导改造的样地土壤密度皆不同程度地低于对照地，可见通过栽植红松诱导改造白桦低质林，最利于降低土壤密度，改良土壤通透性。

下面用同样的方法分析不同诱导改造下土壤含水率、孔隙度的变化。

2）不同树种诱导改造后样地的土壤含水率

在种植樟子松（A）、兴安落叶松（B）、西伯利亚红松（C）后，大兴安岭林区白桦低质林 $G_1 \sim G_6$、$S_1 \sim S_4$，以及对照样地各个样方对应的土壤含水率数据序列分别设为 H_A、H_B、H_C（单位：%），则有

$H_A=(0.28, 0.36, 0.32, 0.2, 0.25, 0.55, 0.28, 0.47, 0.25, 0.39, 0.29)$，有 $\overline{H_A}=0.329$

$H_B=(0.28, 0.35, 0.31, 0.29, 0.3, 0.31, 0.54, 0.39, 0.51, 0.39, 0.41)$，有 $\overline{H_B}=0.368$

$H_C = (0.38, 0.42, 0.35, 0.41, 0.4, 0.47, 0.41, 0.49, 0.3, 0.5, 0.34)$，有 $\overline{H_c} = 0.396$

消除量纲对应的均值像为

$H_{A1} = (0.85, 1.09, 0.97, 0.61, 0.76, 1.67, 0.85, 1.42, 0.76, 1.18, 0.88)$

$H_{B1} = (0.76, 0.95, 0.84, 0.78, 0.81, 0.83, 1.46, 1.05, 1.31, 1.05, 1.11)$

$H_{C1} = (0.96, 1.08, 0.89, 1.05, 1.02, 1.21, 1.05, 1.25, 0.75, 1.28, 0.86)$

由此作白桦低质林不同诱导方式土壤含水率数据走向图，如图 8-2 所示。

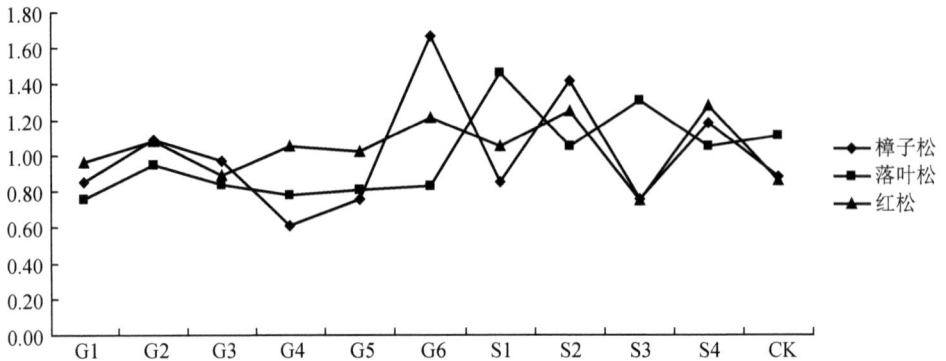

图 8-2　不同诱导方式下土壤含水率数据走向图

由图 8-2 可以看出，经樟子松（A）、兴安落叶松（B）、西伯利亚红松（C）诱导改造后土壤含水率数据走向大体一致。红松诱导改造的各样地中除了带状样地 S_1 的土壤含水率高于对照样地，其余都小于对照样地，林窗样地 G_2、G_3 和带状样地 S_2、S_4 的土壤含水率较接近中等水平。整体上看，栽植西伯利亚红松诱导改造的各样地土壤含水率数据序列均值（0.984）低于兴安落叶松（1.02）和樟子松（1.054）诱导改造的相应数据序列均值，同时也低于对照样地的土壤含水率（1.11）。结合图 8-2 易于看出，经落叶松、樟子松诱导改造的各样地土壤含水率均值高于相应的对照样地，其中经樟子松诱导改造后的样地土壤含水率最高、落叶松次之。不同改造方式中带状改造 S_2、S_4 的土壤含水率较接近样方的中等水平。

3）不同树种诱导改造后样地的土壤孔隙度

诱导种植樟子松（A）、兴安落叶松（B）、西伯利亚红松（C）后，诱导大兴安岭林区白桦低质林样地 $G_1 \sim G_6$、$S_1 \sim S_4$ 以及对照样地，各个样方对应的土壤总孔隙度数据序列分别设为 K_A、K_B、K_C（单位：$g \cdot cm^{-3}$），则有

$K_A = (61.25, 55.47, 53.06, 55.37, 54.09, 60.54, 64.65, 60.28, 49.56, 58.55,$ $53.17)$，则有 $\overline{K_A} = 52.35$

$K_B = (60.13, 56.39, 53.48, 57.21, 53.82, 62.98, 64.31, 54.26, 49.57, 67.69,$ $55.08)$，则有 $\overline{K_B} = 58.34$

$K_C = (67.04, 58.25, 55.18, 63.15, 57.79, 64.77, 58.75, 64.81, 59.64, 66.12,$

54.61），则有 $\overline{K_C}$ ＝61.51

消除量纲对应的均值像为

K_{A1} ＝（1.17, 0.97, 0.93, 0.96, 0.94, 1.06, 1.13, 1.05, 0.86, 1.02, 0.93）

K_{B1} ＝（1.03, 0.97, 0.92, 0.98, 0.92, 1.08, 1.10, 0.93, 0.85, 1.16, 0.94）

K_{C1} ＝（1.09, 0.95, 0.89, 1.03, 0.94, 1.05, 0.95, 1.05, 0.97, 1.07, 0.89）

由此作白桦低质林不同树种诱导后土壤总孔隙度数据走向图，如图8-3所示。

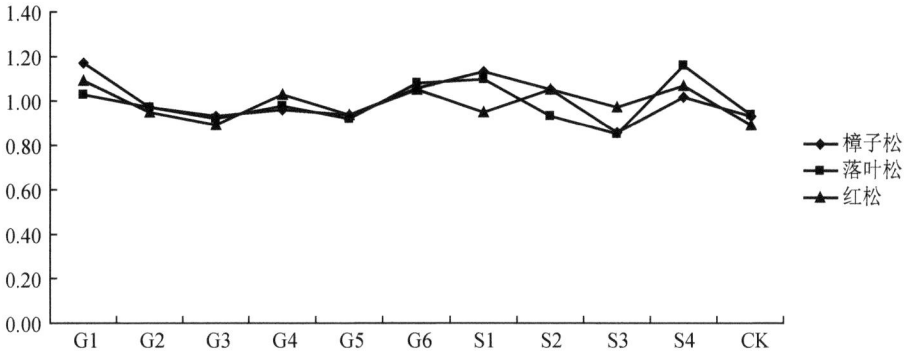

图 8-3　不同诱导改造下土壤总孔隙度数据走向图

根据图8-3和原始数据可知，用不同改造方式白桦低质林栽植西伯利亚红松、落叶松、樟子松时，其样地土壤总孔隙度变化趋势大体一致。樟子松诱导方式中，林窗改造和带状改造土壤总孔隙度变化不大，除带状改造 S_3 的总孔隙度明显低于对照样地平均值（57.28%），同时各个样地总孔隙度均值低于对照地。整体上看，以林窗改造 G_2、G_4 和带状改造 S_2、S_4 最为接近平均水平。落叶松各样地变化起伏略大，也是以林窗改造中 G_2 和 G_4、带状改造中 S_2 最为接近总体平均水平。西伯利亚红松各样地的土壤总孔隙度最大，且数据序列起伏变化较大。经西伯利亚红松诱导改造的白桦低质林各样地平均总孔隙度高于对照样地。

综合图8-1～图8-3和各组原始数据、均值像可以看出：在白桦低质林内栽植樟子松（A）、兴安落叶松（B）、西伯利亚红松（C）后，不同的诱导树种样地土壤物理性质（土壤密度、含水率、总孔隙度）各不相同。其中，以西伯利亚红松诱导改造后各个样地的土壤密度、含水率较低，土壤总孔隙度较大，落叶松诱导改造后的各个指标居中，而经樟子松诱导改造的低质林土壤密度较大、含水率较高、土壤总孔隙度偏低。因为红松改造后样地的土壤密度较低，土壤颗粒表面分子的引力较小，因而土壤颗粒间隙较大，土质疏松，土壤通气，透水性好，但不利于锁住土壤中的水分，因此红松林地土壤表层水分易于被植物根系吸收或因其他原因散失，即西伯利亚红松诱导改造后的样地土壤密度低、含水率低；经落叶松、樟子松改造后的样地土壤密度相对较大，土壤颗粒间隙较小，土壤团聚体较多，土质黏重，利于土壤中水分和养分的储存，因此其含水率较高。不同诱导方式的各个样地与对照样地相比，其土壤的物理性能都在一定程度上有所提高。具体表现为：改造后低质林土壤得到了改良，土壤密度、孔隙度、含水率等条件更适宜植物生长。整体上看，不同树种改造后样地土壤物理性质较适宜的有：红松改造的林窗样地 G_2、G_5 和带状样地 S_3，兴安落叶松改造后的林窗样地 G_2、G_4 和带状样地 S_2、S_4，以及经樟子松改造后的林窗样地 G_2、G_3 和带状样地 S_3、S_4。

8.1.1.3　用灰色关联分析白桦低质林土壤 N、P、K 元素的变动情况

分析白桦低质林不同改造模式下，土壤 N、P、K 元素的变动情况，主要是从不同改造模式和诱导方式两方面入手：①通过对不同宽度皆伐带、不同面积林窗白桦低质林土壤 N、P、K 元素含量对比来分析其变化情况，从而找出最佳的改造模式；②通过对不同诱导方式（栽植樟子松、兴安落叶松、西伯利亚红松）白桦低质林土壤 N、P、K 元素含量对比找出最佳诱导方式。以下逐一进行分析。

1）不同带宽、不同林窗面积的白桦低质林土壤 N、P、K 元素分析

同样应用灰色关联分析方法，探究大兴安岭林区白桦低质林土壤中全 N、全 P、全 K 和相应的速效 N（available nitrogen）、速效 P（available phosphorous）、速效 K（available potassium）的变动关系。具体操作时，以不同面积 $G_1 \sim G_6$ 林窗和不同带宽 $S_1 \sim S_4$ 调查样地对应的元素（N、P、K）为数据序列（单位 g/kg），有

$X_N = (0.838, 0.893, 0.670, 0.782, 0.499, 0.614, 1.43, 0.97, 1.12, 0.93)$，$\overline{X_N} = 0.875$

$X_P = (0.165, 0.142, 0.057, 0.063, 0.032, 0.134, 0.19, 0.115, 0.12, 0.04)$，$\overline{X_P} = 0.106$

$X_K = (42.816, 39.399, 36.508, 28.370, 36.932, 37.059, 41.34, 39.53, 44.57, 40.33)$，$\overline{X_K} = 386.3$

为消除量纲，求其均值像有

$X_{N1} = (0.99, 1.05, 0.79, 0.92, 0.59, 0.72, 1.68, 1.14, 1.32, 1.09)$

$X_{P1} = (1.59, 1.37, 0.53, 0.61, 0.31, 1.29, 1.83, 1.11, 1.15, 0.38)$

$X_{K1} = (1.26, 1.16, 1.08, 0.84, 1.09, 1.09, 1.22, 1.16, 1.31, 1.19)$

同理对应的速效 N、速效 P、速效 K（单位：$mg \cdot kg^{-1}$）数据序列为

$X_{N'} = (15.82, 21.40, 12.09, 21.39, 10.24, 12.71, 15.71, 12.1, 18.91, 19.25)$，$\overline{X_{N'}} = 15.67$

$X_{P'} = (151.17, 37.49, 85.99, 130.45, 23.35, 104.77, 197.47, 95.43, 142.41, 124.22)$，$\overline{X_{P'}} = 109.2$

$X_{K'} = (848.215, 822.688, 832.851, 811.546, 897.555, 1057.083, 363.61, 507.81, 503.23, 316.07)$，$\overline{X_{K'}} = 695.9$

其均值像为
$$X_{N'1} = (0.97, 1.32, 1.29, 1.32, 0.63, 0.78, 0.88, 0.76, 1.18, 1.16)$$
$$X_{P'1} = (1.39, 0.35, 0.79, 1.19, 0.22, 0.96, 1.81, 0.88, 1.31, 1.14)$$
$$X_{K'1} = (1.22, 1.18, 1.19, 1.17, 1.29, 1.52, 0.52, 0.73, 0.72, 0.45)$$

经处理消除数据序列量纲后数值对应的全 N、全 P、全 K 及相应的速效 N、速效 P、速效 K 走向，如图 8-4～图 8-6 所示。

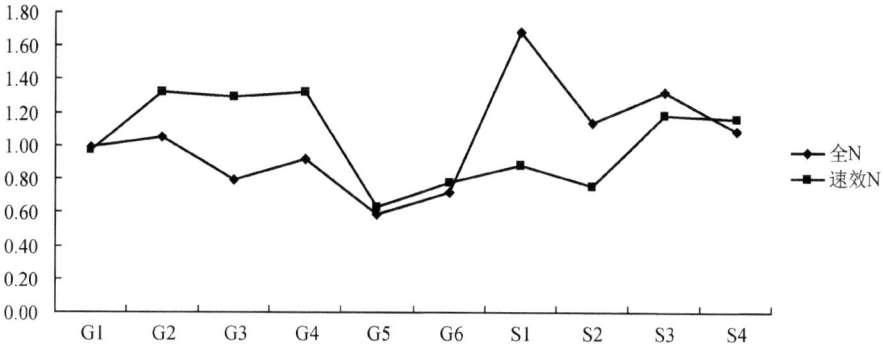

图 8-4　各样地土壤全 N 与速效 N 数值走向图

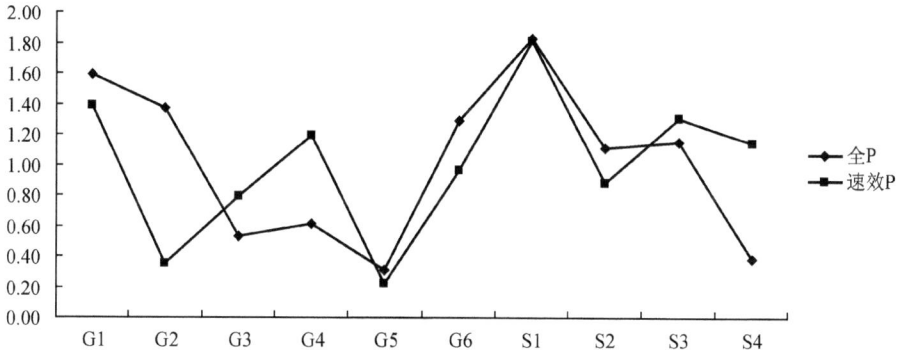

图 8-5　各样地林下土壤全 P 与速效 P 数值走向图

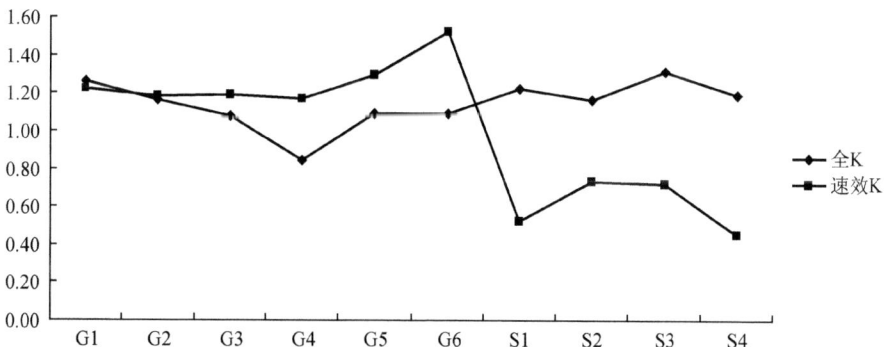

图 8-6　各样地林下土壤全 K 与速效 K 数值走向图

通过图 8-4～图 8-6 和原始数据序列可知：不同宽度皆伐带、不同面积林窗改造下，土壤中全 N、全 P、全 K 和相应的速效 N、速效 P、速效 K 的关联分析数据走向各不相同。其中图 8-4 不同样方土壤全 N 和相应的速效 N 变化较平缓，变动趋势大体相同，土壤全 N 系列中带状样地 S_1 (1.43g·kg^{-1}) 的含量最高，林窗样地 G_2 (0.893g·kg^{-1}) 最接近中等水平 (0.875g·kg^{-1})。土壤速效 N 系列中以林窗样地 G_2 (21.4mg·kg^{-1})、G_4 (21.39mg·kg^{-1}) 含量最高，而带状改造中的 S_1 (15.71mg·kg^{-1}) 最接近中等水平。图 8-5 中，各个样方土壤全 P 和相应的速效 P 变化幅度较大，其中以林窗样地 G_5 表现最为突出，全 P 和速效 P 都明显低于其他带状样地和林窗样地。具体在全 P 系列中，带状样地 S_1 和林窗样地土壤全 P 含量最高，除林窗样地 G_5 外，带状样地 S_4 的全 P 含量也较低。在各样方土壤速效 P 系列中，以林窗样地 G_1、G_4 和带状样地 S_1、S_3 的含量较高。其中，在图 8-6 中，各个样方土壤全 K 和相应的速效 K 变化幅度也较为平缓。其中，土壤全 K 中除林窗样地 G_4 较低，其中以林窗样地 G_2 和带状样地 S_3 最接近中等水平。

虽然存在个体差异，但整体上看低质林样地土壤中 N、P、K 元素含量的高低直接影响到土壤中相应的速效 N、速效 P、速效 K 的含量，一般情况下，土壤中速效 N、速效 P、速效 K 的含量随着林下土壤中全 N、全 P、全 K 含量的提高而提高。而速效 N、速效 P、速效 K 将以离子形式直接作用于林下植被，是影响其生长的主要营养元素。经关联分析可知，不同皆伐带宽度、不同面积林窗下各元素含量的变化不明显，其均值序列与对照样地相应序列的对比，如图 8-7 所示。

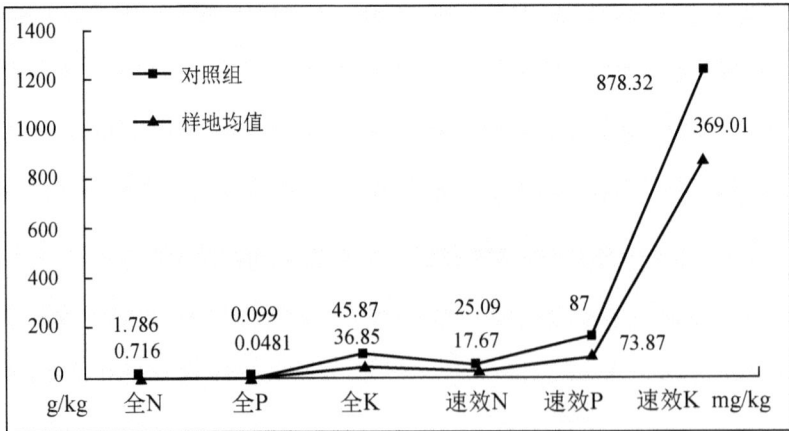

图 8-7　各样地 N、P、K 均值与各对照组数据对比图

由图 8-8 可以分析：在未种植其他树种的白桦低质林对照样地中，取样土壤中 N、P、K 元素的含量均高于各林窗改造样地中相应元素含量的平均值，以速效 K 的差异现象尤为明显。由于在白桦低质林内栽植樟子松（Z）、落叶松（L）、西伯利亚红松（X）后，作物生长大量消耗土壤中的有效元素，其中 N 元素作为植物

组成中最基本的组分，以 NO_3^- 和 NH_4^+ 形式大量存在于植物内。P 元素以 $H_2PO_4^-$ 和 HPO_4^{2-} 的形式被林下植物吸收。当林下土壤 pH<7 时以 $H_2PO_4^-$ 状态居多，pH>7 时以 HPO_4^{2-} 状态居多。而 K^+ 是植物体内最主要的无机溶质，对细胞渗透势的调节起着关键作用，也是作物生长过程中光合作用、呼吸作用等很多生命环节重要酶的活化剂，因此相比对照样地，各样地土壤K 元素含量降低得最为明显。

2）不同诱导方式下的白桦低质林土壤 N、P、K 元素分析

在大兴安岭白桦低质林培植樟子松、兴安落叶松、西伯利亚红松后，各样方土壤的 N、P、K 与相应的速效 N、速效 P、速效 K 情况各不相同，以下逐一进行分析。

（1）不同诱导方式下的土壤全 N 与速效 N 情况分析。

不同诱导方式下各样方土壤全 N 与速效 N 情况，如表 8-1 所示。

表 8-1 不同诱导方式下各样方土壤全 N 与速效 N 情况（不同带宽与对照地）

样方树种	S_1		S_2		S_3		S_4		CK	
	全 N (g·kg⁻¹)	速效 N (mg·kg⁻¹)	全 N (g·kg⁻¹)	速效 N (mg·kg⁻¹)	全 N (g·kg⁻¹)	速效 N (mg·kg⁻¹)	全 N (g·kg⁻¹)	速效 N (mg·kg⁻¹)	全 N (g·kg⁻¹)	速效 N (mg·kg⁻¹)
樟子松	1.62	8.37	1.45	19.53	0.89	8.38	0.73	23.25	1.79	25.09
落叶松	0.95	19.57	0.51	12.09	1.69	12.17	0.95	26.97	1.21	20.36
西伯利亚红松	1.73	10.24	0.95	16.52	0.84	15.81	1.12	6.51	1.58	17.89

由表 8-1 可导出樟子松（N_Z）、兴安落叶松（N_L）、西伯利亚红松（N_H），在不同面积 G_1~G_6 林窗和不同带宽 S_1~S_4 样地对应的土壤全 N（$g·kg^{-1}$）数据序列，有

N_Z＝（1.05, 0.99, 0.67, 0.78, 0.65, 0.71, 1.62, 1.45, 0.89, 0.73），$\overline{N_Z}$＝0.954

N_L＝（0.83, 0.57, 0.88, 0.94, 0.87, 0.62, 0.95, 0.51, 1.62, 0.95），$\overline{N_L}$＝0.874

N_H＝（1.21, 0.79, 0.65, 0.75, 0.92, 0.82, 1.73, 0.95, 0.84, 1.12），$\overline{N_H}$＝0.978

表 8-2 不同诱导方式下各样方土壤全 N 与速效 N 情况（不同面积林窗）

样方树种	G_1		G_2		G_3		G_4		G_5		G_6	
	全 N (g·kg⁻¹)	速效 N (mg·kg⁻¹)	全 N (g·kg⁻¹)	速效 N (mg·kg⁻¹)	全 N (g·kg⁻¹)	速效 N (mg·kg⁻¹)	全 N (g·kg⁻¹)	速效 N (mg·kg⁻¹)	全 N (g·kg⁻¹)	速效 N (mg·kg⁻¹)	全 N (g·kg⁻¹)	速效 N (mg·kg⁻¹)
樟子松	1.05	14.28	0.99	20.41	0.67	10.99	0.78	21.54	0.65	11.87	0.71	18.65
落叶松	0.83	19.34	0.57	15.54	0.88	13.51	0.95	23.42	0.87	18.81	0.62	17.13
西伯利亚红松	1.21	27.21	0.79	21.13	0.65	11.48	0.75	19.79	0.92	20.37	0.82	21.56

则对应的均值像有

$N_{Z'} = (1.10, 1.04, 0.71, 0.82, 0.68, 0.74, 1.69, 1.52, 0.93, 0.77)$

$N_{L'} = (0.95, 0.65, 1.01, 1.08, 0.99, 0.71, 1.09, 0.58, 1.85, 1.07)$

$N_{H'} = (1.24, 0.81, 0.66, 0.77, 0.94, 0.84, 1.77, 0.97, 0.86, 1.14)$

同样不同诱导方式样地对应的土壤速效 N（$mg \cdot kg^{-1}$）数据序列有：

$N_{Z1} = (14.28, 20.41, 10.99, 21.54, 11.87, 18.65, 8.37, 19.53, 8.38, 23.25)$，

$\overline{N_{Z1}} = 15.73$

$N_{L1} = (19.34, 15.54, 13.51, 23.42, 18.81, 17.23, 19.57, 14.09, 12.17, 26.97)$，

$\overline{N_{L1}} = 17.87$

$N_{H1} = (27.21, 21.13, 11.48, 19.79, 20.36, 21.56, 10.24, 16.52, 15.81, 6.51)$，

$\overline{N_{H1}} = 17.06$

对应的均值像有

$N_{Z1'} = (0.91, 1.29, 0.70, 1.37, 0.75, 1.19, 0.53, 1.27, 0.54, 1.47)$

$N_{L1'} = (1.08, 0.87, 0.76, 1.31, 1.05, 0.96, 1.10, 0.88, 0.68, 1.51)$

$N_{H1'} = (1.59, 1.24, 0.67, 1.16, 1.19, 1.26, 0.61, 0.97, 0.92, 0.39)$

两项均值像对应的数据走向，如图 8-8 和图 8-9 所示。

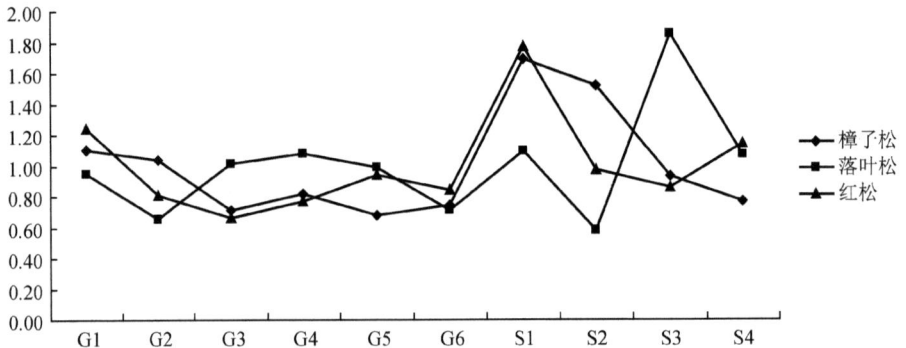

图 8-8　不同诱导方式下样地土壤全 N 数值走向图

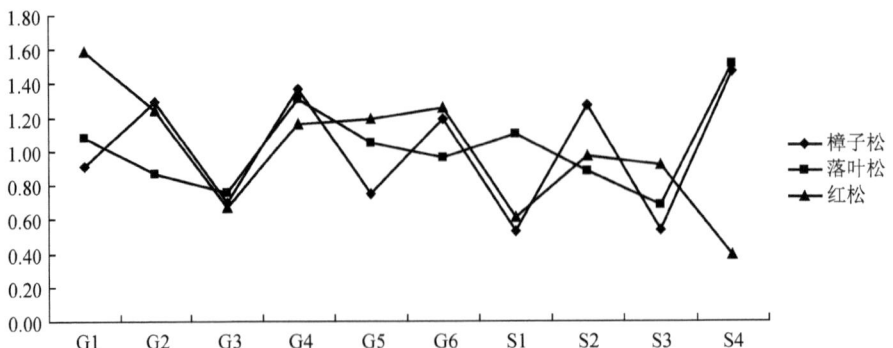

图 8-9　不同诱导方式下样地土壤速效 N 数值走向图

通过图 8-8 结合土壤全 N 原始数据序列可知：大兴安岭白桦低质林栽植樟子松、兴安落叶松、西伯利亚红松诱导后，土壤全 N 的均值数据序列走向，在两种不同的改造方式中存在较大差异。其中，不同面积林窗改造后的样地土壤全 N 均值数据序列走向较为平缓，除落叶松中 G_3 的全 N 含量较高，樟子松和西伯利亚红松两树种林窗改造方式下土壤全 N 数值都是 G_1 较大，其余林窗样地该指标差别不大。不同带宽改造后的样地土壤全 N 均值数据序列走向波动较大，整体以带状改造 S_1 对应的土壤全 N 值较高，带状改造 S_4 对应的土壤全 N 值较低。就不同树种看，不同树种诱导后带状改造模式对应的样地土壤全 N 含量高于林窗改造的相应值。3 种树种对应的最高值分别为：樟子松诱导改造下带状改造 S_1 对应的土壤全 N 值最高（1.62g·kg^{-1}），对应的林窗改造 G_5 土壤全 N 指标最低（0.69g·kg^{-1}）；兴安落叶松诱导改造下带状改造 S_3 对应的土壤全 N 值最高（1.69g·kg^{-1}），对应的带状改造 S_3 土壤全 N 指标最低（1.69g·kg^{-1}）；西伯利亚红松也是带状改造 S_1 对应的土壤全 N 值最高（1.21g·kg^{-1}），林窗改造 G_3 土壤全 N 指标最低（0.65g·kg^{-1}）。

同样，结合土壤速效 N 指标的原始数据和图 8-9 可知：不同诱导方式下林窗改造和带状改造的样地土壤的速效 N 波动较大。从整体上看，以林窗改造 G_4 和带状改造 S_2 对应的土壤速效 N 较高。在具体不同的诱导方式中，樟子松对应的带状改造 S_4 土壤速效 N 指标最高（23.25mg·kg^{-1}），对应的林窗改造 G_3 土壤速效 N 指标最低（10.99mg·kg^{-1}）；兴安落叶松也是对应的带状改造 S_4 土壤速效 N 指标最高（26.97mg·kg^{-1}），对应的带状改造 S_3 土壤速效 N 指标最低（12.17mg·kg^{-1}）；西伯利亚红松对应的林窗改造 G_4 土壤速效 N 指标最高（27.21mg·kg^{-1}），对应的带状改造 S_4 土壤速效 N 指标最低（6.51mg·kg^{-1}）。

不同诱导方式下土壤全 N 与速效 N 含量与对照标准样地该指标的对比情况各不相同，其中樟子松各样地土壤全 N 与速效 N 含量均低于对照样地（1.79g·kg^{-1}，25.09mg·kg^{-1}）；兴安落叶松样地土壤速效 N 中林窗样地 G_1（19.34mg·kg^{-1}）、G_4（23.42mg·kg^{-1}）高于对照样地（20.36mg·kg^{-1}），其余样地土壤速效 N 均低于对照样地，且各样方土壤全 N 均不同程度地低于对照样地；西伯利亚红松土壤全 N 均不同程度地低于对照样地（1.58g·kg^{-1}），土壤速效 N 指标中林窗样地 G_1（27.21mg·kg^{-1}）、G_2（21.13mg·kg^{-1}）、G_4（19.79mg·kg^{-1}）、G_5（20.37mg·kg^{-1}）、G_6（21.56mg·kg^{-1}）均不同程度地高于对照样地（20.36mg·kg^{-1}）。

（2）不同诱导方式下的土壤全 P 与速效 P 情况分析。

对于样地土壤全 P 和土壤速效 P 进行分析时，首先导出樟子松（P_Z）、兴安落叶松（P_L）、西伯利亚红松（P_H）在不同面积 G_1~G_6 林窗和不同带宽 S_1~S_4 样地对应的土壤全 P（g·kg^{-1}）数据序列，有

P_Z=（0.175, 0.161, 0.077, 0.064, 0.036, 0.125, 0.248, 0.05, 0.288, 0.044）

P_L=（0.165, 0.143, 0.059, 0.063, 0.04, 0.134, 0.148, 0.145, 0.061, 0.045）

P_H=（0.162, 0.099, 0.061, 0.059, 0.032, 0.131, 0.183, 0.155, 0.016, 0.033）

其对应的均值分别为：0.127g/kg，0.10g/kg，0.093g/kg。

其中，3种树种对照样地的土壤全P含量均值分别为0.051g·kg^{-1}，0.048g·kg^{-1}，0.045g·kg^{-1}），消除量纲对应的均值像为

$P_{Z'}$ = (1.38, 1.28, 0.61, 0.50, 0.28, 0.98, 1.95, 0.39, 2.27, 0.35)

$P_{L'}$ = (1.65, 1.43, 0.59, 0.63, 0.4, 1.34, 1.48, 1.45, 0.61, 0.45)

$P_{H'}$ = (1.74, 1.06, 0.66, 0.63, 0.34, 1.41, 1.97, 1.67, 0.17, 0.35)

同样，导出樟子松（P_{Z1}）、兴安落叶松（P_{L1}）、西伯利亚红松（P_{H1}）在不同面积G_1～G_6林窗和不同带宽S_1～S_4样地对应的土壤速效P数据序列，有

P_{Z1} = (155.34, 39.48, 88.57, 127.83, 28.21, 100.56, 296.17, 121.86, 253.23, 143.08)

P_{L1} = (143.17, 37.49, 85.32, 98.46, 17.03, 167.34, 115.74, 82.47, 59.22, 119.84)

P_{H1} = (148.62, 37.21, 84.09, 120.08, 24.73, 33.25, 28.9, 81.95, 114.79, 109.74)

其对应的均值分别为：126.44 mg·kg^{-1}，82.61 mg·kg^{-1}，76.34 mg·kg^{-1}。其中，3种树种对照样地的土壤速效P含量均值为分别为99.31 mg·kg^{-1}，88.25 mg·kg^{-1}，76.96 mg·kg^{-1}，消除量纲对应的均值像为：

$P_{Z1'}$ = (1.23, 0.31, 0.70, 1.01, 0.22, 0.83, 2.34, 0.96, 2.0, 1.13)

$P_{L1'}$ = (1.73, 0.45, 1.03, 1.19, 0.21, 1.40, 2.03, 0.99, 0.72, 1.45)

$P_{H1'}$ = (1.95, 0.49, 1.10, 1.57, 0.32, 0.44, 0.38, 1.07, 1.50, 1.44)

作两项均值像对应的数据走向图如图8-10和图8-11所示。

由图8-10结合不同诱导方式下各样地土壤全P含量数据序列（g·kg^{-1}）可知：不同树种诱导下土壤全P含量的变化趋势大体相同，林窗改造优于带状改造。其中，林窗样地G_1和带状样地S_1对应的土壤全P指标（g·kg^{-1}）较高，林窗样地G_5的土壤全P指标最低。具体经樟子松诱导改造的带状样地S_3的全P指标最高（0.288g·kg^{-1}），是对照样地（0.051g·kg^{-1}）的5.65倍，林窗样地G_5的土壤全P指标最低（0.036g·kg^{-1}）；经兴安落叶松诱导改造的林窗样地G_1的土壤全P指标（0.165g·kg^{-1}）最高，是对照样地（0.051g·kg^{-1}）的3.24倍，林窗样地G_5的土壤全P指标最低（0.04g·kg^{-1}）；经过西伯利亚红松诱导改造的带状样地S_1全P指标最高（0.183g·kg^{-1}），是对照样地（0.045g·kg^{-1}）的4.1倍，林窗样地G_5的土壤全P指标最低（0.032g·kg^{-1}）。

由图8-11结合土壤速效P含量（mg·kg^{-1}）可知：各林窗样地的土壤速效P含量较接近且普遍不高，带状样地该指标均值较高但波动较大。樟子松诱导改造的带状样地S_1土壤速效P指标最高（288mg·kg^{-1}），是对照样地（126.44mg·kg^{-1}）的2.28倍，林窗样地G_5的该指标最低（28.21mg·kg^{-1}）；兴安落叶松诱导改造的林窗样地G_6土壤速效P指标最高（167.34mg·kg^{-1}），是相应对照样地（82.61mg·kg^{-1}）的2.03倍，而林窗样地G_5的该指标最低（17.03mg·kg^{-1}）；西伯利亚红松诱导的林窗样地G_1的土壤速效P指标最高（148.62mg·kg^{-1}），是对照样地（76.34mg·kg^{-1}）

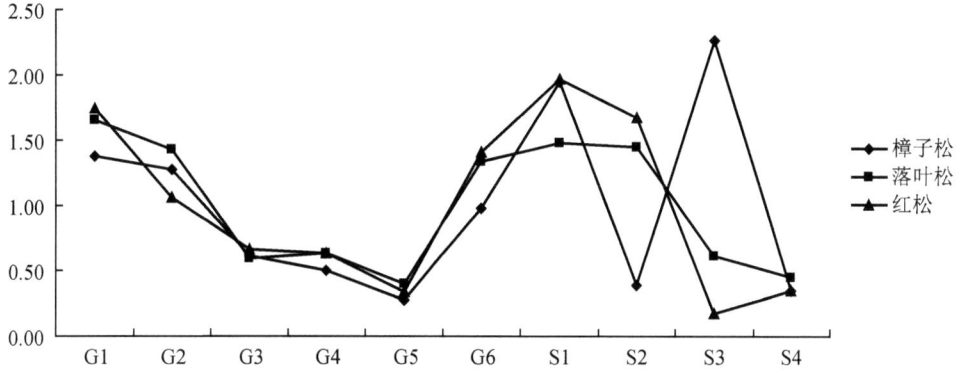

图 8-10　不同诱导方式下样地林下土壤全 P 数值走向图

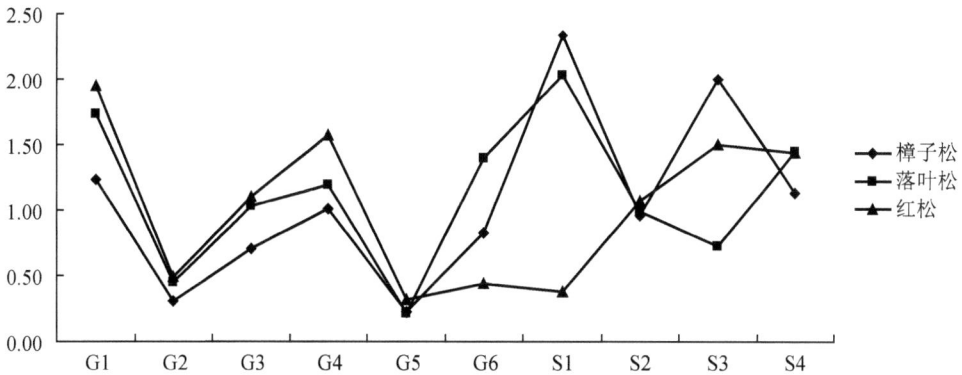

图 8-11　不同诱导方式下样地林下土壤速效 P 数值走向图

的 1.95 倍，林窗样地 G_5 的土壤速效 P 指标最低（24.73mg·kg^{-1}）。整体来看，林窗样地 G_1、G_2 和带状样地 S_1、S_3 的土壤全 P、速效 P 含量较高。

（3）不同诱导方式下的土壤全 K 与速效 K 情况分析。

对于样地土壤全 K 和土壤速效 K，先导出樟子松（K_Z）、兴安落叶松（K_L）、西伯利亚红松（K_H）在不同面积 G_1～G_6 林窗和不同带宽 S_1～S_4 样地对应的土壤全 K 数据序列，有

$$K_Z = (38.56, 37.59, 34.21, 29.17, 31.12, 36.89, 35.41, 40.22, 31.01, 37.96)$$
$$K_L = (41.09, 39.18, 36.54, 31.75, 35.41, 39.30, 36.47, 34.87, 50.67, 42.76)$$
$$K_H = (44.21, 39.87, 40.35, 35.63, 38.99, 48.35, 52.14, 43.49, 52.04, 42.28)$$

其对应的均值分别为：35.21g·kg^{-1}，38.80g·kg^{-1}，43.74g·kg^{-1}。

其中，3 种树种对照样地 CK 的土壤全 K 含量均值分别为 45.28g·kg^{-1}，52.47g·kg^{-1}，59.62g·kg^{-1}，消除量纲对应的均值像为

$$K_{Z'} = (1.10, 1.07, 0.97, 0.83, 0.88, 1.05, 1.00, 1.14, 0.88, 1.08)$$
$$K_{L'} = (1.06, 1.01, 0.94, 0.82, 0.91, 1.01, 0.94, 0.90, 1.31, 1.10)$$
$$K_{H'} = (1.01, 0.92, 0.91, 0.81, 0.89, 1.11, 1.19, 0.99, 1.18, 0.97)$$

同样，导出樟子松（K_{Z1}）、兴安落叶松（K_{L1}）、西伯利亚红松（K_{H1}）在不同面积 $G_1 \sim G_6$ 林窗和不同带宽 $S_1 \sim S_4$ 样地对应的土壤速效 K 数据序列，有

K_{Z1}＝（804.27，791.68，599.38，769.14，987.35，801.66，414.93，430.82，682.78，220.61）

K_{L1}＝（822.31，800.13，748.58，699.27，756.49，858.93，322.24，656.51，220.41，411.83）

K_{H1}＝（765.29，699.32，703.54，824.36，801.52，789.88，353.67，436.13，606.47，315.76）

其对应的均值分别为：650.26mg·kg^{-1}，629.67mg·kg^{-1}，629.59mg·kg^{-1}。

其中，3 种树种对照样地的土壤速效 K 含量均值分别为 466.94mg·kg^{-1}，389.52mg·kg^{-1}，549.21mg·kg^{-1}。

消除量纲对应的均值像为

$K_{Z1'}$＝（1.24，1.22，0.92，1.18，1.52，1.23，0.64，0.66，1.05，0.34）

$K_{L1'}$＝（1.31，1.27，1.19，1.11，1.20，1.36，0.51，1.04，0.35，0.65）

$K_{H1'}$＝（1.21，1.10，1.12，1.31，1.27，1.25，0.56，0.69，0.96，0.51）

作两项均值序列对应的数据走向图，如图 8-12 和图 8-13 所示。

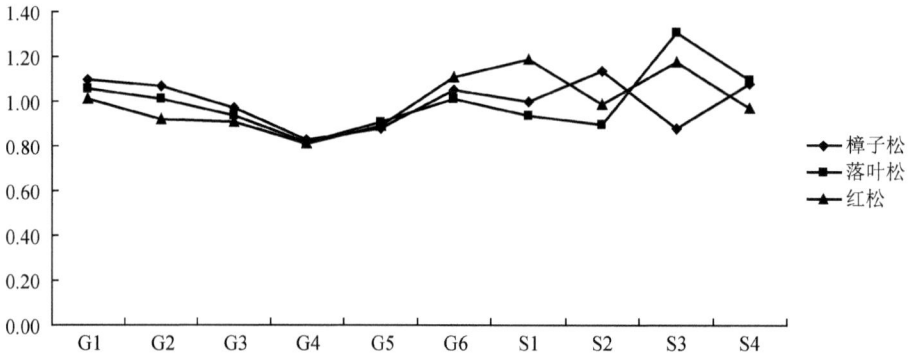

图 8-12　不同诱导方式下样地林下土壤全 K 数值走向图

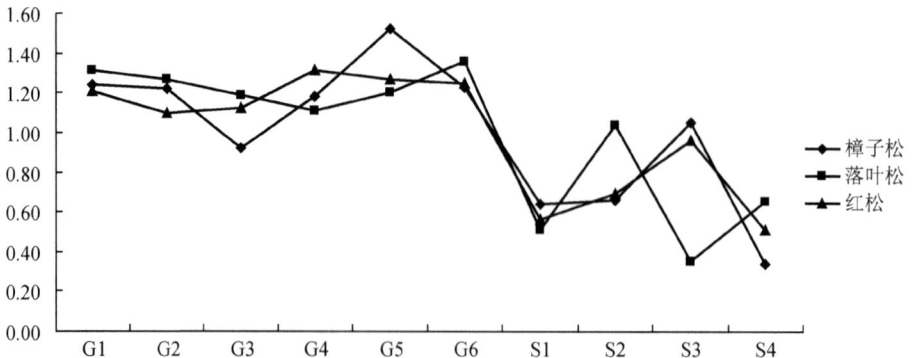

图 8-13　不同诱导方式下样地林下土壤速效 K 数值走向图

结合图 8-12 和原始数据序列可知：各样地土壤全 K 含量变动趋势较为平缓，其中以兴安落叶松诱导下的样地土壤全 K 含量值最为集中。具体在樟子松诱导改造下带状改造优于林窗改造，其中，带状改造 S_2 土壤全 K 含量最高（40.22g·kg^{-1}），带状改造 S_1 最接近中等水平（35.41g·kg^{-1}），其中，相应对照样地的值为 35.21g·kg^{-1}；落叶松诱导的带状改造 S_3 土壤全 K 含量最高（50.67g·kg^{-1}），是相应对照样地（38.8g·kg^{-1}）的 1.31 倍，其余各样方该指标较为接近，以林窗样地 G_4 的土壤全 K 含量最低（31.75g·kg^{-1}）；西伯利亚红松诱导的样地中以带状样地 S_1 的土壤全 K 含量最高（52.14g·kg^{-1}），是相应对照样地（43.74g·kg^{-1}）的 1.19 倍，同样，林窗样地 G_4 的土壤全 K 含量最低（35.63g·kg^{-1}）。

由图 8-13 和原始数据序列易于分析，各样地土壤速效 K 含量在不同改造方式中波动较大，整体上是不同面积林窗改造土壤速效 K 含量高于不同带宽的带状改造所对应的该指标。其中，经兴安落叶松改造的林窗样地 G_6 的土壤速效 K 含量最高，为 858.93mg·kg^{-1}，是相应对照样地（389.52mg·kg^{-1}）的 2.21 倍；而樟子松改造的带状样地 S_4 对应的土壤速效 K 含量最低，为 220.61mg·kg^{-1}，仅占相应对照样地的 56.6%。具体到各诱导方式中，樟子松诱导的样地中林窗样地 G_5 的土壤速效 K 含量最高（987.35mg·kg^{-1}），是对照样地的 2.11 倍，带状样地 S_4 的土壤速效 K 含量最低（220.61mg·kg^{-1}）；兴安落叶松诱导改造样地中林窗样地 G_6 的土壤速效 K 含量最高（858.93mg·kg^{-1}），带状样地 S_3 对应的土壤速效 K 含量最低（220.41mg·kg^{-1}）；西伯利亚红松诱导的样地中林窗样地 G_4 的土壤速效 K 含量最高（824.36mg·kg^{-1}），带状样地 S_4 相应的速效 K 含量最低（315.76mg·kg^{-1}）。

8.1.1.4　大兴安岭白桦低质林土壤 pH 及重金属情况分析

近年来，我国土壤酸化、重金属污染（尤其是镉污染）现象严重，而土壤酸碱性很大程度上影响着土壤重金属离子浓度[15]。大兴安岭林区地处我国北方，林下土壤本身呈酸性或弱酸性[16]，但在实验研究中发现，大兴安岭白桦低质林中存在较严重的镉（Cd）污染现象。东北老工业基地的振兴使我国的经济水平显著提高，但引起的环境恶化现象同样不容小觑。

1）不同改造方式样地土壤 pH 值的灰色关联分析

由实验室水浸法，以水土体积比 50∶1，用酸度计按照 LY/T 1239—1999 规定进行测定，得到大兴安岭白桦低质林各样方土壤 pH，同样采用灰色关联分析法分析数据，首先根据不同诱导方式，导出樟子松（Y_Z）、兴安落叶松（Y_L）、西伯利亚红松（Y_H）在不同面积 G_1～G_6 林窗和不同带宽 S_1～S_4 样地及对照样组 CK 对应的土壤 pH 数据序列为

Y_Z＝（5.12, 4.88, 5.58, 4.96, 4.96, 5.61, 5.32, 5.09, 5.48, 4.75, 4.88）

Y_L＝（5.05, 5.86, 5.02, 4.74, 4.82, 5.34, 4.84, 5.75, 5.49, 5.78, 4.79）

Y_H＝（5.33, 5.40, 6.24, 5.85, 6.07, 5.73, 4.89, 5.52, 6.31, 5.03, 5.46）

各诱导方式对应的土壤 pH 均值分别为 5.18，5.23，5.62；由此导出各样方消

除量纲对应的均值数据序列为

$$Y_{Z'} = (0.98, 0.94, 1.08, 0.96, 0.96, 1.08, 1.03, 0.98, 1.06, 0.92, 0.94)$$

$$Y_{L'} = (0.97, 1.12, 0.96, 0.91, 0.92, 1.02, 0.93, 1.09, 1.05, 1.11, 0.92)$$

$$Y_{H'} = (0.95, 0.96, 1.11, 1.09, 1.08, 1.02, 0.87, 0.98, 1.12, 0.89, 0.97)$$

作均值数据序列对应的数据走向图，如图 8-14 所示。

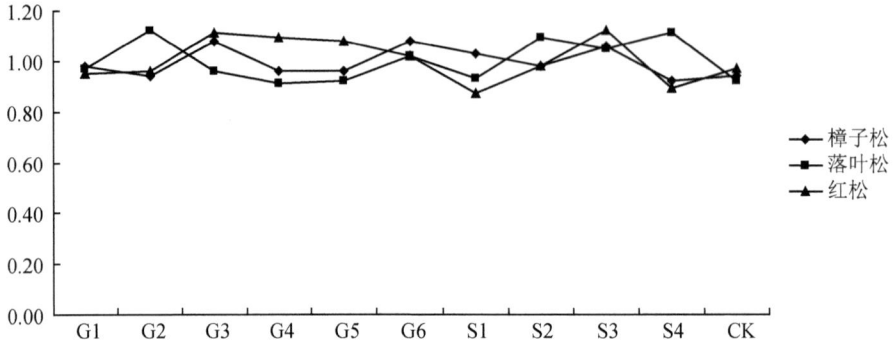

图 8-14　各样地土壤 pH 均值序列与对照组数据走向图

由图 8-14 结合原始数据序列分析可知：不同诱导改造方式下对应的样地土壤 pH 变动幅度较平缓，带状改造和林窗改造样地土壤 pH 变动不大，与对照组 pH 也较为接近。具体来说，在不同的诱导改造方式下，樟子松诱导改造的各样地中带状样地 S_2 对应的 pH 最高（5.48），是相应对照样地土壤 pH 的 1.12 倍，林窗样地 G_2、G_4、G_5 和带状样地 S_4 的土壤 pH 最接近对照样地（4.88）；兴安落叶松诱导改造的各样地中林窗样地 G_2 对应的土壤 pH 最高（5.86），是相应对照样地土壤 pH 的 1.23 倍，林窗样地 G_4、G_5 和带状样地 S_1 的土壤 pH 最接近对照样地（4.79）；西伯利亚红松诱导改造的各样地中带状样地 S_3 的土壤 pH 最高（6.31），是相应对照样地土壤 pH 的 1.16 倍，林窗样地 G_2 和带状样地 S_2 的土壤 pH 最接近对照样地（5.46）。整体来看，大兴安岭白桦低质林土壤呈弱酸性，不同改造方式、不同诱导方式下土壤 pH 变动不大，与对照样地的土壤 pH 差距也不大。

2）白桦低质林土壤重金属含量变动情况分析

近年来，重金属污染现象的蔓延越来越受到人们的重视，本节中采用原子吸收法（NY/T 1613—2008），利用 GGX－610 原子吸收分光光度计测定土壤中铜（Cu）、铅（Pb）、镉（Cd）的含量。经测定以上 3 种元素在白桦低质林不同面积林窗、不同宽度皆伐带土壤中的含量如表 8-3 所示。

表 8-3 不同面积林窗、不同宽度皆伐带样地土壤 Cu、Pb、Cd 含量

单位：mg·kg^{-1}

项目\样地	G$_2$	G$_3$	G$_4$	G$_5$	G$_6$	S$_1$	S$_2$	S$_3$	S$_4$	CK
铜（Cu）	0.062	0.014	0.021	0.017	0.058	0.054	0.068	0.018	0.029	0.009
铅（Pb）	0.037	0.041	0.084	0.042	0.04	0.0101	0.0195	0.0179	0.0113	0.007
镉（Cd）	0.762	0.795	0.694	0.734	0.838	0.587	0.494	0.663	0.657	0.165

由表 8-3 中的数据可以看出：在不同面积林窗的白桦低质林土壤中，不同程度地含有重金属 Cu、Pb、Cd，其中，Cu、Pb 的含量甚微（均低于 0.1mg·kg^{-1}，在此不作分析），而 Cd 的含量略高。土壤中 Cd 含量的平均值为 0.35mg·kg^{-1}[17-19]，而实验测得白桦低质林土壤中 Cd 的平均含量为 0.797mg·kg^{-1}，高于土壤 Cd 含量的平均值，其中，以林窗样地 G$_6$ 的土壤 Cd 含量最高，达到 0.838 mg·kg^{-1}，是白桦低质林样地 Cd 平均值的 1.05 倍，同时是土壤中 Cd 平均值的 2.39 倍，其中，带状样地 S$_2$ 是所有样地中 Cd 含量最低的，仍达到 0.494 mg·kg^{-1}，仍高于土壤 Cd 含量的平均值，可见 Cd 污染的严重。而白桦低质林对照样地的各重金属指标较低，尤其是对照样地的 Cd 含量为 0.165 mg·kg^{-1}，仅为土壤平均 Cd 含量的 47.1%。

Cd 污染的蔓延与近年来冶金工业（尤其是有色金属冶炼）的迅速发展有关[19]。森林生态系统中林下土壤出现重金属 Cd 超标现象，主要原因可归结为自然原因和人为干扰[18]。如图 8-15 镉污染来源网状简图所示，自然界中的镉污染主要来源于工业和农业，大气中 Cd 的来源是火山爆发喷射和火山灰的飞溅、风力扬尘的作用等，森林生态系统中出现的 Cd 污染，还可能是森林火灾产生的副作用、植物的排放和水文作用下的 Cd 积累。另外，人为干扰加剧了 Cd 的沉积，尤其是工业中合金、陶瓷的制造，电镀工艺的大量使用，金属熔炼以及含 Cd 废弃物的处理不得当、塑料制品的焚烧等[20,21]。而土壤一旦遭受 Cd 污染就难以消除，Cd 污染不会因林下植被（研究的樟子松、兴安落叶松、西伯利亚红松和林下灌木、草本）的作用而得到消除。当土壤中 Cd 以水溶性（络合态或离子态）存在时，能被植物根系所吸收并在植物体内积存，植被生命周期结束后 Cd 随植物体的腐烂、降解而凝聚、络合吸附到土壤中，从而在自然界产生积累。

基于白桦低质林土壤的酸碱度在一定程度上影响了重金属 Cd 的化学行为和存在形态，高彬等通过控制土壤 pH 观测芹菜（*Apium graveliens L.*）各部位重金属 Cd、Zn 的浓度，结果表明草本植物芹菜吸收重金属 Cd、Zn 的量，在一定范围内随着土壤 pH 的降低而提高，随着土壤 pH 的提高而降低[22]。很多学者认为林木根际是树木与土壤进行营养交换的场所，因而研究林木根际土壤的 pH 与各种元素的含量变化情况[23]。陈永亮等通过对胡桃楸、落叶松纯林及其混交林土壤化学性质的研究得出，树种根际土壤 pH 一般小于其相应的非根际土[24]。而在对大兴安岭

白桦低质林各样地进行研究时，采集的各个改造方式下样地的土壤多为非根际土，因此所测得的土壤 pH 比实际林下树木根际土的土壤 pH 更高，因此实际林下土壤的重金属 Cd 含量应该高于实测值。大兴安岭白桦低质林土壤的重金属 Cd 含量超标，其直接原因在于：在土壤 pH 较低，土壤呈弱酸性的情况下（尤其当 pH＜6.5 时），土壤中的水溶态 Cd 含量会随着 pH 的减小而迅速增加；而可交换态（水溶态）Cd 含量在中、碱性条件下，随着土壤 pH 的增大而迅速下降[25,26]。究其根本原因，在很大程度上与自然 Cd 的沉降和工业快速发展下的人为 Cd 污染有关。因此，要对林下土壤 Cd 污染进行防治，应在保证工业含 Cd 废弃物远离林区的前提下，控制林下土壤 pH＞6.5，避免施用含 Cd 化肥以及增施有机肥。

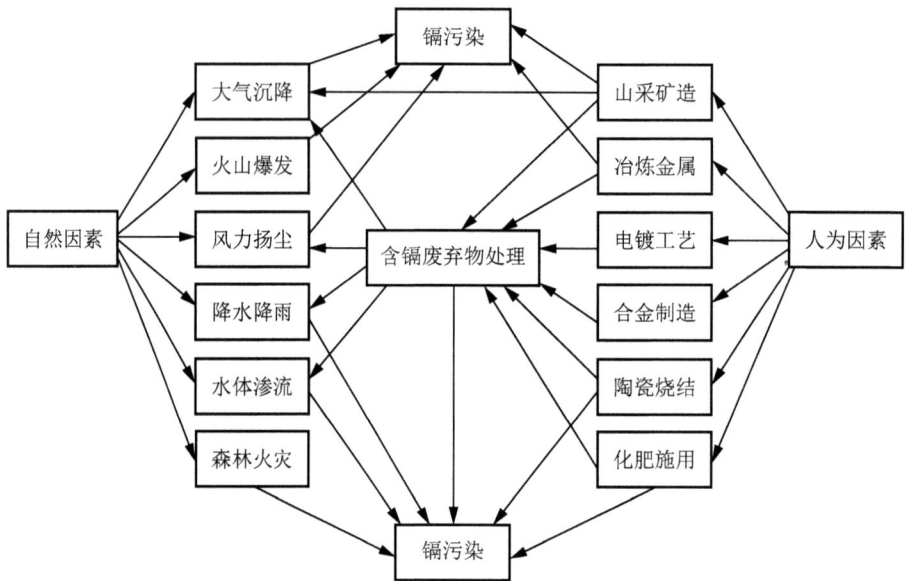

图 8-15　自然界镉污染来源网状分析简图

综上所述，对比不同面积林窗、不同宽度皆伐带白桦低质林土壤和对照组 CK 的重金属 Cu、Pb、Cd 可以看出：未经人为干扰的白桦低质林土壤重金属含量，均低于相应的不同带宽带状改造和不同面积林窗改造的林地。因为除了以上提及的原因，对低质林进行的样地清理、穴状整地、林地松土、苗木栽植、林间管理等相应的抚育改造活动，不同程度地加剧了低质林重金属的沉积。

8.1.2　大兴安岭白桦低质林枯落物持水性能分析

8.1.2.1　樟子松诱导改造的白桦低质林枯落物持水性能分析

白桦低质林经樟子松诱导改造后，各样方未分解层、半分解层枯落物在不同浸泡时间的持水量情况如表 8-4 和表 8-5 所示。

表 8-4　樟子松诱导改造各样地未分解层枯落物蓄积及持水率

项目 样方	换算 系数	称重 (g)	干重 (g)	蓄积量 (t/hm²)	自然 持水率 (%)	取重量	0.25h (g)	0.5h (g)	2h (g)	4h (g)	8h (g)	24h (g)	最大 持水率 (%)
G₁	0.866	32.6	30.08	4.99	15.52	25.7	110.7	90.7	90.7	110.7	101.4	105.7	311.28
G₂	0.902	17.6	18.78	2.79	10.81	13.7	64.7	64.7	59.7	104.7	94.4	94.7	591.24
G₃	0.896	13.6	13.29	2.03	11.54	9.8	39.8	47.8	44.8	49.8	39.6	65.8	571.43
G₄	0.734	45.6	34.96	5.83	36.17	38.1	175.2	190.1	135	160	149.9	155	307.89
G₅	0.889	33.6	29.09	4.68	12.51	24.7	95.7	100.7	100.7	105.7	95.7	100.7	307.69
G₆	1.739	14.6	22.57	3.94	42.5	11.3	50.3	39.3	46.3	46.3	37.6	59.3	424.78
S₁	0.889	32.6	28.98	4.83	12.54	27.3	111.3	90.3	91.3	107.3	107.3	97.6	322.34
S₂	0.901	43.6	39.24	6.54	11.11	40.3	163.3	183.3	163.3	200.3	190.3	180.6	384.62
S₃	0.903	15.6	14.09	2.35	10.71	12.2	54.2	63.2	47.2	49.2	57.2	48.4	385.25
S₄	0.844	17.6	14.85	2.48	18.52	13.6	60.6	60.6	55.6	65.6	55.6	46.2	345.59
CK	0.886	74.6	66.75	11.02	12.82	31.3	112.3	31.3	107.3	143.3	134.6	141.3	351.44

表 8-5　樟子松诱导改造各样地半分解层枯落物蓄积及持水率

项目 样方	换算 系数	称重 (g)	干重 (g)	蓄积量 (t/hm²)	自然 持水率 (%)	取重量	0.25h (g)	0.5h (g)	2h (g)	4h (g)	8h (g)	24h (g)	最大 持水率 (%)
G₁	0.893	49.6	44.29	7.38	12.01	42.8	135.8	180.8	145.8	130.8	175.8	225.8	427.57
G₂	0.911	41.6	37.91	6.32	9.76	34.3	111.3	105.6	75.3	267.3	355.3	350.3	921.28
G₃	0.865	19.6	16.95	2.83	15.63	14.2	71.2	80.2	25.2	60.2	90.2	72.2	408.45
G₄	0.894	67.6	60.43	10.07	11.86	56.4	164.4	129.4	274.4	304.4	259.4	361.4	540.78
G₅	0.863	37.6	32.44	5.41	15.91	31.7	103.7	85.7	100.7	75.7	155.7	163.7	416.41
G₆	0.889	33.6	29.87	4.98	12.50	26.5	99.5	40.5	40.5	75.5	120.5	122.5	362.26
S₁	0.929	77.6	72.16	12.03	7.53	59.4	180.4	173.4	188.4	196.4	196.4	250.4	321.55
S₂	0.896	54.6	48.95	8.15	11.67	44.3	215.3	220.3	231.3	235.3	220.3	220.3	397.29
S₃	0.905	40.6	36.73	6.12	10.53	33.2	98.2	157.2	149.2	142.2	125.2	135.2	307.23
S₄	0.844	41.6	35.21	5.87	12.50	28.6	105.6	136.6	112.6	110.6	111.6	158.6	454.55
CK	0.889	86.6	72.93	12.15	18.75	78.4	94.4	124.4	84.4	129.4	159.4	156.4	199.49

由于低质林枯落物层较土壤层疏松多孔，具有较强的持水能力。由表 8-4 分析：烘干后的樟子松林下未分解层枯落物在不同浸水时间后称重表现的质量变动趋势大体相同，均表现为取样后浸水 0.25h 时增重较快，浸水 0.5～2h 质量略有所回落或增速缓慢，浸水 2～4h 质量又开始增加，当浸水 4～8h 再次出现增速缓慢或个别有小幅度回落现象，浸水 8～24h 枯落物持水质量趋于稳定，整个过程以浸水 4h 后枯落物吸水速度最快、持水质量达到最高。不同面积林窗样地枯落物最大持水率均值（419.05%）高于带状改造样地的最大持水率均值（359.45%），而两种改造方式枯落物的平均持水率均高于相应的对照样地（351.44%）。具体来说，樟

子松改造不同面积林窗样地未分解枯落物持水性能波动较大，其中 G_1、G_4、G_5 的枯落物最大持水率较低，G_2、G_3 的枯落物最大持水率较高，G_2（591.24%）最高，是相应对照样地的 1.68 倍。不同宽度皆伐带改造下各样地的最大持水率变动不大，以 S_2（384.62%）、S_3（385.25%）的枯落物最大持水率较高，而 S_1（322.34%）的枯落物最大持水率最低。其单位面积未分解枯落物蓄积量均不同程度地低于对照样地（11.02 t/hm²），其中，林窗样地 G_4（5.83 t/hm²）、带状样地 S_2（6.54 t/hm²）较高，林窗样地 G_3（2.03 t/hm²）最低。

由表 8-5 樟子松诱导改造各样地半分解层枯落物取样情况及持水性表可知：各样地取样的枯落物在不同浸水时间后质量变化趋势大体一致，但明显有别于未分解枯落物层的相应值。具体表现为：试样浸水后 0.25～0.5h 就有较高的吸水速度，这一期间增重值较 0.5～2h 相应的值高，2～4h 质量增速缓慢，个别试样有质量回落现象，4～8h 质量趋于平稳，8～24h 质量又出现小幅度增加并保持一定的增幅。整个过程以 24h 后（即测试结束时刻）枯落物的持水质量最大并且仍有增长趋势。具体如下：不同面积林窗样地半分解枯落物最大持水率均值（512.79%），高于带状改造样地的最大持水率均值（370.16%），而两种改造方式枯落物的平均持水率均不同程度地高于相应的对照样地（199.49%）。具体来说，樟子松改造不同面积林窗样地半分解枯落物持水性能波动较大，其中，G_6（362.26%）的枯落物最大持水率较低，G_2 的半分解枯落物最大持水率（921.28%）最高，是相应对照样地的 4.62 倍。不同宽度皆伐带改造各样地的最大持水率变动不大，以 S_4 半分解枯落物持水率最高（454.55%）、S_3 最低（307.23%）。样地半分解层枯落物蓄积量较未分解层蓄积量大，但仍然不同程度地低于对照样地（12.15 t/hm²），其中，林窗样地 G_4（10.07 t/hm²）和带状样地 S_1（12.03 t/hm²）较高，林窗样地 G_3（2.83 t/hm²）的半分解层枯落物蓄积量最低。

综合表 8-4 和表 8-5，樟子松诱导改造的各样地未分解层、半分解层枯落物取样情况及持水性易于发现，樟子松诱导改造后半分解层枯落物的持水性优于未分解层的枯落物的持水性，而不同改造模式下不同面积林窗样地的变动较大，以 G_2 的持水性较好。未分解层枯落物蓄积量低于半分解层的枯落物蓄积量，整体以林窗样地 G_4、带状样地 S_1 的枯落物蓄积量较高。不同皆伐带宽度下的带状改造的枯落物持水性和枯落物蓄积量结果出入较大，因此以下着重研究经兴安落叶松、西伯利亚红松诱导的不同带宽改造的低质林未分解层、半分解层枯落物持水性能。

8.1.2.2　兴安落叶松诱导改造的白桦低质林枯落物持水性能

白桦低质林经兴安落叶松诱导改造后，不同宽度皆伐带（S_1～S_4）和对照样地对应的未分解层、半分解层枯落物在不同浸泡时间的持水量情况如表 8-6 和表 8-7 所示。

表8-6 兴安落叶松诱导改造带状样地未分解层枯落物蓄积及持水率

项目 样方	换算 系数	称重 (g)	干重 (g)	蓄积量 (t/hm²)	自然 持水率 (%)	取重量	0.25h (g)	0.5h (g)	2h (g)	4h (g)	8h (g)	24h (g)	最大 持水率 (%)
S₁	0.891	53.6	47.77	7.96	12.19	46.7	198.7	160.7	148.7	169.7	165.7	157.4	338.33
S₂	0.887	35.6	31.57	5.26	12.77	31.5	132.5	117.5	137.5	126.5	123.5	115.0	301.59
S₃	0.871	37.6	32.75	5.46	14.81	33.9	132.9	113.9	112.9	122.9	151.9	141.9	362.83
S₄	0.884	24.6	21.74	3.62	13.16	19.5	96.5	91.5	81.5	104.5	87.5	79.01	430.77
CK	0.886	74.6	66.12	11.02	12.82	31.3	112.3	123.3	107.3	143.3	170.3	161.6	311.28

由表 8-6 分析经兴安落叶松诱导的不同带宽样地未分解层枯落物的持水性，可知除样地 S_1 外，其余样地未分解层枯落物的持水量在 0.25～0.5h 时增加最快、增幅最高，在浸水 0.5～2h 时增幅减小或有小范围回落，在浸水 2～4h 时持水量开始有稳定的小范围增加，在浸水 4h 时刻达到持水量最高点，浸水 4～8h 时后大部分有小范围回落，浸水 8～24h 持水量趋于稳定。同时，对照样地在浸水 0.25h 时，含水量达到一定增幅后就一直有所下滑，浸水 4h 时后含水量又开始稳步提高，在浸水 8h 时达到最大值（170.3g）后，浸水24h 时趋于稳定。各样方最大持水率均值（358.38%）较高，是对照样地（311.28%）的 1.15 倍。其中，S_4（430.77%）最高，S_2（301.59%）最低。其单位面积未分解枯落物蓄积量均不同程度地低于对照样地（11.02 t/hm²），其中，样地 S_1（7.96 t/hm²）较高，S_4（3.62 t/hm²）最低。

表8-7 兴安落叶松诱导改造带状样地半分解层枯落物蓄积及持水率

项目 样方	换算 系数	称重 (g)	干重 (g)	蓄积量 (t/hm²)	自然 持水率 (%)	取重量	0.25h (g)	0.5h (g)	2h (g)	4h (g)	8h (g)	24h (g)	最大 持水率 (%)
S₁	0.839	83.6	70.18	11.69	19.23	70.7	299.7	291.7	161.7	277.7	346.7	301.7	387.55
S₂	0.811	69.6	56.45	9.41	23.29	56.5	161.5	195.5	216.5	195.5	228.5	200.5	415.93
S₃	0.882	48.6	42.88	7.15	13.33	41.4	208.4	204.4	70.4	180.4	237.4	212.4	405.79
S₄	0.909	41.6	37.82	6.30	10.01	33.5	135.5	138.5	126.5	178.5	122.5	120.5	361.19
CK	0.842	86.6	72.93	12.15	18.75	78.4	94.4	124.4	84.4	124.4	129.4	159.4	289.49

由表 8-7 分析相应半分解层枯落物的相应指标，各样地在浸水 0.25～0.5h 时半分解枯落物含水量就达到了较高水平，0.5～4h 时含水量增速缓慢或有不同程度的回落。在浸水 8h 时后含水量达到最高，浸水 8～24h 时半分解枯落物含水量趋于稳定。各样地最大持水率均值（392.62%）是相应对照样地最大持水率（298.49%）的 1.32 倍。其中，S_2 最高（415.93%），S_4（361.19%）最低。其单位面积半分解枯落物蓄积量虽比对应的未分解层蓄积量高，但也不同程度地低于对照样地（12.15 t/hm²），其中，样地 S_1（11.69 t/hm²）较高，S_4（6.30 t/hm²）最低。

8.1.2.3　西伯利亚红松诱导改造的白桦低质林枯落物持水性能

白桦低质林经西伯利亚红松诱导改造后，不同宽度皆伐带（S₁～S₄）和对照样地对应的林下未分解层、半分解层枯落物在不同浸泡时间的持水量情况见表 8-8 和表 8-9。

表 8-8　西伯利亚红松诱导改造带状样地未分解层枯落物蓄积及持水率

项目 样方	换算系数	称重 (g)	干重 (g)	蓄积量 (t/hm²)	自然持水率 (%)	取重量	0.25h (g)	0.5h (g)	2h (g)	4h (g)	8h (g)	24h (g)	最大持水率 (%)
S₁	0.667	48.6	32.4	5.41	50.02	41.3	185.3	166.3	164.3	195.3	192.3	182.6	382.57
S₂	0.867	27.6	23.77	3.96	16.13	24.4	110.4	88.4	108.4	134.4	120.4	110.8	545.92
S₃	0.851	26.6	22.61	3.77	17.65	22.4	105.4	84.4	102.4	123.4	130.4	120.8	526.79
S₄	0.907	26.6	24.13	4.03	10.26	19.4	69.4	82.4	105.4	94.4	95.4	85.7	402.06
CK	0.887	74.6	66.12	11.03	12.82	31.3	112.3	123.3	107.3	143.3	170.3	161.6	351.44

由表 8-8 知，西伯利亚红松诱导下未分解层枯落物持水量在不同浸水时段变化趋势与兴安落叶松大体一致，未分解层枯落物在浸水 0.25h 达到较高持水量，0.5～4h 持水量缓慢回落，4～8h 持水量稳步提高，这一过程未分解层枯落物持水量达到最大，并于浸水 8～24h 趋于稳定。其最大持水率均值（464.34%）是相应对照样地（351.44%）的 1.32 倍，其中，S₂（545.92%）最高，S₁（382.57%）最低。未分解层枯落物蓄积量 S₁（5.4 t/hm²）最高，S₃（3.77 t/hm²）最低，均不同程度地低于对照样地（11.03 t/hm²）。

表 8-9　西伯利亚红松诱导改造带状样地半分解层枯落物蓄积及持水率

项目 样方	换算系数	称重 (g)	干重 (g)	蓄积量 (t/hm²)	自然持水率 (%)	取重量	0.25h (g)	0.5h (g)	2h (g)	4h (g)	8h (g)	24h (g)	最大持水率 (%)
S₁	0.889	27.6	24.53	4.09	12.5	20.5	105.5	83.5	35.5	100.5	77.5	114.5	419.51
S₂	0.768	67.6	51.89	8.65	30.26	61.6	271.6	276.6	180.6	330.6	340.6	297.6	475.65
S₃	0.936	38.6	36.14	6.02	6.82	27.7	104.7	179.7	170.7	118.7	127.7	175.7	541.52
S₄	0.897	41.6	37.33	6.22	11.43	31.3	130.3	119.3	166.3	149.3	161.3	145.3	431.31
CK	0.842	86.6	72.93	12.15	18.75	78.4	94.4	124.4	84.4	124.4	129.4	159.4	156.4

由表 8-9 可知，半分解层枯落物在不同时段持水量变动趋势为：浸水 0.25h 后持水量达到较高水平，在以后的浸水过程中 0.5～4h 皆变动不大，浸水 8h 持水量最大，8～24h 持水量趋于平稳。其中，最大持水率均值（466.99%）是相应对照样地（156.4%）的 2.99 倍，其中，样地 S₃（541.52%）最高，S₁（419.51%）最低。半分解层枯落物蓄积量 S₂（8.65 t/hm²）最高，S₁（4.09 t/hm²）最低，均不同程度地低于对照样地（12.15 t/hm²）。

综合以上对表 8-4～表 8-9 不同诱导改造下各样方未分解层、半分解层枯落物的蓄积量和持水能力的分析可知：经改造后的白桦低质林样地未分解层、半分解层枯落物最大持水率都不同程度地高于相应的对照样地，说明改造后低质林枯落物具有更佳的持水性能。半分解层枯落物浸水后的最大持水量高于未分解层，且达到最高持水量的浸水时间更短。这说明半分解层枯落物持水能力优于相对应的未分解层，说明半分解层的林下枯落物具有更好的吸收水分、涵养水源、调节林地水文生态特性的功能，能更好地应对林区突发的高强度降水。对于不同浸水时间中枯落物持水量的变化趋势，各组数据的变化情况也符合枯落物吸水的水文过程[27-29]。

对于枯落物蓄积量，虽然取样的白桦低质林林窗样地、带状样地的枯落物蓄积量都低于相应的对照样地，但不影响枯落物的持水性能和水文特性。即枯落物的量并非越多越好，适量的枯落物蓄积可以有效调节林区水文生态，同时不阻碍林木的天然更新，相应的结论李根柱等在对东北次生林区枯落物对天然更新作用的分析中也有所提及。因此，改造后的白桦低质林具有较适当的林下枯落物蓄积量，枯落物持水性能半分解层优于未分解层。在具体的改造模式中，樟子松诱导改造的林窗样地 G_4 和带状样地 S_1 的枯落物蓄积量较大，林窗样地 G_2、G_3 和带状样地 S_2、S_3 的枯落物持水性能较好；兴安落叶松改造的带状样地 S_1 的枯落物蓄积量较大，带状样地 S_2 的枯落物最大持水量较高；西伯利亚红松诱导改造的带状样地 S_1、S_2 的枯落物蓄积量较大，带状样地 S_2、S_3 的枯落物最大持水量较高。

8.1.3 大兴安岭白桦低质林植被的多样性

我国作为世界上少数几个"生物多样性特别丰富的国家"（Mega-Diversity Countries）之一，有着丰富的森林、草原、淡水和珊瑚礁等生态系统，以及由此而衍生的多种多样的生物物种。而森林生物多样性是生物多样性的重要组成部分，它是指在森林这个综合地域类型中，由所有的森林植物、动物和微生物组成的全部物种和森林生态系统，以及这些物种所存在的生态系统的生态学过程。在森林生态系统中，高大颀长的乔木层、葱郁茂密的灌木层，以及品类繁多的草本层构成了森林生态系统特有的生境。对于大兴安岭白桦低质林植被的多样性，拟考虑从林区乔木层、灌木层、草本层三个方面归类分析其多样性情况。由于各样地诱导方式不同，区域内主要乔木树种主要有白桦（*Betula platyphylla Suk*）、黑桦（*Betula dahurica Pall*）、山杨（*Populus davidiana*）等几种。

8.1.3.1 白桦低质林灌木层植被种类及分布

在不同面积林窗（G_1～G_6）、不同宽度皆伐带（S_1～S_4）和对照样地中对应的灌木层分布如表 8-10 所示。

表 8-10　不同面积林窗、不同宽度皆伐带样地灌木层种类分布表　　单位：%

样方种类	G₁	G₂	G₃	G₄	G₅	G₆	S₁	S₂	S₃	S₄	CK
柞树 Quercus	18	30	18	30	25	30	18	24	25	17	35
胡枝子 Lespedeza Bicolor		10	6	10	18	17	4	6	10		20
兴安杜鹃 Rhododendron dauricum Linn	7	40	22	5	20	18	7	25	30	60	16
黄刺梅 Rosa xanthina Lindl				5	5				5		3
偃松 Pinus pumila									2		

由表 8-10 可知，各样地灌木层植被主要集中在柞树、胡枝子、兴安杜鹃这 3 种，个别样地有少数黄刺梅、偃松，整体上看，以带状样地 S₃ 灌木种类较多但覆盖率低，林窗样地 G₂ 和带状样地 S₄ 灌木层的覆盖率较高，但品类较为单一，林窗样地 G₅ 在种类和覆盖率上较为适中。对比对照样地，白桦低质林不同改造模式下各样方在覆盖率上与其较为接近，但灌木层分布和种类上不及对照地全面。

8.1.3.2　白桦低质林草本层植被种类及分布

经外业调查，白桦低质林草本层不同面积林窗、不同宽度皆伐带白桦低质林草本分布如表 8-11 所示。

表 8-11　不同面积林窗、不同宽度皆伐带样地草本分布表　　单位：%

样方种类	G₁	G₂	G₃	G₄	G₅	G₆	S₁	S₂	S₃	S₄	CK
鸢尾 Iris tectorum	3		16	2	2	4	2	3	3	4	3
羊胡子苔草 Cyperaceae Carex L.	5	18	12	7	12	15	7	12	14	9	18
地榆 Sanguisorba alpina Bge.	1	1	2.5	2	1	3	2	2	1	2	4
鹿蹄草 Pyrola incarnate	0.5		5	1	1	0.5	1	12	5	7	3
轮叶沙参 Adenophora tetraphylla	2	2	2	1	3	3			4	2	
杏叶沙参 Adenophora axilliflora	3	6	6	7	10	21	1	9	10	12	9
牛蒡 Synurus deltoids		3	1	1.5	3	5	3		3		
铃兰 Convallaria majalis			1	1	18	2		17			1

续表

样方种类	G_1	G_2	G_3	G_4	G_5	G_6	S_1	S_2	S_3	S_4	CK
艾蒿 Artemisia verlotorum	1	0.5	8	0.5	2	0.5			1	1	
毛筒玉竹 Polygonatum inflatum				2		2	2			5	2
蕨菜 Pte-ridium excelsum		1	2		2	1		2	4	15	10
乌头 Aconitum carmichaeli						2			1		
东方草莓 Fragaria orientalis Lozinsk				8				1	2	4	4
唐松草 Thalictrum aquilegifolium L		1			1		2		7	8	1
狗尾草 Setaira viridis (L.) Beauv	5	3	2	1		1	4		2	1	4
野豌豆 Lupinus polyphyllas		2			1		2		1	2	5
苍术 Atractylis japonica	5	15	15	12	10	8		2		6	15
风毛菊 Compositae Saussurea		4	1		2				2		
茅香 Hierochloe		3			1		2			2	5
莫石竹 Moehringia lateriflora (L.)					2						

由表 8-11 看出，生长于低质林各样方的草本以多年生草本（如鸢尾、地榆、艾蒿、苍术等）为主，也有少数 1a（狗尾草）、2a 生草本（如牛蒡、风毛菊等），多集中在蔷薇科、莎草科、菊科，多为直立草本，也有呈蒲状或略呈半灌木状。

以表 8-11 各样方包含的草本种类数作为考察对象，对样方草本丰富度的归纳如表 8-12 所示。

表 8-12　各样方草本种类及盖度归纳表

样方	G_1	G_2	G_3	G_4	G_5	G_6	S_1	S_2	S_3	S_4	CK
草本种类	9	12	14	13	16	15	11	9	16	14	15
草本盖度（%）	25.5	57.5	75.5	46	71	68	28	60	67	78	86

结合表 8-11 和表 8-12 可知，不同改造模式改造后的白桦低质林各样方草本层植被分布和盖度均低于相应的对照样地。其中，以林窗样地 G_3、G_5 和带状样地 S_3、S_4 的草本物种较为丰富，林窗样地 G_3、G_5、G_6 和带状样地 S_3、S_4 的草本层覆盖率较高，综合看林窗样地 G_3 和带状样地 S_4 的草本层多样性最好。比照各改造样方和对照样地，只有林窗样地 G_5 的草本种类高于对照样地，其余各样方在种类和

盖度上都低于对照样地。

8.1.3.3　白桦低质林植被多样性计算

在近年来对生物多样性的研究中，多采用物种丰富度指数（S）、物种多样性指数（H'）和均匀度指数（J）作为衡量生物多样性的测度[31]。其计算公式如下：

（1）物种丰富度指数：

$$S = 标准地内所有物种数之和 \qquad\qquad (8\text{-}1)$$

（2）Shannon-wiener 多样性指数：

$$H' = -\sum_{i=1}^{s} p_i \ln p_i \qquad\qquad (8\text{-}2)$$

（3）Pielou 均匀度指数：

$$J = H' / \ln S \qquad\qquad (8\text{-}3)$$

式中，S 为种 i 所在样方的物种总数，即丰富度指数；$p_i = n_i / N$，为第 i 个物种的相对多度，n_i 为种 i 的个体数，N 为所在群落的所有物种的个体数之和[32]。

根据外业统计数据及公式（8-1）～式（8-3），得出大兴安岭白桦低质林乔木层、灌木层、草本层的生物多样性指数如表 8-13 所示。

表 8-13　白桦低质林生物多样性指标

样地 ＼ 指标	乔木层			灌木层			草本层		
	S	H'	J	S	H'	J	S	H'	J
G_1	2	0.64	0.92	2	0.68	0.98	9	1.37	0.85
G_2	3	0.85	0.77	3	1.34	0.97	12	1.15	0.72
G_3	3	1.01	0.91	3	0.98	0.89	14	1.93	0.88
G_4	4	1.27	0.91	4	1.06	0.97	13	1.78	0.81
G_5	3	1.05	0.96	4	1.08	0.78	16	1.8	0.82
G_6	3	0.84	0.77	3	0.85	0.77	15	1.97	0.89
S_1	3	1.01	0.92	3	0.91	0.83	11	1.4	0.87
S_2	3	1.09	1.01	3	1.02	0.93	9	1.66	0.86
S_3	3	0.66	0.95	5	1.55	0.96	16	1.91	0.83
S_4	2	0.61	0.55	2	0.71	0.64	14	1.69	0.77
CK	4	0.86	0.62	4	1.31	0.94	15	1.97	0.89

结合表 8-12，乔木层物种丰富度指数中林窗样地 G_4 与对照地 CK 相同，其他各样地乔木层物种丰富度指数都低于 CK，其中林窗样地 G_1 和带状样地 S_3 乔木层物种丰富度与 CK 相差 2 个物种，低于其他样地；带状样地 S_3 的灌木层物种丰富度较 CK 多 1 个物种，林窗样地 G_2、G_5 该指标与 CK 相同，其他样地均不同程度低于 CK。

不同带宽样地中草本层物种丰富度指数随带宽的增加有递增趋势，而林窗面积较大样地的草本层物种丰富度指数比小面积林窗的高，样地 G_5、S_3 的草本层物种丰富度指数最高，较对照样地多 1 个物种。S_1、S_2 乔木层物种多样性指数高于对照样地，林窗样地乔木层物种多样性指数随着采伐面积的增大而提高，当林窗面积大于 $400m^2$ 后，乔木层物种多样性指数下降，样地 G_4 的乔本层物种多样性指数最高，较对照样地高 0.41；带状样地 S_3 灌木层物种多样性指数比对照样地高 0.24，同时林窗样地 G_2 的该指标比对照样地高 0.03，其他样地均低于对照样地；除 G_6 草本层物种多样性指数与对照样地相同，其他样地该指标都低于对照样地，带状改造试验区中 S_3 该指数最高。除带状样地 S_4 乔木层均匀度指数低于对照样地，其他各样地均高于对照样地，上升幅度为 0.15～0.39，其中 S_2、S_3、S_5 乔木层均匀度指数较高；带状样地 S_2、S_3 和林窗样地 G_1、G_2、G_4 灌木层均匀度指数较高；林窗样地 G_6 的草本层均匀度指数与对照样地相同，其他各样地都低于对照样地，带状样地 S_2 和林窗样地 G_3 草本层均匀度指数的下降幅度较大。

8.1.4 综合评价白桦低质林不同模式改造效果

灰色聚类是建立在灰色关联分析或白化权函数基础上的，将观测对象划分成若干可定义类别的方法[33,34]，是近年来广泛应用于质量评估、结构预测、环境评价、工程分析等方面的较为科学有效的分析方法，在社会、经济、工程和生态等诸多方面的应用都较为成功[35]。按聚类对象的不同，灰色聚类分析一般分灰色关联聚类和灰色白化权函数聚类，其中，灰色关联聚类更利于复杂系统的简化，一般将同类因素并归到同属的大类别中，最终用观测因素综合平均指标代替同属的若干因素，同时保持信息的完整性[36-38]。在林业生态评估方面，由于涉及的观测指标较为分散，很难对每一个因素进行逐一的判断，因此本部分采用灰色关联聚类分析白桦低质林不同改造模式下的生态效果。

8.1.4.1 灰色关联聚类模型的建立

设有 n 个观测对象，每个对象观测 m 个特征数据，得到数据序列如下：

$$X_1 = [x_1(1), x_1(2), ..., x_1(n)]$$
$$X_2 = [x_2(1), x_2(2), ..., x_2(n)]$$
$$\vdots$$
$$X_m = [x_m(1), x_m(2), ..., x_m(n)]$$

对所有的 $i \leqslant j$，$i, j = 1, 2, ..., m$，按照 $\gamma_{0i}(k) = \dfrac{m + \zeta M}{\Delta_i(k) + \zeta M}$，$\zeta \propto (0, 1)$，$k = 1,$

2, ..., m，计算其关联系数；按照 $\gamma_{0i} = \dfrac{1}{n} \sum\limits_{k=1}^{n} \gamma_{0i}(k)$，$i = 1, 2, ..., m$，计算出 X_i 与 X_j 的灰色关联度；按照 $\varepsilon_{0i} = \dfrac{1 + |s_0| + |s_i|}{1 + |s_0| + |s_i| + |s_0 - s_i|}$，其中，$s_i = \int_1^n (X_i - x_i(1)) \mathrm{d}t$ 来计算 X_i 与 X_j 的灰色绝对关联度 ε_{ij}，得上三角矩阵：

$$A = \begin{pmatrix} \varepsilon_{11} & \varepsilon_{12} & \cdots & \varepsilon_{1m} \\ & \varepsilon_{12} & \cdots & \varepsilon_{2m} \\ & & \cdots & \\ & & & \varepsilon_{mm} \end{pmatrix}$$

其中，$\varepsilon_{ii}=1$, $i=1, 2, ..., m$。称 A 为特征变量关联矩阵。取临界值 $r\propto[0, 1]$，一般要求 $r>0.5$，当 $\varepsilon_{ij}\geqslant r$（$i\neq j$）时，则视 X_i 与 X_j 为同类特征[39,40]。而特征变量在临界值 r 下的分类则称为特征变量的 r 灰色关联聚类。r 的具体值在实际问题中酌情给定，r 越接近 1 则分类越细，每一组中的变量相对越少；反之，r 越接近 0，则分类越粗，每一组中的变量相对越多。

8.1.4.2　白桦低质林生态功能灰色关联聚类分析

对大兴安岭白桦低质林不同面积林窗（$G_1 \sim G_6$）和不同宽度皆伐带（$S_1 \sim S_4$），以及对照样地（CK）共 11 组作为观测对象展开聚类分析，依据各样地土壤理化性质、枯落物持水性能、样地植被多样性三方面的 10 个指标进行评价，分别是：①土壤密度；②土壤孔隙度；③土壤含水率；④土壤速效 N 含量；⑤土壤速效 P 含量；⑥土壤速效 K 含量；⑦重金属 Cd 含量；⑧枯落物蓄积量（半分解层）；⑨枯落物最大持水率；⑩植被多样性。

采取满分 15 分制，每一个观测对象在各个指标项中的给分用前几章分析中消除量纲的数据序列均值圆整后代替。11 个观测对象在各个指标所得分数如表 8-14 所示。

表 8-14　白桦低质林 11 个样方 10 个指标得分情况

观测对象	考察指标									
	1	2	3	4	5	6	7	8	9	10
X_1	10	10	8	10	14	12	8	8	8	3
X_2	7	9	10	13	4	12	8	6	15	6
X_3	11	9	9	13	8	12	7	3	8	8
X_4	10	9	6	13	12	11	7	10	11	5
X_5	14	10	7	6	2	13	8	5	8	7
X_6	10	11	15	8	10	15	6	5	7	7
X_7	10	10	11	9	15	5	5	9	7	3
X_8	8	10	13	8	9	7	6	9	9	6
X_9	10	10	9	11	13	7	7	6	8	7
X_{10}	10	10	12	11	11	5	7	6	8	7
X_{11}	8	9	12	7	8	13	2	12	4	9

对所有的 $i\leqslant j$, $i, j=1, 2, \cdots, 10$，计算出 X_i 与 X_j 的灰色绝对关联度，得下三角矩阵，如表 8-15 所示。

表 8-15 白桦低质林各考察指标关联矩阵

	X_1	X_2	X_3	X_4	X_5	X_6	X_7	X_8	X_9	X_{10}
X_1	1									
X_2	0.65	1								
X_3	0.77	0.67	1							
X_4	0.64	0.82	0.78	1						
X_5	0.79	0.76	0.75	0.88	1					
X_6	0.68	0.82	0.79	0.69	0.86	1				
X_7	0.92	0.54	0.85	0.64	0.32	0.51	1			
X_8	0.71	0.71	0.76	0.42	0.76	0.59	0.88	1		
X_9	0.74	0.59	0.68	0.76	0.73	0.68	0.73	0.90	1	
X_{10}	0.67	0.82	0.76	0.72	0.67	0.72	0.75	0.84	0.73	1

利用表 8-15 即可对白桦低质林各考察指标进行灰色聚类分析。

令 $r=0.80$，依次筛选出 $\varepsilon_{ij} \geqslant 0.8$，有

$\varepsilon_{4,2}=0.82$，$\varepsilon_{5,4}=0.88$，$\varepsilon_{6,2}=0.82$，$\varepsilon_{6,5}=0.86$，$\varepsilon_{7,1}=0.92$，$\varepsilon_{7,3}=0.85$，$\varepsilon_{8,7}=0.88$，$\varepsilon_{9,8}=0.90$，$\varepsilon_{10,8}=0.84$

由此可知，X_4 与 X_2 在同一类中，X_5 与 X_4 在同一类中，X_6 与 X_2、X_5 在同一类中，X_1 与 X_3、X_7、X_8 在同一类中，X_9 与 X_8 在同一类中，X_{10}、X_8 在同一类中。

取标号最小的指标作为各类的代表，就得到 10 个指标的聚类：

$[X_2，X_4，X_5，X_6]$，$[X_1，X_3，X_7，X_8，X_9，X_{10}]$

其中，X_2 反映白桦低质林土壤孔隙度，X_4、X_5、X_6 分别反映土壤速效 N、P、K 含量，X_1 反映低质林土壤密度，X_3 反映土壤含水率，X_7 反映土壤重金属镉（Cd）含量，X_8 反映枯落物蓄积量，X_9 反映枯落物最大持水率，X_{10} 反映低质林植物多样性。通过灰色聚类分析，低质林土壤孔隙度与土壤速效元素密切相关，原因在于土壤孔隙度的大小，决定着土壤中空气含量、土壤微生物存活数量等，直接影响土壤中有效元素的吸收和利用。土壤密度与含水率及枯落物蓄积量密切相关：原因在于土壤密度的高低，直接反映土壤颗粒的大小和土壤团聚体的数量，枯落物蓄积量的增加会使土壤团聚体增多，细化土壤颗粒，增加土壤密度，因而枯落物蓄积量越大，越利于枯落物层持水，土壤密度越高。枯落物蓄积量的增加，必然使枯落物持水能力提高。与此同时，枯落物层（包括未分解层和半分解层）物质主要来源于林间树木的自然凋落和草本植被的枯萎，低质林的植被生物多样性越高，则枯落物蓄积量越高。而重金属 Cd 由于其特定的化学存在形式，会随着植物的枯萎、凋落而产生沉积，随着枯落物的分解而在土壤中产生积累，而且随着生物多样性程度的提高，重金属 Cd 的含量也相应地升高。

8.1.4.3 大兴安岭白桦低质林改造模式综合分析

基于以上对白桦低质林不同改造方式下各项影响因素的考察，不同的改造方

式和诱导方式下,对应的各因素优劣存在交叉现象:土壤理化性质好的样地枯落物持水性能和蓄积量未必佳,重金属污染较轻的样地也许生物多样性指标较差,而对于大兴安岭白桦低质林,评价其改造模式优劣的最终标准在于改造的苗木成活率。现根据表8-16大兴安岭白桦低质林不同改造方式下苗木成活率综合分析改造模式。

表8-16　白桦低质林各样地苗木成活率、生长率汇总表　　　　单位:%

类别	西伯利亚红松		兴安落叶松		樟子松	
样地	成活率	生长率	成活率	生长率	成活率	生长率
S_1	74.5	18.8	60.4	20.5	61.4	20.9
S_2	70.1	19.7	71.5	23.8	60.8	23.7
S_3	64.0	18.2	62.6	21.1	71.5	21.4
S_4	67.1	20.8	63.7	21.0	73.4	18.8
均值	68.9	19.4	64.6	21.6	66.8	21.2
G_1	70.5	20.1	61.9	22.0	54.7	19.9
G_2	71.4	19.8	62.7	21.1	63.4	19.5
G_3	64.8	18.9	68.8	20.7	81.8	20.1
G_4	64.0	19.4	68.0	23.5	72.2	23.3
G_5	61.3	18.5	67.0	21.3	71.0	23.3
G_6	63.4	17.2	65.3	22.4	73.9	20.8
均值	65.9	19.0	65.6	21.8	69.5	21.1
CK	68.5	19.6	69.2	22.3	73.1	23.5

由表8-16可以看出,西伯利亚红松诱导白桦低质林带状改造的平均苗木成活率(68.9%)和生长率(19.4%)均不同程度地高于相应的林窗改造(65.9%,19.0%),但低于其对照样地(68.5%,19.6%)。其中,带状样地S_2、S_4和林窗样地G_1、G_2的苗木成活和生长情况较好;兴安落叶松诱导白桦低质林带状改造的平均苗木成活率(64.6%)低于相应的林窗改造(65.6%),生长率二者接近,同样低于其对照样地(69.2%,22.3%)。其中,带状样地S_2和林窗样地G_3、G_4、G_5的苗木成活和生长情况较好;樟子松诱导改造的平均苗木成活率(66.8%)低于相应的林窗改造(69.5%),生长率较接近,低于对照样地(73.1%,23.5%),其中,苗木成活率高的样地生长状况不好,生长率高的样地成活率较低,综合来看,带状样地S_2、S_3和林窗样地G_3、G_4、G_6的苗木成活和生长情况较好。

大兴安岭白桦低质林在经不同改造方式(林窗改造、带状改造)和不同诱导方式(栽植樟子松、兴安落叶松、西伯利亚红松)改造后,不同考察指标各不相同,具体归纳如下:

(1)土壤物理性质方面:综合土壤密度、孔隙度(分毛管孔隙度和非毛管孔隙度)、土壤含水率、有机碳含量,以西伯利亚红松改造的林窗样地G_2、G_5和带

状样地 S_3，兴安落叶松改造后的林窗样地 G_2、G_4 和带状样地 S_2、S_4，以及樟子松改造后的林窗样地 G_2、G_3 和带状样地 S_3、S_4 情况较好。

（2）土壤化学性质方面：樟子松诱导改造的林窗样地 G_2 和带状样地 S_1 的土壤 N 含量较高；兴安落叶松诱导改造的林窗样地 G_1 和带状样地 S_3 的土壤 P 含量较高；西伯利亚红松诱导改造的林窗样地 G_4、G_6 的土壤 K 含量较高。各样地土壤普遍呈微酸性，pH 在 4.5～6.5，西伯利亚红松诱导改造的样地土壤 pH 均值高于其他两种树种。低质林 Cd 污染较为严重，且林窗改造样地甚于带状改造的样地，随着林窗面积的增加，土壤中 Cd 含量有上升趋势。

（3）枯落物持水性能方面：半分解层枯落物持水性优于未分解层枯落物的持水性，枯落物蓄积量各样地均不同程度地低于对照样地，但最大持水率高于样地。樟子松诱导改造的样地 G_4、S_1 枯落物蓄积量较大，样地 G_2、G_3、S_2、S_3 枯落物持水性能较好；兴安落叶松改造的样地 S_1 枯落物蓄积量较大，S_2 的枯落物最大持水率较高；西伯利亚红松诱导改造的样地 S_1、S_2 枯落物蓄积量较大，S_2、S_3 的枯落物最大持水率较高。

（4）低质林植被多样性方面：植被丰富度方面以林窗样地 G_4、G_5、G_6 和带状样地 S_3、S_4 较好，多样性植被方面以林窗样地 G_3、G_4、G_5 和带状样地 S_2、S_3 较好，均匀度方面以林窗样地 G_2、G_3、G_4、G_6 和带状样地 S_1、S_2、S_3 较好。综合植被丰富度、多样性、均匀度指标，以林窗样地 G_4、G_5 和带状样地 S_2、S_3 的植被多样性情况最好。

综合各方面因素，西伯利亚红松诱导改造的林窗样地 G_2（$10m \times 10m$）和带状样地 S_2（带宽 $10m$）、S_3（带宽 $14m$）土壤物理性质较好，经落叶松诱导改造的林窗样地 G_2（$10m \times 10m$）和带状样地 S_2（带宽 $10m$）土壤化学元素含量最高且 pH 含量适中，林窗样地 G_4（$20m \times 20m$）、G_5（$25m \times 25m$）和带状样地 S_2（带宽 $10m$）、S_3（带宽 $14m$）的植被多样性情况最好，同时 S_2（带宽 $10m$）枯落物持水率较高、重金属 Cd 含量最低。樟子松诱导改造的样地苗木成活率高的生长状况不好，生长率高的样地成活率较低，最终结果是西伯利亚红松诱导改造的林窗 G_2（$10m \times 10m$）和落叶松诱导改造的顺山带状 S_2（带宽 $10m$）为大兴安岭白桦低质林的最佳改造模式。

8.2 大兴安岭阔叶混交低质林不同改造模式综合评价

如何对多种改造模式进行评价，进而从中选出最优的一个，目前很多研究都是关于不同改造模式对低质林单项指标的影响，评选结果的科学性和全面性不够。有些研究选取了多项指标建立评价模型，对不同改造模式进行综合评价，选取的评价指标各不相同。较高的多样性，能增加植物群落的生产力、生态系统营养的保持力和生态系统的稳定性[41-43]；枯落物具有改良土壤、拦蓄渗透降水、分散滞缓地表径流、补充土壤水分等作用[44,45]；土壤物理性质是评价土壤水源涵养能力的重要指标，直接影响到林木根系的生长；土壤肥力状况是影响森林生产力最主要的因素，影响并控制着林木的健康状况[46-48]；土壤呼吸强度是评价土壤肥力和土壤质量的重要生物学指标，同时也是预测生态系统生产力与相应气候变化的参数之一[49,50]。由于不同地区各个类型低质林的生态环境、立地条件和植被类型等都有差异，所以各改造模式的改造效果并不相同，筛选出最适宜本地特有类型低质林的改造模式，对当地的低质林改造十分重要。因此，本节以大兴安岭阔叶混交低质林为研究对象，通过筛选反映低质林改造效果的多个评价指标，运用主成分分析法对不同改造模式建立综合评价模型，对不同改造模式进行定量综合评价，并最终优选出大兴安岭阔叶混交低质林最佳的改造模式，为大兴安岭地区低质林的经营与改造提供参考依据。

8.2.1　研究方法

8.2.1.1　评价指标

笔者于 2012 年 6 月进行调查和取样，对不同改造试验区的乔木、灌木、草本植被进行调查，利用调查数据计算出物种丰富度指数（S）、Shannon-wiener 多样性指数（H'）和 Pielou 均匀度指数（J），作为不同改造模式的物种多样性评价因子。

在顺山带状改造试验区，每条采伐带沿山坡上中下各随机设置 9 个样点，在块状改造试验区的每个改造样地按"Z"形设置 5 个样点，每个样点进行枯落物和土壤样品的采集与制备。

每个样点按未分解层、半分解层分层收集枯落物，烘干后称其干重，以干物质质量推算枯落物的蓄积量，并采用室内浸泡法测定枯落物的最大持水量。

在每个样点用容积为100 cm³的环刀取环刀样品，同时取表层（0～10cm）土壤带回实验室，用于分析土壤的化学性质，评价指标有 pH、有机质、全 N、全 P、全 K、水解 N、速效 P 和速效 K 含量。环刀样品用于分析土壤的物理性质，评价指标有容重、最大持水量、非毛管孔隙度、毛管孔隙度、总孔隙度。土壤理化性质的测定采用森林土壤分析方法。

采用 LI-8150 多通道土壤碳通量自动测量系统测定土壤表面 CO_2 通量，每个观测点连续观测 24h，以 0.5h 为一个测量周期，全天重复测量 48 次，并以平均值作为试验区的土壤呼吸速率。

对试验区内所栽植苗木的地径、树高以及生长量等指标进行测量，并计算出不同改造样地内樟子松、西伯利亚红松、兴安落叶松的成活率和生长率。

8.2.1.2　评价方法

将评价阔叶混交低质林不同改造模式的 p 个评价指标记为 $X_1, X_2, ..., X_p$，n 个阔叶混交低质林改造模式的 p 项评价指标构建原始数据矩阵 $X=[X_{ij}]_{n \times p}$，其中，X_{ij} 表示第 i 种低质林改造模式的第 j 项指标数据（$i=1, 2, ..., n; j=1, 2, ..., p$）。

（1）原始数据标准化。消除数量级和量纲的影响，正向指标用公式（8-4）进行标准化，逆向指标用公式（8-5）进行标准化。

$$X_{ij}^* = \frac{X_{ij}}{\overline{X_j}} \qquad (8\text{-}4)$$

$$X_{ij}^* = \frac{\overline{X_j}}{X_{ij}} \qquad (8\text{-}5)$$

式中，X_{ij}^* 为 X_{ij} 标准化数据；$\overline{X_j}$ 为第 j 个评价指标的平均值。

（2）确定主成分。用 SPSS 软件处理标准化的数据，确定其中特征根大于 1 的前 m 个主成分，建立 m 个主成分与标准化变量间的关系，其公式为

$$Y_k = b_{k1}X_1^* + b_{k2}X_2^* + \cdots + b_{kp}X_p^* \qquad (8\text{-}6)$$

式中，Y_k 为第 k 个主成分（$k=1, 2, 3, ..., m$），b_{k1} 是表示第 k 个主成分的因子载荷。

（3）确定权重。用第 k 个主成分的贡献率和所选取的 m 个主成分的总贡献率比值，表示各个主成分的权重：

$$w_k = \frac{\lambda_k}{\sum_{k=1}^{m} \lambda_k} \qquad (8\text{-}7)$$

式中，w_k 为第 k 个主成分的权重，λ_k 为第 k 个主成分的贡献率。

（4）构造综合评价函数。根据公式（8-6）确定的前 m 个主成分与公式（8-7）中得到的权重建立综合评价函数：

$$F = \sum_{k=1}^{m} w_k Y_k \qquad (8\text{-}8)$$

式中，F 为皆伐改造模式的综合评价得分。综合评价的得分越高，则表明该改造模式效果越好。

8.2.2　大兴安岭阔叶混交低质林不同改造模式评价指标

以不同带宽的顺山带状皆伐改造和不同面积的块状皆伐改造等方式对低质林进行改造，顺山带状皆伐改造分为 4 种（6～18m）模式，块状皆伐改造分为 6 种（25～900m²）模式，共 10 种改造模式。选取生物多样性、枯落物、土壤物理性质、土壤化学性质、土壤呼吸速率、更新苗木生长状况等 33 项评价指标，应用主成分分析对不同改造模式的改造效果进行综合评价，为消除各评价指标量纲和数量级

的影响，首先利用公式（8-4）和式（8-5）对各个评价指标进行标准化处理，大兴安岭阔叶混交低质林的土壤呈弱酸性，其 pH 均低于 7，则当其 PH 越接近 7 时，越适合地上植被的生长，因此，土壤 pH 为正向指标，按公式（8-4）进行标准化处理；土壤容重值越大，说明土壤被压实得越严重，不利于地上植被的生长，因此，土壤容重为逆向指标，按公式（8-5）进行标准化处理；其他评价指标均为正向指标，按公式（8-4）进行标准化处理，标准化后的结果如表 8-17～表 8-21 所示。

表 8-17　不同改造模式生物多样性指标标准化

改造样地	乔木层			灌木层			草本层		
	S	H'	J	S	H'	J	S	H'	J
S_1	0.88	0.75	0.64	1.03	0.85	0.82	0.89	1.04	1.10
S_2	1.18	1.38	1.18	1.54	1.51	1.13	0.89	1.09	1.15
S_3	0.88	1.10	1.20	1.28	1.35	1.13	1.22	1.06	0.97
S_4	1.18	0.59	0.65	1.28	1.30	1.08	0.67	0.87	1.06
G_1	0.59	0.68	1.17	0.77	0.89	1.09	1.11	1.08	1.03
G_2	1.18	1.25	1.07	1.03	1.17	1.15	1.00	1.04	1.04
G_3	1.18	1.21	1.04	0.77	0.89	1.08	1.00	1.03	1.03
G_4	1.18	1.09	0.94	0.77	0.96	1.18	0.89	0.91	0.91
G_5	0.88	0.94	1.02	0.77	0.42	0.51	1.11	1.00	0.94
G_6	0.88	1.01	1.09	0.77	0.66	0.81	1.22	0.87	0.79

表 8-18　不同改造模式枯落物及土壤物理性质指标标准化

改造样地	未分解枯落物		半分解枯落物		土壤物理性质				
	蓄积量 (t·hm^{-2})	最大持水量 (%)	蓄积量 (t·hm^{-2})	最大持水量 (%)	土壤容重 (g·cm^{-3})	最大持水量 (%)	非毛管孔隙度 (%)	毛管孔隙度 (%)	总孔隙度 (%)
S_1	0.97	0.84	1.10	1.80	1.18	1.14	1.05	1.01	1.02
S_2	1.17	1.24	1.18	2.16	1.08	1.05	0.94	1.04	1.02
S_3	1.00	1.00	0.71	1.23	1.04	1.04	0.73	1.09	1.02
S_4	0.76	0.93	0.61	1.24	1.15	1.15	0.81	1.07	1.02
G_1	0.75	0.76	0.72	0.98	1.14	1.16	0.97	1.11	1.08
G_2	0.90	0.76	1.45	0.80	1.35	1.53	0.89	1.27	1.20
G_3	0.78	0.79	1.68	0.75	0.92	0.81	1.37	0.82	0.93
G_4	1.47	1.15	0.97	0.21	0.89	0.78	1.13	0.87	0.92
G_5	0.96	1.32	0.76	0.70	0.70	0.57	0.81	0.88	0.87
G_6	1.24	1.21	0.83	0.13	0.88	0.77	1.29	0.83	0.92

表 8-19 不同改造模式土壤化学性质指标标准化

改造样地	pH	有机质 (g·kg⁻¹)	全N (g·kg⁻¹)	全P (g·kg⁻¹)	全K (g·kg⁻¹)	水解N (mg·kg⁻¹)	有效P (mg·kg⁻¹)	速效K (mg·kg⁻¹)
S_1	0.95	0.91	1.12	1.03	1.10	1.14	0.62	0.79
S_2	0.91	1.18	0.83	0.98	1.04	0.91	1.17	0.93
S_3	0.96	1.14	1.05	1.04	1.15	1.02	1.10	1.14
S_4	0.95	1.35	1.19	1.13	0.76	1.19	1.38	1.22
G_1	0.96	1.14	0.87	0.98	0.96	0.97	0.96	0.87
G_2	1.09	0.96	1.02	1.14	0.95	0.99	1.13	1.10
G_3	1.04	1.11	1.15	1.02	1.13	1.08	1.23	1.12
G_4	1.06	0.80	0.94	0.96	1.03	1.00	1.02	1.08
G_5	1.07	0.67	1.06	0.88	0.96	0.92	0.78	0.89
G_6	1.01	0.74	0.77	0.83	0.92	0.78	0.60	0.86

表 8-20 不同改造模式土壤碳通量标准化

改造样地	S_1	S_2	S_3	S_4	G_1	G_2	G_3	G_4	G_5	G_6
土壤呼吸速率 (μmol·m⁻²·s⁻¹)	0.87	1.28	0.98	0.85	0.91	0.96	1.13	1.12	0.99	0.91

表 8-21 不同改造模式更新苗木生长指标标准化   单位：%

改造样地	西伯利亚红松		樟子松		落叶松	
	成活率	生长率	成活率	生长率	成活率	生长率
S_1	1.15	1.02	0.99	1.00	0.99	0.97
S_2	1.09	1.03	1.06	1.13	1.03	1.02
S_3	1.07	1.04	1.06	1.02	1.09	1.02
S_4	0.95	0.99	1.02	0.96	1.02	0.97
G_1	1.00	1.05	0.92	0.96	0.86	0.96
G_2	1.07	0.98	1.06	0.94	0.94	0.98
G_3	0.95	1.01	1.04	1.05	1.07	1.03
G_4	0.97	0.99	0.99	1.03	1.00	1.04
G_5	0.88	0.97	0.96	0.95	1.05	1.01
G_6	0.86	0.92	0.90	0.96	0.93	0.99

将标准化的数据进行主成分分析，总方差分析结果如表 8-21 所示，前 8 个主成分的特征值大于 1，且累计贡献率达到 98.07%，因此，选前 8 个因子已经足够描述各改造模式的总体效果。所选取的 8 个主成分的因子载荷如表 8-22 所示。

表 8-22　总方差分析

主成分	特征值	贡献率（%）	累计贡献率（%）
第 1 主成分	11.329	34.332	34.332
第 2 主成分	6.360	19.274	53.605
第 3 主成分	4.279	12.968	66.573
第 4 主成分	3.144	9.529	76.102
第 5 主成分	2.663	8.071	84.173
第 6 主成分	1.943	5.887	90.060
第 7 主成分	1.612	4.886	94.946
第 8 主成分	1.032	3.126	98.072

　　由表 8-23 可知，第 1 个主成分在土壤总孔隙度、土壤最大持水量、土壤容重、土壤毛管孔隙度、全 P 含量、未分解枯落物最大持水量、西伯利亚红松成活率、落叶松生长率、落叶松成活率等指标上有较大载荷；第 2 个主成分在土壤 pH、半分解枯落物最大持水量、灌木物种丰富度指数、草本均匀度指数、樟子松生长率等指标上有较大载荷；第 3 个主成分在乔木多样性指数、半分解枯落物蓄积量、土壤呼吸速率、乔木物种丰富度指数、樟子松成活率等指标上有较大载荷；第 4 个主成分在土壤速效 K 含量、有效 P 含量、灌木均匀度指数、有机质含量、灌木多样性指数等指标上有较大载荷；第 5 个主成分在乔木均匀度指数、水解 N 含量、全 N 含量、草本物种丰富度指数等指标上有较大载荷；第 6 个主成分在全 K 含量、草本多样性指数、西伯利亚红松生长率等指标上有较大载荷；第 7 个主成分在未分解枯落物蓄积量上有较大载荷；第 8 个主成分在土壤非毛管孔隙度上有较大载荷。

表 8-23　因子载荷表

指　　标		主成分							
		F_1	F_2	F_3	F_4	F_5	F_6	F_7	F_8
乔木	S	0.002	−0.011	0.737	0.425	0.369	−0.310	−0.207	0.014
	H'	−0.010	−0.057	0.858	0.116	−0.403	0.192	−0.179	0.064
	J	−0.031	−0.067	0.207	0.149	−0.919	0.260	0.108	0.076
灌木	S	0.265	0.711	0.205	0.272	0.061	−0.082	−0.143	0.476
	H'	0.422	0.551	0.218	0.618	−0.008	0.025	−0.188	0.202
	J	0.446	0.202	0.163	0.768	−0.086	0.151	−0.199	−0.255
草本	S	−0.137	−0.395	−0.172	−0.236	−0.688	0.416	0.064	0.106
	H'	0.331	0.369	0.263	−0.156	−0.271	0.615	0.417	0.128
	J	0.417	0.680	0.284	0.060	0.324	0.108	0.361	0.061
未分解枯落物	蓄积量($t \cdot hm^{-2}$)	−0.275	−0.054	0.235	−0.126	−0.222	−0.016	−0.881	−0.051
	最大持水量(%)	−0.649	0.096	0.152	−0.242	−0.302	−0.295	−0.412	0.366

指标		主成分							
		F_1	F_2	F_3	F_4	F_5	F_6	F_7	F_8
半分解枯落物	蓄积量(t·hm^{-2})	0.220	−0.135	0.815	−0.018	0.121	0.208	0.203	−0.395
	最大持水量(%)	0.271	0.861	0.141	−0.109	0.196	0.157	0.152	0.248
土壤物理性质	土壤容重(g·cm^{-3})	0.940	0.237	−0.021	0.156	0.164	−0.005	0.040	−0.035
	最大持水量(%)	0.963	0.153	−0.004	0.174	0.091	−0.018	0.072	0.054
	非毛管孔隙度(%)	−0.265	−0.210	0.243	−0.115	−0.012	0.019	−0.091	−0.865
	毛管孔隙度(%)	0.881	0.157	−0.084	0.173	−0.058	0.007	0.130	0.366
	总孔隙度(%)	0.969	0.092	0.013	0.156	−0.067	0.016	0.128	0.084
土壤化学性质	pH	−0.056	−0.905	0.328	−0.066	0.011	−0.053	0.051	0.001
	有机质(g·kg^{-1})	0.284	0.579	−0.097	0.662	0.127	−0.020	0.315	−0.013
	全 N(g·kg^{-1})	−0.020	−0.124	0.021	0.215	0.836	0.167	0.387	0.243
	全 P(g·kg^{-1})	0.654	0.104	0.110	0.492	0.492	0.049	0.192	0.161
	全 K(g·kg^{-1})	−0.123	0.091	0.346	−0.093	−0.058	0.907	−0.081	−0.085
	水解 N(mg·kg^{-1})	0.192	0.181	−0.116	0.336	0.850	0.175	0.212	0.004
	有效 P(mg·kg^{-1})	0.133	0.201	0.278	0.859	0.127	−0.132	0.261	0.109
	速效 K(mg·kg^{-1})	0.049	−0.210	0.171	0.897	0.263	−0.067	0.027	0.207
土壤呼吸速率(μmol·m^{-2}·s^{-1})		−0.304	−0.301	0.318	0.763	0.197	−0.306	0.143	−0.111
西伯利亚红松	成活率(%)	0.634	0.492	0.184	−0.068	0.209	0.490	−0.141	0.118
	生长率(%)	0.228	0.591	−0.088	0.263	0.018	0.612	0.263	0.016
樟子松	成活率(%)	0.268	0.224	0.614	0.476	0.270	0.239	0.039	0.368
	生长率(%)	−0.259	0.651	0.555	0.202	−0.096	0.291	−0.209	−0.148
落叶松	成活率(%)	−0.529	0.121	0.403	0.276	0.358	0.288	0.013	0.466
	生长率(%)	−0.595	−0.087	0.581	0.297	−0.128	0.318	−0.282	0.068

　　首先计算出 8 个主成分的因子得分，然后根据公式（8-7）确定每个主成分的权重，8 个主成分的权重依次为 0.35、0.20、0.13、0.10、0.08、0.06、0.05、0.03，最后利用公式（8-8）构造的综合评价函数，计算出不同改造模式的综合得分，各主成分的因子得分及综合得分计算结果如表 8-24 所示。

表 8-24　综合评价结果

改造样地	因子得分								综合得分
	(S_1)	(S_2)	(S_3)	(S_4)	(S_5)	(S_6)	(S_7)	(S_8)	
S_1	0.62	0.70	−0.36	−1.73	1.68	0.92	−0.41	−0.38	0.30
S_2	−0.04	2.17	1.45	−0.09	−0.96	−0.46	−0.30	0.23	0.48
S_3	−0.08	0.03	−0.62	1.07	−0.46	1.73	−0.46	1.52	0.09
S_4	0.02	0.53	−0.93	1.29	1.43	−1.71	0.30	0.44	0.16

改造样地	因子得分								综合得分
	(S_1)	(S_2)	(S_3)	(S_4)	(S_5)	(S_6)	(S_7)	(S_8)	
G_1	0.69	0.41	−1.60	0.01	−1.20	0.33	1.09	−0.99	0.05
G_2	2.18	−1.29	1.09	0.03	−0.16	−0.40	0.20	0.49	0.65
G_3	−0.89	−0.43	1.18	0.77	0.51	0.74	1.40	−1.37	−0.05
G_4	−0.60	−0.65	0.24	0.66	0.30	0.21	−1.85	−0.66	−0.32
G_5	−1.39	−0.72	0.09	−1.27	−0.07	−0.35	0.97	1.48	−0.67
G_6	−0.52	−0.75	−0.55	−0.74	−1.08	−1.02	−0.95	−0.76	−0.69

由表 8-24 的综合评价结果可知：阔叶混交低质林顺山带状皆伐改造样地的综合得分总体上好于块状皆伐改造样地，顺山带状皆伐改造样地综合得分从高到低依次是：S_2（0.48）、S_1（0.30）、S_4（0.16）、S_3（0.09），即以 10m 带宽进行顺山带状皆伐改造的综合得分最高，块状皆伐改造样地综合得分从高到低依次是：G_2（0.65）、G_1（0.05）、G_3（−0.05）、G_4（−0.32）、G_5（−0.67）、G_6（−0.69），各块状样地的综合得分先是随着块状样地的面积增大而升高，当块状样地的面积大于100m^{2}后，各样地的综合得分又随着面积的增大而下降，其中以 100m^2 面积进行块状皆伐改造的综合得分最高。

8.2.3　大兴安岭阔叶混交低质林改造模式综合分析

应用主成分分析法综合评价大兴安岭林区阔叶混交低质林不同皆伐改造模式的改造效果，主要筛选出了反映森林生态效益的生物多样性、枯落物持水特性、土壤物理性质、土壤化学性质、土壤碳通量和更新苗木生长状况 6 个层次的 33 项指标。首先将所有指标的原始数据进行标准化处理，提取出了 8 个反映各改造模式总体改造效果的主成分，计算出各主成分的因子得分，并依据各主成分的权重，构建了低质林不同改造模式综合评价模型，计算出 10 种改造模式的综合得分，据此筛选出大兴安岭林区阔叶混交低质林最优改造模式，使得评价结果更具全面性和科学性。

综合评价大兴安岭林区阔叶混交低质林不同带宽顺山带状皆伐改造模式和不同面积块状皆伐改造模式的改造效果，对于带状皆伐改造样地，不同带宽的改造效果依次为10m 带宽＞6m 带宽＞18m 带宽＞14m 带宽，对于块状皆伐改造样地，不同面积的改造效果依次为 100m^2（10m×10m）＞25m^2（5m×5m）＞225m^2（15m×15m）＞400m^2（20m×20m）＞625m^2（25m×25m）＞900m^2（30m×30m），其中，10m 带宽顺山带状改造模式和100m^2（10m×10m）块状改造模式最适宜大兴安岭阔叶混交低质林，其改造效果明显优于其他改造模式。

综合比较发现，顺山带状皆伐改造模式总体上优于块状皆伐改造模式，这是因为顺山带状皆伐改造林地内采光条件较好，温度、湿度、光照等微气候环境有利于林地采伐剩余物的分解，能提高土壤肥力。同时，由于本节试验样地的坡度较小，保留带内植被的枯落物可以有效补充到采伐带内的两侧，所以顺山带状皆伐改造不会降低林地的水土保持能力，而且为改造带内栽植的针叶目的树种创造了良好的生长环境，有利于改造林地植被的更新和生长，最终形成生态效益和经济效益较高的针阔混交林。

顺山带状皆伐改造 10m 带宽的改造效果最佳，随着改造带带宽的增加，改造样地的综合评价值并没有呈现出明显的规律性，各块状改造样地的改造效果随着面积增大而变好，达到一定面积后，改造效果又随着面积的继续增大而逐渐变差。其中，100m² （10m×10m）样地的改造效果明显好于其他面积块状样地。在对低质林进行带状和块状皆伐改造后，林地内的微气候环境发生变化，带宽较小的采伐带和面积较小的块状样地变化较小，采伐剩余物也较少，林地的土壤肥力增加不明显，生物多样性没有明显增加，同时也不利于喜阳的引进树种的生长，改造效果不明显。而当采伐带带宽或者块状改造样地面积过大时，虽然在改造后的初期由于大量采伐剩余物和枯落物的分解，使土壤肥力迅速增加，但由于缺少高大的乔木，改造后期林地枯落物减少，没有了林冠截留的保护，地表径流增大，土壤侵蚀严重，容易造成水土流失，苗木的保存率也不理想，改造效果也不好，所以选择合理的采伐宽度和采伐面积是低质林改造成功的关键因素。

本节通过选择反映森林改造效果的生物多样性、枯落物持水特性、土壤物理性质、土壤化学性质、土壤碳通量和更新苗木生长状况等指标，计算各改造模式的综合得分，关键是各项评价指标的筛选与评价的过程，评价的结果只说明了各改造模式改造效果的相对优劣，并不是该改造模式的实际值，但对于大兴安岭地区阔叶混交低质林的改造和经营具有指导和参考意义。由于受到数据收集的限制，在一定程度上影响了评价结果的科学性，随着对大兴安岭林区低质林经营实践与认识的逐步提高，应该对该地区低质林改造效果评价指标进行不断调整和补充。

8.3 大兴安岭蒙古栎低质林不同改造模式综合评价

以大兴安岭蒙古栎低质林为研究对象，采用灰色关联分析法对不同改造模式建立综合评价模型，旨在能为大兴安岭蒙古栎低质林筛选出最佳的改造模式，并为我国其他区域或其他类型低质林的改造模式提供参考依据。

8.3.1 研究方法

8.3.1.1 评价指标

评价指标见 8.2.1.1。

8.3.1.2 评价方法

采用灰色关联分析法对大兴安岭蒙古栎低质林的不同生态改造模式建立综合

评价模型，其基本步骤为：设有 n 种生态改造模式，每种生态改造模式有 m 个评价指标，其集合构成了决策矩阵 X：

$$X=(x_{ij})_{m\times n} \quad i=1,2,\cdots,m; j=1,2,\cdots,n$$

式中，x_{ij} 表示第 j 种改造模式的第 i 项指标实测值。

（1）标准化决策矩阵。由于生态改造模式的各评价指标的量纲和量纲单位并不完全相同，为了消除量纲对评价结果的影响，因此，需要对决策矩阵 X 进行标准化处理，使决策矩阵 X 的元素在区间[0,1]上[51]，从而得到初始化决策矩阵 X'：

$$X'=(x'_{ij})_{m\times n} \quad i=1,2,\cdots,m; j=1,2,\cdots,n$$

式中，x'_{ij} 表示第 j 种改造模式的第 i 项指标的标准化值。

对于正向指标，其标准化处理公式为

$$x'_{ij}=x_{ij}/x_{i0} \quad (i=1,2,\cdots,m; j=1,2,\cdots,n) \tag{8-9}$$

其中，x_{i0} 表示 x_{ij} 在第 i 种评价指标上的最大值，即决策矩阵 X 中第 i 行的最大值。

对于逆向指标，其标准化处理公式为

$$x'_{ij}=(1/x_{ij})/(1/x_{i0}) \quad (i=1,2,\cdots,m; j=1,2,\cdots,n) \tag{8-10}$$

其中，x_{i0} 表示 x_{ij} 在第 i 种评价指标上的最小值，即决策矩阵 X 中第 i 行的最小值。

（2）计算灰色关联系数。根据初始化决策矩阵 X'，可得到理想对象矩阵 S：

$$S=\{s_i\}_{m\times 1} \quad (i=1,2,\cdots,m)$$

式中，s_i 为初始化后的决策矩阵 X' 中第 i 行的最大值。

确定初始化后决策矩阵 X' 和理想对象矩阵 S 后，就可以根据公式（8-11）对灰色关联系数 r_{ij} 进行计算：

$$r_{ij}=\frac{\min\limits_{m}\min\limits_{n}\left|s_i-x'_{ij}\right|+\lambda\max\limits_{m}\max\limits_{n}\left|s_i-x'_{ij}\right|}{\left|s_i-x'_{ij}\right|+\lambda\max\limits_{m}\max\limits_{n}\left|s_i-x'_{ij}\right|} \tag{8-11}$$

式中，λ 为分辨系数，其取值范围为 $0\sim1$，其值只影响各改造模式灰色关联度的大小，而不会影响各生态模式灰色关联度的排列顺序，一般取 0.5。

（3）确定评价指标权重。低质林改造的效果是各评价指标综合作用的结果，但各评价指标对低质林改造效果的影响程度不一样，因此，需要对不同的评价指标分配不同的权重。目前，常用的权重确定方法有很多[52-54]，本节采用相关系数法来确定各评价指标的权重。基本思想为 m 个评价指标中，分别求出第 i 个评价指标与其他 $m-1$ 个评价指标之间的相关系数，然后将它们的绝对值加在一起，我们把它定义为第 i 个评价指标的总相关系数 C_i。C_i 越大，表明第 i 个评价指标与其他 $m-1$ 个评价指标的相关性越显著，则第 i 个评价指标的代表性就越好，第 i 个评价指标数据对低质林改造效果的影响就越大，因此，其权重也就越大[55]。第 i 个评价指标的权重 η_i 的计算公式为

$$\eta_i = \frac{C_i}{\sum_{i=1}^{m} C_i} \qquad (8\text{-}12)$$

式中，η_i 为第 i 个评价指标的权重；C_i 为第 i 个评价指标的总相关系数。

（4）计算灰色关联度。已知灰色关联系数和指标权重后，即可根据公式（8-13）计算出各生态改造模式的灰色关联度 b_j：

$$b_j = \sum_{i=1}^{m} (w_i \times r_{ij}) \qquad (j=1, 2, \cdots, n) \qquad (8\text{-}13)$$

8.3.2 大兴安岭蒙古砾低质林不同改造模式评价指标

对不同的低质林改造模式进行综合评价，选择的评价指标应尽可能全面地反映改造的效果。因为土壤作为陆上植物赖以生存的物质基础，为植物的生长提供了所需的水分、养分和微生物，不仅直接影响着陆上植物的生长发育[56]，而且也对植物种类的分布格局具有重要的影响[57]，因此，低质林改造的效果在很大程度上反映为土壤肥力的高低，而土壤肥力又与土壤的物理和化学性质息息相关。因此，根据黑龙江土壤的性质并在相关专家的指导下，本节采用土壤 pH、有机质、全 N、全 P、全 K、水解 N 和速效 K 来反映低质林改造后土壤的化学性质，采用土壤容重、最大持水率、总孔隙度（包括毛管孔隙度和非毛管孔隙度）和总枯落物量（包括未分解层枯落物和半分解层枯落物）来反映低质林改造后土壤的物理性质；采用土壤呼吸速率来反映土壤的碳通量；另外，采用苗木成活率和草本生物多样性来反映低质林改造后地上植被的生长状况。不同造模式的指标实测值如表 8-25 所示。

表 8-25　不同改造模式的指标实测值

评价指标	S_1	S_2	S_3	S_4	G_1	G_2	G_3	G_4	G_5	G_6
有机质	19.13	18.62	18.57	20.08	16.62	31.22	19.68	40.68	15.47	25.30
全 N	8.94	8.25	9.40	10.54	10.11	10.31	13.75	6.88	12.75	10.82
全 P	1.21	1.06	1.13	1.11	1.04	1.62	1.45	1.07	0.90	1.06
全 K	23.39	26.86	29.43	22.99	29.60	37.75	29.81	20.76	25.50	25.49
水解 N	316.40	366.03	341.21	341.21	428.07	390.84	465.29	595.57	521.12	446.68
速效 K	32.11	37.46	42.91	45.03	52.45	51.95	51.26	59.03	35.70	49.61
pH	5.93	6.15	5.76	5.60	6.24	6.47	6.97	5.94	5.29	5.92
容重	0.36	0.54	0.60	0.44	0.75	0.72	0.24	0.77	0.56	0.48
最大持水量	2.44	1.58	1.41	1.88	0.81	1.04	3.78	0.87	1.30	1.48
总孔隙度	0.84	0.85	0.82	0.83	0.60	0.75	0.92	0.66	0.72	0.72
总枯落物量	8.79	8.34	9.81	6.79	3.79	4.69	4.60	3.36	4.20	5.05
土壤呼吸速率	5.54	4.94	6.21	7.02	4.34	4.86	5.06	5.98	5.38	4.75
苗木成活率	0.61	0.72	0.37	0.45	0.32	0.20	0.15	0.75	0.84	0.91
草本多样性	0.67	0.88	0.78	0.73	0.53	0.69	0.76	0.89	0.81	0.77

　　大兴安岭蒙古栎低质林的土壤呈弱酸性，其 pH 均低于 7，则当其 pH 越接近 7 时，土壤的酸性就越弱，也就越适合地上植被的生长，因此，土壤 pH 为正向指标，按公式（8-9）进行标准化处理；而土壤容重值越大，说明土壤被压实得越严重，也就越不利于地上植被的生长，因此，土壤容重为逆向指标，按公式（8-10）进行标准化处理；除此之外，其他评价指标均为正向指标，按公式（8-9）进行标准化处理。于是，得到初始化后的决策矩阵 X'：

$$
X'=\begin{bmatrix}
0.470 & 0.458 & 0.457 & 0.494 & 0.408 & 0.767 & 0.484 & 1.000 & 0.380 & 0.622 \\
0.650 & 0.600 & 0.683 & 0.767 & 0.735 & 0.750 & 1.000 & 0.500 & 0.927 & 0.787 \\
0.747 & 0.651 & 0.697 & 0.687 & 0.641 & 1.000 & 0.897 & 0.659 & 0.556 & 0.656 \\
0.619 & 0.712 & 0.780 & 0.609 & 0.784 & 1.000 & 0.790 & 0.550 & 0.676 & 0.675 \\
0.531 & 0.615 & 0.573 & 0.573 & 0.719 & 0.656 & 0.781 & 1.000 & 0.875 & 0.750 \\
0.544 & 0.635 & 0.727 & 0.763 & 0.889 & 0.880 & 0.868 & 1.000 & 0.605 & 0.840 \\
0.851 & 0.882 & 0.826 & 0.803 & 0.895 & 0.928 & 1.000 & 0.852 & 0.759 & 0.849 \\
0.681 & 0.450 & 0.408 & 0.548 & 0.325 & 0.338 & 1.000 & 0.317 & 0.437 & 0.503 \\
0.646 & 0.419 & 0.373 & 0.499 & 0.214 & 0.276 & 1.000 & 0.230 & 0.345 & 0.393 \\
0.912 & 0.931 & 0.895 & 0.901 & 0.658 & 0.819 & 1.000 & 0.724 & 0.789 & 0.782 \\
0.896 & 0.850 & 1.000 & 0.692 & 0.387 & 0.478 & 0.469 & 0.342 & 0.428 & 0.515 \\
0.788 & 0.703 & 0.885 & 1.000 & 0.619 & 0.692 & 0.721 & 0.852 & 0.766 & 0.676 \\
0.670 & 0.791 & 0.407 & 0.495 & 0.352 & 0.220 & 0.165 & 0.824 & 0.923 & 1.000 \\
0.753 & 0.989 & 0.876 & 0.820 & 0.596 & 0.775 & 0.854 & 1.000 & 0.910 & 0.865
\end{bmatrix}
$$

　　由初始化后的决策矩阵 X' 可知，本节中的理想对象矩阵 S 为

$$S^{\mathrm{T}}=\begin{bmatrix} 1 & 1 & 1 & 1 & 1 & 1 & 1 & 1 & 1 & 1 & 1 & 1 & 1 & 1 \end{bmatrix}$$

　　根据公式（8-11）进行计算，可得到灰色关联判断矩阵 R：

$$
R=\begin{bmatrix}
0.369 & 0.364 & 0.363 & 0.380 & 0.344 & 0.571 & 0.375 & 1.000 & 0.333 & 0.451 \\
0.470 & 0.437 & 0.495 & 0.571 & 0.540 & 0.554 & 1.000 & 0.383 & 0.810 & 0.593 \\
0.551 & 0.471 & 0.506 & 0.498 & 0.463 & 1.000 & 0.750 & 0.476 & 0.411 & 0.474 \\
0.449 & 0.518 & 0.585 & 0.442 & 0.589 & 1.000 & 0.596 & 0.408 & 0.489 & 0.488 \\
0.398 & 0.446 & 0.421 & 0.421 & 0.524 & 0.474 & 0.586 & 1.000 & 0.713 & 0.554 \\
0.405 & 0.459 & 0.532 & 0.567 & 0.736 & 0.721 & 0.702 & 1.000 & 0.440 & 0.660 \\
0.675 & 0.725 & 0.640 & 0.612 & 0.747 & 0.812 & 1.000 & 0.677 & 0.563 & 0.673 \\
0.493 & 0.361 & 0.344 & 0.407 & 0.315 & 0.319 & 1.000 & 0.312 & 0.355 & 0.384 \\
0.467 & 0.348 & 0.331 & 0.382 & 0.283 & 0.300 & 1.000 & 0.287 & 0.321 & 0.338 \\
0.780 & 0.818 & 0.748 & 0.758 & 0.475 & 0.631 & 1.000 & 0.529 & 0.595 & 0.587 \\
0.749 & 0.675 & 1.000 & 0.502 & 0.336 & 0.373 & 0.368 & 0.320 & 0.351 & 0.390 \\
0.594 & 0.511 & 0.729 & 1.000 & 0.448 & 0.502 & 0.526 & 0.676 & 0.570 & 0.489 \\
0.485 & 0.598 & 0.343 & 0.380 & 0.323 & 0.284 & 0.271 & 0.638 & 0.801 & 1.000 \\
0.556 & 0.965 & 0.715 & 0.633 & 0.434 & 0.580 & 0.680 & 1.000 & 0.775 & 0.697
\end{bmatrix}
$$

利用 SPSS 软件对不同生态改造模式的各评价指标的相关系数进行计算,结果如表 8-26 所示。

表 8-26 各评价指标的相关系数

指 标	有机质	全 N	全 P	全 K	水解 N	速效 K	pH	容重	最大持水量	总孔隙度	总枯落物量	土壤呼吸速率	苗木成活率	草本多样性
有机质	1.00	-0.50	0.28	-0.07	0.51	0.68	0.16	0.46	-0.33	-0.33	-0.42	0.10	0.11	0.35
全 N	-0.50	1.00	0.21	0.33	0.07	-0.08	0.20	-0.53	0.53	0.27	-0.29	-0.20	-0.29	-0.23
全 P	0.28	0.21	1.00	0.70	-0.23	0.30	0.75	-0.17	0.38	0.39	-0.04	-0.16	-0.73	-0.22
全 K	-0.07	0.33	0.70	1.00	-0.25	0.19	0.55	0.19	-0.04	0.05	-0.07	-0.49	-0.68	-0.39
水解 N	0.51	0.07	-0.23	-0.25	1.00	0.53	-0.01	0.33	-0.21	-0.51	-0.81	-0.17	0.33	0.38
速效 K	0.68	-0.08	0.30	0.19	0.53	1.00	0.46	0.44	-0.22	-0.45	-0.67	-0.14	-0.31	-0.06
pH	0.16	0.20	0.75	0.55	-0.01	0.46	1.00	-0.20	0.48	0.27	-0.21	-0.51	-0.65	-0.22
容重	0.46	-0.53	-0.17	0.19	0.33	0.44	-0.20	1.00	-0.93	-0.81	-0.34	-0.15	0.07	-0.06
最大持水量	-0.33	0.53	0.38	-0.04	-0.21	-0.22	0.48	-0.93	1.00	0.81	0.21	0.07	-0.33	0.03
总孔隙度	-0.33	0.27	0.39	0.05	-0.51	-0.45	0.27	-0.81	0.81	1.00	0.61	0.31	-0.27	0.28
总枯落物量	-0.42	-0.29	-0.04	-0.07	-0.81	-0.67	-0.21	-0.34	0.21	0.61	1.00	0.38	-0.01	0.11
土壤呼吸速率	0.10	-0.20	-0.16	-0.49	-0.17	-0.14	-0.51	-0.15	0.07	0.31	0.38	1.00	0.04	0.33
苗木成活率	0.11	-0.29	-0.73	-0.68	0.33	-0.31	-0.65	0.07	-0.33	-0.27	-0.01	0.04	1.00	0.52
草本多样性	0.35	-0.23	-0.22	-0.39	0.38	-0.06	-0.22	-0.06	0.03	0.28	0.11	0.33	0.52	1.00

由表 8-25 可计算出 C_i,然后根据公式(8-12)即可计算出各评价指标的权重,因此,其权重矩阵 W 为

$$W = [0.072 \quad 0.063 \quad 0.077 \quad 0.067 \quad 0.073 \quad 0.076 \quad 0.078$$
$$0.078 \quad 0.077 \quad 0.090 \quad 0.070 \quad 0.051 \quad 0.073 \quad 0.053]$$

根据公式(8-13)进行计算可得到各生态改造模式的灰色关联度 b_j,结果如表 8-27 所示。

表 8-27 各生态改造模式的灰色关联度

样地	S_1	S_2	S_3	S_4	G_1	G_2	G_3	G_4	G_5	G_6
b_j	0.535	0.547	0.548	0.531	0.469	0.582	0.717	0.614	0.529	0.554

根据灰色系统理论中灰色关联度分析原则,灰色关联度其实就是相应改造模式与最佳改造模式的相似程度,因此,灰色关联度越大,则该生态改造模式的效果就越好。由表 8-27 可知,各带状改造模式的灰色关联度为 0.531~0.548,其中,14m(S_3)的灰色关联度略高于其他 3 种带状改造模式,但这 4 种带状改造模式的改造效果总体上相同;各块状改造模式的灰色关联度为 0.469~0.717,除 5m×5m(G_1)和 25m×25m(G_5)的灰色关联度稍低于带状改造模式外,其他块状改造模式均不同程度地高于带状改造模式,其中,15m×15m(G_3)的灰色关联度是所有

改造模式中最高的，达到了0.717，说明 15m×15m 块状改造模式最适宜大兴安岭蒙古栎低质林，其改造效果最明显。

8.3.3　大兴安岭蒙古砾低质林改造模式综合分析

对低质林进行改造，有利于提高林地利用率、优化森林结构、提高林木生长率、实现林地效益最大化等[58]，目前对低质林进行改造的模式比较多，但对改造模式的效果进行定量评价的方法却比较少，主要是主成分分析法。例如，吕海龙等基于主成分分析法，对小兴安岭不同的皆伐改造模式的效果进行研究，结果表明带状皆伐改造模式比块状皆伐改造模式更适合小兴安岭的低质林[59]；而张泱等采用主成分分析法对小兴安岭不同强度的择伐改造模式进行综合评价，结果表明22%的择伐强度比其他择伐强度更加适合对小兴安岭低质林进行改造[60]。除此之外，李芝茹应用灰色聚类分析法对大兴安岭白桦低质林土壤重金属、枯落物蓄积、持水性能等生态功能指标进行灰色聚类分析，并对大兴安岭白桦低质林的最佳改造模式进行了研究和探讨[61]。灰色关联分析法和灰色聚类法有相同之处，也是采用灰色关联度来量化研究系统内各指标相似或相异程度的一种方法，但它对样本的数量要求不高，也不需要典型的分布规律[62]。因此，其与以往的灰色聚类法又有所区别，且随着灰色系统理论的发展，灰色关联分析法在各行各业中都得到广泛应用[63-65]。因此，本节采用灰色关联分析法对大兴安岭蒙古栎低质林的不同改造模式建立综合评价模型，并选取土壤有机质、土壤呼吸速率和草本多样性等 14 个反映土壤肥力、土壤碳通量，以及地上植被的生长状况的指标纳入该评价模型，最终得到不同改造模式的灰色关联度，其值从大到小的排列顺序为：15m×15m 块状改造模式（0.717）、20m×20m 块状改造模式（0.614）、10m×10m 块状改造模式（0.582）、30m×30m 块状改造模式（0.554）、14m 带状改造模式（0.548）、10m 带状改造模式（0.547）、6m 带状改造模式（0.535）、18m 带状改造模式（0.531）、25m×25m 块状改造模式（0.529）和 5m×5m 块状改造模式（0.469）。由此可知，块状改造模式在总体上要优于带状改造模式，其中，15m×15m 块状改造模式最适宜大兴安岭蒙古栎低质林，其改造效果最明显。这有可能是因为在低质林中进行皆伐改造后，地上植被被大量移除，在改造后的初期，林地的水土保持性能下降，而与带状改造模式相比，块状改造模式不易造成水土流失，因此，块状改造模式在总体上要优于带状改造模式。对低质林进行皆伐改造后，林地内的阳光、温度等微气候环境会发生改变，使大量的采伐剩余物变得易于分解，从而使土壤肥力增加，实现促进地上植被生长的目标。因此，当生态改造面积太小时，土壤肥力等增加不明显，改造效果也就不明显，而当改造面积太大时，土壤肥力虽然在短期内会大幅增加，但容易造成水土流失，改造效果也会大打折扣，这也许正是 15m×15m 块状改造模式比其他改造模式更适宜大兴安岭蒙古栎低质林的原因。

值得一提的是，本节的研究结果与吕海龙等对小兴安岭不同皆伐改造模式的研究结果有所不同，这有可能是因为大小兴安岭的生态环境、立地条件和植被类型等有所差异，这也说明没有哪一种改造模式是放之四海而皆准的，对不同区域不同类型的低质林要因地制宜、因林制宜，只有这样才能充分发挥自然资源的潜力，有效提高林分质量，达到高产、高效、优质、稳定的目标，保护森林生态环境，实现林区生态、经济和社会可持续发展。

参 考 文 献

[1] 李晴新, 朱琳, 陈中智. 灰色系统方法评价近海海洋生态健康[J]. 南开大学学报（自然科学版）, 2010, 43(1): 39-43.

[2] 王顺岩. 灰色系统理论在间歇式染色中的应用研究[D]. 浙江理工大学硕士学位论文, 2009.

[3] 琚冰源. 多属性群决策方法研究[D]. 西安理工大学硕士学位论文, 2010.

[4] 郭倩倩. 基于灰色理论的学生成绩分析研究[J]. 科技创新导报, 2011, 7(9): 159-160.

[5] Jadhav A C, Nimbalkar R D, Pawar N B. Incidence of grey mildew on cotton[J]. Journal of Maharashtra Agricultural Universities, 2001, 26(1): 32-34.

[6] Joseph W K, Chan. Application of grey relational analysis for ranking material options[J]. International Journal of Computer Applications in Technology, 2006, 24(4): 210-217.

[7] Westerhuis J A, Derks EDPPA, Hoefsloot H C J, et al. Grey component analysis[J]. Journal of Chemometrics, 2007, 21(10-11): 474-485.

[8] 齐景顺, 张吉光, 杨明杰. 灰色关联分析法在油气勘探早期构造圈闭评价中的应用[J]. 资源调查与评价, 2003, 20(5): 1-4.

[9] 辜寄蓉, 范晓, 杨俊义, 等. 九寨沟水资源灰色系统预测模型[J]. 成都理工大学学报（自然科学版）, 2003, 30(2): 192-197.

[10] 赵剑. 灰色关联分析综合评价法在地表水环境评价中的应用[J]. 水利科技与经济, 2006, 12(9): 607-608.

[11] 陈林, 王磊, 张庆霞, 等. 风沙区不同土地利用类型的土壤水分灰色关联分析[J]. 干旱区研究, 2009, 26(6): 840-845.

[12] 张蕾, 王高旭, 罗美蓉. 灰色关联分析在水质评价应用中的改进[J]. 中山大学学报（自然科学版）, 2004, 43(S6): 234-236.

[13] 尹少华, 姜微, 张慧军. 基于灰色系统理论的湖南林业产业结构预测研究[J]. 林业经济问题, 2008, 28(3): 302-305.

[14] 刘思峰, 谢乃明, 等. 灰色系统理论及其应用[M]. 北京: 科学出版社, 2008.

[15] 刘菊秀, 余清发, 褚国伟, 等. 鼎湖山主要森林类型土壤pH动态变化[J]. 土壤与环境, 2001, 10(1): 39-41.

[16] 张雪萍. 大兴安岭森林生态系统土壤动物结构及其功能研究[D]. 北京林业大学博士学位论文, 2006.

[17] 刘育红. 土壤镉污染的产生及治理方法[J]. 青海大学学报（自然科学版）, 2006, 24(2): 75-79.

[18] 张兴梅, 杨清伟, 李扬. 土壤镉污染现状及修复研究进展[J]. 河北农业科学, 2010, 14(3): 79-81.

[19] 陈凌. 土壤镉污染的植物修复技术[J]. 无机盐工业, 2009, 41(2): 45-47.

[20] 黄益宗, 朱永官. 森林生态系统镉污染研究进展[J]. 生态学报, 2004, 24(1): 102-108.

[21] 冉烈, 李会合. 土壤镉污染现状及危害研究进展[J]. 重庆文理学院学报（自然科学版）, 2011, 30(4): 69-73.

[22] 高彬, 王海燕. 土壤pH值对植物吸收Cd、Zn的影响研究[J]. 广西林业科学, 2003, 32(2): 66-69.

[23] 陈永亮, 李淑兰. 胡桃楸、落叶松纯林及其混交林土壤化学性质[J]. 福建林学院学报, 2004, 24(4): 331-334.

[24] 陈永亮, 周晓燕, 李修岭. 红松幼苗根际微区 pH 与 N、P、K 的梯度分布[J]. 福建林学院学报, 2006, 26(1): 49-52.

[25] 杨忠芳, 陈岳龙, 钱鑂, 等. 土壤 pH 对镉存在形态影响的模拟实验研究[J]. 地学前缘, 2005, 12(1): 252-260.

[26] 崔国发, 蔡体久, 杨文化. 兴安落叶松人工林土壤酸度的研究[J]. 北京林业大学学报, 2000, 22(3): 33-36.

[27] 张长斌, 赵有福, 王福成. 夏玛场场下枯落物涵水能力研究[J]. 中国林业, 2011, 61(12): 29-30.

[28] 韩家永, 李芝茹. 森林生态系统中枯落物分解实验方法的评析[J]. 森林工程, 2012, 28(1): 6-9.

[29] 李良, 翟洪波, 姚凯, 等. 不同林龄华北落叶松人工林枯落物储量及持水特性研究[J]. 中国水土保持, 2010, 30(3): 32-34.

[30] 樊登星, 余新晓, 岳永杰, 等. 北京西山不同林分枯落物层持水特性研究[J]. 北京林业大学学报, 2008, 30(S2): 177-181.

[31] 刘晓红, 李校, 彭志杰. 生物多样性计算方法的探讨[J]. 河北林果研究, 2008, 23(2): 166-168.

[32] 姜帆, 董希斌. 山地退化森林生态系统恢复评价方法的研究[J]. 森林工程, 2007, 23(4): 5-7.

[33] 吕海龙, 董希斌. 不同整地方式对小兴安岭低质林生物多样性的影响[J]. 森林工程, 2011, 27(6): 5-9.

[34] 宋启亮, 董希斌, 李勇, 等. 采伐干扰和火烧对大兴安岭森林土壤化学性质的影响[J]. 森林工程, 2010, 26(5): 4-7.

[35] 肖新平, 宋中民, 李峰. 灰技术基础及其应用[M]. 北京: 科学出版社, 2005.

[36] 唐智和, 王军平. 灰色聚类分析在环境质量评价中的应用[J]. 油气田环境保护, 1995, 5(3): 37-41.

[37] 刘刚, 陈新军, 柳保军, 等. 灰色聚类分析在石油及天然气地质研究中的应用[J]. 新疆石油学院学报, 2003, 15(1): 26-30.

[38] 庞博, 李玉霞, 童玲. 基于灰色聚类法和模糊综合法的水质评价[J]. 环境科学与技术, 2011, 34(11): 185-188.

[39] 陈佳妮, 段文英, 丁徽. 模糊 C-均值聚类分析在基因表达数据分析中的应用[J]. 森林工程, 2010, 26(2): 56-57.

[40] 高翠翠, 苏变萍. 改进的灰色聚类方法及应用[J]. 西安工程科技学院学报, 2006, 20(3): 369-372.

[41] Tilman D. Causes, consequences and ethics of biodiversity [J]. Nature, 2000, 405: 208-211

[42] Sodhi N S, Koh L P, Clements R, et al. Conserving Southeast Asian forest biodiversity in human-modified landscapes [J]. Biological Conservation, 2010, 143(10): 2375-2384.

[43] Pardini R, Faria D, Accacio G M, et al. The challenge of maintaining Atlantic forest biodiversity: A multi-taxa conservation assessment of specialist and generalist species in an agro-forestry mosaic in southern Bahia [J]. Biological Conservation, 2009, 142(6): 1178-1190.

[44] 高人, 周广柱. 辽宁东部山区几种主要森林植被类型枯落物层持水性能研究[J]. 沈阳农业大学学报, 2002, 33(2): 115-118.

[45] 刘少冲, 段文标, 赵雨森, 等. 莲花湖库区几种主要林型枯落物的持水性能[J]. 中国水土保持科学, 2005, 3(2): 81-86.

[46] Quesada C A, Lloyd J, Schwarz M, et al. Regional and large-scale patterns in Amazon forest structure and function are mediated by variations in soil physical and chemical properties [J]. Biogeosciences Discussion, 2009, 6: 3993-4057.

[47] Pérez-Bejarano A, Mataix-Solera J, Zornoza R, et al. Influence of plant species on physical, chemical and biological soil properties in a Mediterranean forest soil [J]. European Journal of Forest Research, 2010, 129(1): 15-24.

[48] Nave L E, Vance E D, Swanston C W, et al. Harvest impacts on soil carbon storage in temperate forests [J]. Forest

Ecology and Management, 2010, 259(5): 857-866.

[49] Anderson T H. Microbial eco-physiological indicators to assess soil quality [J]. Agriculture, Ecosystems and Environment, 2003, 9(1-3): 285-293.

[50] 王淑敏, 胥哲铭, 潘彩霞. 城市绿地土壤质量评价指标研究进展[J]. 中国园艺文摘, 2007, (7): 34-40.

[51] 叶宗裕. 关于多指标综合评价中指标正向化和无量纲化方法的选择[J]. 浙江统计, 2003, (4): 24-25.

[52] 吕明捷, 杜云, 荣超, 等. 基于相关系数定权的集对分析法在湖泊富营养化评价中的应用[J]. 南水北调与水利科技, 2011, 9(1): 96-98.

[53] 于勇, 周大迈, 王红, 等. 土地资源评价方法及评价因素权重的确定探析[J]. 中国生态农业学报, 2006, 14(2): 213-215.

[54] 王靖, 张金锁. 综合评价中确定权重向量的几种方法比较[J]. 河北工业大学学报, 2001, 30(2): 52-57.

[55] 张华, 王东明, 王晶日, 等. 建设节水型社会评价指标体系及赋权方法研究[J]. 环境保护科学, 2010, 36(5): 65-68.

[56] 吕海龙. 小兴安岭低质林改造后生态系统恢复效果的评价[D]. 哈尔滨: 东北林业大学硕士学位论文, 2012.

[57] Passioura J. Soil conditions and plant growth[J]. Plant, Cell & Environment, 2002, 25(2): 311-318.

[58] 尹奉月. 低质低效林改造经营项目的示范作用研究[J]. 林业建设, 2008, (4): 25-27.

[59] 吕海龙, 董希斌. 基于主成分分析的小兴安岭低质林不同皆伐改造模式评价[J]. 林业科学, 2011, 47(12): 172-178.

[60] 张泱, 董希斌, 郭辉. 基于主成分分析法综合评价小兴安岭低质林择伐生态改造模式[J]. 东北林业大学学报, 2010, 38(12): 7-9.

[61] 李芝茹. 基于灰色系统理论对大兴安岭白桦低质林改造模式的评析[D]. 哈尔滨: 东北林业大学硕士学位论文, 2012.

[62] 李跃林, 李志辉, 李志安, 等. 桉树人工林地土壤肥力灰色关联分析[J]. 土壤与环境, 2001, 10(3): 198-200.

[63] 翟国静. 灰色关联分析在水质评价中的应用[J]. 水电能源科学, 1996, 14(3): 183-187.

[64] 张磊, 张波. 灰色关联分析模型对大气环境质量预测的应用研究[J]. 上海环境科学, 1996, 15(8): 18-20.

[65] 曾翔亮, 董希斌, 高明. 不同诱导改造后大兴安岭蒙古栎低质林土壤养分的灰色关联评价[J]. 东北林业大学学报, 2013, 41(7): 48-52

第 **3** 篇

小兴安岭低质林结构与
功能调控优化技术模式

9 小兴安岭低质林分划分

9.1 试验设计

9.1.1 试验地概况

试验地点位于黑龙江省伊春林区铁力林业局马永顺林场、卫东林场和带岭林业实验局红光林场。

试验区 A（不同采伐作业方式改造的低质林试验区）设置在黑龙江省铁力林业局的马永顺林场 500 林班内，公里坐标为（0456249，5227854），该林场坐落在小兴安岭南麓，总体的地形特点为南高北低，除南端分水岭稍有斜坡外，其他地势平缓，平均坡度 10°，海拔在 117～284m，水系为松花江支流水系，属大陆性季风气候，冬长夏短，冬季寒冷干燥，夏季降水集中，气候温热湿润，春秋两季天气多变，年降水量 641mm，作物生长季节降水量为 551mm，年平均温度 1.1℃，早霜为 9 月中旬，晚霜为 5 月中旬，年无霜期113～126d，年日照时数 2477h。林种为用材林，土壤为平均土壤厚度 44cm 的暗棕壤，地被物主要是三棱草，下木层植物主要是山高粱。在该林班内共设置 4 个试验小区，分别为试验区Ⅰ（垂直带试验区）、试验区Ⅱ（水平带试验区）、试验区Ⅲ（择伐带试验区）和试验区Ⅵ（林窗试验区）。其中，试验区Ⅰ到试验区Ⅳ的试验样地依次设置在第 1 作业区至第 4 作业区内。

试验区 B（不同整地作业方式改造的低质林试验区）共分为试验区Ⅴ、试验区Ⅵ、试验区Ⅶ和试验区Ⅷ 4 个试验小区。其中，试验区Ⅴ的试验样地设置在红光林场四线沟的 300 林班内，公里坐标为（0495068，5235642），是以冷杉为主的针阔混交林，树种组成为 4 冷 3 云 3 枫，平均林龄 35a，平均树高 14m，平均坡度 10°，林内灌丛覆盖度为 60%，主要有榛柴和忍冬等；林下主要指示性植物是苔草和蕨类等，多度为 70%；土壤为平均厚度 30cm 的暗棕壤。试验区Ⅵ的试验样地设置在红光林场四线沟的 301 林班内，公里坐标为（0494766，5234811），是以冷杉为主的针阔混交林，树种组成为 4 冷 3 云 3 枫，平均林龄为 25a，平均树高为 12m，平均坡度为 5°，林内灌丛覆盖度为 85%，主要有榛柴和忍冬等；林下主要指示性植物是苔草和蕨类等，多度为 20%；土壤为暗平均厚度 30cm 的棕壤。试验区Ⅶ的试验样地设置在红光林场二线沟的 285 林班内，公里坐标为（0493912，

5230377），是以云杉为主的针阔混交林，树种组成为 4 云 3 冷 3 枫，平均林龄为 35a，平均树高为 14 m，平均坡度为10°，林内灌丛覆盖度为60%，主要有榛柴和忍冬等；林下主要指示性植物是苔草和蕨类等，多度为70%；土壤为平均厚度30cm 的暗棕壤。试验区Ⅷ的试验样地设置在铁力林业局——卫东林场的 187 林班内，公里坐标为（0445321，5248633），是以桦树为主的阔叶混交林，树种组成为 3 白 3 枫 2 水 1 椴 1 色，平均林龄为 30a，平均树高为 15m，平均坡度为 5°，林内灌丛覆盖度为 40%，主要有榛柴等；林下主要指示性植物是苔草等，多度为 40%；土壤为平均厚度 50cm 的暗棕壤。各试验区均属于典型低质林分，水系为松花江支流水系，其气候属于大陆性季风气候，冬季较长且寒冷干燥，夏季较短且降水集中、温热湿润，春季和秋季的天气多变，年降水量约为 641mm，作物生长季节的降水量约为 551mm，年平均温度约为 1.1℃，早霜期为 9 月中旬，晚霜期为 5 月中旬，年无霜期在 113～126d，年日照时数约为 2477h。

9.1.2　择伐实验设计

试验区设置在马永顺林场 500 林班，第 3 作业区内，择伐试验区共有 7 块试验区为择伐带设置。择伐试验区的林分类型为阔叶混交林，平均林龄为 62a，平均胸径为 18cm，平均树高为 18m，公顷株数约为 541 株/hm²，公顷蓄积量约为 89m³/hm²，林分郁闭度为 0.4。林种为用材林，土壤为平均厚度 44cm 的暗棕壤，地被植物主要是三棱草，下木层主要植物是山高粱。不同采伐强度的 7 个小班，每个小班的择伐面积都为 0.5hm²，总面积为 3.5hm²。每个小班采伐强度分别为 (Z_1) 22%、(Z_2) 31%、(Z_3) 41%、(Z_4) 47%、(Z_5) 55%、(Z_6) 66%、(Z_7) 77%，采伐后仍保持其原有林型。

9.1.3　林窗实验设计

林窗试验区位于马永顺林场 500 林班内第 4 作业区，共区划 36 个作业小班，总面积 3.5hm²。在较大面积坡地林分内选择 4 组（A、B、C、D 组）共 36 个区分别进行择伐与更新实验。每组由 9 个（1～9 区）沿横坡方向排列且面积相同的矩形的试验区组成。9 个试验区的面积分别为 25m²（5m×5m）、50m²（5m×10m）、100m²（10m×10m）、150m²（15m×10m）、225m²（15m×15m）、300m²（15m×20m）、400m²（20m×20m）、600m²（20m×30m）、900m²（30m×30m）。为方便实验操作及管理，分别进行标号，记为 A_1、A_2、A_3、A_4、A_5、A_6、A_7、A_8、A_9、B_1、B_2、B_3、B_4、B_5、B_6、B_7、B_8、B_9、C_1、C_2、C_3、C_4、C_5、C_6、C_7、C_8、C_9、D_1、D_2、D_3、D_4、D_5、D_6、D_7、D_8、D_9 区（图 9-1）。该林分类型阔叶混交林，平均林

龄 62a，平均胸径 18cm，平均树高 17m，公顷株数 535 株，公顷蓄积量 91m³/hm²，林分郁闭度 0.4。土壤为暗棕壤，平均厚度 35.6cm，地被物主要为山茄子（*Radix Anisodi Acutanguli*）、三棱草（*Cyperus iria* L.）等，下木层主要为白丁香（*Syringa oblata* var.alba）、榛子（*Corylusspp.*）、刺五加（*Radix Acanthopanacis Senticosl*）等。

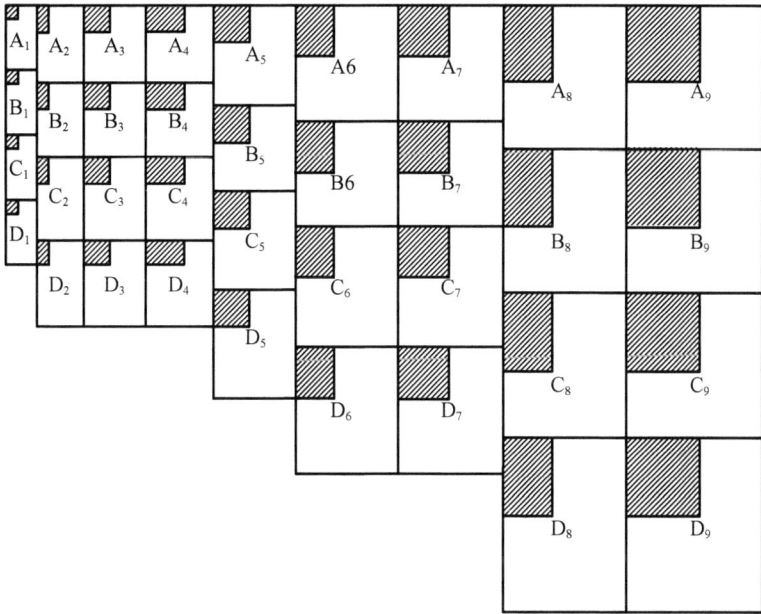

图 9-1 林窗设计图

9.1.4 带状抚育实验设计

试验区设置在马永顺林场 500 林班内，其中，500 林班的第 1 作业区 10 个试验地块为垂直带设置（图 9-2，即为横山带），500 林班的第 2 作业区 9 个试验地块为水平带设置（图 9-3，即为顺山带），其中阴影部分为保留带，空白部分为皆伐带。水平皆伐带的设置原则为每条皆伐带均处于同一海拔，包括 $S_1 \sim S_9$，共 9 条皆伐带，每条皆伐带的面积分别为：6m×100m，8m×100m，10m×100m，15m×100m，10m×100m，15m×100m，6m×100m，8m×100m，6m×100m。每条皆伐带按照坡度由低到高分成 A、B、C、D 4 段。垂直皆伐带的设置原则为每条皆伐带均沿不同海拔，包括 $H_1 \sim H_{10}$ 共 10 个皆伐带，每条皆伐带平均海拔相差 3m，面积分别为：6m×100m，6m×100m，8m×100m，10m×100m，15m×100m，10m×100m，15m×100m，6m×100m，8m×100m，6m×100m；每条皆伐带平均分成 A、B、C、D 4 段。水平带和垂直带皆伐带内每段栽植红松（*Pinus koraiensis* Sieb. et Zucc.）、落叶松（*Larix gmellini*（Rupr.）kuzen.）、红皮云杉（*Picea koraiensis*）幼苗，栽植苗木时，与上下林带距离 1m。每条皆伐带之间为保留带，保留带林分类型为阔叶混交林，平均林龄 53a，平均胸径 16cm，平均树高 14m，公顷株数 534 株，公顷蓄积量 77m³/hm²，林分郁闭度 0.3。土壤为暗棕壤土壤，平均厚度 45cm。

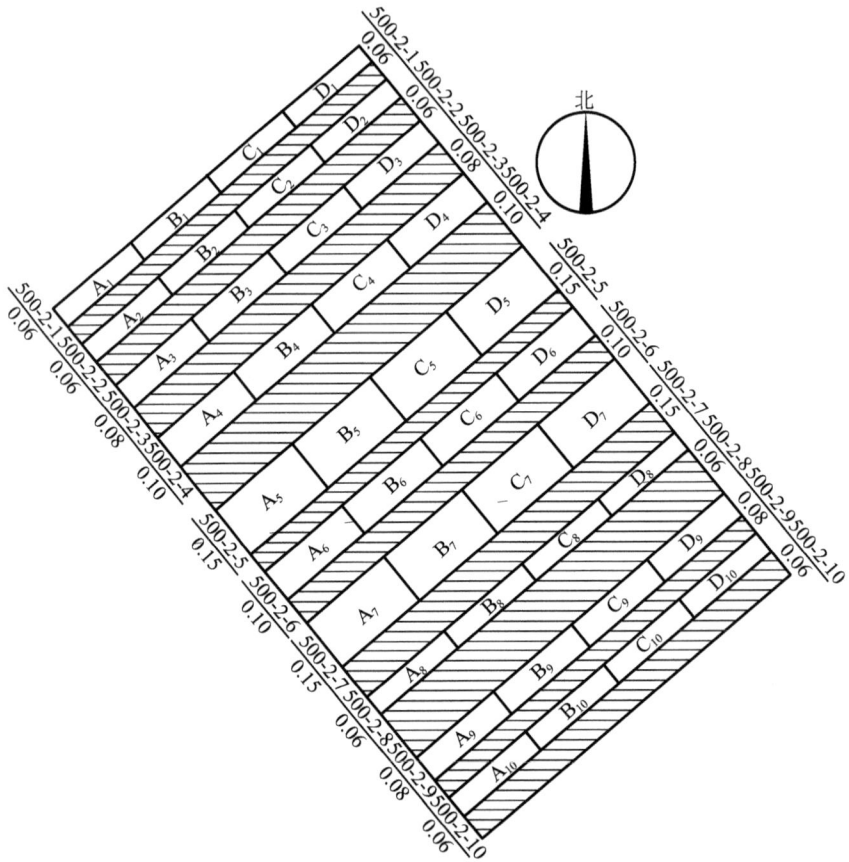

图 9-2　垂直带设置

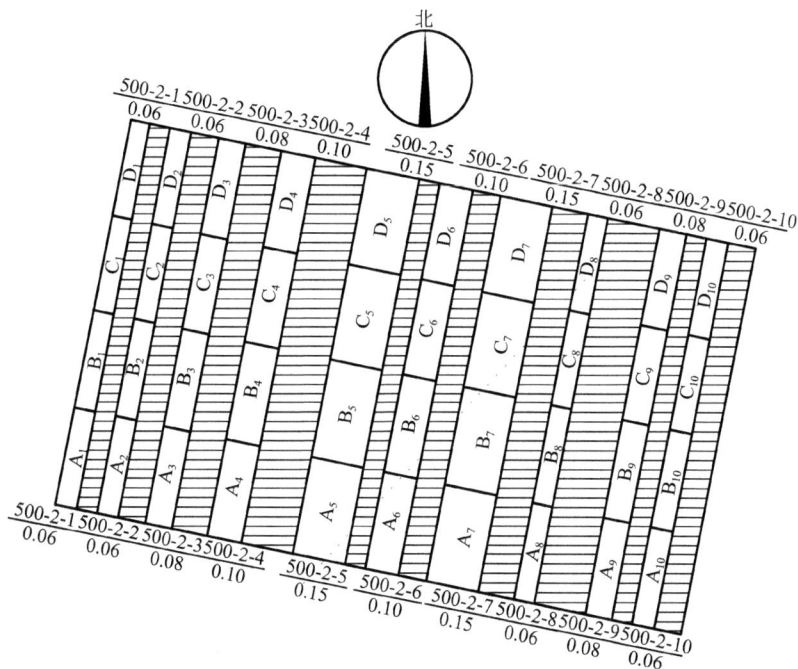

图 9-3　水平带设置

9.1.5　整地抚育实验设计

整地实验区样地设置的方法为：试验区 V、试验区 Ⅵ、试验区 Ⅶ 和试验区 Ⅷ 为整地试验区，采伐作业形成带状试验样地后再进行整地作业，采伐带与保留带交替布置。在每个试验区相邻未改造的低质林内，分别取保留样地 D_1、D_2、D_3 和 D_4 与对应试验样地作对照。试验区试验样地的郁闭度均为 0.4，且均采用林下造林、人工更新、抚育年限为 5a（抚育次数为 2,2,1,1,1）；试验区 Ⅷ 中的营造红松云杉混交林的混交比例为 3:1，其他各设置方法如表 9-1 所示。

表 9-1　整地试验区设置方法

试验区	面积（hm²）	坡向	坡度（°）	坡位	整地		更新方法	设计树种	株行距
					方式	规格			
V	11.4	南	10	下	揭草皮子	60cm×60cm	栽阔育针	水曲柳、红松、云杉	1.5m×2.0m
Ⅵ	15.3	西	5	下	揭草皮子	60cm×60cm	栽针保阔	水曲柳、云杉、红松	1.5m×2.0m
Ⅶ	8.3	南	10	下	揭草皮子	60cm×60cm	栽阔育针	水曲柳、红松、落叶松	1.5m×2.0m
Ⅷ	17.2	西	5	上	暗穴	50cm×50cm ×25cm	暗穴植苗	红松云杉、云杉、水曲柳	1.5m×1.5m

9.2　小兴安岭低质林林分评定

划分低质林的指导思想是有利于开展经营活动，实施保护和改造措施，将低质林逐步变成水土保持效益良好的高效林或高产林[1]。应用定量分析的方法，从林分树种分布、水平结构、垂直结构和空间结构 4 个方面，进一步研究低质林具有的数量特征，为科学合理划分低质林，进而采取必要的经营措施提供依据。

9.2.1　实验数据采集

试验地点是小兴安岭林区铁力林业局马永顺林场 500 林班 1、2、3 小班和带岭林业实验局红光林场 309 林班内 1、2 小班。于 2008 年 4 月 29 日至 5 月 13 日，将择伐和带状皆伐改造作业区，区划 3 个作业小班，对试验小班进行调查。

数据采用实地调查的方法进行采集，在样地内，用粉笔按着顺序给每株树木编号，然后用围尺测定所有林木的胸径，以测高器测定各林木的树高，具体见表 9-2。

表 9-2　调查区基本数据

调查区	小班号	小班面积 (hm²)	优势树种	平均年龄(a)	平均胸径(cm)	平均树高(m)	郁闭度	坡度(°)	坡向	坡位(t)	株数(hm²)	蓄积量(m³/hm²)
I	1	0.5	水曲柳	58	17	15	0.4	6	北	下	496	70
	2	0.5	水曲柳	88	20	16	0.4	7	北	下	668	140
	3	0.5	椴树	65	19	16	0.4	7	北	下	480	88
	4	0.5	椴树	65	18	16	0.4	8	北	下	544	86
	5	0.5	椴树	62	16	15	0.4	8	北	下	530	62
	6	0.5	水曲柳	52	17	15	0.4	8	北	下	492	82
	7	0.5	枫桦	52	17	15	0.4	8	北	下	580	96
II	1	0.12	白桦	72	21	15	0.3	3	东北	下	425	100
	2	0.14	枫桦	62	18	13	0.3	4	东北	下	629	100
	3	0.18	枫桦	66	20	14	0.3	5	东北	下	600	111
	4	0.25	椴树	72	21	15	0.3	4	东北	下	468	108
	5	0.21	榆树	53	16	14	0.3	5	东北	下	695	100
	6	0.18	白桦	58	17	15	0.3	4	东北	下	422	72
	7	0.25	白桦	52	16	15	0.3	5	东北	下	356	56
	8	0.21	色树	51	15	14	0.3	4	东北	下	405	52
	9	0.14	枫桦	45	14	13	0.3	5	东北	下	607	64
	10	0.14	色树	45	13	13	0.3	4	东北	下	493	57

调查区	小班号	小班面积(hm²)	优势树种	平均年龄(a)	平均胸径(cm)	平均树高(m)	郁闭度	坡度(°)	坡向	坡位(t)	株数(hm²)	蓄积量(m³/hm²)
III	1	0.12	榆树	37	12	12	0.2	6	北	下	392	33
	2	0.14	榆树	37	12	12	0.3	6	北	下	586	36
	3	0.18	枫桦	37	12	12	0.3	6	北	下	633	44
	4	0.25	枫桦	45	14	13	0.3	5	北	下	488	56
	5	0.21	枫桦	50	15	14	0.3	5	北	下	462	57
	6	0.18	水曲柳	40	16	15	0.4	5	北	下	628	117
	7	0.25	白桦	64	19	18	0.4	6	北	下	620	108
	8	0.21	白桦	68	14	14	0.4	5	北	下	662	81
	9	0.14	枫桦	58	17	15	0.2	5	北	下	529	93
	10	0.14	椴树	68	14	14	0.3	5	北	下	621	86

9.2.2　实验数据分析

9.2.2.1　林分树种结构

调查区中树种株数占总株数的百分比统计结果如表 9-3 所示。

表 9-3　各树种株数统计表

树种	株数（株）	百分比（%）	树种	株数（株）	百分比（%）
白桦	267	20.20	毛赤杨	52	3.93
榆树	230	17.40	落叶松	51	3.86
水曲柳	169	12.78	黄檗	39	3.95
春榆	106	8.02	红松	29	2.19
紫椴	92	6.96	云杉	26	1.97
杨树	77	4.39	山桃稠李	22	1.66
五角槭	58	4.39	其他	104	8.3

　　从表 9-3 中可以看出，白桦（20.20%）、榆树（17.40%）、水曲柳（12.78%）、春榆（8.02%）和紫椴（6.96%）5 个树种占调查区总株数的 58.4%。其中，云杉、红松、黄菠萝等材质好、出材率高，经济价值也高，但三者只占 8.14%。经济价值高的树种比例较小，调查区内树种竞争激烈。更新先锋类树种白桦占主要优势，说明该区仍然处于演替前期阶段。树种结构是反映林分价值质量好坏的重要指标之一，是衡量低质林的一个重要因素。我们应根据林分的树种结构，依照森林生态系统的演替规律，选择适宜林分环境生长的、价值高的树种，及时更换掉价值低的树种，达到对低质林改造的目的。

9.2.2.2 林分树高分布

根据国际林业研究组织联盟划分的垂直分层标准，以林分的优势高为依据，把森林划分为3个（或4个）垂直层，上层林木为树高大于等于2/3优势高，中层为介于1/3至2/3优势高之间的林木，下层为小于等于1/3优势高的林木[2]。这里的一个关键问题是如何确定调查区林木的优势高。根据调查区平均树高的分布情况（图9-4），确定林木优势高为21.48m，进而将调查区的垂直结构分为3层，如表9-4所示。

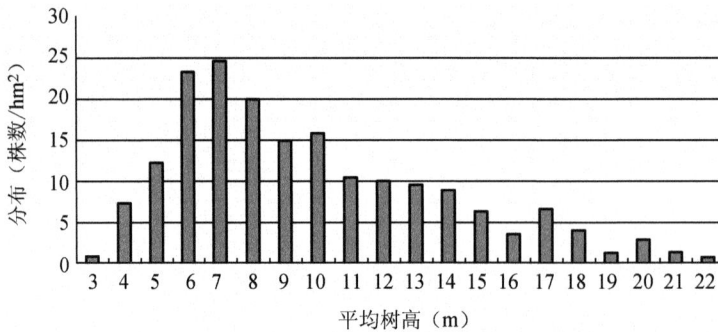

图 9-4　调查区平均树高分布

表 9-4　调查区林层垂直结构划分

层次	高度范围（m）	株数
上层	≥14.32	178
中层	14.32＞h≥7.16	678
下层	＜7.16	438

从表9-4可以看出，调查区内林木主要分布在中、下层，上层林木较少，各层林木株树之比约为1∶3.81∶2.46。调查区受过较严重干扰且距今时间较短，先锋树种的侵入相对比较集中，而且先锋树种以其繁殖快的特性，最先在受干扰的斑块上定居并生长发育，形成先锋树种较多的状态，从而导致林分质量较差。

一般地说，林木胸径越大，林木也越高，两者之间存在着正相关关系[3]。由于干扰后，调查区林木通过个体之间相互竞争、相互作用存在差异，导致调查区主要树种树高随胸径变化均不明显。根据调查区内主要树种的胸径 x（cm）、树高 y（m）建立回归方程（表9-5），R^2 值的范围为 0.36～0.66。

表 9-5　调查区主要树种的胸径与树高的相关关系

树种	回归方程	R^2
白桦	$y = 0.23x + 7.49$	0.36
水曲柳	$y = 0.42x + 4.57$	0.66

续表

树种	回归方程	R^2
榆树	$y=0.40x+4.47$	0.63
春榆	$y=0.35x+4.24$	0.49
紫椴	$y=0.34x+5.17$	0.37

9.2.2.3 林分径级分布

胸径是衡量林分质量的一个重要尺度，是计算林分蓄积量的重要指标。如果林分中小径林木比例大，则样地林木的蓄积量偏小，林木质量差，经济效益低。将调查区的林分按胸径进行统计，确定每一级别胸径的林木株数，统计结果如表 9-6 所示。

表 9-6　调查区径级分布及 q 值

径级（cm）	株数（株）	每公顷株数（株/hm²）	q	径级（cm）	株数（株）	每公顷株数（株/hm²）	q
2	1	0.19	0.05	24	22	4.12	1.16
3	19	3.56	0.22	25	19	3.56	1.27
4	88	16.48	0.67	26	15	2.81	1.00
5	134	25.09	1.28	27	15	2.81	1.88
6	105	19.66	1.03	28	8	1.50	0.62
7	102	19.10	1.06	29	13	2.43	1.08
8	96	17.98	1.68	30	12	2.25	3.00
9	57	10.67	0.63	31	4	0.75	0.31
10	91	17.04	1.60	32	13	2.43	2.17
11	57	10.67	1.08	33	6	1.12	1.2
12	53	9.93	1.18	34	5	0.94	1.00
13	45	8.43	0.62	35	5	0.94	1.00
14	73	13.67	1.66	36	5	0.94	1.67
15	44	8.24	0.85	37	3	0.56	0.75
16	52	9.74	1.13	39	4	0.75	4.00
17	46	8.61	0.90	40	1	0.19	1.00
18	51	9.55	1.34	41	1	0.19	1.00
19	38	7.12	1.58	42	1	0.19	0.50
20	24	4.49	0.80	44	2	0.38	2.00
21	30	5.62	1.36	45	1	0.19	0.50
22	22	4.12	0.88	49	2	0.38	2.00
23	25	4.68	1.14	51	1	0.19	

由表 9-6 可以看出，中小径林木占很大比重，并且是以桦树为主的阔叶混交林，说明该区域内林分质量较差。相邻径级株数之比（q）可以反映出林木径级间的竞争趋势，是影响林分水平结构的主要因子[4]。T.W.丹尼尔等研究落基山脉恩氏云杉——亚高山冷杉林的 q 值为 1.3～1.5[5]；亢新刚等认为长白山云冷杉针阔混

交林的最优结构 q 值为 1.39[6]。

q 值计算公式为 $q=L_n/L_{n+1}$（郝清玉，2006）。其中，L 为各径级的每公顷株数，q 值计算结果见表 9-6。从表 9-6 可以看出，调查区内 q 值在 0.05～4，q 值均值为 1.205，比较偏低，说明林区株数径级分布不均匀，造成林分质量较差。

9.2.2.4　林木离散程度

林木空间分布格局是指某一种群个体在其生存空间内相对静止的散布形式，即种群个体在水平空间的分配状况或分布状态，它反映了种群个体在水平空间上彼此间的相互关系，是种群的重要属性之一，是种的生物学特性对其生存的环境条件在特定时期适应和选择的结果[7]。空间分布格局的种类有 3 种形式：均匀分布、聚集分布和随机分布，可以用聚集指数 R 来衡量。

聚集指数 R 是相邻最近单株距离的平均值与随机分布下的期望平均距离之比，是采用与距离有关的空间格局指数。在利用聚集指数进行分布格局判定时，若 $R>1$ 则林木呈均匀分布的趋势；若 $R=1$ 则林木有随机分布的趋势；若 $R<1$ 则林木有聚集分布的趋势[8]。

聚集性指数的一般表达式：

$$R=\frac{\dfrac{1}{n}\sum_{i=1}^{n}r_i}{\dfrac{1}{2}\sqrt{\dfrac{10000}{N}}}\qquad(9\text{-}1)$$

式中，r_i 为第 i 单株到其相邻最近单株的距离；N 为每公顷株数；n 为样地林木株数。

根据实际调查情况，以公式（9-1）计算出 $R=0.3045$，小于 1，所以该林木分布为聚集分布。Moeur 的研究表明，林木最初与它们的直接近邻者竞争，自然稀疏增加了林木之间的距离，使林木分布格局从聚集变为均匀，结果大树趋于均匀分布，而年幼的林木呈聚集分布[9]。调查区中林木聚集分布，且多为中小径树木，说明林分曾受过严重干扰，破坏了原有生境，导致自然分布区被分割、孤立，提高了其分布的聚集程度。根据林业自然经营的要求，宜采取择伐等手段对其进行结构改造[10]，使林分整体、均匀分布，减少林木之间的冠层重叠，进而提高林分质量。

通过对小兴安岭林区低质林分的调查，从林分的树种组成、垂直结构、水平结构、空间结构进行统计分析，得出了该区域低质林的数量特征。

（1）在树种组成方面，树种较多，且分布不均匀。更新类先锋树种、伴生树种如白桦（20.20%）等占林分的比例较大，价值高的树种如红松（2.19%）等占林分比例较小。

（2）在树高分布方面，调查区上、中、下 3 个林层林木株树比例为 1：3.81：2.46，表现在上层林木少，中下层林木过于集中。

（3）在径级分布方面，相邻径级株数之比 q 均值为1.205，说明中小径林木占有较大比例，林分质量较差。

（4）在林木离散程度方面，聚集指数 R 值为 0.3045，小于 1，说明林分内树木呈聚集分布状态，林木空间布局不合理，不利于林分的更新与生长。

9.3　小兴安岭林区低质林类型界定

林分组成、林分密度、径级分布、林分多样性、物种丰富度以及土壤状况的不同，形成的低质林类型也不相同[11-16]。笔者以小兴安岭林区典型低质林分为研究对象，以影响低质林分的主要因子为依据，划分低质林的类型。

9.3.1　实验数据采集

实验地点在小兴安岭林区铁力林业局马永顺林场 500 林班 1、2 小班（调查区 II、III）和带岭林业实验局红光林场四线沟 301 林班 17、19、20 小班（调查区 I）。

采用实地调查的方法进行采集（2009 年 5 月 2～8 日），在每个试验区内分别设置 3 块样地，面积为 20m×20m。主要调查样地保留木中乔木层、灌木层、草本层的生长状况；土壤化学性质是每个点取 10～20cm 深的混合土样，样品在实验室做自然阴干处理，然后研磨过筛，以备室内化验分析。土壤物理性质的测定用环刀法（LY/T 1215—1999），选设样点处挖 1 个 50cm×40cm 的长方形土坑，土坑的深度达到 60cm，自上而下用环刀分 0～20cm、20～40cm 和 40～60cm 3 个层次取样；将各样地 3 个土壤剖面相同层次的土壤样品风干后采用常规法分析。

9.3.2　实验数据分析

9.3.2.1　林分树种

将调查区 I、II、III保留带中乔木层各主要树种株数占总株数的百分比进行统计，如表 9-7 所示。

表 9-7　各主要树种株数统计

调查区	树种	数量（株）	比例（%）
I	水曲柳（*Fraxinus mandshurica*）	9	20.00
	枫桦（*Betula costata*）	13	28.89
	紫椴（*Tilia amurensis*）	4	8.89
	色木槭（*Tilia amurensis*）	2	4.44
	糠椴（*Tilia mandshurica*）	1	2.22
	大青杨（*Populus ussuriensis*）	12	26.67
	红松（*Pinus koraiensis*）	4	8.89

调查区	树种	数量（株）	比例（%）
II	春榆（*Ulmus japonica*）	13	30.23
	色木械（*Tilia amurensis*）	6	13.95
	紫椴（*Tilia amurensis*）	2	4.65
	水曲柳（*Fraxinus mandshurica*）	7	16.28
	兴安落叶松（*Larix gmellini*）	4	9.31
	白桦（*Betula platyphylla*）	11	25.58
III	春榆（*Ulmus japonica*）	9	25.71
	白桦（*Betula platyphylla*）	11	31.43
	大青杨（*Populus ussuriensis*）	7	20.11
	红皮云杉（*Picea koraiensis*）	1	2.86
	水曲柳（*Fraxinus mandshurica*）	3	8.57
	黄檗（*Phellodendron amurense*）	2	5.71
	色木械（*Tilia amurensis*）	2	5.71

从表 9-7 中可以看出，调查区 I 中的枫桦（28.89%）、水曲柳（20.00%）、大青杨（26.67%）3 个树种占样地总株数的 75.56%，而剩下的色木械、红松、糠椴、紫椴只占总数的 24.44%；调查区 II 中的春榆（30.23%）、白桦（25.58%）两者占总数的 55.81%，达到半数以上，而水曲柳（16.28%）、紫椴（4.65%）、兴安落叶松（9.31%）等材质优良的树种占的比例很小；调查区III中春榆（25.71%）、白桦（31.43%）、大青杨（20.11%）三者占总数的77.25%，云杉、水曲柳、黄檗等优良树种所占比例也很小。

另外，红松（*Pinus koraiensis*）、水曲柳（*Fraxinus mandshurica*）、紫椴（*Tilia amurensis*）、落叶松等材质好、出材率高、经济价值也高的树种所占比例较小，而经济价值较低、主要作为绿化用的春榆、白桦、杨树等却占有较大比例，说明调查区内树种竞争激烈。

更新较快的树种占主要优势，表明林分树种结构不合理。因此，需要根据林分的树种结构，依照森林生态系统的演替规律，选择适宜林分环境生长的、价值高的树种，及时更换掉价值低的树种，达到对低质林改造的目的。经调查，在径级相同的情况下，不同树种的价格大约为：红松 1050 元/m³，椴木 850 元/m³，落叶松 800 元/m³，桦木 700 元/m³，杨木 500 元/m³，榆木 750 元/m³。分析调查结果可知，调查区低质林树种分布不均衡，区域性的树种比较单一，大部分为经济价值较低的林分，因此，将该部分林分命名为"非经济型低质林"。

9.3.2.2　林木密度

森林中林木的密度也是反映林木质量好坏的一个重要指标，在整个森林更新过程中，密度是控制的主要因子，是形成一定林分水平结构的基础。密度大小在幼、中龄林阶段十分重要，它决定着成林速度、自然稀疏的早晚和强度[2]。调查区Ⅰ、Ⅱ、Ⅲ保留带乔木层林木密度统计如表9-8所示。

表9-8 各样地总株数统计

调查区	伐前数（株）	保留数（株）	采伐强度（%）	样地面积（m²）	林木密度（株/hm²）
Ⅰ	112	27	75.8	400	890
Ⅱ	142	31	78.17	400	991
Ⅲ	108	30	71.29	400	1052

为了研究低质低效林分与优良林分之间的差异，选取优良林分并以一定的立地因子进行不同梯度的设置，划分了多块标准地进行调查研究。通过调查发现，低质低效林分的幼龄林，其分布明显低于优良林分，总平均蓄积生长量也远低于优良林分；在近成熟林龄组中，低质低效林分中的个别树木的胸径、树高高于优良林分，平均单株材积也较大，但是总蓄积和总平均生长量并没有明显的差别。

调查发现，各个调查区的林木密度都小于当地优良林分的总平均密度（1470株/hm²）。由此可见，调查区内的林木很稀疏，森林质量低，这必然会导致将来的林木产量很低。同时，稀疏的森林在生态效益方面的效用也很有限，很难达到预期的效益。因此，将该地区林木密度低于850～1000株/hm²的低质林命名为"低密度型低质林"。

9.3.2.3 林分物种多样性

植物群落种类多样性指数，反映了植物群落内各植物种类的多少及各植物种的数量在种间分布的均匀程度[13]。低质林的形成与林分组成结构不合理有密切关系，特别是乔木层多样性往往决定着林分发展的方向。低质林改造的效果和实施的力度直接影响天然林保护工程的质量。因此，可以从以下几个主要参数[17]对物种的多样性进行分析。

（1）丰富度指数：物种丰富度（N_0）采用物种数（S）测度。

（2）物种多样性指数（H）：

$$H=-\sum P_i \log P_i \qquad (9-2)$$

其中，P_i-n_i/N，为第 i 种总个体数 N 的比例。

（3）物种均匀度指数：均匀度分析采用 Pielou 指数：

$$E=H/\ln(S)，S 代表物种数 \qquad (9-3)$$

（4）生态优势度指数（C）：生态优势度指数反映了各物种种群数量的变化情况，生态优势度指数越大，说明群落内物种数量分布越不均匀，优势种的地位越突出。

$$C=\sum n_i(n_i-1)/N(N-1) \qquad (9-4)$$

根据式（9-2）～式（9-4）算得 3 块调查区生物多样性指数，如表 9-9 所示。

表 9-9　乔灌草多样性统计

调查区	样地	乔木层				灌木层				草本层			
		N_0	H	E	C	N_0	H	E	C	N_0	H	E	C
Ⅰ	1	10	2.03	0.56	0.37	8	1.94	0.59	0.43	13	2.14	0.51	0.56
	2	9	1.98	0.51	0.42	6	1.72	0.49	0.38	13	2.09	0.46	0.49
	3	20	2.23	0.52	0.51	7	0.94	0.61	0.29	14	1.97	0.57	0.42
Ⅱ	1	18	2.12	0.60	0.41	10	0.82	0.63	0.31	21	2.31	0.60	0.52
	2	11	1.96	0.48	0.51	14	2.01	0.51	0.61	17	2.24	0.48	0.58
	3	21	2.18	0.53	0.49	11	1.79	0.54	0.42	20	2.16	0.61	0.57
Ⅲ	1	14	1.83	0.41	0.39	8	1.14	0.48	0.37	17	1.98	0.42	0.39
	2	9	1.86	0.49	0.42	15	1.23	0.56	0.36	15	2.04	0.37	0.42
	3	12	2.18	0.52	0.51	8	1.73	0.62	0.40	16	2.31	0.57	0.51
平均		13.78	2.04	0.51	0.45	9.67	1.48	0.56	0.40	16.22	3.14	0.51	0.50

由表 9-9 可以看出，草本层的物种丰富度（N_0）为 16.22，明显高于灌木层（9.67）和乔木层（13.78）；草本层的物种多样性指数（H）也高于灌木层和乔木层，平均分别为 3.14、1.48 和 2.04；各样地的物种均匀度指数（E）和生态优势度指数（C）变动幅度不大。这说明作为优势种的乔木由于采伐量大，增加了草本植物的生长空间，导致该区域生态系统不平衡，抗干扰能力降低，造成大量的草类植物迅速生长。因此，将其命名为"草原型低质林"。

9.3.2.4　林分径级

径级结构是指林分内林木株数按直径大小的分布状态，在森林经营和森林调查中，胸径是最基本的调查因子，所以，胸径分布是林分结构的基本内容之一。取调查区Ⅰ、Ⅱ、Ⅲ的保留带乔木层数据作为基础数据，共有 9 块样地，总面积 0.36hm²。将 9 块样地中的林分按胸径进行统计，确定每一级别胸径的林木株数和 q 值，计算统计结果如表 9-10 所示。其中：

$$每公顷株数 = \frac{株数（株）}{面积（hm^2）} \tag{9-5}$$

相邻径级株数之比（q）[18,19] 可以反映出林木径级间的竞争趋势，是影响林分水平结构的主要因子，q 值按如下公式进行计算：

$$q = \frac{L_n}{L_{n+1}} \quad （L\ 为各径级的每公顷株数） \tag{9-6}$$

表 9-10 调查区径级分布及 q 值

径级 (cm)	数量 (株)	密度 (株/hm²)	q	径级 (cm)	数量 (株)	密度 (株/hm²)	q
3	2	5.56	0.50	17	11	30.56	1.22
4	4	11.11	1.99	18	9	25	0.64
5	2	5.56	0.33	19	14	38.89	1.75
6	6	16.67	0.67	20	8	22.22	3.99
7	9	25	1.80	21	2	5.56	0.67
8	5	13.89	1.00	22	3	8.33	0.50
9	5	13.89	0.36	23	6	16.67	2.99
10	14	38.89	1.08	24	2	5.56	2.00
11	13	36.11	1.63	25	1	2.78	0.33
12	8	22.22	0.53	26	3	8.33	0.75
13	15	41.67	0.56	27	4	11.11	1.99
14	27	75	4.50	28	2	5.56	0.33
15	6	16.67	2.99	29	6	16.67	2.00
16	2	5.56	0.18	30	3	8.33	

由表 9-10 可以看出，径级在 5～20cm 的株数最多，20～30cm 的株数较少，整体来看，中小径林木占很大比重，说明调查区内林分质量较差。但就长远意义上来讲，经过阶段性的生长，可以使林木产量有所提高，说明该区域的低质林还是具有一定的生长潜力的。从表 9-10 可以看出，调查区内 q 值在 0.02～5，q 值均值为 1.167，比较偏低，说明林区不同径级的株数分布不均匀。因此，将林分径级 70%以上集中在 5～20cm 的低质林命名为"生长潜力型低质林"。

9.3.2.5 林地土壤

影响林木生长的因素多而复杂，如气候、地貌、地形条件、土壤等。在诸多因素中，土壤作为植物生长的基质，不但影响植物群落的形成，而且土壤质量的差异，导致林木呈现出不同的生长状态。土壤质量主要包括养分状况及某些理化性质，作为土壤表征的 3 大要素，即 N、P、K 对林木生长的促进作用已被证明[20]。

以调查区 II、III 的土壤实验数据为基础，将调查地土壤的物理性质和化学性质的数据进行了统计，计算结果如表 9-11 和表 9-12 所示。

表 9-11 调查区土壤物理性质

调查区	土壤密度 (g·cm⁻³)	非毛管孔隙度 (%)	毛管孔隙度 (%)	总孔隙度 (%)	土壤含水率 (%)
II	0.93	8.72	35.18	43.90	75.09
III	0.93	7.01	40.01	47.02	77.93

表 9-12　调查区土壤化学性质

调查区	样地	有效量（mg·kg⁻¹）			全量（g·kg⁻¹）			其他		
		有效 N	有效 P	速效 K	全 N	全 P	全 K	有机质（g·kg⁻¹）	碳氮比	pH
II	1	785.56	5.33	37.84	7.00	1.58	2.00	301.50	25.00	4.88
	2	850.51	12.20	32.65	7.14	1.72	1.70	363.73	29.55	5.04
	3	846.16	8.37	32.82	7.68	1.81	1.51	329.06	24.86	5.00
	平均值	827.41	8.63	34.44	7.27	1.70	1.74	331.43	26.47	4.97
	对照样地	676.49	13.43	34.56	6.26	1.28	1.82	300.71	27.86	5.18
III	1	1079.98	10.58	34.44	10.92	2.49	1.04	324.58	17.23	5.07
	2	882.45	11.03	29.40	8.58	2.74	0.80	395.81	26.75	5.24
	3	1048.47	27.73	22.40	13.47	2.72	0.78	372.97	16.06	5.05
	平均值	1003.63	16.45	28.75	10.13	2.65	0.87	364.45	20.01	5.12
	对照样地	748.36	12.69	20.39	8.33	2.76	0.99	332.41	23.16	4.89

　　调查区的土壤呈暗棕色和棕色，由表 9-11 可知，两个调查区土壤的物理性质无明显差异，平均含水率在 76.51% 左右，平均土壤密度为 0.93g·cm⁻³。

　　由表 9-12 可知，与对照样地相比，在土壤有效量中，除有效 N 的质量分数大于对照样地外，有效 P 和速效 K 的质量分数均小于对照样地；土壤全 N、全 P 及有机质的质量分数都大于对照样地，全 K 小于对照样地；碳氮比和 pH 稍微小于对照样地。这说明光照强度加速了枯落物的降解及采伐剩余物、死根的分解，使土壤有机质和全量增加，土壤酸性增加，土壤呈现出"溢肥"现象[20,21]；但是由于缺少植被，土壤的水土保持能力降低，造成可溶性营养元素淋失，使营养元素的可利用性降低。因此，将土壤微量元素质量分数高而利用率低的低质林命名为"高肥低效低质林"。

参 考 文 献

[1] 马宝峰, 王百彦, 李志栋. 大兴安岭林区低质林改造经营模式的探讨[J]. 防护林科技, 2006, (4): 100-101.

[2] 李晓慧. 水分限制型森林生态系统的结构动态及其模拟研究[D]. 北京: 中国林业科学研究院硕士学位论文, 2006.

[3] 孟宪宇. 测树学[M]. 北京: 中国林业出版社, 1995.

[4] 郝清玉, 王立海. 长白山林区天然阔叶林培育大径木高产林分的结构分析[J]. 森林工程, 2006, 22 (1): 1-5.

[5] 丹尼尔·TW, 海勒姆斯·JA, 贝克·FS. 森林经营原理[M]. 赵克绳, 王业遽, 宫连城, 等译. 北京: 中国林业出版社, 1987.

[6] 亢新刚, 胡文力, 董景林, 等. 过伐林区检查法经营针阔混交林林分结构动态[J]. 北京林业大学学报, 2003, 25(6): 1-5.

[7] 贺姗姗, 张怀清, 彭道黎, 等. 林分空间结构可视化研究综述[J]. 林业科学研究, 2008, 21(增刊): 100-104.

[8] Clark P J, Evans F C. Distance to nearest neighbor as a measure of spatial relationships in populations[J]. Ecology, 1954, 35(4): 445-453.

[9] Moeur M. Characterizing spatial patterns of trees using stem-mapped data[J]. Forest Science, 1993, 39(4): 756-775.

[10] 曹新孙. 择伐[M]. 北京: 中国林业出版社, 1990.

[11] 张健. 长江中上游防护林研究[M]. 北京: 科学出版社, 1993.

[12] 李铁民. 太行山低质低效林判定标准[J]. 山西林业科技, 2000(3): 1-8, 14.

[13] 雷相东, 唐守正. 林分结构多样性指标研究综述[J]. 林业科学, 2002, 38(3): 140-146.

[14] Manabe T. Population structure and spatial patterns for trees in a temperate old-growth evergreen broad-leaved forest in Japan[J]. Plant Ecology, 2000, (151): 181-197.

[15] Miller J A. Biosciences and ecological integrity[J]. BioScience, 1991, 41(4): 206-210.

[16] Jiang W W, Yu Y W. Grey relational analysis and evaluation on main forest-soil fertility in Huzhou Region [J]. Chin J Ecol, 2002, 21(4): 18-21.

[17] 曾思齐. 长江中上游低质低效次生林改造技术研究[M]. 北京: 中国林业出版社, 1997.

[18] 杨学春, 董希斌, 姜帆, 等. 黑龙江省伊春林区低质林林分评定[J]. 东北林业大学学报, 2009, 37(10): 10-13.

[19] 陈东来, 秦淑英. 山杨天然林林分结构的研究[J]. 河北农业大学学报, 1994, 17(1): 36-43.

[20] 叶功富, 徐俊森, 隆学武, 等. 木麻黄低效林土壤成因的判别分析[J]. 防护林科技, 1996(增刊): 69-72.

[21] 郭小平, 朱金兆, 余新晓, 等. 论黄土高原地区低效刺槐林改造问题[J]. 水土保持研究, 1998, 5(4): 75-82.

10 小兴安岭低质林改造对林地植被的影响

植物多样性的调查方法为：在皆伐带状试验区和择伐试验区的调查样地内，分别随机设置 4 个样方，每个样方的面积为 20m×20m（或带宽为 20m），在保留带和择伐样地内的这些样方中，对乔木层树木进行每株调查；在以上设置的样方内，采用对称布置法再设置 5 个（带宽为 6m 和 8m 的带状样地设置 4 个）小样方，每个中样方的面积为 5m×5m，在这些小样方中，对灌木层植物的多样性进行调查；在以上的小样方中，采用随机布置法再设置 5 个面积为 1m×1m 的样方，在这些样方中，对草本层植物的多样性进行调查，把同一样地同一冠层的生物多样性指数的平均值，作为该样地的植物多样性指数。

到目前为止，生物多样性指数的计算公式及方法很多。其中，最为广泛应用的物种多样性指数有 Shannon-wiener 指数 H'、Simpson 指数 D' 以及 Mclntoch（1967）指数 D；均匀度是指样地中各物种的多度的均匀程度，即每个种个体数之间的差异，其计算通常用观察多样性和最高多样性（所有种的多度相等时的多样性）的比值来表示，据此可导出均匀度的计算式，最常用的是 Pielou 均匀度指数 J。本章通过试验样地调查，采用的多样性指数的计算公式如下。

（1）Shannon-wiener 指数 H'：

$$H'=-\sum_{i=1}^{s} p_i \ln p_i \tag{10-1}$$

式中，$p_i=n_i/N$，代表第 i 个物种的相对多度。

（2）Pielou 均匀度指数 J：

$$J=H'/\ln S \tag{10-2}$$

式中，S 为样方中物种数。

10.1 采伐作业方式

森林采伐作业不仅影响林地生产力和林内小气候，还会对生物多样性产生重要的影响[1-3]。森林生物多样性是森林可持续经营的基础，同时保护森林生物多样性也是森林可持续经营的主要标准和目标[4-6]。近年来，关于采伐作业对森林生物多样性的研究很多，但是关于伐后低质林生物多样性的研究很少。本书以小兴安岭地区的低质林为研究对象，采用不同皆伐作业方式和不同强度的择伐作业方式对低质林进行改造，以低质林试验样地的乔木层、灌木层和草本层的生物多样性为研究基础，以原始阔叶红松林的生物多样性为衡量标准，运用主成分分析方法综合分析后，探讨不同采伐作业方式对低质林生物多样性的影响，为我们在低质林改造过程中选择采伐方式提供参考。

10.1.1 研究方法

本节以试验区 I、试验区 II 和试验区 III 共 3 个试验小区内的调查数据为基础，主要包括垂直保留带 K_1（6m）、K_2（8m）、K_3（10m）、K_4（15m），水平保留带 K_5（6m）、K_6（8m）、K_7（10m）、K_8（15m），垂直皆伐带 H_1（6m）、H_2（8m）、H_3（10m）、H_4（15m），水平皆伐带 S_1（6m）、S_2（8m）、S_3（10m）、S_4（15m）。运用公式（10-1）、（10-2）计算得到不同采伐作业方式改造下的各个低质林试验小区的乔木层、灌木层和草本层的生物多样性指数；分析采伐带与保留带样地内不同层植物生物多样性的变化程度，分别比较不同采伐方式下样地内植物多样性指数及同种采伐作业方式在不同带宽处生物多样性指数的差异，运用主成分分析方法，比较不同采伐作业方式对植物生物多样性指数的影响程度。

10.1.2 采伐作业方式对小兴安岭低质林生物多样性的影响

依据调查数据，运用生物多样性指数计算式（10-1）和式（10-2），计算得到不同采伐作业方式改造下的低质林试验样地的乔木层、灌木层和草本层植物生物多样性指数，其结果如表 10-1～表 10-3 所示。

10.1.2.1 乔木层生物多样性指数

由于皆伐作业将皆伐改造带内的乔木层树木都伐除了，故皆伐改造带内乔木层生物多样性未计算。试验区 I 和试验区 II 的保留带，以及试验区 III 内的树种主要是作为绿化用的白桦、杨树、春榆等，然而材质好且出材率高的红松、紫椴、水曲柳和落叶松等树种较少。由表 10-1 可见，采伐作业改造后，林内的光照强度、空气的温度和湿度、通风效果，以及土壤湿度和温度的变化，对试验区内乔木层生物多样性的影响为：在垂直带和水平带的保留带中，从乔木层生物多样性指数（H' 和 J）整体来看，与原始阔叶红松林（1.89 和 0.82）最为接近的是垂直保留带 K_2（1.85 和 0.62），且水平保留带的乔木层生物多样性指数普遍低于垂直保留带；在择伐带中，择伐带 Z_1 的物种多样性指数（2.25）最大，并且择伐带 Z_1 和 Z_3（2.14）的物种多样性指数都比原始阔叶红松林高。这是因为在择伐作业过程中，人为选择伐除树木，促使保留林木的种类和数量趋向于理想化，但是保留林木的分布位置不均匀的状况是不可改变的，所以择伐带 Z_1（0.59）和 Z_3（0.60）的均匀度指数都低于原始阔叶红松林（0.82）；从乔木层生物多样性指数的总体情况来看，择伐带 Z_2 的多样性指数（1.87 和 0.63）最接近原始阔叶红松林。

表 10-1　乔木层生物多样性指数

指数	K_1	K_2	K_3	K_4	H_1	H_2	H_3	H_4
H'	1.36	1.85	1.46	1.64	—	—	—	—
J	0.53	0.62	0.57	0.64	—	—	—	—
	K_5	K_6	K_7	K_8	S_1	S_2	S_3	S_4
H'	1.25	1.31	1.45	1.64	—	—	—	—
J	0.55	0.47	0.57	0.55	—	—	—	—
	Z_1	Z_2	Z_3	Z_4	Z_5	Z_6	Z_7	CK
H'	2.25	1.87	2.14	1.48	1.27	1.56	1.27	1.89
J	0.59	0.63	0.60	0.53	0.55	0.61	0.60	0.82

注：表中 CK 为原始阔叶红松林多样性指数均值，下同。

10.1.2.2　灌木层生物多样性指数

3个试验区林地内灌木层的植物主要有刺五加、醋栗、三颗针、忍冬、山高粱、山梅花、毛榛子、卫矛、疣枝卫矛、暖木条、奇数条、暴马丁香、绣线菊、溲疏、小檗、花刺梅、黄刺玫、接骨木、春榆和茶藨子。由表 10-2 可见：在垂直带中，垂直保留带 K_3 的物种多样性指数最大为 1.99，从灌木层生物多样性指数的整体情况来看，垂直皆伐带 H_3 的生物多样性指数（1.84 和 0.71）与原始阔叶红松林最为接近；在水平带中，水平保留带 K_8 的物种多样性指数最大为 2.00，水平皆伐带 S_4 的生物多样性指数（1.72 和 0.72）最接近原始阔叶红松林；在择伐带中，择伐带 Z_2 的生物多样性指数（1.58 和 0.62）最接近原始阔叶红松林。在垂直带和水平带中，皆伐带与保留带相比，物种多样性指数大小交替变化，说明短时间内采伐作业对灌木层植物的种类及数量的影响，使物种丰富度较高样地的物种多样性有所降低，但对物种丰富度较低样地的物种多样性有促进作用；然而就均匀度指数来看，每个皆伐带都比其对应的保留带高，说明皆伐作业改造方式有利于低质林灌木层植物的均匀分布。各个试验区内每个样地的物种多样性指数与原始红松阔叶林的差别比较明显，且皆伐带及其保留带中部分样地的物种多样性指数高于原始阔叶红松林，而均匀度指数都低于原始阔叶红松林（0.78），说明未改造和改造后的低质林灌木层植物的种类和数量并不稳定，短时间内生物多样性的恢复效果并不明显。

表 10-2　灌木层生物多样性指数

指数	K_1	K_2	K_3	K_4	H_1	H_2	H_3	H_4
H'	1.36	1.64	1.99	1.53	1.53	1.75	1.84	1.44
J	0.50	0.59	0.65	0.59	0.61	0.63	0.71	0.68
指数	K_5	K_6	K_7	K_8	S_1	S_2	S_3	S_4
H'	1.85	1.50	1.49	2.00	1.22	1.68	1.88	1.72

指数	K₅	K₆	K₇	K₈	S₁	S₂	S₃	S₄
J	0.67	0.54	0.58	0.68	0.68	0.58	0.68	0.72
指数	Z₁	Z₂	Z₃	Z₄	Z₅	Z₆	Z₇	CK
H'	0.54	1.58	1.29	0.81	1.36	1.31	1.17	1.62
J	0.38	0.62	0.62	0.52	0.60	0.62	0.54	0.78

10.1.2.3 草本层生物多样性指数

3 个试验区林地内的草本层植物主要有羊胡苔草、小叶樟、蚊子草、山尖子、蕨、乌头、毛缘苔草、山茄子、细叶苔草、玉竹、荨麻、牛蒡木贼、异叶天楠、林茜草、土三七、蒙古蒿、山芍药、假升麻、延尾凤毛菊、铁线蕨、野豌豆、独活、走马芹、铃兰、黎芦、花忍、三叉蒿、侧金盏花、猪殃殃、大叶柴胡、唐松草、单穗升麻、费菜、山包米、圆叶堇菜、穿地龙、延胡索、益母草和金丝桃，而原始阔叶红松林独有的草本层植物有驴蹄草、北重楼、朝鲜顶冰花、互叶金腰子、荷清花、单叶舞鹤草、酢浆花和香茶菜，说明低质林中草本层植物的种类正在减少（表 10-3）。在垂直带中，垂直皆伐带 H₃ 的物种多样性指数最大为 1.81，而垂直保留带 K₃ 的均匀度指数最高为 0.71，从草本层生物多样性指数的总体情况来看，垂直皆伐带 H₃ 的生物多样性指数（1.81 和 0.65）与原始阔叶红松林 （2.17 和 0.90）最为接近，垂直皆伐带与垂直保留带相比，物种多样性指数和均匀度指数的变化不明显；在水平带中，水平皆伐带 S₁ 的物种多样性指数最大为 1.98，而水平保留带 S₃ 的均匀度指数最高为 0.68，从草本层生物多样性指数的总体情况来看，水平皆伐带 S₁ 的生物多样性指数（1.98 和 0.66）与原始阔叶红松林最为接近，水平皆伐带与水平保留带相比，除了 15m 带宽的水平皆伐带 S₄ 的生物多样性指数比其保留带 K₈ 低外，其余水平皆伐带均比其保留带高，说明水平带状的皆伐作业有利于草本层植物多样性的恢复；在择伐带中，试验样地 Z₅ 的生物多样性指数（1.72 和 0.63）都最大，与原始阔叶红松林最为接近。

表 10-3 草本层生物多样性指数

指数	K₁	K₂	K₃	K₄	H₁	H₂	H₃	H₄
H'	1.35	1.62	1.62	1.31	1.28	1.64	1.81	1.03
J	0.57	0.65	0.71	0.62	0.49	0.66	0.65	0.62
指数	K₅	K₆	K₇	K₈	S₁	S₂	S₃	S₄
H'	1.49	1.71	1.22	1.16	1.98	1.73	1.76	0.90
J	0.53	0.45	0.46	0.63	0.66	0.56	0.68	0.49
指数	Z₁	Z₂	Z₃	Z₄	Z₅	Z₆	Z₇	CK
H'	1.18	1.34	1.46	1.38	1.72	0.99	1.52	2.17
J	0.54	0.53	0.53	0.52	0.63	0.45	0.62	0.90

　　将试验区内样地分为垂直皆伐带、垂直保留带、水平皆伐带、水平保留带和择伐带 5 组，分别对乔木层、灌木层、草本层的物种多样性指数和均匀度指数求平均值，其计算结果如表 10-4 所示。然后计算垂直保留带和水平保留带的乔木层物种多样性指数和均匀度指数的平均值，得到保留带乔木层的生物多样性指数的平均值为 1.53 和 0.57；用皆伐带物种多样性指数和均匀度指数分别除以其保留带的生物多样性指数，得到的百分数比值，再将百分数比值减去 1 后，分别得到物种多样性指数和均匀度指数的百分数差值（差值越大，说明皆伐带相对于保留带的改造效果越好），灌木层中的垂直带为−1% 和 +14%、水平带为−3% 和 +8%，草本层中的垂直带为−5% 和−3%、水平带为 +9% 和 +9%。另外，分别对比乔木层、灌木层、草本层的物种多样性指数和均匀度指数的平均值可见：在乔木层中，择伐带的生物多样性指数的平均值（1.69 和 0.59）都大于保留带，说明对乔木层生物多样性恢复速度的影响为人工更新比自然更新快；在灌木层中，皆伐带和保留带的生物多样性指数的平均值都大于择伐带，皆伐带均匀度指数的平均值都比保留带大，并且皆伐带与保留带的物种多样性百分数差值虽然为负值，但是很接近零，皆伐带优于保留带，优于择伐带。从皆伐带和保留带生物多样性指数的百分数差值来看，垂直带的百分数差值都比水平带大，说明不同恢复模式对灌木层生物多样性恢复效果的次序为：垂直皆伐改造模式优于水平皆伐改造模式，优于天然更新，优于择伐改造模式；在草本层中，皆伐带的生物多样性指数的平均值（1.43 和 0.60）都高于保留带（1.40 和 0.58），高于择伐带，从皆伐带和保留带生物多样性指数的百分数差值来看，水平带的百分数差值明显大于垂直带，说明不同恢复模式对草本层生物多样性恢复效果的次序为：水平皆伐改造模式优于垂直皆伐改造模式，优于天然更新，优于择伐改造模式。根据灌木层和草本层多样性指数 H' 的整体比例制图可见，垂直带中的（H_3）垂直皆伐带带宽 10m 的样地、水平带中的（K_6）水平保留带带宽为 8m 的样地和择伐带中的（Z_5）采伐强度为 55% 的样地、（Z_7）采伐强度为 77% 的样地与原始阔叶红松林（CK）更为接近，如图 10-1 所示。

表 10-4　生物多样性指数平均值

冠层	指数	垂直皆伐带	垂直保留带	水平皆伐带	水平保留带	择伐带	CK
乔木层	H'	—	1.59	—	1.46	1.69	1.89
	J	—	0.60	—	0.54	0.59	0.82
灌木层	H'	1.62	1.64	1.68	1.74	1.15	1.62
	J	0.67	0.59	0.67	0.62	0.56	0.78
草本层	H'	1.39	1.46	1.46	1.34	1.37	2.17
	J	0.62	0.64	0.58	0.53	0.55	0.90

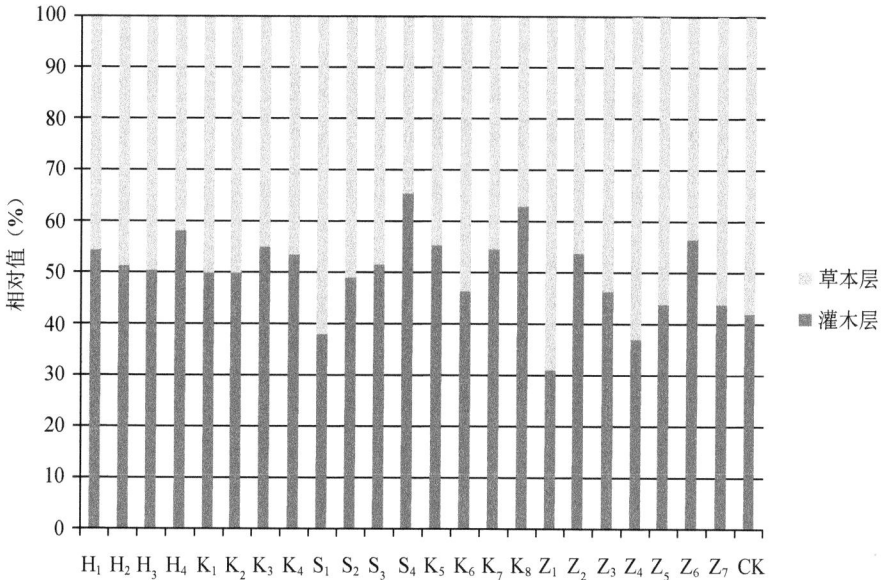

图 10-1　采伐作业方式改造试验样地内灌木层、草本层 H' 的相对值

10.1.3　林地生物多样性指数变化的主成分分析

为了从整体对不同改造作业方式对低质林生物多样性恢复的具体效果进行评析，以各试验区每个样地的物种多样性指数和均匀度指数为基础，运用主成分分析，计算各试验区每个样地的综合得分，主成分特征值如表10-5所示。

表 10-5　特征值解释

主成分	特征值	贡献率（%）	累计贡献率（%）
第1主成分（F_1）	2.486	41.425	41.425
第2主成分（F_2）	2.017	33.615	75.040

由表10-5可知，前两个公因子的特征值均大于1，第1主成分的贡献率为41.425%，且前两个主成分累计贡献率达到75.040%，因此能够充分地描述各试验区每个样地内生物多样性的恢复情况。

由表10-6可以看出，乔木层物种多样性指数（H'）在第一公因子（F_1）上的载荷很大，将 F_1 定义为乔木层多样性指数因子；灌木层和草本层多样性指数在第二公因子（F_2）上的载荷很大，将 F_2 定义为灌木层和草本层多样性指数因子。两个公因子分别从不同方面反映了各试验区生物多样性的恢复情况，单独的一个公因子不能反映某一试验样地生物多样性的恢复情况，以各公因子对应的贡献率为权数计算，公式为

$$F=\frac{\lambda_1}{\lambda_1+\lambda_2}S_1+\frac{\lambda_1}{\lambda_1+\lambda_2}S_2 \qquad (10\text{-}3)$$

式中，F 为综合得分；λ_1 为第 1 主成分贡献率；λ_2 为第 2 主成分贡献率；S_1 为第 1 主成分因子得分；S_2 为第 2 主成分因子得分。

表 10-6　因子载荷表

冠层	指数	主成分	
		F_1	F_2
乔木层	H'	0.359	0.120
	J	0.337	0.174
灌木层	H'	−0.274	0.162
	J	−0.290	0.210
草本层	H'	0.020	0.413
	J	−0.005	0.458

根据各因子得分，按照公式（10-3）计算各试验区每个样地的生物多样性恢复情况的综合得分，如表 10-7。

表 10-7　各试验区综合得分

调查区	因子得分（S_1）	因子得分（S_2）	综合得分（F）
H_1	−0.52	−0.46	−0.49
H_2	−0.64	0.14	−0.29
H_3	−0.83	0.32	−0.31
H_4	−0.62	−0.27	−0.46
K_1	0.44	−0.19	0.18
K_2	0.33	0.33	0.33
K_3	−0.07	0.56	0.21
K_4	0.33	0.08	0.22
S_1	−0.50	0.27	−0.15
S_2	−0.51	−0.08	−0.32
S_3	−0.82	−0.69	−0.76
S_4	−0.82	−0.50	−0.68
K_5	−0.11	0.10	−0.02
K_6	0.26	0.31	0.28
K_7	0.28	−0.34	−0.00
K_8	−0.11	0.19	0.02
Z_1	0.64	−0.57	0.10
Z_2	0.30	−0.03	0.15
Z_3	0.48	−0.02	0.26

续表

调查区	因子得分（S_1）	因子得分（S_2）	综合得分（F）
Z_4	0.67	−0.36	0.21
Z_5	0.25	0.24	0.25
Z_6	0.32	−0.46	−0.03
Z_7	0.27	−0.02	0.14
CK	0.12	1.40	0.69

由表10-7可见，在垂直带中，带宽为8m的垂直保留带（K_2）样地的综合得分最高为0.33，带宽为15m的垂直保留带（K_4）次之，而在垂直皆伐带中，带宽为8m的垂直皆伐带（H_2）样地和带宽为10m的垂直皆伐带（H_3）的综合得分较高；在水平带中，带宽为8m的水平保留带（K_6）样地的综合得分最高为0.28，带宽为15m的水平保留带（K_8）次之，而在水平皆伐带中，带宽为6m的水平皆伐带（S_1）样地的综合得分较高；在择伐带中，采伐强度为41%的择伐带（Z_3）样地的综合得分最高为0.26，采伐强度为41%的择伐带（Z_5）次之。由表10-7可见，原始阔叶红松林的综合得分最高为0.69。择伐改造模式下的生物多样性恢复情况与原始阔叶红松林相比差距很大，且皆伐带的乔木层变动较大使得综合得分较低，说明试验样地经过采伐改造3a后，低质林植物的生物多样性恢复效果不明显，还需要较长的时间。就综合得分的平均值来看，垂直保留带综合得分的平均值（0.24）高于择伐带（0.21），说明短期内自然恢复对群落类型生物多样性恢复的效果高于人工恢复。

在低质林生物多样性恢复的不同采伐改造模式中，通过对垂直皆伐带、水平皆伐带和择伐带分别与原始阔叶红松林的比较研究，运用主成分分析的方法，对各试验区生态系统的恢复效果进行评析，并分析试验区植被恢复效果与影响因素之间的关系，垂直带样地、水平带样地和择伐带样地的环境因素相似，在采用不同恢复方式的情况下，短时间内不同采伐改造模式使低质林生物多样性的恢复效果有一定差异，主要表现在以下几个方面：

在乔木层中，通过皆伐保留带和择伐带的对比可以看出，由于在择伐作业过程中，人为选择伐除树木，促使保留林木的种类和数量趋向于理想化，使择伐带样地的物种多样性指数明显增大，并且采伐强度为22%和41%样地的物种多样性指数都高于原始阔叶红松林。但随着择伐强度逐渐增加，保留下来的林木种类和数量减少，乔木层物种多样性指数降低，故择伐带乔木层物种多样性指数随着择伐强度的增加，总体呈现出先增后减的趋势；且择伐作业后保留下来的林木分布位置不均匀，其均匀度指数降低。乔木生长缓慢，短时间内恢复效果不明显，所以皆伐带内乔木层生物多样性指数在本章的研究中没有体现。通过择伐带和保留带的乔木层生物多样性恢复效果的综合对比可知，乔木层生物多样性恢复速度受到的影响为，短时间内人工更新比自然更新快，人工恢复高于自然恢复。

在灌木层中,皆伐带与保留带相比可以看出,就物种多样性而言,皆伐作业使物种丰富度较高,使样地物种多样性降低,然而对丰富度较低样地的物种多样性有促进作用;就均匀度指数而言,皆伐作业有利于低质林灌木层植物的均匀分布。皆伐带和皆伐保留带与择伐带相比可以看出,皆伐带和保留带生物多样性指数平均值都高于择伐带,这是因为带状皆伐作业,使得林分的阳光强度、空气状况、通风效果、土壤湿度、温度等自然因素的变化,在促进灌木层植物的生长效果方面要比择伐作业好。对于皆伐带及其保留带中部分样地的物种多样性指数高于原始阔叶红松林的现象说明:皆伐改造方式伐除乔木使得灌木减少了生存竞争,并且自然因素的改善,使灌木层植物在短时间内局部性生长茂盛,采伐作业对灌木层生物多样性的影响较大。灌木层生物多样性的恢复效果为:垂直皆伐改造模式优于水平皆伐改造模式,优于天然更新,优于择伐改造模式。

在草本层中,从生物多样性指数的总体情况来看,皆伐带高于保留带高于择伐带;垂直皆伐带与垂直保留带相比,物种多样性指数和均匀度指数的变化不明显;水平皆伐带与水平保留带相比,水平带状的皆伐作业有利于草本层植物多样性的恢复;各试验样地的生物多样性指数都小于原始阔叶红松林,同时在试验区样地内几个物种已消失,说明多年的低质林生态系统草本层生物多样性在退化,且在短时间内采伐作业对草本层生物多样性的恢复效果不明显,故对低质林的改造,促进低质林生态系统恢复的任务刻不容缓。对生物多样性恢复效果的排序为:水平皆伐改造模式优于垂直皆伐改造模式,优于天然更新,优于择伐改造模式。

在不同的采伐作业方式改造下所形成的群落类型中,受环境变化的影响,其植物生物多样性的变化有一定的差异。经过采伐改造的林分,林木的株数减少,林冠的郁闭度下降,从而使林内光照强度增加,林内空气、土壤的湿度和温度等自然因素也相应地发生了变化[7],进而对改造林分内植物的生物多样性的变化产生影响。在本书中,综合分析后得出:在垂直皆伐带10m带宽、水平皆伐带8m带宽与择伐带采伐强度41%的3种采伐改造模式下,试验区内样地的自然条件较适宜植物生长,生物多样性的恢复效果最好,带宽为8m的垂直皆伐带,带宽为6m的水平皆伐带的样地与择伐带采伐强度为55%的样地恢复效果次之。从对灌木层和草本层生物多样恢复效果分析可见:皆伐改造模式优于天然更新,优于择伐改造模式。

10.2　整地作业方式

整地作业既可以改善土壤的立地条件,还能提高造林苗木的成活率,促进林木的生长,但是整地作业势必对植物的根系等产生破坏,使土壤的理化性质发生变化,进而对整地作业的林地内植物的生物多样性造成影响。在小兴安岭低质林设置试验样地，在统一的带状采伐作业的基础上，对低质林试验样地使用不同的整地方式进行整地，从生物多样性的角度探讨适合于小兴安岭低质林改造的整地方式，为低质林分的改造和经营，以及低质林植物生物多样性恢复的研究提供理论依据。

10.2.1 研究方法

以试验区Ⅴ、试验区Ⅵ、试验区Ⅶ和试验区Ⅷ 共 4 个试验小区内的调查数据为基础，运用公式（10-1）和公式（10-2）计算得到不同整地作业方式改造下的各低质林试验小区的乔木层、灌木层和草本层的生物多样性指数。以不同整地作业方式改造下低质林试验样地内植物生物多样性指数为研究对象，比较不同整地改造后改造带与未干扰对照样地内植物生物多样性指数的变化程度，分析不同整地作业方式下试验样地内植物生物多样性指数的差异；运用主成分分析方法综合分析不同整地作业方式对植物生物多样性指数的影响程度。

10.2.2 整地作业方式对小兴安岭低质林生物多样性的影响

依据调查数据，运用生物多样性指数计算公式（10-1）和公式（10-2）计算，分别得到不同采伐作业方式改造下的低质林试验样地的乔木层、灌木层和草本层植物生物多样性指数，如表 10-8～表 10-10 所示。

10.2.2.1 乔木层生物多样性

在造林更新的改造方式下，对试验区内的低质林林木进行清理后，试验区改造样地内的主要树种是枫桦、水曲柳、紫椴、冷杉、云杉、和红松等，还有少量的黄菠萝、白桦、五角槭和青楷槭等。由表 10-8 可见，试验区Ⅵ样地的乔木层物种多样性指数（2.05）和均匀度指数（0.91）都最高，已超过原始阔叶红松林的乔木层生物多样性指数均值（1.89 和 0.82），这是因为该改造样地内林木的种类较多且数量比例较好，但各种林木的数量虽分布少却均匀，但该试验区内出材率较高的红松、水曲柳、紫椴和落叶松的林木数量很少，远远低于原始阔叶红松林。对每个试验区内整地改造样地的乔木层生物多样性指数与其保留样地进行总体对比可见，不同整地作业方式下改造样地的乔木层物种多样性指数普遍高于试验区的保留样地，且每个整地改造样地的乔木层均匀度指数都比其对应的保留样地高，说明合理的择伐作业对试验区样地内乔木层生物多样性指数变化的影响比较显著，短时间内有利于乔木层生物多样性的恢复；试验样地经过整地改造后的乔木层生物多样性指数，都接近或高于原始阔叶红松林，说明在整地改造过程中，人为保留林木的种类和数量都非常合理，并且保留下来的不同种类的林木分布位置都比较均匀，对乔木层生物多样性的恢复有显著的促进作用。由于出材率高的林木很少，故在选择性地保留林木的基础上，补植幼苗是有必要的，既控制了采伐作业对森林环境的扰动，又促进了人工更新，有利于加快低质林生态系统生态系统乔木层生物多样性的恢复速度。

表 10-8　乔木层生物多样性指数

指数	V	D_1	VI	D_2	VII	D_3	VIII	D_4	CK
H'	1.64	1.82	2.05	1.80	1.81	1.29	1.99	1.14	1.89
J	0.85	0.79	0.91	0.86	0.93	0.80	0.81	0.63	0.82

注：表中 CK 为原始阔叶红松林多样性指数均值，下同。

10.2.2.2　灌木层生物多样性

由于这 4 个试验区样地是在 2010 年冬季进行采伐改造的，在 2011 年春季整地作业的同时栽植的幼苗，将改造样地中的灌木都清除了，所以没有调查改造样地内灌木层生物多样性的数据。试验区保留样地和原始阔叶红松林的灌木层植物主要有珍珠梅、榛子、刺五加、暴马丁香、三颗针、忍冬和悬钩子等，还有少量的醋栗、瘤枝卫矛、茶藨子、刺老芽、溲疏和接骨木等。由表 10-9 可见，试验区 VI 的保留样地 D_2 的均匀度指数最高为 0.92，从生物多样性指数的总体情况来看，试验区 V 的保留样地 D_1 的灌木层的物种多样性指数（1.71）和均匀度指数（0.86）都较大，已超过原始阔叶红松林（1.62 和 0.78），这是由于保留样地 D_1 的样地内乔木层林木稀少，林分郁闭度较低，因此灌木层植物缺少强大的乔木层植物与其的生存竞争，同时保留样地内的光照强度、通风效果、土壤温度和湿度等环境因素都适合灌木层植物的生长，导致了保留样地 D_1 的灌木层物种多样性指数过高，这也间接地反映出该低质林试验区森林生态系统的不稳定性。每个试验区的保留样地与原始阔叶红松林对比可见，保留样地的灌木层物种多样性指数普遍低于原始阔叶红松林，而均匀度指数却普遍高于原始阔叶红松林，这说明保留样地内乔木层林木稀少，使得灌木层植物分布广泛且均匀。然而保留样地内灌木层植物的种类远远低于原始阔叶红松林，以上现象都反映出试验区内低质林的森林生态系统与原始阔叶红松林有较大的差距，并且试验区低质林的森林生态系统存在较大的不稳定性，因此，必须对低质林进行及时并合理的改造，使其森林生态持续平稳地发展。

表 10-9　灌木层生物多样性指数

指数	V	D_1	VI	D_2	VII	D_3	VIII	D_4	CK
H'	—	1.71	—	1.28	—	1.15	—	1.20	1.62
J	—	0.86	—	0.92	—	0.76	—	0.94	0.78

10.2.2.3 草本层生物多样性

试验区内草本层植物主要有羊胡苔草、小叶樟、毛缘苔草、蕨、山尖子、蚊子草、延尾凤毛菊、山苞米、唐松草、三楞草、毛莨、荨麻、木贼、蒿、猪殃殃、侧金盏花、野豌豆和北重楼等，其中，试验区内的部分区域还有延胡索、独活、单叶舞鹤草、萎陵菜、朝鲜顶冰花、香茶菜、河清花、堇菜、菟葵、早熟禾、大叶柴胡、天南星、驴蹄菜、花忍、附地菜、草乌、落新妇、金腰子、五福草、蓍草、假升麻和耳叶蟹甲等。由表 10-10 可见，保留样地 D_4 的草本物种多样性指数（2.23）和均匀度指数（0.91）都最大，稍高于原始阔叶红松林（2.17 和 0.90），并且每个试验区内样地的草本层物种多样性指数都很高，这也反映出了低质林试验区林内的光照强度、温度状况、通风效果和空气湿度，以及土壤的温度和湿度等自然因素都有利于草本植物的生长，使得草本层植物生长茂盛且种类较多；按整地方式的不同，将试验区内样地分为揭草皮子整地方式一组和暗穴整地方式一组，将各组的改造样地与其对应的保留样地的草本层生物多样性指数 H' 和 J 分别相除后取平均值（此平均值越大说明整地作业对草本层生物多样性的负面影响越小）得：揭草皮子整地方式一组的草本层物种多样性指数 H' 比值的平均值为 0.984，均匀度指数 J 比值的平均值为 0.971；暗穴整地方式一组的草本层物种多样性指数 H' 比值的平均值为 0.915，均匀度指数 J 比值的平均值为 0.934。对这两组数据比较后可见：揭草皮子整地方式一组的生物多样性指数比值的平均值都比暗穴整地方式一组的大，说明揭草皮子的整地作业比暗穴整地作业对草本层生物多样性的负面影响小。

表 10-10 草本层生物多样性指数

指数	V	D_1	VI	D_2	VII	D_3	VIII	D_4	CK
H'	2.03	2.14	2.01	1.92	1.96	2.05	2.04	2.23	2.17
J	0.80	0.83	0.75	0.77	0.80	0.82	0.85	0.91	0.90

根据表 10-8～表 10-10 中的生物多样性数据，对保留样地的乔木层、灌木层和草本层及各试验区每个样地的乔木层和草本层的物种多样性指数 H' 值分别做相对比较（图 10-2）：在保留样地的乔木层、灌木层、草本层的物种多样性指数 H' 值的相对比较中（图10-2左侧）可以看出，保留样地 D_1 和 D_2 与原始阔叶红松林最为接近，说明初始条件下该低质林乔木层、灌木层、草本层物种多样性的匹配比较合理；在各试验区每个样地的乔木层和草本层物种多样性指数 H' 值的相对比较中（图 10-2 右侧）可以看出，在改造样地中，改造样地 V 与原始阔叶红松林最为接近，乔木层和草本层的物种多样性指数 H' 值的比例，揭草皮子整地作业方式下的改造（V、VI和VII）比暗穴整地作业方式下的改造样地（VIII）更接近原始阔叶红松林，原始阔叶红松林更接近，且揭草皮子整地作业方式下的改造样地与

保留样地的乔木层和草本层的物种多样性指数 H' 值的比例比较接近，再次说明揭草皮子整地方式比暗穴整地方式对生物多样性的负面影响要小。因此，在低质林改造整地作业方式的选择中，揭草皮子整地作业方式与暗穴整地作业方式相比，可优先考虑采用揭草皮子整地作业方式对低质林林地进行整地。

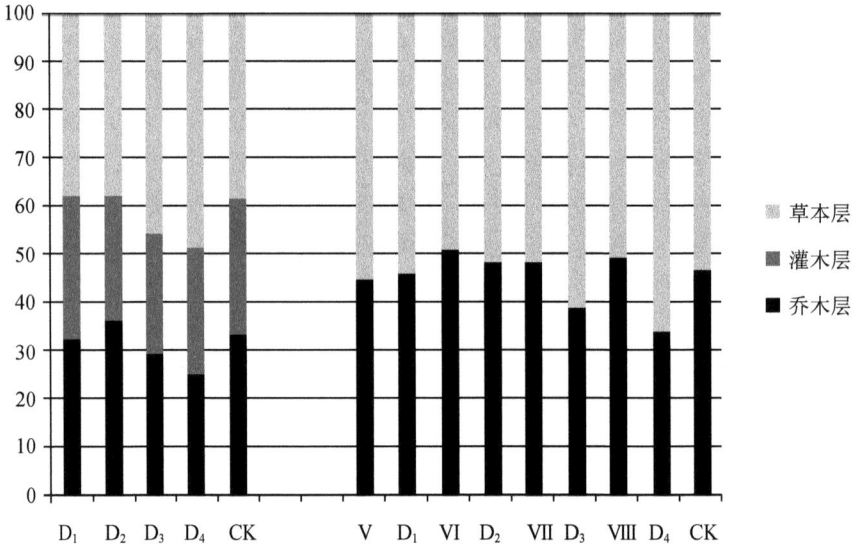

图 10-2　乔木层、灌木层、草本层 H' 的相对值

10.2.3　各试验区物种多样性恢复的主成分分析

为了全面地对比和分析各试验区每个样地生物多样性的初始效果，以各试验区每个样地内的物种多样性指数和均匀度指数为基础，运用主成分分析，计算各试验区每个样地的综合得分，主成分特征值如表 10-11 所示。

表 10-11　特征值解释

主成分	特征值	贡献率（%）	累计贡献率（%）
第 1 主成分	3.965	66.077	66.077
第 2 主成分	1.034	17.225	83.302

由表 10-11 可见，前两个公因子的特征值都大于 1，并且第 1 主成分的贡献率高达 66.077%，前两个主成分的累计解释率达到 83.302%，其因子荷载见表 10-12，因此能够充分地描述各样地内生物多样性的初始情况。

表 10-12　因子载荷表

冠层	指数	主成分	
		F_1	F_2
乔木层	H'	−0.172	0.153
	J	−0.230	0.251
灌木层	H'	0.195	0.583
	J	0.205	0.556
草本层	H'	0.215	−0.314
	J	0.208	−0.366

按照公式（10-3），依据各因子得分计算各试验区每个样地生物多样性初始情况的综合得分，如表 10-13 所示。

表 10-13　各试验区综合得分

编号	因子得分（S_1）	因子得分（S_2）	综合得分（F）
V	−0.61	−0.86	−0.66
D_1	0.43	0.78	0.49
VI	−0.48	−1.17	−0.62
D_2	0.93	−1.03	0.52
VII	−1.06	−0.33	−0.91
D_3	0.47	0.44	0.46
VIII	−1.23	−0.08	−0.99
D_4	−0.33	1.90	−0.13
CK	0.78	0.26	0.67

由表10-13可见：原始阔叶红松林（CK）的综合得分最高为 0.67；红光林场 301 林班的保留样地（D_2）的综合得分也较高为 0.52，红光林场 300 林班的保留样地（D_1）的综合得分（0.49）次之；而改造样地的综合得分均为负值，这是由改造样地内灌木层生物多样性指数数据的缺失造成的。从总体来看，低质林改造样地距离恢复到接近原始阔叶红松林生态系统生物多样性效果还需要较长的时间。在揭草皮子整地作业方式下的改造样地的综合得分均比暗穴整地作业方式的高，说明揭草皮子整地作业方式比暗穴整地作业方式对森林生境的负面影响要小。

在乔木层中，为了使整地作业改造后的低质林乔木层生物多样性尽快恢复，选择性地保留乔木层出材率较高的林木，既有利于保持低质林活立木的蓄积量，又有利于限制灌木层植物和草本层植物的生长态势，降低灌木层和草本层植物与补植幼苗吸收养分的竞争，促进低质林乔木层生物多样性的快速恢复。在低质林改造过程中，合理保留林木的种类、数量及分布位置，对乔木层生物多样性的恢复有促进作用。

在灌木层中，由于开发利用及自然灾害破坏后形成的低质林的时间过长，乔木层林木稀少（林内局部林地已为空地），致使灌木层植物生长茂盛，但由于森林生态环境的恶化，与原始阔叶红松林相比，低质林灌木层植物的种类正在减少；保留样地灌木层生物多样性指数过高，反映出低质林生态系统的不稳定性，小兴安岭低质林生态系统恢复工作任重道远。

在草本层中，从草本层生物多样指数的总体情况来看，整地作业改造后的试验样地的草本层生物多样指数普遍低于保留样地，说明不同整地作业方式对低质林试验样地的改造都会对草本层生物多样性产生负面影响，所以在低质林改造的过程中，应减少对森林植被的破坏，注意对稀有植物的保护，进而保护森林生物多样性，有利于森林生态系统快速地恢复稳定；通过整地改造样地与保留样地的草本层生物多样性指数比值的对比分析可见，揭草皮子整地作业方式对草本层植物生物多样性的负面影响比暗穴整地作业方式要小。通过对试验区内每个样地的生物多样性的综合得分的对比可见，揭草皮子整地作业方式下的改造样地的综合得分比暗穴整地作业方式高，说明从草本层生物多样性的影响较小的角度考虑，揭草皮子整地作业方式优于暗穴整地方式，因此在低质林改造过程中，选择整地作业方式时，就揭草皮子整地方式和暗穴整地方式相比而言，可优先考虑使用揭草皮子整地作业方式。

为了保证森林资源能够可持续利用，对森林采伐利用前，应注意在保护森林生物多样性的前提下，制定完善的开采计划与恢复体系，采用合理的采伐作业方式进行开采，采伐结束后及时采用最优更新造林方法，使森林生态系统能够稳定、持续地发展下去。在森林抚育过程中，应加强对残次树木的清理，这既有助于改善林内的自然环境，又有利于幼苗及林下其他植物的生长，保证森林的生物多样性，加强森林生态系统的稳定性。

10.3　改造方式对小兴安岭低质林苗木生长的影响

数据调查采用实地调查的方法进行采集，对更新苗木的调查时间为 2008 年 6 月、2009 年 6 月和 2010 年 6 月，在水平皆伐带（$S_1 \sim S_9$）、垂直皆伐带（$H_1 \sim H_{10}$）和林窗（$A_1 \sim A_9$）的每个试验小区内，对栽植的苗木的树高、生长量、地径及成活率或保存率等指标进行调查，具体见表 10-14。表中的成活率平均值是各树种在同一改造方式内的总成活苗木数量与实际栽植苗木数量的比值，而生长率平均值是各树种在同一改造方式内的总成活苗木树高生长量与总成活苗木树高的比值。

10.3.1　同一改造方式下不同林型林木的成活率和生长率

10.3.1.1　顺山带不同树种的成活率及生长率

由表 10-14 的数据可知，从平均数相对值比较来看，顺山带试验区落叶松、红松和云杉的成活率的情况是，红松（93.96%）较好，其次是云杉（91.87%）、落叶松（90.23%）。其生长率也存在显著性差异，落叶松（28.55%）高于红松（26.81%）和云杉（21.73%）。

表 10-14　试验区造林成活率及生长率　　　　　　　单位：%

试验区		落叶松		红松		云杉		混交	
		成活率	生长率	成活率	生长率	成活率	生长率	成活率	生长率
顺山带	S_1	93.22	33.11	88.85	23.02	80.37	18.02	96.53	23.49
	S_2	89.05	32.19	95.54	26.43	87.01	18.23	91.28	20.71
	S_3	96.33	33.46	97.67	22.26	98.85	22.61	94.32	16.79
	S_4	92.29	30.43	98.42	23.77	93.95	20.55	90.54	20.91
	S_5	87.06	28.85	88.33	23.85	92.73	18.24	87.35	25.43
	S_6	82.05	30.04	93.33	34.03	88.48	14.09	92.37	24.77
	S_7	79.14	25.54	96.44	29.05	96.11	30.62	88.35	36.59
	S_8	94.02	18.45	94.62	27.74	95.38	23.48	90.26	27.39
	S_9	91.89	20.35	87.78	26.75	90.44	25.37	86.52	26.64
	平均	90.23	28.55	93.96	26.81	91.87	21.73	92.36	26.89
横山带	H_1	85.39	28.27	88.89	26.68	97.18	20.41	95.27	24.25
	H_2	92.62	34.53	98.85	21.31	87.12	29.41	96.42	17.53
	H_3	91.15	21.55	90.07	35.81	95.17	26.37	97.58	28.78
	H_4	93.91	24.51	97.54	25.58	81.77	20.41	94.83	25.95
	H_5	96.93	32.26	94.53	20.14	96.81	20.26	93.65	26.08
	H_6	87.02	36.64	94.01	25.17	85.53	23.04	89.94	17.34
	H_7	95.14	40.23	86.54	29.58	92.82	17.76	95.05	31.62
	H_8	98.04	27.03	92.05	18.74	98.89	15.27	91.63	18.48
	H_9	79.85	27.05	95.17	21.12	90.08	19.32	86.37	24.55
	H_{10}	81.33	23.11	98.33	29.57	94.33	19.46	95.64	28.13
	平均	90.58	29.83	94.03	25.83	92.38	21.46	94.25	26.17
林窗	A_1	—	—	88.89	20.36	88.89	24.24	93.66	18.43
	A_2	—	—	86.67	25.46	86.67	17.99	92.31	26.97
	A_3	—	—	87.31	31.19	96.63	16.03	90.66	17.46
	A_4	—	—	90.67	25.02	92.11	14.85	95.18	19.52
	A_5	—	—	92.44	29.33	90.04	21.51	91.94	28.06
	A_6	—	—	89.28	29.49	91.09	18.59	94.75	31.46
	A_7	86.52	34.82	95.02	21.72	80.04	17.19	85.83	23.11
	A_8	85.39	34.91	83.72	24.25	95.33	17.64	93.57	27.83
	A_9	90.92	35.43	96.57	21.02	88.14	19.12	88.75	25.42
	平均	88.35	35.64	90.82	25.47	90.24	19.06	92.41	25.75
总平均		89.41	30.37	92.07	25.49	91.37	20.82	93.16	26.27

10.3.1.2　横山带不同树种的成活率及生长率

由表10-14的数据可知，从平均数相对值比较来看，横山带试验区落叶松、红松和云杉的成活率的情况是，红松（94.03%）较好，其次是云杉（92.38%）、落叶松（90.58%）。其生长率存在显著性差异，红松（25.83%）和落叶松（29.83%）的生长率高于云杉（21.46%）。

10.3.1.3　林窗不同树种的成活率及生长率

由表10-14数据可知，从平均数相对值比较来看，林窗试验区落叶松、红松和云杉的成活率的情况是，红松（90.82%）较好，其次是云杉（90.24%）、落叶松（88.35%）。其生长率存在显著性差异，落叶松的生长率（35.64%）高于红松（25.47%）和云杉（19.06%）。

经实验分析，试验区的土壤为肥沃的微酸性土壤，所以红松的成活率（92.07%）高于落叶松（89.41%）和云杉（91.37%）。落叶松幼苗的生长较快，其生长率（30.37%）高于云杉（20.82%）和红松（25.49%）。

10.3.2　不同改造方式下各林型林木的成活率和生长率

10.3.2.1　不同带宽造林的成活率及生长率

对表10-14的数据比较后发现，顺山带试验区内，落叶松在 S_3、S_8 的成活率较高，S_3、S_6 的生长率较高；红松在 S_3、S_4 的成活率较高，S_6、S_8 的生长率较高；云杉在 S_3、S_7 的成活率及生长率均较高。而在横山带试验区内，落叶松在 H_4、H_5、H_8 的成活率较高，H_6、H_7 的生长率较高；红松在 H_2、H_4、H_{10} 的成活率较高，H_3、H_4、H_7 的生长率较高；云杉在 H_1、H_8 的成活率较高，H_2、H_3、H_6 的生长率较高。通过综合分析和比较发现，带状皆伐选择8～10m采伐带宽度的造林成活率及生长率较高，造林更新效果较好。

10.3.2.2　林窗造林的成活率及生长率

由于落叶松是喜光的强阳性树种，而 A_1～A_6 为小面积的林窗，保留带林木的遮阴作用会使苗木的生长受到影响，所以造林时没有选择落叶松。对数据比较后发现，对于造林成活率，红松、云杉和二者混交随林窗面积增大变化较平稳，但整体趋势为小面积林窗的造林成活率高于大面积林窗。而从生长率上看，红松、云杉和混交的生长率随林窗面积增大呈现出先增加后减少的趋势，红松生长率的最大值在 A_3 处，云杉在 A_1 和 A_5 处较大，而混交则在 A_2 和 A_5 处较大；所以林窗面积应控制在 $100～300m^2$，选择小面积和中等面积的林窗比较适于幼苗的成活和生长。

10.3.2.3 三种改造方式下的落叶松、红松、云杉的成活率和生长率

不同皆伐方式中落叶松的成活率及生长率，从平均数相对值比较看，成活率是横山带（90.58%）较好，其次是顺山带（90.23%）、林窗（88.35%），生长率是林窗（35.64%）较好，其次是横山带（29.83%）、顺山带（28.55%）。

不同皆伐方式中红松的成活率及生长率，从平均数相对值比较看，横山带成活率（94.03%）高于顺山带（93.96%）和林窗（90.82%），顺山带生长率（26.81%）高于横山带（25.83%）和林窗（25.47%）。

不同皆伐方式中云杉的成活率及生长率，从平均数相对值比较看，成活率是横山带（92.38%）较好，其次是顺山带（91.87%）、林窗（90.24%），顺山带的生长率（21.73%）高于横山带（21.46%）和林窗（19.06%）。

通过综合分析和比较发现，横山带造林成活率高于顺山带和林窗，而顺山带造林生长率略高于横山带和林窗，这是由于进行带状改造后，采伐带内的剩余物较多，这些剩余物腐蚀分解后，为人工更新的幼苗提供了充足的营养物质，使带状改造的造林成活率及生长率要高于林窗改造。另外，由于顺山带改造容易引起水土流失，下雨时土壤中的可溶性营养物质随雨水流失到坡下方，造成坡上方的土壤贫瘠，而横山带布置可以有效地防止水土流失现象的发生，所以横山带造林的成活率及生长率好于顺山带。林窗造林时，由于保留块的遮阴作用，林窗内的更新幼苗得到的光照强度明显低于带状皆伐，而且保留块的树木对林窗内幼苗的抑制作用也明显大于带状皆伐，因此造成林窗造林的成活率及生长率低于横山带和顺山带。

10.3.2.4 三种改造方式下内混交造林效果

顺山带内的混交造林区域为每条带的 D 区，在 $S_1 \sim S_5$ 条带内选择红松与云杉进行混交造林，S_6、S_8 两条带内为云杉与落叶松混交造林，S_7、S_9 两条带内是红松与落叶松混交。对表 10-14 中的数据进行比较后发现，混交造林的成活率（92.36%）高于落叶松纯林（90.23%）及云杉纯林（91.87%），低于红松纯林（93.96%）；混交造林的生长率（26.89%）高于云杉纯林（21.73%）及红松纯林（26.81%），低于落叶松纯林（28.55%）。

横山带内的混交造林区域同样是在每条带的 D 区，在 $H_1 \sim H_6$ 条带内选择红松与云杉进行混交造林，H_7、H_9 两条带内为云杉与落叶松混交造林，H_8、H_{10} 两条带内是红松与落叶松混交。对表 10-14 中的数据进行比较后发现，混交造林的成活率（94.25%）要高于落叶松（90.58%）、云杉（92.38%）及红松（94.03%）纯林，而从生长率上看，混交造林（26.17%）高于云杉纯林（21.46%）以及红松纯林（25.83%），但不如落叶松纯林（29.83%）。

林窗内的混交造林区域是随机选择的，混交的树种均是红松和云杉。由

表 10-14 数据比较后发现，混交造林的成活率（92.41%）要高于红松（90.82%）和云杉（90.24%）纯林；混交造林生长率（25.75%）高于云杉纯林（19.06%）和红松纯林（25.47%）。

10.3.3　不同改造方式下各林型林木的成活率、保存率和生长量

表 10-15 中的成活率以及保存率平均值是各树种在同一改造方式内的总成活苗木数量与实际栽植苗木数量的比值，蓄积量 $= 1/3 \times \pi (d/2)^2 \times h$，其中 d 为苗木地径，h 为树高。

表 10-15　2008～2010 年落叶松生长状况

试验区		2008 年				2009 年			2010 年				连年生长量 (cm³)
		成活率 (%)	地径 (cm)	树高 (cm)	蓄积量 (cm³)	地径 (cm)	树高 (cm)	蓄积量 (cm³)	保存率 (%)	地径 (cm)	树高 (cm)	蓄积量 (cm³)	
顺山带	S_1	94.57	0.62	49.06	4.94	0.69	65.32	8.14	90.15	0.82	86.91	15.30	5.18
	S_2	90.16	0.57	51.67	4.39	0.63	68.34	7.10	86.31	0.83	97.05	17.50	6.55
	S_3	97.47	0.52	51.93	3.68	0.63	69.32	7.20	93.12	0.84	97.37	17.99	7.16
	S_4	93.42	0.55	51.14	4.05	0.62	66.69	6.71	88.84	0.79	95.34	15.58	5.76
	S_5	88.19	0.50	51.53	3.37	0.56	66.37	5.45	83.57	0.67	88.53	10.40	3.52
	S_6	83.27	0.53	56.26	4.14	0.61	73.16	7.13	79.27	0.83	103.21	18.61	7.24
	S_7	80.63	0.58	60.62	5.34	0.62	76.12	7.66	76.23	0.79	95.47	15.60	5.13
	S_8	95.28	0.46	56.48	3.13	0.51	66.85	4.55	91.53	0.69	78.40	9.77	3.32
	S_9	92.94	0.55	59.83	4.74	0.63	71.94	7.48	87.94	0.79	99.98	16.34	5.80
	平均	91.85	0.54	54.28	4.20	0.61	69.35	6.82	86.38	0.78	93.58	15.23	5.52
横山带	H_1	86.89	0.59	49.04	4.47	0.66	62.85	7.17	81.47	0.75	89.86	13.23	4.38
	H_2	93.85	0.54	46.61	3.56	0.63	62.71	6.52	88.57	0.73	82.21	11.47	3.96
	H_3	92.67	0.54	54.13	4.13	0.61	65.78	6.41	87.49	0.76	102.56	15.51	5.69
	H_4	95.42	0.54	52.45	4.00	0.62	65.26	6.57	89.86	0.77	98.84	15.34	5.67
	H_5	98.45	0.58	52.09	4.59	0.64	68.84	7.38	92.74	0.83	102.82	18.54	6.98
	H_6	89.16	0.57	49.69	4.23	0.70	67.92	8.71	83.65	0.83	97.80	17.64	6.71
	H_7	96.68	0.52	47.28	3.35	0.65	66.35	7.34	91.33	0.81	101.64	17.46	7.06
	H_8	99.15	0.60	51.48	4.85	0.63	65.41	6.80	94.12	0.82	98.08	17.27	6.21
	H_9	81.07	0.58	51.55	4.54	0.63	65.55	6.81	76.28	0.80	87.95	14.74	5.10
	H_{10}	82.66	0.50	54.34	3.56	0.62	66.84	6.73	77.67	0.75	79.35	11.69	4.06
	平均	92.14	0.56	50.87	4.13	0.64	65.75	7.04	86.53	0.79	94.11	15.29	5.58

对表 10-15 中的数据比较后发现，顺山带试验区内，落叶松在 S_3、S_8 的保存率（93.12%、91.53%）较高，S_3、S_6 的连年生长量（7.16cm³、7.24cm³）较高；而在横山带试验区内，落叶松在 H_5、H_8 的保存率（92.74%、94.12%）较高，H_5、H_6、H_7 的连年生长量（6.98cm³、6.71cm³、7.06cm³）较高。落叶松在顺山带试验区的保存率（86.38%）低于在横山带试验区的保存率（86.53%），且连年生长量

（5.52cm³）也低于横山带试验区（5.58cm³）。

表 10-16 2008～2010 年红松生长状况

试验区		2008 年				2009 年			2010 年				连年生长量 (cm³)
		成活率 (%)	地径 (cm)	树高 (cm)	蓄积量 (cm³)	地径 (cm)	树高 (cm)	蓄积量 (cm³)	保存率 (%)	地径 (cm)	树高 (cm)	蓄积量 (cm³)	
顺山带	S_1	90.34	0.58	20.16	1.78	0.63	24.89	2.59	83.31	0.69	33.94	4.23	1.23
	S_2	96.87	0.67	23.33	2.74	0.69	29.51	3.68	90.32	0.75	45.18	6.65	1.96
	S_3	98.71	0.48	21.59	1.30	0.59	26.38	2.40	92.15	0.74	38.64	5.54	2.12
	S_4	99.16	0.65	22.14	2.45	0.72	27.45	3.73	93.16	0.79	40.57	6.63	2.09
	S_5	89.47	0.51	20.51	1.40	0.58	25.46	2.24	83.47	0.68	38.90	4.71	1.66
	S_6	94.58	0.59	19.85	1.81	0.62	26.64	2.68	88.68	0.67	33.35	3.92	1.06
	S_7	97.55	0.57	20.30	1.73	0.63	26.25	2.73	90.19	0.68	37.68	4.56	1.42
	S_8	95.84	0.53	23.64	1.74	0.62	30.27	3.05	89.57	0.71	39.28	5.18	1.72
	S_9	89.13	0.56	24.69	2.03	0.61	31.32	3.05	82.54	0.72	41.56	5.64	1.81
	平均	95.13	0.57	21.80	1.89	0.63	27.57	2.90	88.36	0.71	38.79	5.23	1.67
横山带	H_1	90.51	0.60	22.66	2.14	0.65	28.71	3.18	83.41	0.70	39.64	5.09	1.47
	H_2	99.27	0.53	23.18	1.70	0.64	28.15	3.02	93.92	0.73	37.51	5.23	1.76
	H_3	91.28	0.50	19.29	1.26	0.57	26.24	2.23	85.56	0.77	37.55	5.38	2.06
	H_4	98.67	0.52	21.90	1.55	0.69	27.53	3.43	92.48	0.78	48.27	7.69	3.07
	H_5	95.93	0.59	23.47	2.14	0.63	28.29	2.94	89.27	0.70	39.47	5.06	1.46
	H_6	95.87	0.58	23.33	2.05	0.66	29.21	3.33	89.02	0.71	32.55	4.30	1.12
	H_7	87.91	0.53	21.22	1.56	0.61	27.54	2.68	82.16	0.65	35.61	3.94	1.19
	H_8	93.68	0.49	22.82	1.43	0.56	27.13	2.23	87.47	0.71	34.16	3.55	1.06
	H_9	96.64	0.64	21.05	2.26	0.71	25.49	3.36	90.59	0.73	38.17	5.33	1.53
	H_{10}	99.41	0.48	17.91	1.08	0.58	23.22	2.04	93.63	0.68	35.24	4.27	1.59
	平均	95.42	0.55	21.68	1.72	0.63	27.15	2.84	88.89	0.71	37.82	4.98	1.63

对表 10-16 中的数据进行比较后发现，顺山带试验区内，红松在 S_3、S_4 的保存率（92.15%、93.16%）较高，S_2、S_3、S_4 的连年生长量（1.96cm³、2.12cm³、2.09cm³）较高；而在横山带试验区内，红松在 H_2、H_4、H_{10} 的保存率（93.92%、92.48%、93.63%）较高，H_3、H_4 的连年生长量（2.06cm³、3.07cm³）较高。红松在顺山带试验区的保存率（88.36%）低于在横山带试验区的保存率（88.89%），但是连年生长量（1.67cm³）高于横山带试验区（1.63cm³）。

对表 10-17 中的数据进行比较后发现，顺山带试验区内，云杉在 S_3、S_7 的保存率（94.59%、93.04%）及连年生长量（4.36cm³、6.40cm³）均较高；在横山带试验区内，云杉在 H_1、H_8 的保存率（92.27%、93.82%）较高，H_3、H_4 的连年生长量（5.37cm³、5.22cm³）较高。云杉在顺山带试验区的保存率（86.91%）低于在横山带试验区的保存率（87.24%），但是连年生长量（3.76cm³）高于横山带试验区（3.63cm³）。

表 10-17 2008~2010 年云杉生长状况

实验区		2008 年				2009 年			2010 年				连年生长量 (cm³)
		成活率 (%)	地径 (cm)	树高 (cm)	蓄积量 (cm³)	地径 (cm)	树高 (cm)	蓄积量 (cm³)	保存率 (%)	地径 (cm)	树高 (cm)	蓄积量 (cm³)	
顺山带	S_1	81.87	0.76	30.25	4.57	0.79	35.71	5.83	77.58	0.87	45.03	8.92	2.17
	S_2	88.19	0.80	31.80	5.33	0.83	37.62	6.78	82.41	0.89	57.65	11.95	3.31
	S_3	99.07	0.74	31.81	4.56	0.81	39.01	6.70	94.59	0.92	59.95	13.28	4.36
	S_4	94.86	0.71	30.19	3.98	0.76	36.38	5.50	90.47	0.84	50.92	9.41	2.71
	S_5	94.12	0.70	29.52	3.79	0.74	34.92	5.01	87.56	0.85	56.49	10.69	3.45
	S_6	90.05	0.70	34.88	4.47	0.75	39.74	5.85	83.73	0.89	58.40	12.11	3.82
	S_7	97.27	0.74	23.43	3.36	0.80	30.56	5.12	93.04	0.98	64.27	16.16	6.40
	S_8	96.84	0.77	35.63	5.53	0.81	43.95	7.55	92.15	0.91	61.90	13.42	3.94
	S_9	91.95	0.90	28.08	5.95	0.93	35.16	7.96	85.32	0.98	53.18	13.37	3.71
	平均	92.69	0.76	30.62	4.62	0.80	37.01	6.26	86.91	0.90	56.42	12.15	3.76
横山带	H_1	98.29	0.86	33.80	6.54	0.89	40.65	8.43	92.27	0.94	57.21	13.23	3.34
	H_2	88.75	0.72	28.51	3.87	0.81	36.84	6.33	82.41	0.88	54.06	10.96	3.55
	H_3	96.27	0.67	28.49	3.35	0.72	36.07	4.90	90.09	0.95	59.62	14.09	5.37
	H_4	83.56	0.72	31.06	4.22	0.79	37.29	6.09	76.43	0.98	58.27	14.65	5.22
	H_5	97.94	0.73	29.94	4.18	0.78	36.24	5.57	91.27	0.91	47.92	10.39	3.11
	H_6	86.93	0.66	27.88	3.18	0.69	34.31	4.28	80.68	0.78	43.74	6.97	1.89
	H_7	93.94	0.78	31.84	5.07	0.82	37.46	6.59	87.75	0.94	56.03	12.96	3.94
	H_8	99.67	0.75	37.48	5.52	0.80	43.16	7.23	93.82	0.96	52.49	12.66	3.57
	H_9	91.59	0.84	31.18	5.76	0.87	37.25	7.38	85.16	0.94	58.31	13.49	3.86
	H_{10}	95.46	0.73	31.56	4.40	0.79	37.79	6.17	89.12	0.82	52.34	9.21	2.41
	平均	93.71	0.75	31.17	4.61	0.80	37.71	6.32	87.24	0.91	54.00	11.86	3.63

经实验分析,试验区的土壤为肥沃的微酸性土壤,所以红松的保存率(88.72%)高于落叶松(86.47%)和云杉(87.09%)。云杉耐阴、耐寒、喜欢凉爽湿润的气候和肥沃深厚、排水良好的微酸性沙质土壤,苗木生长缓慢,因此云杉的生长率较低。落叶松是喜光的强阳性树种,适应性强,在湿润、排水、通气良好、深厚而肥沃的土壤条件下生长最好,而试验区的土壤条件适合落叶松的生长,且落叶松幼苗的生长较快,连年生长量(5.56cm³)高于云杉(3.68cm³)和红松(1.64cm³)。

通过综合分析和比较发现,带状皆伐选择 8~10m 采伐带宽度的造林成活率及生长率较高,造林更新效果较好。横山带造林保存率高于顺山带,而顺山带造林连年生长量略高于横山带,这是由于进行带状改造后,采伐带内的剩余物较多,这些剩余物腐蚀分解后,为人工更新的幼苗提供了充足的营养物质,由于顺山带改造容易引起水土流失,下雨时土壤中的可溶性营养物质随雨水流失到坡下方,造成坡上方的土壤贫瘠,而横山带布置可以有效地防止水土流失现象的发生,所以横山带造林的保存率及连年生长量好于顺山带。

参 考 文 献

[1] 赵康, 戚继忠. 森林采伐作业的环境影响评述[J]. 吉林林学院学报, 1998, 14(1): 17-20.

[2] 郑丽凤, 周新年. 择伐强度对天然林树种组成及物种多样性影响动态[J]. 山地学报, 2008, 26(6): 699-706.

[3] 许海. 不同整地方式造林效果调查与分析[J]. 现代农业科技, 2007, (13): 21, 26.

[4] 许春菊, 王琳, 刘江滨. 小兴安岭地区森林保护与生物多样性探析[J]. 林业勘察设计, 2006, 139(3): 11.

[5] "温带和北方森林保护和可持续经营标准与指标"工作组. 温带和北方森林保护与可持续经营的标准和指标. 渥太华: 加拿大林务局, 1995.

[6] 汪超, 郭华, 等. 黄土高原马栏林区主要森林群落物种多样性研究[J]. 西北植物学报, 2006, 26(4): 791-797.

[7] 孙晶波, 满东斌, 李双池. 加强森林抚育、低质林改造是提高森林质量的有效途径[J]. 防护林科技, 2005, 66(3): 48-50.

11 小兴安岭低质林改造对水源涵养的影响

11.1 小兴安岭低质林林冠对降水截留量的影响

当大气降水落至森林以后，对其起到截留作用的第一个重要截面即为林冠层[1]。它直接影响了降水在整个森林水文系统中的分配过程，在截留过程中使雨滴的动能重新分配，有利于土壤水分的入渗[2-3]。林冠层的截持作用，阻挡了降水直接落在地面上，减少了对土壤的冲击和破坏（周国逸，1997）。对于林冠层截留过程，古今中外有很多专家和学者展开了大量的研究。R.P.Singh 等（1983）发现，35a 生雪松的截留损失为降水的 25.2%，在降水量最大的 7 月份为 18.7%，在降雨量最小的 2 月份为69.1%，表明旱季的截留率大于雨季；Schofield 对桉树的测定表明，截留损失占总降水的 9%～16%，而在澳大利亚的 Lids-dale 国家森林公园对桉树的研究结果是，其林冠截留率分别为 47.75%（Willian，1996），在同一国家的不同地区，林冠截留率也有很大的差异。刘世荣等[4]总结了我国南北不同气候带及其相应的森林植被类林冠截留率，得出各植被类型林冠截留率在11.4%～34.3%，其中，以亚热带西部高山常绿针叶林的最大，亚热带山地常绿阔叶混交林的最小。目前，针对不同区域不同树种的截留特征进行的研究很多，但对小兴安岭地区郁闭度不高、林相惨败的低质林的林冠截留几乎没有研究。因此，本章旨在研究小兴安岭地区低质林的林冠截留的特征，研究区设在红光林场 300 林班，概况见9.1.1，测定方法见 5.2.5。

11.1.1 林外降雨量特征

观测时间段为 2010 年 6 月至 2010 年 8 月 3 个月，总共产生降雨 32 次，总雨量为 354.83mm。观测期间，小雨（10mm 以内）有 24 次，中雨（10～25mm）有 5次，大雨（25mm 以上）有 3 次。小雨、中雨、大雨分别占总降雨量的75.00%，15.63%，9.37%。由此可见，大气降水以小雨居多。这 3 个月的降雨量分别为：6 月份22.82mm，7 月份205.21mm，8 月份126.80mm。由具体各月份的穿透雨量、树干径流量、截留量（表 11-1），可知降雨主要集中在 7、8 月。

表 11-1　低质林月降水的再分配参数

月份	林外总降雨量（mm）	穿透雨量（mm）	树干径流量（mm）	截留量（mm）
6	22.82	15.95	1.18	5.69
7	205.21	143.67	23.27	38.27

月份	林外总降雨量（mm）	穿透雨量（mm）	树干径流量（mm）	截留量（mm）
8	126.80	88.76	12.50	25.54
总计	354.83	248.38	36.95	69.50

11.1.2　林外总降雨量与林冠截留量的关系

根据公式（林冠截留量＝林外总降雨量－穿透雨量－树干径流量）来看，林冠截留量与林外总降雨量呈现出密切的正相关。但是影响林冠截留量的因素有很多，例如，降雨的强度、降雨持续的时间、林分类型、林分密度等[4]，而本章主要分析的是低质林林冠对降水截留量的影响。

从直观上来看，林外降雨量越大，林冠截留量也越大，但是二者并非线性关系。林冠截留率会随着降水量的增加而逐渐减少。专家和学者提出，多种回归模型可以对林冠截留量与林外总降雨量进行拟合[5-9]。例如，对数函数模型（$y=a+b\ln x$），三次多项式函数模型（$y=a+bx+cx^2+dx^3$），幂函数模型（$y=ax^b$）等。其中，y 为林冠截留量，x 为林外总降雨量，a，b，c，d 为常数项。

现在分别用这 3 种模型对林外总降雨量与林冠截留量进行拟合（图 11-1）。

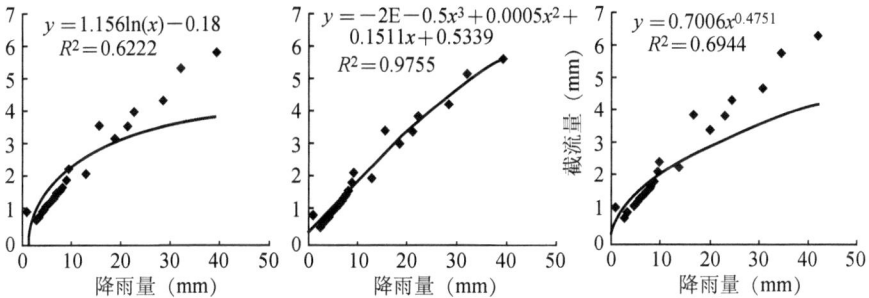

图 11-1　3 种函数模型拟合效果对比

通过图 11-1 可以发现，对数函数模型和幂函数模型 R^2 值均较小，拟合效果不理想。而三次多项式函数模型拟合得非常好，R^2 达到 0.9755。经过进一步的计算得出林外总降雨量与林冠截留量的关系满足：$y=0.5339+0.1511x+0.0005x^2-0.00002x^3$。当降雨量很小时，林冠截留量也很少。随着林外总降雨量的增加，低质林林冠截留量也随之增加。当降雨量超过 45mm 时，林冠截留量的增加趋势下降，最终达到饱和状态。

11.1.3　林冠截留率的特征

经过计算得到观测期间每个月的林冠截留率（表 11-2）。

表 11-2　低质林月降水截留率参数

月份	降雨次数	林外总降雨量（mm）	截留量（mm）	平均截留率（%）
6	5	22.82	5.69	25
7	16	205.21	38.27	21
8	11	126.80	25.54	22
总计	32	354.83	69.50	23

由表11-2可以看出，低质林在观测时段内林冠总截留量为 69.5mm，占同期林外总降雨量的 20%左右。低质林的林冠截留率具有明显的季节变化，以 6 月份的林冠截留率值为最大，8 月份次之，7 月份最小，这是由不同季节内的林分郁闭度、降雨量及降雨强度等变化所致。7、8 月份的林冠截留率比 6 月份小，这是因为试验区内 6 月份降水次数很少，并且以小雨为主，几乎没有大雨发生，林冠层能够充分发挥截留作用。7月份虽然森林植物枝叶茂密，郁闭度最大，林分生物量达最大值，但是降雨量和降雨强度也非常大，不利于截持降雨能力的增强，林冠截留率不大。8 月份林分郁闭度大，降雨量和降雨强度也比较大，相比 7 月份的参数已经下降了，截持降雨能力适中，林冠截留率略有下降。

11.2　小兴安岭低质林改造对枯落物的影响

枯落物层是由林分落下的茎、叶、枝条、芽、鳞片、花、果实、树皮等的凋落物及动物残体组成[10]，是森林地表的一个重要覆盖层和保护层，它对林地土壤的水热状况和林地水文生态特性有重要的影响[11-14]。枯落物不但具有防止雨滴击溅土壤、改良土壤、拦蓄渗透降水、分散滞缓地表径流、补充土壤水分等作用，而且影响林地土壤营养元素的循环、林地生物种群的类型和数量，以及植物水分的供应等，在整个土壤植被大气连续体中，均起着非常重要的作用[15,16]。张振明等分析了八达岭林场4 种林分枯落物层的蓄积量、持水能力、阻滞径流速度和减流减沙的效应[17]；时忠杰等研究了宁夏六盘山主要森林类型枯落物的水文功能[18]；张远东等分析了川西亚高山林区天然次生桦木林的林地水文效应[19]。以上研究只是针对不同林分类型枯落物水文功能的研究，然而目前对于低质林采伐后枯落物层持水特性变化的研究还很少。由于多次过度条伐及自然灾害，小兴安岭林区形成大面积郁闭度较低、林相衰败的残次林，造成该地区林分经济和生态效益降低[20,21]。本节以小兴安岭林区低质林为研究对象，在低质林区采用不同的采伐方式，探讨低质林采伐 1a 后，不同采伐方式对枯落物层水文功能的影响，从枯落物角度探讨合理的采伐方式，为低质林分的改造和经营以及森林水文生态研究提供新的参考。

11.2.1 实验方法

试验样地概况见 9.1.1，研究方法见 5.2.4。

11.2.2 不同采伐方式的枯落物蓄积量及持水量

11.2.2.1 水平皆伐带枯落物层的蓄积量及持水量

水平皆伐带枯落物的蓄积量及持水量测定结果如表 11-3 所示。皆伐带宽总蓄积量为 18.42～23.57t/hm²，未分解层蓄积量为 14.12～17.63t/hm²，半分解层为 4.10～5.94t/hm²；S_3（带宽 10m）处未分解、半分解和总的蓄积量最大。S_1～S_4 的未分解层所占的比例依次为：72.11%，77.74%，74.80%，78.37%；半分解层所占的比例依次为：27.89%，22.26%，25.20%，21.63%；每条皆伐带未分解层蓄积量所占比例远大于半分解层。枯落物的分解程度对其持水能力有较大影响；各皆伐带宽总最大持水量为 42.54～48.20t/hm²，未分解层最大持水量为 22.10～28.13t/hm²，半分解层最大持水量为 18.17～24.13t/hm²；S_4（带宽 15m）处未分解和总的最大持水量最大，S_2（带宽 8m）处半分解最大持水量最大。各皆伐带宽未分解层最大持水量所占的比例为：58.71%，47.80%，56.42%，58.36%，略大于半分解层持水量，这与分解层蓄积量有关。

表 11-3 水平皆伐带枯落物层的蓄积量与最大持水量

项　目	S_1		S_2		S_3		S_4	
	S_1未	S_1半	S_2未	S_2半	S_3未	S_3半	S_4未	S_4半
蓄积量（t/hm²）	14.12	5.46	14.32	4.10	17.63	5.94	16.56	4.57
总蓄积量（t/hm²）	19.58		18.42		23.57		21.13	
最大持水率（%）平均	264.74	123.42	299.84	127.18	316.74	59.66	338.23	93.79
	194.08		213.51		188.20		216.01	
最大持水量（t/hm²）合计	25.84	18.17	22.10	24.13	24.00	18.54	28.13	20.07
	44.01		46.23		42.54		48.20	

注："未"表示未分解层；"半"表示半分解层。

11.2.2.2 垂直皆伐带枯落物层的蓄积量及持水量

垂直皆伐带枯落物的蓄积量及持水量如表 11-4 所示。各皆伐带宽总蓄积量为 7.87～13.02t/hm²，未分解层和半分解层的蓄积量为 5.44～8.94t/hm²，1.42～7.02t/hm²；随皆伐带宽增加未分解层枯落物蓄积量增加，但总蓄积量和半分解量却未呈现这种趋势。H_1～H_4 的未分解层所占的比例依次为：57.44%，46.16%，81.96%，71.24%；半分解层所占的比例依次为：42.56%，53.84%，18.04%，27.76%；带宽6m和8m的半分解层的蓄积量所占的比例较大，而带宽 10m 和 15m 处所占的比例则较小。各皆伐带宽总最大持水量为66.99～94.72t/hm²，未分解层最大持水量为 37.50～51.32t/hm²，半分解层最大持水量为 29.49～43.67t/hm²；H_4（带宽 15m）处半分解和总的最大持水量最大，H_2（带宽 8m）处未分解最大持水量最大。各皆伐带宽未分解层最大持水量所占比例分别为：55.98%，61.38%，60.11%，53.90%，大于半分解层持水量。

表 11-4　垂直皆伐带枯落物层的蓄积量与最大持水量

项　目	H_1		H_2		H_3		H_4	
	H_1 未	H_1 半	H_2 未	H_2 半	H_3 未	H_3 半	H_4 未	H_4 半
蓄积量（t/hm²）	5.44	4.03	6.01	7.02	6.45	1.42	8.94	3.61
总蓄积量（t/hm²）	9.47		13.02		7.87		12.55	
最大持水率（%）平均	312.52	87.99	314.30	69.34	334.57	68.32	277.52	108.90
	200.26		191.82		201.45		193.21	
最大持水量（t/hm²）合计	37.50	29.49	51.32	32.29	48.94	32.47	51.05	43.67
	66.99		83.61		81.41		94.72	

11.2.2.3　择伐带枯落物层的蓄积量及持水量

如图 11-2 所示，各层枯落物蓄积量的变化趋势呈现出一定的差异性，未分解层在低采伐强度的蓄积量较大，半分解层枯落物蓄积量在采伐强度 22%～47% 范围内随采伐强度增加蓄积量逐渐增加，之后则波动性较大。总蓄积量、半分解层蓄积量最大值出现在采伐强度 47% 处，未分解层蓄积量最大值出现在采伐强度 22% 处；三者的最小值均出现在采伐强度 55% 处。从采伐强度 22%～77%，未分解层蓄积量所占的比例依次为：66.65%，59.38%，47.42%，48.04%，43.39%，55.81%，43.77%；半分解层蓄积量所占的比例依次为：33.35%，40.62%，52.58%，51.96%，56.61%，44.19%，56.23%。在低采伐强度未分解层蓄积量较多，这是因为低采伐强度带保留木的枯落物增加了未分解层的含量；随着采伐强度的增加，择伐带的光照强度增加，但半分解层蓄积量却未发现这一趋势，说明在此光照强度并不是影响半分解层蓄积量的主要因素。

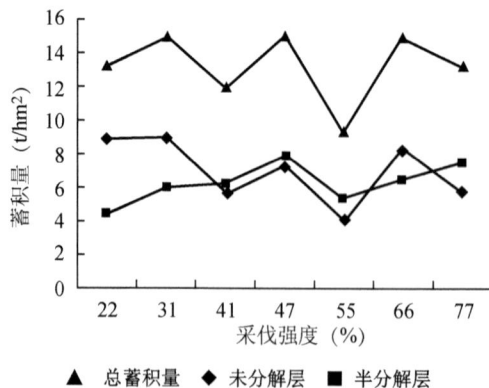

图 11-2　不同采伐强度的枯落物各层蓄积量

不同采伐强度枯落物层最大持水率及最大持水量如表 11-5 所示，最大持水量与采伐强度在不同的分解层的含量变化也不尽相同，未分解层最大持水量在采伐强度 22%和 31%处的值较大，半分解层最大持水量在中度和高度采伐强度的值较大，而总的最大持水量则呈现出较大波动，最小值在采伐强度 22%处，最大值在47%处，与半分解层蓄积量相似。

表 11-5　不同采伐强度枯落物层最大持水率及最大持水量

采伐强度（%）	最大持水率（%）			最大持水量（t/hm²）		
	未	半	平均	未	半	总计
22	228.34	76.25	152.30	17.40	7.30	24.70
31	315.57	134.84	225.21	19.10	12.75	31.85
41	308.46	95.35	201.91	13.65	14.25	27.90
47	235.74	158.44	197.09	14.25	17.85	32.10
55	323.11	167.48	245.30	14.20	16.31	30.51
66	200.82	206.02	203.42	12.35	18.40	30.75
77	274.02	168.17	221.10	13.05	16.20	29.25

11.2.2.4　不同采伐方式下枯落物的蓄积量及持水量比较

将试验地的坡度和地下植被覆盖度与枯落物的未分解层和半分解层蓄积量和最大持水量做相关性分析，坡度与水平带、垂直带、择伐带和对照带的未分解层蓄积量、半分解层蓄积量、未分解层最大持水量、半分解层最大持水量的相关系数为：−0.701、0.507、−0.487、−0.461；地下植被覆盖度与水平带、垂直带、择伐带和对照带的未分解层蓄积量、半分解层蓄积量、未分解层最大持水量、半分解层最大持水量的相关系数为：0.563、−0.779、0.271、0.115、0.127。各相关系数均小于0.8，说明坡度和地下植被覆盖度与枯落物的持水特性没有显著相关性。然后将不同采伐方式和对照带的枯落物蓄积量及持水量取平均值，如表 11-6 所示。总蓄积量排列顺序为：对照带>水平带>择伐带>垂直带；未分解层蓄积量排列顺序为：水平带>对照带>择伐带>垂直带；半分解层蓄积量排列顺序为：对照带>择伐带>水平带>垂直带。未分解层所占的比例排列顺序为：水平带（75.73%）>垂直带（62.55%）>择伐带（52.46%）>对照带（43.37%）；半分解层所占的比例顺序与此相反。这说明带宽皆伐采伐剩余物含量多并且更易搜集保留带的枯落物，所以其未分解层所占的比例较高；相比于对照带，采伐过后半分解层的分解速度加速，导致采伐区的半分解层枯落物蓄积量和比例均小于对照带。

表 11-6　不同采伐方式和对照带枯落物的蓄积量及最大持水量

项　目	水平带		垂直带		择伐带		对照带	
	未	半	未	半	未	半	未	半
蓄积量（t/hm²）	15.66	5.02	6.71	4.02	7.02	6.32	9.39	12.10

项　目	水平带		垂直带		择伐带		对照带	
	未	半	未	半	未	半	未	半
总蓄积量（t/hm²）	20.68		10.73		13.34		21.49	
最大持水率（%）平均	304.89	101.01	309.73	83.64	269.44	143.79	339.39	164.40
	202.95		196.69		206.62		251.90	
最大持水量（t/hm²）总计	25.02	20.23	47.20	34.48	14.86	14.72	34.06	41.50
	45.25		81.68		29.58		75.56	

总最大持水量排列顺序为：垂直带＞对照带＞水平带＞择伐带，未分解层为：垂直带＞对照带＞水平带＞择伐带；半分解层排列为：对照带＞垂直带＞水平带＞择伐带。与对照带相比，垂直带的最大持水量在各分解层的值都较大，水平带和择伐带的最大持水量则较低；垂直带与对照带相比，对照带的植被组成和盖度要比采伐带丰富，然而新鲜植被的最大持水量一般较低，加之垂直带采伐剩余物含量的增加和垂直带的横向设置使其持水能力更好；水平带则设置为顺山坡方向，其对降雨的拦截能力较弱；而择伐带与水平皆伐和垂直皆伐相比，其采伐剩余物含量少，与对照带相比，其植被盖度低，所以择伐带的整体持水能力较弱。

11.2.3　不同采伐方式的枯落物持水机理

11.2.3.1　不同采伐方式下枯落物层持水量与浸泡时间的关系

利用浸泡实验测定的枯落物持水量变化过程，按不同采伐方式枯落物的未分解层和分解层，分别计算其持水量（t/hm²）与浸泡时间（h）的关系（图 11-3），并做二者的相关性检验，然后拟合二者关系，发现对数方程能较好地模拟二者关系：$S = a_0 + a_1 \ln t$，式中，S 为持水量（t/hm²）；t 为浸泡时间（h）；a_0、a_1 为参考系数。由此可见，枯落物持水量随时间延长而增加，在浸泡开始时，枯落物的吸水量增加较快，这个阶段一般在2h以内，尤其是在0.5h以内吸水最快；随着时间的延长，吸水速率逐渐减小，大约在 5～8h 时接近饱和，基本趋于稳定。各种采伐方式下枯落物随时间变化的趋势基本相同。表 11-7 说明了各种采伐方式下枯落物持水量与浸泡时间的关系。

表 11-7　不同采伐方式下枯落物持水量与浸泡时间的关系

采伐方式	层次	相关系数	关系式	R^2
水平皆伐	未	1.000	$S = 20.246 + 1.496 \ln t$	0.965
	半	0.893	$S = 19.246 + 0.248 \ln t$	0.869
垂直皆伐	未	0.821	$S = 40.607 + 2.058 \ln t$	0.773
	半	0.714	$S = 37.019 + 2.428 \ln t$	0.713
择伐	未	1.000	$S = 12.676 + 1.157 \ln t$	0.908
	半	1.000	$S = 14.812 + 0.368 \ln t$	0.849

从枯落物不同层次看，除垂直皆伐未分解层持水量小于半分解层，水平皆伐和择伐枯落物层未分解层均大于半分解层。

枯落物持水量随浸泡时间的变化情况，如图 11-3 所示。

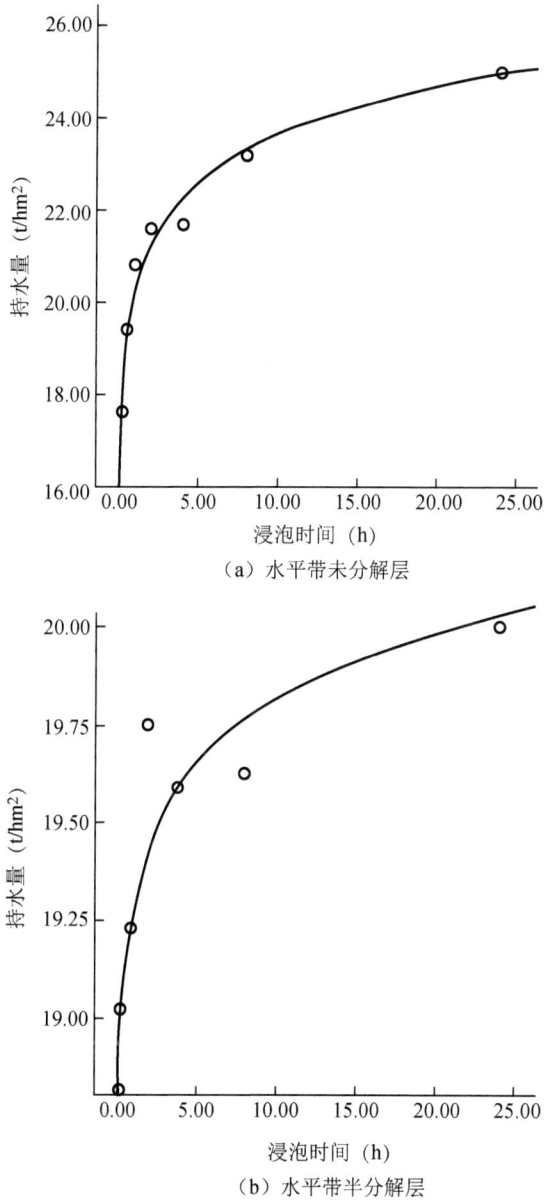

（a）水平带未分解层

（b）水平带半分解层

图 11-3　枯落物持水量随浸泡时间的变化（以水平皆伐带为例）

11.2.3.2　不同采伐方式下枯落物层吸水速率与浸泡时间的关系

枯落物未分解层和分解层的吸水速率与浸泡时间存在明显的关系，经相关性检验二者的相关系数为-1.000，成显著负相关；经拟合，得到合适关系为：$V=b_0+b_1 t^{-1}$，式中，V 为枯落物吸水速率，t 为浸泡时间（h），b_0、b_1 为参考系数。图11-4 显示了枯落物吸水速率与浸泡时间的关系，随浸泡时间的增加，吸水速率显著减少，特别是在2h内呈直线下降，接着趋于稳定，直到达到饱和。表11-8 为各采伐方式下枯落物吸水速率与浸泡时间的关系，基本呈相同趋势。从枯落物未分解层和半分解层看，半分解层的吸水速率大于未分解层。

表 11-8　不同采伐方式下枯落物的吸水速率与浸泡时间的关系

采伐方式	层次	相关系数	关系式	R^2
水平皆伐	未	-1.000	$V=1.602+17.584t^{-1}$	$R^2=0.997$
	半	-1.000	$V=0.264+18.787t^{-1}$	$R^2=0.997$
垂直皆伐	未	-1.000	$V=2.500+36.429t^{-1}$	$R^2=0.997$
	半	-1.000	$V=-0.171+44.020t^{-1}$	$R^2=0.998$
择伐	未	-1.000	$V=1.543+10.163t^{-1}$	$R^2=0.991$
	半	-1.000	$V=0.684+13.940t^{-1}$	$R^2=0.998$

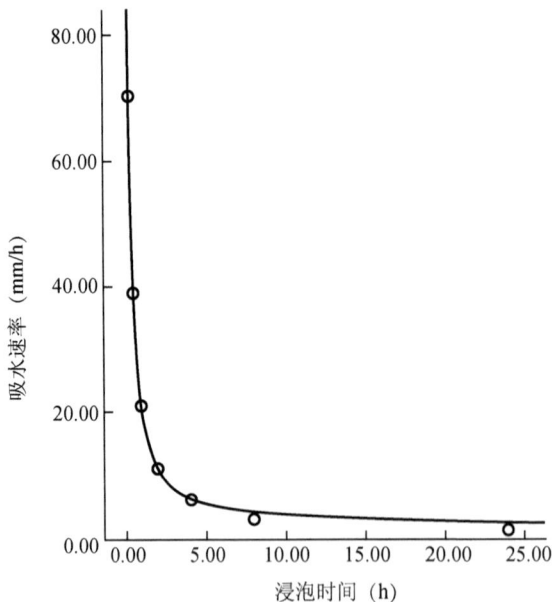

A. 水平带未分解层

图 11-4　枯落物吸水速率随浸泡时间的变化（以水平皆伐带为例）

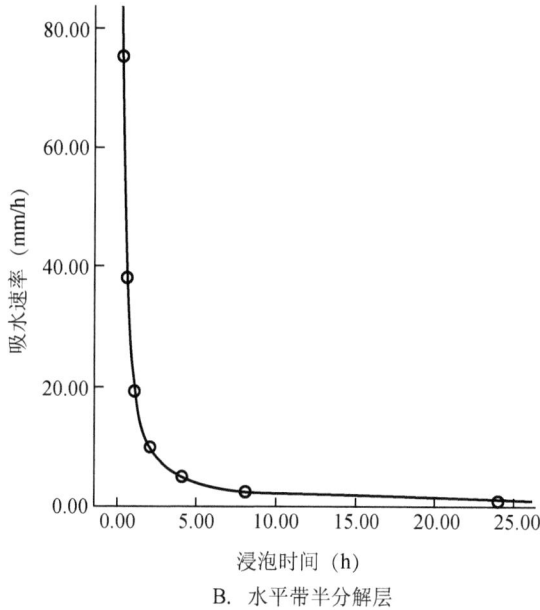

B. 水平带半分解层

图 11-4　枯落物吸水速率随浸泡时间的变化（以水平皆伐带为例）（续）

森林采伐作业会对生物多样性、林地生产力及林内小气候产生重要影响[22-24]；森林采伐后使森林局部环境改变，林冠消失使地表的光照明显增加，导致地表温度和土壤水分及空气湿度发生变化[22,25]。所以林地枯落物量和持水能力同样随林地生境的改变而发生变化。Prescott 等[26]比较英国哥伦比亚森林采伐后针叶林、白杨（*Populus grandidentata*）林枯落物的变化，得出采伐 4a 后针叶林枯落物量降低 53%～75%，采伐 3a 后白杨林枯落物降低 49%～70%，并且认为采伐对枯落物的影响与皆伐程度无关；Bates 等[27]分析刺柏（*Juniperus occidentalis*）森林采伐前后枯落物分解状况认为，采伐 2a 后枯落物量减少 37%，并且认为微环境的不同是导致伐后枯落物分解加快的主要原因；苏芳莉等[28]分析不同间伐强度对天然次生林凋落物的性质的影响，结果表明：不同间伐强度下，年凋落物最大的为弱度间伐区。枯枝落叶储量以弱度间伐区为最大，强度间伐区最小；凋落物分解转化率以强度间伐区最高，对照区最小。另外，也有研究表明，采伐降低枯落物的分解速率或对枯落物的分解速率无影响[29-31]。本章的研究结果表明：未采伐区（对照带）的总枯落物量和半分解层枯落物量高于采伐带，未分解层枯落物量水平是皆伐带最高，说明采伐后枯落物总量减少，枯落物的分解转化速率加快。与对照带最大持水量相比，垂直带的最大持水量在各分解层的值都较大，水平带和择伐带的最大持水量则较低；垂直带与对照带相比，对照带的新增植被比采伐带丰富，但新增植被的最大持水量一般较低，加之垂直带采伐剩余物含量的增加和垂直带的横向设置，使垂直带枯落物的持水能力更强；水平带的设置为顺山坡方向，对降雨的拦截能力较弱；择伐带与水平皆伐和垂直皆伐相比，采伐剩余物含量少，使择伐带的整体持水能力较弱。

不同林分类型的枯落物半分解层的枯落物量与未分解层枯落物量所占的比例各不相同[32-35]。本章中对照带半分解层枯落物量高于未分解层枯落物量，采伐带未分解层枯落物量大于半分解层，这是由于对照带未受采伐干扰，原有林分保持不变，采伐后枯落物的来源减少，使蓄积量自然减少，同时采伐后林地光照强度增加，加速未分解层的转化。垂直带和对照带的最大持水量总体持水能力较好，这与各带的枯落物量并无一致性，说明采伐后枯落物的持水能力受到了强烈干扰。

水平与垂直皆伐带不同带宽之间的差别并不明显，主要是带宽的距离相差不大所致。由水平皆伐带和垂直皆伐带比较可知：带宽相同时，水平带总的枯落物量和各分解层的枯落物量大于垂直带，水平带半分解层的枯落物量所占的比例除带宽 10 m 外，其他均小于垂直带，水平带枯落物的持水能力也低于垂直带，这是由于水平皆伐带各条带顺山坡并且保留带的凋落物更易落在采伐带上，另外，水平带的采光性好于垂直皆伐带，使得水平带枯落物半分解层的分解速度较快，水平带枯落物含量较少。不同采伐强度之间枯落物量和最大持水量并未呈现出良好的相关性，说明不同采伐强度对林地微环境影响的差异，导致枯落物的持水性能发生了强烈变化。

不同改造方式对枯落物的持水性能产生了不同影响，庞学勇等[34]对川西低效灌木林进行萌蘖更新技术改造，发现改造1a 后枯落物总量和最大持水量明显增加；周新年等[36]研究天然林择伐 10a 后凋落物现存量，结果表明：强度择伐和极强度择伐 10a 后林地凋落物仍未恢复，但弱度择伐和中度择伐与未采伐林地比较接近，说明弱度和中度择伐林地凋落物在择伐 10a 后基本得到恢复。不同采伐方式下枯落物量和最大持水量发生了较大变化，枯落物总量和半分解层枯落物量减少，未分解层枯落物量除水平带增加外其他均减少；采伐加速了枯落物的分解，有利于林地更新。采伐作业对枯落物持水性能产生了较大扰动，采用垂直带皆伐和低强度择伐方式，可有效降低采伐对枯落物持水性能的影响，为低质林分的改造和经营提供参考。

参 考 文 献

[1] 赵玉涛, 张志强, 余新晓. 森林流域界面水分传输规律研究述评[J]. 水土保持学报, 2002, 16(1): 92-95.

[2] 党坤良, 雷瑞德. 秦岭火地塘林区不同林分水源涵养效能的研究[J]. 水土保持学报, 1995, (1): 79-84.

[3] 周国逸. 几种常用造林树种冠层对降水动能分配及其生态效应分析[J]. 植物生态学报, 1997, 21(3): 250-259.

[4] 刘世荣. 中国森林生态系统水文生态功能规律[M]. 北京: 中国林业出版社, 1996.

[5] 王礼先, 解明曙. 山地防护林水土保持水文生态效益及其信息系统[M]. 北京: 中国林业出版社, 1997.

[6] 王彦辉, 于澎涛, 徐德应, 等. 林冠截留降雨模型转化和参数规律的初步研究[J]. 北京林业大学学报, 1999,

20(6): 25-30.

[7] Wang Y H, Yu P T, Xu Y D. A preliminary study on transformation of rainfall interception models and parameter's variation[J]. Journal of Beijing Forestry University, 1999, 20(6): 25-30.

[8] 董世仁, 郭景唐, 满荣洲. 华北油松人工林的透流、干流和树冠截留[J]. 北京林业大学学报, 1987, 9(1): 58-67.

[9] Dong S R, Guo J T, Manr Z. A study on the transparent flow, stemflow and canopy interception of Pinus tabulae-formis plantation in northern China[J]. Journal of Beijing Forestry University, 1987, 9(1): 58-67.

[10] 杨吉华, 张永涛, 李红云, 等. 不同林分枯落物的持水性能及对表层土壤理化性状的影响[J]. 水土保持学报, 2003, 17(2): 141-144.

[11] 吴饮孝, 赵鸿雁. 森林枯枝落叶层涵养水源保持水土的作用评价[J]. 土壤侵蚀与水土保持学报, 1998, 4(2): 23-28.

[12] 祁萃萃, 吴祥云, 乔玉. 辽东山区森林枯落物持水性能研究[J]. 能源与环境, 2008, 3: 29-31.

[13] Tamai K, Abe T, Araki M, et al. Radiation budget, soil heat flux and latent heat flux at the forest floor in warm, temperate mixed forest[J]. Hydrological Processes, 1998, 12(13-14): 2105-2114.

[14] Onda Y, Yukawa N. The influence of under stories and litter layer on the in filtration of forested hills lopes [C]//Proceedings of international symposium on forest hydrology. University of Tokyo, Japan. 1994: 107-114.

[15] 高人, 周广柱. 辽宁东部山区几种主要森林植被类型枯落物层持水性能研究[J]. 沈阳农业大学学报, 2002, 33(2): 115-118.

[16] 刘少冲, 段文标, 赵雨森. 莲花湖库区几种主要林型枯落物层的持水性能[J]. 中国水土保持科学, 2005, 3(2): 81-86.

[17] 张振明, 余新晓, 牛健植, 等. 不同林分枯落物层的水文生态功能[J]. 水土保持学报, 2005, 19(3): 139-143.

[18] 时忠杰, 王彦辉, 徐丽宏, 等. 六盘山主要森林类型枯落物的水文功能[J]. 北京林业大学学报, 2009, 31(1): 91-99.

[19] 张远东, 刘世荣, 马姜明, 等. 川西亚高山桦木林的林地水文效应[J]. 生态学报, 2005, 25(11): 2939-2946.

[20] 杨学春, 董希斌, 姜帆, 等. 黑龙江省伊春林区低质林林分评定[J]. 东北林业大学学报, 2009, 37(10): 10-12.

[21] 张浃, 姜中珠, 董希斌, 等. 小兴安岭林区低质林类型的界定与评价[J]. 东北林业大学学报, 2009, 37(11): 99-102.

[22] 谭辉, 朱教君, 康宏樟, 等. 林窗干扰研究[J]. 生态学杂志, 2007, 26(4): 587-594.

[23] 赵康, 戚继忠. 森林采伐作业的环境影响评述[J]. 吉林林学院学报, 1998, 14(1): 17-20.

[24] 郑丽凤, 周新年. 择伐强度对天然林树种组成及物种多样性影响动态[J]. 山地学报, 2008, 26(6): 699-706.

[25] 梁晓东, 叶万辉. 林窗研究进展（综述）[J]. 热带亚热带植物学报, 2001, 9(4): 355-364.

[26] Prescott C E, Blevins L L, Staley C L. Effects of clear-cutting on decomposition rates of litter and forest floor in forests of British Columbia[J]. Canadian Journal of Forest Research, 2000, 30(11): 1751-1757.

[27] Bates J D, Svejcar T S, Miller R F. Litter decomposition in cut and uncut western juniper woodlands[J]. Journal of Arid Environments, 2007, 70(2): 222-236.

[28] 苏芳莉, 刘明国, 迟德霞, 等. 间伐强度对天然次生林凋落物性质的作用效果分析[J]. 土壤通报, 2007, 38(6): 1096-1099.

[29] Cortina J, Vallejo V R. Effects of clearfelling on forest floor accumulation and litter decomposition in a radiata pine plantation[J]. Forest ecology and Management, 1994, 70(1): 299-310.

[30] Yin X, Perry J A, Dixon R K. Influence of canopy removal on oak forest floor decomposition[J]. Canadian Journal of Forest Research, 1989, 19(2): 204-214.

[31] Wallace E S, Freedman B. Forest floor dynamics in a chronosequence of hardwood stands in central Nova Scotia[J]. Canadian Journal of Forest Research, 1986, 16(2): 293-302.

[32] 姜海燕, 赵雨森, 陈祥伟, 等. 大兴安岭岭南几种主要森林类型土壤水文功能研究[J]. 水土保持学报, 2007, 21(3): 149-153.

[33] 张洪江, 程金花, 史玉虎, 等. 三峡库区 3 种林下枯落物储量及其持水特性[J]. 水土保持学报, 2003, 17(3): 55-58.

[34] 庞学勇, 包维楷, 张咏梅. 岷江上游中山区低效林改造对枯落物水文作用的影响[J]. 水土保持学报, 2005, 19(4): 119-122.

[35] 宫渊波, 陈林武, 罗承德, 等. 嘉陵江上游严重退化地 5 种森林植被类型枯落物的持水功能比较[J]. 林业科学, 2007, 43(1): 12-16.

[36] 周新年, 巫志龙, 郑丽凤, 等. 天然林择伐 10 年后凋落物现存量及其养分含量[J]. 林业科学, 2008, 44(10): 25-29.

12 小兴安岭低质林改造对林地土壤的影响

12.1 采伐方式对小兴安岭低质林土壤理化性质的影响

本部分以小兴安岭林区低质林为研究对象，在低质林区采用不同的采伐方式，探讨低质林采伐一年后，不同采伐方式对土壤理化性质的影响，从土壤理化性质影响角度探讨合理的采伐方式，为低质林分的改造和经营以及森林土壤肥力研究提供参考。

12.1.1 实验设计与测定方法

试验区设置在马永顺林场 500 林班内，公里坐标（0456249，5227854），属于典型的低质林分，共分为四个试验小区，分别为水平带试验区、垂直带试验区、择伐试验区和林窗试验区。其中，1 作业区 4 个试验地块为垂直带设置，2 作业区 4 个试验地块为水平带设置，3 作业区 7 个试验地块为择伐带设置，4 作业区 9 个试验地块为林窗设置，具体见 9.1.1 和 10.1.1。

12.1.2 不同采伐方式下林地土壤理化性质的变化程度

将不同采伐方式林地测定的土壤理化性质值与未受采伐干扰的对照带的理化性质值比较，得到不同采伐方式林地土壤理化性质的变化程度的公式为

$$变化程度（\%）= \frac{s-f}{f} \times 100\% \tag{12-1}$$

式中，s 为不同采伐方式的理化性质值；f 为对照带理化性质值。

由表 12-1 可以看出，不同采伐方式的土壤物理性质变化程度呈现出不同的变化趋势，水平皆伐带土壤容重在带宽 6m 和 10m 处减少，在带宽 8m 和 15m 处略有增加，其平均变化程度为−3.07%，整体减少；非毛管孔隙度在带宽 10m 处增加，其余带宽处减少，其平均变化程度为−7.54%，整体减少；毛管孔隙度在带宽 6m 和 15m 处增加，在带宽 8m 和 10m 处减少，其平均变化程度为 5.11%，整体增加；总孔隙度与毛管孔隙度的趋势相同，其平均变化程度为2.70%，整体增加；土壤含水率在各带宽处均减少，带宽 8m 处的减少幅度最大，其平均变化程度为−14.98%。总体上说，土壤容重、非毛管孔隙度和土壤含水率减少，毛管孔隙度、总孔隙度增加。

表 12-1　不同采伐方式后林分土壤物理性质变化程度　　　　　单位：%

编号		土壤容重	非毛管孔隙度	毛管孔隙度	总孔隙度	土壤含水率
水平皆伐带	S_1	−5.52	−25.96	12.22	4.97	−13.35
	S_2	0.61	−4.03	−0.34	−1.06	−18.25
	S_3	−7.98	16.74	−6.26	−1.89	−12.41
	S_4	0.61	−16.93	14.82	8.78	−15.90
垂直皆伐带	H_1	14.11	−30.23	−17.32	−19.78	−1.30
	H_2	10.43	−15.96	−16.47	−16.38	−2.10
	H_3	19.02	−23.14	−25.82	−25.33	3.48
	H_4	14.12	22.76	−22.15	−13.61	−0.08
林窗改造地	A_1	1.84	37.80	−15.95	−5.74	6.50
	A_2	3.07	−33.04	6.00	−1.43	0.12
	A_3	20.26	−63.13	−11.68	−21.46	4.53
	A_4	9.20	−17.81	−9.22	−10.88	2.04
	A_5	25.15	−47.31	−18.59	−24.06	4.52
	A_6	9.20	−61.18	−19.41	−27.36	3.41
	A_7	22.70	−42.75	−0.11	−8.22	4.22
	A_8	6.75	9.66	−2.73	−0.38	3.76
	A_9	23.93	−70.21	−7.63	−19.53	2.52
择伐改造地	Z_1	10.43	−45.66	17.86	5.77	6.80
	Z_2	−5.52	−10.43	25.87	18.98	0.20
	Z_3	−15.34	4.51	20.38	17.36	−10.78
	Z_4	−5.53	−8.10	23.98	17.87	−4.97
	Z_5	25.15	−54.10	−12.57	−20.48	5.98
	Z_6	3.07	−24.31	31.98	21.27	1.74
	Z_7	−4.29	−33.33	33.01	20.38	−4.73

　　垂直皆伐带土壤容重在各带宽处均增加，带宽 8m 处的增加幅度最大，其平均变化程度为 14.42%；非毛管孔隙度在带宽 15m 处增加，在其余带宽处减少，其平均变化程度为 −11.64%，整体减少；毛管孔隙度和总孔隙度在每个带宽处都减少，并且在带宽 10m 处的减少幅度最大，二者的平均变化程度分别为 −20.44% 和 −18.77%。土壤含水率在带宽 10m 处增加，在其余带宽处减少，其平均变化程度为 0。总体上说，土壤容重增加，非毛管孔隙度、毛管孔隙度、总孔隙度减少，土壤含水率无变化。

　　林窗改造地土壤容重在每个林窗面积处均增加，在 A_5（面积为 100m^2）处最大，并且在面积较小处增加幅度较小，其平均变化程度为 13.57%；非毛管孔隙度在 A_1（面积为 25m^2）和 A_8（面积为 600m^2）处增加，在其余面积处减少，并且在 A_9（面积为 900m^2）处的减少幅度最大，其平均变化程度为 −32.00%，整体减少；

毛管孔隙度在 A_2（面积为 50m²）处增加，在其余面积处减少，并在 A_5（面积为 225m²）和 A_6（面积为 300m²）处减少幅度最大，其平均变化程度为-8.81%，整体减少；总孔隙度在每个林窗面积处均减少，在 A_5（面积为 225m²）和 A_6（面积为 300m²）处减少幅度最大，其平均变化程度为-13.23%；土壤含水率在每个林窗面积处均增加，在 A_1（面积为 100m²）处最大，其平均变化程度为 3.51%。总体上看，土壤容重和土壤含水率增加，非毛管孔隙度、毛管孔隙度、总孔隙度减少。

择伐改造地土壤容重在 Z_1（采伐强度为 22%）、Z_5（采伐强度为55%）和 Z_6（采伐强度为 66%）处增加，在其余采伐强度处减少，其平均变化程度为 1.13%，整体增加；非毛管孔隙度在 Z_3（采伐强度为41%）处增加，在其余采伐强度处均减少，在 Z_5（采伐强度为 55%）处减少幅度最大，其平均变化程度为-24.49%，整体减少；毛管孔隙度和总孔隙度的变化趋势相同，均在 Z_5（采伐强度为 55%）处减少，其平均变化程度分别为 20.07%和 11.59%，整体增加；土壤含水率在 Z_3（采伐强度为 41%）和 Z_4（采伐强度为 47%）处减少，在其余采伐强度处增加，其平均变化程度分别为-0.82%，整体减少。总体上看，土壤容重、毛管孔隙度和总孔隙度增加，非毛管孔隙度和土壤含水率减少。

对于土壤的化学性质，如表 12-2 所示，不同采伐方式下的土壤化学性质变化程度也呈现出差异性，水平皆伐带的可吸收营养元素水解 N、有效 P、速效 K 在每个带宽处均增加，但增加趋势和带宽大小没有明显关系，三者的平均变化程度分别为 12.29%，79.24%，87.25%；全 P 和全 N 在每个带宽处均减少，全 K 均增加，但减少或增加趋势和带宽大小没有明显关系，三者的平均变化程度分别为-7.13%、-43.59%、65.74%；土壤有机质在带宽 6m 处增加，在其余带宽处减少，其平均变化程度为-4.91%，整体减少；pH 在每个带宽处均减少，其平均变化程度为-7.71%。总体上看，水解 N、有效 P、速效 K 和全 K 增加，全 N、全 P、有机质和 pH 减少。

垂直皆伐带的可吸收营养元素水解 N、有效 P、速效 K 以及全 N 在每个带宽处均增加，但增加趋势和带宽大小没有明显关系，其平均变化程度分别为18.73%，115.57%，73.87%，21.79%；全 P 在带宽10m 处增加，在其余带宽处减少，其平均变化程度为-4.44%，整体减少；全 K 在带宽6m 和8m 处增加，在带宽10m 和15m 处减少，其平均变化程度为-1.47%，整体减少；有机质和 pII 在每个带宽处均减少，二者的平均变化程度分别为-10.23%和-3.39%；总体上看，水解 N、有效 P、速效 K 和全 N 增加，全 P、全 K、有机质和 pH 减少。

林窗改造地的可吸收营养元素水解 N、有效 P、速效 K 以及全量、有机质和 pH 随林窗面积变化呈现出不同的变化趋势，它们的平均变化程度分别为 6.68%，30.44%，-11.85%，0.60%，-9.19%，-9.14%，2.95%，-1.90%，水解 N、有效 P、全 N 和有机质整体增加，速效 K、全 P、全 K 和 pH 整体减少。

择伐改造地的可吸收营养元素水解 N、有效 P、速效 K 以及全量、有机质和 pH

随采伐强度的变化呈现出不同的变化趋势，它们的平均变化程度分别为 26.62%，60.17%，−8.67%，−1.04%，−6.37%，−19.39%，−1.05%，−3.29%，水解 N 和有效 P 整体增加，速效 K、全 N、全 P、全 K、有机质和 pH 整体减少。

表 12-2　不同采伐方式下林地土壤化学性质变化程度　　　　　单位：%

编号	有效量			全量			有机质	pH
	水解 N	有效 P	速效 K	全 N	全 P	全 K		
S$_1$	16.15	121.66	79.53	−1.59	−45.54	59.67	8.41	−7.57
S$_2$	15.17	85.53	78.34	−7.19	−38.43	49.57	−13.26	−7.57
S$_3$	16.65	66.57	92.44	−3.98	−49.11	66.75	−0.64	−8.89
S$_4$	1.19	43.19	98.69	−15.8	−41.28	86.96	−14.15	−6.82
H$_1$	19.93	147.65	98.13	32.24	−3.19	6.11	−9.13	−4.94
H$_2$	22.84	49.08	62.78	21.28	−7.46	12.17	−15.92	−4.00
H$_3$	17.15	100.90	90.29	7.46	7.84	−14.10	−3.78	−1.56
H$_4$	14.98	164.65	44.30	26.17	−14.94	−10.06	−12.10	−3.07
A$_1$	16.30	58.23	−28.42	−0.74	−21.96	−1.42	25.51	−1.89
A$_2$	8.47	30.91	−37.70	−0.67	−13.57	3.97	−23.82	−3.96
A$_3$	14.83	−4.34	−32.28	−6.41	−19.10	−30.21	7.06	−1.28
A$_4$	13.38	−14.66	23.18	−1.17	6.46	−11.15	8.31	−4.66
A$_5$	−18.46	−1.38	−0.79	−5.25	−8.58	−7.68	−12.55	1.35
A$_6$	−0.53	17.26	10.00	−4.02	2.90	−5.34	−15.37	3.60
A$_7$	5.62	−1.22	−32.39	10.44	−0.79	24.17	19.60	−0.29
A$_8$	26.33	138.56	10.96	19.62	−10.57	−13.95	10.96	−1.12
A$_9$	−5.85	50.56	−19.18	−6.43	−17.54	−40.68	6.86	−8.83
Z$_1$	65.48	83.63	−11.17	−2.085	−1.04	−23.29	100.12	−10.39
Z$_2$	15.41	29.04	−19.25	14.51	−14.84	−25.54	−24.98	−4.47
Z$_3$	69.17	63.80	12.48	27.21	−9.36	−27.57	−7.65	−4.76
Z$_4$	9.85	95.15	−12.15	−15.96	−11.91	−47.69	−43.50	−1.75
Z$_5$	16.83	109.72	2.80	−10.94	7.01	30.52	−0.82	−4.19
Z$_6$	13.98	22.36	−14.62	14.74	−4.46	−28.72	−14.17	0.88
Z$_7$	−4.37	17.46	−18.76	−20.18	−10.02	−13.47	−16.34	1.68

12.1.3　不同采伐方式下林地土壤理化性质变化程度的主成分分析

为了进一步研究不同采伐方式下林地土壤理化性质的变化程度，以土壤理化性质的变化程度为基础，选用主成分分析，计算各示范区的综合得分，主成分特征值如表 12-3 所示，前 4 个主成分的特征值大于 1，4 个主成分的贡献率分别为 26.83%，26.21%，14.55% 和 13.70%；前 4 个主成分的累计贡献率为 81.29%，能够描述不同采伐方式下林地土壤理化性质的变化程度。

表 12-3　特征值解释

主成分	特征值	贡献率（%）	累计贡献率（%）
第 1 个主成分	3.49	26.83	26.83
第 2 个主成分	3.41	26.21	53.05
第 3 个主成分	1.89	14.55	67.59
第 4 个主成分	1.78	13.70	81.29

由表 12-4 可以看出，毛管孔隙度、速效 K、全 P 和有机质在第一个主成分（F_1）上有很大荷载；土壤容重、毛管孔隙度、总孔隙度和有效 P 在第 2 个主成分（F_2）上有很大荷载；水解 N、有机质和 PH 在第 3 个主成分（F_3）上有很大荷载；非毛管孔隙度和全 N 在第 4 个主成分（F_4）上有很大荷载。4 个主成分分别从不同方面反映了不同采伐方式林地土壤理化性质的变化程度，单独一个公因子不能反映整体的情况，因此按照各公因子对应的贡献率为权数计算：

$$F = \frac{\lambda_1}{\lambda_1 + \lambda_2 + \lambda_3 + \lambda_4} S_1 + \frac{\lambda_2}{\lambda_1 + \lambda_2 + \lambda_3 + \lambda_4} S_2 + \frac{\lambda_3}{\lambda_1 + \lambda_2 + \lambda_3 + \lambda_4} S_3 + \frac{\lambda_4}{\lambda_1 + \lambda_2 + \lambda_3 + \lambda_4} S_4$$

（12-2）

式中，F 为综合得分；λ_1、λ_2、λ_3、λ_4 为第 1、2、3、4 个主成分的贡献率；S_1、S_2、S_3、S_4 为第 1、2、3、4 个主成分的因子得分。

表 12-4　因子荷载表

指数	主成分			
	F_1	F_2	F_3	F_4
x_1	0.41	0.79	0.03	-0.30
x_2	-0.27	-0.28	-0.13	0.83
x_3	-0.06	-0.93	-0.01	-0.19
x_4	-0.14	-0.96	-0.06	0.11
x_5	0.86	0.36	0.03	-0.05
x_6	0.098	0.30	0.80	0.26
x_7	-0.28	0.64	0.20	0.38
x_8	-0.74	0.39	-0.07	0.28
x_9	0.24	0.30	0.16	0.80
x_{10}	0.83	0.11	0.02	0.03
x_{11}	-0.85	-0.13	-0.03	-0.04
x_{12}	0.09	-0.13	0.88	-0.14
x_{13}	0.62	-0.12	-0.63	0.02

注：x_1 为土壤容重，x_2 为非毛管孔隙度，x_3 为毛管孔隙度，x_4 为总孔隙度，x_5 为土壤含水率，x_6 为水解 N，x_7 为有效 P，x_8 为速效 K，x_9 为全 N，x_{10} 为全 P，x_{11} 为全 K，x_{12} 为有机质，x_{13} 为 pH。

根据公式（12-2），依据各因子得分计算不同采伐方式下林地土壤理化性质变化程度的综合得分，如表 12-5 所示。从不同采伐方式看，林窗带的理化性质变化程度最大，其次为垂直皆伐带和择伐带，水平皆伐带的变化程度最小。从同一采伐方式看，水平皆伐带带宽 10m 处的理化性质的变化程度最大，但各带宽的综合得分相差甚微；垂直皆伐带在带宽8m 处的理化性质变化程度最小，其余带宽处的综合得分无明显差异；对于不同面积的林窗，在林窗 A_9（面积 900m^2）处理化性质的变化程度最小，A_3（面积为100m^2）和 A_5（面积为225m^2）处的变化程度较大，说明小面积和中等面积的林窗对土壤理化性质的干扰相对较大，而较大面积林窗对其的干扰则较小；对于不同采伐强度的择伐带，通过采伐强度与综合得分的相关性分析得出，二者并无显著相关性，在采伐强度为22%处土壤理化性质的变化最大，在采伐强度为31%和41%处土壤理化性质的变化程度较小，在采伐强度为47%和55%处土壤理化性质的变化程度又变大，而在 66%和77%处变小，说明选择采伐强度 31%和41%可使土壤受采伐的干扰较小。

表 12-5　不同采伐方式下的因子得分

编号	因子得分				综合得分	排名
	S_1	S_2	S_3	S_4		
S_1	−1.96	−0.21	0.50	−0.14	−0.65	20
S_2	−1.96	0.03	−0.11	−0.04	−0.66	21
S_3	−2.16	−0.11	0.16	0.41	−0.65	20
S_4	−2.25	−0.39	−0.51	−0.79	−1.10	22
H_1	−0.27	1.39	0.00	1.10	0.54	5
H_2	−0.11	0.71	−0.22	0.74	0.28	7
H_3	0.29	1.43	−0.41	0.33	0.54	5
H_4	−0.03	1.02	−0.38	1.86	0.56	4
A_1	0.58	0.17	0.21	2.11	0.64	3
A_2	0.11	−0.39	0.31	−0.72	−0.15	13
A_3	0.60	0.56	3.71	−1.19	0.84	2
A_4	0.53	0.17	−0.32	0.36	0.23	8
A_5	0.78	1.23	1.19	0.42	0.94	1
A_6	0.41	1.09	−1.04	−1.08	0.11	10
A_7	0.19	0.61	0.15	−0.93	0.13	9
A_8	1.07	−0.40	−0.63	1.07	0.30	6
A_9	0.58	0.65	−1.17	−2.04	−0.16	14
Z_1	0.56	−0.55	0.62	−0.72	−0.0028	11
Z_2	0.30	−1.37	−0.29	0.20	−0.36	18
Z_3	0.25	−1.88	0.10	0.38	−0.43	19
Z_4	0.36	−1.49	0.35	0.22	−0.26	15
Z_5	0.69	0.72	−1.44	−1.43	−0.04	12
Z_6	0.86	−1.28	−1.03	−0.06	−0.32	16
Z_7	0.59	−1.73	0.24	−0.04	−0.33	17

　　森林采伐对土壤的理化性质产生的影响在不同的研究中有不同的表述，对于土壤物理性质，采伐后土壤容重增加，透水性能降低，粗孔隙减少，细孔隙增加，总孔隙度减少，土壤持水性能降低[1]。本部分的研究结果表明：水平皆伐带土壤容重、非毛管孔隙度和土壤含水率减少，毛管孔隙度、总孔隙度增加；垂直皆伐带土壤容重增加，非毛管孔隙度、毛管孔隙度、总孔隙度减少，土壤含水率无变化；林窗带土壤容重和土壤含水率增加，非毛管孔隙度、毛管孔隙度、总孔隙度减少；择伐带土壤容重、毛管孔隙度和总孔隙度增加，非毛管孔隙度和土壤含水率减少。

　　对于土壤的化学性质，Schmidt 研究得出，采伐 20 个月后，林地表层物质中 N 浓度有所下降[2]；Olsson 发现皆伐后 15～16 年瑞典针叶林的挪威云杉林（Piceaabies）林地表层物质总 N 库下降[3]；Verheyrn 的研究表明，干扰后的生态系统中土壤 P 的含量有所增加[4]；Liu 等的研究表明，采伐后的最初阶段，K 的流失速度很快[5]；Guo 和 Gifford 的研究结果表明，土地利用方式的改变造成土壤碳储量的降低[6]；谷会岩等的研究表明，择伐后的兴安落叶松林土壤的 pH 逐渐降低，说明森林采伐能增加土壤的酸性，土壤酸性的增加意味着土壤肥力得到提高，而这有利于森林更新。本次研究中，水平皆伐带的和垂直皆伐带的可吸收营养元素水解 N、有效 P、速效 K 的含量增加，而林窗和择伐水解 N 和有效 P 的含量增加，速效 K 的含量减少；对于全量，水平皆伐带全 P 和全 N 在每个带宽处均减少，全 K 均增加，垂直皆伐带和林窗全 N 量增加，全 P 和全 K 减少，择伐带全 N、全 P 和全 K 减少，总体上看，土壤全量呈减少的趋势；而土壤有机质和 pH 均减少。

　　利用主成分分析法，将土壤的物理和化学性质分成 4 个主成分，综合评价不同采伐方式的土壤理化性质的变化程度，林窗的理化性质变化程度最大，其次为垂直皆伐带和择伐带，水平皆伐带的变化程度最小；对于水平皆伐带和垂直皆伐带，带宽的综合得分没有明显差异；在林窗 A_9（面积为 900m^2）处土壤理化性质的变化程度最小，A_3（面积为 100m^2）和 A_5（面积为 225m^2）处的变化程度较大；在采伐强度为 22%处土壤的理化性质变化最大，在强度为 31%和 41%处，土壤的理化性质的变化程度较小，在强度为 47%和 55%处，理化性质变化程度又变大，而在强度为 66%和 77%处变小。

　　土壤物理性能恶化的程度主要取决于采伐方式、伐区清理方式以及林型[1]，采伐后土壤通气性、透水性降低，降低了土壤层的气体交换和保水能力，同时也阻碍了土壤养分的交换；从化学性质考虑，采伐后土壤可吸收营养元素增加，全量减少，有机质含量减少，采伐后光照强度增加，加速了营养元素的分解，但由于迹地清理等措施使土壤营养元素来源减少；但是采伐后出现的"溢肥"现象和土壤酸度增加，有利于林分更新。不同的采伐方式对土壤理化性质产生的影响有差异性，所以从对土壤理化性质影响程度角度选择合理的采伐方式，可以通过变化程度最小的的采伐方式来最大程度地减少采伐对土壤的破坏，以水平皆伐最宜，其次为采伐强度 31%和 41%的择伐，再次为面积较大的林窗，最后为垂直皆伐。

12.2 带状皆伐改造对小兴安岭低质林土壤养分的影响

低质林的改造，是通过调控林分组成和结构，加快林地内的物质循环，促进植物生长和根系的活动能力，从而改善土壤的生态功能。对森林土壤养分变化规律的了解，可及时为森林的健康经营提供理论依据，我们应该更加重视对森林土壤状况的动态监测[7,8]。本节以小兴安岭低质林为研究对象，于 2007 年进行顺山和横山带状皆伐改造，2008 年春季在采伐带内进行造林，2009 年开始进行观测，对样地内土壤养分进行连续 4a 观测，分析样地土壤养分的动态变化，为小兴安岭林区低质林改造提供可靠的理论依据。

12.2.1 研究方法

试验区设置在马永顺林场 500 林班内，属于典型的低质林分，详见 9.1.1，共分为两个试验小区，分别为顺山带状皆伐试验区和横山带状皆伐试验区。顺山皆伐带的设置原则为每条皆伐带均处于同一海拔，每条皆伐带长100m，皆伐带带宽共设置（S_1）6m、（S_2）8m、（S_3）10m、（S_4）15m 4 种，在采伐带相邻处，选择未受干扰林地作为对照样地 CK。横山皆伐带的设置原则为每条皆伐带均沿不同海拔，每条皆伐带长 100m，皆伐带宽共设置（H_1）6m、（H_2）8m、（H_3）10m、（H_4）15m 4 种，在采伐带相邻处，选择未受干扰林地作为对照样地CK。将各改造样地和对照样地分成 4 段，每段机械设置 5 个样点，每个样点取土壤剖面为 0～10cm 的土壤 1kg 带回实验室，分别于 2009 年、2010 年、2011 年和 2012 年连续 4 年在试验区进行土样采集，鲜土在实验室做自然风干处理，然后研磨过筛，用于分析土壤的养分含量。

12.2.2 顺山带状皆伐样地的土壤养分

低质林经过不同带宽进行顺山带状皆伐改造后，样地内的土壤养分平均值如表 12-6 所示。从表 12-6 可见，对照样地土壤 pH 在不同年份差异不显著（$p>0.05$），同一改造样地土壤的 pH 在不同年份差异显著（$p<0.05$），样地 S_1、S_4 土壤的 pH 在 2009 年最高，而样地 S_2、S_3 土壤的 pH 在 2010 年最高，各改造样地土壤的 pH 总体上随着时间的推移而下降，2012 年土壤 pH 较低；各改造样地土壤的 pH 在 2009 年高于对照样地，后 3 年各样地土壤的 pH 低于对照样地，到2012 年时，样地 S_4 土壤的 pH 最低，各样地土壤均呈酸性。对照样地2012 年土壤有机质质量分数高于前 3 年,同一改造样地土壤有机质质量分数在不同年份差异显著（$p<0.05$），各个改造样地在 2009 年土壤有机质质量分数最高，随后 2 年土壤有机质质量分数

下降，到 2012 年土壤有机质质量分数上升；各改造样地土壤有机质质量分数在 2009 年高于对照样地，后 3 年各样地土壤有机质质量分数低于对照样地，到 2012 年时，样地 S_3 土壤有机质质量分数最高。

表 12-6　顺山带状皆伐样地的土壤养分

样地号	年份	pH	有机质 (g·kg^{-1})	全量养分（g·kg^{-1}）			速效养分（mg·kg^{-1}）		
				全 N	全 P	全 K	水解 N	有效 P	速效 K
S_1	2009	5.41Bc	36.69Cb	1.54Bd	0.28Bab	15.44Ba	74.65ABc	3.46Bc	29.40ABb
	2010	5.37ABb	21.82Ab	1.35Ac	0.25ABb	13.10Aa	76.29Bc	2.62Ab	26.96Aa
	2011	5.23Ab	23.75Aab	1.47ABc	0.18Aa	13.58Aa	72.74Ac	2.89Ab	28.52ABa
	2012	5.14Ab	26.76Bb	1.49ABc	0.27Bab	14.13Aba	78.57Cc	3.08ABa	32.97Ba
S_2	2009	5.23Aab	34.31Cb	1.41Bc	0.32Bb	17.31Bb	78.14Bc	2.67Ab	27.69Aa
	2010	5.68Bd	18.24Aa	1.09Aa	0.22Aab	15.03Ab	63.70Ab	2.27Aa	28.45Aab
	2011	5.30Abc	21.46ABa	1.33Bb	0.21Ab	15.66ABb	85.27Cd	3.11ABb	30.38ABab
	2012	5.15Ab	24.40Ba	1.38Bb	0.26ABa	14.14Aa	88.39Cd	3.47Bc	33.41Ba
S_3	2009	5.19Aa	43.68Cc	1.43Bc	0.27Aa	18.75Bbc	67.74BCb	2.20Aa	28.24Aa
	2010	5.54Bc	28.66Ac	1.03Aa	0.19Aa	16.81Ac	59.78Aa	2.83Ab	34.72Cc
	2011	5.09Aa	30.95Ac	1.13Aa	0.19Aa	15.59Ab	64.45Bab	3.83Cc	31.54Bb
	2012	5.13Ab	36.34Bc	1.31Bab	0.25Aa	16.85Ab	71.93Cb	3.12Ba	33.08BCa
S_4	2009	5.31Bb	35.15Bb	1.25Ab	0.31Bb	20.07Bc	67.43BCb	1.99Aa	30.40Ab
	2010	5.21ABa	23.71Ab	1.27Abc	0.23Aab	15.20Ab	59.53Aa	2.57Bab	31.10Ab
	2011	5.28Bbc	24.43Ab	1.25Ab	0.20Aab	15.97Ab	65.43Bb	2.47Bab	33.16Bc
	2012	5.01Aa	26.00Ab	1.28Ab	0.27ABab	14.41Aa	70.99Cb	2.71Ba	35.14Cb
CK	2009	5.18Aa	30.07Aa	1.12Ab	0.25Ab	19.49Bbc	58.04Aa	2.51ABab	31.87ABc
	2010	5.29Aab	29.09Ac	1.17Ab	0.25Ab	17.59Ac	60.31ABab	2.14Aa	32.52ABb
	2011	5.38Ac	32.84ABbc	1.31Bb	0.21Ab	17.92Ac	62.32Ba	2.33Aa	30.45Aab
	2012	5.32Ac	34.95Bc	1.24ABa	0.29Ab	18.96ABc	63.45Ba	2.74Bb	33.20Ba

注：数据后标相同大写字母表示同一样地不同年份差异不显著（$p>0.05$），数据后标不同大写字母表示同一样地不同年份差异显著（$p<0.05$）；数据后标相同小写字母表示同一年份不同样地差异不显著（$p>0.05$），数据后标不同小写字母表示同一年份不同样地差异显著（$p<0.05$）。

对照样地土壤全 N 质量分数在不同年份差异显著（$p<0.05$），2011 年和 2012 年土壤全 N 质量分数高于前 2 年，各个改造样地土壤全 N 质量分数在 2009 年升高，随后 1 年下降，2011 年和 2012 年又再次上升；各样地土壤全 N 质量分数在改造后第一年均高于对照样地，随后 2 年略低于对照样地，2012 年样地 S_1、S_2 土壤全 N 质量分数较高。对照样地土壤全 P 质量分数在不同年份差异不显著（$p>0.05$），样地 S_1、S_2 土壤全 P 质量分数在不同年份差异显著（$p<0.05$），各个样地土壤全 P 质量分数随着时间的推移，呈现出先下降后上升的趋势；各个采伐改造样地在 2009 年土壤全 P 质量分数高于对照样地，之后 3 年低于对照样地。各样地土壤全 K 质量分数在不同年份差异显著（$p<0.05$），样地 S_1、S_3 土壤全 K 质量分数随着时间的推移，呈现出先下降后上升的趋势，样地 S_2、S_4 土壤全 K 质量分数变化规律不

明显；各改造样地土壤全 K 质量分数低于对照样地，其中，样地 S_3 土壤全 K 质量分数最高。

　　各样地土壤水解 N 质量分数在不同年份差异显著（$p<0.05$），样地 S_2、S_3、S_4 土壤水解 N 质量分数呈现出先下降后上升的趋势；到2012年时，各改造样地土壤水解 N 质量分数均高于对照样地，其中，样地 S_2 土壤水解 N 质量分数最高。各样地土壤有效 P 质量分数在不同年份差异显著（$p<0.05$），样地 S_1、S_2 土壤有效 P 质量分数呈现出先下降后上升的趋势；样地 S_2、S_3 土壤有效 P 质量分数高于对照样地。各样地土壤速效 K 质量分数在不同年份差异显著（$p<0.05$），样地 S_1 土壤速效 K 质量分数先下降后上升，样地 S_2、S_4 土壤速效 K 质量分数逐年升高；同一年度不同样地土壤速效 K 质量分数差异显著（$p<0.05$），样地 S_3、S_4 土壤速效 K 质量分数高于对照样地。

12.2.3　横山带状皆伐样地的土壤养分

　　低质林经过不同带宽进行横山带状皆伐改造后，样地内土壤养分平均值如表 12-7 所示。从表 12-7 可见，各个样地土壤 pH 在不同年份差异显著（$p<0.05$），各改造样地土壤 pH 随着改造时间的推移，呈现出先升高后下降的趋势，2010 年各改造样地土壤 pH 最高；同一年度不同样地土壤 pH 差异显著（$p<0.05$），各改造样地土壤 pH 在前 2a 高于对照样地，之后 2a 低于对照样地，到 2012a 时，样地 H_1 的土壤 pH 最低，各样地土壤均呈酸性。各样地土壤有机质质量分数在不同年份差异显著（$p<0.05$），对照样地 2012 年的土壤有机质质量分数最高，各改造样地土壤有机质质量分数随着改造时间的推移，呈现出先下降后上升的趋势，各改造样地在 2009 年的土壤有机质质量分数最高，第 2 年下降，随后 2 年又再次上升；各改造样地土壤有机质质量分数低于对照样地，到 2012 年时，样地 H_3 的土壤有机质质量分数最高。

表 12-7　横山带状皆伐样地的土壤养分

样地号	年份	pH	有机质 ($g\cdot kg^{-1}$)	全量养分 ($g\cdot kg^{-1}$)			速效养分 ($mg\cdot kg^{-1}$)		
				全 N	全 P	全 K	水解 N	有效 P	速效 K
H_1	2009	5.17Aab	30.75Cb	1.95Cc	0.54Bb	16.37Bd	76.43Cc	1.87Aa	30.01ABa
	2010	5.68Bab	19.48Aab	1.19Ab	0.33Aa	15.07ABc	60.44Ac	2.14Aab	27.43Aab
	2011	5.39ABb	20.21Aa	1.49Bb	0.35Aa	13.26Ac	69.35Bc	2.80Bab	32.65Bab
	2012	5.21Aa	26.00Bb	1.65Bb	0.38Aa	14.77ABc	74.08Cb	2.93Bb	35.87Ca
H_2	2009	5.07Aa	32.46Cbc	1.95Cc	0.48Bab	14.60Bc	83.08BCd	1.97Aa	31.31Aa
	2010	5.70Bab	19.69Aab	1.08Aa	0.31Aa	12.40ABa	69.06Ad	2.22Aab	34.59Bc
	2011	5.54Bc	21.82ABab	1.64Bc	0.32Aa	11.35Aa	79.26Bd	2.93Bb	36.26BCc
	2012	5.32ABb	23.69Ba	1.79BCb	0.36Aa	13.17ABb	86.24Cd	2.71Bab	38.70Cc
H_3	2009	5.23Ab	34.97Cc	1.69Cb	0.65Cc	12.52Aab	77.82Cc	2.52Bb	34.66ABb
	2010	5.92Bc	18.71Aa	1.03Aa	0.30Aa	13.63ABb	61.83Ac	2.22Aab	30.88Ab
	2011	5.29Aa	23.37Bb	1.22Ba	0.35ABa	12.33Ab	69.95Bc	2.49Ba	33.52ABb
	2012	5.34Ab	27.91Bb	1.61Cab	0.39Ba	14.89Bc	81.58Cc	3.37ABc	36.41Bab

样地号	年份	pH	有机质 ($g·kg^{-1}$)	全量养分（$g·kg^{-1}$)			速效养分（$mg·kg^{-1}$)		
				全 N	全 P	全 K	水解 N	有效 P	速效 K
H₄	2009	5.43Ac	26.98Ba	1.93Cc	0.44Ba	11.98Aa	65.57BCb	1.96Aa	29.38Ba
	2010	5.78Bb	20.99Ab	1.07Aa	0.29Aa	14.02Bb	55.83Aa	1.90Aa	23.80Aa
	2011	5.52ABc	21.89Aab	1.25Aa	0.31Aa	12.94ABbc	63.24Bb	2.59Ba	30.34Ba
	2012	5.36ABc	23.19ABa	1.62Bab	0.34Aa	11.97Aa	68.64Ca	2.76Bab	37.30Cb
CK	2009	5.09Aa	33.24ABc	1.49Aa	0.53Bb	13.48ABb	62.57Ba	2.36Aa	38.76Ac
	2010	5.62Ba	30.84Ac	1.42Ac	0.46Ab	13.96Bb	58.28Ab	2.49Ab	41.28Bd
	2011	5.54ABc	33.67ABc	1.48Ab	0.42Ab	11.95Aab	60.83ABa	2.92Bb	39.31ABd
	2012	5.36ABb	35.26Bc	1.55Aa	0.52Bb	12.61Aab	66.17Ca	2.59ABa	38.43Ac

注：数据后标相同大写字母表示同一样地不同年份差异不显著（$p>0.05$），数据标不同大写字母表示同一样地不同年份差异显著（$p<0.05$）；数据后标相同小写字母表示同一年度不同样地差异不显著（$p>0.05$），数据后标不同小写字母表示同一年度不同样地差异显著（$p<0.05$）。

对照样地土壤全 N 质量分数在不同年份差异不显著（$p>0.05$），各改造样地土壤全 N 质量分数在不同年份差异显著（$p<0.05$），各改造样地土壤全 N 质量分数随着改造时间的推移，呈现出先下降后上升的趋势，2009 年各改造样地土壤全 N 质量分数最高，2010 年下降，2011 年和 2012 年又再次上升；各样地全 N 质量分数在改造后的 2009 年和 2012 年均高于对照样地，在 2010 年低于对照样地，到 2012 年时，样地 H₂ 土壤全N质量分数最高。各样地土壤全P质量分数在不同年份差异显著（$p<0.05$），各改造样地土壤全 P 质量分数在改造后第 1a 上升，在第 2a 下降，之后 2a 逐年升高；同一年度不同样地土壤全 P 质量分数差异显著（$p<0.05$），样地 H₁、H₃ 土壤全 P 质量分数在 2009 年高于对照样地，之后 3 年各改造样地均低于对照样地，到 2012 年时，样地 H₃ 土壤全 P 质量分数最高。各样地土壤全 K 质量分数在不同年份差异显著（$p<0.05$），样地 H₁、H₂ 土壤全 K 质量分数在 2009 年最高，之后 2a 下降，2012 年时又再次上升，样地 H₃、H₄ 土壤全 K 质量分数变化规律不明显；2012 年时，样地 H₁、H₂、H₃ 土壤全 K 质量分数高于对照样地，其中，样地 H₃ 土壤全 K 质量分数最高。

各样地土壤水解N质量分数在不同年份差异显著（$p<0.05$），各个样地土壤水解 N 质量分数随着时间的推移，均呈现出先下降后上升的趋势，样地 H₂、H₃、H₄ 土壤水解 N 质量分数在 2012 年高于 2009 年；同一年份不同样地土壤水解 N 质量分数差异显著（$p<0.05$），各改造样地土壤水解 N 质量分数均高于对照样地，到 2012 年时，样地 H₂、H₃ 土壤水解 N 质量分数较高。各样地土壤有效 P 质量分数在不同年份差异显著（$p<0.05$），样地 H₁ 土壤有效 P 质量分数逐年上升，样地 H₃、H₄ 土壤有效 P 质量分数在 2010 年下降，之后 2a 上升；同一年份不同样地土壤有效 P 质量分数差异显著（$p<0.05$），到 2012 年时，各改造样地土壤有效 P 质量分数高于对照样地，其中，样地 H₃ 土壤有效 P 质量分数最高。各样地土壤速效 K 质量分数在不同年份差异显著（$p<0.05$），样地 H₁、H₃ 土壤速效 K 质量分数随着时间的推移，呈现出先下降后上升的趋势，样地 H₂、H₄ 土壤速效 K 质量分数逐

年上升；同一年份不同样地土壤速效 K 质量分数差异显著（$p<0.05$），各改造样地土壤速效 K 质量分数低于对照样地，到 2012 年时，样地 H_3、H_4 土壤速效 K 质量分数较高。

本节的研究表明，顺山带状皆伐各改造样地土壤的 pH 总体上随着时间的推移而下降，后 3a 各样地土壤的 pH 低于对照样地。各改造样地土壤有机质、全 N、全 P 质量分数在 2009 年升高，并且高于对照样地，随后 1a 下降，2011 年和 2012 年又逐步上升，但仍低于对照样地，到 2012 年时，样地 S_3 土壤有机质质量分数最高。样地 S_1、S_3 土壤全 K 质量分数和样地 S_2、S_3、S_4 土壤水解 N 质量分数随着时间的推移，呈现出先下降后上升的趋势，各改造样地土壤全 K 质量分数低于对照样地，其中，样地 S_3 土壤全 K 质量分数最高，到 2012 年时，各改造样地土壤水解 N 质量分数均高于对照样地。样地 S_1、S_2 土壤有效 P 质量分数和样地 S_1 土壤速效 K 质量分数先下降后上升，样地 S_2、S_4 土壤速效 K 质量分数逐年升高，到 2012 年时，样地 S_2、S_3 土壤有效 P 质量分数和样地 S_3、S_4 土壤速效 K 质量分数高于对照样地。

研究发现，横山带状皆伐各改造样地土壤的 pH 先升高后下降，各改造样地土壤的 pH 在前 2a 高于对照样地，之后 2a 低于对照样地。各改造样地土壤有机质、全 N、全 P 质量分数在 2009 年最高，第 2a 下降，随后 2a 又再次上升，各改造样地土壤有机质、全 P 质量分数低于对照样地，各样地土壤全 N 质量分数在改造后的 2009 年和 2012 年均高于对照样地，到 2012 年时，样地 H_3 土壤有机质、全 P 质量分数和 H_2 土壤全 N 质量分数最高。样地 H_1、H_2 土壤全 K 质量分数在 2009 年最高，之后 2a 下降，2012 年时又再次上升。各改造样地土壤水解 N 和样地 H_1、H_3 土壤速效 K 质量分数先下降后上升，各改造样地土壤水解 N 质量分数均高于对照样地，土壤速效 K 质量分数低于对照样地，样地 H_1 土壤有效 P 和样地 H_2、H_4 土壤速效 K 质量分数逐年上升，到 2012 年时，样地 H_2、H_3 土壤水解 N 质量分数较高，样地 H_3、H_4 土壤速效 K 质量分数较高，各改造样地土壤有效 P 质量分数高于对照样地。

12.3　择伐改造对小兴安岭低质林
土壤理化性质的影响

本节以小兴安岭低质林为研究对象，研究不同采伐强度择伐改造后林地土壤理化性质。对样地内土壤连续进行 3a 观测，分析样地土壤性质的动态变化，为低质林改造提供可靠的理论依据。

12.3.1　研究方法

试验区位于黑龙江省伊春林区铁力林业局马永顺林场，详见 9.1.1。不同采伐强度的 7 个小班，每个小班的采伐强度分别为22%（Z_1）、31%（Z_2）、41%（Z_3）、47%（Z_4）、55%（Z_5）、66%（Z_6）、77%（Z_7），采伐后仍保持针阔混交林。在采伐样地相邻位置选择一块未采伐的对照样地（CK）。每个采伐小区和对照样地沿山坡上中下机械设置各 5 个样点，每个样点取土壤剖面为 0～10cm 的土壤 1kg 带回实验室，同时取环刀样品，分别于 2009 年、2010 年和 2011 年在试验区进行土样采集，鲜土在实验室做自然风干处理，然后研磨过筛，用于分析土壤的化学性质，环刀样品用于分析土壤的物理性质。

12.3.2 土壤的物理性质

低质林经过不同采伐强度择伐改造后，样地内土壤的物理性质平均值如表 12-8 所示。从表 12-8 可见，择伐样地土壤密度高于未采伐的对照样地；同一年份不同采伐强度择伐样地土壤密度存在差异，样地 Z_3（41%）、Z_4（47%）、Z_5（55%）土壤密度较高；同一采伐强度样地 2009 年的土壤密度高于 2010 年和 2011 年的土壤密度；随着伐后时间的推移，同一采伐样地土壤密度逐渐降低，但仍高于对照样地。伐后第一年择伐样地土壤总孔隙度低于未采伐的对照样地，但是随着恢复时间的推移，土壤总孔隙度逐渐升高；同一年份不同采伐强度样地土壤总孔隙度存在差异，样地 Z_1（22%）、Z_2（31%）、Z_6（66%）、Z_7（77%）土壤总孔隙度略高于其他的样地。

表 12-8 样地土壤物理性质

样地号	年份	土壤密度（g·cm^{-3}）	孔隙度（%）			土壤含水率（%）
			非毛管	毛管	总孔隙度	
Z_1	2009	0.90ABa	5.60Ea	51.71Bb	57.31Cb	80.41Aa
	2010	0.56Cc	5.67Ea	70.42Aa	76.08Ba	84.62Aa
	2011	0.74Bb	5.74Da	71.56Aa	77.30Ba	78.75Aa
Z_2	2009	0.77Ba	9.23Bb	55.23ABa	64.47ABb	75.44Ba
	2010	0.61BCb	16.00Aa	64.44Ba	80.44Aa	76.92Ba
	2011	0.56Db	16.57Aa	67.51Ba	84.08Aa	79.31Ba
Z_3	2009	0.69Cb	10.77Aa	52.82Ba	63.59Ba	67.18Da
	2010	0.86Aa	6.00Ec	49.60Da	55.60Da	52.63Eb
	2011	0.75Bb	8.51Cb	50.97Ea	59.48Da	46.61Cb
Z_4	2009	0.77Ba	9.47Ba	54.40Aa	63.87Ba	71.55Ca
	2010	0.81Aa	8.33Da	48.52Db	56.85Db	50.63Eb
	2011	0.86Aa	7.21CDa	45.62Fb	52.83Eb	57.49Bb
Z_5	2009	1.02Aa	4.73Fc	38.36Cc	43.09Dc	79.79Aa
	2010	0.65BCc	13.67Ba	56.91Ca	70.58Ca	62.34Db
	2011	0.87Ab	10.46Bb	50.07Eb	60.53Db	47.37Cc
Z_6	2009	0.84ABa	7.80Ca	57.91Ab	65.71Ab	76.60Ba
	2010	0.56Cb	8.00Da	70.00Aa	78.00ABa	59.54Db
	2011	0.59Cb	7.56CDa	55.45Db	63.01Db	55.64Bb

续表

样地号	年份	土壤密度（g·cm^{-3}）	孔隙度（%）			土壤含水率（%）
			非毛管	毛管	总孔隙度	
Z$_7$	2009	0.78Ba	6.87Da	58.36Ab	65.23Ab	71.73Ca
	2010	0.70Bb	7.33DEa	69.50Aa	76.83Ba	64.28Db
	2011	0.62Cc	7.96CDa	71.51Da	79.47Ba	54.58Bc
CK	2009	0.71Ca	7.73Cc	58.21Ab	65.94Ab	78.56ABa
	2010	0.58Cb	11.00Ca	67.39ABa	78.39ABa	69.45Cb
	2011	0.63Cb	9.15BCb	62.24Ca	71.39Cb	54.45Bc

注：数据后标相同大写字母表示同一年份不同样地差异不显著（$p>0.05$），数据后标不同大写字母表示同一年份不同样地差异显著（$p<0.05$）；数据后标相同小写字母表示同一样地不同年份差异不显著（$p>0.05$），数据后标不同小写字母表示同一样地不同年份差异显著（$p<0.05$）。

12.3.3 土壤的化学性质

低质林经过不同采伐强度择伐改造后，样地内土壤化学性质平均值如表 12-9 所示。从表 12-9 可知，随着采伐强度的增加，土壤的 pH 有所升高；同一样地随着时间的推移，pH 也有所升高，但差异不是很大，土壤均呈酸性。土壤有机质质量分数，在择伐改造后第 1a（2009 年）高于对照样地，但随后又迅速降低，随着时间的推移逐年下降，并下降到低于对照样地土壤有机质质量分数，择伐改造样地中 Z$_3$（41%）的有机质质量分数最高。

表 12-9 样地土壤化学性质

样地号	年份	pH	有机质质量分数(g·kg^{-1})	全量养分质量分数(g·kg^{-1})			速效养分质量分数(mg·kg^{-1})		
				全 N	全 P	全 K	水解 N	有效 P	速效 K
Z$_1$	2009	5.05ABb	42.99Ba	1.8ABa	0.49Aa	11.92Bb	78.56Bb	2.72Aa	17.89Ac
	2010	5.26BCa	22.66Cb	1.59Aa	0.23Bb	14.75Ba	87.40Aa	2.57ABa	33.65Aa
	2011	5.36Ba	11.78BCc	0.92Bb	0.25Bb	12.64ABb	75.10Ab	3.10BCa	25.63Bb
Z$_2$	2009	4.85Bb	41.41Ba	1.40Ba	0.45Aa	8.22Bb	58.55Ca	1.72Bb	13.04Cc
	2010	5.49Ba	22.49Cb	0.63Cc	0.27Bb	13.73BCa	62.33Ba	1.23Bc	26.59Ba
	2011	5.05Cb	9.45Cc	1.09Bb	0.19Bb	10.31Bb	55.27Ca	2.73CAa	19.65BCb
Z$_3$	2009	4.77Bb	47.53Aa	1.47Ba	0.52Aa	10.63Cb	71.77Ba	2.09ABb	14.33BCc
	2010	5.00Ca	26.31Bb	1.16Bb	0.24Bb	15.55Ba	67.93Ba	3.05Aa	32.69Aa
	2011	5.05Ca	14.99Bc	1.11Bb	0.18Bb	14.37ABa	50.04CDb	2.35Cb	24.31Bb
Z$_4$	2009	5.09ABb	39.07Ba	1.7ABa	0.47Aa	10.31Bb	102.9Aa	1.47Bc	13.02Cb
	2010	5.16BCb	20.78Cb	1.53Ab	0.19Bb	17.50Aa	70.70Bb	2.68ABa	30.77ABa
	2011	5.47Aba	9.39Cc	1.53Ab	0.17Bb	15.52Aa	63.62Bb	1.93Cb	29.69Aa
Z$_5$	2009	5.07ABb	35.78BCa	1.91Aa	0.50Aa	10.03Bc	105.2Aa	1.87Bc	18.14Ab
	2010	5.07Cb	16.51Db	1.63Ab	0.21Bb	22.14Aa	42.76Cb	1.29Bb	24.03Ba
	2011	5.33Ba	13.66Bb	1.06Bc	0.21Bb	16.43Ab	46.93Db	3.71Ba	17.96Cb
Z$_6$	2009	5.23Ab	31.89Ca	1.6ABa	0.48Aa	7.25Cb	68.31BCa	2.22ABb	14.17Bc
	2010	5.68ABa	20.19Cb	1.60Aa	0.22Bb	13.12BCa	37.21Cc	2.41ABb	27.46Ba
	2011	5.67Aa	12.53Bc	1.12Bb	0.19Bb	8.64Cb	57.34Cb	3.05BCa	19.82BCb

续表

样地号	年份	pH	有机质质量分数(g·kg^{-1})	全量养分质量分数(g·kg^{-1})			速效养分质量分数(mg·kg^{-1})		
				全 N	全 P	全 K	水解 N	有效 P	速效 K
Z$_7$	2009	5.10ABc	38.43Ba	1.53Ba	0.56Aa	18.08Ab	72.65Ba	2.39ABb	16.58ABb
	2010	5.87Aa	19.96Cb	1.66Aa	0.25Bb	23.26Aa	61.40Bb	3.21Ab	23.60Ba
	2011	5.48ABb	12.27Bc	0.95Bb	0.28Bb	17.35Ab	72.36Aa	4.96Aa	21.54BCa
CK	2009	5.28Aa	33.12Ca	1.37Ba	0.47Aa	9.75Bca	59.05Ca	2.90Aa	15.36Ba
	2010	5.41Ba	31.29Aa	1.25Aa	0.42Aa	10.39Ca	62.34Ba	2.75ABa	14.61Ca
	2011	5.36Ba	34.24Aa	1.42Aa	0.43Aa	11.05Ba	63.39Ba	2.96BCa	15.24Ca

注：数据后标相同大写字母表示同一年份不同样地差异不显著（$p>0.05$），数据后标不同大写字母表示同一年份不同样地差异显著（$p<0.05$）；数据后标相同小写字母表示同一样地不同年份差异不显著（$p>0.05$），数据后标不同小写字母表示同一样地不同年份差异显著（$p<0.05$）。

样地中土壤全 N、全 P 质量分数，在改造后第 1a 均高于对照样地，随后又降低。其中，全 P 质量分数的下降幅度较大，第 2a 和第 3a 全 P 质量分数明显低于对照样地；不同采伐样地全 P 质量分数差异不显著（$p>0.05$）。择伐改造样地中 Z$_4$（47%）、Z$_5$（55%）的土壤全 N 质量分数较高，差异显著（$p<0.05$）。土壤全 K 质量分数，在改造后第 1a，样地 Z$_7$（77%）上升，其他各样地之间差异不显著（$p>0.05$）；择伐改造后第 2a 土壤全 K 质量分数上升，之后又下降，采伐改造样地中 Z$_5$（55%）、Z$_7$（77%）的全 K 质量分数较高。

土壤水解 N 质量分数，在择伐改造后第 1a，比对照样地有所增加，Z$_4$（47%）、Z$_5$（55%）的土壤水解 N 质量分数高于其他样地。当采伐强度大于 47% 时，土壤水解 N 质量分数，在改造后第 2a 开始降低，并下降到低于对照样地土壤水解 N 质量分数；而低强度采伐改造样地的土壤水解 N 质量分数变化不大。在改造后第 1a，土壤有效 P 质量分数，比对照样地低，样地 Z$_4$（47%）有效 P 质量分数最低；随着采伐改造时间的推移，土壤有效 P 质量分数开始上升。样地 Z$_2$（31%）、Z$_4$（47%）土壤速效 K 质量分数，在改造后第 1a 低于对照样地；在改造后第 2a，各样地的速效 K 质量分数明显上升，并高于对照样地；在择伐改造后第 3a，各样地的速效 K 质量分数又降低，但仍高于对照样地；样地 Z$_3$（41%）、Z$_4$（47%）土壤速效 K 质量分数在改造后 2a 较高。

研究表明，与未经择伐改造的对照样地相比，各择伐改造样地的土壤物理性质在改造后前 3a 并未得到明显的改善和提高，土壤密度高于对照样地，而土壤孔隙度低于对照样地。但随着改造时间的推移，土壤密度逐渐下降，同时土壤的孔隙度在不断提高，土壤的物理性质在不断改善；土壤孔隙发达，疏松多孔，通气性更好，尤其是非毛管孔隙度的增加，提高了土壤的透水、蓄水和供水能力，可以为植被生长提供所需的水分。同一年份不同采伐强度样地的土壤物理性质，在改造后前 3a 存在差异，样地 Z$_1$（22%）、Z$_2$（31%）、Z$_6$（66%）、Z$_7$（77%）的土壤结构更好。采伐改造对森林土壤物理性质的影响是一个复杂而长期的过程，在采伐改造后的前 3a，高强度择伐样地在太阳光下的直接暴露面增大，加快了采伐剩余物、原有枯枝落叶和死地被物分解，同时高强度择伐样地内杂草茂密，并且杂草残体对土壤物理性质的影响较大，可以使土壤变得疏松，这可能是样地 Z_6（66%）、Z_7（77%）在伐后前 3a 的物理性质优于样地 Z_3（41%）、Z_4（47%）、Z_5（55%）的原因。

与对照样地相比，各采伐改造样地的土壤化学性质，在改造后前 3a 变化明显，随着采伐强度的增加，土壤的 pH 有所升高，并且同一样地 pH 随着时间的推移也有所升高；土壤有机质、全 N、全 P 质量分数，在采伐改造后第 1a 高于对照样地，但随后又迅速降低，随着时间的推移逐年下降，到第 3a 低于对照样地。改造后第 2a，土壤全 K 质量分数上升，之后又下降。土壤水解 N 质量分数，在改造后第 1a 上升，高强度采伐改造样地土壤水解 N 质量分数在改造后第 2a 开始降低，并下降到低于对照样地土壤水解 N 质量分数；而低强度采伐改造样地的土壤水解 N 质量分数变化不大。土壤有效 P 质量分数，在改造后第 1a 下降，随着采伐改造时间的推移，土壤有效 P 质量分数开始上升。样地 Z_2（31%）、Z_4（47%）土壤速效 K 质量分数，在改造后第 1a 低于对照样地；在改造后第 2a，各样地的速效 K 质量分数上升，之后又降低，但仍高于对照样地。

在择伐改造后的前 3a，随着采伐强度的加大，枯枝落叶量减小了，但采伐剩余物却增多了，林下植被多样性也提高了，综合作用结果使得土壤养分变化不大。高强度采伐改造样地遇到高温多雨季节易产生地表径流，地表水会将林地内营养物质带走，引起林地土壤养分的降低，时间一长会导致林地土壤贫瘠，所以应尽量避免高强度的采伐改造。从总的趋势看，采伐改造后林地土壤理化性质在向好的方向发展。

12.4　小兴安岭低质林择伐改造后对土壤养分的评价

以小兴安岭低质林为研究对象，采用灰色聚类方法对不同采伐强度后林地的土壤养分进行综合评价，以期为小兴安岭低质林今后的改造和培育方向提供参考依据。

12.4.1　研究方法

2008 年 1 月 16 日～2 月 2 日，在小兴安岭马永顺林场 500 林班选取典型的针阔混交低质林进行择伐改造，建立采伐强度各不相同的 7 个样地，采伐强度分别为 22%（Z_1）、31%（Z_2）、41%（Z_3）、47%（Z_4）、55%（Z_5）、66%（Z_6）、77%（Z_7），详见 9.1.1。采伐后仍保持针阔混交林，同时在试验区域附近的针阔混交低质林设置一个未采伐的对照样地（CK）。测定时间选在 2012 年的 4 月底（采伐后第 4a），在每个采伐样地和对照样地的山坡上、中、下机械选取5个采样点，每个样点取土壤剖面为0～10cm 的土壤 1kg 带回实验室，鲜土在实验室做自然风干处理，然后去除杂质并研磨过筛，用于分析土壤养分的质量分数。

12.4.2 择伐改造后土壤养分指标

小兴安岭经过不同强度的择伐后，各样地土壤养分指标的实测平均值如表12-10 所示。从表 12-10 可知，择伐后所有样地中，除了 Z_5 样地的有机质质量分数（37.24 g·kg^{-1}）比对照样地 CK（27.61 g·kg^{-1}）高外，其他样地的有机质质量分数均不同程度地低于对照样地 CK；7 个采伐样地的全 N 质量分数为 1.12～1.95 g·kg^{-1}，和对照样地 CK（1.07 g·kg^{-1}）相比，均有所上升；在全 P 质量分数方面，除了 Z_1 样地（1.76 g·kg^{-1}）略高于对照样地 CK（1.55 g·kg^{-1}）外，其他采伐样地均出现不同程度的下降；而各采伐样地中除了 Z_3 和 Z_5 样地的全 K 质量分数稍低于对照样地 CK（10.48 g·kg^{-1}）外，其他采伐样地均有不同程度的上升；在碱解 N 质量分数和速效 K 质量分数方面，也表现出类似的结果：除了 Z_2、Z_4 样地的碱解 N 质量分数，以及 Z_2、Z_3 样地的速效 K 质量分数略低于对照样地 CK 外，其他采伐样地的碱解 N 和速效 K 质量分数均不同程度地高于对照样地；而经过不同强度的择伐后，各样地的有效 P 质量分数为 27.13～38.00 mg·kg^{-1}，和对照样地 CK（26.63 mg·kg^{-1}）相比，均有不同程度的上升。

表 12-10　样地土壤养分实测值

样地	有机质质量分数(g·kg^{-1})	全 N 质量分数(g·kg^{-1})	全 P 质量分数(g·kg^{-1})	全 K 质量分数(g·kg^{-1})	碱解 N质量分数(mg·kg^{-1})	有效 P质量分数(mg·kg^{-1})	速效 K质量分数(mg·kg^{-1})
Z_1	17.98	1.95	1.76	14.05	81.86	31.93	38.14
Z_2	17.34	1.26	1.03	13.00	72.51	31.43	33.34
Z_3	26.05	1.63	1.31	9.09	83.70	32.19	34.17
Z_4	25.41	1.44	1.14	12.22	74.45	27.13	37.73
Z_5	37.24	1.12	1.44	9.26	91.11	38.00	36.52
Z_6	21.19	1.40	1.14	11.08	79.98	31.43	35.54
Z_7	19.26	1.26	1.09	12.80	83.75	28.90	39.39
CK	27.61	1.07	1.55	10.48	76.31	26.63	34.50

12.4.3 择伐改造后土壤养分灰色聚类评价

12.4.3.1 确定聚类样本

评价指标是指参与土壤养分评价的一种可测定的土壤属性，选择合适的参评指标，是土壤养分评价的基础，有利于提高土壤养分综合评价的精度[9]。合理的评价指标体系除了应符合最小指标集外[10]，还应尽量遵循主导性、稳定性和生产性的原则[11]。在遵循上述原则的情况下，同时考虑小兴安岭的土壤特征以及相关专家的建议，本次研究选取有机质、全 N、全 P、全 K、碱解 N、有效 P 和速效 K 作为小兴安岭土壤养分的评价指标。记样地 $i=1,2,\cdots,n$ 为聚类对象；土壤养分评价指标 $j=1,2,\cdots,m$ 为聚类指标；土壤养分评价等级 $k=1,2,\cdots,p$ 为聚类灰数；第 i 个聚类对象的第 j 个聚类指标的实测值 d_{ij} 为聚类白化数。表 12-10 即为由 n 个聚类对象的 m 个聚类指标实测值 d_{ij} 组成的土壤养分聚类样本（本次研究中 $n=8$，$m=7$）。

12.4.3.2　确定白化函数

将土壤养分等级分为 m 级，则有 m 个灰类，参考全国第二次土壤普查养分分级标准（表 12-11）。

表 12-11　全国第二次土壤普查养分分级标准[12]

聚类指标	灰类					
	1	2	3	4	5	6
有机质（g·kg^{-1}）>	40	30	20	10	6	0
全 N（g·kg^{-1}）>	2	1.5	1	0.75	0.5	0
全 P（g·kg^{-1}）>	1	0.8	0.6	0.4	0.2	0
全 K（g·kg^{-1}）>	25	20	15	10	5	0
碱解 N（mg·kg^{-1}）>	150	120	90	60	30	0
有效 P（mg·kg^{-1}）>	40	20	10	5	3	0
速效 K（mg·kg^{-1}）>	200	150	100	50	30	0

因为本次研究中的土壤养分指标均为效益型指标，因此参考全国第二次土壤养分分级标准，确定第 i 个聚类对象的白化函数。

（1）第 j 个指标的第 1 灰类（第 $k=1$ 等级土壤养分）白化函数为

$$f_{jk}(d_{ij})=\begin{cases} 0 & (d_{ij}<s_{j(k+1)}) \\ \dfrac{d_{ij}-s_{j(k+1)}}{s_{jk}-s_{j(k+1)}} & (s_{j(k+1)}\leqslant d_{ij}\leqslant s_{jk}) \\ 1 & (d_{ij}>s_{jk}) \end{cases} \quad (12\text{-}3)$$

（2）第 j 个指标的第 k 灰类（第 $k=2,3,4,5$ 等级土壤养分）白化函数为

$$f_{jk}(d_{ij})=\begin{cases} \dfrac{d_{ij}-s_{j(k+1)}}{s_{jk}-s_{j(k+1)}} & (s_{j(k+1)}\leqslant d_{ij}\leqslant s_{jk}) \\ 0 & (d_{ij}>s_{j(k-1)}\text{或}d_{ij}<s_{j(k+1)}) \\ \dfrac{s_{j(k-1)}-d_{ij}}{s_{j(k-1)}-s_{jk}} & (s_{jk}<d_{ij}\leqslant s_{j(k-1)}) \end{cases} \quad (12\text{-}4)$$

（3）第 j 个指标的第 6 灰类（第 k=6 等级土壤养分）白化函数为

$$f_{jk}(d_{ij})=\begin{cases} 0 & (d_{ij}>s_{j(k-1)}) \\ \dfrac{s_{j(k-1)}-d_{ij}}{s_{j(k-1)}-s_{jk}} & (s_{jk}\leqslant d_{ij}\leqslant s_{j(k-1)}) \\ 1 & (d_{ij}<s_{jk}) \end{cases} \qquad (12\text{-}5)$$

式中，$f_{ik}(d_{ij})$ 是聚类白化数 d_{ij} 的白化函数值；d_{ij} 是第 i 个聚类对象的第 j 个聚类指标实测值；s_{ij} 是第 j 个聚类指标第 k 灰类的灰数（评价标准值）。

12.4.3.3 确定聚类权

聚类权是衡量各个指标对同一灰类的权重[13]，目前确定聚类权的方法有很多[14-17]，本次研究采用相关系数法进行权重的计算，基本思想为 m 个聚类指标中，分别求出第 j 个聚类指标与其他 $m-1$ 个聚类指标之间的相关系数（表 12-12），然后将它们的绝对值加在一起，我们把它定义为第 j 个聚类指标的总相关系数 R_j。

表 12-12 相关系数

聚类指标	有机质	全 N	全 P	全 K	碱解 N	有效 P	速效 K
有机质	1.000	−0.456	0.255	−0.806	0.555	0.447	−0.099
全 N	−0.456	1.000	0.376	0.396	0.026	0.047	0.251
全 P	0.255	0.376	1.000	−0.045	0.335	0.187	0.119
全 K	−0.806	0.396	−0.045	1.000	−0.467	−0.368	0.446
碱解 N	0.555	0.026	0.335	−0.467	1.000	0.732	0.344
有效 P	0.447	0.047	0.187	−0.368	0.732	1.000	−0.095
速效 K	−0.099	0.251	0.119	0.446	0.344	−0.095	1.000

R_j 越大，表明第 j 个聚类指标与其他 $m-1$ 个聚类指标的相关性越显著，则第 j 个聚类指标的代表性就越好，第 j 个聚类指标数据对土壤养分综合评价值的影响就越大，因此，其权重也就越大[18]。第 j 个聚类指标的聚类权 η_j 的计算公式为

$$\eta_j=\frac{R_j}{\sum\limits_{j=1}^{m}R_j} \qquad (12\text{-}6)$$

式中，η_j 为第 j 个土壤聚类指标的灰色聚类权值；R_j 为第 j 个土壤聚类指标的总相关系数。

由表 12-12 可计算出 R_j，然后根据公式（12-6）即可计算出各个土壤聚类指标的聚类权值，计算结果如表 12-13 所示。

表 12-13 聚类权值

聚类指标	有机质	全 N	全 P	全 K	碱解 N	有效 P	速效 K
聚类权	0.191	0.113	0.096	0.185	0.179	0.137	0.099

12.4.3.4　确定灰色聚类系数

灰色聚类系数 σ_{ik} 计算公式如下：

$$\sigma_{ik}=\sum_{j=1}^{m}f_{jk}(d_{ij})\cdot\eta_j \quad (i=1,2,\cdots,n;k=1,2,\cdots,p) \tag{12-7}$$

式中，σ_{ik} 为灰色聚类系数，它反映了第 i 聚类样本对第 k 灰类的亲疏程度；$f_{jk}(d_{ij})$ 是由聚类白化数 d_{ij} 计算得到的白化函数值；η_j 为聚类指标 j 的灰色聚类权值。

根据公式（12-3）～公式（12-7）可求得灰色聚类系数 σ_{ik}，结果如表 12-14 所示。

表 12-14　灰色聚类系数

样本	灰类					
	1	2	3	4	5	6
Z_1	0.280	0.066	0.433	0.163	0.059	0.000
Z_2	0.174	0.117	0.381	0.246	0.082	0.000
Z_3	0.208	0.254	0.217	0.209	0.112	0.000
Z_4	0.145	0.291	0.269	0.234	0.061	0.000
Z_5	0.358	0.100	0.260	0.189	0.094	0.000
Z_6	0.174	0.171	0.351	0.232	0.071	0.000
Z_7	0.157	0.134	0.478	0.179	0.052	0.000
CK	0.141	0.253	0.258	0.271	0.077	0.000

12.4.3.5　确定聚类土壤养分等级

按最大隶属度原则，若有 $\sigma_{ih}=\max\limits_{1\leqslant k\leqslant p}\{\sigma_{ik}\}$，则 σ_{ih} 所对应的聚类对象 i 聚于灰类 h，即在聚类行向量 $\sigma_i=\{\sigma_{i1},\sigma_{i2},\cdots,\sigma_{ip}\}$ 中，找出最大聚类系数 σ_{ih}，该最大聚类系数所对应的灰类 h，即为聚类对象 i 所属灰类[19]。由表 12-14 可知，样地 Z_5 的最大聚类系数为 σ_{51}，聚为灰类 1，即其土壤养分等级为第 1 等级；样地 Z_3 和 Z_4 的最大聚类系数分别为 σ_{32} 和 σ_{42}，均聚为灰类 2，即它们的土壤养分等级为第 2 等级；样地 Z_1、Z_2、Z_6、Z_7 和对照样地 CK 的最大聚类系数分别为 σ_{13}、σ_{23}、σ_{63}、σ_{73} 和 σ_{83}，均聚为灰类 3，即它们的土壤养分等级为第 3 等级。

小兴安岭的低质林经过不同强度的择伐后，和对照样地相比，各个样地的有机质、全 P 质量分数几乎都有不同程度的下降；而各个样地的全 N、全 K、速效 K、碱解 N、有效 P 质量分数在总体上均不同程度地高于对照样地 CK。土壤养分是衡量土壤肥力的核心指标，是土壤肥力综合评价的根本[20]。然而，仅仅通过某项土壤养分指标是很难对各个样地的土壤养分进行评价比较的，因此，本研究在参考全国第二次土壤普查养分分级标准的基础上，采用灰色聚类法对各样地的土壤养分进行综合评价，结果显示：对照样地的土壤养分等级为第 3 等级，在所有的择伐改造样地中，样地 Z_5 的土壤养分等级最高，为第 1 等级；样地 Z_3 和 Z_4 的土壤养分等级为第 2 等级，土壤养分等级次之，但仍然高于对照样地；样地 Z_1、Z_2、Z_6 和 Z_7 的土壤养分等级均为第 3 等级，与对照样地的等级一样。这说明采伐强度太高或太低对低质林土壤养分的改善效果均不明显，而当采伐强度为 41%～55%时，样地土壤养分等级均高于对照样地，土壤养分得到明显改善，尤其是当采伐强度为 55%时，样地的土壤养分等级为第 1 等级，是所有择伐改造中效果最明显的，从土壤养分的角度看，55%的采伐强度最适宜小兴安岭低质林的改造。

森林的凋落物是土壤养分的主要来源，它们经过微生物的分解和矿化作用后，会转化成土壤的养分[21]。低质林经过采伐后，林地的枯枝落叶量减少，但林地内会留有一定量的采伐剩余物，二者的综合作用会使林地的土壤养分发生变化[22-24]。样地 Z_1 和 Z_2 的土壤养分与对照样地相比没有明显改善，可能是因为采伐强度太低，林地内的采伐剩余物增加不明显；而采伐强度较大的样地 Z_6 和 Z_7 的采伐剩余物虽然比较多，但是却因为移走了大量的地上植被，导致林地的枯枝落叶来源大量减少，因此土壤养分与对照样地相比也没有明显改善；而样地 Z_3、Z_4 和 Z_5 的土壤养分升高较明显，可能与中等采伐强度使林地的枯枝落叶减少不多，但采伐剩余物增加较多有关。

采用灰色聚类法和相关系数法对各样地的土壤养分建立综合评价模型，通过对白化数据的灰化处理，避免了定性评价和传统定量评价主观随意性大、结果粗糙的弊端，评价结果与实际情况也是比较相符的，而且所建模型具有通用性，可用于其他区域土壤养分的综合评价。但是，灰色聚类法是按最大隶属原则对样地的土壤养分进行聚类的，只考虑了主要信息，而忽略了一些次要信息，但是这些次要信息对评价结果往往也具有重要影响，因此，仅仅采用灰色聚类法对土壤养分进行评价有一定的局限性，仍有待改进。

12.5 小兴安岭低质林不同改造模式土壤肥力的综合评价

12.5.1 研究方法

研究者于 2013 年 5 月，在不同改造试验样地和对照样地上（详见 9.1.1），按"S"形混合采样法，分别随机布置 4 个 4m×4m 的取样样方，取 5 个土壤剖面为 0～10cm 的土壤样本，每个土壤样本为 1kg，共取 320 个土壤样本，土壤样本经实验室风干、研磨、过筛后进行化学性质分析。土壤物理性质采用环刀法测量。土壤碳通量采用 LI-8150 多通道土壤碳通量自动测量系统测定土壤表面 CO_2 通量，测量周期为 30min，全天重复测量 48 次。

12.5.1.1 土壤肥力的评价指标

根据土壤肥力质量综合评价指标选择的基本原则,以及东北地区土壤性质与肥力研究的相关经验,同时结合观测条件,采用全 N、速效 N、全 P、有效 P、全 K、速效、pH、有机质、土壤密度、土壤碳通量 10 个指标。研究中之所以把有机质作为土壤肥力指标的评价指标之一,是因为有机质主要来自于动植物残体通过微生物分解、合成,是土壤肥力的基础物质,是土壤中最活跃的部分,对土壤肥力的高低产生巨大的影响[25]。土壤有机质的数量与质量变化作为土壤肥力及环境质量状况的最重要表征[26],是制约土壤理化性质如含水率、孔隙度、土壤密度、土壤碳通量以及土壤养分等的关键因素,因此,土壤中保持相对较高的有机质数量和质量水平就成了林地持续利用和森林持续增长的先决条件。

12.5.1.2 土壤肥力的综合评价方法

在应用改进灰色关联度法,对低质林经过不同改造模式改造后进行土壤肥力的综合评价时,先用灰色关联曲线进行分析,再求其灰色关联度,最后得到的关联度越高,说明改造后土壤肥力的评价越高,改造效果越好。

12.5.2 不同改造模式土壤肥力指标的灰色关联曲线

应用改进灰色关联度法,通过灰色关联图像研究小兴安岭林区低质林土壤肥力 10 个指标的变动关系。由图 12-1～图 12-3 可知:虽然有时会存在个体差异,但整体上看低质林样地土壤中全 N、全 P、全 K 元素含量的高低直接影响到土壤中相应的速效 N、速效 P、速效 K 的含量,这是因为它们会以离子的形式直接作用于低质林林下植被,是影响其生长的主要营养元素。

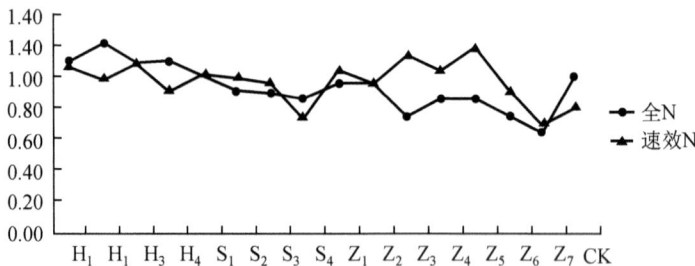

图 12-1 各样地土壤全 N 与速效 N 的灰色关联曲线

由图 12-4 结合原始数据序列分析可知:在不同改造模式下对应的样地土壤 pH 变动幅度较平缓,与对照组也较为接近。由图 12-4 可知,S_2、H_3、Z_3 的有机质含量最大。土壤密度和有机质的变化趋势基本相反,改造强度越是趋于中间,土壤密度越小。土壤碳通量的变化趋势和土壤有机质基本一致。综合分析就会发现,低质林改造中土壤碳通量的随着改造带带宽和的增大而升高,这是由于改造强度的加大使得枯落物的分解速度增大，同时许多活性酶活化，但是强度过大反而会使土壤的碳通量降低。

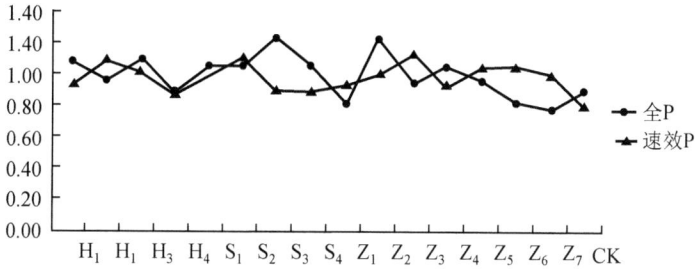

图 12-2　各样地林下土壤全 P 与速效 P 的灰色关联曲线

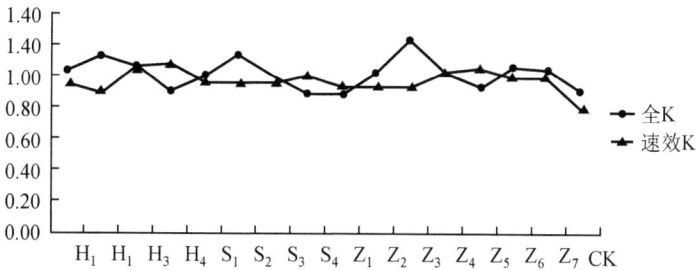

图 12-3　各样地林下土壤全 K 与速效 K 的灰色关联曲线

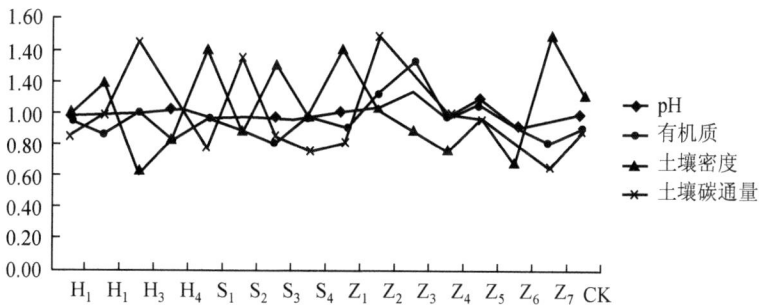

图 12-4　各样地林下土壤 pH、土壤有机质、土壤密度和土壤碳通量的灰色关联曲线

12.5.3　带状改造模式的土壤肥力的综合评价

以小兴安岭低质林不同带宽横山改造模式 $H_1 \sim H_4$，$S_1 \sim S_4$ 以及对照样地共 9 组作为观测对象展开灰色关联度分析，依据各试验样地土壤肥力具有的 10 个指标进行评价。依据灰色理论公式得到灰色关联度的结果如表 12-15 所示。对照样地的灰色关联度为 0.672。由计算结果可知，不同横山带宽的评价对象评价结果为 $H_3 > H_1 > CK > H_2 > H_4$，不同带宽顺山皆伐带的各评价指标评价结果为 $S_2 > S_3 > S_1 > CK > S_4$。

表 12-15　带状改造灰色关联度数值

带状改造	H₁	H₂	H₃	H₄	S₁	S₂	S₃	S₄
平均值	0.705	0.654	0.734	2.630	0.729	0.784	0.730	2.631

12.5.4　择伐改造模式的土壤肥力的综合评价

不同采伐强度的评价指标的灰色关联度的计算结果如表 12-16 所示。由计算结果可知，不同采伐强度的择伐模式的评价对象评价结果为 $Z_3 > Z_2 > Z_5 > Z_1 > Z_6 > CK > Z_7$。

表 12-16　不同采伐强度改造灰色关联度数值

择伐改造	Z₁	Z₂	Z₃	Z₄	Z₅	Z₆	Z₇
平均值	0.684	0.740	0.753	0.704	0.702	0.674	2.632

12.5.5　不同改造模式土壤肥力的综合评价

由于 3 种改造模式选择相同的参考样地，故可以通过比较用 3 种改造模式后土壤肥力的综合评价结果来判断最好的改造效果，从而优化出最佳的改造模式。计算出不同改造模式灰色关联度的平均值如表 12-17 所示。综合分析可知，顺山带宽改造模式最高（0.711），不同采伐强度的择伐改造优于横山带宽改造模式。

表 12-17　不同改造模式灰色关联度的平均值

改造模式	S	H	Z	CK
平均值	0.711	0.681	0.704	0.672

土壤肥力是土壤生态系统物理、化学和生物组分之间相互作用的综合体现，土壤肥力的综合评价提供了一种评价森林管理的有效方法。许多学者将模糊数学方法，灰色关联度法、层次分析法、系统评价模型等一系列的方法应用到土壤肥力的综合评价中。何文寿等[27]用灰色系统理论对森林土壤肥力进行综合评价；林培松等[28]利用灰色关联度法定量分析了韩江流域典型区域主要森林类型的土壤肥力状况并进行了综合评价。灰色关联度将定性分析转化为定量分析，适用于模糊复杂的综合土壤肥力质量评价系统，但是传统的灰色关联度法仍存在着许多缺陷和不足[29]，运用改进灰色关联度法，通过序列曲线变化态势的接近程度和灰色关联度定量计算相结合的形式，运用到土壤肥力的评价中，使得计算结果更符合实际情况，得到了最佳的评价效果。

通过对 N、P、K、pH 及有机质的关联曲线进行分析，表明各个指标对土壤肥力的影响的关联性不尽相同，土壤中的速效 N、有机质和全 P 含量是低质林土壤肥力中的主要因子。土壤中的有机质是土壤肥力的物质基础，是土壤中最活跃的部分，对土壤肥力的高低产生着巨大的影响。P 作为植物生长的主要营养元素之一，影响着土壤肥力的质量[27]。土壤中速效 N 在不同的改造模式下的含量有明显的不同，因此，速效 N 对不同改造模式土壤肥力的影响程度也不尽相同。

土壤肥力质量随着不同改造模式而表现出不同的差异[30]。不同模式改造8m顺山皆伐带土壤肥力的灰色关联度最高为0.784。在各种不同改造模式中，8m 带宽、10m 带宽和采伐强度为41%处的土壤肥力质量普遍高于其他改造模式，说明这 3 种改造模式更有利于土壤肥力的积累，能有效改善土壤肥力的质量。这主要是因为在 8m 带宽、10m 带宽和采伐强度为 41%的改造模式内适宜的光照条件为土壤微生物创造了有利的生存条件，林地大量微生物的活动促进了土壤肥力的改善。综合分析不同改造模式土壤肥力质量的评价效果，顺山带状皆伐模式最优，不同采伐强度的择伐模式优于横山带状皆伐模式。

总体而言，改进灰色关联度法分析土壤肥力效果是理想的，该方法对不同森林类型土壤肥力诸多因素的综合优势作了排序，进行了系统的优化分析，而且应用价值较高、可靠性较强，又简单易行，是多因素决策分析的一种简单、有效、实用的方法。改进灰色关联度法从定量和关联曲线相结合的角度，反映出了低质林不同改造模式下土壤肥力的状况，为森林经营提供了科学依据。灰色关联度法作为一门不确定的模糊科学，也有许多不足之处，还需要科研人员进行大量的研究。另外，对低质林不同改造模式初期进行了研究，而低质林改造效果还需要长期的定位观测和分析。

参 考 文 献

[1] 赵康, 孙长仁. 论森林采伐作业对土壤理化性质的影响[J]. 内蒙古林学院学报（自然科学版）, 1997, 19(4): 101-107.

[2] Schmidt M G, Macdonald S E, Rothwell R L. Impacts of harvesting and mechanicals preparation on soil chemical properties of mixed-wood boreal forest sites in Alberta[J]. Can. J. Soil Sci, 1996, 76: 531-540.

[3] Olsson B A, Staaf H, Lundkvis T H, et al. Carbon and nitrogen in coniferous forest soils after clear-felling and harvests of different intensity[J]. Forest Ecology and Management, 1996, 82: 19- 32.

[4] Verheyrn K, Bossuyt B, Hermy M, Tack G. The land use history (1278—1990) of a mixed hardwood forest in western Belgium and its relationship with chemical soil characteristics[J]. J. Biogeogr, 1999, 26: 1115-1128.

[5] Liu W, Fox J E D, Xu Z. Leaf litter decomposition of canopy trees, bamboo and moss in a montane moist evergreen broad- leaved forest on Ailao Mountain, Yunnan, south-west China[J]. Ecol. Res, 2000, 15: 435-447.

[6] Guo L B , Gifford R M. Soil carbon stocks and land use change: A meta analysis[J]. Global Change Biol, 2002 , 8: 345-360.

[7] 王彦辉, 肖文发, 张星耀. 森林健康监测与评价的国内外现状和发展趋势[J]. 林业科学, 2007, 43(7): 78-85.

[8] Alexander S A, Palmer C J. Forest health monitoring in the United States: First four years [J]. Environmental

Monitoring and Assessment, 1999, 55(2): 267-277.

[9] 吕新, 寇金梅, 李宏伟. 模糊评判方法在土壤肥力综合评价中的应用研究[J]. 干旱地区农业研究, 2004, 22(3): 56-59.

[10] 刘占锋, 傅伯杰, 刘国华, 等. 土壤质量与土壤质量指标及其评价[J]. 生态学报, 2013, 26(3): 901-913.

[11] 王子龙, 付强, 姜秋香. 土壤肥力综合评价研究进展[J]. 农业系统科学与综合研究, 2007, 23(1): 15-18.

[12] 全国土壤普查办公室. 全国第二次土壤普查暂行技术规程[M]. 北京: 农业出版社, 1979.

[13] 赵光影, 华德尊. 灰色聚类法在地表水环境质量评价中的应用[J]. 北方环境, 2005, 30(2): 84-86.

[14] 吕明捷, 杜云, 荣超, 等. 基于相关系数定权的集对分析法在湖泊富营养化评价中的应用[J]. 南水北调与水利科技, 2011, 9(001): 96-98.

[15] 于勇, 周大迈, 王红, 等. 土地资源评价方法及评价因素权重的确定探析[J]. 中国生态农业学报, 2006, 14(2): 213-215.

[16] 王靖, 张金锁. 综合评价中确定权重向量的几种方法比较[J]. 河北工业大学学报, 2001, 30(2): 52-57.

[17] 常建娥, 蒋太立. 层次分析法确定权重的研究[J]. 武汉理工大学学报(信息与管理工程版), 2007, 29(1): 153-156.

[18] 张华, 王东明, 王晶日, 等. 建设节水型社会评价指标体系及赋权方法研究[J]. 环境保护科学, 2010, 36(005): 65-68.

[19] 王洪梅, 卢文喜, 辛光, 等. 灰色聚类法在地表质评价中的应用[J]. 节水灌溉, 2007(5): 30-33.

[20] 骆伯胜, 钟继洪, 陈俊坚. 土壤肥力数值化综合评价研究[J]. 土壤, 2004, 36(1): 104-106.

[21] 邓华平, 王光军, 耿赓. 樟树人工林土壤N矿化对改变凋落物输入的响应[J]. 北京林业大学学报, 2010, 32(3): 47-51.

[22] 张洮, 宋启亮, 董希斌. 不同采伐强度改造对小兴安岭低质林土壤理化性质的影响[J]. 东北林业大学学报, 2011, 39(11): 22-24.

[23] 张霞, 张嫒. 浅析森林作业对林地土壤的影响[J]. 森林工程, 2001, 17(3): 20-21.

[24] 宋启亮, 董希斌, 李勇, 等. 采伐干扰和火烧对大兴安岭森林土壤化学性质的影响[J]. 森林工程, 2010, 26(5): 4-7.

[25] Chen Y L, Han S J, Shi X M. Nutrient characteristics in rhizosphere of pure and mixed plantation of Manchurian walnut and Dahurian larch[J]. Journal of Forestry Research, 2001, 12(1): 18-20.

[26] JingW, WeiD. Investigation report on the reasons of low-yield, poor-quality, inferior-function of coastal protective forest of pinus thunbergii parl[J]. Journal Northeast Forestry University, 2003, 31(5): 96-98.

[27] 何文寿, 毕红. 应用灰色关联分析对银南灌区土壤肥力的综合评价[J]. 宁夏农林科技, 1997, 35(2): 7-10.

[28] 林培松, 单志海. 韩江流域典型区主要森林类型土壤肥力的灰色关联度分析. 生态与农村学报, 2009, 25(3): 55-58.

[29] 尹少华, 姜微, 张慧军, 等. 基于灰色系统理论的湖南林业产业结构预测研究[J]. 林业经济问题, 2008, 28(3): 302-305.

[30] Tang J W, Qi Y. Forest thinning and soil respiration in a ponderosa pine plantation in the Sierra Nevada[J]. Tree Physiology, 2005., 25(1): 57-66.

13 改造方式对小兴安岭低质林
土壤呼吸的影响

13.1 皆伐方式对小兴安岭低质林土壤呼吸的影响

森林生态系统覆盖了约 41 亿 hm² 的地球陆地表面,森林植被和土壤的总碳库为 1146Pg,其中,49%储藏在高纬度森林中,并且在森林生态系统中超过 2/3 的碳储存在土壤和与之相关的泥炭床中。在高纬度森林中,年土壤呼吸速率较低[1,2],并且在生长季节内土壤温度和湿度条件变化很大,使得土壤呼吸具有较大的季节性[3]。另外,由于大尺度的人为干扰,特别是森林采伐移走了地上生物量,使森林生态系统结构发生变化,对土壤的物理和化学性质产生了极大的影响[4-5]。所有物理、化学和生物性质的改变都有可能影响土壤呼吸,如 Tang 等对内华达州北美黄松(*Pinus ponderosa*)造林地疏伐后研究认为,疏伐改变土壤温度、湿度和根密度及其活性,进而增加土壤呼吸[6]。Choonig 对韩国皆伐和未伐的红松(*Pinus koraiensis Sieb. et Zucc*)林进行分析,认为皆伐后土壤呼吸增加的原因是土壤温度和土壤 pH 升高,土壤湿度和有机碳减少[5]。刘乐中等认为,皆伐火烧后土壤呼吸对土壤温度的敏感度降低[7]。王旭等认为,森林在砍伐初期可能导致土壤呼吸增加,随着时间的推移,土壤呼吸作用将减少,从而可能导致土壤固碳能力的增加[8]。Nakane 认为,日本红松(*P.densiflora*)林皆伐 1a 后土壤呼吸减弱的主要原因是根呼吸停止[9]。可见土壤呼吸对干扰的响应并不一致,这主要受采伐方式、森林类型、气候条件等因素的影响,然而,对低质林皆伐后土壤呼吸的研究却较少。由于多次过伐及自然灾害,小兴安岭林区形成大面积郁闭度较低、林相衰败的残次林。本章以小兴安岭林区低质林为研究对象,在低质林区采用不同的皆伐方式,探讨低质林皆伐方式对土壤呼吸的影响,分析不同皆伐方式的土壤呼吸产生差异的原因,为全球碳"源与汇"研究和低质林分改造提供基础数据。

13.1.1 研究方法

实验采用 LI-8100 土壤呼吸自动测量系统监测。垂直皆伐带试验区测定时间分别选在 4 月底与 5 月初(5 月 3、6、7 日),7 月底(7 月 24、25、26 日),9 月底(9 月 21、22、23 日),10 月底(10 月 24、27、28 日);水平皆伐带试验区测定时间分别选在 5 月初(5 月 8、9、10 日),7 月底(7 月 10、11、12 日),9 月底(9 月 20、22、23 日),10 月底(10 月 24、27、28 日);林窗试验区测定时间分别选在 5 月初（5 月 7、8、13 日），7 月底（7 月 27、28、29 日），9 月底（9 月 22、23、24 日），10 月底（10 月 23、24、25 日）；择伐试验区测定时间分别选在 5 月中旬（5 月 11、12、13 日），7 月底（7 月 29、30、31 日），9 月底（9 月 23、24、25 日），10 月底与 11 月初（10 月 29、30 日和 11 月 1 日）。每个测试点在同一时间连续观测 3d，可分别代表春（3、4、5 月）、夏（6、7、8 月）、秋（9、10、11 月）、冬（12、1、2 月）四季。由于试验区在 11 中旬至来年 5 月这段时间冰雪封山，土壤冻结，无法完成实验，故春季选在雪化后的 5 月中旬，冬季选在结冻前的 11 月初。水平带和垂直带每条带 A、B、C、D 各分别按随机布点法原则埋入 3 个 10cm 的 PVC，使其露出地面 2～3cm；林窗试验区每个皆伐带内也按随机布点法埋入 12 个 10cm 的 PVC；择伐试验区每个小班区内按随机布点埋入 3 个 10cm 的 PVC；并且分别在水平带、垂直带、林窗和择伐周围未受扰动的林分中设置相应的对照区，每个对照区均随即布设 3 个 PVC。对土壤呼吸进行测量时，保留 PVC 内枯枝落叶的自然状态。土壤温度与土壤湿度的测量采用与 LI-8100 配套的温度、湿度传感器，测量距地表下 10cm 处的土壤温度与土壤湿度值。

13.1.2 水平皆伐带土壤呼吸的季节变化

对于水平带同一条皆伐带，分别对 A、B、C、D 4 段的 3 个测试点的年土壤呼吸速率取平均值，做多独立样本 K-W 非参数检验，结果如表 13-1 所示。每条皆伐带土壤呼吸年平均值变化范围为 $4.01～8.03\mu mol/（m^2 \cdot s）$，每条皆伐带相伴概率都大于 0.05，说明同一条皆伐带 A、B、C、D 4 段并无显著性差距。

表 13-1 水平带每条皆伐带土壤呼吸非参数检验值

皆伐带	分区	平均值	标准误差	卡方统计量	相伴概率
S₁	A	4.72	0.997	0.744	0.863
	B	4.83	1.18		
	C	4.26	0.62		
	D	4.95	0.78		
S₂	A	6.78	0.75	7.410	0.060
	B	5.75	1.38		
	C	4.01	0.17		
	D	4.65	0.55		
S₃	A	4.89	0.27	3.769	0.287
	B	4.84	0.069		
	C	6.09	0.66		
	D	5.49	2.23		
S₄	A	5.97	0.46	4.169	0.241
	B	5.22	1.15		
	C	5.48	0.18		
	D	6.91	1.23		

皆伐带	分区	平均值	标准误差	卡方统计量	相伴概率
S_5	A	5.97	0.97	7.576	0.056
	B	5.67	1.63		
	C	4.42	0.46		
	D	8.03	0.23		
S_6	A	5.26	1.22	3.909	0.271
	B	6.47	2.42		
	C	7.17	0.53		
	D	7.72	1.08		
S_7	A	6.14	0.15	1.636	0.651
	B	7.16	1.34		
	C	5.43	1.04		
	D	6.08	2.26		
S_8	A	5.97	1.52	4.985	0.173
	B	4.80	0.28		
	C	6.72	0.34		
	D	5.64	0.23		
S_9	A	5.73	0.83	1.000	0.801
	B	5.68	1.87		
	C	6.42	2.34		
	D	6.30	0.67		

水平带土壤呼吸的季节变化如图13-1所示，对同一条皆伐带，土壤呼吸夏天最大，春季和秋季的土壤呼吸大小相似，S_1、S_2、S_3、S_4、S_5皆伐带春季大于秋季，其余皆伐带秋季大于春季；冬季土壤呼吸最小。相对于对照样地，皆伐带的土壤呼吸均大于对照区，这是因为在皆伐第1a皆伐迹地留下伐木碎屑和大量死根加速了土壤呼吸。对于不同的皆伐带，土壤呼吸呈现出较大的差异性，皆伐带宽较大的带土壤呼吸相对较大，但皆伐带宽和土壤呼吸并无显著相关性。皆伐带宽相同的带由于地表植被的不同而呈现出一定的差异，S_1、S_7、S_9皆伐带带宽为6m，但土壤呼吸年平均值分别为4.69μmol/(m²·s)、6.20μmol/(m²·s)、6.03μmol/(m²·s)；S_2、S_8皆伐带带宽为8m，土壤呼吸速率年平均值分别为5.30μmol/(m²·s)、5.78μmol/(m²·s)；S_3、S_5皆伐带带宽为10m，土壤呼吸速率年平均值分别为5.33μmol/(m²·s)、6.04μmol/(m²·s)；S_4、S_6皆伐带带宽为15m，土壤呼吸速率年平均值分别为5.89μmol/(m²·s)、6.65μmol/(m²·s)。

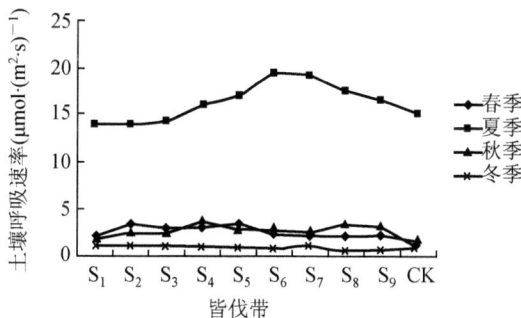

图13-1　水平带土壤呼吸季节变化（CK：对照样地）

13.1.3　垂直皆伐带土壤呼吸的季节变化

垂直带同一条皆伐带上的各个样点处于同一海拔上，分别对 A、B、C、D 4 段的 3 个测试点的年土壤呼吸速率取平均值，做多独立样本 K-W 非参数检验，结果如表 13-2 所示。由表 13-2 标准误差可知，同一条皆伐带上样点间平均离散程度较小，相伴概率除 H_2 带外，其余都大于 0.05，这说明同一条带之间的土壤呼吸并无显著性差距，这主要是因为处于同一海拔的样点之间土壤环境及周围的外界条件并无太大差异。对于不同海拔的皆伐带，从 H_1 到 H_{10} 沿海拔逐渐升高，土壤呼吸年平均值分别为 6.06μmol/(m²·s)，6.19μmol/(m²·s)，7.47μmol/(m²·s)，7.23μmol/(m²·s)，5.60μmol/(m²·s)，5.61μmol/(m²·s)，6.85μmol/(m²·s)，6.42μmol/(m²·s)，4.96μmol/(m²·s)，5.75μmol/(m²·s)；虽然各皆伐带间土壤呼吸有一定的波动性，整体趋势是低海拔的土壤呼吸高于高海拔的土壤呼吸，但是差距较小。

表 13-2　垂直带每条皆伐带土壤呼吸非参数检验值

皆伐带	分区	平均值	标准误差	卡方统计量	相伴概率
H_1	A	6.39	0.45	4.182	0.242
	B	6.33	0.07		
	C	6.05	0.69		
	D	5.47	0.17		
H_2	A	5.52	1.14	1.974	0.578
	B	6.58	0.35		
	C	6.42	1.24		
	D	6.25	1.32		
H_3	A	7.53	1.72	4.655	0.199
	B	7.80	0.26		
	C	6.38	0.78		
	D	8.18	1.08		
H_4	A	8.71	0.72	5.470	0.140
	B	6.26	0.46		
	C	6.67	0.61		
	D	7.28	1.21		
H_5	A	5.75	1.89	5.872	0.118
	B	4.82	0.42		
	C	7.07	0.23		
	D	4.78	0.34		
H_6	A	6.71	1.39	8.436	0.051
	B	4.26	0.47		
	C	7.01	0.75		
	D	4.47	0.45		

皆伐带	分区	平均值	标准误差	卡方统计量	相伴概率
H_7	A	6.31	0.20	5.051	0.168
	B	6.36	0.95		
	C	7.35	0.76		
	D	7.36	0.85		
H_8	A	9.14	1.61	6.985	0.072
	B	5.37	0.71		
	C	5.26	0.57		
	D	5.92	0.54		
H_9	A	5.23	0.11	0.846	0.838
	B	4.70	1.28		
	C	4.89	2.06		
	D	5.02	0.43		
H_{10}	A	5.39	0.75	3.615	0.306
	B	5.25	1.25		
	C	5.78	1.73		
	D	6.59	0.64		

　　垂直带土壤呼吸的季节变化如图 13-2 所示，对于同一条皆伐带，土壤呼吸夏季最大，冬季最小，春季和秋季的土壤呼吸大小并无显著差异，这主要是因为春季和秋季土壤温度基本相同。

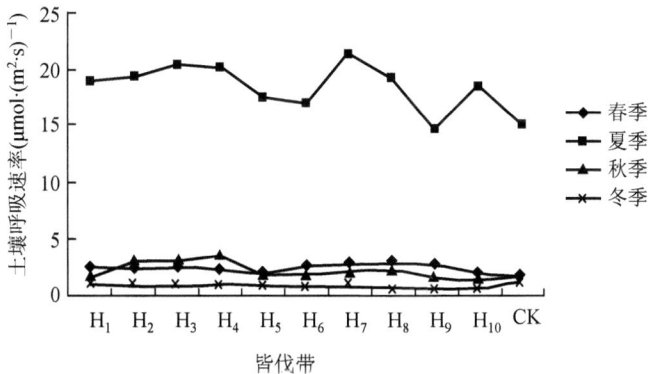

图 13-2　垂直带土壤呼吸的季节变化（CK：对照样地）

13.1.4　林窗土壤呼吸季节变化

　　林窗土壤呼吸的季节变化如图 13-3 所示，土壤呼吸值由大到小出现的季节为：夏季、春季、秋季、冬季。相对于对照样地，各季节土壤呼吸均大于对照样地。对于不同面积的林窗，在各个季节土壤呼吸呈现出一定的波动性，土壤呼吸最大值出现在 6 号皆伐带（林窗面积 300m^2（15m×20m））；这说明林窗面积为 300m^2 时，土壤处于最适的温度和湿度状态下，也最利于呼吸。

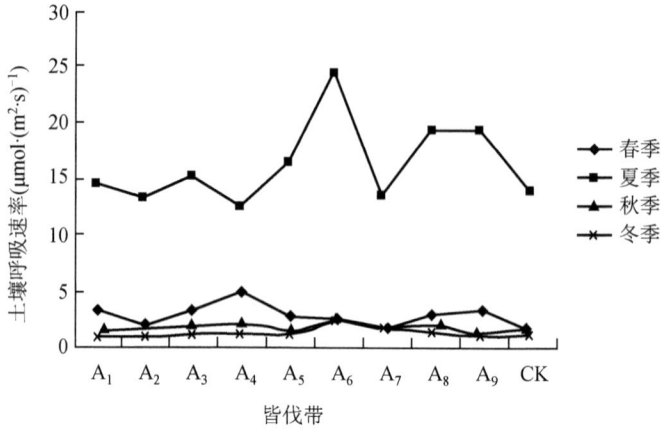

图 13-3　林窗土壤呼吸季节变化（CK：对照样地）

13.1.5　土壤温度和湿度对土壤呼吸的共同影响

土壤呼吸与土壤温度和湿度都有较好的相关性，水平带、垂直带和林窗土壤呼吸与土壤温度的相关系数分别为：0.741，0.758，0.780；与土壤湿度的相关系数分别为：0.677，0.536，0.802。下面分别建立土壤呼吸与土壤温度和湿度的模型。

13.1.5.1　土壤温度对土壤呼吸的影响

土壤温度与土壤呼吸的关系已有许多经验模型，但土壤呼吸对温度的响应需要拟合方程估算温度敏性，所以本次研究采用指数方程及其敏感指数 Q_{10}[10-12] 来估测土壤温度与土壤呼吸的关系。

对水平带、垂直带和林窗的土壤呼吸与土壤温度值采用非线性回归程序，分析距地表下 10cm 处土壤温度与土壤呼吸的关系，如图 13-4 所示，经拟合二者适合指数模型：

$$y = ae^{bT} \tag{13-1}$$

式中，y 为实验测量的土壤呼吸速率（μmol·(m^2·s)$^{-1}$）；T 为距地表下 10cm 处的土壤温度（℃）；a 为 0℃时的土壤呼吸速率（μmol·(m^2·s)$^{-1}$）；b 为温度反应系数。Q_{10} 是衡量土壤呼吸的温度敏感系数[13,14]，表示温度每升高 10℃土壤呼吸增加的倍数，表达式为

$$Q_{10} = e^{10b} \tag{13-2}$$

该试验区水平带、垂直带和林窗距地表下 10cm 处的土壤温度变化范围分别为：−0.48～24.63℃；0.59～21.86℃；−0.25～23.45℃。各皆伐带土壤呼吸与土

壤温度的显著性水平均为 0.000 的显著正相关，经多元回归分析，垂直带的复相关系数 R^2 最大为 0.438。经计算，水平带、垂直带和林窗的 Q_{10} 分别为：2.56，2.53，2.27；Peng 等估计中国针阔叶混交林的 Q_{10} 为 2.78 ± 0.96[15]，Keith 等认为温度高于 10℃时 Q_{10} 为 1.4，低于 10℃时为 3.1[16]；显然该试验区的土壤呼吸对温度的敏感性有所降低，这主要受采伐后土壤温度、湿度、植被、枯落物等变化的影响。

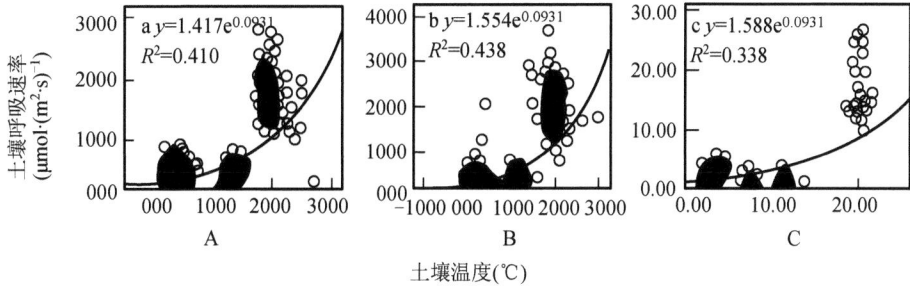

图 13-4　水平带、垂直带和林窗土壤呼吸与土壤温度的关系

a: 水平带；b: 垂直带；c: 林窗

13.1.5.2　土壤湿度对土壤呼吸的影响

对水平带、垂直带和林窗的土壤呼吸与土壤湿度值采用非线性回归程序，经拟合用一元二次方程能较好地描述土壤呼吸与土壤湿度的关系（图 13-5）：

$$Y = \alpha + \beta M + \gamma M^2 \tag{13-3}$$

式中，y 为实验测量的土壤碳呼吸速率（$\mu mol \cdot (m^2 \cdot s)^{-1}$）；$M$ 为土壤湿度，（$mmol \cdot mol^{-1}$）；α、β、γ 为经验系数。

经多元回归分析，水平带、垂直带和林窗土壤呼吸与土壤湿度拟合的一元二次方程的复相关系数 R^2 分别为：0.499，0.465，0.701；林窗的相关性最好。

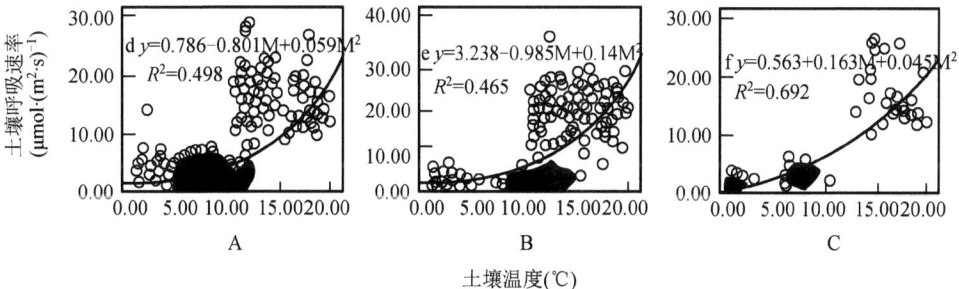

图 13-5　水平带、垂直带和林窗土壤呼吸与土壤湿度的关系

d: 水平带；e: 垂直带；f: 林窗

13.1.6　林地的年土壤呼吸量

水平带同一条皆伐带土壤呼吸并无显著性差距，故水平带年土壤呼吸量可通过各皆伐带在春、夏、秋、冬四个季节的平均值，春天为 6、7、8 月，共 92d；夏天为 6、7、8 月，共 92d；秋天为 9、10、11 月，共 91d；冬天为 12、1、2 月，共 91d。水平带年土壤呼吸量为

$$R_s = \sum_{i=1}^{9} (y_{ci}t_c) + \sum_{i=1}^{9} (y_{xi}t_x) + \sum_{i=1}^{9} (y_{qi}t_q) + \sum_{i=1}^{9} (y_{di}t_d) \tag{13-4}$$

式中，R_s 为水平带年土壤呼吸量（$\mu mol \cdot (m^2 \cdot a)^{-1}$）；$y_{ci}$、$y_{xi}$、$y_{qi}$、$y_{di}$ 分别为各皆伐带春、夏、秋、冬四季的平均土壤呼吸速率（$\mu mol \cdot (m^2 \cdot s)^{-1}$）；$t_c$、$t_x$、$t_q$、$t_d$ 分别为春、夏、秋、冬四季的时间（s）。

垂直带同一条皆伐带之间的土壤呼吸速率并无显著性差距，故垂直带年土壤呼吸量公式同水平带相似，即

$$R_h = \sum_{i=1}^{10} (y_{ci}t_c) + \sum_{i=1}^{10} (y_{xi}t_x) + \sum_{i=1}^{10} (y_{qi}t_q) + \sum_{i=1}^{10} (y_{di}t_d)$$

式中，R_h 为垂直带年土壤呼吸量（$\mu mol \cdot m^{-2} \cdot a^{-1}$）；其余变量物理意义同式（13-4）。

如水平带和垂直带，林窗的年土壤呼吸量为

$$R_l = \sum_{i=1}^{9} (y_{ci}t_c) + \sum_{i=1}^{9} (y_{xi}t_x) + \sum_{i=1}^{9} (y_{qi}t_q) + \sum_{i=1}^{9} (y_{di}t_d)$$

式中，R_l 为林窗土壤呼吸量（$\mu mol \cdot (m^2 \cdot a)^{-1}$）；其余变量物理意义同式（13-4）。

经计算得到水平带、垂直带和林窗的年土壤呼吸量分别为：$2.69 \times 10^7 \mu mol \cdot (m^2 \cdot a)^{-1}$，$3.24 \times 10^7 \mu mol \cdot (m^2 \cdot a)^{-1}$，$2.68 \times 10^7 \mu mol \cdot (m^2 \cdot a)^{-1}$。转化为质量单位以 CO_2 表示分别为：$1.184\ kg\ CO_2 \cdot m^{-2} \cdot a^{-1}$，$1.426\ kg\ CO_2 \cdot m^{-2} \cdot a^{-1}$，$1.179kg\ CO_2 \cdot m^{-2} \cdot a^{-1}$。低于 Raich 等计算的全球陆地总土壤呼吸年释放量 $1.88\ kg\ CO_2 \cdot m^{-2} \cdot a^{-1}$[17]。

不同地形的微气候变化也可能会影响土壤呼吸，在韩国中部 6 个硬木混交林中，北坡与南坡相比，二者土壤呼吸和土壤湿度有较大差异[18]；在密苏里州的一个橡胶树（*Hevea brasiliensis*）和胡桃木（*Juglans Nigra*）森林中，坡度低的地方 CO_2 年平均释放率比坡度中和高的地方高 20%，这主要是由于坡度低的地方具有更高的根呼吸和微生物[19]。但是该试验区水平带同一条皆伐带土壤呼吸并无显著性差距，对于水平带同一条皆伐带，对 A、B、C、D 4 块样地的土壤温度和湿度的年平均值做多独立样本 K-W 非参数检验，结果表明土壤温度的相伴概率为 1.000，土壤湿度的相伴率为 0.999，均大于 0.005，说明沿山体同一方向土壤温度和湿度也无显著变化，这可以解释土壤呼吸无显著变化的原因。

在同一个区域内，植被和气候也随海拔而变化。在本次研究中，各皆伐带间土壤呼吸有一定的波动性，整体趋势是低海拔的土壤呼吸高于高海拔的土壤呼吸，但是差距较小。对每条皆伐带的土壤温度和湿度的年平均值做多独立样本 K-W 非参数检验，结果表明土壤温度和湿度的相伴概率均为 0.437，大于 0.005，说明土

壤温度和湿度并不是导致土壤呼吸产生差异的主要原因，主要是因为各皆伐带海拔差距较小，使土壤温度和湿度无明显变化。所以，导致土壤呼吸产生差异的原因可能是各皆伐带土壤有机质含量不同。在日本常绿橡胶（*Hevea brasiliensis*）林中，海拔最高点的土壤呼吸最低[20]。总的来说，温度、土壤湿度、土壤有机质、枯落物数量等多个因子的共同影响，导致海拔升高，土壤呼吸的下降。

通常土壤 CO_2 通量随纬度升高而降低[21]。在西伯利亚，沿叶尼塞河纬度从 $56°N$ 到 $68°N$，土壤微生物呼吸速率逐渐降低[22]。同样，该试验区垂直带经计算得到的水平带、垂直带和林窗的年土壤呼吸量低于全球陆地土壤呼吸年释放量，这可能是因为试验区位于高纬度地带，土壤呼吸低于低纬度地带，以及地表能存留的下层植被和林区保留的大量树木仍有较强的固碳能力，而使土壤呼吸年释放量低于其他地区。

皆伐强烈地影响土壤的温度与湿度，这与北美黄松（*ponderosa pine*）人工林[23]、日本柳杉（*Cryptomeria japonica*）林[24]、白云杉（*white spruce*）森林[25]、杉木（*Cunninghamia lanceolata*（*Lamb.*）*Hook*）人工林[5]的研究结果类似。土壤温度与土壤湿度是影响土壤呼吸的关键因子[26-28]，温度影响土壤微生物活性和植物根呼吸酶活性[29]，土壤微生物和根系代谢均需要一定的土壤湿度。在本次研究中，水平带、垂直带和林窗的年土壤呼吸量分别为：$1.184kg\ CO_2·m^{-2}·a^{-1}$，$1.426kg\ CO_2·m^{-2}·a^{-1}$，$1.179kg\ CO_2·m^{-2}·a^{-1}$，垂直带最高，水平带次之，林窗最低。土壤呼吸与土壤温度的相关性以垂直带最好，水平带次之，林窗最低；与土壤湿度的相关性以林窗最好，水平带次之，垂直带最低。这说明垂直带土壤温度是影响土壤呼吸的关键因素，从地形和植被上看，垂直带海拔较水平带和林窗高，整体坡度大，加之高大乔木少，所以土壤采光条件较好，土壤温度比水平带和林窗较高。对于林窗，土壤湿度则是关键因素，这主要是由于林窗的皆伐区外围仍被高大的乔木围绕，既可增加土壤湿度，又可防止部分水分的蒸发，相比于水平带和垂直带完全皆伐，可保持一定的土壤湿度。而水平带土壤温度湿度的条件则介于垂直带和林窗之间。由此可知，土壤温度和湿度虽是影响土壤呼吸的关键因子，但在不同的皆伐方式条件下，影响土壤呼吸的关键因素并不完全相同。

皆伐使森林环境产生巨大变化，本次研究中我们分析的皆伐带坡向、海拔及皆伐带宽对土壤呼吸的影响，并结合土壤呼吸与土壤温度和湿度的回归关系分析了水平带、垂直带和林窗的土壤呼吸产生差异的原因，但是土壤呼吸受多种生物和非生物因素的影响，如生物量、植被类型、气候等，所以对于土壤呼吸仍需进一步研究。

13.2 采伐强度对小兴安岭低质林分土壤呼吸的影响

土壤呼吸主要包括植物根呼吸、土壤微生物呼吸和含碳化合物分解 3 个过程[30,31]。土壤呼吸的动态趋势与环境因子有密切关系[27,28,32,33]，生境的改变会使环境因子对土壤呼吸的影响程度发生改变。对于森林生态系统，森林作业使生态系统结构发生变化，特别是过度采伐和自然灾害，形成大面积低质林，使环境因子发生变化，从而对土壤呼吸产生重大影响。例如，Kim 对韩国皆伐和未伐的红松林分进行分析，认为皆伐后土壤碳通量增加的原因是土壤温度和土壤 pH 升高，土壤湿度和有机碳减少[5]。刘乐中等认为，皆伐火烧后土壤呼吸对土壤温度的敏感度降低[7]。王旭等认为，森林砍伐在初期可能导致土壤呼吸增加，随着时间的推移，土壤呼吸作用将减少，从而将可能导致土壤固碳能力的增加[8]。然而，对于不同采伐强度条件下低质林土壤碳通量的研究较少。本次研究以小兴安岭林区低质林为研究对象，探讨低质林土壤碳通量随采伐强度的变化趋势，分析土壤温度、土壤湿度等因素对碳通量的影响程度，建立土壤碳通量与其影响因素的最优模型，为全球碳"源与汇"研究和低质林分改造提供基础数据。

13.2.1　季节变化对土壤呼吸的影响

每个样地的 3 个重复固定测试点连续观测的数据的标准误差（Std. Deviation）变化范围为 0.00577～3.25494；分别对春、夏、秋、冬四个季节在各个小班区及对照区的 3 个重复固定测试点测得的土壤呼吸取平均值，绘制土壤呼吸季节变化图，如图 13-6 所示。采伐区的土壤呼吸在各个季节均明显高于对照样地，并且春、夏、秋、冬四个季节土壤呼吸的最大值出现在低度和中度采伐强度林分条件下，春季土壤呼吸最大值出现在 Z_2（采伐强度为 31%）处，夏季和秋季最大值均出现在 Z_1（采伐强度为 22%）处，冬季整体偏低，出现两个峰值，分别在 Z_1（采伐强度为 22%）和 Z_2（采伐强度为 31%）处。随采伐强度的增加土壤呼吸呈现波动性，从采伐强度 22%～47%，碳通量逐渐减小，之后趋于平稳。

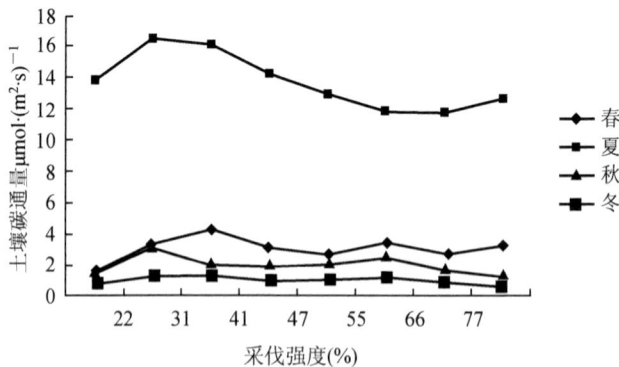

图 13-6　不同采伐强度土壤呼吸的季节变化

从各季节土壤呼吸平均值来看，夏季最高，为 13.76μmol·$(m^2·s)^{-1}$；春季次之，为 3.25μmol·$(m^2·s)^{-1}$；其次秋季，为 1.93μmol·$(m^2·s)^{-1}$；冬季最低，为

$1.01\mu mol\cdot(m^2\cdot s)^{-1}$。对每个小班区及对照区 3 个重复固定测试点全年测得的土壤温度和湿度取平均值，如图 13-7 所示。对于土壤温度，采伐区土壤温度明显高于对照样地；从总体趋势看，土壤温度随采伐强度增加而增加，但分为两个变化部分，采伐强度为 22%～47%和采伐强度为 55%～77%，温度最大值在采伐强度 47%处，最大值为 8.054℃。对于土壤湿度，采伐区土壤湿度明显低于对照样地，并随采伐强度增加，土壤湿度逐渐减少，最小值在采伐强度 77%处，为 $5.24mmol\cdot mol^{-1}$，这是由于移走了地上生物量使土壤持水能力降低。

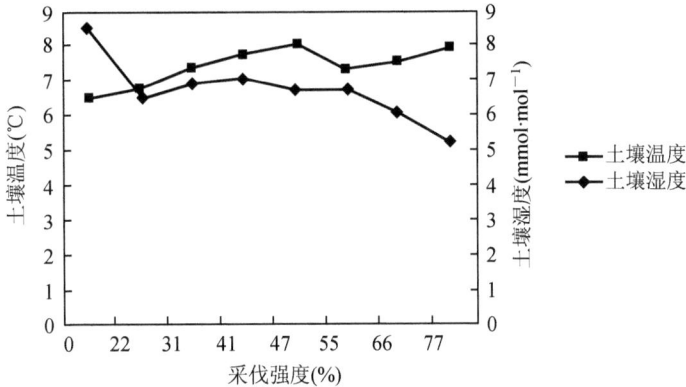

图 13-7　不同采伐强度土壤温度与湿度的变化

13.2.2　不同采伐强度下土壤温度对土壤呼吸的影响

由图 13-7 可知，采伐强度强烈地影响土壤温度，而土壤温度是影响土壤呼吸的重要环境因子，从各季节土壤碳通量平均值来看，夏季最高，为 $13.76\mu mol\cdot(m^2\cdot s)^{-1}$；春季次之，为 $3.25\mu mol\cdot(m^2\cdot s)^{-1}$；其次秋季，为 $1.93\mu mol\cdot(m^2\cdot s)^{-1}$；冬季最低，为 $1.01\mu mol\cdot(m^2\cdot s)^{-1}$。与各季节平均土壤温度（夏季 26.99℃，春季 21.07℃，秋季 11.38℃，冬季 0.17℃）比较，可知土壤碳通量与土壤温度有显著相关性。土壤温度与土壤碳通量的关系已有许多经验模型，但土壤呼吸对温度的响应需要拟合方程估算温度敏性，所以本次研究采用指数方程及其敏感指数 Q_{10}[10-12]，来估测不同采伐强度条件下土壤温度与土壤碳通量的关系。

对每个小班区及对照区测试的土壤呼吸与土壤温度值采用非线性回归程序，分析距地表下 10cm 处土壤温度与土壤呼吸的关系如表 13-3 所示，经拟合二者适合指数模型：

$$y=ae^{bT}$$

式中，y 为实验测量的土壤呼吸值（$\mu mol\cdot(m^2\cdot s)^{-1}$）；$T$ 为距地表下 10cm 处的土壤温度（℃）；a 为 0℃时的土壤呼吸（$\mu mol\cdot(m^2\cdot s)^{-1}$）；$b$ 为温度反应系数。Q_{10}

是衡量土壤呼吸的温度敏感系数[13,14]，表示温度每升高 10℃土壤呼吸速率增加的倍数，表达式为

$$Q_{10} = e^{10b}$$

表 13-3　择伐区土壤呼吸与土壤温度的关系

小班号	指数方程	相关系数	决定系数（R^2）	显著性水平（p）	Q_{10}
Z_1	$y = 1.817e^{0.1073T}$	0.902**	0.8086	0.0001	2.92
Z_2	$y = 1.712e^{0.08955T}$	0.807**	0.5788	0.0041	2.46
Z_3	$y = 1.237e^{0.1076T}$	0.774**	0.6957	0.0007	2.93
Z_4	$y = 1.252e^{0.09907}$	0.725**	0.7858	0.0001	2.69
Z_5	$y = 1.674e^{0.08785T}$	0.767**	0.7034	0.0007	2.41
Z_6	$y = 1.298e^{0.09150T}$	0.739**	0.6662	0.0012	2.50
Z_7	$y = 0.8006e^{0.1240T}$	0.711**	0.6063	0.0028	3.46
CK	$y = 0.7301e^{0.1281T}$	0.671**	0.8155	0.0001	3.60

** 表示相关显著性水平为 0.01。

各小班区的 Q_{10} 如表 13-3 所示，这说明距地表下 10cm 处的土壤温度每升高 10℃，各小班区土壤呼吸速率分别增加：Z_1 为 2.92 倍，Z_2 为 2.46 倍，Z_3 为 2.93 倍，Z_4 为 2.69，Z_5 为 2.41 倍，Z_6 为 2.50，Z_7 为 3.46 倍，对照样地为 3.60 倍。Peng 等估计，中国针阔叶混交林的 Q_{10} 为 2.78 ± 0.96[15]；Keith 等认为，温度高于 10℃ 时 Q_{10} 为 1.4，低于 10℃时 Q_{10} 为 3.1[16]；刘绍辉和方精云根据文献计算了全球尺度下温度对森林土壤呼吸的影响，得到的 Q_{10} 为 1.57[34]。可见，该区域土壤呼吸对距地表下 10cm 土壤温度的敏感性在对照样地较好，在采伐区相对减弱，这受采伐后土壤温度、湿度、植被、凋落物枯落物的影响。做 Q_{10} 值与采伐强度的相关性检验，相关系数为 0.107，显著性水平为 0.819，未通过检验，说明采伐强度的大小并不影响土壤温度的敏感性。

13.2.3　不同采伐强度下土壤湿度对土壤呼吸的影响

从采伐强度来看，土壤呼吸有随采伐强度增加土壤呼吸降低的趋势；并且土壤湿度也有相似的趋势，显然土壤呼吸与土壤湿度的变化趋势基本一致，这说明土壤湿度显著地影响土壤呼吸。

将每个小班区及对照区测试的土壤呼吸和土壤湿度采用非线性回归程序，经拟合用一元二次方程能较好地描述土壤呼吸与土壤湿度的关系（表 13-4）：

$$y = \alpha + \beta M + \gamma M^2$$

式中，y 为实验测量的土壤呼吸值（$\mu mol \cdot (m^2 \cdot s)^{-1}$）；$M$ 为土壤湿度（$mmol \cdot mol^{-1}$）；α、β、γ 为经验系数。

表 13-4　择伐区土壤呼吸与土壤湿度的关系

小班号	一元二次方程	相关系数	决定系数（R^2）	显著性水平（p）
Z_1	$y=3.922-0.8352M+0.1378M^2$	0.921	0.94803	0.0001
Z_2	$y=2.017-0.6500M+0.1303M^2$	0.983	0.99034	0.0000
Z_3	$y=2.423-1.225M+0.1792M^2$	0.728	0.77105	0.0120
Z_4	$y=3.211-1.615M+0.2047M^2$	0.900	0.90758	0.0008
Z_5	$y=3.257-1.767M+0.2182M^2$	0.800	0.84945	0.0034
Z_6	$y=2.246-1.235M+0.1906M^2$	0.933	0.98254	0.0000
Z_7	$y=2.921-2.503M+0.4296M^2$	0.996	0.87992	0.0017
CK	$y=1.441-0.2138M+0.04375M^2$	0.783	0.98498	0.0000

13.2.4　不同采伐强度下土壤温度与湿度对土壤呼吸的影响

采伐强度变化强烈影响土壤温度和湿度，而土壤温度与湿度都与土壤呼吸有较好的相关性，将各小班区数据汇总，利用 stepwise 方法，将土壤呼吸、土壤温度、土壤湿度进行回归，得到标准化回归方程（表 13-5）：

$$Y=a_1T+a_2M$$

式中，y 为实验测量的土壤呼吸值（$\mu mol \cdot (m^2 \cdot s)^{-1}$）；$T$ 为距地表 10cm 处的土壤温度（℃）；M 为土壤湿度（$mmol \cdot mol^{-1}$）；a_1、a_2 为经验系数。

由方程可知，此低质林分土壤呼吸的变化受土壤温度和土壤湿度的共同影响，并且土壤湿度对土壤呼吸的影响大于土壤温度对土壤呼吸的影响。

表 13-5　择伐区土壤呼吸与土壤温度和湿度的关系

小班号	标准化回归方程	决定系数（R^2）	显著性水平（p）
Z_1	$y=0.409T+0.680M$	0.958	0.007
Z_2	$y=0.425T+0.681M$	0.960	0.005
Z_3	$y=0.534T+0.647M$	0.939	0.002
Z_4	$y=0.480T+0.633M$	0.909	0.013
Z_5	$y=0.580T+0.659M$	0.955	0.001
Z_6	$y=0.547T+0.632M$	0.977	0.000
Z_7	$y=0.601T+0.627M$	0.992	0.000
CK	$y=0.374T+0.675M$	0.985	0.003

13.2.5　采伐强度与土壤呼吸的关系

将 7 个采伐强度的采伐区全年观测的土壤呼吸数据分别取平均值，然后做土壤呼吸与采伐强度的相关性检验，结果显示二者具有显著的负相关性（Spearman's 相关系数为 -0.750，单侧显著性水平为 $0.026<0.05$）。然后对土壤呼吸（y）与采

伐强度（x）进行非线性回归分析，经拟合发现双曲线模型能较好地描述二者的关系，统计模型为

$$y = \frac{x}{0.25x - 0.02}$$

式中，R^2 为 0.722，显著性水平为 0.016。

　　森林采伐作业导致植被组成、土壤根系及微生物活性和土壤理化性质等发生改变，并进一步影响土壤呼吸[5,7-8,35]。研究的结果表明：采伐区的土壤碳通量明显高于对照样地，这主要是因为采伐后留下的凋落物和易于分解的即将死亡的树根，增加了土壤呼吸，使采伐区土壤碳通量高于对照样地。土壤呼吸通常在夏季最高而冬季最低，Daniel 等模拟山毛榉森林根际呼吸季节变化，土壤碳通量 1 月为 $0.2 \text{g} \cdot \text{m}^{-2} \text{d}^{-1}$，7 月为 $2.3 \text{g} \cdot \text{m}^{-2} \text{d}^{-1}$；Raich 等认为，多数地区最大释放量在植物生长旺盛季节[17]；全球范围内，土壤碳通量最大值在 7、8 月，最小值在 2 月[21]。本地区土壤碳通量季节变化与上述研究结果类似；并且春、夏、秋、冬四个季节土壤碳通量的最大值出现在低度和中度采伐强度林分条件下，并且在采伐强度为 22%～47% 时，土壤碳通量逐渐减少，之后变化趋势减缓，这是因为较低的采伐强度既可保留一定的植被，又可增加光照强度，故使活根呼吸速率增加，同时采伐移走了地上生物量，留下大量死根，增加了土壤的有机质含量，部分被分解，增加了土壤的碳通量。

　　采伐强度强烈影响土壤温度与湿度，随采伐强度的增加土壤温度逐渐增加，而土壤湿度却逐渐降低；这与北美黄松（*ponderosa pine*）人工林[7]、日本柳杉（*Cryptomeria japonica*）林[25]、白云杉（*white spruce*）森林[25]、杉木人工林[29]的研究结果类似。土壤温度与土壤湿度是影响土壤呼吸的关键因子[26-28]，温度影响土壤微生物活性和植物根呼吸酶活性[38]，土壤微生物和根系代谢均需要一定的土壤湿度。指数模型能较好地描述试验区内各采伐强度土壤碳通量与 10cm 处土壤温度的关系（R^2 为 0.5788～0.8155，显著性为 0.0001～0.0041），计算得到的敏感性系数 Q_{10} 说明该区域土壤碳通量与距地表下 10cm 处的土壤温度的敏感性为对照样地较好，采伐区相对减弱，并且采伐强度的大小对温度的敏感性并无显著影响。王旭等研究长白山阔叶红松林皆伐迹地时得出，皆伐迹地的 Q_{10}（1.88）也小于阔叶红松林地的 Q_{10}（2.90）[9]；刘乐中等得出杉木人工林皆伐地、火烧地 Q_{10} 分别为 1.3 和 1.1[7]。这是因为森林采伐移走了生物量，增加了土壤温度的波动性，从而降低了土壤温度的敏感性。

　　由标准化回归方程可知，土壤湿度对土壤碳通量的影响稍大于土壤温度，并且一元二次方程能较好地描述土壤碳通量与土壤湿度的关系（R^2 为 0.77105～0.99034，显著性为 0.0000～0.0034）。土壤湿度对土壤呼吸的直接影响是通过影响根系和微生物的生理过程，间接影响是通过影响底物和氧气的扩散；然而土壤湿度由于受降雨量的影响而变化较大，同时土壤湿度的多寡也强烈影响土壤

的通气状况，所以在不同的研究中，土壤湿度与土壤呼吸之间并没有一致的关系[12,13,37-39]，仍需进一步研究。

采伐强度的大小对土壤碳通量有重要影响，本次研究拟合双曲线模型来表述二者的关系，这样就可以根据采伐强度定量估算土壤碳通量，为制定正确的森林经营管理措施，有效增大森林碳汇功能提供基础数据。

13.3 小兴安岭主要树种生长季节的根呼吸

土壤呼吸主要包括植物根呼吸、土壤微生物呼吸和含碳化合物分解 3 个过程[30,31]，其中，根呼吸是土壤碳源的重要组成部分，根系呼吸包括根部及其衍生的呼吸，包括活根组织呼吸、共生的根际真菌和微生物呼吸、根分泌液和死根的分解等活动产生 CO_2 的过程[41,42]；根呼吸对土壤总呼吸的总平均贡献率为 48%[42]，对确定地下碳库源与汇起着关键作用。目前，根呼吸的测定方法主要有根排除法、离体根法、同位素法和原位 PVC 管气室法[42-47]，其中，离体根法因其操作简单、成本低，并可测量根呼吸与温度的响应曲线，因而是森林生态系统林木根呼吸测定的常用方法。本节即是采用离体根法测定小兴安岭红松、落叶松和云杉 3 种主要树种的根呼吸状况，目的在于比较 3 种树种根呼吸的差异，同一树种不同径级根呼吸的差异，以及根呼吸对温度等环境因素的响应，为与其他根呼吸测定方法比较和估算森林生态系统碳平衡提供参考。

13.3.1 研究方法

实验采用 LI-8100 土壤碳通量自动测量系统监测。根呼吸的贡献量具有季节性，一般生长季节高于休眠季节[47-49]，本节的测定时间选在 2009 年 7 月中旬，根呼吸作用旺盛的季节。在试验地选择红松、落叶松和云杉，每个树种分成 3 个年龄段，每个年龄的林木选择 3 棵树。在沿林木基部找根，选择土壤表层 0~10cm 处的根，将根系分成 3 个径级（0~2mm，2~5mm，5~10mm），每个径级的根选择 15cm 左右，用刷子清除表面的土壤并用去离子水洗净，然后剪下，在伤口处涂抹凡士林。因为根离体后其呼吸速率迅速降低[47,51]，所以迅速测定离体根的呼吸。土壤温度与土壤湿度的测量采用与 LI-8100 配套的温度、湿度传感器，测量距地表下 10cm 处的土壤温度与土壤湿度值，将样品带回实验室测定根的生物量。

将同一树种同一年龄段的 3 株树的根长度、根生物量、根呼吸速率、比根长和单位根呼吸速率计算后取平均值（表 13-6）。表 13-6 中比根长为根长度与根生物量的比值；单位根呼吸速率为每单位生物量的呼吸速率。

表 13-6　3 种树种离体根相关参数值

树种	平均年龄 （a）	根径 （mm）	长度 （cm）	生物量 （g）	比根长 （m/g）	根呼吸速率 （μmol·(m²·s)⁻¹）	单位根呼吸速率 （μmol·(m·s·g)⁻¹）
红松	58	0<d≤2	15.84	0.42	0.417	0.950	0.380
		2<d≤5	15.60	0.89	0.170	0.950	0.170
		5<d≤10	15.05	2.16	0.170	0.940	0.160
	89	0<d≤2	15.54	0.39	0.400	1.010	0.400
		2<d≤5	15.44	1.22	0.170	0.950	0.160
		5<d≤10	15.97	2.43	0.066	1.130	0.075
	128	0<d≤2	16.63	0.38	0.950	0.400	0.420
		2<d≤5	16.34	1.13	1.130	0.170	0.160
		5<d≤10	15.35	1.98	1.010	0.066	0.098
云杉	68	0<d≤2	17.71	0.86	0.210	0.350	0.072
		2<d≤5	16.06	1.49	0.140	0.440	0.060
		5<d≤10	14.83	3.03	0.049	1.520	0.074
	93	0<d≤2	14.52	0.61	0.240	0.970	0.230
		2<d≤5	12.10	1.18	0.100	3.300	0.340
		5<d≤10	15.80	3.68	0.043	3.470	0.150
	126	0<d≤2	15.46	0.84	0.180	1.010	0.190
		2<d≤5	14.39	1.65	0.087	3.420	0.270
		5<d≤10	16.27	3.14	0.052	3.740	0.190
落叶松	19	0<d≤2	16.42	0.36	0.510	0.510	0.250
		2<d≤5	13.71	0.98	0.140	0.870	0.120
		5<d≤10	13.83	1.56	0.094	0.800	0.072
	38	0<d≤2	16.84	0.38	0.460	0.610	0.270
		2<d≤5	14.92	0.93	0.170	0.740	0.130
		5<d≤10	13.33	2.30	0.059	0.870	0.049
	46	0<d≤2	14.77	0.47	0.310	1.260	0.390
		2<d≤5	14.05	0.79	0.180	0.860	0.160
		5<d≤10	13.44	1.78	0.076	1.230	0.094

13.3.2　红松离体根呼吸速率

在不同树龄，随根径增加单位根呼吸速率减少，根径为 0<d≤2mm 时与根径为 2<d≤5mm 和 5<d≤10mm 的单位根呼吸速率差异有所不同。在平均年龄为 58a 时，根径 0<d≤2mm 比根径 2<d≤5mm 和 5<d≤10mm 的单位根呼吸速率，分别高 123.53%和 137.50%；在平均年龄为 89a 时，根径 0<d≤2mm 比根径 2<d≤5mm 和 5<d≤10mm 的单位根呼吸速率，分别高 150.00%和 433.33%；在

平均年龄为 128a 时，根径 0＜d≤2mm 比根径 2＜d≤5mm 和 5＜d≤10mm 的单位根呼吸速率，分别高 162.50%和 328.57%。根径 2＜d≤5mm 和 5＜d≤10mm 的单位根呼吸速率也呈现出差异，在平均年龄为 58a、89a、128a 时，根径 5＜d≤5mm 比根径 5＜d≤10mm 的单位根呼吸速率，分别高 6.25%、113.33%和 63.27%。在不同年龄，根径 0＜d≤2mm 与根径 2＜d≤5mm 和 5＜d≤10mm 的单位根呼吸速率的差异较大；但是在树龄为 58a 时，根径 2＜d≤5mm 和 5＜d≤10mm 的单位根呼吸速率差异较小。

根径为 0＜d≤2mm 和 2＜d≤5mm 时，不同树龄的单位根呼吸速率略有差异，但无明显区别。根径为 5＜d≤10mm 时，平均年龄为 58a、89a、128a 的单位根呼吸速率分别为 0.16μmol·(m·s·g)$^{-1}$、0.075μmol·(m·s·g)$^{-1}$ 和 0.098μmol·(m·s·g)$^{-1}$，年龄为 58a 时明显高于年龄为 89a 和 128a 时的单位根呼吸速率。

13.3.3 云杉离体根呼吸速率

在 3 个年龄段，随径级增加单位根呼吸速率并未呈现出增加的趋势。平均年龄为 68a 时，单位根呼吸速率最大值在 5＜d≤10mm 处，为 0.074μmol·(m·s·g)$^{-1}$，但此值与根径为 2＜d≤5mm 和 5＜d≤10mm 时的单位根呼吸速率的差异较小。平均年龄为 93a 时，单位根呼吸速率的大小排序为：根径 2＜d≤5mm 的单位根呼吸速率、根径 0＜d≤2mm 的单位根呼吸速率、根径 5＜d≤10mm 的单位根呼吸速率。平均年龄为 126a 时，根径 2＜d≤5mm 的单位根呼吸速率最大，根径 0＜d≤2mm 与根径 5＜d≤10mm 的单位根呼吸速率相同。

不同径级时，年龄为 68a 的单位根呼吸速率比年龄为 93a 和年龄为 126a 的小很多。根径为 0＜d≤2mm 时，单位根呼吸速率在 93a 时最大，其次为 126a 和 68a；根径 2＜d≤5mm 和根径 5＜d≤10mm，单位根呼吸速率在 126a 时最大，其次为 93a 和 68a。

13.3.4 落叶松离体根呼吸速率

在不同年龄，随径级增加单位根呼吸速率减少，并且不同径级的单位根呼吸速率差异较大。树龄为 19a 时，根径 0＜d≤2mm 比根径 2＜d≤5mm 和 5＜d≤10mm 的单位根呼吸速率高 108.33%和 247.22%；在树龄 38a 时，根径 0＜d≤2mm 比根径 2＜d≤5mm 和 5＜d≤10mm 的单位根呼吸速率高 107.69%和 451.02%；在树龄 46a 时，根径 0＜d≤2mm 比根径 2＜d≤5mm 和 5＜d≤10mm 的单位根呼吸速率高 143.74%和 314.89%。19a、38a、46a 的 3 个树龄段，根径 2＜d≤5mm 比根径 5＜d≤10mm 的单位根呼吸速率分别高 66.67%，165.31%和 70.21%。

根径为 0＜d≤2mm 与根径为 2＜d≤5mm 时，随年龄增加单位根呼吸速率增加，但增加的幅度有所不同，46a 时的单位根呼吸速率明显高于 19a、38a 的单位根呼吸速率；根径为 0＜d≤2mm 时，46a 的单位根呼吸速率比 19a 和 38a 的单位根呼吸速率高 548.15%和 600%，38a 时比 19a 的单位根呼吸速率高 8.00%；根径为 2＜d≤5mm 时，46a 的单位根呼吸速率比 19a 和 38a 高 23.08%和 33.33%，38a 时比 19a 时的单位根呼吸速率高 8.33%。根径为 5＜d≤10mm 时，单位根呼吸速率的大小排序为：46a 的单位根呼吸速率、19a 的单位根呼吸速率、38a 的单位根呼吸速率。

13.3.5　根呼吸的影响因素

笔者分析了比根长、土壤湿度和土壤温度 3 个因素对根呼吸的影响，单位根呼吸速率与三者有较高的相关系数；单位根呼吸速率与三者的回归分析如表 13-7 所示。从表 13-7 可以看出，比根长、土壤湿度、土壤温度是影响红松和云杉根呼吸的主要因素；但落叶松的 R^2 却较低，说明落叶松根呼吸对比根长、土壤湿度、土壤温度的敏感性较低。

表 13-7　单位根呼吸速率与比根长、土壤湿度和温度的关系

树种	根径（mm）	拟合模型	R^2
红松	0＜d≤2	$y=0.612x_1+0.438x_2+0.087x_3$	0.799
	2＜d≤5	$y=-0.852x_1-0.291x_2+0.496x_3$	0.831
	5＜d≤10	$y=-0.710x_1-0.003x_2+0.378x_3$	0.675
云杉	0＜d≤2	$y=-0.429x_1-0.634x_2+0.147x_3$	0.743
	2＜d≤5	$y=-0.105x_1-0.550x_2+0.669x_3$	0.880
	5＜d≤10	$y=-0.658x_1+0.471x_2+0.324x_3$	0.652
落叶松	0＜d≤2	$y=0.560x_1+0.501x_2-0.251x_3$	0.486
	2＜d≤5	$y=0.651x_1-0.242x_2-0.148x_3$	0.304
	5＜d≤10	$y=0.256x_1+0.201x_2+0.305x_3$	0.212

注：y 为单位根呼吸速率（$\mu mol\cdot(m\cdot s\cdot g)^{-1}$）；$x_1$ 为比根长（m/g）；x_2 为土壤湿度（$mmol\cdot mol^{-1}$）；x_3 为土壤温度（℃）。

许多研究表明，根呼吸速率随根系直径的增加而减小，Pregitzer 等发现糖槭林直径细根小于 0.5mm 的呼吸速率比粗根的大 2.4～3.4 倍[51]；Rakonczay 等的研究表明，美国黑果稠李、红花槭和赤栎的细根呼吸速率比粗根高 6 倍多[46]。根系按径级分为 0～2mm、2～5mm 和 5～10mm 3 个水平，其中，红松和落叶松的单位根呼吸速率随径级的增加而减少，但是云杉却未呈现出这种趋势。细根的周转速率快，消耗的能量高于粗根，使细根的呼吸速率高于粗根。

径级为 0～2mm 和 2～5mm 时，红松 58a、89a 和 128a 的单位根呼吸速率略有差异，但不明显，径级为 5～10mm 的呼吸速率 58a 时明显高于 89a 和 128a；云杉在径级 0～2mm、2～5mm 和 5～10mm 的单位根呼吸速率均以 68a 时最低；落叶松在 3 个径级的呼吸速率在 46a 时最高。这说明生长季节的 3 个树种不同径级的单位根呼吸速率与年龄并无显著相关性。

比根长、土壤湿度和温度是影响根呼吸的重要因素[52-54]，但对于不同树种三者对根呼吸的影响程度存在差异，比根长、土壤湿度和温度可解释红松和云杉的主要变化，但落叶松对比根长、土壤湿度和温度的敏感性较低。另外，影响根呼吸的因素还有根组织 N 浓度、环境 CO_2 浓度、根碳含量等，所以全面了解根呼吸的影响因素，还有待于进一步研究。

参 考 文 献

[1] Malhi Y, Baldocchi D D, Jarvis P G. The carbon balance of tropical, temperate and boreal forests[J]. Plant, Cell & Environment, 1999, 22(6): 715-740.

[2] Pregitzer K S, Euskirchen E S. Carbon cycling and storage in world forests: Biome patterns related to forest age[J]. Global Change Biology, 2004, 10(12): 2052-2077.

[3] Singh J S, Gupta S R. Plant decomposition and soil respiration in terrestrial ecosystems[J]. The Botanical Review, 1977, 43(4): 449-528.

[4] 董希斌, 杨学春, 杨桂香. 采伐对落叶松人工林土壤性质的影响[J]. 东北林业大学学报, 2007, 35(10): 7-10.

[5] Choonig Kim. Soil CO_2 efflux in clear-cut and uncut red pine (Pinus densiflora S. et Z.) stands in Korea[J]. Forest Ecology and Management, 2008. 255: 3318-3321.

[6] Jian W T, Ye Q I et al. Forest thinning and soil respiration in a ponderosa pine planation in the Sierra Nevada[J]. Tree Physiology, 2005, 25: 57-66.

[7] 刘乐中, 杨玉盛, 郭剑芬, 等. 杉木人工林皆伐火烧后土壤呼吸研究[J]. 亚热带资源与环境学报, 2008, 3(1): 8-14.

[8] 王旭, 周广胜, 蒋延玲, 等. 长白山阔叶红松林皆伐迹地土壤呼吸作用[J]. 植物生态学报, 2007, 31(3): 355-362.

[9] Nakane K, Tsubota H, Yamamoto M. Cycling of soil carbon in a Japanese red pine forest II: Changes occurring in the first year after a clear-felling[J]. Ecological Research, 1986, 1(1): 47-58.

[10] Arrhenius S. The effect of constant influences upon physiological relationships[J]. Scandinavian Archives of Physiology, 1898, 8: 367-415.

[11] Lloyd J, Taylor J A. 1994. On the temperature dependence of soil respiration. Functional Ecology, 8: 315-323

[12] Van't Hoff J H. Etudes de Dynamique Chimique[M]. F. Muller & Company, 1884.

[13] Janssens A, Pilegaard M. Large seasonal changes in Q_{10} of soil respiration in a beech forest[J]. Global Change Biology, 2003, 9: 911-918

[14] Winkler J P, Cherry R S, Schlesinger W H. The Q_{10} relationship of microbial respiration in a temperate forest soil[J]. Soil Biology and Biochemistry, 1996, 28(8): 1067-1072.

[15] Peng S, Piao S, Wang T, et al. Temperature sensitivity of soil respiration in different ecosystems in China[J]. Soil Biology and Biochemistry, 2009, 41(5): 1008-1014.

[16] Keith H, Jacobsen K L, Raison R J. Effects of soil phosphorus availability, temperature and moisture on soil respiration in Eucalyptus pauciflora forest[J]. Plant and Soil, 1997, 190(1): 127-141.

[17] Raich J W, Potter C S. Global patterns of carbon dioxide emissions from soils[J]. Global Biogeochemical Cycles, 1995, 9(1): 23-36.

[18] Kang S, Doh S, et al. Topographic and climatic controls on soil respiration in six temperate mixed-hardwood forest slopes, Korea[J]. Global Change Biology, 2003. 9: 1427-1437

[19] Garrett H E, Cox G S. Carbon dioxide evolution from the floor of an oak-hickory forest[J]. Soil Science Society of America Proceedings, 1973, 37: 641-644

[20] Nakane K. Dynamics of soil organic matter in different parts on a slope under evergreen oak forest[J]. Japanese Journal of Ecology, 1975, 25.

[21] Raich J W, Potter C S, Bhagawati D. Interannual variability in global soil respiration, 1980—94[J]. Global Change Biology, 2002, 8(8): 800-812.

[22] Bird M I, Kalaschnikov Y N, Grund M, et al. Microbial characteristics of soils on a latitudinal transect in Siberia[J]. Global Change Biology, 2003, 9(7): 1106-1117.

[23] Tang J, Qi Y, Xu M, et al. Forest thinning and soil respiration in a ponderosa pine plantation in the Sierra Nevada[J]. Tree Physiology, 2005, 25(1): 57-66.

[24] Ohashi M, Gyokusen K, Saito A. Contribution of root respiration to total soil respiration in a Japanese cedar (Cryptomeria japonica D. Don) artificial forest[J]. Ecological Research, 2000, 15(3): 323-333.

[25] Gordon A M, Chlenter R E, Van Cleave K. Seasonal patterns of soil respiration and CO_2 evolution following harvesting in the white spruce forests of interior Alaska[J]. Canadian Journal of Forest Research, 1987. 17: 304-310.

[26] 李凌浩, 王其兵. 锡林河流域羊草草原群落土壤呼吸及其影响因子的研究[J]. 植物生态学报, 2000, 24(6): 680-686.

[27] Davidson E A, Belk E, Boone R D. Soil water content and temperature as independent or confounded factors controlling soil respiration in temperate mixed hardwood forest[J]. Global Change Biology, 1998, 4: 217-227.

[28] Mielnick P C, Dugds A. Soil CO_2 flux in a tallgrass prairie[J]. Soil Biology & Biochemistry, 2000, 32: 221-228.

[29] Andrews A, Matamala R, Westover M, Schlesinger H. Temperature effects on the diversity of soil heterotrophs and the $\delta^{13}C$ of soil-respired CO_2[J]. Soil Biology & Biochemistry, 2000, 32: 699-706.

[30] Raich J W, Schlesinger W H. The global carbon dioxide flux in soil respiration and its relationship to vegetation and climate[J]. Tellus B, 1992, 44(2): 81-99.

[31] Russell C A, Voroney R P. The atomosphere of soil: Its composition and the causes of variation[J]. Journal of Agricultural Science, 191, 57: 1-48.

[32] 黄湘, 陈亚宁, 李卫红, 等. 塔里木河中下游柽柳群落土壤碳通量及其影响因子分析[J]. 环境科学, 2006, 27(10): 1934-1940.

[33] 张丽华, 陈亚宁, 李卫红, 等. 干旱区荒漠生态系统的土壤呼吸[J]. 生态学报, 2008, 28(5): 1911-1922.

[34] 刘绍辉, 方精云. 土壤呼吸的影响因素及全球尺度下温度的影响[J]. 生态学报, 1997, 17(5): 469-476.

[35] McCarthy D R, Brown K J. Soil respiration responses to topography, canopy cover, and prescribed burning in an oak-hickory forest in southeastern Ohio[J]. Forest Ecology and Management, 2006, 237(1): 94-102.

[36] 杨玉盛, 陈光水, 王小国, 等. 皆伐对杉木人工林土壤呼吸的影响[J]. 土壤学报, 2005, 42(4): 584-590.

[37] 陈全胜, 李凌浩, 韩兴国, 等. 水分对土壤呼吸的影响及机理[J]. 生态学报, 2003, 23(5): 972-978.

[38] 黄耀, 刘世梁, 沈其荣, 等. 农田土壤有机碳动态模拟模型的建立[J]. 中国农业科学, 2001, 34(5): 532-536.

[39] Liu X, Wan S, Su B, et al. Response of soil CO_2 efflux to water manipulation in a tallgrass prairie ecosystem[J]. Plant and Soil, 2002, 240(2): 213-223.

[40] Wiant H V. Has the contribution of litter decay to forest "soil respiration" been overestimated?[J]. Journal of Forestry, 1967, 65(6): 408-409.

[41] 程慎玉, 张宪洲. 土壤呼吸中根系与微生物呼吸的区分方法与应用. [J]. 地球科学进展, 2003, 18(4): 597-602.

[42] Hanson P J, Edwards N T, Garten C T, et al. Separating root and soil microbial contributions to soil respiration: a review of methodsand observations[J]. Biogeochemistry, 2000, 48, 115-146.

[43] 易志刚, 蚁伟民, 周丽霞. 土壤各组分呼吸区分方法研究进展[J]. 生态学杂志, 2003, 22(2): 65-69.

[44] 杨玉盛, 董彬, 谢锦升, 等. 林木根呼吸及测定方法进展[J]. 植物生态学报, 2004, 28(3): 426-434.

[45] 金钊, 董云社, 齐玉春. 区分纯根呼吸和根际微生物呼吸的争议[J]. 土壤, 2008, 40(4): 517-522.

[46] Rakonczay Z, Seiler J R, Kelting D L. Carbon efflux rates of fine root s of three tree species decline shortly after excision[J]. Environmental and Experimental Botany, 1997, 8: 243-249.

[47] Maier C A, Kress L W. Soil CO_2 evolution and root respiration in 11 year-old loblolly pine (Pinus taeda) plantations as affected by moisture and nutrient availability[J]. Canadian Journal of Forest Research, 2000, 30(3): 347-359.

[48] Casals P J, Romanyà J, Cortina P. et al. CO_2 efflux from a Mediterranean semi-arid forest soil. I, seasonality and effects of stoniness[J]. Biogeochemisty, 2000, 48: 261-281.

[49] Coleman D C, Hunter M D, Hutton J, et al. Soil respiration from four aggrading forested watersheds measured over a quarter century[J]. Forest Ecology and Management, 2002, 157(1): 247-253.

[50] 李又芳, 高人, 李营, 等. 不同径级杉木根参数与离体根呼吸[J]. 亚热带资源与环境学报, 2008, 3(2): 19-24.

[51] Pregitzer K S, Laskowski M J, Burton A J, et al. Variation in sugar maple root respiration with root diameter and soil depth[J]. Tree Physiology, 1998, 18(10): 665-670.

[52] 姜丽芬, 石富臣, 王化田, 等. 东北地区人工林落叶松的根系呼吸[J]. 植物生理学通讯, 2004, 40(1): 27-30.

[53] 陈光水, 杨玉盛, 王小国, 等. 格氏栲天然林与人工林根呼吸季节动态及影响因素[J]. 生态学报, 2005, 25(8): 1941-1947.

[54] Vose J M, Ryan M G. Seasonal respiration of foliage, fine roots, and woody tissues in relation to growth, tissue N, and photosynthesis[J]. Global Change Biology, 2002, 8(2): 182-193.

14 小兴安岭低质林不同改造模式评价

14.1 小兴安岭低质林皆伐改造模式评价

多次过伐及自然灾害，使小兴安岭林区形成大面积郁闭度较低、林相衰败的低质林[1,2]。为了恢复受损森林生态系统的功能、提高林分质量，对低质林分的改造势在必行。目前，已提出很多低质低效林的改造模式，如抚育改造、带宽改造、择伐改造、复壮改造等[3-6]，但关于如何评价改造模式的优劣还鲜有研究。评价不同改造模式的效果，选择何种指标是首先要考虑的问题。土壤理化性质反映了土壤肥力状况[7]，枯落物具有促进森林土壤的发育以及保持水土涵养水源的作用[8]，土壤碳源的研究目的是选择合理的改造模式以降低采伐造成的碳排放[9,10]，林地更新苗木的生长状况直接反映了改造林地的更新潜力。因此，在小兴安岭地区低质林采伐改造后 2008 年春季进行造林，2009 年进行调查，从林地土壤理化性质、枯落物持水性能、土壤碳释放和更新苗木生长状况 4 个指标层次，运用主成分分析法综合评价不同皆伐改造模式的效果，以筛选适宜小兴安岭地区的低质林皆伐改造模式，为低质林的改造利用提供参考。

14.1.1 研究方法

以水平皆伐改造、垂直皆伐改造和林窗测定的土壤理化性质、土壤碳释放、枯落物持水特性和更新树种的生长状况的数据作为评价指标。

采用主成分分析法建立低质林改造模式模型的步骤为：

设反映改造模式综合评估值的 p 个指标为 X_1, X_2, ..., X_p, n 个改造模式的 p 项指标构成了原始数据矩阵 $X=[X_{ij}]n \times p$，其中，X_{ij} 为第 i 个改造模式的第 j 项指标数据（$i=1$, 2, ..., n; $j=1$, 2, ..., p）。

（1）原始数据标准化，目的是为了消除量纲和数量级的影响。

$$X_{ij}^* = \frac{X_{ij} - \overline{X_j}}{S_j} \tag{14-1}$$

式中，X_{ij}^* 是 X_{ij} 的标准化数据，$\overline{X_j}$ 和 $\overline{S_j}$ 是第 j 个指标的平均值和标准差。

（2）确定主成分，将标准化的数据用 SPSS 软件处理，从总方差分析表选取累计贡献率≥85%的前 m 个主成分；然后建立 m 个主成分和标准化变量的关系，公式为

$$Y_k = uk1X \times 1 + uk2X \times 2 + \cdots + unpX \times p \tag{14-2}$$

式中，Y_k 为第 k 个主成分（$k=1，2，3，…，m$），$uk1$ 为第 k 个主成分的因子荷载。

（3）确定权重，用第 k 个主成分的贡献率与选取的 m 个主成分的总贡献率的比值来确定每个主成分的权重。

$$W_k = \frac{\lambda_k}{\sum\limits_{k=1}^{m} \lambda k} \tag{14-3}$$

式中，W_k 为第 k 个主成分的权重，λ_k 为第 k 个主成分的贡献率。

（4）构造综合评价函数，根据公式（14-2）得到的前 m 个主成分和公式（14-3）中确定的权重构造综合评价函数。

$$F = \sum\limits_{k=1}^{m} w_k Y_k \tag{14-4}$$

式中，F 为改造模式的综合评价得分，即综合得分越高，表明此种改造模式的效果越好。

14.1.2 皆伐改造模式评价

低质林分的改造模式分为水平皆伐改造、垂直皆伐改造和林窗改造，水平皆伐和垂直皆伐按带宽不同分为 4 种改造模式，林窗按面积不同分为 9 种改造模式，共 17 种。为了综合评价每个低质林改造模式的效果，选取土壤理化性质、枯落物蓄积量和最大持水量、更新苗木生长状况，以及反映林地土壤碳排放量的土壤呼吸速率作为评价指标。在对各评价指标进行主成分分析前，首先要用公式（14-1）对各个指标做标准化处理，处理结果如表 14-1～表 14-3 所示。

表 14-1 不同改造模式的土壤物理性质标准化数据

改造带	土壤容重（g·cm^{-3}）	非毛管孔隙度（%）	毛管孔隙度（%）	总孔隙度（%）	土壤含水率（%）
S$_1$	−1.44	−0.18	1.73	1.43	−1.46
S$_2$	−0.90	0.52	0.66	0.87	−2.08
S$_3$	−1.71	1.19	0.16	0.80	−1.34
S$_4$	−0.90	0.11	1.95	1.78	−1.78
H$_1$	0.45	−0.32	−0.78	−0.86	0.06
H$_2$	0.04	0.14	−0.70	−0.54	−0.04
H$_3$	0.17	0.53	−1.36	−0.91	0.37
H$_4$	0.48	1.38	−1.19	−0.29	0.22
LC$_1$	−0.78	1.86	−0.66	0.44	1.05
LC$_2$	−0.65	−0.41	1.20	0.84	0.24
LC$_3$	1.11	−1.37	−0.30	−1.01	0.80
LC$_4$	−0.02	0.08	−0.09	−0.04	0.48
LC$_5$	1.61	−0.86	−0.88	−1.25	0.80

续表

改造带	土壤容重 （g·cm^{-3}）	非毛管孔隙度 （%）	毛管孔隙度 （%）	总孔隙度 （%）	土壤含水率 （%）
LC$_6$	−0.02	−1.31	−0.95	−1.55	0.66
LC$_7$	1.36	−0.72	0.69	0.21	0.76
LC$_8$	−0.27	0.96	0.46	0.93	0.70
LC$_9$	1.48	−1.60	0.05	−0.83	0.55

表 14-2　不同改造模式的土壤化学性质标准化数据

改造带	pH	水解 N （mg·kg^{-1}）	全 N 量 （g·kg^{-1}）	有效 P （mg·kg^{-1}）	全 P （g·kg^{-1}）	速效 K （mg·kg^{-1}）	全 K （g·kg^{-1}）	有机质 （g·kg^{-1}）
S$_1$	−1.29	0.57	−0.29	1.26	−1.67	0.94	1.41	0.95
S$_2$	−1.30	0.47	−0.69	0.59	−1.26	0.91	1.11	−0.60
S$_3$	−1.67	0.61	−0.46	0.25	−1.86	1.18	1.60	0.30
S$_4$	−1.09	−0.86	−1.30	−0.18	−1.43	1.30	2.20	−0.67
H$_1$	−0.55	0.93	2.07	1.73	0.66	1.29	−0.13	−0.31
H$_2$	−0.30	1.20	1.31	−0.07	0.43	0.62	0.04	−0.79
H$_3$	0.35	0.66	0.34	0.87	1.27	1.14	−0.73	0.076
H$_4$	−0.06	0.46	1.65	2.04	0.02	0.27	−0.63	−0.52
LC$_1$	1.03	0.36	0.85	−0.56	0.60	−0.85	−1.15	−0.67
LC$_2$	1.25	−1.39	−1.60	−0.65	0.30	−0.93	−0.71	−0.82
LC$_3$	0.27	0.58	−0.24	0.09	−0.36	−1.11	−0.36	2.17
LC$_4$	−0.29	−0.16	−0.23	−0.41	0.10	−1.29	−0.20	−1.36
LC$_5$	0.44	0.44	−0.64	−1.06	−0.20	−1.18	−1.19	0.85
LC$_6$	−0.49	0.30	−0.27	−1.24	1.20	−0.13	−0.64	0.94
LC$_7$	1.16	−2.73	−0.56	−1.00	0.38	−0.59	−0.54	−0.55
LC$_8$	1.78	−1.02	−0.47	−0.66	1.01	−0.38	−0.47	−0.75
LC$_9$	0.71	−0.45	0.559	−1.00	0.80	−1.19	0.38	1.75

表 14-3　不同改造模式的枯落物、土壤呼吸和更新苗木生长状况标准化数据表

改造带	枯落物量 （t/hm^2）	最大持水量 （t/hm^2）	土壤呼吸速率 （μmol·(m·s·g)$^{-1}$）	红松（%） 成活率	红松（%） 生长率	云杉（%） 成活率	云杉（%） 生长率
S$_1$	1.86	−0.24	−0.17	−0.19	0.20	−0.39	1.78
S$_2$	0.84	−0.16	−0.27	0.92	0.46	0.12	0.41
S$_3$	1.73	−0.29	−0.13	0.35	−0.83	1.16	0.25
S$_4$	1.31	−0.096	0.47	1.13	1.04	0.12	−0.86
H$_1$	−0.71	0.55	0.30	0.77	−0.50	0.84	0.51

改造带	枯落物量 （t/hm²）	最大持水量 （t/hm²）	土壤呼吸速率 （µmol·(m·s·g)⁻¹）	红松（%）		云杉（%）	
				成活率	生长率	成活率	生长率
H₂	−0.097	1.13	0.41	0.25	0.90	0.44	1.12
H₃	−0.99	1.05	0.62	1.11	−0.085	−1.59	0.72
H₄	−0.18	1.52	0.42	−0.32	−0.25	0.94	−0.25
LC₁	0.56	−1.03	−0.85	−0.77	−1.69	−0.41	1.62
LC₂	−0.61	−0.35	−1.44	−1.37	−0.058	−0.91	−0.62
LC₃	−0.098	−0.36	−0.41	−1.20	1.77	1.35	−1.32
LC₄	−0.17	1.37	−1.25	−0.28	−0.20	0.32	−1.74
LC₅	0.67	−0.95	−0.43	0.20	1.18	−0.15	0.64
LC₆	−1.23	−1.30	2.85	−0.66	1.23	0.093	−0.40
LC₇	−0.70	−1.12	−1.20	0.90	−1.25	−2.41	−0.90
LC₈	−1.20	−1.23	0.65	−2.17	−0.44	1.05	−0.74
LC₉	−0.99	1.50	0.41	1.32	−1.48	−0.58	−0.21

　　从土壤理化性质角度看，采伐后土壤通气性、透水性降低，降低了土壤层的气体交换和保水能力，同时也阻碍了土壤养分的交换；采伐后光照强度的增加，加速了营养元素的分解；另外，迹地清理等措施使土壤营养元素来源减少。采伐改造时应尽量减少对土壤的扰动，降低土壤理化性质的变化程度。

　　从枯落物角度看，郭辉等[11]分析水平皆伐带、垂直皆伐带、林窗带总枯落物量依次为 20.68t·hm⁻²，10.73t·hm⁻²，13.34t·hm⁻²，最大持水量为 45.25t·hm⁻²，81.68t·hm⁻²，35.79t·hm⁻²，总枯落物量排列顺序为：水平带＞林窗＞垂直带，最大持水量排序为：垂直带＞水平带＞林窗；Bates 等[12]分析北美西部圆柏（*Juniperus occidentalis*）森林采伐前后枯落物分解状况认为，微环境的不同是导致伐后枯落物分解加快的主要原因。采伐模式的不同造成林地微环境产生变化，造成不同采伐模式林地枯落物量和最大持水量的差异；水平皆伐带各条带顺山坡设置，并且保留带的凋落物更易落在采伐带上，使水平带枯落物量大于垂直带；垂直带横山坡方向设置，其拦截降雨的能力较好；林窗为块状皆伐，林窗内采光条件最好，加速枯落物的分解速率。

　　更新树种的生长状况直接反映了林地改造效果，各改造地红松和云杉的成活率都达到了90%以上，红松的生长率达到25%，云杉达到20%，说明在不同改造地更新树种都有较好的生长状况，更新树种成活率最好的为垂直带，其次为水平带和林窗，生长率排序为：水平带＞垂直带＞林窗；带状改造的更新树种生长状况好于林窗改造，在林窗内迅速增加的物种的种间竞争影响了更新树种的生长。

　　土壤呼吸指土壤释放 CO_2 的过程[13,14]，土壤呼吸不仅是表征土壤质量和土壤肥力的重要生物学指标，而且是全球碳循环中重要的流通途径，是生态系统碳循环的一个主要组成部分[10]。森林采伐活动强烈影响土壤呼吸，采伐后的短时间内因林地微环境的改变土壤呼吸会增加；采伐模式的不同造成土壤呼吸量不同，水平皆伐带、垂直皆伐带和林窗的年土壤呼吸量分别为 1.184kg $CO_2 \cdot m^{-2} a^{-1}$，1.426kg $CO_2 \cdot m^{-2} a^{-1}$，1.179kg $CO_2 \cdot m^{-2} a^{-1}$，垂直带最高，水平带次之，林窗最低[9]。

通过以上分析可知：水平皆伐带、垂直皆伐带和林窗在不同的指标层次，其评价水平呈现出差异；但是将所有指标用主成分分析法综合评价得到的结果可综合反映每种改造模式的改造效果。

将标准化的数据进行主成分分析，总方差分析如表 14-4 所示，前 6 个主成分的累计贡献率为 87.87%，大于 85%，选取前 6 个主成分就足以反映所需的评价信息。所提取的前 6 个主成分的因子荷载如表 14-5 所示。其中第 1 个主成分因子荷载量较大的指标有：土壤容重、总孔隙度、土壤含水率、pH、全 P、速效 K、全 K、枯落物量；第 2 个主成分因子荷载量较大的指标有：毛管孔隙度、水解 N、全 N、有效 P、最大持水量；第 3 个主成分因子荷载量较大的指标有：非毛管孔隙度、有机质、红松生长率；第 4 个主成分因子荷载量较大的指标有：红松和云杉的成活率；第 5 个主成分因子荷载量较大的指标有：云杉生长率；第 6 个主成分因子荷载量较大的指标有：土壤呼吸速率。

表 14-4 标准化数据的总方差分解表

主成分	初始特征向量			因子提取结果		
	特征值	方差贡献/%	累计贡献率/%	特征值	方差贡献率/%	累计贡献率/%
1	6.48	32.39	32.39	6.48	32.39	32.39
2	4.00	20.00	52.39	4.00	20.00	52.39
3	2.60	13.02	65.41	2.60	13.02	65.41
4	1.94	9.68	75.09	1.94	9.68	75.09
5	1.32	6.61	81.70	1.32	6.61	81.70
6	1.23	6.17	87.87	1.23	6.17	87.87
7	0.70	3.49	91.36			
8	0.55	2.75	94.11			
9	0.42	2.10	96.21			
10	0.28	1.40	97.60			
11	0.22	1.09	98.69			
12	0.13	0.63	99.32			
13	0.071	0.36	99.68			
14	0.035	0.17	99.85			
15	0.022	0.11	99.96			
16	0.0070	0.036	100.00			
17	1.96E-016	9.79E-016	100.00			
18	1.16E-016	5.79E-016	100.00			
19	−8.61E-017	−4.30E-016	100.00			
20	−2.31E-016	−1.15E-015	100.00			

表 14-5　因子荷载表

指标		主成分					
		1	2	3	4	5	6
土壤容重（g·cm^{-3}）		−0.78	0.13	−0.26	0.35	−0.10	−0.22
非毛管孔隙度（%）		0.390	0.112	0.78	−0.34	0.015	0.025
毛管孔隙度（%）		0.57	−0.724	−0.12	0.12	−0.081	0.046
总孔隙度（%）		0.71	−0.58	0.32	−0.081	−0.063	0.054
土壤含水率（%）		−0.96	0.022	0.12	−0.14	0.055	−0.12
pH		−0.80	−0.38	0.31	−0.080	0.053	−0.010
水解 N（mg·kg^{-1}）		0.25	0.85	−0.12	−0.28	0.16	−0.19
全 N 量（g·kg^{-1}）		−0.20	0.82	0.37	0.087	−0.054	−0.086
有效 P（mg·kg^{-1}）		0.47	0.60	0.28	0.033	−0.22	−0.12
全 P（g·kg^{-1}）		−0.87	0.18	0.24	0.027	−0.003	0.35
速效 K（mg·kg^{-1}）		0.72	0.41	0.11	0.14	0.028	0.44
全 K（g·kg^{-1}）		0.88	−0.090	−0.25	0.22	−0.16	0.099
有机质（g·kg^{-1}）		−0.17	0.21	−0.72	0.056	0.31	−0.23
枯落物量（t/hm^2）		0.84	−0.081	−0.083	−0.086	0.26	−0.40
最大持水量（t/hm^2）		0.050	0.53	0.18	0.43	−0.53	−0.21
土壤呼吸速率（μmol·(m·s·g)$^{-1}$）		−0.058	0.50	−0.37	−0.15	0.058	0.71
红松	成活率	0.28	0.26	−0.081	0.86	0.076	0.039
	生长率	0.11	0.15	−0.72	−0.33	−0.12	0.066
云杉	成活率	0.25	0.39	−0.19	−0.65	−0.41	−0.15
	生长率	0.30	0.43	0.28	0.020	0.75	−0.057

首先，根据因子荷载值计算每个主成分与标准化变量的结果，根据公式（14-2）计算，计算结果如表 14-6 所示。

表 14-6　主成分与标准化变量的关系

改造带	主成分 1	主成分 2	主成分 3	主成分 4	主成分 5	主成分 6
S$_1$	11.41	−0.44	−0.93	0.08	1.75	−0.67
S$_2$	9.45	−0.24	−0.31	0.51	0.03	0.19
S$_3$	11.04	0.46	0.11	−0.88	0.35	−0.47
S$_4$	11.13	−3.92	−1.98	1.09	−1.17	1.32
H$_1$	−0.31	6.58	1.31	0.96	−0.65	0.32
H$_2$	0.32	4.82	0.58	−0.11	−0.05	0.24
H$_3$	−3.09	4.52	1.76	2.12	0.76	1.25
H$_4$	−0.49	5.46	2.78	−0.68	−1.82	−0.56
LC$_1$	−2.49	−0.58	5.15	−1.85	2.49	−0.89

续表

改造带	主成分1	主成分2	主成分3	主成分4	主成分5	主成分6
LC$_2$	−2.59	−7.12	1.19	−0.71	−0.41	−0.10
LC$_3$	−4.47	0.56	−5.01	−2.15	−0.91	−1.91
LC$_4$	−1.95	−1.75	1.10	−0.01	−2.60	−1.27
LC$_5$	−5.32	−0.02	−2.97	−0.41	1.87	−1.68
LC$_6$	−6.08	2.04	−4.34	−1.77	0.88	2.80
LC$_7$	−5.94	−6.98	1.25	3.54	0.48	0.29
LC$_8$	−4.21	−3.97	2.06	−3.59	−0.81	1.65
LC$_9$	−6.41	0.57	−1.74	3.85	−0.18	−0.51

然后确定权重，根据公式（14-3），6个主成分的权重依次为0.37，0.23，0.15，0.11，0.073，0.067。

最后构造综合评价函数，将表14-6所得的结果与计算的权重根据公式（14-4）计算，计算结果如表14-7所示。

表14-7　综合评价表

改造带	S$_1$	S$_2$	S$_3$	S$_4$	H$_1$	H$_2$	H$_3$	H$_4$	
综合评价值 F	4.07	3.46	4.10	3.04	1.67	1.32	0.53	1.24	
排序	2	3	1	4	5	6	8	7	
改造带	LC$_1$	LC$_2$	LC$_3$	LC$_4$	LC$_5$	LC$_6$	LC$_7$	LC$_8$	LC$_9$
综合评价值 F	−0.37	−2.53	−2.71	−1.23	−2.44	−2.37	−3.17	−2.51	−2.12
排序	9	15	16	10	13	12	17	14	11

由表14-7的综合评价结果可知，水平皆伐带的改造模式最好，其次是垂直皆伐带，最后为林窗。从带状皆伐不同带宽的综合评价值看，水平皆伐带带宽6m和10m的综合评价值明显高于带宽8m和15m；垂直皆伐带带宽6m的综合评价值最大，其值与带宽8m和15m的综合评价值相差不大，带宽10m的综合评价值明显小于其他带宽的综合评价值。由此可知，皆伐带的宽度与综合评价值并无明显的规律性。对于林窗，面积小的林窗（25m^2）的综合评价值明显高于其余林窗，说明小面积的林窗对林地的扰动较小，林地微环境变化程度小，相对于其余面积的林窗更有利于更新树种的生长。

基于主成分综合评价低质林改造模式，筛选的模型将反映土壤肥力、枯落物持水特性、土壤碳释放和更新树种4个层次的指标纳入该模型，将原始数据标准化，计算综合评价体系的主成分，构建低质林改造模式的筛选模型，评价改造模式的优劣，使得低质林改造模式的筛选评价更具有科学性和实用性。

运用主成分分析法综合评价低质林改造模式，结果说明带状皆伐改造模式优于林窗，其中，带状改造中水平皆伐改造优于垂直皆伐改造。对于水平皆伐带，不同带宽的改造效果排序为：带宽10m>带宽6m>带宽8m>带宽15m；对于垂直皆伐带,不同带宽的改造效果排序为:带宽 6m＞带宽 8m＞带宽 15m＞带宽 10m;对于林窗,林窗面积（25m²）的改造效果明显优于其他面积的林窗。

带状皆伐改造模式优于林窗,对林地环境变化的影响较小,可以保护森林环境,也为引进针叶目的树种成活、生长发育创造了良好条件,保留带的阔叶树与引进的针叶树可自然形成针阔混交林,有利于水源涵养和水土保持[3,5]。安树青等[15]、Brokaw[16]对人工形成林窗的研究表明:林窗内光强、大气湿度、土壤水分和土壤元素均有明显的空间变化,林窗植被的物种多样性和密度远高于非林窗区域的植被,林窗内小气候的剧烈变化强烈地影响着林地环境。

水平带状皆伐改造优于垂直带状皆伐改造,这是因为水平带状皆伐采光条件好于垂直带状皆伐,有利于引进树种对光的需求;在坡度较陡的林地内,垂直带状皆伐的水土保持能力优于水平带状皆伐,但是本次研究的实验地坡度较小,不会影响水平带状皆伐的水土保持能力。

水平和垂直带状皆伐最好的改造效果分别出现在带宽 10m 和 6m 处,不同带宽的综合评价值相差较小,这说明在带宽 6～15m 的范围内,林地环境变化的差异不明显。对于林窗面积（25m²）的综合评价值明显高于其他面积的林窗,随林窗面积增大综合评价值并未呈现出规律性,这是因为林窗内地被物数量和种类、土壤性质、光强和大气温度等因素时空变化剧烈在短时间内呈现出明显规律性所致。

低质林改造模式综合评价体系的结果是对不同改造模式的优选过程,优选的结果可为小兴安岭地区低质林的科学改造和经营提供参考和指导。

14.2　小兴安岭低质林择伐改造模式评价

目前,在众多低质林改造方式中,择伐改造能充分发挥每株树木的生长潜力,最大限度地利用林地生产力,减小森林的破碎化程度,符合森林的自然演替规律和自然作业法则,因此择伐改造是理想的森林改造经营模式[17-19],择伐改造中采伐强度的选取最为关键。针对小兴安岭地区的低质林进行 7 种不同采伐强度的择伐改造,在择伐改造 3a 后,综合评价 7 种采伐强度的改造效果的优劣。森林土壤和枯落物是森林生态系统的重要组成部分,是森林生态环境的物质基础[20-22]。森林土壤特性和枯落物持水性能的变动直接影响林地生产力,同时林分受到采伐、火烧等干扰时也会强烈影响土壤和枯落物的功能。其中,土壤理化性质和土壤碳排放量是表征土壤肥力的重要指标[7,10,23],枯落物层是森林地表的一个重要覆盖层和保护层,它对林地土壤的水热状况和林地水文生态特性有重要的影响[24],所以土壤特性和枯落物持水性能是反映改造后林地质量的重要指标。选择土壤理化性质、土壤碳排放和枯落物层的持水特性 3 个指标,运用主成分分析法综合评价 7 种采伐强度的择伐改造效果,以筛选适宜小兴安岭地区的低质林择伐改造的采伐强度。

14.2.1　研究方法

以择伐改造带 7 个采伐强度样地测定的土壤理化性质、土壤碳释放、枯落物持水特性的数据作为评价指标，采用主成分分析法对建立的低质林改造模式模型进行评价。

14.2.2　择伐改造模式评价

按采伐强度，把低质林分的择伐改造模式分为 22%，31%，41%，47%，55%，66%，77%，共 7 种。为了综合评价 7 个采伐强度的效果，选取土壤理化性质、反映土壤碳排放量的土壤呼吸速率和枯落物蓄积量和最大持水量作为评价指标。在对各评价指标进行主成分分析前，首先要用公式（14-1）对各个指标做标准化处理，处理结果如表 14-8 所示。

表 14-8　不同改造模式的土壤和枯落物标准化数据

指标 ＼ 采伐强度（%）		22	31	41	47	55	66	77
土壤容重（g·cm^{-3}）		0.70	−0.50	−1.24	−0.50	1.81	0.15	−0.41
非毛管孔隙度（%）		−1.00	0.66	1.36	0.77	−1.39	0.01	−0.42
毛管孔隙度（%）		−0.14	0.38	0.02	0.25	−2.12	0.77	0.84
总孔隙度（%）		−0.39	0.49	0.38	0.42	−2.13	0.64	0.58
土壤含水率（%）		1.20	0.16	−1.56	−0.65	1.07	0.40	−0.61
pH		1.15	−1.10	−1.55	0.18	0.09	0.97	0.26
水解 N（mg·kg^{-1}）		0.07	−1.20	1.31	−0.45	1.44	−0.64	−0.40
全 N 量（g·kg^{-1}）		0.96	−0.61	−0.35	0.65	1.41	−1.18	−0.88
有效 P（mg·kg^{-1}）		1.54	−0.83	0.06	−1.41	−0.48	0.37	0.76
全 P（g·kg^{-1}）		−0.26	−1.08	0.86	−0.77	−0.12	−0.42	1.80
速效 K（mg·kg^{-1}）		1.18	−1.03	−0.45	−1.04	1.29	−0.52	0.58
全 K（g·kg^{-1}）		0.28	−0.77	−0.08	−0.17	−0.25	−1.04	2.03
有机质（g·kg^{-1}）		0.11	0.02	2.06	−0.67	−0.30	−1.08	−0.15
土壤呼吸速率（μmol·(m·s·g)$^{-1}$）		1.50	1.25	0.020	−0.50	−0.37	−1.05	−0.84
枯落物储量（t/hm^2）	未分解	1.01	1.03	−0.71	0.16	−1.58	0.72	−0.63
	半分解	−1.55	−0.16	−0.02	1.33	−0.87	0.26	0.99
	总计	0.03	0.82	−0.64	0.88	−1.88	0.78	0.004
最大持水量（t/hm^2）	未分解	1.03	1.73	−0.49	−0.25	−0.27	−1.02	−0.73
	半分解	−1.95	−0.52	−0.12	0.82	0.42	0.96	0.39
	总计	−1.88	0.87	−0.65	0.97	0.36	0.45	−0.13

　　将标准化的数据进行主成分分析，总方差分析如表 14-9 所示，前 4 个主成分的累计贡献率为 89.2%，大于 85%，选取前 4 个主成分就足以反映所需要的评价信息。所提取的前 4 个主成分的因子荷载见表 14-10。其中，第 1 个主成分因子荷载量较大的指标有：毛管孔隙度、总孔隙度、水解 N、全 N、速效 K、未分解层枯落物量和总枯落物量；第 2 个主成分因子荷载量较大的指标有：土壤呼吸速率、半分解层枯落物量、未分解层最大持水量和半分解层最大持水量；第 3 个主成分因子荷载量较大的指标有：土壤容重、非毛管孔隙度、土壤含水率、pH 和有机质；第 4 个主成分因子荷载量较大的指标有：有效 P、全 P、全 K 和总的最大持水量。

表 14-9　标准化数据的总方差分解表

主成分	初始特征向量			因子提取结果			旋转因子提取结果		
	特征值	方差贡献率（%）	累计贡献率（%）	特征值	方差贡献率（%）	累计贡献率（%）	特征值	方差贡献率（%）	累计贡献率（%）
1	7.33	36.60	36.66	7.33	36.66	36.66	6.01	30.05	30.05
2	4.51	22.57	59.23	4.51	22.57	59.23	4.51	22.55	52.60
3	3.58	17.89	77.13	3.58	17.89	77.13	4.32	21.62	74.21
4	3.11	15.56	92.68	3.11	15.56	92.68	3.69	18.47	92.68

　　首先，根据因子荷载值计算每个主成分与标准化变量的结果，根据公式（14-2）计算，计算结果如表 14-10 所示。

表 14-10　因子荷载表

	主成分 1	主成分 2	主成分 3	主成分 4
土壤容重（$g \cdot cm^{-3}$）	−0.630	0.092	0.760	−0.065
非毛管孔隙度（%）	0.470	−0.095	−0.810	−0.290
毛管孔隙度（%）	0.960	−0.100	−0.160	0.200
总孔隙度（%）	0.920	−0.110	−0.350	0.085
土壤含水率（%）	−0.270	0.400	0.850	−0.140
pH	0.140	−0.056	0.910	0.240
水解 N（$mg \cdot kg^{-1}$）	−0.880	−0.094	−0.280	0.240
全 N（$g \cdot kg^{-1}$）	−0.730	0.290	0.260	−0.160
有效 P（$mg \cdot kg^{-1}$）	0.088	0.330	0.310	0.840
全 P（$g \cdot kg^{-1}$）	−0.100	−0.380	−0.270	0.860
速效 K（$mg \cdot kg^{-1}$）	−0.620	0.170	0.490	0.580
全 K（$g \cdot kg^{-1}$）	0.014	−0.200	−0.021	0.790
有机质（$g \cdot kg^{-1}$）	−0.260	0.320	−0.840	0.340
土壤呼吸速率（$\mu mol \cdot (m \cdot s \cdot g)^{-1}$）	0.007	0.980	−0.080	−0.083

续表

		主成分 1	主成分 2	主成分 3	主成分 4
枯落物 储量（t/hm²）	未分解	0.770	0.540	0.220	−0.220
	半分解	0.490	−0.760	−0.270	−0.120
	总计	0.950	0.054	0.045	−0.260
最大 持水量 （t/hm²）	未分解	0.093	0.860	−0.005	−0.320
	半分解	0.037	−0.950	−0.028	−0.300
	总计	0.140	−0.570	−0.045	−0.740

　　然后，确定权重，根据公式（14-3），4 个主成分的权重依次为 0.32，0.243，0.23，0.21。

　　最后，构造综合评价函数，将表 14-11 所得的结果与计算的权重根据公式（14-4）计算，计算结果如表 14-12 所示。

表 14-11　主成分与标准化变量的关系

采伐强度（%）	1	2	3	4
22	−2.98	8.57	5.51	3.63
31	5.17	3.48	−2.13	−4.91
41	−0.55	−0.86	−7.70	2.09
47	3.95	−3.60	−1.77	−4.28
55	−12.49	−0.31	5.12	0.30
66	4.78	−3.11	1.92	−1.76
77	2.12	−4.18	−0.96	4.92

表 14-12　综合评价表

采伐强度（%）	22	31	41	47	55	66	77
综合评价值 F	3.13	1.05	−1.76	−0.86	−2.86	0.89	0.43
排序	1	2	7	6	5	3	4

　　由表 14-12 的综合评价结果可知，不同采伐强度的综合评价值的排序为：22%＞31%＞66%＞77%＞55%＞47%＞41%，随着采伐强度的增加，综合评价值 F 呈现出先减小后增加的趋势；采伐强度为 22% 的综合评价值 F 最大，采伐强度为 41% 的 F 值最小。22% 和 31% 的采伐强度对林地的干扰较小，林地土壤肥力和枯落物持水能力保持相对较好的水平；66% 和 77% 的高采伐强度林地光照强度增加，加速了营养元素的转化出现了"溢肥"现象，这是其综合评价值呈现较好水平的原因。总之，从土壤肥力和枯落物持水特性考虑，22% 采伐强度的择伐改造是效果最好的改造方式。

　　基于主成分综合评价的低质林改造模式筛选模型将反映土壤肥力、土壤碳释放和枯落物持水特性 3 个层次的指标纳入该模型，将原始数据标准化，计算综合评价体系的主成分，构建低质林择伐改造模式的筛选模型，评价不同采伐强度的改造模式的优劣，使得低质林改造模式的筛选评价更具有科学性和实用性。

对于土壤理化性质，采伐后土壤密度增加，透水性能降低，粗孔隙减少，细孔隙增加，总孔隙度减少，土壤持水性能降低[25,26]。谷会岩等[21]的研究表明，择伐后的兴安落叶松林土壤的 pH 逐渐降低，说明森林采伐能增加土壤的酸性，土壤酸性的增加意味着土壤肥力得到提高，而这有利于森林的更新；对小兴安岭林区森林采伐与造林后土壤化学性质的变化进行的调查与测定结果表明：择伐对土壤的影响不明显，采伐后及时营造速生树种既可有效地利用采伐初期大量的养分，又可减少和防止土壤养分的流失[27]；孙墨珑、周莉等[28,29]的研究表明，无论择伐与皆伐，伐后林地有机质含量均增加，且随时间的延伸土壤有机质含量增加的程度逐渐减弱，伐后土壤有机质含量变化的不确定性与伐后林地温湿度、植被类型及输入枯落物的种类有关。上述研究表明，择伐后土壤理化性质发生不同程度的变化，采伐改造时应尽量减少对土壤的扰动，降低土壤理化性质的变化程度。

随采伐强度的增加，土壤呼吸呈现出波动性，采伐强度为 22%~47%时，土壤呼吸逐渐减小，之后趋于平稳，春、夏、秋、冬四个季节，土壤呼吸的最大值出现在低度和中度采伐强度林分条件下。这是因为较低的采伐强度既可保留一定的植被，又可增加光照强度，故使活根呼吸速率增加，同时采伐移走了地上生物量，留下大量死根，增加了土壤有机质含量，部分被分解，增加了土壤呼吸。采伐强度与土壤呼吸具有负相关性，二者的关系为双曲线[23]。

不同采伐强度对枯落物的影响不同。苏方莉等[30]分析了不同间伐强度对天然次生林凋落物性质的影响，结果表明，不同间伐强度下凋落物最大的为弱度间伐区，枯枝落叶储量以弱度间伐区为最大，强度间伐区最小。周新年等[31]以天然针阔混交林为研究对象，对 4 种不同强度（弱度、中度、强度、极强度）择伐 10a 后林地凋落物进行分析，结果表明：不同强度择伐作业 10a 后林地凋落物现存量和养分总量均下降，且下降幅度随采伐强度的增大而加大。强度择伐和极强度择伐 10a 后林地凋落物及其养分含量仍未恢复，但弱度择伐和中度择伐则与未采伐林地比较接近，说明弱度和中度择伐林地凋落物及养分含量在择伐 10a 后基本得到恢复。本章的综合评价值也说明，低采伐强度对枯落物量和最大持水量的影响较小，随着林地更新，低采伐强度的林地的枯落物持水能力可迅速恢复到原有水平。

运用主成分分析法综合评价低质林改造模式，不同采伐强度的综合评价值从优到劣的排序为：采伐强度 22%，采伐强度 31%，采伐强度 66%，采伐强度 77%，采伐强度 55%，采伐强度 47%，采伐强度 41%。随着采伐强度的增加，综合评价值呈现出先减小后增加的趋势；采伐强度为 22%时的综合评价值最大，采伐强度为 41%时的综合评价值最小。从土壤肥力和枯落物持水特性考虑，采伐强度为 22%的择伐改造是效果最好的改造方式。

　　低质林改造模式综合评价体系的结果是对择伐改造模式的优选过程，优选的结果可为小兴安岭地区低质林的科学改造和经营提供很好的参考和指导。

参 考 文 献

[1] 杨学春, 董希斌, 姜帆, 等. 黑龙江省伊春林区低质林林分评定[J]. 东北林业大学学报, 2009, 37(10): 10-12.

[2] 张洪, 姜中珠, 董希斌, 等. 小兴安岭林区低质林类型的界定与评价[J]. 东北林业大学学报, 2009, 37(11): 99-102.

[3] 马阿滨, 薛茂贤. 低产林改造类型及改造模式研究[J]. 农业系统科学与综合研究, 1995, 11(4): 267-270.

[4] 庞学勇, 包维楷, 张咏梅. 岷江上游中山区低效林改造对枯落物水文作用的影响[J]. 水土保持学报, 2005, 19(4): 119-122.

[5] 孙洪志, 屈红军, 郝雨, 等. 次生林改造的几种模式[J]. 东北林业大学学报, 2004, 32(3): 103-104.

[6] 周立江. 低效林评判与改造途径的探讨[J]. 四川林业科技, 2004, 25(1): 16-21.

[7] Gundale M J, De Luca T H, Fiedler C E, et al. Restoration treatments in a Montana ponderosa pine forest: Effects on soil physical, chemical and biological properties[J]. Forest Ecology and Management, 2005, 213(1): 25-38.

[8] 王佑民. 中国林地枯落物持水保土作用研究概况[J]. 水土保持学报, 2000, 14(4): 108-113.

[9] 郭辉, 董希斌, 姜帆. 皆伐方式对小兴安岭低质林土壤呼吸的影响[J]. 林业科学, 2009, 45(10): 32-38.

[10] Raich J W, Potter C S. Global patterns of carbon dioxide emissions from soils[J]. Global Biogeochemical Cycles, 1995, 9(1): 23-36.

[11] 郭辉, 董希斌, 蒙宽宏, 等. 小兴安岭低质林采伐改造后枯落物持水特性变化分析[J]. 林业科学, 2010, 46(6): 146-153.

[12] Bates J D, Svejcar T S, Miller R F. Litter decomposition in cut and uncut western juniper woodlands[J]. Journal of Arid Environments, 2007, 70(2): 222-236.

[13] Raich J W, Schlesinger W H. The global carbon dioxide flux in soil respiration and its relationship to vegetation and climate[J]. Tellus B, 1992, 44(2): 81-99.

[14] Russell E J, Appleyard A. The atmosphere of the soil: Its composition and the causes of variation [J]. The Journal of Agricultural Science, 1915, 7(01): 1-48.

[15] 安树青, 洪必恭, 李朝阳, 等. 紫金山次生林林窗植被和环境的研究[J]. 应用生态学报, 1997, 8(3): 245-249.

[16] Brokaw N V L. Gap-phase regeneration of three pioneer tree species in a tropical forest[J]. The Journal of Ecology, 1987: 9-19.

[17] 周新年, 巫志龙, 郑丽凤, 等. 森林择伐研究进展[J]. 山地学报, 2007, 25 (5): 629-636.

[18] Favrichon V. Modeling the dynamics and species composition of a tropical mixed-species uneven-aged natural forest: Effects of alternative cutting regimes [J]. Forest Science, 1998, 44(1): 113-124.

[19] Ray P N. Towards improvement of site, growth and yield information in forestry for sustainable management [J]. Indian Forester, 1994, 120(11): 969-980.

[20] 胡小飞, 陈伏生, 葛刚, 等. 森林采伐对林地表层土壤主要特征及其生态过程的影响[J]. 土壤通报, 2007, 38(6): 1213-1218.

[21] 谷会岩, 金靖博, 陈祥伟, 等. 采伐干扰对大兴安岭北坡兴安落叶松林土壤化学性质的影响[J]. 土壤通报, 2009,

40(2): 272-275.

[22] 杨吉华, 张永涛, 李云红, 等. 不同林分枯落物的持水性能及对表层土壤理化性状的影响[J]. 水土保持学报, 2003, 17(2): 141-144.

[23] 郭辉, 董希斌, 姜帆. 采伐强度对小兴安岭低质林分土壤碳通量的影响[J]. 林业科学, 2010, 46 (2): 110-115.

[24] Tamai K, Abe T, Araki M, et al. Radiation budget, soil heat flux and latent heat flux at the forest floor in warm, temperate mixed forest [J]. Hydrological Processes, 1998, 12(13-14): 2105-2114.

[25] 董希斌, 杨学春, 杨桂香. 采伐对落叶松人工林土壤性质的影响[J]. 东北林业大学学报, 2007, 35 (10): 7-10.

[26] 赵康, 孙长仁. 论森林采伐作业对土壤理化性质的影响[J]. 内蒙古林学院学报, 1997, 19(4): 101-107.

[27] 满秀玲, 屈宜春, 蔡体久, 等. 森林采伐与造林对土壤化学性质的影响[J]. 东北林业大学学报, 1998, 26 (4): 14-16.

[28] 孙墨珑. 采伐迹地清理方式对采伐迹地土壤理化特性的影响[J]. 森林工程, 1998, 14(4): 1-2.

[29] 周莉, 代力民, 谷会岩, 等. 长白山阔叶红松林采伐迹地土壤养分含量动态研究[J]. 应用生态学报, 2004, 15 (10): 1771-1775.

[30] 苏方莉, 刘明国, 迟德霞, 等. 间伐强度对天然次生林凋落物性质的作用效果分析[J].土壤通报, 2007, 38(6): 1096-1099.

[31] 周新年, 巫志龙, 郑丽凤, 等. 天然林择伐 10 年后凋落物现存量及其养分含量[J]. 林业科学, 2008, 44(10): 25-29.